Handbuch

der

Elektrischen Beleuchtung.

Bearbeitet

von

Jos. Herzog,
Ober-Ingenieur der Firma Ganz & Comp.,
Budapest.

und

C. P. Feldmann,
Chefelektriker der Elektricitäts-Actien-Gesellschaft „Helios", Köln a. Rh.

Mit 428 Abbildungen.

Berlin. 1898. **München.**
Julius Springer. R. Oldenbourg.

Vorwort.

Die elektrische Beleuchtung hat als selbstständiger Zweig der Technik zwei Jahrzehnte hinter sich. Beispiellos mächtig war die Entwickelung dieses Zweiges der Elektrotechnik; doch eben dieser stürmische Fortschritt erschwert die Beschreibung des heutigen Zustandes, die Abklärung der heute maassgebenden Anschauungen.

Wir beginnen mit der Wirkung, den Eigenthümlichkeiten und der Anordnung der Lichtquellen, besprechen dann den Leitungsbau, die Schaltung der Leitungen und Stromquellen, und schliessen die Behandlung der Haupttheile der Anlage mit dem schwierigen und überaus wichtigen Kapitel der Regulirungsmethoden. Dann behandeln wir die Nebentheile und die Isolation der Anlage, um auf Grund der so gewonnenen Uebersicht das ganze Gebiet, die Anlage- und Betriebskosten und die Rentabilitätsverhältnisse ganzer Beleuchtungswerke zu erörtern. Zum Schlusse sind dann als Beispiele einige ausgeführte Centralen beschrieben.

Indem wir auf diese Weise von den Lichtquellen über die Stromförderung in den Leitungen zu den Stromerzeugungsstätten zurückgingen, hielten wir den Weg vom Einfacheren zum Verwickelteren ein, und hoffen, dass es uns gelungen ist, alle leitenden Gesichtspunkte systematisch zu entwickeln. Mit Rücksicht auf den vorherrschenden Einfluss, den wirthschaftliche und finanzielle Erwägungen auf das praktische Studium technischer Probleme stets ausüben, haben wir es für nothwendig erachtet, gerade diesen Erwägungen einen breiteren Raum zu gewähren. Vielleicht kann das Buch deshalb nicht nur denen, die sich mit jugendlicher Begeisterung der Anwendung elektrischer Wissenschaft widmen, sondern auch jenen, die in reiferen Jahren einen Theil ihres Interesses der Elektrotechnik zuwenden, ein Wegweiser und Berather sein.

Die Sichtung und Auswahl der überreichen Fachlitteratur, an die wir uns anlehnen mussten, haben wir auf Grund fünfzehnjähriger Erfahrung im elektrischen Beleuchtungswesen vorgenommen.

Budapest und Köln, März 1898.

Josef Herzog und **Clarence P. Feldmann.**

Inhaltsverzeichniss.

I. Kapitel.

Die elektrischen Lichtquellen.

II. Kapitel.

Leitungsbau.

A. Luftleitungen.

B. Leitungen für Innenräume und deren Verlegungen.

Seite

IV. Gemischte Systeme.

V. Zusammenfassung.

B. Schaltungen der Stromquellen.

IV. Kapitel.

Regulirung.

A. Regulirung auf konstante Spannung.

I. Regulirung der Stromquellen.

II. Regulirung der Netze.

V. Kapitel.

Hilfsapparate.

C. Stromschalter.

D. Messinstrumente.

E. Elektricitätszähler oder Verbrauchsmesser.

F. Sonstige Hilfsapparate.

VI. Kapitel.

Ueber Isolation elektrischer Leitungsanlagen.

VII. Kapitel.

Beleuchtungskörper.

VIII. Kapitel.

Ueber Beleuchtungsanlagen.

IX. Kapitel.

Beispiele ausgeführter Centralstationen.

I. Kapitel.

Die elektrischen Lichtquellen.

1. Wirkungsweise.

Um auf der Netzhaut unserer Augen jene Empfindung hervorzurufen, welche als Licht bezeichnet wird, muss man auf die Mittel zurückgreifen, durch welche Aetherschwingungen von entsprechend hoher Schwingungszahl erzeugt werden können. Das bekannteste dieser Mittel ist die Erwärmung und Verbrennung der Körper. Alle zu praktischer Verwendung gelangten Methoden zur Erzeugung künstlicher Beleuchtung bedienen sich dieses Mittels und alle in Betracht kommenden künstlichen Lichtquellen sind gleichzeitig auch Wärmequellen. Dies gilt auch für die zwei Arten der elektrischen Lichtquellen.

Die erste Art wird durch die elektrische Glühlampe gebildet und beruht auf der Erwärmung eines Kohlenfadens im Vakuum. Die zweite Art wird durch die elektrische Bogenlampe gebildet und beruht auf der Verdampfung von Theilchen zweier sich nicht unmittelbar berührenden Kohlenstäbe.

Als Mittel zur Erwärmung des in ein luftleeres Glasgefäss eingeschlossenen Kohlenfadens dient bei den Glühlampen der elektrische Strom, der den Faden durchfliesst. Als Mittel zur Verdampfung der Kohlentheilchen dient bei den Bogenlampen der durch den Strom hervorgerufene Lichtbogen, der sich nach anfänglichem Kontakte bei Trennung der Kohlenstäbe zwischen ihnen bildet.

2. Vorgänge im Kohlenfaden der Glühlampe.

Wird der Strom durch einen Kohlenfaden geleitet, so wird die aufgewendete elektrische Energie auf dreierlei Weise abgegeben. Erstens durch Ableitung von Wärme an den Zuleitungsstellen des Fadens, zweitens durch Wärmeabgabe an die den Faden umgebenden Luftschichten und drittens hauptsächlich durch Wärme- und Lichtstrahlung seitens des glühenden Kohlenfadens. Alle drei Arten der Energieabgabe wachsen mit zunehmender Temperatur und mit der dem Faden zugeführten elektrischen Energie. Sind die ersten beiden Verluste ausgeschlossen und kann die zugeführte Energie nur durch Strahlung abgeführt werden, so wird der stationäre Zustand, bei welchem die zugeführte Energie der abgeführten das Gleichgewicht hält, erst bei einer höheren Temperatur als sonst erreicht. Dies findet statt, wenn der Faden im luftleeren Raum zum Glühen gebracht wird. Darum besteht die Glühlampe aus einem Kohlenfaden, der in eine möglichst luftleere Glasbirne eingeschlossen ist.

Die Wirksamkeit der Glühlampe, d. h. die Ausstrahlung von Licht dauert während ihrer Verwendungszeit nicht unverändert fort, sondern nimmt fortwährend ab, um schliesslich fast zu verschwinden, selbst wenn von allen Zufällen abgesehen wird, welche ihr ein vorzeitiges Ende setzen könnten. Zunächst wird das Glasgefäss besonders zu Anfang der Brenndauer durch Beschlagen mit Kohlentheilen immer mehr getrübt. Dieses Anblaken rührt zum Theil davon her, dass das Glas besonders an der Einschmelzstelle der Stromzuführungsdrähte dem Atmosphärendrucke nicht vollständig widersteht und geringe Mengen Luft in das Innere der Lampen eindringen lässt.

Um diesen Betrag möglichst zu verringern, stellt man die Stromzuführungsdrähte an Stellen, wo sie in den Lampenfuss eingeschmolzen sind, aus Platin her. Dadurch erhält man zwar für die beiden an der Schmelzstelle vereinigten Stoffe annähernd gleiche Ausdehnungskoefficienten, so dass sie sich bei erreichter gleicher Erwärmung gleich stark ausdehnen; doch tritt infolge ungleicher specifischer Wärmekoefficienten jener Stoffe beim Ein- oder Ausschalten des Fadens bis zur Erreichung des Gleichgewichtszustandes ungleiche Erwärmung und daher ungleiche Ausdehnung auf, was Lufteintritt bei Ein- und Ausschaltung des Fadens verursacht.

Zum Theil rührt ferner das Schwarzwerden der Glaswandungen von der Verdampfung der Kohle infolge der hohen Temperatur her, zum Theil liegt nach Fleming und Anthony die Ursache des Kohlenniederschlages in der statischen Ladung des Kohlenbügels. Es würden hiernach die oft auf dem Glase benutzter Glühlampen beobachteten Streifen dem geometrischen Ort der geringsten Entfernungen zwischen Faden und Wand entsprechen, was die Beobachtung an vielen ausgebrannten Lampen bestätigt. Diese statische Wirkung tritt ausserdem bei Anwendung von Gleichstrom einseitig und zwar am negativen Schenkel des Kohlenbügels stärker auf.

Durch die Ablösung der Kohlentheilchen wird der Faden beständig dünner, sein Widerstand also immer grösser. Bei gleicher Klemmenspannung verringert sich also der im Faden verzehrte elektrische Effekt und deshalb auch die Temperatur des Fadens. Allerdings nimmt gleichzeitig die Oberfläche des Fadens ab. Während diese aber sich in demselben Maasse vermindert wie der Durchmesser, nimmt der Energieverbrauch wie das Quadrat des Durchmessers ab. Es wird folglich nicht nur die Gesammtleistung, sondern auch die Leistung auf die Einheit der Oberfläche verringert werden; dazu tritt noch der Umstand, dass die durch Ablösung von Kohlentheilchen rauher gestaltete Oberfläche der Lichtstrahlung weniger günstig ist, als die ursprünglich vorhandene glatte und dass die Glasbirne undurchsichtiger geworden ist.

Alle diese Umstände bewirken zusammen eine mit wachsender Benutzungsdauer der Lampe fortschreitende Abnahme ihrer Lichtstärke, bis dieselbe schliesslich so weit sinkt, dass sich die Erneuerung der Lampe empfiehlt.

3. Vorgänge im Lichtbogen.

Werden zwei Kohlenelektroden mit ihren zugespitzten Endflächen in gegenseitige, leitende Berührung gebracht, so macht sich infolge des an dieser Stelle erhöhten Leitungswiderstandes beim Stromdurchgange eine Erwärmung der Kohlenspitzen bemerkbar. Entfernt man nun die letzteren von einander, so wird der Stromkreis nicht unbedingt unterbrochen; es bilden vielmehr, sobald eine genügende Spannungsdifferenz zur Verfügung steht, die verdampfenden Theilchen der Kohlenspitzen eine leitende Brücke, welche den Strom bis zu einer gewissen Distanz zwischen den Kohlenelektroden aufrecht zu erhalten vermag. Die fast weissglühenden Kohlenspitzen verändern durch den Abbrand ihre Gestalt, und der Luftraum zwischen ihnen ist von einer hellleuchtenden Flamme erfüllt. Diese Flamme wurde 1808 von H. Davy unter Verwendung horizontal gestellter Kohlenstäbe bis auf eine Länge von 16 cm ausgezogen und zeigte dabei, ausser dem hohen Glanze, infolge der durch Erhitzung aufsteigenden Luftströmung eine bogenförmige Gestalt. Daher rührt der Name Lichtbogen, welcher auf die heutigen, meist nur wenige Millimeter langen und meist zwischen vertikalen Kohlenstäben erzeugten Flammen eigentlich nicht mehr recht passt.

Die Form der Oberfläche der beiden Elektroden ist verschieden, je nachdem der den Bogen speisende Strom seine Richtung beibehält oder periodisch wechselt.

a) Bei Verwendung von ***Gleichstrom*** flacht sich die an den positiven Pol angeschlossene Kohle zusehends ab, und es findet, so lange der Bogen klein ist, ein deutlich erkennbarer Uebergang von Kohlentheilchen auf die negative Kohle statt; diese wird sich also mehr zuspitzen und zuweilen durch die übergeführten Kohlentheilchen ein pilzartiges Hütchen erhalten, welches später bei fortschreitender Verzehrung der Seitenwände der Kohlenelektroden abfällt. Die positive Kohle verzehrt sich rascher als die negative. Bei der positiven Kohle bildet sich eine kraterförmige Aushöhlung, deren Tiefe bei gleicher Stromstärke mit abnehmender Bogenlänge wächst, und deren Durchmesser mit wachsender Stromstärke zunimmt. Diese kraterförmige Höhlung leuchtet am stärksten und besitzt auch die höchste Temperatur (etwa 3500° C.). Von ihr rühren etwa 85 % der gesammten Lichtstärke her. Der Bogen selbst besteht aus einem äusseren grünlichen und einem inneren violetten Theile, die durch ein schwarzes Band getrennt sind, und ist wegen der geringen Emissionsfähigkeit der Dämpfe nur mit etwa 5 % an der gesammten leuchtenden Strahlung betheiligt. Der äussere Theil des Bogens ist nur dann deutlich sichtbar, wenn der Bogen ziemlich lang wird und die Kohlen „flammen“, wobei auch die äusseren Ränder des Kraters zu verdampfen beginnen. Die weissglühende Spitze der negativen Kohle hat etwa 2500° C. und trägt etwa 10 % zur leuchtenden Strahlung bei.

b) Bei Verwendung von ***Wechselstrom*** sind einseitige Effekte an den Kohlenelektroden, wie sie bei Gleichstrom auftreten, von vornherein ausgeschlossen. Es werden sich beide Kohlenstäbe etwas abflachen und kleine Kraterflächen aufweisen. Bei zu kleinem Bogen oder bei geringer Güte der Kohle kann auch hier das pilzförmige Hütchen an einer der Kohlen oder an beiden auftreten. Ungleiche Erscheinungen an den beiden Kohlenelektroden werden jedoch nur durch sekundäre Einflüsse, nicht durch den Bogen selbst unmittelbar hervorgerufen. So erhöht bei vielen Wechselstrombogenlampen die aufsteigende erhitzte Luft den Abbrand der Oberkohle, während bei Verwendung von Reflektoren knapp über dem Bogen der Abbrand der Unterkohle durch Reflexion der Wärmestrahlen vermehrt wird; auch können verschieden beschaffene Ober- und Unter-Kohlenstäbe jene Gleichheit im Abbrande aufheben.

Bevor auf die weiteren Eigenschaften der Lichtquellen eingegangen wird, soll als wichtigster Theil die Optik derselben vorgenommen werden. Als Einführung hierzu müssen die photometrischen Einheiten kurz besprochen werden.

4. Photometrische Einheiten.

Eine vollständige Einigung über die photometrischen Einheiten ist noch nicht erzielt worden. Die internationale Verständigung über die elektrischen Einheiten wirkt jedoch als gutes Beispiel so fördernd, dass eine vollständige Einigung dank der Bemühungen der von Zeit zu Zeit stattfindenden elektrischen Kongresse und auf Grund der Arbeiten von v. Hefner-Alteneck, Leonhard Weber und André Blondel[1]) bald zu

[1]) Siehe Leonhard Weber, Elektr. Zschr. 1897, S. 91, und André Blondel: l'Éclairage public par les lampes à arc (Zschr. f. Beleuchtungsw. 1896, S. 165).

erwarten ist. Als Grundlage der Einheiten dient je nach den Bedürfnissen entweder die Kerze, das Meter und die Stunde oder die Kerze, das Centimeter und die Sekunde.

Die Empfindung der Lichtstärke einer Lichtquelle beruht auf ihrer physiologischen Wirkung auf das Auge, und es ist daher begreiflich, dass die Zurückführung derselben auf die Grundeinheiten des absoluten Maasssystems schwer fällt. Man hat deshalb zu künstlichen Einheiten der Lichtstärke Zuflucht genommen, welche vom theoretischen Standpunkte aus genau, vom praktischen aus aber leicht reproducirbar sein müssen.

a) Etalons der Lichtstärke. Vom theoretischen Standpunkte aus sind jene Einheiten zur Bestimmung der Lichtstärke beachtenswerth, bei welchen als Etalon die Flächeneinheit einer durch den Strom zum Glühen gebrachten möglichst unveränderlichen Substanz verwendet wird. Eine solche Einheit ist die Platineinheit von Violle, welche von dem internationalen Elektrikerkongress 1881 und der internationalen Konferenz 1884 in Paris als Einheit der Lichtstärke angenommen wurde.

Diese Einheit bildet die senkrecht zur glühenden Fläche von einem Quadratcentimeter geschmolzenen Platins bei der Erstarrungstemperatur ausgesandte Lichtstärke. Die Definition greift auf eine Flächenhelligkeit zurück und würde, da die Beschaffenheit der Oberfläche nach den Versuchen von Lummer und Kurlbaum das Ergebniss nicht beeinflusst, theoretisch vollkommen entsprechen, wenn nur die Erstarrungstemperatur ohne besondere Bestimmung der Nebenumstände als genau feststehend zu betrachten wäre. Um diesem Mangel der Violle'schen Einheit abzuhelfen, schlagen Lummer und Kurlbaum als Einheit jene Lichtstärke vor, welche 1 cm^2 glühenden chemisch reinen Platins senkrecht zu seiner Ebene bei einer bestimmt definirten Temperatur aussendet. Durch elektrischen Strom zum Glühen gebrachtes Platinblech bestrahlt durch ein Diaphragma von 1 cm^2 Fläche ein Bolometer, einmal mit seiner Gesammtstrahlung, ein andermal mit der durch ein Absorptionsgefäss hindurchgelassenen Theilstrahlung. Der das Platinblech erwärmende Strom wird solange regulirt, bis das Verhältniss dieser Strahlungen, welches durch die Ausschläge des mit dem Bolometer verbundenen Galvanometers angezeigt wird, 10 : 1 beträgt.

Ist diese Temperatur erreicht, so gilt die durch das Diaphragma senkrecht zur Ebene des Platinblechs ausgesandte leuchtende Strahlung als Einheit der Lichtstärke. Als Absorptionsgefäss dient dabei eine 2 cm dicke, beiderseits von je 1 mm dicken Quarzplatten in einem cylindrischen Glasgefäss eingeschlossene Wasserschicht.

Lummer und Kurlbaum haben diese Einheit mit 1 % Genauigkeit reproduciren können. Sie mag also theoretisch recht wohl geeignet sein; in die Praxis wird sie wegen ihrer schwierigen und zeitraubenden, nur geschickten Beobachtern möglichen Darstellung, ihrer Unhandlichkeit und ihrer Kostspieligkeit nicht einzudringen vermögen. Doch könnte sie in der modificirten Form recht gut in den Laboratorien zur Beglaubigung praktisch brauchbarer Einheiten verwendet werden.

Als weiterer praktischer Nachtheil kommt noch in Betracht, dass die Platineinheit zu gross ist. Man hat deshalb den zwanzigsten Theil derselben als Bougie décimale für die praktische Einheit vorgeschlagen.

Für die Praxis sind bisher fast ausschliesslich Flammeneinheiten zur Bestimmung der Lichtstärke verwendet worden. Die hervorragendste Stellung unter diesen Etalons nimmt die von v. Hefner-Alteneck vorgeschlagene Amylacetatlampe ein. Sie ist bequem zu handhaben, leicht, billig und genügend genau herzustellen und soweit konstant, dass sie nach den langjährigen Untersuchungen der Physikalisch Technischen Reichsanstalt in Berlin von ihr zur amtlichen Beglaubigung zugelassen wird. Ausserdem unterscheidet sie sich nur um 2 % von dem 20. Theile der Platineinheit. Sie ist deshalb vom Verbande Deutscher Elektrotechniker und von der Lichtmesskommission des Vereins der Gas- und Wasserfachmänner Deutschlands als Etalon angenommen worden. Als Einheit der Lichtstärke dient also unter dem Namen Kerze (Pyr) die frei in reiner und ruhiger Luft brennende 40 mm hohe Flamme, welche sich aus dem horizontalen Querschnitt eines massiven, mit reinem Amylacetat gesättigten Dochtes erhebt. Dieser Docht erfüllt vollständig ein kreisrundes Neusilberröhrchen, dessen lichte Weite 8 mm, dessen äusserer Durchmesser 8,3 mm und dessen freistehende Länge 25 mm beträgt.

b) Lichtstrom. Nächst der Lichtstärke, die im Allgemeinen nach verschiedenen Richtungen hin verschieden ist, ist für eine Lichtquelle der von ihr ausgesandte Lichtstrom charakteristisch. Steht einer punktförmigen Lichtquelle J ein Flächenstück S im Abstand r überall senkrecht gegenüber, so erhält es einen Lichtstrom $\frac{J\,S}{r^2}$ und der gesammte von der Lichtquelle ausgestrahlte Lichtstrom

$$\Phi = J \cdot \frac{4\pi r^2}{r^2} = 4\pi J,$$

d. i. gleich der Oberfläche einer Kugel vom Radius r = 1, deren Flächeneinheit die Beleuchtung J besitzt.

Bezeichnet man einen bestimmten körperlichen Winkel oder das Verhältniss des durch ihn auf der Kugel ausgeschnittenen Flächenstückes zum Quadrat des Radius mit ω, so ist der in diesem Winkel ausgesandte Lichtstrom

$$\Phi = J \, . \, \omega.$$

Die übrigen vom Verbande und von den Gas- und Wasserfachmännern angenommenen Einheiten sind in der folgenden Tabelle zusammengestellt.

c) *Zusammenstellung der photometrischen Einheiten.* (*L. Weber.*)

Grössenart			Grundlage des Systems { Kerze-Centimeter-Sekunde / Kerze-Meter-Sekunde			Formeln
Definition	Name	Internat. Symbol	Definition der Einheit	Name	Dimension	
Die Intensität einer punktförmigen Lichtquelle	Lichtstärke	J	Die Lichtstärke der Hefnerkerze in horizontaler Richtung	Kerze (Hefnerkerze) HK	[K]	
Die Erfüllung eines von einer punktförmigen Lichtquelle ausgehenden räumlichen Winkels ω mit Licht	Lichtstrom	Φ	Der von der Kerze in den räumlichen Winkel Eins entsandte Lichtstrom	Lumen Lm	[K]	$\Phi = J \cdot \omega$
Das Produkt eines Lichtstromes mit der Zeit seines Bestehens	Lichtabgabe (-leistung) (-menge)	Q	Das während der Zeiteinheit, der Sekunde oder Stunde, andauernde Lumen	Lumensekunde oder Lumenstunde	[KS]	$Q = \Phi \cdot T$ T in Sekunden oder Stunden
Das Verhältniss der auf eine ebene Fläche auftreffenden Lichtströme zu der Flächengrösse	Beleuchtung	E	Die Beleuchtung der Flächeneinheit (cm² oder m²) durch das Lumen; oder (gleichbedeutend) die Beleuchtung einer ebenen Fläche im normalen Abstand von 1 cm oder 1 m durch die Kerze	Lux Lx (Meterkerze)	$[KC^{-2}]$	$E = \frac{\Phi}{S}$; S in cm² oder m² oder $E = \frac{J}{R^2}$; R in cm oder m
Das Verhältniss der Lichtstärke einer hellen ebenen Fläche zu ihrer scheinbaren Flächengrösse	Flächenhelle (Glanz)	H	Die Flächenhelle jener Fläche, deren Flächeneinheit (cm² oder m²) die Lichtstärke einer Kerze besitzt	Kerze per cm² (oder m²) Centimeterquadratkerze (oder Meterquadratkerze)	$[KC^{-2}]$	$e = \frac{J}{S}$; S in cm² (oder m²)

d) Dimensionen. Für eine nicht punktförmige Lichtstärke ist die Intensität im Allgemeinen nach verschiedenen Richtungen verschieden gross; zur Ermittelung des gesammten Lichtstroms oder Luminals ist daher die Summirung $\Phi = \Sigma(J \,.\, \omega)$ vorzunehmen. Die Einheit des Lichtstromes oder das Lumen ist derjenige Strom, welcher von einer punktförmigen Lichtquelle von der Intensität J im körperlichen Winkel 1 hervorgerufen wird. Da ω eine reine Zahl ist, so ist die Dimension des Lumen gleich (K). Die übrigen Einheiten und Beziehungen dürften aus der obigen Zusammenstellung unmittelbar verständlich sein. Für die chemischen Wirkungen der Lichtstrahlen käme noch die Einheit der „Belichtung", das ist das Produkt aus Beleuchtung mal Zeit ($K C^{-2} S$) hinzu. Ebenso wie beim C.G.S.-System der elektrischen Einheiten ein praktisches System mit Volt, Ampère etc. in Gebrauch ist, ebenso würde es sich nach L. Weber[1]) empfehlen, dem Kerzen-Centimeter-Sekunden-System, K.C.S., ein Kerzen-Meter-Sekunden-System, K.M.S., hinzuzufügen. Beide hätten für die praktischen Messungen, insbesondere der Lichtstärke, des Lichtstromes, der Lichtabgabe und der Beleuchtung, ferner für die Messung der Flächenhelligkeit hohe Bedeutung, und es wäre das K.C.S. anzuwenden, wenn es sich um selbst leuchtende Körper oder um Flächenhelligkeiten, das K.M.S., wenn es sich um beleuchtete Körper handelt.

5. Lichtwirkung elektrischer Lichtquellen.

Die Verwendung von Gleichstrom oder Wechselstrom bewirkt bei den Glühlampen keinen praktisch merkbaren Unterschied in Bezug auf Lichtstrom und Lichtleistung, sofern die Zahl der Perioden des Wechselstromes über 40 per Sekunde beträgt.

Die Temperatur des Fadens kann den Stromveränderungen infolge der in der Glasbirne erfolgenden Wärmeaufspeicherung nur schwach folgen, und zwar um so schwächer, je mehr Masse derselbe besitzt. So hat H. F. Weber nach seiner ausgezeichneten Theorie der Glühlampe berechnet, dass die Temperatur eines Glühfadens von 0,01 g, bei einer specifischen Wärme von $^1/_2$ und bei 50sekundlichen Perioden zwischen 1569 und 1577°, also insgesammt um 8° bei einer mittleren Temperatur von 1573°, d. h. um etwa $^1/_2$ %, schwankt[2]).

Auf Anregung von Professor Forbes wurden 1892 im Eickemeyer'schen Laboratorium in New-York Versuche angestellt. Man fand bei 20 Perioden das Flimmern unerträglich, bei 30 Perioden wurde jedoch

---

[1]) Elektr. Zschr. 1897, S. 91.

[2]) Siehe auch: Janet, Zschr. f. Beleuchtungsw. 1897, S. 253.

schon ein genügend gleichmässiges Licht erzielt. Hieraus zog man den Schluss, dass für Bureauräume 30, für Werkstätten und Aussenbeleuchtung als untere Grenze 25 Perioden nicht zu unterschreiten sind.

Anders liegen beim Lichtbogen die Verhältnisse. Bei demselben schwankt wegen der unvermittelten Wärmeabgabe die Temperatur rascher, und daher folgen die Lichtschwankungen den Stromschwingungen nach Untersuchungen von Blondel und Görges selbst noch bei 150. Es ist daher sehr wahrscheinlich, dass beim Wechselstrombogen ein zweimaliges Abreissen des Bogens während einer vollständigen Periode auftritt; doch ist es noch fraglich, inwieweit die leitende Brücke dabei erhalten bleibt. Die Lichtstärke sinkt jedenfalls nicht bis Null herab, weil die glühenden Kohlenenden immerhin beim Durchgange der Stromwelle durch die Nulllinie einen geringen Lichtstrom beibehalten. Die resultirende Wirkung eines veränderlichen Lichtes auf das Auge, extreme Grenzen nach unten und nach oben ausgenommen, erfolgt nach dem Talbot'schen Gesetze, welches lautet: Wenn eine Stelle der Netzhaut von periodisch veränderlichem Licht getroffen wird, entsteht ein kontinuirlicher Eindruck, der dem gleich ist, welcher entstehen würde, wenn das während einer jeden Periode eintretende Licht gleichmässig über die ganze Dauer der Periode vertheilt würde. Darnach erweisen sich z. B. jene Erfindungen ökonomischerer Betriebe von Glühlampen als vollkommen verfehlt, bei welchen durch eine Schaltvorrichtung die Lampen nur auf kurze Zeit funktioniren und doch auf das Auge den vollen Eindruck des stetigen Funktionirens machen sollen. Nach diesem Satze muss man sich auch die Wirkung des Wechselstrombogens zurechtlegen; doch ist dabei zu beachten, dass während der Zeit geringer Stromstärke die aufgewendete Energie mehr Wärme, während der Zeit hoher Stromwerthe innerhalb derselben Stromwelle mehr Licht ergiebt, wodurch die Form der Lichtstärkenwelle gegenüber der Stromwelle verändert wird. Aus dieser Anschauung geht auch klar hervor, dass die Kurvenform der Stromstärke auf die Lichtwirkung von Einfluss sein wird.

6. Die räumliche Vertheilung der Lichtstärke bei den Lichtquellen.

Denkt man sich vom Mittelpunkte der Lichtquelle aus nach allen Richtungen hin die Lichtstärke als Strecke aufgetragen, so erhält man den „photometrischen Körper“. Ein durch den Mittelpunkt desselben geführter Schnitt giebt die horizontale photometrische Kurve der Lichtquelle, während vertikal gelegte Schnitte die Vertheilung der Lichtstärke nach einem Meridian kennzeichnen. Bei der Beurtheilung der nützlichen Wirkung einer Lichtquelle wird man, je nach der Verwendungsweise derselben, einzelne Lichtstärken nach bestimmten Richtungen hin besonders beachten, oder den aus der horizontalen photometrischen Kurve oder aus der unteren Hälfte derselben oder dem ganzen photometrischen Körper ermittelten Mittelwerthen seine Aufmerksamkeit zuwenden. So kommt man auf die horizontale, maximale oder mittlere horizontale Intensität, wenn es sich um Beleuchtung bei grösseren Entfernungen handelt; auf den totalen Lichtstrom oder die mittlere sphärische Lichtstärke bei Beleuchtung geschlossener Lokale; auf den von der unteren Hälfte ausgestrahlten Lichtstrom oder die mittlere hemisphärische Lichtstärke, wenn es sich um die Beleuchtung unbedeckter Räume handelt; und auf die Flächenhelle (oder den Glanz) der Lichtquellen, wenn es sich um die Sichtweite derselben handelt.

Die Ermittlung dieser Grössen soll im Nachfolgenden erläutert werden. Es sei (Fig. 1) z. B. die mittlere hemisphärische Intensität eines Licht-

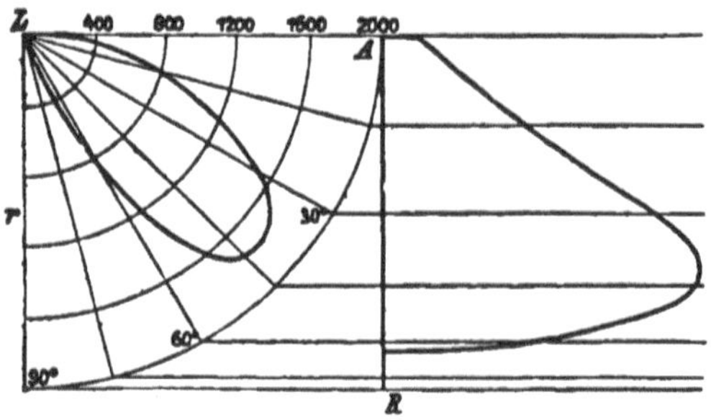

Fig. 1.

bogens zu bestimmen, für den die photometrische Kurve als unveränderliche Meridiankurve gegeben sei[1]). Diese mittlere Lichtstärke ist nicht gleichbedeutend mit dem Werthe der mittleren Polarkoordinate, sondern es sind die Lichtzonen, wie der Sinn der folgenden Rechnungen zeigt, in der Nähe der horizontalen Richtung am grössten und sie nehmen mit dem Sinus des Neigungswinkels ab. Die Einheit der bei A gezogenen Kugelfläche auf dem αten Parallelkreis erhält die Beleuchtung $\frac{J_\alpha}{r^2}$. Die Lichtzone desselben von der Breite $d\alpha$ besitzt die Fläche

$$2\, r^2 \pi \cos \alpha \,.\, d\alpha$$

und empfängt die Beleuchtung

$$2\, \pi\, J_\alpha \cos \alpha \,.\, d\alpha.$$

Es wird also die Halbkugel die Beleuchtung

$$2\, \pi \int_0^{\frac{\pi}{2}} J_\alpha \cos \alpha \,.\, d\alpha$$

---

[1]) Aus Grawinkel-Strecker's Hilfsbuch der Elektrotechnik.

erhalten. Da 2π die Oberfläche der Halbkugel für $r = 1$ ist, so ist die mittlere halbsphärische Intensität

$$J_{\frac{s}{2}} = \int_0^{\frac{\pi}{2}} J_\alpha \cdot \cos\alpha\, d\alpha = \frac{1}{r}\int J_\alpha \cdot d(r \sin\alpha),$$

woraus sich die einfache Konstruktion ergiebt: auf $\overline{AR}$ als Abscisse $r \cdot \sin\alpha$ und als Ordinate J_α aufzutragen. Die Fläche der so erhaltenen Kurve ist dann noch durch r zu dividiren.

a) Glühlampen. Kennt man die Gestalt des photometrischen Körpers, so wird man aus der Kenntniss eines oder mehrerer Intensitätsstrahlen durch empirische Formeln mit bekannten Koefficienten die obige Grössen berechnen können. Betrachten wir vorerst die Glühlampe. Die Abweichungen des photometrischen Körpers von der Kugelgestalt sind je nach den Anordnungen, der Form und dem Querschnitt des Kohlenfadens bald stärker, bald geringer. Potier hat auf der Ausstellung 1881 gezeigt, dass für jede Type von Glühlampen die mittlere sphärische Intensität von der horizontalen Intensität, gemessen in einer bestimmten Richtung, abgeleitet werden kann, indem diese letztere mit einem charakteristischen Koefficienten, welcher für jede Type zu bestimmen ist, multiplicirt wird. Uebereinstimmend berechnet Blondel[1]) den Lichtstrom aus der Oberfläche des Fadens S und seiner Projektion σ in Richtung der horizontalen Intensität J_h mit

$$\Phi = J_h \cdot \pi \frac{S}{\sigma}$$

oder wenn l die wahre Länge des Fadens und p die Länge seiner Projektion

$$\Phi = \pi^2 \cdot \frac{l}{p} \cdot J_h .$$

Bei Glühlampen mit einem flach gebogenen Bügel weicht demnach der totale Lichtstrom in Lumen sehr wenig von dem zehnfachen (π^2) der horizontalen maximalen Intensität ab, gemessen senkrecht zur Mittelebene des Bügels. Die Kenntniss dieser Intensität ist für die Praxis ausreichend. Wenn man es z. B. mit einer Lampe von 16 Kerzen zu thun hat, so weiss man, dass sie annähernd 160 Lumen hervorbringt und dass sie mit der mittleren Beleuchtung von 1 Lux die Wände eines Saales von 160 qm totaler Fläche zu erhellen vermag. Aus obiger Formel findet man (mit Berücksichtigung von $\Phi = J_s \cdot 4\pi$) die sphärische Intensität

$$J_s \gtreqless \frac{\pi}{4} \cdot J_h \gtreqless 0{,}78\, J_h .$$

[1]) A. Blondel, La détermination de l'intensité moyenne sphérique. 1895.

In der Bezeichnung der Lichtstärke der Glühlampen ist noch keine allgemeine Einigung erzielt worden. In Bezug auf die Umsetzung elektrischer Energie in Licht wäre es richtig, die mittlere sphärische Intensität zu verwenden. Allein Fabrikationsrücksichten, sowie die Verwendungsart der Glühlampe, welche die Berücksichtigung der Strahlen nach bestimmten Richtungen bevorzugt, führen dazu, dass man entweder die maximale oder die mittlere horizontale Lichtstärke zur Bezeichnung verwendet. Die Messung senkrecht zur Vertikalebene, welche durch die Einführungsstellen und die vertikale Axe des Fadens geht, ergiebt die maximale horizontale Lichtstärke; die Messung in dieser Richtung und senkrecht zu derselben ergiebt als Mittelwerth die mittlere horizontale Lichtstärke. Der Unterschied zwischen diesen zu einander senkrechten Richtungen beträgt z. B. nach Riggert'schen Messungen an einer 16 kerz. Glühlampe mit 3,5 Watt pro Kerze ca. 7 % vom Mittelwerth.

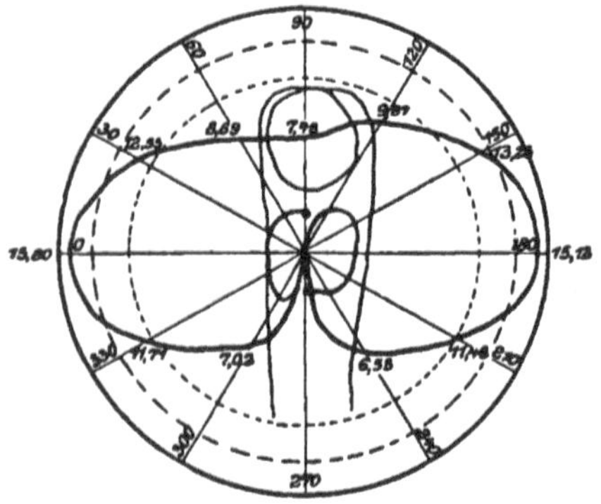

Fig. 2.

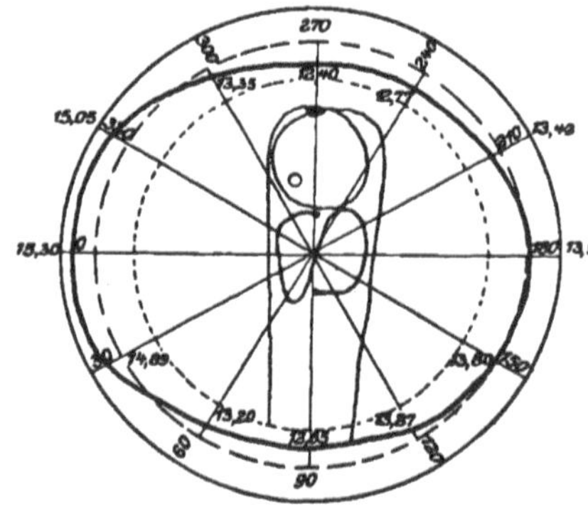

Fig. 3.

Die Intensität in Richtung der beiden Zuführungsdrähte ist öfters ein ganz singulärer Werth der photometrischen Kurve, weil bei manchen Bügelformen leuchtende Theile sich gegenseitig überdecken; eine kleine Abweichung aus dieser Richtung lässt oft die Lichtstärke rasch wachsen, und man hat darum häufig eine Zwischenstellung zwischen 0^0 und 90^0, etwa 45^0, zur Ermittelung der mittleren horizontalen Lichtstärke verwendet.

Zur besseren Uebersicht dienen die in den Fig. 2 und 3 dargestellte horizontale und vertikale photometrische Kurve einer Swanglühlampe. Die Zahlen der Lichtstärken beziehen sich auf englische Kerzen und sind zur Reduktion auf Hefnerkerzen mit 1,05 zu multipliciren. Die vertikale Kurve zieht sich in Richtung der Befestigungsstelle der Glühlampe zu Null ein. Die Ansicht des Fadens ist auch im Bilde der horizontalen Kurve ersichtlich gemacht.

b) Gleichstrombogen. Die Lichtstärken des Lichtbogens unter verschiedenen Richtungen weichen weit mehr von einander ab als jene der Glühlampen. Die eigenthümliche Vertheilung der Lichtwirkung ist der Grund dafür, dass man meist die positive Kohle als obere anordnet, wenn es sich um die Beleuchtung von Bodenflächen handelt.

Die Ergebnisse der bisher an Bogenlampen vorgenommenen photometrischen Messungen über die Vertheilung der Lichtwirkung sind meistens in Gestalt einer polaren Kurve niedergelegt worden, welche man erhält, indem man für jede der untersuchten Richtungen unter entsprechendem Winkel gegen eine angenommene Nulllinie einen Strahl zieht und auf diesen die gemessenen Lichtstärken in einem passenden Maassstabe aufträgt. Man gelangt durch Verbindung aller so erhaltenen Punkte zu einer Kurve von der in Fig. 4 dargestellten schräg liegenden Ei-Form. Ueber die Gestalt der Kurve kann man sich übrigens auch durch eine einfache Ueberlegung Klarheit verschaffen.

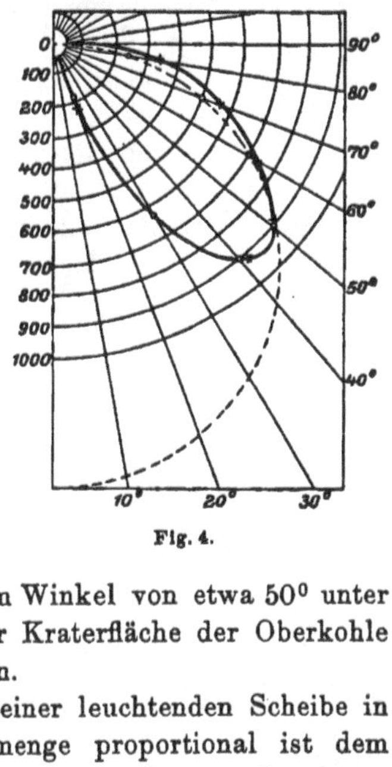

Fig. 4.

Wenn die positive Oberkohle über der negativen Unterkohle angeordnet ist, so muss natürlich die Lichtwirkung vertikal nach abwärts in Folge des Schattens der unteren Kohle Null sein. In horizontaler Richtung wird die ausgestrahlte Lichtmenge wegen der Schattenwirkung der sich kraterförmig aushöhlenden Oberkohle und der verhältnissmässigen Nähe der Unterkohle ein Minimum erreichen, um unter dem Winkel von etwa 50° unter der Horizontalen, wo der grösste Theil der Kraterfläche der Oberkohle sichtbar ist, zu einem Maximum anzusteigen.

Nach Trotter's[1]) Satze, dass die von einer leuchtenden Scheibe in irgend einer Richtung ausgestrahlte Lichtmenge proportional ist dem Theile der Fläche, welcher in dieser Richtung gesehen werden kann, muss die Anzahl der von der Kraterfläche in einer bestimmten Richtung ausgestrahlten Kerzenstärke wie die Projektion der sichtbaren Kraterfläche auf die betreffende Richtung, also wie der Kosinus des Richtungswinkels, variiren. Trägt man aber die Werthe der Kosinus sämmtlicher Richtungswinkel in ein polares Koordinatensystem ein, so erhält man einen Kreis, dessen Umfang durch den Pol geht. Wenn das oben ausgesprochene Gesetz richtig ist, so muss die polare Kurve der Kerzen-

---

[1]) Alexander Trotter, Electrician 28, 1892, S. 687; Elektr. Zschr. 1892, S. 433.

stärken sich ein Stück weit einem solchen Kreise anschmiegen; und da dem Kosinus 60° die Hälfte der gesammten Kraterfläche entspricht, da ferner unter dem Winkel von 60° die Hälfte der gesammten, vom Krater ausgesandten Lichtstärke vorhanden sein sollte, so mag man als Radius des Kreises den der Richtung 60° entsprechenden Radiusvektor der polaren Kurve der Kerzenstärken wählen. Wie man aus Fig. 4 ersieht, decken sich der Kreis und die Polarkurve annähernd auf eine grosse Strecke. Für zwei Abweichungen lässt sich die Erklärung sofort finden. In der Nähe der horizontalen Richtung geben die Aussenwände des Kraters und die unter einem ziemlich günstigen Winkel sichtbare Spitze der negativen Kohle, sowie in ganz geringem Maasse der Lichtbogen selbst, die Veranlassung dazu, dass die Polarkurve etwas ausserhalb des Kreises liegt, während das bedeutende Zurückbleiben der Polarkurve gegen den Kreis unterhalb 60° nichts anderem als der Schattenwirkung der Unterkohle zugeschrieben werden muss, welche von da an für die über 60° (nach abwärts) zunehmenden Winkel mehr und mehr vom Lichte des Kraters abschneidet. Für den Gleichstrombogen haben auf der 1881 Pariser Ausstellung Allard, Potier, Leblanc, Tresca und Joubert die Näherungsformel benutzt

$$J_s = \frac{J_h}{2} + \frac{J_{max}}{4},$$

wobei J_h die horizontale, J_{max} die maximale und J_s die mittlere räumliche Intensität bedeutet. Daraus folgt der totale Lichtstrom

$$\Phi = 4\pi \cdot \left(\frac{J_h}{2} + \frac{J_{max}}{4}\right) = 2\pi \cdot \left(\frac{J_h}{2} + \frac{J_{max}}{2}\right) + 2\pi \left(\frac{J_h}{2}\right),$$

wobei der erste Klammerausdruck die untere hemisphärische, der zweite die obere hemisphärische Intensität repräsentirt. Wybauw hat auf der Antwerpner Ausstellung die Formeln geprüft und nur einen mittleren Fehler von 6 % gefunden; doch weisen einzelne Messungen weit grössere Fehler auf, so dass der Werth solcher Formeln nur ein bedingter sein kann.

c) Wechselstrombogen. Da beim Wechselstrombogen die Elektroden ihre Polarität beständig wechseln, so nehmen beide annähernd gleichen Antheil an der Lichtentwicklung und die Vertheilung der Lichtstärken beim nackten Bogen erfolgt daher ziemlich symmetrisch nach oben und unten. Die Kohlenstäbe weisen beide kleine Kraterflächen auf, von welchen der weitaus grössere Theil des Lichtes ausgestrahlt wird. In der Horizontalen ist die Projektion dieser Kraterfläche ein Minimum, während die relative Grösse der sichtbaren Kraterfläche unter beiläufig 50—60° über und unter der durch den Boden gelegten Horizontalebene ihren Maximalwerth erreicht. Die Lichtvertheilung des

Wechselbogens kann, wie es Trotter beim Gleichstrombogen gethan hat, auch hier nach Blondel erklärt werden. Jeder der kleinen Krater, wenn er von der anderen Kohle nicht verdeckt wäre, würde einen Kreis als Kurve der meridionalen Lichtstärke geben. Wegen der Verdeckung durch die Kohlen werden diese beiden Kreise wie beim Gleichstrombogen modificirt. Der Bogen selbst und diejenigen glühenden Theile der Kohlen, welche ausserhalb des Kraters mitglühen, geben noch eine ergänzende dritte Intensitätskurve. Wenn man die Vektoren dieser drei Kurven addirt, so erhält man die resultirende Lichtstärkenkurve, wie aus den Fig. 5 und 6 ersichtlich.

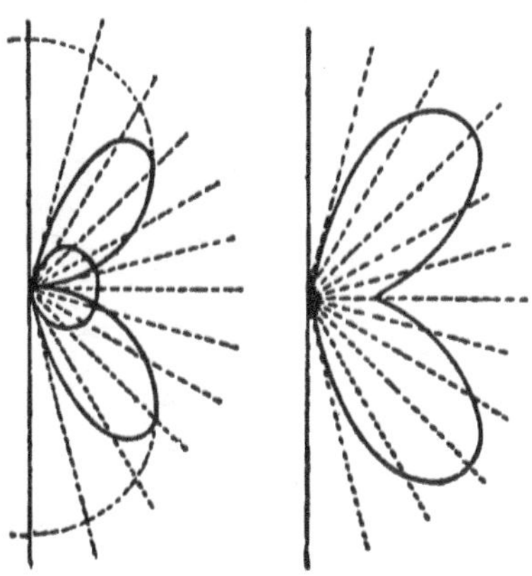

Fig. 5. Fig. 6.

Mit wachsender Bogenlänge nimmt auch hier die Schattenwirkung jeder Elektrode mit Bezug auf den vom Krater der anderen Elektrode ausgesandten Lichtstrom ab; die gesammte Lichtwirkung nimmt demnach mit wachsender Bogenlänge zu, sofern der Energieaufwand annähernd proportional der Vergrösserung des Bogens verstärkt wird. Im anderen Falle nimmt die Lichtstärke trotz verringerter Schattenwirkung deshalb ab, weil die mittlere Temperatur der Kohlen, respektive der Krater abnimmt. Nach den neuen Messungen Blonde's giebt es für jede Kohlensorte eine bestimmte Bogenlänge und Klemmenspannung, welche günstigste Lichtwirkung ergiebt.

Die einzige Näherungsformel, welche bis jetzt für die mittlere Lichtstärke des Wechselstrombogens vorgeschlagen wurde, war in der Pariser Ausstellung 1881: $J_s = 0{,}9 \,.\, J_h$. Doch hat auch diese heute keinen Werth mehr, weil sie für Jablochkoff'sche Kerzen bestimmt war.

Blondel hat empirische Formeln neuerdings für die Lichtvertheilung der Wechselstrombogen gefunden und zwar:

$$J_s = \frac{J_h}{2} + \frac{J_{max} + J'_{max}}{4}$$

bis 10 Ampère, und

$$J_s = \frac{J_h}{8} + \frac{J_{max} + J'_{max}}{4}$$

über 10 Ampère, wobei J_s sphärische, J_h horizontale, J_{max} und J'_{max} die maximalen nach oben und unten gerichteten Intensitäten bedeuten;

ferner für Mittelwerthe nahe an 10 Ampère:

$$J_s = \frac{J_h}{4} + \frac{J_{max} + J'_{max}}{4}$$

von 8—12 Amp.

Einige Messungen, veröffentlicht von der Helios E.A.G., stimmen mit der mittleren Formel ziemlich überein. Hierüber geben folgende Tabelle, sowie Fig. 7 weiteren Aufschluss.

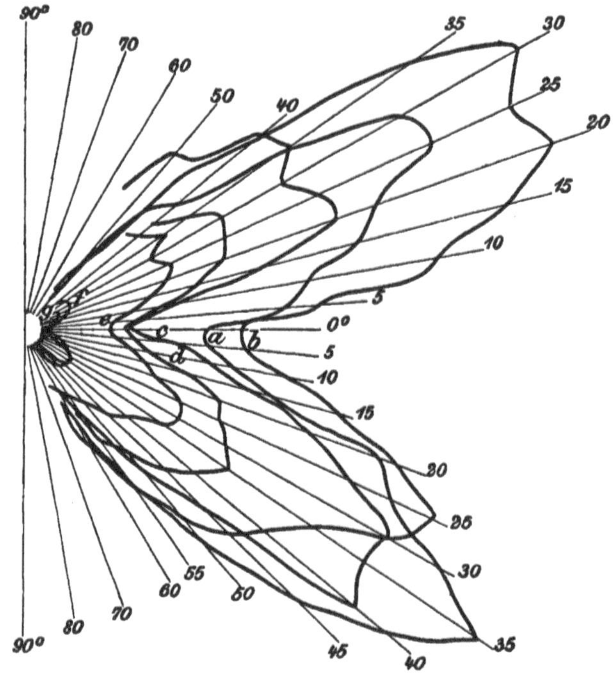

Fig. 7.

No.	Amp.	Volts	Gemessene Intensität			Mittl. sphärische Intensität	
			Horizontal	Unteres Max.	Oberes Max.	Aus der Kurve abgeleitet	Nach d. Formel abgeleitet
a	50	25	1630	4840	4660	2625	2578
b	30	28	1800	3880	3880	2200	2165
c	20	2,75	940	1800	3760	1500	1507
d	16	28	925	2160	2200	1200	1206
e	15	2,75	670	1500	1570	870	850
f	10	28	150	550	550	275	293

7. Einfluss der Stromart auf die Klemmenspannung am Lichtbogen.

Die zum Betriebe des Bogens erforderliche Klemmenspannung ist für Gleich- und Wechselstrom von der Länge des Bogens, von der Art der verwendeten Kohle, von der Stromstärke und bei Wechselstrom ausser von diesen Grössen auch von der Kurvenform abhängig, und zwar steigt sie für alle Strom- und Kohlenarten bei ruhigem Bogen etwas mit wachsender Bogenlänge; doch giebt es für jede Stromstärke und Bogenlänge einen minimalen Werth der Klemmenspannung, bei dessen Unterschreitung der Bogen unstabil und zischend wird. Die total erforderliche Bogenspannung setzt sich also aus zwei Theilen zusammen, von denen der eine nur von der Kohlensorte und Stromart, der andere auch von

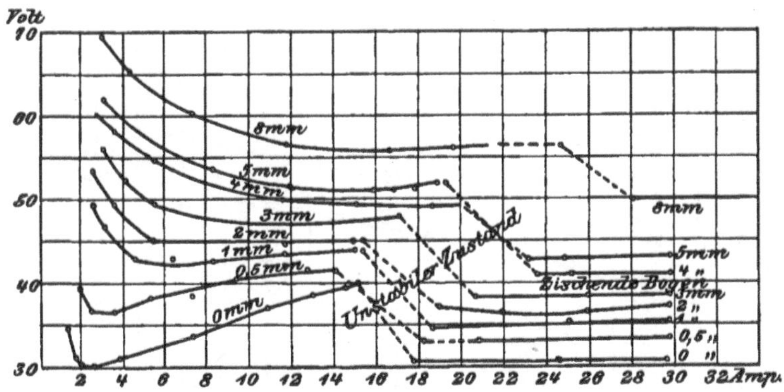

Fig. 8.

der Stromstärke und Bogenlänge abhängen. Bei den meist vorkommenden Stromstärken von 6—14 Amp. und Bogenlängen von 2—4 mm für Gleichstrom beträgt die Klemmenspannung 40—50 Volt; bei Lichtbögen dagegen, welche unter beschränktem Luftzutritt funktioniren, wie bei den später zu beschreibenden vielstündigen Bogenlampen, werden Ströme von 2—5 Amp. und Bogenlängen über 6 mm bei hohen Klemmenspannungen von 80—85 Volt verwendet. Auf dem Kontinente ist es bei Gleichstrom üblich, die Oberkohle gedochtet, die Unterkohle homogen zu wählen, während in Amerika noch vielfach beide Kohlen homogen benutzt werden. Die vielstündigen Bogenlampen machen, wie wir später eingehender erklären werden, eine Ausnahme, da sie beide Kohlen homogen erhalten. Für Wechselstrom werden auf dem Kontinente beide Kohlen gedochtet. Diese Wahl, auf deren Begründung bei der Kohlenfabrikation eingegangen wird, hat auf die Klemmenspannung einen maassgebenden Einfluss. Die erforderliche Spannung ist bei Dochtkohlen unter sonst gleichen Umständen kleiner als bei Homogenkohlen.

Der Zusammenhang zwischen Bogenspannung und Stromstärke bei konstanter Bogenlänge ist für Gleichstrom von Hertha Ayrton genau ermittelt worden. So fand sie z. B. bei 9 mm Docht-Oberkohle und 8 mm Homogen-Unterkohle den in Fig. 8 dargestellten Zusammenhang. In diesem Falle ist bei sehr geringer Stromstärke auf etwa bis 5 Ampère ein rascher Abfall der Spannungsdifferenz mit steigender Stromstärke nachzuweisen.

Dieser Unterschied ist noch deutlicher zu erkennen, wenn man, wie in Fig. 9, die Bogenlängen als Abscissen und die Spannungsdifferenzen als Ordinaten aufträgt. Die Kurven schneiden sich nicht in einem Punkte, wenn sie auch bei ungefähr 1,25 mm näher aneinander rücken; die für 3 Ampère ermittelte Kurve zeigt die beträchtlichste Verschiebung in dieser Hinsicht[1]).

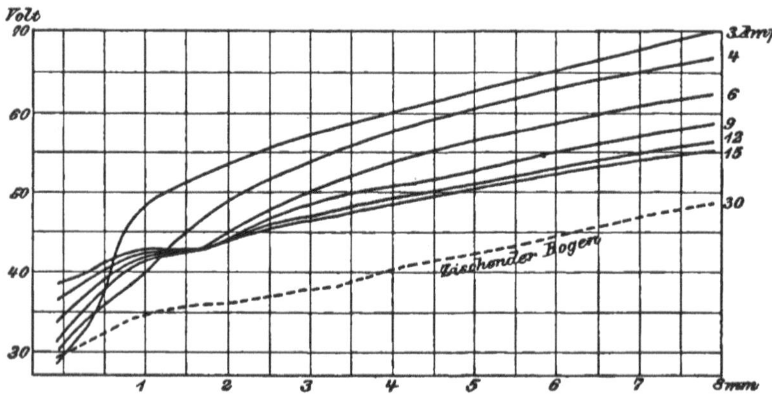

Fig. 9.

Bei Aenderung der Durchmesser der Kohlenstäbe konnte eine wesentliche Aenderung der zur Bildung des Lichtbogens erforderlichen Spannung nicht nachgewiesen werden. Die Qualität der Kohle übt jedoch solchen Einfluss aus, dass die Resultate der obigen Figuren keine Verallgemeinerung gestatten.

Der Umstand, dass die Erhaltung eines ruhigen Lichtbogens zwischen den durch eine theilweise mit Kohlendämpfen gesättigte Luftschicht getrennten Elektroden nur dann möglich ist, wenn die Spannung zwischen denselben ein bestimmtes Minimum nicht unterschreitet, bildet seit etwa 30 Jahren den Gegenstand mannigfacher Untersuchungen. Man nahm nach Edlund an, dass die Klemmenspannung e des Bogens zum grösseren Theile zur Ueberwindung einer konstanten gegenelektromotorischen Kraft und zum kleineren Theile zur Ueberwindung des eigent-

[1]) E. Voit, Der elektrische Lichtbogen. 1896.

lichen Widerstandes des Lichtbogens verwendet werde, und versuchte diesen Zusammenhang durch die Gleichung

$$e = a + b \cdot l \quad \text{oder} \quad a + b \cdot l \cdot i$$

auszudrücken. Hierin bedeutet a die als gegenelektromotorische Kraft angesehene konstante Grösse, l die Bogenlänge in mm, i die Stromstärke, b eine Konstante, so dass $b \,.\, l$ oder $b \,.\, l \,.\, i$ den Spannungsverlust im Bogen selbst betraf. Dagegen wird heute nach neueren Forschungen angenommen, dass der Bogen keine gegenelektromotorische Kraft aufweist, sondern dass a ein aus der Verdampfung der Kohle und den dabei auftretenden Nebenerscheinungen sich ergebender Uebergangswiderstand ist, der mit dem Drucke der Bogenatmosphäre, entsprechend der steigenden Verdampfungstemperatur, ebenfalls steigt[1]). Begnügt man sich mit annähernden Werthen, so kann man für Gleichstrom etwa $e = 39 + (2 \text{ bis } 3) \,.\, l$ und für Wechselstrom bei zwei Dochtkohlen etwa $e = 20 + (2 \text{ bis } 3) \,.\, l$ setzen. Diese Darstellungen sind ungenau; sie drücken z. B. nicht aus, dass die Klemmenspannung bei gleichem l mit wachsendem i abnimmt. Hertha Ayrton fand auf Grund genauer Messungen für Gleichstrom und zwei Homogenkohlen

$$e = 38{,}8 + 2{,}1\,l + \frac{11{,}6 + 10{,}5\,l}{i}.$$

Für Wechselstrom mit Heliosmaschinen und Lampen von 10 Ampère bis 30 Ampère bei etwa 3 mm Bogenlänge ergab sich ähnlich

$$e = 20 + 2\,l + \frac{37}{i}.$$

Weiterhin ist jedoch die effektive Klemmenspannung des Lichtbogens bei Wechselstrom von der Form der Stromkurve abhängig. Die Amplitude der Spannung muss zur Bildung des Bogens eine bestimmte Grösse bei jedem Wechsel erreicht haben, bevor der Lichtbogen zur Geltung gelangt. Die mittlere (effektive) Spannung, welche die Aufrechterhaltung eines ruhigen Bogens gestattet, ist bei spitzen Stromkurven geringer als bei flachen, ein Umstand, auf den bei der Schaltung der Wechselstrom-Bogenlampen näher eingegangen wird[2]).

Aus dem Momentanverhältniss von Spannung zu Strom vermag man auf den Werth des Momentanwiderstandes des Bogens zu schliessen. Solange man eine elektromotorische Kraft im Bogen voraussetzt, kann der Widerstand als ein „scheinbarer" bezeichnet werden. Bei Gleichstrom folgt aus der obigen linearen Gleichung zwischen Klemmenspannung und Strom, dass für denselben auch eine lineare Beziehung zwischen Wider-

[1]) A. Blondel, Ueber das Phänomen des elektrischen Lichtbogens. Elektr. Anzeiger 1897, S. 1551.

[2]) Siehe H. Görges, Elektr. Zschr. 1895, S. 549.

stand und Strom bestehen muss. Für den Wechselstrom liegen die Verhältnisse komplicirter, weil der Momentanwiderstand des Bogens mit den durch den veränderlichen Stromwerth hervorgerufenen Temperaturschwankungn variirt.

Hieraus erklärt sich auch die verschiedentlich beobachtete scheinbare Phasenverschiebung. Mehrere genauere Untersuchungen beweisen jedoch, dass eine wirkliche Phasenverschiebung zwischen Strom und Spannung beim Wechselstrombogen nicht vorliegt, was unter Annahme einer gegenelektromotorischen Kraft der Fall sein müsste.

Bei Verwendung von Dochtkohlen und ruhigem Bogen muss demnach der Leistungsfaktor, d. i. das Verhältniss des thatsächlich aufgewendeten Effektes zu dem scheinbaren Energieaufwande in Voltampère praktisch gleich der Einheit gesetzt werden.

8. Wirkungsgrad der elektrischen Lichtquellen.

Bei allen technisch verwendeten Lichtquellen ist, wie bereits erwähnt, die Erzeugung leuchtender Strahlen nicht ohne gleichzeitige Hervorrufung von Wärmestrahlen möglich. Auch bei den elektrischen Lichtquellen sendet jedes Stück der strahlenden Fläche des Kohlenfadens oder -Stabes eine bestimmte Gesammtmenge von Strahlen aus, von welchen nur ein kleiner Bruchtheil als Licht erscheint.

Dieser Bruchtheil wird absolut und relativ um so grösser, je höher die Temperatur des leuchtenden Kohlentheiles ist. Deshalb ist nach dem über die Temperatur der Lichtquellen bereits Erwähnten klar, dass das Verhältniss der leuchtenden zur gesammten Strahlung bei Bogenlampen grösser ist, als bei Glühlampen.

Dieses Verhältniss nennt man den unmittelbaren oder theoretischen Wirkungsgrad der elektrischen Lichtquelle. Derselbe beträgt bei Glühlampen etwa 3—5 %, bei Bogenlampen im Mittel etwa 10 %. Beim Vergleich verschiedener Lichtquellen muss man jedoch ihren praktischen oder mittelbaren Wirkungsgrad in Betracht ziehen. Derselbe entspricht dem Verhältniss der zur Hervorbringung des Lichtes überhaupt aufgewendeten Energie zu der nützlich verwendeten und ergiebt sich aus dem Produkt der Wirkungsgrade aller Zwischenmittel mit dem theoretischen. Da letztere später erläutert werden, kommen wir auf diesen Gegenstand nochmals zurück[1]).

Ermittelt man den Wirkungsgrad einer Glühlampe auf spektrophotometrischem Wege, so erhält man gleichzeitig die Kurve, welche

[1]) Näheres hierüber und über Lichtquellen im Allgemeinen in „Elektricität und Licht“ von Dr. O. Lehmann, S. 342.

die spektrale Vertheilung der Energie für irgend eine Temperatur der strahlenden Oberfläche des Fadens darstellt. Diese Ermittlung ermöglicht dann im Zusammenhang mit der von H. F. Weber gefundenen Beziehung $S = C . O . e^{0,0043\,T} . T$ zwischen der Stärke der Gesammtstrahlung S, der strahlenden Oberfläche O und ihrer absoluten Temperatur T, die Berechnung dieser Temperatur des glühenden Kohlenfadens. In der vorstehenden Gleichung bedeutet e den Modul der natürlichen Logarithmen, C eine Konstante, welche z. B. für eine bestimmte Glühlampe den Werth $16,28 . 10^6$ Grammkalorien pro cm^2 und Sekunde betrug. Bei dieser Lampe war $O = 0,328\ cm^2$ und die absolute Temperatur T des Kohlenfadens lag, je nach der zugeführten Energie (in Watt), zwischen 1000 und 1200°.

Da die Gesammtstrahlung mit dem aufgewandten Effekt in Watt, die leuchtende Strahlung mit der erzielten Lichtstärke in Kerzen zusammenhängen müssen, so liegt der Schluss nahe, dass mit steigender Klemmenspannung bei einer und derselben Glühlampe ihr theoretischer Wirkungsgrad und die Anzahl der Kerzen pro Watt steigen. Dies ist auch der Fall; doch haben Untersuchungen von Nichols gezeigt, dass die beiden letzterwähnten Verhältnisse sich keineswegs vollkommen decken, weil die Strahlen der verschiedenen Wellenlängen nicht gleichmässig zur Erzeugung der Lichtstärke beitragen.

Das Verhältniss zwischen Lichtstrom und aufgewendeten Watt, das den specifischen Energieverbrauch darstellt, hat man ungeschickter Weise als Oekonomie bezeichnet. Nach dieser Ausdrucksweise wird eine Lampe um so ökonomischer arbeiten, je kleiner ihre Oekonomie, d. h. ihr specifischer Energieverbrauch ist.

Beim Lichtbogen variiren der theoretische Wirkungsgrad und der specifische Energieverbrauch für verschiedene Richtungen. So fand Nakano für eine Gleichstrombogenlampe von 9 Amp. bei 45 Volt Klemmenspannung je nach der Richtung des Lichtstrahles zwischen 5% und 15%, im Mittel etwa 10% Wirkungsgrad. Diese Zahl stimmt gut damit überein, dass der Energieaufwand für die Kerze mittlerer sphärischer Intensität etwa ein Watt beträgt, während er bei einer Glühlampe mit einem Wirkungsgrad von etwa 5% etwa 3 Watt ausmacht.

Theoretischer Wirkungsgrad und specifischer Energieverbrauch hängen bei Glühlampen in hohem Maasse vom Vakuum, beim nackten Lichtbogen von den Dimensionen und der Qualität der Kohlenstäbe etc. ab. Nach Nakano und Blondel steigt der Wirkungsgrad des Gleichstrom- und Wechselstrombogens bei abnehmendem Durchmesser der Kohlenstäbe bis zu einem Maximum, das dann erreicht wird, wenn die ganzen Stäbe durch den Strom glühend werden; bei weiterer Verminderung des Durchmessers nimmt der Wirkungsgrad infolge dieser Erwärmung dagegen wieder ab, und dies umsomehr, als die rasche Verzehrung der Kohlenstäbe und die Erhöhung der Temperatur der umgebenden Luft einen vermehrten Energieaufwand bedingen. Bei Lichtbögen mit beschränktem Luftzutritt hängt der Wirkungsgrad von dem letzterwähnten Umstande gleichfalls ab. Da das Umsetzungsverhältniss zwischen mechanischer oder elektrischer Energie und Licht noch nicht genau festgestellt ist, ist es auch für den elektrischen Lichtbogen wie bei der Glühlampe geboten, den specifischen Energieverbrauch pro Kerze mittlerer räumlicher Lichtstärke oder gesammten Lichtstromes des Lichtbogens für Gleich- und Wechselstrom zu ermitteln. Die Genauigkeit dieser Ermittlungen hängt von der Genauigkeit der Bestimmungen der räumlichen Lichtstärke ab. Da diese nun bisher aus der Bestimmung der Intensitäten nach einzelnen Richtungen bestanden, so konnten sie keinen Anspruch auf absolute Verlässlichkeit der Resultate erheben. Erst in neuerer Zeit hat Blondel einen Fortschritt durch sein Lumenmeter angebahnt, das die Messung des Lichtstromes oder der mittleren sphärischen Lichtstärke durch eine einzige Beobachtung ermöglicht.

Die meisten Beobachter behaupten, dass der Gleichstrombogen dem Wechselstrombogen erheblich überlegen sei; nur S. P. Thompson nimmt an, dass unter sonst gleichen Verhältnissen die Energieumwandlung sich für beide Fälle gleichartig vollziehen müsse, dass also auch in beiden Fällen die mittlere sphärische Lichtstärke pro Watt dieselbe sein müsse.

So fand die Prüfungskommission der Frankfurter Ausstellung den Gleichstrombogen um etwa 100 % besser als den Wechselstrombogen. Fleming und Petaval veranschlagen die Ueberlegenheit gleichfalls auf etwa 100 %, Wedding und Roessler[1]) gar auf etwa 150 %. Alle diese Messungen kranken jedoch an dem Uebelstande, dass die photometrischen Messungen zeitraubend waren, und dass der Bogen während der längeren Beobachtungszeit sich veränderte und unruhig war, und dass wichtige Momente ausser Acht gelassen wurden. Man hat weder den Einfluss der Bogenlänge, noch den Einfluss der Kohlensorte genau studirt, und erst den neuesten, durch Blondel und Jigouzo mit dem Lumenmeter vorgenommenen Messungen[2]) war es vorbehalten, die theilweise übertriebenen Be- und Verurtheilungen des Wechselstrombogens auf das richtige Maass zurückzuführen. Der Gleichstrombogen ist dem Wechselstrombogen in Bezug auf den specifischen Verbrauch etwas überlegen. Immerhin aber hat Blondel für 10 mm Nanterre-Kohlen $\left(\frac{\text{oben Docht}}{\text{unten homogen}}\right)$ bei 10 Ampère und 35 Volt 1,25 Kerzen pro Watt er-

[1]) Elektr. Zschr. 1895, S. 315.
[2]) El. World 23, 1897, S. 282.

halten (Fig. 10). Er hat ferner gezeigt, dass bei höherer Stromdichte der specifische Verbrauch bis auf 0,6 Watt pro Kerze sinken kann, obgleich solche Stromdichten praktisch wegen der zu geringen Brenndauer einer mässig langen Lampe unzulässig sind. Bei 10 mm Kohlen und 10 Ampère ergab die Helioskohle bei 26 Volt 1,2 Kerzen pro Watt; die Nanterrekohle bei 30 Volt 1,4 Kerzen pro Watt; die Carrékohle bei 37 Volt 1,25 Kerzen pro Watt. Trotz der geringeren Lichtwirkung wäre aber die Helioskohle vorzuziehen, weil sie weniger flammt als die anderen und den Betrieb von drei Lampen von 100 Volt aus gestattet.

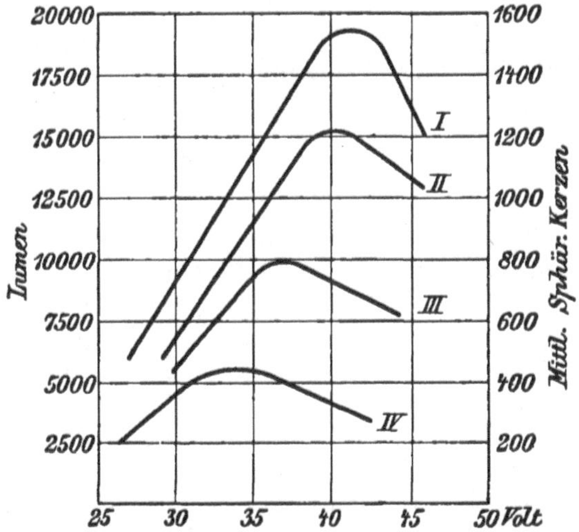

Fig. 10.

Versuche von Blondel und Jigouzo über den W.S.-Bogen.

I 25 Ampère, II 20 „, III 15 „, IV 10 „ — 10 mm Nanterre-Kohlen, oben homogen, unten Docht.

Mit wachsender Bogenlänge nimmt der Lichtstrom zu, nach Erreichung eines Maximums aber wieder ab; ebenso verhält sich der Lichtstrom bei wachsender Stromdichte in den Kohlen. Eine Veränderung der Periodenzahl ist innerhalb der gebräuchlichen Grenzen nur von geringem Einfluss. Bei Erhöhung derselben von 25 auf 200 ~ nahm der Lichtstrom für Helioskohlen bei 33 Volt und 10 Amp., also scheinbar gleichen Bedingungen, um 20 % ab. Dies rührt wahrscheinlich daher, dass mit ~ auch die Länge des Bogens und zwar von 1 mm bei 25 ~, auf $3^1/_4$ mm bei 200 ~ wächst, und dass bei 200 ~ die günstigste Bogenlänge bereits überschritten war.

Die Form der elektromotorischen Kraft muss einen gewissen Einfluss auf die Lichtwirkung und Regulirung ausüben, da die Temperatur der

Kraterflächen mit der Dauer der Erlöschungen abnimmt. Es ist zwar richtig, dass die Erlöschungen bei spitzer Kurve länger sind als bei rechtwinklig verlaufender; aber es ist bekannt, dass der Bogen selbst stark auf die Form der Kurve der Klemmenspannung einwirkt. Es dreht sich weniger um die Form der Kurve der Klemmenspannung als um jene des Stromes. In der That findet Blondel zwar um $^1/_3$ stärkeren Lichtstrom bei rechtwinklig verlaufendem (durch plötzlich und häufig kommutirten Gleichstrom erzeugtem) Wechselstrom; aber er erklärt auch, dass dieses Resultat nur theoretisches Interesse habe und dass er einen Unterschied zwischen den Wirkungsgraden bei spitzer und sinusförmiger E.M.K. wegen der unvermeidlichen Aenderung der Kurve des Stromes in beiden Fällen nicht habe konstatiren können.

9. Gebräuchliche Werthe der Lichtstärken und des specifischen Verbrauches.

Bei den Glühlampen besitzen die meist verwendeten Typen 5, 8, 10, 16, 25, 32 und 50 Kerzen. In England und Amerika hat man jedoch auch viel höhere Lichtstärken, z. B. 100, 500 und 1000 Kerzen zur Verwendung gebracht. Die Herstellung von grossen Glühlampen findet unter anderm schon in dem Umstande eine Grenze, dass der grosse luftleere, aus dünnem Glase hergestellte Ballon zu geringe Festigkeit erhielte. Die Gründe für diese Verschiedenartigkeit der Entwicklung liegen in dem Umstande, dass bis vor Kurzem die Parallelschaltung einzelner Bogenlampen oder kleiner Serien derselben in Amerika kaum Eingang gefunden hatte, und dass man weniger Gewicht auf Erzeugung guter Bogenlampenkohle legte, so dass für die Innenbeleuchtung der Räume das Bogenlicht nicht gut verwendbar war und man an seiner Stelle zur hochkerzigen Glühlampe greifen musste. Die meist verwendeten Glühlampen erfordern 2,5—3,5 Watt pro Kerze.

Bei den Bogenlampen erscheint die Klassifikation nach Lichtstärken wenig empfehlenswerth; sie würde noch weit mehr wie bei der Glühlampe eine strenge Umschreibung erfordern, ob die mittlere, maximale etc. Intensität darunter verstanden werden soll. Die Angabe des Energiekonsums genügt dagegen auch nicht, weil die Dimension und die Qualität der Kohlenstäbe zu grossen Einfluss auf die Lichtemission ausüben. Stromkonsum, oder noch besser Energieverbrauch und Kohlensorte zugleich eignen sich demnach zur Bezeichnung der Bogenlampe besser.

10. Schaltung der Lichtquellen.

Das Problem der Theilung des Lichtes, d. h. der Speisung mehrerer Lichtquellen von einer Energiequelle aus, welches lange Jahre hindurch die Erfinder aller Nationen in Spannung erhielt, stellt sich heute als einfache Schaltungsaufgabe dar.

Das Problem ist leicht lösbar, sobald feste Widerstände gegeben sind, wie sie angenähert durch den Faden der Glühlampe gebildet werden; deshalb fällt auch die praktische Ausbildung der Glühlampe mit der praktischen Ausbildung der Lichttheilung durch Parallelschaltung zusammen. Das Problem ist schwerer lösbar, wenn der scheinbare Widerstand der Lichtquelle innerhalb weiter Grenzen variabel und ferner nicht einfach proportional dem Strom ist. Diesen Fall bietet der Lichtbogen dar, der nahezu 40 Jahre vor der Glühlampe schon gelegentlich praktische Verwerthung fand. Für den Bogen mussten erst eine Menge Erfahrungsthatsachen gesammelt, dann die selbstthätige Regulirung erfunden werden, und dann konnte man erst zur Schaltung der so gebildeten Bogenlampe schreiten. Die erste Lösung, die sich für den Bogen ergab, war die Reihenschaltung der Bogenlampen; erst viel später kam die Parallelschaltung der Bogenlampen und damit der gleichzeitige Betrieb von Glüh- und Bogenlampen von derselben Stromquelle in Aufnahme. Noch heute verwendet Amerika grösstentheils Bogenlampen in Serien, während auf dem europäischen Festlande die Parallelschaltung von einzelnen Lampen oder kleinen Serien die Regel bildet. Die Behandlung der Schaltungsarten der Lichtquellen wird in den folgenden Kapiteln ausführlich vorgenommen werden; einiges musste jedoch zum bessern Verständniss der Lichtquellen selbst schon hier Platz finden.

11. Eigenthümlichkeiten des Glühlampenbetriebes.

a) Dauer und Lichtabnahme. Nach dem bereits geschilderten Verhalten des Kohlenfadens in der Glühlampe ist es klar, dass die Haltbarkeit oder Dauer derselben eine begrenzte sein muss. Sie ist, wie später aus der Fabrikation der Glühlampe noch klarer ersehen werden kann, vornehmlich eine individuelle, das einzelne Stück betreffende, gleichwie es die Lebensdauer der Menschen ist. Mit Fehlern behaftete Lampen sterben schon nach einigen Stunden hin, während einzelne ein Greisenalter selbst von vielen tausend Stunden bis zur völligen Zerstörung des Fadens erreichen können. Die sogenannte „mittlere absolute Lebensdauer“ aus einer Gruppe von Glühlampen derselben Art giebt wenig Orientirung; sie ist von den Sonderwerthen der früh verdorbenen und der langlebigen zu stark beeinflusst. Erhält die

Glühlampe konstante Stromstärke, wie dies bei Serienschaltung der Fall ist, so wird der Faden gleichmässiger Erhitzung während der ganzen Lebenszeit unterworfen sein; die Gesammtbeanspruchung des Fadens wird eine grössere, somit die Haltbarkeit eine geringere sein als bei Verwendung einer konstanten Spannung, bei welcher der Widerstand des Fadens, wie bereits erklärt, wächst, die Stromstärke also mit zunehmender Verwendungsdauer abnimmt. Dieser Stromabnahme entspricht eine geringere Temperatur, sodass die dem Faden an und für sich zukommende Lebensdauer durch dieses sekundäre Moment noch wesentlich erhöht wird.

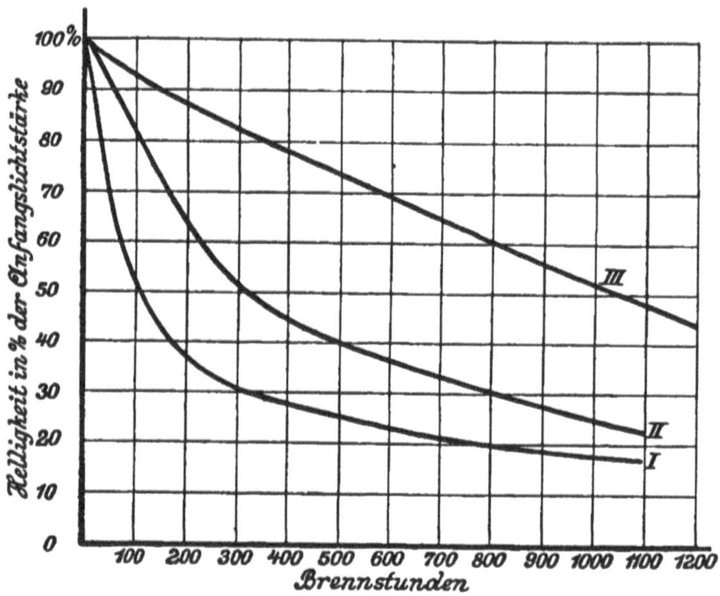

Fig. 11.

Ob und wie weit die Haltbarkeit der Glühlampe von der Art des Stromes abhängt, ist noch nicht erwiesen, manche Beobachtungen lassen den Wechselstrom im Vortheil erscheinen. Am meisten beeinflusst jedoch die Qualität des Fadens und des Vakuums die absolute Lebensdauer, und da die mechanische Inanspruchnahme des Fadens von der Temperatur abhängt, so hängt vor Allem die Haltbarkeit mit dem specifischen Verbrauch zusammen. Der Zusammenhang dieser Grössen wird jedoch komplicirt, weil die Lichtemission einer Glühlampe noch durch dichter werdenden Innenbeschlag des Ballons mit zunehmendem Gebrauche abnimmt. Nach Untersuchungen von Moore und Ling[1]) ist die

[1]) Edw. L. Nichols, Electrician 29, 1892, S. 676.

von der Trübung des Glases herrührende Helligkeitsverminderung bei niedrigwattigen Lampen ein grösserer Theil der gesammten Lichtabnahme, als bei Lampen mit höherem Energieverbrauch pro Kerze. Zur Feststellung der Haltbarkeit und Lichtabnahme von Glühlampen wurden nun 18 Lampen ein und derselben Fabrikation mit nominell 16 Kerzen bei 72 Volt Wechselstrom photometrirt und nach Anfangsverbrauch und Anfangslichtstärke in 3 Gruppen getheilt. Die erhaltenen Resultate sind in den Fig. 11 und 12 und der folgenden Tabelle niedergelegt.

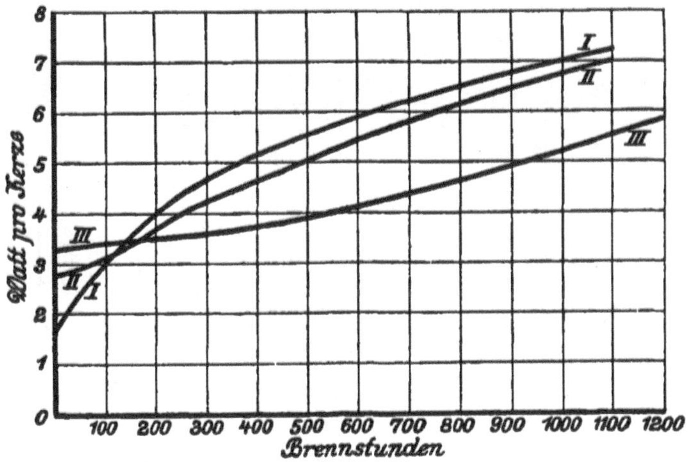

Fig. 12.

Gruppen	Zahl der Lampen	Mittlerer anfänglicher Verbrauch pro Kerze	Mittlere anfängliche Helligkeit	Absolute Lebensdauer in Stunden			Die halbe anfängliche Lichtstärke erreicht in Stunden
				min.	max.	mittl.	
I	9	1,72	20,9	16	1130	270	110
II	6	2,76	16,6	110	1070	390	325
III	3	3,32	16,1	370	1500	1130	1050

Aus diesen Werthen geht deutlich hervor, dass zwar auch bei Lampen mit niedrigem specifischen anfänglichen Verbrauch die absolute Lebensdauer des Fadens infolge des raschen Sinkens der Stromstärke und Beanspruchung des Fadens hoch sein kann. Die Abnahme der Helligkeit bei allen Typen weist jedoch klar dahin, dass die Ausnutzung der Lampen bis zum Reissen des Fadens im höchsten Grade unökonomisch erscheint. In Bezug auf Konstanterhaltung der Lichtstärken und absolute Lebensdauer bei nicht übermässigem Stromverbrauche empfiehlt es sich, beim heutigen Stande der Glühlampenfabrikation und bei gebräuchlichen Lichtstärken und Spannungen Lampen mit etwa

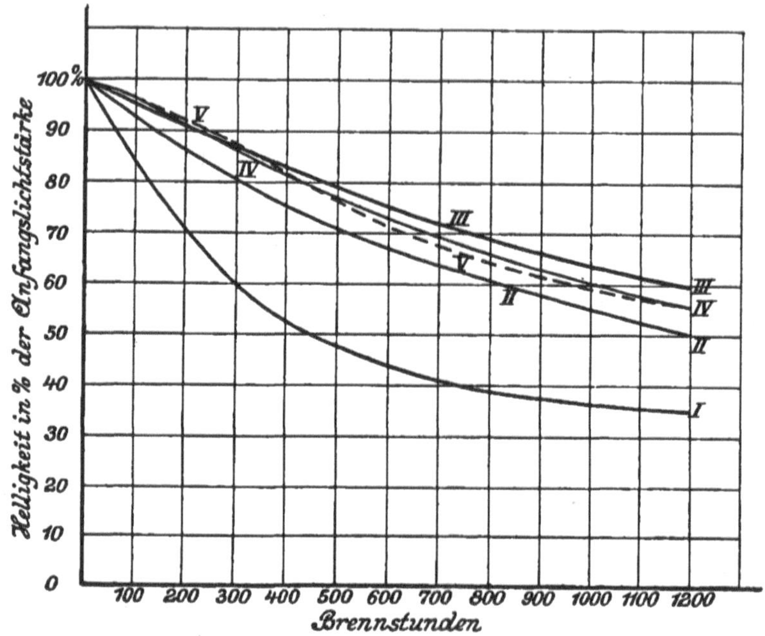

Fig. 13.

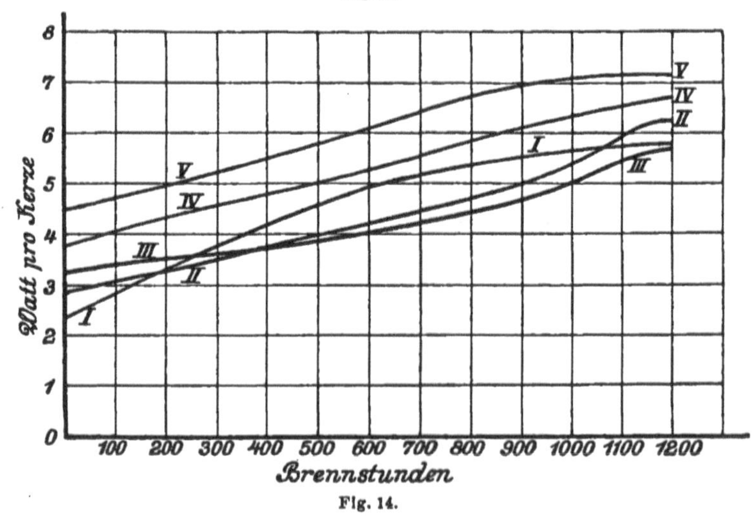

Fig. 14.

3 Watt Anfangsverbrauch pro Kerze zu verwenden. In überzeugender Weise geht diese Ansicht aus den Mittelwerthen aller von Thomas, Haubtmann, Feldmann u. a. untersuchten 500 Glühlampen, welche 28 Fabriken entstammen, hervor. Dieselben sind aus Fig. 13 und 14 ersichtlich.

Aus diesen Figuren geht, abgesehen von den Gruppen der hochwattigen Lampen IV und V, mit 3,8 und 4,5 Watt anfänglichem specifischem Verbrauch hervor, dass die Kurven des specifischen Verbrauches sich schneiden. Der specifische Verbrauch der Gruppe I erreicht den der Gruppe II nach etwa 200, den der Gruppe III nach etwa 260 Stunden. Da zu diesen Zeiten aber II um 16, III um 23 % mehr Licht giebt als I, muss die Verwendung der Lampen dieser Gruppe über diese Zeit hinaus unökonomischer werden, wie aus den nachfolgenden Betrachtungen deutlicher hervorgehen wird.

b) Nutzbrenndauer. Die empfehlenswerthe Benutzungsdauer oder Nutzbrenndauer einer Glühlampe oder, wie sie gewöhnlich bezeichnet wird, die relative oder praktische Lebensdauer einer Lampe wird sich je nach den aus dem speciellen Fall sich ergebenden Gesichtspunkten bestimmen. Vor Allem kann es oft rationell sein, kein Unterschreiten einer gewissen Lichtstärke, und z. B. eine Lichtverminderung von 20 % der anfänglichen, als Grenzbestimmung für die weitere Benutzung zuzulassen. Man kann darnach untersuchen, bei welchem Werthe des specifischen Anfangsverbrauches die Kosten für die Lampenbrennstunde minimal werden[1]). Die Verringerung der Anfangslichtstärke auf 80 % tritt auf bei guten

Lampen	mit	anfängl.	1,5	Watt	nach	50	Stunden etwa
-	-	-	2,0	-	-	100	- -
-	-	-	2,5	-	-	150	- -
-	-	-	3,0	-	-	300	- -
-	-	-	3,5	-	-	450	- -
-	-	-	4,0	-	-	600	- -

Setzen wir für alle diese als 16kerzig angenommenen Lampen den gleichen Preis von 80 Pfg., für den Strom den Preis von 70 Pfg. pro Kilowattstunde fest, so ergeben sich folgende Werthe bei Annahme von 1000 Brennstunden.

Gesammtkosten pro Lampe bei 1000 Brennstunden.

Spec. Verbrauch	Stromkosten	Lampenerneuerung	Gesammtkosten
1,5	16,8	16,0	M. 32,8
2,0	22,4	8,0	- 30,4
2,5	28,0	5,3	- 33,3
3,0	33,6	2,7	- 36,3
3,5	39,2	1,8	- 41,0
4,0	44,8	1,3	- 46,1

Hieraus folgt, dass die Anwendung der heute gebräuchlichen Type von sogen. 3—3,5wattigen Lampen unter der genannten Annahme hohen

[1]) Claude, Lum. él. 52, 1894, S. 401.

Strompreises und billiger Lampen, von dem Gesichtspunkte der Minimallichtstärke aus betrachtet, wenig empfehlenswerth ist, sondern dass die rationelle Lampe geringeren specifischen Anfangsverbrauch besitzen muss; nach Obigem wäre etwa die 2—2,5 wattige Lampe die empfehlenswertheste.

c) Specifische Kosten. Der zweite Gesichtspunkt, der sich aus wirthschaftlichen Rücksichten ableiten lässt, betrifft die mittleren Kosten der Lichtleistung in Kerzenstunden. Obzwar diese Kostenfrage ihre eingehende Beantwortung erst in einem späteren Kapitel finden wird, so muss sie hier wegen des engen Zusammenhanges mit den Eigenschaften der Glühlampe eine vorgreifende Erörterung finden.

Die Momentankosten einer Kerzenstunde zu einem gewissen Zeitpunkte während der Benutzungszeit der Lampe hängen erstens ab von dem aliquoten Theile der Lampenanschaffung. Dieser Betrag wird mit dem Preise der Glühlampen zunehmen und mit der Nutzbrenndauer abnehmen und z. B. bei 80 Pfg. pro Stück 0,8 Pfg. bei 100 Stunden betragen. Der zweite und bei höheren Energiepreisen wichtigere Theil der Gesammtkosten ergiebt sich aus dem specifischen Verbrauch an Energie pro Kerzenstunde, welcher mit der zunehmenden Verwendungszeit der Lampe und dem Preise für die Kilowattstunde steigt. Die Summe dieser beiden Beträge wird für eine bestimmte „wirthschaftliche Nutzbrenndauer" ein Minimum werden. Um dasselbe näher zu betrachten, seien noch als neuer Begriff die „specifischen Kosten der Kerzenstunde" eingeführt, worunter das Verhältniss der gesammten seit der ersten Einschaltung der Lampe durch ihre Anschaffung und ihren Energieverbrauch verursachten Kosten zu der gesammten von ihr bis zu diesem Zeitpunkte gelieferten Lichtleistung in Kerzenstunden verstanden werden soll. Ermittelt man die so definirten specifischen Kosten für die ersten vier Gruppen moderner Glühlampen unter Zugrundelegung einer Brennzeit von 1000 Stunden und der bereits angeführten Preise von 80 Pfg. für die Glühlampe und 70 Pfg. für die Kilowattstunde, so erhält man die in Fig. 15 niedergelegten Kurven. Dieselben weisen alle denselben Charakter auf; von einem hohen Anfangswerthe nehmen sie anfangs rasch, dann langsam ab, erreichen ein Minimum und steigen dann wieder langsam an. Zu jenem Zeitpunkte, an welchem die specifischen Kosten minimal sind, sollte die Lampe erneuert werden. Dann werden die Gesammtkosten für eine bestimmte Lichtleistung minimal sein. Die Punkte der Kurven sind in folgender Weise erhalten worden: Angenommen, es werden 16 kerzige Lampen der Gruppe III von einem Konsumenten 1000 Stunden jährlich verwendet, und nach je 200 bezw. 1000 Stunden ausgewechselt. Der Strompreis sei 70 Pfg. pro Kilowattstunde, der Preis der Lampe 80 Pfg.

Im ersteren Falle ist die mittlere Lichtstärke der Lampe 95 % der Anfangshelligkeit = 15,2 Kerzen, der mittlere specifische Verbrauch 3,4 Watt pro Kerze. Dann verbraucht die 5mal erneuerte Lampe im Ganzen 3,4 × 15,2 × 1000 Wattstunden oder 51,7 Kilowattstunden. Es sind deshalb die Kosten an Strom 51,7 × 0,7 = M. 36,20, für Auswechselung 5 × 0,8 = M. 4, Gesammtkosten M. 40,20 und die specifischen Kosten 40,20 : 15,2 = M. 2,65 für 1000 Stunden.

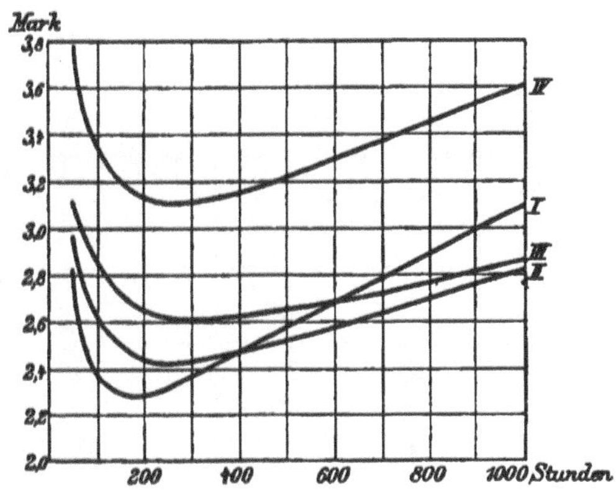

Fig. 15.

Im zweiten Falle sind hingegen die Kosten an Strom 51,7 × 0,7 = M. 36,20, die Kosten für Umtausch 1 × 0,8 = M. 0,80, die Gesammtkosten also M. 37 und die specifischen Kosten $\frac{37,00}{12,20}$ = M. 2,87 für 1000 Stunden.

Diese Werthe und die Kurven lassen erkennen, dass durch eine solche rechtzeitige Auswechselung zwar die Gesammtkosten erhöht werden, dass aber der Gewinn an Lichtleistung die Steigerung der Gesammtkosten überwiegt.

d) Einfluss der Höhe der Betriebsspannung. Wir haben bisher die Lampen mit verschiedenem specifischem Anfangsverbrauch so behandelt, als ob sie vom Anfange mit wesentlich verschiedenen Eigenschaften behaftet seien. Dies ist jedoch keineswegs der Fall; jede Glühlampe kann mit hohem oder geringem specifischen Anfangsverbrauche benutzt werden, je nachdem man ihre Betriebsspannung bemisst. Was man als normale Spannung bezeichnet und was auf der Glühlampe selbst angegeben ist, ist ein vom Fabrikanten nach praktischen und kommerziellen Erwägungen festgestellter Werth, bei welchem die Lampe den entgegengesetzten Forderungen des ökonomischen Betriebes und der langen absoluten Lebensdauer gleichzeitig in genügender Weise gerecht wird. Der Werth der normalen Spannung ist also keineswegs ein feststehender für ein und dieselbe Type; er wird sich sicher nach oben verschieben, wenn einmal die Vortheile, die wir im Vorhergehenden

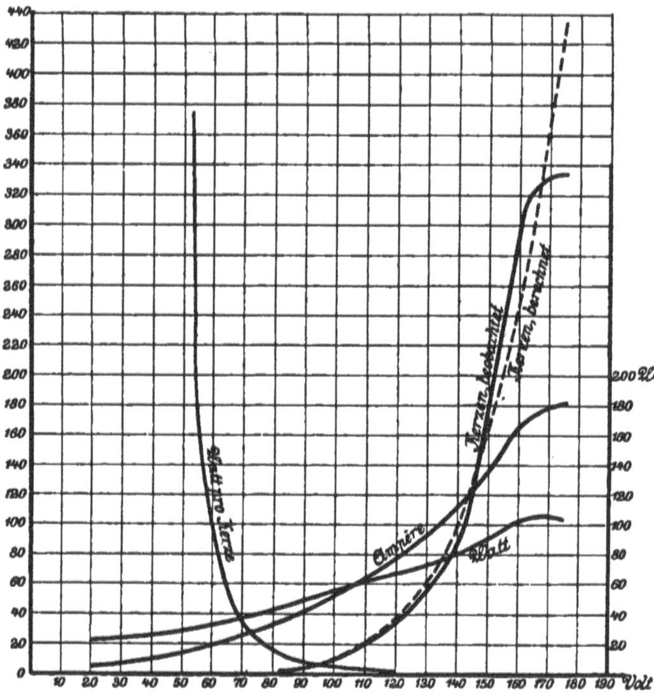

Fig. 16.

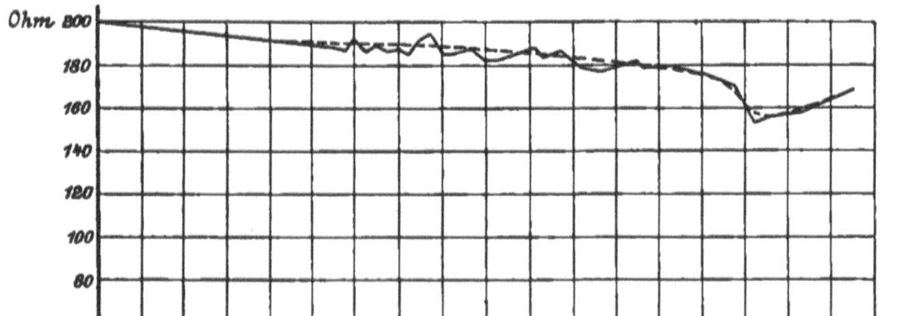

Fig. 17.

kurz berührt haben, vom Konsumenten klar erkannt sein werden. Die vorstehenden Figuren (16—17) stellen den Zusammenhang zwischen den elektrischen Grössen einer Glühlampe dar, welche die Bezeichnung 110 Volt 16 Kerzen trug, aber bei dieser Spannung 20 Kerzen bei einem Verbrauch von 3,3 Watt pro Kerze ergab. Wurde die Spannung verändert, so änderte sich Lichtstärke und Verbrauch pro Kerze in der dargestellten Weise.

Die in Figur 16 angedeutete punktirte Kurve stellt jene Werthe der Lichtstärke dar, welche sich aus der Beziehung

$$L = (2{,}64 \,.\, 10^{-8})\, V^{6,8}$$

berechnen lassen. Für den Zusammenhang zwischen Gesammtverbrauch und Lichtstärke, spec. Verbrauch und Spannung gelten für dieses Beispiel die Beziehungen

$$L = 6{,}56 \,.\, 10^{-5} \,.\, W^3 \quad \text{und} \quad \frac{L}{W} = \frac{4{,}88 \,.\, 10^9}{V^{4,8}}.$$

Ohne besonderen Werth auf die Zahlenfaktoren zu legen, sei darauf hingewiesen, dass die Lichtstärke proportional der dritten Potenz des aufgewendeten Effekts[1]) und der 6. bis 7. Potenz der Klemmenspannung steigt, während gleichzeitig der spec. Verbrauch umgekehrt proportional der 4. bis 5. Potenz der Spannung abnimmt. Man hat es also ganz in der Hand, die Lampe ökonomischer arbeiten zu lassen, indem man sie stärker beansprucht. Dabei steigt die Temperatur des Kohlenfadens und man erhält ausser einem der Bogenlampe nahe liegenden Wirkungsgrade auch ein dem Lichtbogen ähnliches Licht. Aber diese Vortheile werden nur durch eine beträchtliche Verkürzung der absoluten Lebensdauer und eine beschleunigte Abnahme der Anfangslichtstärke erkauft; die Kurve des Widerstandes zeigt z. B. (Fig. 17) bei 150 Volt durch ihr plötzliches Aufsteigen schon die beginnende Desaggregation der Kohle an.

e) Einfluss der Höhe und Konstanz der Betriebsspannung auf Lebensdauer und Helligkeitsabnahme. Es ist wichtig, den Einfluss zu kennen, den die durch unvollkommene Regulirung oder sonstige Ursachen bewirkten häufigen Schwankungen der effektiven Betriebsspannung auf die verbleibende Helligkeitsverminderung und die dadurch bedingte geringere Nutzbrenndauer ausüben. Dieser Einfluss ist vorhanden; er macht sich um so stärker bemerkbar, je grösser die Schwankung ist und je höher der Glühfaden beansprucht wird. Dies geht aus der vorhin mitgetheilten Fig. 16 ohne Weiteres hervor. Arbeitet die Lampe mit 107 Volt und 3,8 Watt pro Kerze, so macht eine Schwankung um ± 2 Volt 3 Kerzen etwa aus; arbeitet sie mit 125 Volt und etwa 2 Watt pro Kerze, so macht eine Schwankung um ± 2 Volt in der Lichtstärke etwa ± 6 Kerzen aus. Die Schwankungen in der Lichtstärke werden also um so empfindlicher für das Auge, je höher die Lampe beansprucht ist. Dieser Umstand trägt mit dazu bei, dass in vielen

[1]) E. Voit, Officieller Bericht d. Elektricitäts-Ausstellung München, S. 121. H. F. Weber, Centralbl. f. El. 1889, S. 257.

Fällen als die vortheilhafteste Lampe die 3 Wattlampe angesehen wird, weil sie viel widerstandsfähiger gegen derlei Schwankungen ist als die 2wattige Lampe. Wir werden auf die Ursachen solcher Spannungsschwankungen in den späteren Theilen dieses Buches noch eingehender zurückkommen.

Dem Wechselstrom mit den üblichen Polwechseln kann nach dieser Richtung hin kein schädlicher oder störender Einfluss beigemessen werden, weil, wie bereits erklärt, die Temperaturschwankung dem Stromwechsel wenig folgt. Die obigen Betrachtungen beziehen sich auf zeitlich viel langsamer verlaufende Schwankungen.

12. Bogenlampen.

Zur Neubildung des Bogens beim Erlöschen desselben müssen die Kohlen vorerst in Berührung gebracht werden. Dies ist die Aufgabe der Zündung. Um ein konstantes Licht durch den Lichtbogen zu erhalten, muss man die durch den Kohlenabbrand sich vergrössernde Lichtbogenlänge durch Einandernäherrücken der Kohlenstifte möglichst konstant erhalten. Dies ist die Aufgabe der Regulirung. Die Bogenlampen sind nun Vorrichtungen, welche bei Zuführung elektrischer Energie einen zur Beleuchtung dienenden Lichtbogen liefern, indem sie die hierzu erforderlichen und eben bezeichneten Bedingungen meist selbstthätig, in seltenen Fällen von Hand aus erfüllen. Der Energieaufwand in dem Lichtbogen entspricht dem Produkt aus dem speisenden Strome und seiner Spannung. Dasselbe muss unverändert bleiben, damit die Umsetzung elektrischer Energie in Licht, unter Voraussetzung gleichförmigen Zustandes der Kohlenstifte, ebenfalls gleichförmig erfolgen könne. In dieser Konstanterhaltung liegt die Aufgabe der Regulirung der Bogenlampe. Sie wird wesentlich vereinfacht dadurch, dass die Konstanz des einen Faktors des Produktes durch die „äussere“ Schaltung der Bogenlampe, d. i. die Schaltung der Bogenlampen im Stromkreise, an und für sich besorgt wird, während die „innere“ Schaltung des Regulirmechanismus derselben für die Unveränderlichkeit des zweiten Faktors aufzukommen hat[1]). Hat also der in die Lampe eintretende Strom konstante Stromstärke, wie bei der Reihenschaltung der Bogenlampen, so muss die Lampe auf konstante Spannung reguliren; ist dagegen die Klemmenspannung konstant, wie bei der Parallelschaltung der Bogenlampen, so hat die Lampe selbst auf konstante Stromstärke zu reguliren. Sobald die vorausgesetzte Konstanz des äussern Faktors

---

[1]) Aehnliche Gedanken entwickelt ausführlicher Dr. M. Luxenberg in seinem Büchlein: Die Bogenlichtschaltungen u. Bogenlampengattungen. 1897.

nicht völlig zutrifft, ergiebt sich für die innere Regulirung eine etwas erhöhte Aufgabe, die zum Theile durch die Kombination der ersten einfachen Fälle gelöst wird.

Jede Bogenlampe mit selbstthätiger Regulirung enthält eine oder mehrere Drahtspulen, die zum Lichtbogen so geschaltet werden, dass der sie durchfliessende Strom unmittelbar durch die Veränderungen im Lichtbogen beeinflusst wird. Das durch die Ampèrewindungen dieser Regulirspule hervorgerufene magnetische Feld gestattet durch seine Aenderungen die Bewegung von Eisenkernen, Ankern, Scheiben etc. auf die mannigfachste Weise und bietet so das Mittel dar, die beabsichtigte Kohlenbewegung mehr oder weniger direkt oder durch Vermittelung von mechanischen Zwischengliedern in stetiger oder stossweiser Art zu erzielen. Daraus ergeben sich zahllose Systeme von Bogenlampen. Innerhalb derselben kann jedoch die Schaltungsweise ihrer Regulirung nach drei Gesichtspunkten durchgeführt sein, je nachdem die Regulirwindungen mit dem Lichtbogen in Serie, mit demselben parallel oder zum Theile in Serie, zum Theile im Nebenschlusse angeordnet sind. Diesen drei inneren Schaltungsweisen entsprechen in derselben Reihenfolge die Bezeichnungen Hauptstrom-, Nebenschluss- und Differentialwindungen bezw. Lampen.

a) Hauptstromlampen. Zur leichteren Veranschaulichung der Wirkungsweise setzen wir eine Lampe von der in Fig. 18 schematisch dargestellten Einrichtung voraus. Die untere Kohle denken wir uns feststehend angeordnet; die obere suche sich derselben unter dem Einflusse einer Federkraft oder des eigenen Gewichtes zu nähern. Dieser Bewegung wirkt der Eisenkern K der Spule F entgegen, indem er die Kohlenenden von einander zu entfernen strebt. Der Mechanismus, welcher den Eisenkern K mit dem Kohlenhalter in mittelbare Verbindung bringt, sei ganz beliebiger Art und ist in Fig. 18, sowie in den zwei nächstfolgenden Figuren ganz allgemein durch den Buchstaben S angedeutet.

Der Strom nimmt somit seinen Weg durch die Windungen, geht in den oberen Kohlenhalter über und von da durch die beiden Kohlen in den übrigen Stromkreis.

Beginnen wir die Betrachtung des Regulirvorganges mit dem Augenblicke, in welchem der Lichtbogen seine normale Länge besitzt. Mit dem zunehmenden Verbrauche der Kohlen wächst der Widerstand des Bogens; dementsprechend fällt die Intensität des Stromes, und da derselbe Strom auch die Regulirwindungen durchfliesst, so vermindert sich die von den letzteren auf den Eisenkern ausgeübte Anziehungskraft. Die Kraft, welche eine Näherung der Kohlen zu bewirken bestrebt, gewinnt sonach das Uebergewicht über die Wirkung des Eisenkernes und veranlasst eine Verkürzung des Lichtbogens. Mit dieser Verkürzung geht aber eine Verminderung des Lichtbogenwiderstandes und sonach eine Erhöhung der Stromstärke Hand in Hand, welche so lange dauert, bis das ganze System im Gleichgewicht ist. Dieser Zustand wird durch den weiteren Abbrand der Kohle wieder gestört und dadurch der beschriebene Vorgang von Neuem eingeleitet, welcher sich dann so lange wiederholt, bis die Grenze des Abbrandes der Kohle erreicht ist.

Wir sehen, dass bei der Hauptstromlampe eine konstante Kraft, etwa eine Federkraft oder das Gewicht des oberen Kohlenhalters, und die Wirkung der Regulirwindungen sich das Gleichgewicht halten

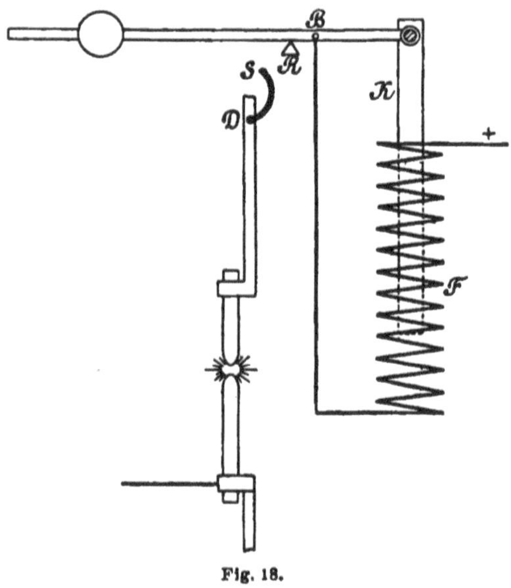

Fig. 18.

müssen. Beträgt die Zahl der Windungen der Hauptstromspule N, die Stromstärke J, die konstante Kraft F, so gilt für den normalen Zustand die Gleichgewichtsbedingung $k\,N\,J = F$, worin k eine Konstante bedeutet, oder $J = \frac{F}{kN} =$ Konstante, welche besagt, dass die Hauptstromlampe auf konstante Stromstärke regulirt, d. h. selbstthätig ihren Strom konstant hält. Daraus folgt, dass für jede Stromstärke in weiteren Grenzen eine andere Bewicklung der Regulirspule beansprucht wird, während eine genaue Einregulirung auf diese Stromstärke bei bereits gegebener Drahtspule durch Veränderung von F, also durch Einstellung des Gegengewichtes, Federzuges oder Hubbegrenzung des Solenoidkernes oder Ankers bewirkt werden muss. Soll die Hauptstromlampe angehen können, so muss ihr Stromkreis geschlossen sein, also muss bei Stromlosigkeit die Wirkung von F die Kohlenstäbe bis zur vollständigen Berührung einander näher bringen.

b) Nebenschlusslampe. Wird die Regulirung der Bogenlampe durch eine zum Lichtbogen parallelgeschaltete Spule bewirkt, so nennt man die Lampe eine Nebenschlusslampe. Wir legen unserer Betrachtung irgend eine Lampe von der in Fig. 19 schematisch dargestellten Einrichtung zu Grunde.

Hier wirken eine die Kohlen auseinanderreissende konstante Kraft, beispielsweise eine Federkraft, und die sie zusammenführende Wirkung der Nebenschlussspule M einander entgegen. Der den Nebenschluss

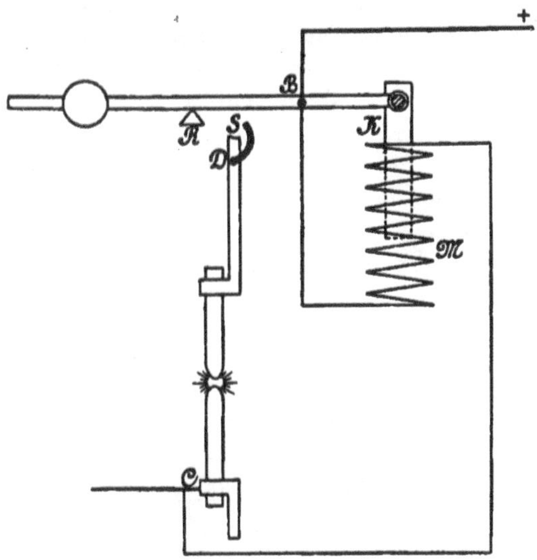

Fig. 19.

durchfliessende Zweigstrom ist proportional der Spannung zwischen den Klemmen der Kohle und nimmt also mit dieser zu oder ab. Sind die Kohlen in Berührung, so sinkt die Spannung, die Spule wird in Folge dessen fast stromlos, und die Federkraft zieht die Kohlen auseinander, so dass sich der Bogen bildet. Mit steigender Spannung zwischen den Kohlen steigt auch der Strom im Nebenschlusse, bis schliesslich ein Gleichgewichtszustand erreicht ist, welcher der normalen Bogenlänge entspricht. Mit dem Abbrande der Kohlen steigt die Spannung an den Kohlenenden und mithin auch der Strom im Nebenschlusse noch weiter, bis die Wirkung des letzteren jene der Federkraft überwiegt und die Kohlen wieder einander nähert. Der Lichtbogen kehrt in seinen normalen Zustand zurück, und der Vorgang beginnt wie früher.

Im normalen Zustande des Bogens müssen sich eine konstante

Kraft, in unserem Falle beispielsweise die Federkraft, und die Wirkung des Nebenschlusses das Gleichgewicht halten. Ist somit i die Stromstärke im Nebenschlusse, n die Anzahl der Windungen desselben, F die Federkraft, so muss die Gleichung bestehen: $k\,n\,i = F$. Ist ferner r der Widerstand des Nebenschlusses und e die Klemmenspannung an den Kohlen, so kann man in der vorstehenden Gleichung den Werth von i durch $i = \frac{e}{r}$ ersetzen und erhält $k\,n\,\frac{e}{r} = F$ oder $e = F \cdot \frac{r}{n\,k}$ = Konstante, was nichts anderes besagt, als dass die Nebenschlusslampe selbstthätig auf konstante Klemmenspannung regulirt.

Die Wirkung der Regulirspule und der das Gleichgewicht haltenden Kraft F ist gerade entgegengesetzt derjenigen bei der Hauptstromlampe. Soll diese Lampe auf einen bestimmten Betrag der Bogenspannung und damit für die normale Bogenlänge auch für eine bestimmte Stromstärke einregulirt werden, so braucht man, wie aus obiger Gleichung hervorgeht, nur F einzustellen, eine Umwicklung der Regulirwindungen ist hierbei nicht erforderlich.

c) Differentiallampe. Geschieht die Regulirung der Bogenlampe durch die Differenzwirkung einer Hauptstrom- und einer Nebenschlussspule, so nennt man die Lampe Differentiallampe.

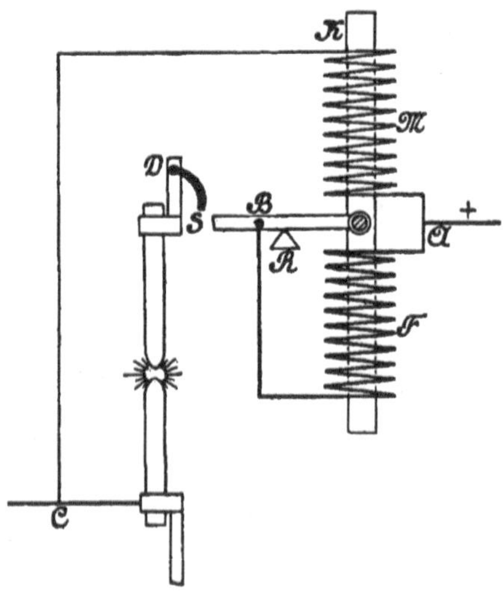

Fig. 20.

Wie aus dem in Fig. 20 gegebenen Schema irgend einer Differentiallampe ersichtlich ist, wirken zwei getrennte Spulen, eine dickdrähtige, in den Hauptstrom geschaltete F, und eine dünndrähtige, im Nebenschlusse zum Lichtbogen befindliche M, auf einen gemeinsamen Kern K.

Die Wirkungen der beiden Spulen auf den Kern sind einander entgegengesetzt, so dass nur ihre Differenzwirkung zur Geltung kommt. Der Kern ist mit dem oberen Kohlenhalter durch irgend eine Vorrichtung S so in Verbindung gebracht, dass ein Heben des ersteren ein Senken des letzteren und umgekehrt nach sich zieht. Die Regulirung geschieht folgendermaassen:

Im normalen Zustande halten sich die Wirkungen beider Spulen das Gleichgewicht. Mit dem Wachsen des Lichtbogens nimmt die Spannung zwischen den Kohlenenden zu, infolgedessen wächst der Strom im Nebenschlusse, zieht den Kern empor und bewirkt so ein Senken der Oberkohle. Im umgekehrten Sinne wirken die Hauptstromwindungen. Statt zwei getrennte Spulen zu verwenden, deren Wirkungen sich mechanisch aufheben, wird auch eine Spule mit beiden im entgegengesetzten Sinne gewundenen Wicklungen verwendet, deren Wirkungen sich schon elektrisch aufheben.

Dem normalen Zustande des Bogens entspricht demnach die Gleichgewichtsgleichung $kNJ = ni$, wenn NJ die Ampèrewindungen der Hauptspule, ni jene des Nebenschlusses und k eine Konstante bedeuten. Der Widerstand des Nebenschlusses sei r, die Klemmenspannung e; dann ist $i = \frac{e}{r}$ und somit $kNJ = n\frac{e}{r}$ oder $\frac{e}{J} = \frac{kNr}{n}$ = Konstante. Diese Gleichgewichtsgleichung besagt, dass die Differentiallampe das Verhältniss der Klemmenspannung zur Stromstärke, also den Widerstand, den der Lichtbogen als Ganzes darbietet, konstant zu halten sucht.

13. Die Konstruktion der Bogenlampe.

Wie bereits hervorgehoben worden ist, werden die durch die Stromänderungen in den Regulirspulen hervorgerufenen Bewegungen der Kerne oder Anker, die allgemein mit dem Ausdrucke Armatur zusammengefasst werden können, auf die Kohle übertragen. Die Art dieser Uebertragung bestimmt die Konstruktion der Lampe und giebt auch ein Mittel, letztere zu klassificiren[1]). Wir unterscheiden in dieser Hinsicht vor Allem zwei Hauptgruppen. Die eine derselben schliesst alle Lampen in sich, in welchen die Wirkungen des Regulirstromes mittelbar, stets mit Hilfe eines Mechanismus, auf die Kohlen übertragen werden. Man bezeichnet sie als indirekt wirkende Lampen.

Die zweite Hauptgruppe umfasst alle jene Lampen, bei welchen der Lichtbogen durch ein elektromagnetisches System ohne Anwendung

---

[1]) Vergleiche die Arbeiten von Silv. P. Thompson, Electrician 22, 1889, S. 534; Elektr. Zschr. 1889, S. 308, 330.

eines Zwischenmechanismus regulirt wird. Es ist dies die Gruppe der direkt wirkenden Lampen.

Innerhalb der angeführten Hauptgruppen giebt es eine überaus grosse Anzahl verschiedener Konstruktionsformen und mannigfaltige Kombinationen der angewendeten Konstruktionselemente. Diese wesentlichen Elemente sind die folgenden:

1. Die Vorrichtung, um die Kohlenstäbe bei Stromlosigkeit in die der Schaltung entsprechende Position zu bringen und zu erhalten.

2. Die Vorrichtung, um den Nachschub der Kohlenstäbe je nach ihrem Abbrande zu bewirken.

3. Die Regulirvorrichtung, um die Beschleunigung dieses Nachschubes zu verhindern.

4. Der Kohlenhalter zur sicheren Fassung der Kohlen bei bequemer Erneuerung der letzteren. Hierzu treten noch unter Umständen einige Hilfstheile hinzu als:

5. Der selbstthätige Kurzschliesser innerhalb oder ausserhalb der Lampe bei Reihenschaltung derselben.

6. Die Vorrichtung zur festen Stellung des Lichtpunktes, die eine Verschiebung beider Kohlenstäbe bedingt.

7. Die Vorrichtung zum selbstthätigen Einspringen von Reservekohlen bei Lampen von grösserer Lebensdauer und

8. die Vorrichtungen zum mechanischen Schutze der Lampen und des Bogens, zur Veränderung der Lichtintensitätskurve je nach Maassgabe des Zweckes, also Schirme, Kugeln etc.

Ausser der Konstruktionsart spielt eine ebenso wichtige Rolle die elektrische und mechanische Dimensionirung der Theile. Gute Ausführung sichert im Verein mit der ersteren dann erst gutes Funktioniren zu. Der Verlauf der Nachregulirung kann z. B. schon durch die elektrische Dimensionirung des Eisenkernes der Regulirspule beeinflusst werden. Arbeitet der Eisenkern mit magnetischer Sättigung, so wird der initiirenden Ursache eine verhältnissmässig geringere Wirkung entsprechen etc. Es kann nach diesem Gesichtspunkte die Dimensionirung der beiden Spulenkerne von Differentiallampen erfolgen. Während die Stromstärke frei durch die Parallelschaltung anwachsen kann, ohne eine Störung des Bogens zu verursachen, kann die Spannung des Bogens nur wenig variiren. Wenn also die Lampe gegen Stromschwankungen wenig, gegen Spannungsschwankungen stark empfindlich sein soll, muss der Kern der Hauptstromspule stark, jener des Nebenschlusses schwächer gesättigt werden.

Bei Wechselstrom sind noch besondere Punkte zu berücksichtigen, z. B. der Einfluss der Polwechsel, wie sie bei Tourenschwankungen des Antriebsmotors auftreten etc. Eine Wechselstromlampe kann im Allgemeinen nur für eine bestimmte Kurvenform des Stromes, für welche sie einregulirt ist, richtig funktioniren.

Bevor nun einzelne Typen von Bogenlampenkonstruktionen ausführliche Beschreibung finden, soll über die äussere Schaltung der Bogenlampen das Wichtigste kurz angeführt werden, während Ausführlicheres im Kapitel über Schaltungen folgen wird.

14. Schaltung der Bogenlampen im Stromkreise.

Die Bogenlampen werden sowohl hintereinander, als auch parallel in den Stromkreis eingeschaltet.

Die einfachste Anordnung ergiebt sich, wenn sämmtliche Lampen hintereinander geschaltet werden. In diesem Falle wird in der Regel durch die Maschine die Stromstärke konstant gehalten, während sich die Spannung des Leitungskreises nach der Anzahl der Lampen entsprechend ändert. Eine Bogenlampe, die nur die Stromstärke konstant zu halten sucht, wird also in diesem Falle nicht anwendbar sein, weil hierbei die zweite Grösse, die Spannung am Lichtbogen, unbeeinflusst bliebe.

Hauptstromlampen sind demnach für die direkte Serienschaltung unverwendbar; die beiden übrigen Regulatorsysteme eignen sich hingegen in gleichem Maasse dafür, da sowohl in der Nebenschluss-, wie in der Differentiallampe nur die Nebenschlussspule wirkt, wenn die Stromstärke vollkommen konstant ist. Da bei der in Rede stehenden äusseren Schaltung derselbe Strom alle Lampen durchfliesst, so muss dafür Sorge getragen werden, dass beim Erlöschen einer Lampe der Stromkreis nicht unterbrochen werde. Hintereinandergeschaltete Bogenlampen besitzen daher stets selbstthätige Kurzschlussvorrichtungen.

Wesentlich andere Bedingungen als die Serienschaltung stellt der Betrieb von Bogenlampen, welche parallel von einer Leitung mit konstanter Spannungsdifferenz abgezweigt sind. Diese Schaltung wird entweder als Parallelschaltung einzelner oder je zweier hintereinandergeschalteten oder ganzer Serien von Bogenlampen ausgeführt.

In allen Fällen muss vor die Lampe ein Vorschalt-, Beruhigungs- oder Ballastwiderstand in die Abzweigung eingefügt werden. Die Einfügung desselben geschieht in der Absicht, die Schwankungen des Stromes zu dämpfen. Denken wir uns eine einzige Lampe in der Abzweigung ohne Vorschaltwiderstand. In dem Augenblicke, in welchem sich die Kohlen der Lampe berühren, wäre der Widerstand des Zweiges sehr gering und die Stromstärke in Folge dessen sehr gross. Die Lampe würde plötzlich sehr kräftig reguliren und den entgegengesetzten Zustand, in welchem der Widerstand des Bogens sehr gross und die Stromstärke sehr klein ist, herbeiführen. Die Stromstärke würde somit zwischen zwei weit von einander abstehenden Grenzen schwanken und jede ruhige und gleichmässige Funktion der Lampe ausschliessen. Die procentuellen Schwankungen müssen natürlich viel geringer sein, wenn die Stromstärke nicht bloss von den Veränderungen des Bogens, sondern zugleich auch von einem konstant bleibenden Widerstande beeinflusst wird. Mit der Verringerung der Stromschwankungen wird die Gleichmässigkeit und Ruhe des Bogens erhöht, und es wird daher, von diesem Standpunkt allein aus betrachtet, vortheilhaft sein, einen möglichst hohen Vorschaltwiderstand anzuwenden. Allerdings steht diesem Vortheil der Nachtheil gegenüber, dass mit dem Wachsen des Beruhigungswiderstandes die in demselben aufgewendete Energiemenge grösser wird, und somit der Betrieb sich theurer gestaltet.

Dieser letztere Grund lässt es als vortheilhaft erkennen, in jede parallele Abzweigung zwei oder mehrere Lampen hintereinander einzuschalten, soweit es Bogenspannung und verfügbare Leitungsspannung zulassen. Eine Lampe übernimmt dann gewissermaassen die Rolle des Vorschaltwiderstandes gegenüber der anderen, so dass die beiden Lampen die Schwankungen gegenseitig ausgleichen und daher einen viel geringeren passiven Widerstand beanspruchen als im zuerst besprochenen Falle. Diese Schaltungsweise findet häufige Anwendung, wenn Bogenlampen an Glühlichtleitungen angeschlossen werden, die mit einer Spannung von 100—110 Volt arbeiten.

Noch vortheilhafter gestalten sich diese Verhältnisse bei Wechselstrombogenlampen, von welchen man wegen der geringen nothwendigen Spannung an den Klemmen der Kohle drei, ja sogar vier, hintereinander auf 100—110 Volt in eine Abzweigung der erwähnten Glühlichtleitungen legt. Die Beruhigungswiderstände können hierbei durch induktive Widerstände ersetzt werden, wodurch die Arbeitsverluste günstiger gestaltet werden.

Es ist ohne Weiteres einzusehen, dass die Grösse der Stromschwankungen auch von der Empfindlichkeit der Nachregulirung durch die Lampe abhängt und dass daher der Vorschaltwiderstand desto kleiner sein darf, je empfindlicher die Lampe ist. Eine ideale Lampe, welche zum Nachreguliren eine unendlich kleine Zeit beanspruchen würde, könnte desselben ganz entbehren. Eine solche Lampe müsste durch ihre Regulirvorrichtung nur die Stromstärke konstant halten, da die Spannung des Bogens durch die äussere Schaltung in der Leitung auf konstanter Höhe gehalten wird. Man sieht, dass in diesem Falle für Parallelschaltung eine Hauptstromlampe ausschliesslich entsprechen würde.

Sobald man es jedoch mit einer Bogenlampe von beschränkter Empfindlichkeit und endlichem Zeitbedarfe für die Nachregulirung zu thun hat, kann man des Vorschaltwiderstandes hierbei nicht entbehren. Dann erhält der Bogen während des Nachregulirens nicht mehr die durch die äussere Schaltung konstant gehaltene Spannung, sondern in Folge des im Vorschaltwiderstande auftretenden Spannungsgefälles eine mit der Stromstärke variirende. Es kann demnach die innere Schaltung der Bogenlampe entweder auf die veränderliche Stromstärke unmittelbar oder aber auf die durch die letztere bedingte Spannungsveränderung reagiren. Darum wird man wie im oben besprochenen Idealfalle sowohl eine Hauptstrom- wie auch eine Nebenschlusslampe für Parallelschaltung anwenden können. Besonders aber entspricht auch die Differentialbogenlampe den Anforderungen dieser Schaltungsart, weil sie auf konstanten Widerstand zu reguliren sucht.

15. Beschreibung einiger Lampen.

a) Zwei Gleichstromlampen. 1. Die 1886 Křižik und Piette patentirte Lampe ist dadurch charakterisirt, dass die zwei differential geschalteten Solenoide zwei konisch gestaltete Eisenkerne beeinflussen. Sie wird von Schuckert und anderen noch heute ausgeführt und ist in England als Pilsen-Lampe ziemlich verbreitet. Sie kann zu den direkt wirkenden Lampen insofern gerechnet werden, als der Uebertragungsmechanismus nur aus einer Schnurscheibe und einer die beiden Solenoidkerne mit einander verbindenden Seidenschnur besteht, und sonstige mechanisch die Regulirung beeinflussende Theile nicht vorhanden sind. Die beiden konischen Kerne sind mit ihren Spitzen nach oben gerichtet und in cylindrische Blechröhren eingeschoben, welche unter- und oberhalb der nebeneinander liegenden Solenoide durch Röllchen geführt werden. Das Hauptschlusssolenoid bewirkt die Zündung, indem es seinen konischen Kern nach oben zieht und dadurch die Kohlen einander nähert. Die cylindrischen Blechröhren dienen gleichzeitig als Kohlenhalter und erhalten an ihren oberen Theilen Strom durch biegsame Seidenschnüre, während an ihren unteren Theilen die aus flachen Federn bestehenden Kohlenhalter angeschraubt sind (Fig. 21). Während des Abbrandes der Kohlenstäbe tritt der Kern der Hauptstromspule immer weiter nach unten aus ihr heraus, während gleichzeitig der Kern der Nebenschlussspule nach unten immer tiefer in sie hineintaucht. Die Form des Kernes ist nun durch die Abschrägung so gewählt, dass trotz dieser dauernden Aenderung der Relativlage die Anziehung der Spulen auf die Kerne möglichst gleich gross bleibt. Dies ist nöthig, damit nicht beim Abbrande der Kohle der Brennpunkt sich verschiebt oder die Stromstärke und Klemmenspannung der Lampe sich ändert. Das bewegliche System der Lampe soll somit in stromlosem und in stromdurchflossenem Zustande vollkommen astatisch sein. In stromlosem Zustande wird dies dadurch erreicht, dass die Kohlenhalter und Kohlen gegeneinander vollkommen abbalancirt sind; beim Brennen soll die Astasie durch die Form der Kerne erreicht werden. Die Lampe besticht durch ihre Einfachheit und die Abwesenheit komplicirter mechanischer Theile.

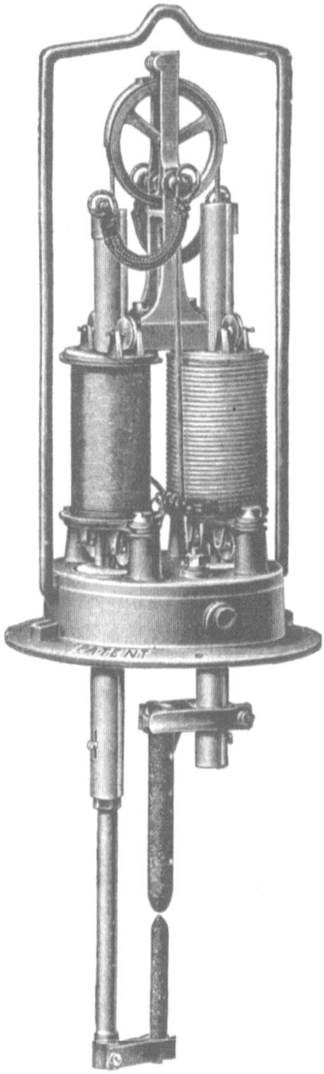

Fig. 21.
Lampe von Krizik und Piette.

Sie hat deshalb besonders in der von Schuckert und von Fabius Henrion, Nancy, ihr ertheilten Form sehr weite Verbreitung gefunden. Man hat auch, so lange das Patent auf den konischen Kern noch existirte, durch cylindrische Kerne mit konischer Wicklung oder durch feststehende Kerne und bewegliche Wicklung den gleichen Erfolg zu erzielen versucht. Aber trotz ihrer Einfachheit ist die Lampe nicht frei von Fehlern. Da eine Erhöhung der Klemmenspannung den relativen Kohlenabbrand ändert, vermag sie die Regulirung zu stören und den Brennpunkt zu verschieben; gleiches bewirkt auch schon die Dehnung der um die Schnurstäbe geführten Seidenschnur. Für Wechselstrom ist die Lampe nicht besonders geeignet.

2. Die Bandlampe von Siemens & Halske (Fig. 22 u. 23) besitzt in ihrer einfachen Form nur einen im Nebenschluss angeordneten hufeisenförmigen Elektromagnet mit schräg nach oben gestellten Polschuhen m, vor denen sich das Eisenstück c des Rahmens befindet. Dieser Rahmen wird durch die starke Feder f nach oben, durch die schwächere und nur wenig nach abwärts wirkende Feder S nach unten gezogen und kann um die Axe d schwingen, sobald die federnde Zunge l das Hemmwerk g freilässt.

In stromlosem Zustande berühren sich die Kohlenstäbe nicht, weil das Gewicht der Oberkohle und die Zugkraft der Feder S nicht ausreichen, die Hemmung auszulösen. Wird der Stromkreis geschlossen, so wird die Spule stark erregt und das Eisenstück c von den Polschuhen m angezogen. Dadurch gleitet die Zunge l vom Hemmschuh g ab und das Laufwerk beginnt, sich und die mit ihm verbundene Trommel b zu

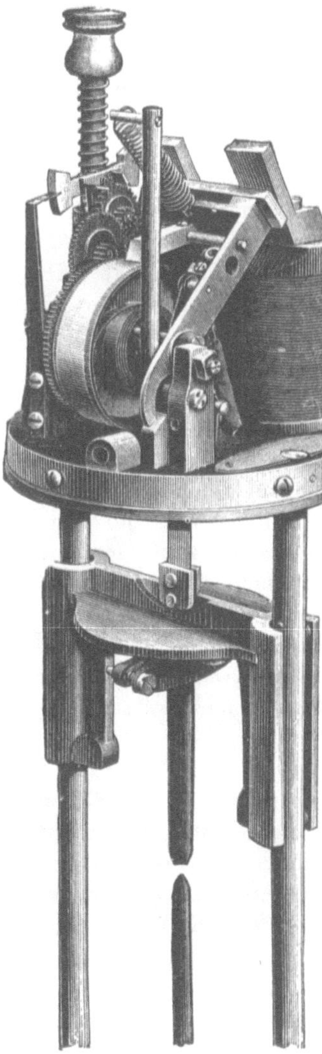

Fig. 22.

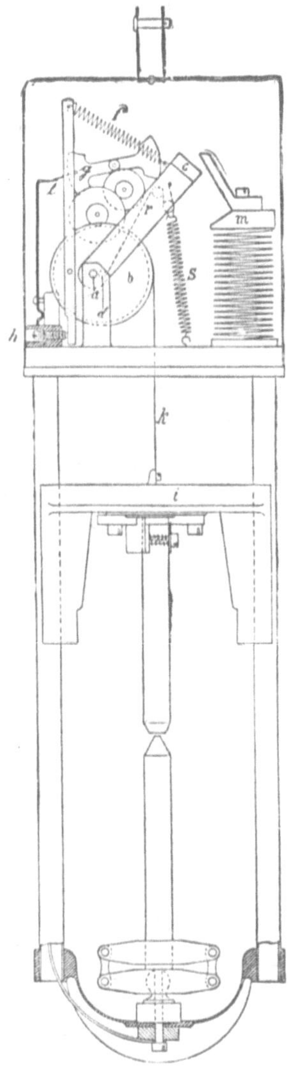

Fig. 23.

Bandlampe von Siemens & Halske.

drehen; dadurch wickelt sich das stromführende Kupferband k ab, bis die Kohlenstäbe sich berühren. In diesem Momente erfolgt die Zündung durch die Feder f, welche den Rahmen gegen die Wirkung des fast stromlosen Nebenschlusssolenoids anhebt. Einen Moment später beginnt letzteres die Kohlen etwas zu nähern und dann erfolgt der Nachschub, sobald bei wachsendem Abbrande das Solenoid die Kraft der Feder f überwiegt. Die Feder S dient zur Ausgleichung des Gewichtsverlustes der Oberkohle.

Bei dieser Art der Regulirung nimmt die Unterkohle keinen Theil an der Bewegung, der Lichtpunkt rückt also mit fortschreitendem Abbrande etwas tiefer.

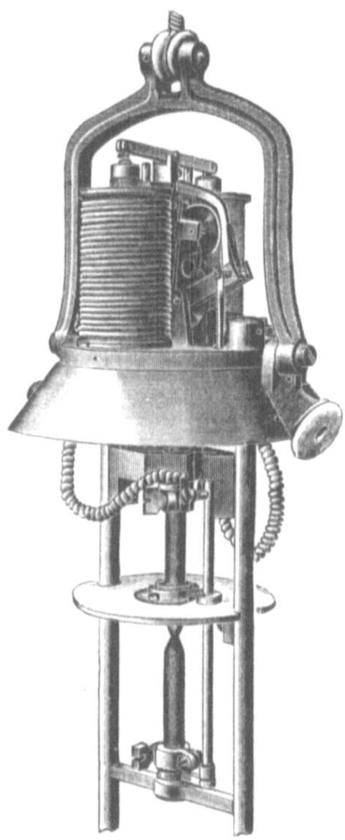

Fig. 24.
Lampe der E.-A.-G. Helios.

Will man die Brennpunkte in konstanter Höhe erhalten, so sind bei der Siemens'schen Anordnung drei Kupferbänder vorhanden. Helios hatte früher eine Wechselstromlampe mit nur zwei Bändern und feststehendem Lichtpunkte konstruirt, doch ist die Konstruktion verlassen worden, weil das mechanisch und elektrisch beanspruchte Kupferband leicht zu Störungen Veranlassung gab. Die Siemens'sche Bandlampe kann auch für Wechselstrom verwendet werden. Sie besitzt einen Reflektor, der am oberen Kohlenhalter angebracht ist und dadurch das Herabsinken des Lichtpunktes in unangenehmer Weise auch an der Glocke markirt. Der untere Kohlenhalter besteht aus zwei durch Schrauben verstellbaren Platten und besitzt Kugelgelenk.

b) Zwei Wechselstromlampen. 3. Die Lampen der E.-A.-G. Helios (Fig. 24) zeichnen sich durch den von Coerper eingeführten kleinen Reflektor innerhalb der Glasglocke und unmittelbar über dem Bogen aus, der in neuerer Zeit durch einen an der Glocke selbst befestigten koncentrischen Reflektorring zu grösserer Wirkung gebracht wird. Diese im Innern der Glocke und dicht über dem Bogen angeordneten weiss emaillirten Reflektoren sind gerade für die Wechselstromlampe von besonderer Bedeutung, weil dieselben den nach oben ausgesandten Theil des Lichtstromes durch Reflexion zur Bodenbeleuchtung nutzbar zu machen gestatten. Sie verändern dadurch die Lichtstärkenvertheilung, indem sie nahezu die obere Hälfte des Lichtstromes abschneiden und mit geringem Verluste nach unten derart reflektiren, dass mit Reflektor die untere hemisphärische Intensität nahezu gleich dem Doppelten der ohne Reflektor gefundenen sphärischen Intensität wird. So liefert die sehr viel verwendete 16 Ampèrelampe der E. A. G. Helios bei etwa 28 Volt Klemmenspannung ohne Reflektor 1200 Kerzen sphärischer Lichtstärke und mit Reflektor 1200 + 1200 . 0,8 = 2160 Kerzen unterer hemisphärischer Lichtstärke. Die Coerper'schen Patente reichen bis in das Jahr 1887 zurück und umfassen auch an Reflektoren angeordnete Specksteintüllen mit ruhenden vorgewärmten Luftschichten, welche zur Erhöhung der Brenndauer der Oberkohle beitragen.

Das Werk (Fig. 25) besteht aus einem das Laufwerk tragenden Winkel e, der um den Drehpunkt b schwingen kann, wenn die bei m angreifende, mit dem Regulirhebel l verbundene Zugstange nach oben gehoben wird. Dies geschieht durch den Strom des Hauptstromsolenoids. Der Hebel l ist nämlich als Wagebalken ausgebildet und trägt an beiden Enden untertheilte Eisenkerne, von denen der eine in die Nebenschluss-, der andere in die Hauptstromspule eintaucht. Ruhen die Kohlen aufeinander, so zieht bei Stromschluss das Hauptstromsolenoid seinen Kern an, stellt dabei den regulirenden Wagebalken etwas schief und hebt dadurch den Winkel e mit dem ganzen Laufwerk gegen die Wirkung der Feder n an. Damit ist die Zündung erfolgt. Den Nachschub bewirkt der Anschlag f, an welchen der Bremshebel d sich anlegt, sobald durch den Kohlenabbrand die Stromstärke etwas gesunken ist und der Nebenschlusssolenoid die Schiefstellung des Wagebalkens noch etwas vermindert. Sobald der Bremshebel d sich an die Stellschraube f anlegt, dreht er sich minimal um den Punkt c und giebt dadurch das durch die Bremsscheibe ausgebildete oberste Laufrad c frei. Die Verhältnisse sind so sorgfältig abgewogen, dass die Scheibe ununterbrochen und äusserst langsam sich bewegt. Die für Einzellampen verwendete Hauptstromlampe ist ganz ähnlich gebaut, nur ist statt der Nebenspule eine Luftbremse zur Dämpfung der Regulirbewegungen angebracht. Durch die angedeutete Anordnung der Bewegungsübertragung bleibt der Lichtpunkt feststehen. Dieselbe Lampenkonstruktion wird mit geringen Aenderungen auch für Gleichstrom verwendet.

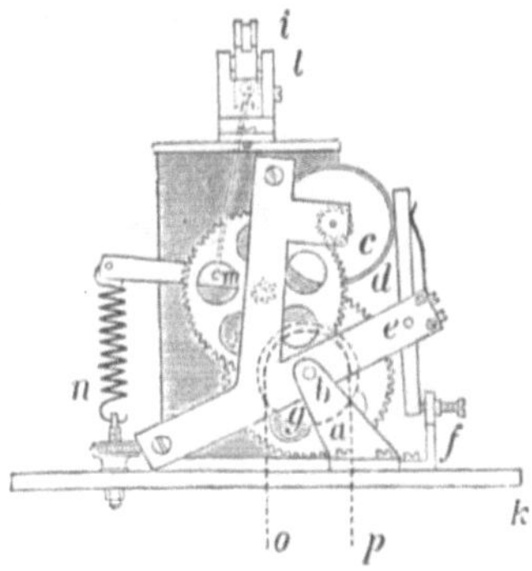

Fig. 25.

4. Die von Utzinger konstruirte (Fig. 26 und 27), von der E.-A.-G. vorm. Schuckert & Co. gebaute Wechselstromlampe unterscheidet sich wesentlich von den bisher beschriebenen Lampen. Sie greift auf die Erscheinungen zurück, welche Elihu Thomson als Schirmwirkung in asymmetrisch angeordneten Metallmassen entdeckt und beschrieben hat,

und ist nur für Wechselstrom brauchbar. Die Wirkungsweise der Lampe beruht darauf, dass zwei Hufeisenmagnete e und E, deren magnetische Felder durch Messingstücke zum Theil abgedeckt sind, eine im Felde drehbare Aluminiumscheibe a im entgegengesetzten Sinne zu drehen trachten. Die durch die differential geschalteten Magnete in der Masse der Scheibe

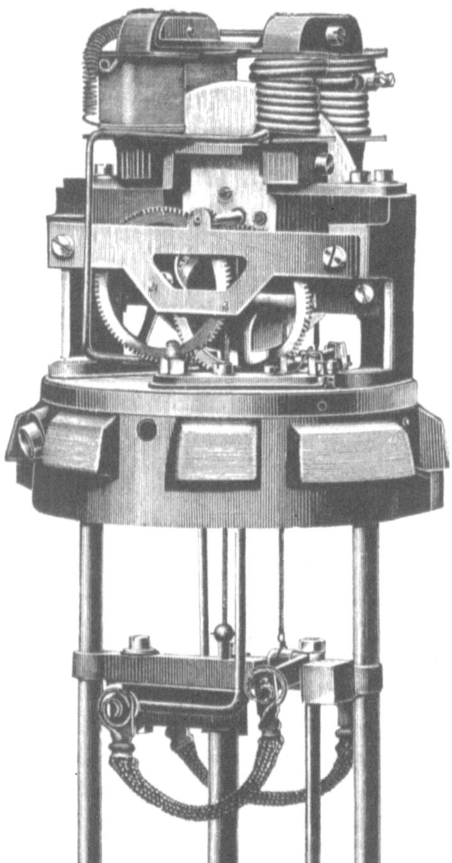

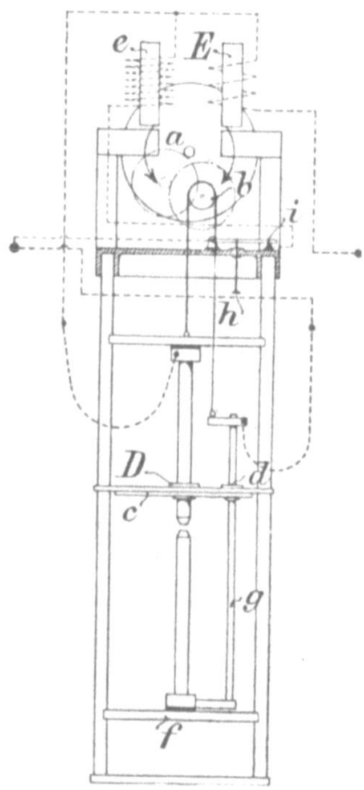

Fig. 26. Fig. 27.

Wechselstromlampe der E.-A.-G. vorm. Schuckert & Co.

hervorgerufenen Wirbelströme sind so gerichtet, dass der Nebenschlussmagnet die Kohlen nähert, der Hauptschlussmagnet sie von einander entfernt. Zur Uebertragung der Bewegung dient ein einfaches Laufwerk mit einer Schürscheibe b. Der Reflektor c über dem Bogen, die Specksteinisolirungen D und d und die Stromzuführung f und g zum unteren Kohlenhalter sind ähnlich wie bei der vorbeschriebenen Helioslampe ausgeführt.

c) Zwei Bogenlampen für geringe Stromstärke. 5. Die Nebenschlusslampe der Allgemeinen Elektricitäts-Gesellschaft, Berlin (Fig. 28), besitzt nur einen Magnet, der im Nebenschluss zum Lichtbogen angeordnet ist und zwischen dessen Polschuhen der Anker schwingen kann. In stromlosem Zustande berühren sich die Kohlen nicht,

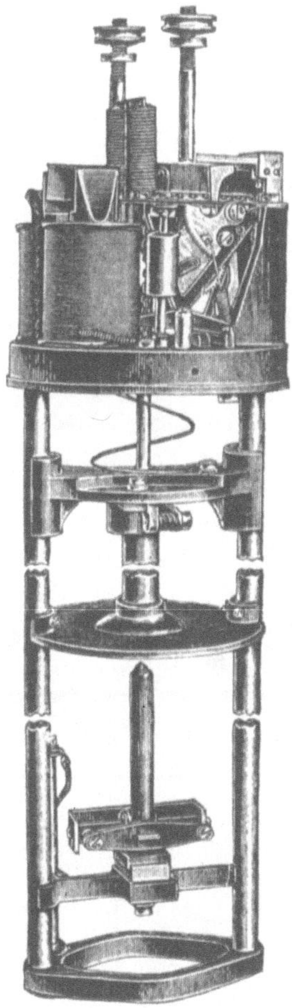

Fig. 28.
Lampe der Allgem. Elektr.-Ges.

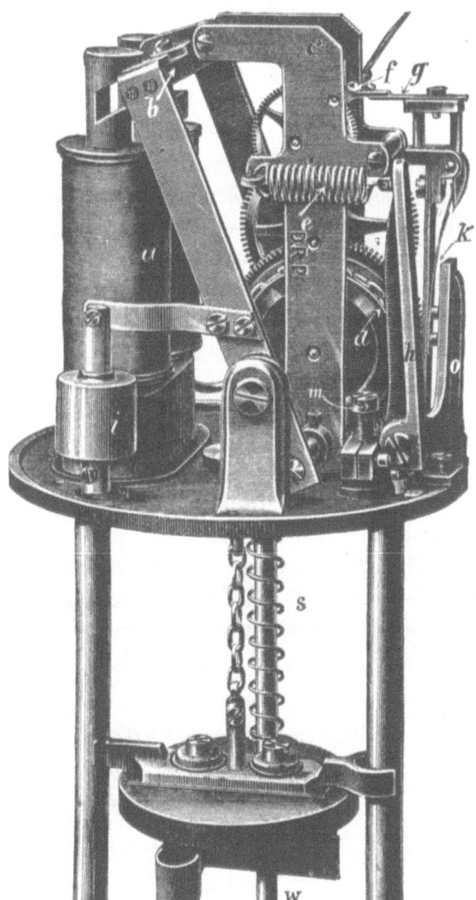

Fig. 29.
Lampe von Körting & Mathiesen.

weil die Federn den Anker und den schwereren oberen Kohlenhalter nach oben ziehen. Wird der Stromkreis geschlossen, so überwiegt die Anziehung seitens des stark erregten Nebenschlussmagnets, so dass der Anker und das mit ihm verbundene Laufwerk so weit nach unten gezogen werden, dass der bisher durch einen Anschlag festgehaltene Windflügel abgleitet. Das

Laufwerk bringt dann die Kohlen zusammen, der Nebenschluss wird stromlos und die Federn bewirken durch Anheben des ganzen Laufwerkes und Ankers die Zündung. Bei fortschreitendem Abbrande steigt die Klemmenspannung des Nebenschlusssolenoids solange, bis der Windflügel abermals den Hemmstift vorlässt und den Nachschub bewirkt. Die Lampen werden bis herab zu 1 Ampère für 7—8 Brennstunden gebaut. Grössere Modelle gleicher Konstruktion sind für höhere Stromstärke bestimmt.

6. Die in Fig. 29 abgebildeten Nebenschlusslampen von Körting & Mathiesen in Leutsch bei Leipzig sind ganz ähnlich ausgeführt. Die Polschuhe des Nebenschlussmagnets a sind geschlitzt und ziehen den Rahmen gegen die Kraft der Federn e in sich hinein. Dadurch gleitet der Windflügel f von dem Anschlage g ab und die Kohlen laufen zusammen. Die Zündung erfolgt durch die Federn e, der Nachschub durch den Magnet a. Zur Dämpfung der Bewegung dient die Luftbremse i. Die Kohlen sitzen in federnden Klemmen w. Damit die Regulirungsspannung bei längerer Brenndauer sich nicht durch die Widerstandsspannungszunahme des Nebenschlusses erhöhe, besitzt die Lampe eine Temperaturkompensation in Form eines aus zwei verschiedenen Metallen gebildeten Streifens k, welcher bei steigender Erwärmung die Stellung des Anschlags in entsprechendem Sinne vorschiebt. Die Lampen werden von 2 Ampère an für 5—8stündige Brenndauer gebaut, doch werden ähnliche Modelle grösserer Art für höhere Brenndauer und Stromstärken verwendet.

Die hier beschriebenen Lampenkonstruktionen sollen nur einige typische Beispiele geben. Sie umfassen folgende Fälle:

Name	Wicklung	Stromart	Zündung	Nachschub	Wirkung	Besonderheit
Křižik . . .	Differential	Gleichstr.	Hauptstr.	Nebenschluss	Direkt	Ausbalancirt
Helios . . .	-	Wechselstrom	Hauptstr. u. Gewicht	Nebenschl. u. Bremssch.	Indirekt	Ununterbr. Regulirung
Schuckert . .	-	-	Hauptstr. u. Motor	Nebenschl. u. Motor	-	Motor
Helios . . .	Hauptstr.	-	Hauptstr. u. Gewicht	Bremsscheibe und Anschlag	-	Ununterbr. Regulirung
Siemens Band	Nebenschl.	Gleichstr.	Feder	Nebenschl. u. Feder	-	Abgleichung für Gewichts-Verlust
A. E. G. . .	-	-	-	Nebenschluss mit Windflügel und Anschlag	-	Kleine Stromstärke
Körting & Mathiesen	-	-	-		-	Kleine Stromstärke u. Temperaturkompensation

Die Geschichte der heutigen Bogenlampe umfasst zwei volle Decennien. Die Entwicklung in dieser Zeit war wohl eine grosse, sie hat aber trotzdem nicht Schritt gehalten mit jener der Maschinen und Vertheilungssysteme. Während bei letzteren beiden höchste Nutzeffekte erreicht wurden, und der Gewinnung einiger Procente die grösste Aufmerksamkeit geschenkt wird, sieht man davon bei der Lichtquelle selbst und ihrem Beleuchtungseffekte leichtfertig ab. Ihr äusseres Aussehen hat sich in dieser Zeit wenig geändert; sie bildet noch immer die lange, steife Röhre mit der Kugel, die jeder wirksamen Dekoration Hohn spricht; ihr Inneres enthält leider noch, wie wir eben gesehen haben, genug Details mit Magneten, Spulen, Federn, Ausschaltern, welche mit den drehbaren Theilen und Schleifkontakten ein gegen Staub und Wetter recht heikles, viele Pflege erheischendes Arrangement bilden. Die Bogenlampe ist, wie Rogers[1]) sich ausdrückt, der Exponent der Anlage, sie sticht Tag und Nacht dem Publikum sozusagen in die Augen, ihr Erlöschen auf der Strasse wird polizeilich notirt, es wird wahrlich viel zu viel von der Funktion eines so komplicirten Mechanismus begehrt! Der tägliche Ersatz der Kohlenstäbe verursacht hohe Betriebskosten für Material und Bedienung, und letztere war seit Jahren die Veranlassung, die Konstruktion von Bogenlampen mit vielstündiger, etwa 100—200 stündiger, Brenndauer zu erstreben.

In neuester Zeit ist dies durch Marks und Jandus erreicht worden. Bevor auf die Beschreibung dieser Lampen eingegangen wird, möge die Fabrikation der Bogenlampenkohle und ihre Eigenschaften kurze Beschreibung finden.

16. Bogenlampenkohlen.

Die Qualität der verwendeten Kohlenstifte hat auf das ruhige und gleichmässige Brennen der Bogenlampen den allergrössten Einfluss. Die Anforderungen, welche neben guter Leuchtkraft heute an eine gute Beleuchtungskohle gestellt werden, sind:

Ein ruhiges gleichmässiges Abbrennen, kein Zucken des Bogens, möglichst wenig Rückstände und eine möglichst lange Brenndauer, verbunden mit einem billigen Preise. Dieser letzte Punkt hat leider dazu geführt, dass oft Kohlenstifte auf dem Markt erscheinen, welche infolge ihrer schlechten Qualität die Bogenlichtbeleuchtung überhaupt misskreditiren.

Der Hauptsache nach bestehen die Bogenlampenkohlen aus Retortenkohle, Russ, einem Bindemittel (Steinkohlentheer) und verschiedenen chemischen Beimengungen, letztere theils zur Verlängerung der

[1]) Western Electrician Mai 1896.

Brenndauer, theils zur Erhöhung der Leuchtkraft. Alle Beimengungen, welche letztere erhöhen, verkürzen die erstere und umgekehrt. Das Bestreben der Fabrikanten ist nun in erster Linie darauf gerichtet, den oben erwähnten Anforderungen zu genügen und die Uebelstände auf ein Minimum zu reduciren. Die genannten Rohmaterialien werden sorgfältig aussortirt. Man legt das Material auf eine Metallplatte, die mit dem positiven Pol einer elektrischen Leitung verbunden wird, während der negative Pol das Material berührt. Die Farbe des sich dabei bildenden Funkens lässt die Qualität des Rohmateriales beurtheilen. Nun wird dasselbe in einer Mühle zu Mehl vermahlen, in entsprechendem Verhältnisse in Mischmaschinen mit den Bindemitteln gemischt und dann unter hohem Drucke durch hydraulische Pressen zu Stäben geformt. Nach dem Pressen werden dieselben in Oefen bei sehr hoher Temperatur gebrannt. Die als Rohr gepresste Dochtkohle wird mit der Dochtmischung gefüllt. So einfach diese Operationen scheinen, so erfordern sie doch besondere Einrichtungen. Die Aufgabe der Mahlmühle ist eine schwierige, sie muss sehr feines Pulver geben und darf trotzdem von den zerreibenden Flächen durch Abreiben derselben keine verunreinigenden Beimengungen erhalten, welche das Mahlgut entwerthen.

Die ersten Versuche über die photometrische Wirkung der Tränkung der Lichtkohlen mit Borsäure, Borax, schwefelsaurem Natron rühren von W. Th. Casselmann[1]) her. Das jetzt übliche Dochtungsverfahren war bis zum 15. April 1895 der Firma Siemens & Halske in Deutschland patentirt[2]). Die Dochtsubstanz erhöht die Leitungsfähigkeit der Kohle und soll namentlich Bor, welches sich jetzt fast in allen Dochtkohlen findet, von günstigem Einfluss auf die Ruhe des Lichtbogens sein[3]).

In Amerika stellt man die Kohlenstifte aus Petroleum-Coaks her, der mittelst Ausglühens und nachträglicher Behandlung mit Säure gereinigt wurde. Da jedoch die aus diesem Materiale hergestellten Kohlenstifte eine sehr geringe Leitfähigkeit besitzen, so werden dieselben mit einem dünnen Kupferüberzug versehen, welcher auf galvanischem Wege hergestellt wird. Derselbe bedingt jedoch durch zeitweises Abschmelzen ein unruhiges Brennen der Lampe mit grünlicher Flamme und werden diese Kohlenstifte nur für Strassenbeleuchtung mittelst hochgespannter Gleichströme verwendet. Für Innenbeleuchtung, sowie zur Schaltung von Bogenlampen im Glühlampenstromkreise, ferner für Wechselstrom verwendet man auch in Amerika gegenwärtig die aus Europa

[1]) Poggendorff's Annalen 1844, Bd. 63.

[2]) Näheres über Dochtkohlenpatentprocesse: Elektr. Zschr. 1893, S. 742, 743, 744, u. s. w.

[3]) Dr. Feussner, Elektr. Zschr. 1895, S. 553.

importirten Docht- und Homogenkohlen trotz des fast doppelten Preises derselben.

Um ein gleichmässiges Abbrennen, verbunden mit möglichst hohem Lichteffekte und längster Brenndauer zu erzielen, ist es nöthig, die Dimensionen der Kohlenstifte für die verschiedenen Stromstärken nach eingehenden elektrischen und photometrischen Versuchen festzulegen, wie wir dies beim Wirkungsgrad des Lichtbogens bereits erörterten. Die Forderungen der Konsumenten nach Bogenlampen von 12, 16 und mehrstündiger Brenndauer drängen oft weit vom Wege der Licht-Oekonomie ab. Da die positive (meist obere) Kohle fast doppelt so schnell abbrennt, wie die negative (untere), so muss dieselbe bei gleichem Durchmesser fast doppelt so lang sein, wie die untere; das Verhältniss der Längen ist bei gleichem Durchmesser ausser von der Kohlensorte auch von der Klemmenspannung abhängig. Nach Marks kann das Verhältniss des + zum — Abbrande zwischen 1,2 und 3,7 variiren, wenn die Klemmenspannung von 50 Volt auf 28 Volt vermindert wird. Um nun für längere Brenndauer keine zu langen Lampen zu erhalten, ist man dazu übergegangen, die + Kohle von gleicher Länge und von stärkerem Durchmesser zu nehmen als die negative. Ausserdem ist es auf dem Kontinente üblich geworden, die Oberkohle mit Docht auszustatten.

Die Dimensionen der Kohlenstäbe werden für gleiche Verhältnisse von verschiedenen Fabriken verschieden genommen und zwar sollen nach Prof. Heim pro Ampère für die obere Dochtkohle 20—33, im Mittel 28 qmm, für die untere Homogenkohle 7—15, im Mittel 11 qmm Querschnitt genommen werden.

Aehnlichen Verhältnissen entsprechen die Werthe der folgenden Tabelle:

Stromstärke in Ampère	1	1,5	2	3	4,5	6	9	12	15	20	35
Durchmesser der Dochtkohle	6	8	9	11	13	16	18	20	20	22	25
Durchmesser der Homogenkohle	4	5	6	7	8	10	11	12	12	13	17

Die Brenndauer ist, wenn beide

Kohlen je 200 mm lang sind, ca. 11—12 Stunden.
„ „ 250 mm „ „ „ 15—16 „
„ „ 325 mm „ „ „ 21—22 „

Bei Wechselstrom sind die obere und die untere Kohle in der Regel gedochtet und von fast gleichem Durchmesser und gleicher Länge. Passirt die Oberkohle den von Coerper für die Helioslampen zuerst eingeführten Reflektor, dessen Oeffnung nur wenig grösser wie der Durchmesser der Kohle ist, so verbrennt die obere Kohle etwas langsamer und muss infolge dessen, um gleichen Abbrand zu erzielen, schwächer im Durchmesser oder kürzer sein. In der Regel beträgt diese Differenz jedoch nur wenige Procent selbst bei Stromstärken über 15 Ampère.

Für eine 16 Ampère Bogenlampe der E.-A.-G. Helios ergab sich bei 28 Volt Spannung z. B. bei einem Kohlendurchmesser von ca. 15,6 mm der untere Kohlenabbrand mit 3600, der obere 3270 cbmm pro Stunde, demnach ihr Verhältniss mit ca. 1,1 : 1.

In allerneuester Zeit hat man bei Wechselströmen von entsprechender Kurvenform in einer Serie auf 50 Volt selbst 2 Bogenlampen mit niedrigen Ampère funktioniren lassen. Anfangs scheiterten die Versuche an dem Mangel hierfür passender Kohle. Es ist vornehmlich den Versuchen der ersten österreichischen Kohlenstiftfabrik Schiff, Jordan & Co. Wien, sowie Siemens in Charlottenburg unter anderem gelungen, Kohlenstifte für Spannung unter 25 Volt Wechselstrom zu erzeugen. Für sehr grosse Stromstärken, für Scheinwerfer z. B., werden stellenweise auch Kohlen benutzt, welche statt des Dochtes eine schwache verkupferte Homogenkohle enthalten; dieselben haben sich gut bewährt. Nach den neuesten Untersuchungen von Blondel und Jigouzo können jedoch auch Kohlen mit ziemlich hartem Docht als Oberkohle zusammen mit einer homogenen Unterkohle für Wechselstrom mit gutem Erfolg verwendet werden.

Die Fehler der Kohlenstifte zeigen sich in mannigfacher Weise. Es bilden sich bei der Dochtkohle öfters kleine aus Silikaten bestehende Kügelchen, welche den Bogen schliessen und eine Ursache des Zischens bilden. Häufig findet man die Kohle mit einem dichten Schaum bedeckt, der bis in den Mechanismus der Lampe eindringen kann und zu Störungen Veranlassung giebt. Nach den Versuchen von Stine[1]) hat sich gezeigt, dass die genannten Erscheinungen mit ein und derselben Kohle nicht bei jeder Lampe und Schaltungsart zu Störungen führten, sodass über die Verwendbarkeit von Kohlenstiften kein allgemeines Urtheil, sondern nur ein für bestimmte Verhältnisse bedingtes gefällt werden darf.

Durch rationelle gewissenhafte Fabrikation bei Verwendung sinnreicher Maschinen, ferner durch ausschliessliche Verwendung von billigen Materialien und nicht in letzter Linie durch die grosse Konkurrenz ist der Preis der Kohlenstifte z. B. der 12 mm-Dochtkohle innerhalb 8 Jahren von 140 Pfg. auf 14 Pfg. per Meter gewichen und die Brenndauer derselben hat sich verdoppelt, so dass heute die Auslagen für Kohlenstifte bei der Bogenlichtbeleuchtung nicht mehr stark ins Gewicht fallen.

Man hatte die verschiedensten Rohmaterialien zur Kohlenstiftfabrikation herbeigezogen; heute jedoch ist man zur Ueberzeugung gelangt,

[1]) El. World Bd. 27. 1896, S. 36.

dass Retortengraphit und Russ bei richtiger Auswahl das entsprechendste Material sind und dass alle Manipulationen mit Säuren etc. als zu kostspielig und zeitraubend für Massenfabrikation aufgegeben werden mussten. In neuester Zeit wurden z. B. noch Versuche zur Herstellung der Stifte aus Anthracit gemacht, welcher im gepulverten Zustande mittelst Schwefelsäure gereinigt und dann geglüht wird. Bis jetzt hat sich jedoch das Produkt als minderwerthig erwiesen[1]).

Die Prüfung der Kohlenstifte ist nicht leicht, da es gilt, die Funktion der Bogenlampe von jener der Kohlen zu trennen.

Nimmt man mit der zu prüfenden Kohle eine Bogenlampe von ausgeprüfter, guter Regulirung und beobachtet deren Regulirung durch registrirende Instrumente, Voltmeter bei Serienschaltung der Bogenlampe, Ampèremeter bei parallelgeschalteter Bogenlampe, oder beide Instrumente bei gemischter Schaltung, so lässt sich aus deren Aufzeichnungen auf die Qualität der Kohle ein Schluss ziehen. Ferner wird der Bogen beobachtet, entweder durch eine schwarze Schutzbrille, oder indem man das Bild des Bogens auf eine Leinwand projicirt. Hierdurch kann man die Vorgänge beim Abbrand der Kohle kennen lernen. Die auftretenden Fehler sind mannigfache. Oft ist der Bogen zu bläulich und brennt nur von einer Seite ab; oft zeigen sich Flammen und Kohlenexplosionen.

Nach Miles lässt sich ein Urtheil über die Qualität der Kohle auch durch eine elektrolytische Methode schöpfen.

Zwei Kohlenstäbe werden als Elektroden in eine 25procentige Lösung von Aetzkali oder Aetznatron getaucht. Bei einem Strome von 2 bis 3 Ampère wird die Wirkung der Elektroden beobachtet. Ist das Bindemittel nicht sorgsam ausgewählt, so verschwindet es in kurzer Zeit in der Flüssigkeit. Die positive Kohle wird durch freiwerdenden Sauerstoff angegriffen und es treten in Folge dessen bei ihr Aenderungen in der Textur auf. Ist die äussere Lage der Kohle einmal weggeätzt, so wird der Kern mehr oder weniger rasch aufgezehrt. Alle diese Momente ermöglichen, einen Schluss auf die Qualität der Kohle zu ziehen.

17. Ueber Bogenlampen mit beschränktem Luftzutritt.

Der Abbrand der Kohlenstifte beim freien Bogen rührt einerseits von der wesentlichen Kohlenverdampfung zur Bildung des Flammenbogens her, andererseits, namentlich bei der Oberkohle, vom überflüssigen Abbrande derselben durch die längs der Kohlenstifte aufsteigende Luft.

---

[1]) Ueber die Geschichte und Fabrikation der Kohlenstifte siehe F. Miles, El. World, Bd. 25. 1895, S. 7.

Um letzteren Verlust zu beschränken, hat Coerper und später Hardtmuth bei seinem Dauerbrenner[1]) vorgeschlagen, der Oberkohle eine mit Speckstein gefütterte Büchse aufzusetzen. Der Abbrand der Oberkohle verminderte sich bei Gleichstrom durch diese Anordnung um 65 %, jener der Unterkohle um 35 %. Trotz der Einfachheit dieses Mittels hat sich dasselbe nicht eingebürgert, weil die Ersatzkosten der in Rede stehenden Büchse, die unter dem Einflusse der hohen Temperatur sehr dem Verderben ausgesetzt war und häufig ausgewechselt werden musste, die Kohlenersparniss überwog.

Marks hat durch Einschliessen der Kohlenstifte in einem mit einem Deckel verschlossenen Glasgefässe gefunden, dass der Abbrand durch Verkleinerung der Oeffnung im Deckel sinkt. Die grösste Schwierigkeit bestand lange Zeit darin, zu vermeiden, dass das Glasgefäss sich nicht schwärze, da durch das Auftreten einer raschen Schwärzung des Glasgefässes die Lichtmission selbstverständlich sinken muss. Versuche von Körting & Mathiesen mit einem Lichtbogen von 80 Volt Spannung und bei einer Länge über 10 mm unter Zuziehung einer entsprechenden Kohlenqualität haben ergeben, dass nach ca. 200 stündiger Brennzeit eine Trübung des Lichtes um 30—50 % auftritt.

Die Kohlenstifte für Benutzung mit beschränktem Luftzutritt erfordern eine besondere Aufmerksamkeit und Berücksichtigung bei der Herstellung, indem darauf gesehen werden muss, dass die bläuliche Farbe, welche mit der Grösse des Lichtbogens zunimmt, möglichst vermieden werde. Diese Kohlen dürfen keinen Russ absetzen, müssen also möglichst rückstandsfrei verbrennen. Man verwendet derzeit zwei Homogenkohlen, da sich bisher die Dochtkohle als weniger brauchbar erwiesen hat.

Bei Verwendung der Kohlen in Bogenlampen mit beschränktem Luftzutritt bilden sich keine Aushöhlungen bei der Oberkohle und der Bogen wandert unausgesetzt hin und her. Die Fixirung des Lichtbogens ist bisher nicht gelungen und kann dieser Uebelstand nur dadurch dem Auge verschleiert werden, dass man noch eine zweite, grössere Glaskugel aufsetzt, wodurch aber wieder eine Verminderung des Lichteffektes eintritt. Von den zahlreichen bereits erschienenen Konstruktionen sei nur diejenige von Marks beschrieben.

Die in Fig. 30 dargestellte „Pionier“-Bogenlampe, deren wesentliche Bestandtheile am Rande vermerkt sind, ist einfach. Der arbeitende Mechanismus besteht aus ein Paar Solenoiden, Anker und Kernen, sowie Bremsvorrichtung in den Kohlenhaltern. Die innere Glasglocke ist auf dem unteren Kohlenhalter angebracht und am oberen Ende mittelst

[1]) Elektr. Zschr. 1894, S. 628.

einer Kappe verschlossen. Fig. 31 stellt die innere Glocke und den Kappenschluss dar. Die Regulirung des Kohlennachschubes hat des geringen Abbrandes wegen nur in grösseren Pausen von etwa einer oder zwei Stunden zu erfolgen. Sie ist aber trotzdem empfindlich, weil der lange Lichtbogen leicht abreisst. Bogenlampen mit beschränktem Luftzutritt für Wechselstrom sind erst in jüngster Zeit zum Vorschein gekommen.

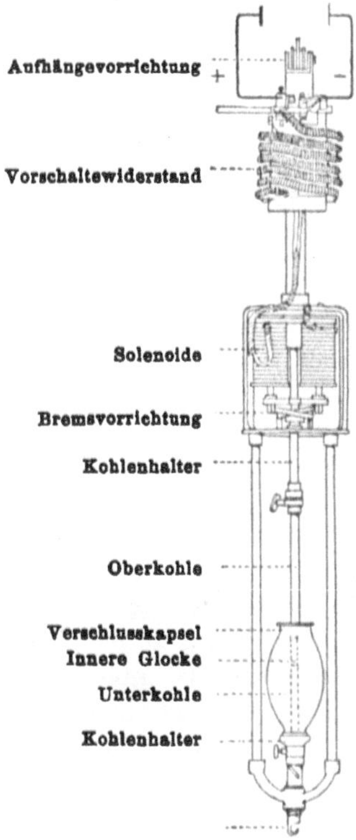

Fig. 30.

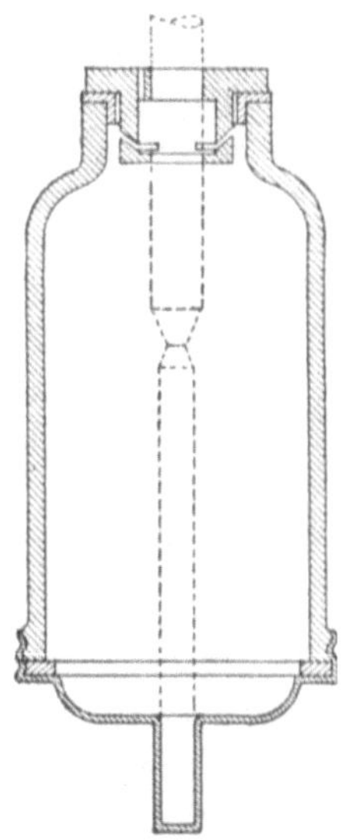

Fig. 31.

Pionierlampe.

Versuche mit Kohlenstiften von 12,7 mm Durchmesser bei einer Gleichstrom-Pionierlampe für 4 Ampère haben folgende Resultate ergeben:

Ursprüngliche Länge des positiven Kohlenstiftes	304,8 mm
Ursprüngliche Länge des negativen Kohlenstiftes	128,6 -
Länge des positiven Kohlenstiftes nach Beendigung des Versuches	114,3 -
Länge des negativen Kohlenstiftes nach Beendigung des Versuches	77,8 -
Totale Brenndauer	199 Std.

Abbrand der positiven Kohle pro Stunde . . .	0,96 mm
Abbrand der negativen Kohle pro Stunde . . .	0,26 -
Maximale Stromstärke	4,5 Amp.
Minimale Stromstärke	3,8 -
Durchschnittliche Stromstärke	4,15 -

Die Vertheilung der Lichtstärke ist bei Verwendung doppelter Glasglocken viel gleichmässiger und hat Marks gefunden, dass die sphärische Intensität bei Gleichstrom

$$S = \frac{1}{2}(H + M)$$

ist, wobei H die horizontale, M die maximale Intensität bedeutet.

In Bezug auf den Wirkungsgrad dieser Bögen ist noch kein endgültiges Urtheil zu fällen.

Die Messungen von Marks, Houston und Kennelly haben ungefähr die gleiche Leistung ergeben wie bei offenen Bögen, während Körting & Mathiesen eine beträchtliche Ueberlegenheit der offenen Lichtbögen gefunden haben, was nach den angegebenen Eigenschaften dieser Bögen natürlicher erscheint.

Prof. Blondel[1]) hat die Resultate seiner eigenen Messungen dahin zusammengefasst, dass bei der beschriebenen Pionierlampe, bei Berücksichtigung ihrer Schaltungsweise, verglichen mit jener, wo 2 Bogenlampen auf 100 Volt geschaltet sind, „der geschlossene Bogen $^2/_3$ der Leistung des offenen Bogens ergiebt“ und fügt hinzu, dass bei der Beurtheilung der geschlossenen Lampe nicht allein die photometrische Leistung, sondern auch praktische Gründe, als die Bequemlichkeit der Bedienung, die kleineren Ausgaben für Kohlenstifte zu berücksichtigen seien. Es wird also die geschlossene Bogenlampe in ihrer Verwendung ein Mittelding zwischen dem offenen Bogen und der Glühlampe bilden. Ein ähnliches Urtheil fällt auch Marks selbst.

18. Form der Glühlampe und ihre Fabrikation.

a) Die Formen des Fadens und der Birne. Die allgemeine Form der Glühlampe ist dadurch bestimmt, dass der Kohlenfaden, einer bestimmten Lichtstärke entsprechend, bei gegebener Spannung und gegebenem specifischen Verbrauche einen nach Erfahrungswerthen festzusetzenden Querschnitt und eine leicht berechenbare Länge besitzt. Diese Länge ist bei höheren Spannungen und grösseren Lichtstärken oft so bedeutend, dass ein einfaches Umbiegen des Kohlenfadens zum „U“-förmigen Bügel zu lange Glasbirnen ergeben würde, weshalb man den

[1]) L'Éclair. él. 1897, No. 12.

Kohlenfaden in vielfacher Weise zu einer oder mehreren Spiralen windet oder sinusartig gebogen anordnet. Um den mechanischen Ansprüchen in Bezug auf die Festigkeit des Fadens zu genügen, greift man oft zu dem Auskunftsmittel, die Glühfäden durch Platinösen an Zwischenpunkten ausser den Stromzuführungsstellen zu fassen und nach dem Glasgefässe zu verspannen, so dass ihre Schwingungen beschränkt werden. Die Form des Glasgefässes ist im Allgemeinen diejenige einer Birne, deren Gestalt nach einer Richtung hin durch den Umstand bedingt ist, dass die Glaswandung insbesondere bei geringeren Entfernungen vom Faden in Folge einseitiger Erwärmung eine Sprengung erleiden kann; da sich der glühende Kohlenfaden bei geneigter Stellung der Lampe mit der Zeit oft nach unten neigt, so darf diese Distanz nicht zu klein gewählt werden. Nach der anderen Richtung hin wird aus Gründen des Geschmackes die Gestalt etwas eingezogen und auf den Durchmesser des metallenen Lampensockels vermindert. Bei sehr kurzen Glühfäden oder bei Lampen für besondere Zwecke hat man wohl auch die Kugelform gewählt, bei Lampen für Dekorationen oft auch die walzenförmige, röhrenförmige, flammenförmige oder schliesslich auch die ovale oder kegelförmige Gestalt.

b) Lampensockel. Der Lampensockel oder Lampenfuss besteht aus zwei metallenen Kontaktstücken, welche an die beiden Enden des

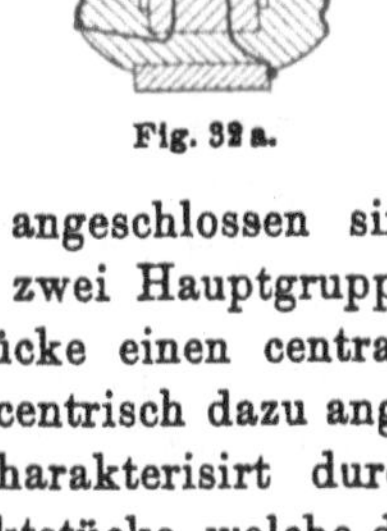

Fig. 32 a.

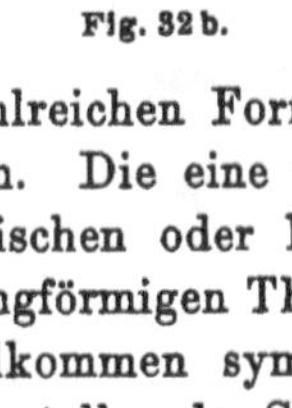

Fig. 32 b.

Kohlenfadens angeschlossen sind. Die zahlreichen Formen der Sockel lassen sich in zwei Hauptgruppen eintheilen. Die eine Gruppe enthält als Kontaktstücke einen centralen, cylindrischen oder konischen Theil und einen koncentrisch dazu angeordneten ringförmigen Theil. Die zweite Gruppe ist charakterisirt durch zwei vollkommen symmetrisch angeordnete Kontaktstücke, welche die Zuführungsstellen des Stromes bilden[1]).

Zur ersten Gruppe zählt die bekannte Edison'sche Konstruktion, welche in Fig. 32a u. b ersichtlich ist und welche von Edison im Jahre 1881

[1]) Näheres F. Grünwald, Ueber die Konstruktion neuerer Fassungen, Elektr. Anzeiger 1897, S. 1329.

angegeben wurde. Bei dieser Fassung ist der äussere Ring aus Messingblech hergestellt und mit schwach steigendem Gewinde mit abgerundeten Kanten versehen, während der centrale Theil eine ebene Platte bildet. Zahlreiche geringfügige Aenderungen oder andere Konstruktionen sind ausserdem in Gebrauch gekommen, welche sich, wie die Sockel von Helios (Fig. 33), durch eine andere Ganghöhe und stärkere Kontakte, oder wie die neueren Sockel durch andere Befestigung der Metalltheile am Glase von der ursprünglichen Form unterscheiden. Diese Befestigung wurde ursprünglich durch Gyps vermittelt. Da derselbe aber schwer trocknete und in feuchten Räumen leicht abbröckelte, suchte man ihn durch Beimischung von Bleiglätte und Glycerin widerstandsfähiger zu machen. Später hat man die Metalltheile in Glas- oder Porcellanmasse zu betten versucht, die nur durch eine geringe Menge Gyps mit den Glaswandungen der Birne verbunden wurde. In jüngster Zeit haben Goossens

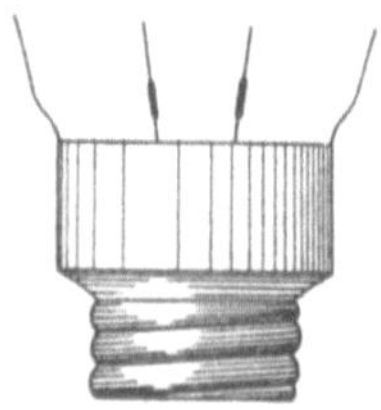

Fig. 33.

Fig. 34.

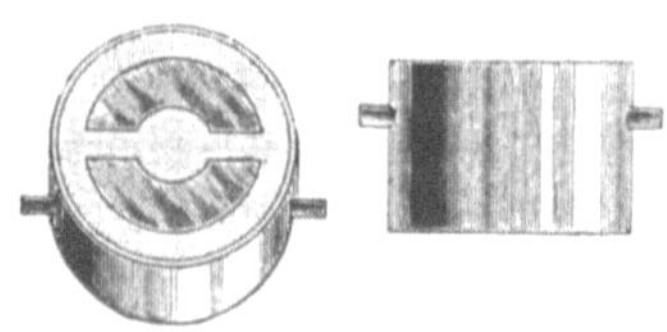

Fig. 35.

& Pope, Venloo, und die Rhein. Glühlampenfabrik Dr. M. Fremery & Co., Oberbruch, Sockel auf den Markt gebracht, bei welchen bei dem einen Metallringe, die mit dem Sockel verlöthet werden, bei dem anderen federnde Zungen des Sockels selbst in Einkerbungen der Glaswandungen eingreifen, sodass Gyps überhaupt vermieden ist. Dies ist für besonders feuchte Räume von grosser Wichtigkeit. Der hierher gehörige Sockel von Ganz & Co. besteht aus einem inneren konischen Theil und einem äusseren cylindrisch ausgebildeten Theile mit zwei Ansätzen, die in einen bajonnettförmigen Verschluss der äusseren Fassung eingreifen (Fig. 34). Aehnlich ist auch der Sockel von Swan ausgebildet (Fig. 35).

Zu der zweiten Gruppe gehören die Konstruktionen, wie sie Swan ursprünglich einführte. Es sind dies einfache Platinösen oder Metallösen (Fig. 36), in welche Häkchen der Fassung eingreifen und welche mittelst einer Spiralfeder angedrückt werden; hierher gehört auch die Konstruktion von Siemens & Halske (Fig. 37).

Der Edison-Fuss gewinnt immer mehr und mehr an Ausbreitung, obgleich auch bei ihm die Kontaktflächen unlogischer Weise verschiedene Grössen besitzen.

Eine Einheitlichkeit in der Wahl des Sockelsystems wäre sowohl im Interesse der Fabrikanten, als auch der Lieferanten und Konsumenten höchst wünschenswerth; auch haben diesbezügliche Verhandlungen durch die Glühlampenkommission des Verbandes Deutscher Elektrotechniker[1]) stattgefunden, doch ist eine endgültige Annahme der bezüglichen Vorschläge bisher noch nicht erfolgt.

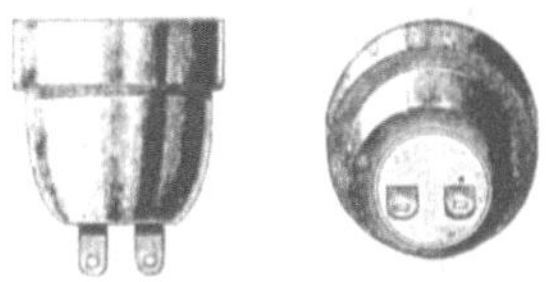

Fig. 36

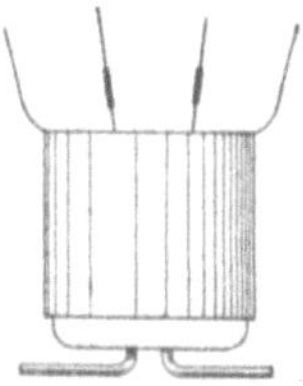

Fig. 37.

c) Lampenfassung. Die Fassung dient zur Aufnahme des Lampenfusses und zur Zuführung des Stromes in die Lampe selbst. Sie hat sowohl mechanischen als auch elektrischen Anforderungen zu genügen. Hierzu kommt noch oft, dass man von solchen Fassungen die bequeme Stromunterbrechung durch einen sogenannten Stromabsteller oder Hahn verlangt.

Die Fassung muss den Lampenfuss fest umschliessen, sie muss guten Kontakt für die Zuführungsdrähte und den Lampenfuss an zwei von einander sorgfältig isolirten Stellen liefern, darf unter dem Einflusse

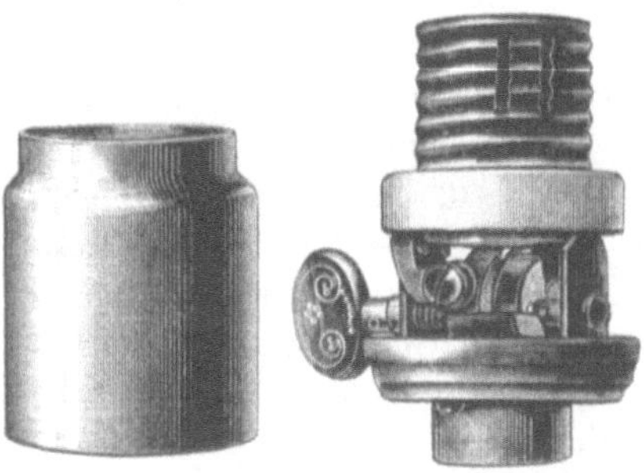

Fig. 38a.

Fig. 38b.

Fassungen mit und ohne Hahn.

der unvermeidlichen Erwärmung nicht leiden und muss auch sehr hohen Anforderungen auf die Widerstandsfähigkeit gegen atmosphärische Einflüsse genügen; dabei soll sie leicht zu montiren und zu demontiren sein und bei gefälligem Aussehen einen überaus billigen Gestehungspreis haben. Die Fassung besteht heute fast in allen Formen aus gestanzten Messing- oder Kupferblechen und enthält als Isolationsmaterial einen nahezu cylindrischen Porzellankörper, der mit genauen Schraubengewinden

[1]) Elektr. Zschr. 1897, S. 475.

zur Befestigung der Messingbestandtheile versehen ist. Die äussere Hülse soll nicht stromführend sein (Fig. 38).

Die wesentlichsten Verbesserungen an der Edison'schen Fassung beziehen sich darauf, die Lockerung bei Erschütterungen hintanzuhalten. Man hat dies auf mannigfache Weise zu beheben versucht, z. B. durch Ersatz des steifen centralen Kontakttheiles durch eine federnde Spirale, oder aber durch eine federnde Kontaktzunge, die im Gewinde der Fassung ausgestanzt wurde (Fig. 38). Genaue Uebereinstimmung des Gewindes von Glühlampensockel und Glühlampenfassung ist Grundbedingung für diese Art der Fassungen, und es wird diesen Anforderungen dadurch am meisten Rechnung getragen werden können, dass ein einheitliches Gewinde angenommen wird, was bei einem Massenartikel, wie es die Glühlampe ist, gewiss von hohem Werthe wäre[1]). In jüngster Zeit hat die Allgemeine Elektricitätsgesellschaft, Berlin, auch Edisonfassungen für Centralen mit Pauschaltarif eingeführt, bei welchen verschieden hohe Ansätze nur die Einschraubung von Glühlampen für die von dem Konsumenten deklarirte Lichtstärke gestatten.

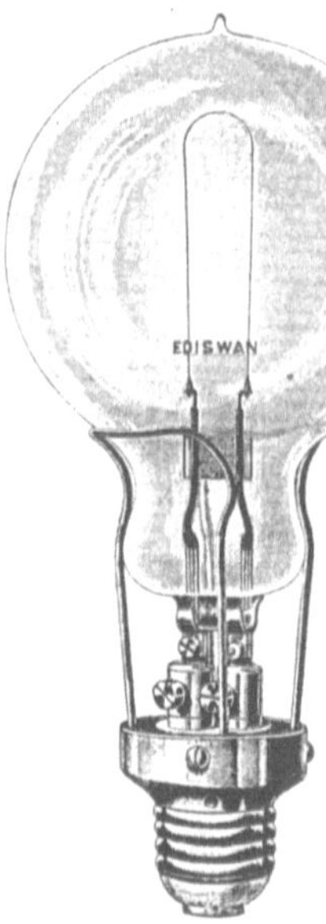

Fig. 39.

d) Lampen für Serienschaltung. Lampen für Serienschaltung werden heute meist in derselben Weise wie für Parallelschaltung ausgeführt, nachdem die früher weit bekannte Bernsteinlampe mit automatischem Kurzschluss zwischen den bei einem Fadenbruche zusammenfedernden Fadenresten vom Markte verschwand. Serienlampen sind für geringe Spannungen von 5, 10 bis 25 Volt gebräuchlich und besitzen in Folge dessen einen Kohlenfaden von weit stärkerem Querschnitt als diejenigen für Parallelschaltung und höhere Spannungen von etwa 65 bis 100 und mehr Volt. Die Serienlampen werden bei Sortirung nicht wie die Parallelschluss-Glühlampen auf die Spannung, sondern auf die Stromstärke geprüft, da sie bei konstanter Stromstärke im Leitungskreise die gewünschte Lichtstärke ergeben müssen. Edison & Swan konstruiren eine Serienlampe für 6, 8 bis 10 Ampère Stromstärke, welche zur Strassenbeleuchtung nach amerikanischem oder englischem Gebrauche in Serien zu Bogenlampen geschaltet wird (Fig. 39). Die Kurzschliessung bei zerbrochenem Bügel erfolgt automatisch dadurch,

[1]) Elektr. Zschr. 1897, S. 153.

dass die im Momente des Fadenbruches in der Fassung auftretende hohe Spannung eine dünne Isolationsschichte zerstört. Für die Serienbeleuchtung des Kaiser-Wilhelm-Kanals hat die Rhein. Glühlampenfabrik Dr. M. Fremery nach besonderer Methode hergestellte Glühlampen für 25 Volt 25 Kerzen geliefert, die sich gut bewähren. Beim Fadenbruch tritt als automatischer Ersatz für die Lampe eine Drosselspule ein.

e) Lampenformen für besonders niedere Spannungen. Bei niedrigen Kerzenstärken von etwa 2 bis 5 Kerzen ist die Herstellung des Bügels von 100 oder mehr Volt mit Schwierigkeiten verbunden und pflegt man in solchen Fällen, insbesondere bei Adaptirung von Kerzen- oder Gaslüstern, die Glühlampen in Kerzen- oder in Flammenform für 10, 20, 25 bis 36 Volt herzustellen und mehrere derselben hintereinander zu schalten.

f) Lampen für hohe Spannung. Für die neuerdings in Aufnahme gekommene Glühlampe für 150—220 Volt Spannung wird am besten zur Eigenversteifung des Kohlenfadens derselbe sinusartig gebogen, wie dies die Züricher Glühlampenfabrik ausführt, oder zur Anwendung von Glühlampen mit zwei hintereinandergeschalteten Fäden in einer und derselben Birne (Fig. 40) gegriffen, während das Verfahren, den Faden mit Drähten an die Birne zu befestigen, grösstentheils als zu kostspielig und schädlich für den Kohlenfaden aufgegeben wurde[1]). Fig. 40 zeigt neun verschiedene Formen von Glühlampen für 200—220 Volt.

Hochvoltige Lampen von 200 und mehr Volt bieten nicht dieselben Verhältnisse dar wie beispielsweise 100voltige Lampen derselben Kerzenstärke; auch dann nicht, wenn die Kohle die Form eines Doppelbügels hat. Denn erstens besteht bei hochgespannten Strömen eine wesentlich gesteigerte Kurzschlussgefahr innerhalb der Lampe. Zweitens hat, wenn man die Verhältnisse von zwei Glühlampen betrachtet, von welchen die eine für 100 und die andere für 200 Volt ist, jeder Kohlenbügel der letzteren Lampe nur eine Leuchtkraft von 8 Kerzen; er ist demgemäss entsprechend dünner als der Kohlenbügel bei der 100 Volt 16 Kerzen-Lampe. Nun ist es bekannt, dass Kohlen um so leichter schadhafte Stellen aufweisen, je dünner sie sind. Die 200 Volt-Lampe wird daher aus diesem Grunde allein schon gegen die 100 Volt-Lampe im Nachtheile sein. Zwei Kohlenfäden bieten natürlicher Weise die doppelte Wahrscheinlichkeit einer schadhaften Stelle wie ein Kohlenbügel. Es ist dies ein weiterer Grund für die mindere Verlässlichkeit der hochvoltigen Lampen.

Aus dem vorher Gesagten ergiebt sich weiter, dass bei hochvoltigen Lampen weder so geringe Lichtstärken, noch so geringer Strom-

---

[1]) Electrician Bd. 28. 1896, No. 19.

Fig. 40 a.

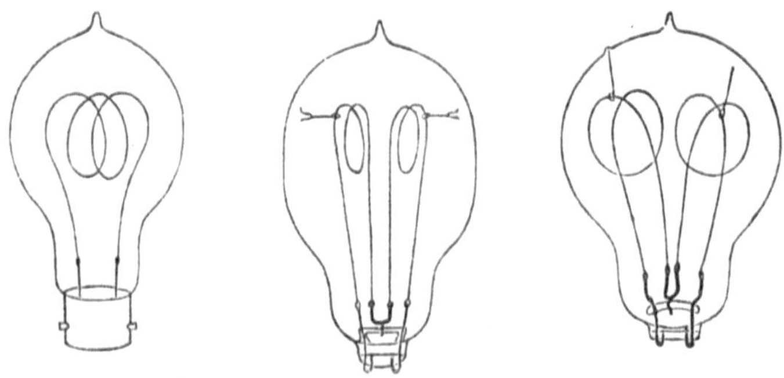

Fig. 40 b.

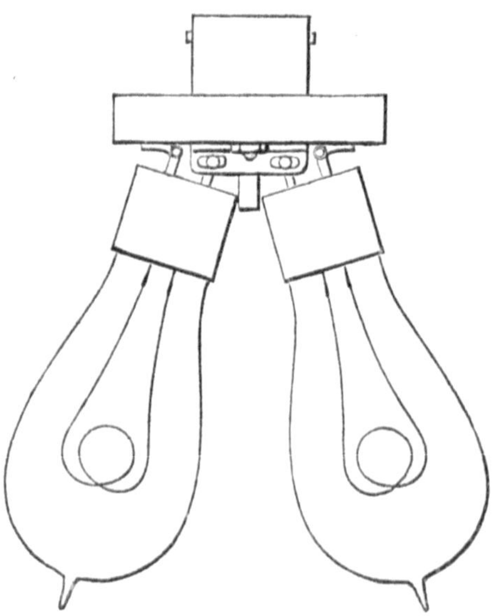

Fig. 40 c.

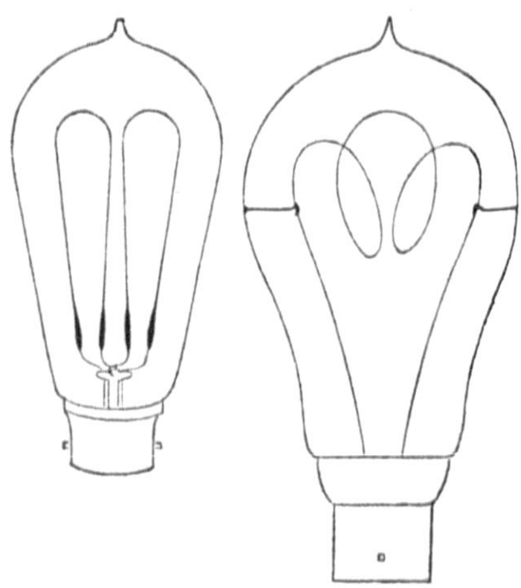

Fig. 40 d.

Verschiedene Formen von Glühlampen für 220 Volt.

verbrauch zu erzielen ist als bei normalen 110 Voltlampen, da in beiden Fällen die Kohlenfäden zu geringe Stärke erhalten würden. Hochvoltige Glühlampen werden meistens nicht unter 16 Kerzen erzeugt.

g) Lampen für hohe Kerzen. Bis zu 150 Kerzen kann man dem Bügel noch die normale Gestalt geben und die Birne entsprechend grösser gestalten, darüber hält man meist den langen Bügel mit Platin-

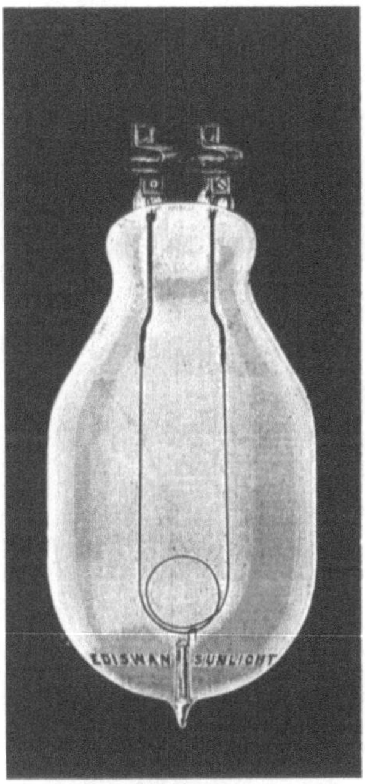

Fig. 41.
Lampe für 200 Kerzen.

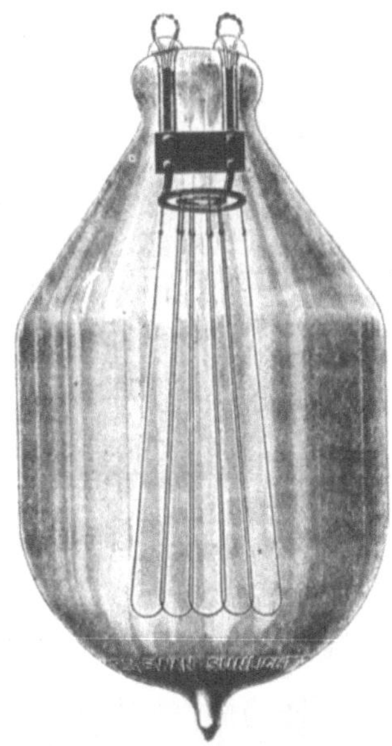

Fig. 42.
1000 kerzige Glühlampe.

ösen, die auf eingeschmolzenem Glasstöpsel ruhen, fest (Fig. 41). Bei 800, 1000, 1500 und 2000 Kerzen schaltet man mehrere kleinere Bügel parallel, Fig. 42.

h) Lampen mit variabler Lichtstärke. In vereinzelten Fällen werden zwei Lichtstärken von ein und derselben Glühlampe gefordert, was durch Doppelfäden erreicht werden kann. Der eine Faden mag z. B. 8, der andere 16 Kerzen besitzen, dann geben beide zusammen 24 Kerzen. Ein Umschalter dient zur Licht-Regulirung.

i) Lampen für specielle Zwecke. Für Anbringung in Projektoren benöthigt man sogenannte Focuslampen, deren Faden möglichst nahe dem Ideal der punktförmigen Lichtquelle kommt. Fig. 43 zeigt eine solche für 200 Kerzen und 110 Volt Spannung, inklusive Fassung in der Ausführung der Edison-Swan Co. Fig. 44 stellt eine flache Glüh-

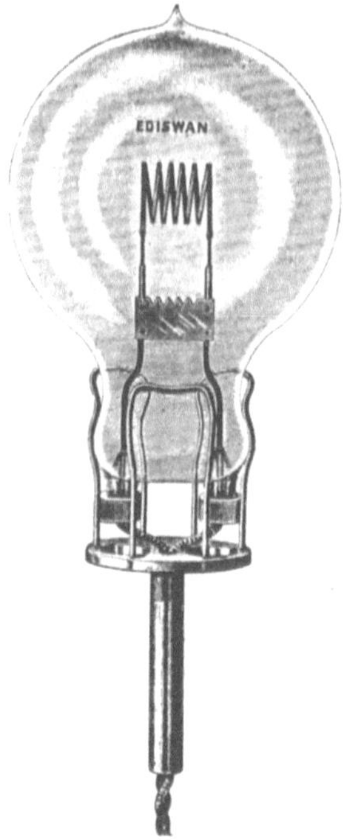

Fig. 43.
Focuslampe für 200 Kerzen.

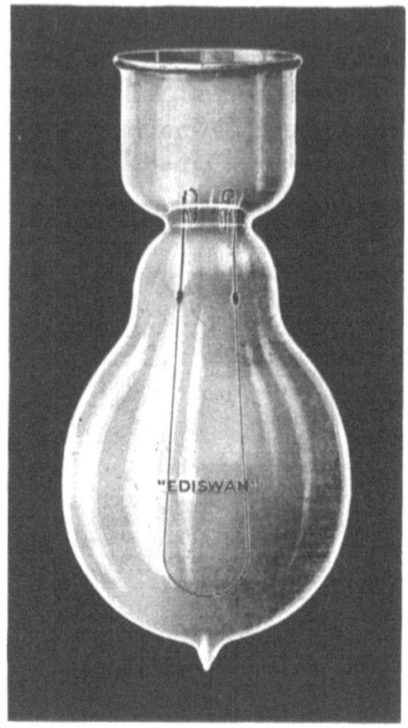

Fig. 45.

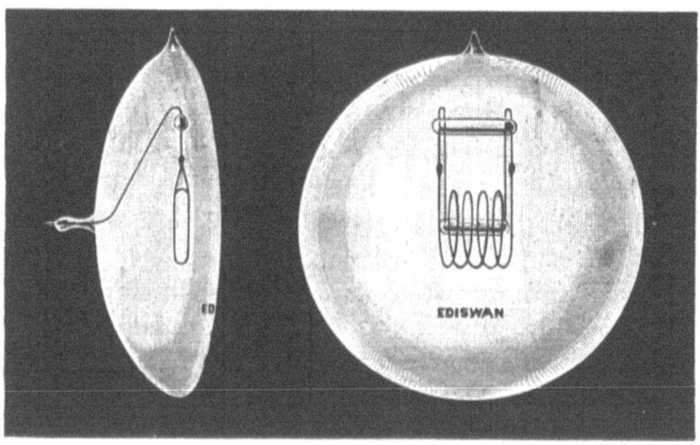

Fig. 44.

lampe dar, die zur Deckenbeleuchtung Verwendung findet. Besonders eignet sich diese Lampe für niedrige Räume, wie sie bei Schiffen etc. vorkommen. Fig. 45 stellt eine Glühlampe für chemische Betriebe dar.

In die obere Schale dieser Glühlampe wird ein schweres Oel gegossen, um die freien Zuführungskontakte zur Glühlampe gegen chemische Einflüsse zu schützen.

19. Die Glühlampenfabrikation.

Einen der grössten Konsumartikel der elektrischen Beleuchtungstechnik bildet die Glühlampe; diese Erwägung drängte schon frühzeitig zur Specialfabrikation. Swan gründete 1881 die erste europäische Fabrik, der bald viele andere folgten. Die europäische Jahresfabrikation wird jetzt auf 30 Millionen Glühlampen bewerthet.

Die Fortschritte der Fabrikation zeigen sich in der fortschreitenden Oekonomie der Lampen, und der Möglichkeit, Lampen von geringer Kerzenstärke oder von hoher Spannung zu erzeugen, wobei allerdings zugegeben werden muss, dass die Frage hochvoltiger Lampen noch nicht völlig geklärt ist.

Ihre subtile Fabrikation soll im Folgenden beschrieben werden.

a) Leuchtfadenbereitung. Während früher zur Herstellung des zu verkohlenden Fadens Kartonpapier und später durch viele Jahre Pflanzenfaserstoffe, wie Bambusfasern etc. verwendet wurden, wird heute in den meisten Fabriken der Faden aus reiner Cellulose hergestellt, die durch Auflösen von Baumwolle in Zinkchlorid gewonnen wird. Die aufgelöste Masse wird durch Matrizen von genau bestimmtem Durchmesser gespritzt; man erhält auf diese Weise ein Material von hervorragender Gleichmässigkeit. In einigen Fabriken wird der Faden durch Pergamentiren von Baumwollfäden mit Schwefelsäure gewonnen, in anderen aus Collodium hergestellt, welches durch Auflösen von Schiessbaumwolle in gleichen Theilen Aether und Alkohol und nachherige Reduktion in Schwefelammonium erzeugt wird.

Der Faden wird in Wasser sorgsam ausgewaschen, getrocknet, mittelst eines Mikrometermaasses in Hinsicht auf seine Dicke genau kontrollirt und dann auf Graphitblöcke entweder in Hufeisen- oder in der bekannten Schlingenform gewickelt.

b) Verkohlung. Der aufgewickelte Faden wird nun in Graphitschmelztiegeln oder Muffeln im Karbonisirofen unter Luftabschluss bei möglichst hoher Temperatur verkohlt. Der Luftabschluss wird erzielt, indem man die Formen entweder in Graphit- oder Kohlenpulver einpackt, oder indem man durch die Muffeln während der Verkohlung kontinuirlich Gas durchstreichen lässt.

Um aus den so dargestellten Kohlen Lampen zu erzeugen, die bei einer bestimmten Spannung und Stromstärke eine vorher fixirte Lichtmenge ausstrahlen, müssen für jede einzelne Lampensorte Kohlenfäden von bestimmten Dicken und Längen und von bestimmten elektrischen Widerständen verwendet werden.

c) Messen des Kohlenfadens. Da das Fadenmaterial beim Verkohlen in verschiedener Weise schwindet, müssen die Kohlenfäden nochmals mittelst eines Mikrometers genau in Bezug auf ihren Durchmesser sortirt und dann durch „Stutzen“ auf die gewünschte Länge gebracht werden.

d) Präpariren. Den gleichmässigen elektrischen Widerstand erhalten die Kohlen durch ein Verfahren, welches im Wesentlichen darin besteht, dass auf dem Kohlenfaden aus kohlenstoffreichen Gasen (Leuchtgas, Benzin etc.) mit Hilfe des elektrischen Stromes ein dichter Kohlenniederschlag gebildet wird.

Durch dieses „Präparir“-Verfahren wird der Durchmesser der Kohle verstärkt, ihr Widerstand verringert, das Lichtausstrahlungsvermögen der Kohlenoberfläche erhöht und die Kohle widerstandsfähiger gegen das „Zerstäuben“ gemacht.

Versuche von J. W. Howell[1]) haben ergeben, dass Fäden, die dem Hydrokarbonisirungsprocess unterworfen waren, in Bezug auf ihren elektrischen Widerstand bei verschiedenen Temperaturen ein von den unpräparirten Fäden verschiedenes Verhalten zeigen. Erhöht man nämlich die Temperatur über diejenige des Dunkelrothglühens, so nimmt der Widerstand allmählich zu, statt abzunehmen u. z. zeigt sich dieses Verhalten in verschiedenem Maasse, je nachdem der Faden einer stärkeren oder schwächeren Hydrokarbonisirung unterworfen war. Das erwähnte Verhalten der Fäden ist ausschliesslich nur der Temperaturzunahme zuzuschreiben, was Howell dadurch bewies, dass er die Fäden auf gewöhnlichem, nicht elektrischem Wege erhitzte, wodurch ihr Widerstand dieselbe Abnahme zeigte. Messungen an alten Edisonlampen, deren Fäden aus reinem gepressten Graphit bestanden, ergaben ein ähnliches Verhalten des Widerstandes wie hydrokarbonisirte Fäden, woraus folgt, dass die letzteren bei diesem Processe graphitirt werden und ihr elektrisches Verhalten eben dieser Graphitschicht zuzuschreiben ist.

e) Glasbläserei. Der mit den Zuleitungsdrähten verbundene Kohlenfaden wandert nun in die Glasbläserei, um dort in den Glasballon eingeschmolzen zu werden. An jener Stelle, an welcher sich bei der fertigen Lampe die Spitze befindet, wird an den Glasballon ein dünnes Röhrchen angeschmolzen, durch welches in der Pumperei die Lampe evakuirt wird. Bei dem hohen Preis des Platins beschränkt man dessen Länge möglichst auf die Durchgangsstelle im Glase.

f) Pumperei. Das Auspumpen der Lampen kann entweder mit Quecksilberluftpumpen geschehen, die gegen den Arbeitsraum hermetisch

---

[1]) Electrician, Bd. 38, No. 25; auch Zschr. f. Beleuchtungsw. 1897, S. 121.

abgeschlossen werden, oder mit mechanischen Pumpen, deren Arbeit jedoch nicht immer verlässlich ist[1]).

Die Ansichten über die Art der Durchführung des Luftentleerungsprocesses sind jedoch getheilte. So führt die „Allgemeine Elektricitäts-Gesellschaft in Berlin" unter Anderem in ihrem Hefte über die Fabrikation der A.E.G.-Glühlampe an, dass in den letzten Jahren der Luftentleerungsprocess mit Quecksilberpumpen zu Gunsten eines anderen bequemeren und wirksameren chemischen Verfahrens aufgegeben wurde. Es ist dies das Verfahren von Malignani, bei welchem die letzteren Spuren von Sauerstoff durch Phosphordämpfe verdrängt werden. Alle Anzeichen sprechen dafür, dass die mit diesem Processe erzielte Luftleere eine wirkliche Luftleere ist, während eine solche im physikalischen Sinne mit Quecksilber nicht zu erreichen war; es sind wenigstens bei der speciellen Untersuchung, der jede einzelne Lampe unterzogen wird, um die Vacua zu prüfen, auch nicht Spuren von Gasresten im Ballon der ausgepumpten Lampe nachweisbar. Während des Pumpens muss der Lampe Strom gegeben werden, da der Kohlenfaden relativ grosse Gasmengen in sich schliesst, die durch das Erhitzen aus demselben herausgetrieben werden müssen.

Die neuesten Bestrebungen sind dahin gerichtet, die Leuchtmasse der Glühfaden zu verbessern. Anregung hierzu bot die Erfahrung mit den Auerbrennern und der Calciumcarbidbeleuchtung.

Allein die Erfahrungen des Auerlichtes lassen sich auf Glühlampen nicht übertragen. Auer verwendet bei seiner Erfindung Metalloxyde. Diese lassen sich natürlicher Weise mit Kohle nicht in Verbindung bringen, da die Kohle auf die glühenden Oxyde reducirend wirken würde. Die Kohle mit anderen Substanzen von hohem Lichtemissionsvermögen zu überziehen, gelang bis jetzt auch nicht, weil der Ausdehnungskoefficient derartiger Substanzen verschieden von dem der Kohle ist. Infolge dessen springt der Ueberzug, und die Kohle geht rascher zu Grunde als unter den gewöhnlichen Verhältnissen, welche in einer Glühlampe herrschen.

20. Ueber die Sortirung der Glühlampen.

Das Endziel der Fabrikation der Glühlampen muss die Herstellung eines in jeder Beziehung möglichst gleichmässigen Fabrikates sein. Die Fabrikation geht deshalb von einem möglichst gleichförmigen und in möglichst gleichförmige Streifen zerschnittenen Rohmaterial aus, be-

[1]) Näheres A. E. Krüger, Die Herstellung der elektrischen Glühlampe, S. 40—61.

handelt dasselbe ganz gleichmässig und sucht auf diese Weise die Erreichung des gleichmässigen Endproduktes zu sichern.

Nun ist es klar, dass in allen Stadien der Fabrikation um so mehr Ausschuss und deshalb um so höhere Herstellungskosten sich ergeben werden, je strenger die Sortirung, d. h. die Ausscheidung aller von den normalen Werthen abweichenden Roh- oder Zwischenprodukte vorgenommen wird. Man muss deshalb gewisse Abweichungen von den normalen Werthen als unvermeidlich betrachten und die zulässigen Grenzen derart zu ziehen streben, dass weder die Fabrikation übermässig erschwert wird, noch der Konsument unter den sichtbaren oder fühlbaren Mängeln der Glühlampe leidet.

Die Ermittlung der der Glühlampe zuzuweisenden Benutzungsspannung bildet den Haupttheil der Sortirung. Bei der am häufigsten angewandten Messungsart wird bestimmt, welche Spannung nöthig ist, damit die Lampe eine bestimmte Kerzenzahl giebt. Es wird bei „fixirter Kerzenzahl“ gemessen, wobei man für den Wattverbrauch pro Kerze einen gewissen, wenn auch nicht sehr bedeutenden Spielraum gestattet.

Bei der zweiten Messmethode wird die Wattzahl fixirt, welche die Lampe pro Kerze konsumiren soll. Gesucht wird wieder die Spannung in Volt, die nöthig ist, damit die Lampe eine bestimmte Wattzahl pro Kerze konsumire. Lampen der gleichen Sorte, die nach dieser Methode gemessen wurden, werden bei einer gegebenen Spannung alle bei gleicher Temperatur, d. h. mit gleicher Farbe brennen, wobei wieder die Kerzenstärken der einzelnen Lampen leicht von einander variiren.

Das menschliche Auge ist gegen Farbenunterschiede sehr empfindlich, kann aber verschiedene Grade von Helligkeiten ohne Apparate nur dann unterscheiden, wenn die Differenzen relativ bedeutende sind. Man wird daher zugeben müssen, dass eine das Auge durch ihre Gleichförmigkeit befriedigende Beleuchtung leichter herzustellen ist mit Lampen, die nach der zweiten Methode gemessen wurden, als mit solchen, bei welchen die Kerzenzahl das entscheidende Moment bei der Messung bildete.

Die Brenndauer einer Lampe hängt wesentlich ab von der Temperatur, mit welcher diese Lampe gebrannt wird. Da die Lampen bei der zweiten Methode — und nur bei dieser — alle bei gleicher Temperatur gemessen werden, so ist es klar, dass derartig gemessene Lampen eine grössere Gewähr für gleichlange Brenndauer geben als Lampen, bei welchen die Temperaturfrage bei der Messung erst in zweiter Linie in Betracht kam.

Wenn diese zweite Messmethode, trotz dieser ihrer nicht zu leugnenden wesentlichen Vortheile, unseres Wissens ausser in der Fabrik „Watt“

in Wien nur in einigen von Engländern geleiteten Fabriken angewendet wird, so hat dies seinen Grund darin, dass diese Messmethode einerseits mehr Zeit erfordert als die andere und daher theuerer ist, und anderseits die „auf Watt“ gemessenen Lampen grösseren Ausfall von der geforderten Voltspannung aufweisen als die „auf Kerzen“ gemessenen. Bei den heute tief gesunkenen Lampenpreisen scheuen daher die meisten Fabriken vor diesem grösseren Ausfalle und den vermehrten Photometerkosten zurück.

Man würde z. B. nach der ersten Methode für 16kerzige Lampen die Spannungen von 105, 107, 108, 110, 112 und 114 Volt sortiren. Die sorgfältigste Sortirung würde somit 6 verschiedene Lampensorten ergeben; die gebräuchliche vielleicht drei; doch würde sicherlich die Gruppirung innerhalb dieser 3 Sorten sich nach deren Nachfrage richten. Wären z. B. Lampen für 107 Volt bestellt, so würde man vielleicht jene für 105, 107 und 108 Volt zusammenfassen; würden Lampen für 110 Volt gefordert, so würde man vielleicht jene für 108, 110 und 112 zusammenfassen.

a) Einfluss der ungenauen Sortirung. Da nun alle diese Lampen bei 110 Volt 16 Kerzen ergeben sollten, und ihre Kohlenbügel gleiche Dimensionen aufweisen, müssen die bei der Sortirung zu Tage getretenen Unterschiede auch die übrigen charakteristischen Grössen der Lampen beeinflussen.

Wenn Lampen, welche bei 108, 110 und 112 Volt 16 Kerzen ergeben, zusammen an eine 110voltige Leitung angeschlossen werden, so werden sie etwa mit 18, 16 und 14 Kerzen anfänglich leuchten, ihr specifischer Verbrauch wird vielleicht 3, 3,5 und 4 Watt pro Kerze sein und ihre Anfangslichtstärke wird bei gleichen Brennzeiten ebenfalls verschieden abnehmen. Auch werden die Lampen für normal 108 Volt heller, glänzender und weisser erscheinen, als jene für normal 112 Volt, und der Unterschied wird so beträchtlich sein, dass er selbst dem ungeübten Auge auffallen würde. Da ausserdem die 3 Lampensorten nahezu gleichen Strombedarf aufweisen werden, wird jene für normal 112 Volt zwar die dauerhafteste, aber in Bezug auf die specifischen Kosten wahrscheinlich die ungünstigste sein.

b) Theoretische und durchführbare Anforderungen. Man müsste nun vom theoretischen Standpunkte aus die strengste Sortirung fordern. Allein dieselbe würde wegen der vermehrten Kosten der Manipulation, des grösseren Ausfalls an Lampen, der wenig gängigen Spannungen oder Lichtstärken und des erforderlichen grösseren Lagerbestandes nur bei wesentlicher Erhöhung des Verkaufspreises durchgeführt werden können.

Die vom Verbande Deutscher Elektrotechniker eingesetzte Kommission hatte für die gebräuchlichen Glühlampensorten Normalien angenommen, deren wesentlichste Paragraphen sind:

§ 1. Die Lampen werden mit der Spannung bezeichnet, welche der gleichfalls auf derselben anzugebenden Leuchtkraft entspricht. Bei der Lieferung ist eine Abweichung von 2 % von der bestellten Spannung nach oben und unten zulässig. Geprüft werden die Lampen mit der auf denselben verzeichneten Spannung. Hierbei ist eine Abweichung von 6 % nach oben und 6 % nach unten für Leuchtkraft sowohl, als Energieverbrauch zulässig. Wenn mehr als $^1/_4$ der der Prüfung unterworfenen Lampen diese Grenzen überschreitet, so kann die Sendung zurückgewiesen werden.

§ 2. Maassgebend für die Lebensdauer der Glühlampe ist die Nutzbrenndauer. Unter letzterer versteht man diejenige Brenndauer in Stunden, innerhalb welcher die Lampe bei ihrer verzeichneten Normalspannung um 20 % von der auf ihr verzeichneten Leuchtkraft abgenommen hat. Die mittlere Nutzbrenndauer wird von den Glühlampenfabriken angegeben.

§ 3 enthält Vorschriften über photometrische Messungen.

Diese toleranten Vorschläge enthalten leider einige Widersprüche.

Nach § 1 soll die Leuchtkraft und der Energieverbrauch um ± 6 % variiren dürfen; damit ist für die Spannung die Abweichung vom Normalwerthe auf ± 1 % etwa normirt. Derselbe § setzt aber die zulässige Variation der Spannung mit ± 2 % fest, sodass die gesammten Toleranzen $(2 \times 6) + 6 = 18$ % in der Lichtstärke ausmachen. Die von uns vorhin erwähnten Lampen für normal 108, 110 und 112 Volt können also nach den Vorschriften des Verbandes deutscher Elektrotechniker als 110 voltig verkauft werden.

Dann würden aber die als zulässig bezeichneten Differenzen in der Lichtstärke so gross sein, dass einzelne Lampen schon bei der Einschaltung nur jene Minimallichtstärke besitzen, für welche § 2 das Ende der Nutzbrenndauer fixirt. Nach unserer Auffassung könnte man eventuell die zulässige Differenz der Spannungen mit 1 % fixiren und die Nutzbrenndauer wie in § 2 normiren. Die Toleranz in der Lichtstärke ergiebt sich dann von selbst aus dem specifischen Verbrauche und kann, wenn dieser angegeben wird, nicht noch fixirt werden. Es ist jedoch wichtig, vom Standpunkte des Fabrikanten aus zu berücksichtigen, dass die Glühlampe kein Präcisionsapparat sein kann oder sein soll, sondern dass sie stets ein wohlfeiler Massenartikel bleiben muss. Das grosse Publikum will keine Beschränkung und erkennt keine Vorschriften an; es will lieber selbst urtheilen und billig kaufen. Eine Uebereinstimmung zwischen den Messungen des Konsumenten und des Lieferanten kann nur dann erwartet werden, wenn beide nach gleichen Methoden und mit gleichwerthigen Apparaten Spannungen und Lichtstärken beobachten.

Im Uebrigen muss hier darauf hingewiesen werden, dass Lampen mit geringem specifischen Verbrauche besonders strenge Sortirung verlangen würden und dass auch vielfach seitens der Besteller gesündigt wird. Es genügt nicht, für eine Anlage, bei welcher die Maschine mit 110 Volt betrieben wird, die Lampen für 110 Volt zu bestellen; dieselben werden dann im Allgemeinen zu dunkel brennen. Man muss vielmehr den Verlust in der Vertheilungsleitung der Anlage kennen und dieser Verlust muss klein sein, wenn man guten Betrieb haben will. Man bestellt dann für 2 % Verlust 108 Voltlampen mit ± 1 % Toleranz und giebt die Lampen für 107 Volt an jene Stellen, die zuletzt bei Vollbetrieb, die Lampen für 109 Volt an jene Stellen, die zuerst eingeschaltet werden, solange der Leitungsverlust noch klein ist; eventuell hilft man noch etwas nach, indem man bei Leerlauf oder schwacher Belastung nur wenig über 108 Volt hält und dann nach dem Ampèremeter langsam auf 110 Volt geht.

*c) **Prüfung der Glühlampen seitens der Konsumenten***[1]. Die Prüfung soll sich erstrecken:

Auf den Kohlenbügel. Man beobachtet die Lampe im Dunkeln, indem man die Spannung sehr langsam erhöht. Die schwächere Stelle im Faden verräth sich durch helleres Glühen. Die Oberfläche des Fadens kann im kalten Zustande mit einem Vergrösserungsglase untersucht werden, und ihre Beschaffenheit kann dem Geübten einen etwaigen Aufschluss gewähren.

Der Faden soll nicht einseitig in der Birne sitzen, nicht die Wandungen berühren und seine Windungen sollen sich nicht theilweise durch gegenseitige Berührung kurzschliessen.

Auf das Vakuum. Besonders schlechtes Vakuum erkennt man an starker Dämpfung der Schwingungen des Kohlenbügels nach Erschüttern der Birne. Birnen mit durch ein Vergrösserungsglas sichtbaren Sprüngen sind unverwendbar. Die Erwärmung der Birne giebt einen Maassstab für das Vakuum ab. Man kann z. B. die Abkühlungszeit einer abgeschalteten Glühlampe beobachten, oder die Erhitzung einer dauernd eingeschalteten mit der Hand direkt abfühlen.

Besser ist die Untersuchung des Vakuums mit dem Ruhmkorff'schen Funkeninduktor. Man fasst die Lampe an der Birne und hält einen

---

[1]) Siehe H. Riggert: Ergebnisse von Glühlampenmaassen, Elektr. Zschr. 1896, S. 797.

Dr. O. Gusinde, Zur Lösung der Glühlampenfrage. Elektr. Zschr. 1896, S. 786.

Oskar S. Bussmann, Zur Glühlampenfrage, Elektr. Zschr. 1897, S. 45.

Pol des Sockels an den einen Pol des Induktors (der auf einige cm Funkenlänge eingestellt ist), während man den anderen Pol des Induktors durch Berührung mit der Hand zur Erde ableitet. Bei gutem Vakuum bemerkt man nur ein geringes Phosphoresciren der Glaswände, vorzugsweise dort, wo die Hand die Glaswand berührt. Die Farbe des schwachen Lichtscheines wechselt mit der Glassorte; zuweilen tritt bei sehr gutem Vakuum gar kein Lichtschein auf, doch ist das auch bei sehr schlechtem Vakuum öfters der Fall; ist das Vakuum gering, so tritt heller Lichtschein wie bei Geissler'schen Röhren auf.

Um über die Lebensdauer resp. die Widerstandsfähigkeit des Fadens rasch zu einem Urtheil zu kommen, wird das Verhalten der Probelampe bei Ueberbeanspruchung in Betracht kommen. W. H. Preece hat zur Feststellung der für die englische Postbehörde gültigen Abnahmebedingungen für Glühlampen die bezüglichen Versuche angestellt[1]). Darnach sollen gute 16kerzige Lampen mit einer Spannung von ca. 100 Volt eine stufenweise Spannungserhöhung bis ca. 230 Volt innerhalb 3,5 Minuten aushalten; bei langsamer und gleichmässiger Vermehrung innerhalb 2,5 Minuten bis 170 Volt, d. h. annähernd bis zu der Grenze, welche $^1/_4$ unter der Bruchgrenze liegt, und nachfolgender Verminderung bis auf die normale Spannung sollte die Leuchtkraft nicht weniger als 14,4 oder nicht mehr als 17,6 Kerzen betragen, während der Verbrauch pro Kerze 4 Watt nicht übersteigen darf. Dieser gewiss sehr radikalen Untersuchungsweise liegt die Ansicht zu Grunde, dass das Verhalten an der Bruchgrenze des Fadens mit Sicherheit auf das Verhalten bei normalen Beanspruchungen schliessen lässt, wie dies in der Technologie anderer Materialien geübt wird. Aber dieselben Bedenken wie bei letzteren erscheinen verstärkt bei ersterer.

21. Photometrie.

In der Elektrotechnik kommt sowohl die Bestimmung der Lichtstärke der Lichtquellen selbst, als auch die Ermittelung der Helligkeit der von ihnen beleuchteten Flächen in Frage. Die Lichtmessung dient zur Erforschung der Beleuchtungsmittel und der Art ihrer Verwendung; sie bildet das Mittel zur Sortirung der Glühlampen bei ihrer Fabrikation u. s. w. Da das Auge nur urtheilen kann, ob zwei Lichtempfindungen ungleich oder gleich seien, muss jede Lichtmessungsmethode darauf fussen.

Beim Photometriren, das ist bei der Lichtwerthbestimmung in Abhängigkeit von einem Etalon, wird diese Vergleichung die Haupt-

---

[1]) Elektr. Anzeiger 1896, S. 90.

rolle spielen. Sie kann mit Rücksicht auf gleichen Helligkeitsgrad oder gleichen Erkennbarkeitsgrad (d. i. auf gleiche Schärfe des Erkennens) erfolgen. Dieser Unterschied ist namentlich bei ungleichfarbigem Lichte in Betracht zu ziehen. Dabei ist für Lichtquellen gelblicher Färbung dieser Unterschied gering, während er bei Lichtquellen mit überwiegenden Strahlen hoher Brechbarkeit, wie beim Bogenlicht, sehr gross ist. Diese Unterscheidung hat praktisches Interesse bezüglich der Gestehungskosten der Beleuchtung von Lesezimmern, Arbeitsräumen etc., denn die Vergleichung des Bogenlichtes unter diesen Verhältnissen mit dem Glühlicht müsste mehr unter Betonung der Erkennbarkeitsschärfe als der Helligkeit vorgenommen werden[1]).

Jene Gleichheit der Lichteindrücke kann auf dem Einstellstück hervorgerufen werden entweder durch Verschiebung desselben nach dem Grundgesetz der quadratischen Abnahmen der Helligkeiten mit wachsender Entfernung der Lichtquelle von dem Vergleichstücke; oder durch Einschiebung lichtabsorbirender Mittel, wie Milchglasplatten etc., zwischen beide; oder durch Einfügung von rotirenden Scheiben mit Sektorausschnitten oder von Zerstreuungslinsen in den Gang der Lichtstrahlen. Ein Eingehen auf diesen Gegenstand ist hier nicht möglich und indem auf die untenstehende Litteratur[2]) verwiesen wird, sollen nur einige Photometer Aufnahme finden.

*a) **Photometer.*** Der Haupttheil des Fettfleckphotometers von Bunsen ist ein weisses Blatt Papier, auf welchem mit Oel oder Fett ein kreisrunder Fleck angelegt ist. Wird dieser in einem mit zwei schräge gestellten Spiegeln versehenen Gehäuse angeordnet, das nur an den beiden parallel zum Papier liegenden Flächen Oeffnungen besitzt, und mit diesem Gehäuse zwischen zwei Lichtquellen mit den Lichtstärken J_1 und J_2 gebracht, so wird der Fettfleck in den beiden Spiegeln ungleich beleuchtet erscheinen. Bei passender Verschiebung des Schirmes wird sich jedoch leicht eine Stellung erreichen lassen, bei welcher der Fettfleck in beiden Spiegeln entweder vollkommen verschwindet oder mindestens gleiche Schärfe der Ränder (gleichen Kontrast gegen die Papierflächen) aufweist. Ist dann die Entfernung des Papierschirmes

---

[1]) Blondel, Genfer Bericht 1896.

[2]) Dr. H. Krüss: Die elektrotechnische Photometrie; Grawinkel u. Strecker, Hilfsbuch für die Elektrotechnik. Berlin 1895, S. 200—228.

Uppenborn, Kalender 1897. 2. Theil. S. 75—86.

André Blondel: Ueber die photometrischen Einheiten, Bericht an den internationalen Elektrotechnischen Kongress in Genf 1896. Zschr. f. Beleuchtungsw. 1896 und 1897.

Palaz: Traité de photométrie.

von den beiden Lichtquellen r_1 und r_2, dann verhalten sich die Lichtstärken umgekehrt wie die Quadrate der Entfernungen

$$J_1 : J_2 = r_2^2 : r_1^2 .$$

Die Genauigkeit einer Einstellung beträgt etwa 3 %.

Jolly und Elster haben anstatt des Fettfleckpapiers einen parallelepipedischen Körper aus Paraffin, der durch ein dünnes Metallblatt in

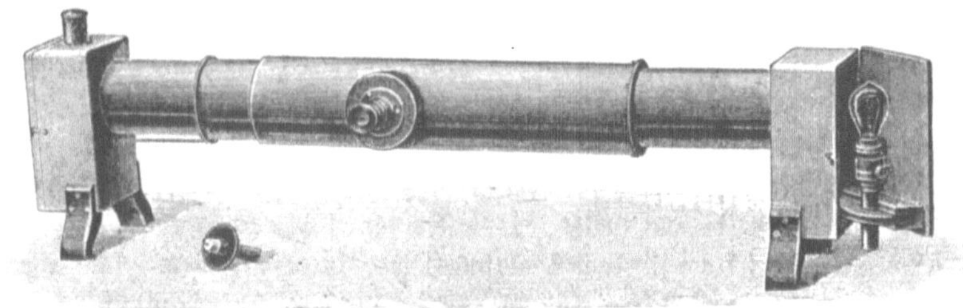

Fig. 46.

gleiche Hälften zertheilt wird, in Anwendung gebracht. In Fig. 46 ist ein einfaches derartiges Glühlampen-Photometer abgebildet; dasselbe erfordert keinen Dunkelraum; als Vergleichslampe kann eine Glühlampe dienen. Das Intensitätsverhältniss wird an einer Skala direkt abgelesen, deren Messbereich vom einfachen bis zum zehnfachen ausreicht.

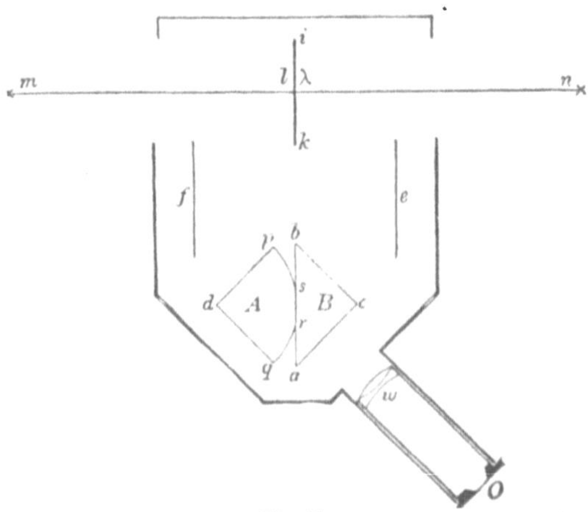

Fig. 47.

Da nun der Fettfleck nicht alles auf ihn gefallene Licht durchlässt, das Papier nicht alles Licht zurückwirft, stellt der von Lummer & Brodhun angegebene Würfel (Fig. 47) eine wesentliche Verbesserung vor. Dieser Würfel wird zunächst durch eine Diagonalebene a b in zwei gleiche

Prismen getheilt, von denen das eine an den Enden der Hypotenusenfläche r s angepresst wird. Es tritt dann an der einen Kathetenfläche totale Reflexion ein, während das Licht die gemeinsame Berührungsfläche der beiden Prismen ungehindert passiren kann. Die Vorrichtung entspricht für photometrische Zwecke also dem Ideale des Fettfleckes und gestattet Einstellungen mit $^1/_2$—1 % Genauigkeit. Eine weitere Vervollkommnung lässt sich durch eine etwas abgeänderte Bearbeitung der gemeinsamen Berührungsfläche erzielen, indem man kleine Kontrastflächen durch Mattirung hervorruft. Fig. 48 zeigt eine optische Bank mit Präcisions-Photometer nach Lummer-Brodhun in Ausführung von Hartmann & Braun, Bockenheim-Frankfurt a. M.

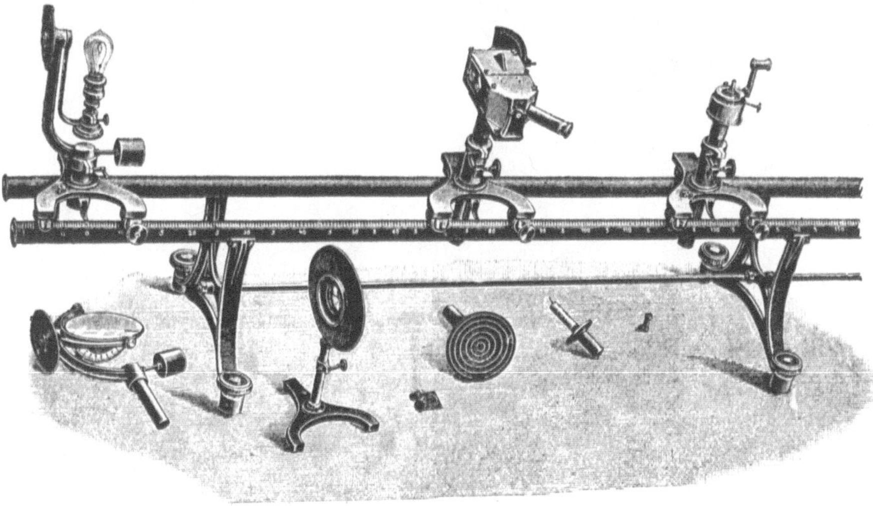

Fig. 48.

Diese optische Bank besteht aus mit Hartgummi umkleideten Metallröhren von über 2 m Länge, die durch zwei mit Fussschrauben versehene Stützen zu einem stabilen Schienenpaar zusammengefügt sind. Es lässt sich eine Schienenverlängerung mit einer weiteren Stütze einstecken, sodass die ganze Länge der Bank auf etwas über 3 m gebracht werden kann. Die vordere Schiene trägt eine bezifferte Theilung in halben Centimetern, wovon die Strecke von 75—175 in Millimetern ausgeführt ist. Die hintere Schiene kann mit einer das Intensitätsverhältniss der zu vergleichenden Lichtquellen direkt anzeigenden Theilung versehen werden. Auf der Bank laufen drei bremsbare Wagen mit Röhrenstativen, wovon zwei mittelst Zahn und Trieb in der Höhe verstellbar sind. Das mittlere Stativ ist ausgerüstet mit einem umlegbaren Photometerschirm mit Lummer-Brodhun'schen Prismen, eingerichtet auf

Verschwinden eines Feldes in einem anderen (Gleichheit), ein anderes ist mit einer Normal-Amylacetatlampe mit Flammenmaass versehen, während in das dritte die Aufsätze (Kerzenhalter, Glühlampenfassung, Teller für andere Lichtquellen, z. B. Petroleumlampe) sich einstecken lassen.

Will man nicht nur Lichtquellen, sondern auch Beleuchtungen mit einander vergleichen, so verwendet man das Photometer von Leonh. Weber, das neuerdings auch mit Lummer-Brodhun-Würfel ausgestattet wird. Dieses Photometer besteht im Wesentlichsten aus zwei senkrecht zu einander stehenden, innen geschwärzten Röhren, von denen das Hauptrohr B auf die zu messende beleuchtete Fläche gerichtet wird und

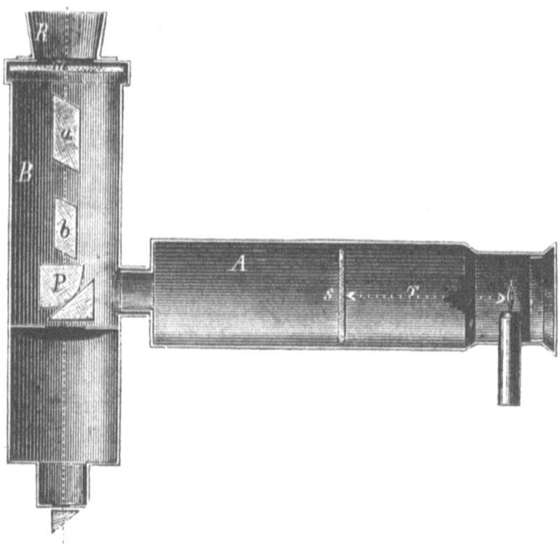

Fig. 49.

zur Beobachtung dient, während das Nebenrohr A eine Hülfslichtquelle enthält (Fig. 49). Die beiden total reflektirenden Flächen des Würfels sind nach der Hülfslichtquelle und der zu messenden Fläche gerichtet, die gemeinsame Berührungsfläche beider Prismen P liegt im Schnittpunkte der Axen beider Rohre. Der Beobachter kann also am Ende des Hauptrohres die event. durch eine Milchglasplatte m abgeblendete Beleuchtung der zu untersuchenden Fläche mit jener Beleuchtung vergleichen, welche durch die Hülfslichtquelle auf einer im Nebenrohre angeordneten verschiebbaren Milchglasplatte s hervorgerufen wird. Die Aichung kann auf verschiedene Weise erfolgen, am einfachsten dadurch, dass auf einer weissen in 1 m von der Lichteinheit angeordneten Tafel ein Lux erzeugt und hierfür die Stellung der Milchglasplatte s in dem mit Skala versehenen Nebenrohr ermittelt wird.

Bei der Methode gleicher Schärfe können typographische Maasse der Schärfe angewendet werden, wie dies Dr. Nicati gethan hat; die Beleuchtung eines Lokales wird durch einfache Betrachtung dieses Maasses bestimmt; es genügt, im bestimmten Abstande die Fläche zu betrachten und zu sehen, welche Nummer der Prüfscheibe verschwindet, um daraus den Werth der Beleuchtung abzuleiten. Charpentier zieht die Unterscheidung weisser Punkte auf schwarzem Grunde vor und bestimmt den Erkennbarkeitsgrad durch die Beleuchtung, die nothwendig ist, um mit Bestimmtheit alle Punkte einer Gruppe kleiner, sehr feiner und einander sehr naher Löcher, die mit Nadeln in ein undurchsichtiges, vor einem weissen beleuchteten Papierschirm aufgestelltes Plättchen gestochen sind, verschwinden zu lassen. Für ein und denselben Beobachter ist das Minimum des erforderlichen Lichtes merklich unabhängig von der vorausgegangenen Ermüdung des Auges und konstant für ein und denselben Beobachter, dermaassen, dass bei einmaligem Vergleich mit einem Etalon die Auswerthung festgelegt werden kann. Solche Photometer eignen sich für die Praxis der Installateure recht gut.

b) Bestimmung der elektr. Grössen beim Photometriren der Glühlampen bei der Fabrikation. Die folgende Methode zur Bestimmung der elektrischen Grössen einer Glühlampe hat den Vortheil, dass nicht diese Grössen selbst, sondern ihre Abweichungen von den elektrischen Grössen einer als Etalon benutzten Glühlampe gemessen werden; ein gewisser procentueller Fehler in diesen kleineren Unterschiedswerthen hat demnach einen viel geringeren Einfluss, als wenn man ebenso grosse procentuelle Fehler in den vollen Werthen begeht.

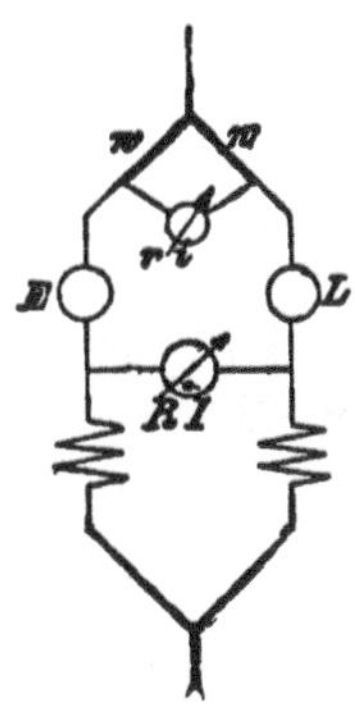

Fig. 50.

Die zwei Lampen werden nach folgendem Schema[1]) (Fig. 50) in eine Wheatstone-Brücke geschaltet:

w und w sind zwei kleine, ganz gleiche Widerstände, r und i sind Widerstand und Strom im oberen Galvanometer, R und J Widerstand und Strom im unteren Galvanometer (R ist ein grosser Widerstand, r ein kleiner), e_1 ist die normale Spannung der Etalonlampe E, und i_1 ist der entsprechende Strom.

Diese Spannung wird genau konstant gehalten, demnach leuchtet die Lampe mit ihrer normalen Lichtstärke. Mit dem Regulirwiderstand wird die zu messende Glühlampe L auf eine Lichtstärke eingestellt, die nicht sehr von der des Etalons verschieden ist; der Unterschied kann bis zu $^1/_5$ betragen.

---

[1]) Grawinkel u. Strecker, Hilfsbuch für die Elektrotechnik.

Nun gilt:

$$e_2 = e_1 + R\,J,$$

ferner

$$(i_1 + i)\,w + i\,r = (i_2 - i)\,w,$$

hieraus

$$i_2 = i_1 + i \cdot \left(\frac{r}{w} + 2\right).$$

Diese zwei Gleichungen enthalten die Differenzen, um welche die elektrischen Grössen e_2 und i_2 der zu messenden Lampe von denen des Etalons i_1 und e_1 abweichen bei der Lichtstärke, auf die die Lampe einregulirt war. Die Subkommission des Verbandes Deutscher Elektrotechniker hat eine ähnliche Methode vorgeschlagen[1]), und hat zur Bezeichnung der Lichtstärke bei hufeisen- oder einfach schleifenförmigen Fäden die mittlere Lichtstärke in der zur Lampenaxe senkrechten Ebene vorgeschlagen.

c) Das Photometriren von Bogenlampen kann unter Verwendung von starken Zwischenlichtquellen oder von lichtabschwächenden Vorrichtungen in ähnlicher Weise vorgenommen werden, wie das Messen von Glühlampen. Will man die räumliche Vertheilung der Lichtstärke ermitteln, so photometrirt man die Bogenlampe ohne fremde Lichtquelle, indem man ihr Licht auf zwei auf den Armen eines Winkels verschiebbare Hülfsspiegel fallen lässt, von denen es dann auf den Messschirm mit Fettfleck oder Würfel fällt. Dieser Messschirm ist an einem den Winkel halbirenden Arme angebracht; der eine Schenkel des Winkels und der zugehörige Spiegel bleiben fest, der andere Schenkel wird gedreht; der zweite Spiegel muss dann zur Erzielung gleicher Beleuchtung des Fleckes vorgeschoben werden. Die Lampe wird auf diese Weise nach Rousseau mit sich selbst photometrirt; will man nicht nur relative Werthe haben, so ermittelt man den absoluten Werth für eine Stellung. Die absoluten Messungen ergeben wegen des Farbenunterschiedes der Lichtquellen grosse Schwierigkeiten, weil der eine Theil des Fleckens rothgelb, der andere bläulich erscheint. Nach L. Weber photometrirt man deshalb meist mit den zwei Komplementärfarben Roth und Grün und kann dann nach Vornahme einiger Hülfsbeobachtungen aus dem Verhältniss der für rothe und grüne Strahlen erhaltenen Lichtstärken auf weisses Licht schliessen.

d) Das Lumenmeter von A. Blondel. Das bisher übliche Allard'sche Verfahren zur Bestimmung der mittleren sphärischen Intensität einer Lichtquelle ist deshalb sehr umständlich, weil es ausser der Zeichnung und Rechnung, speciell bei unsymmetrischer Gestalt des leuchtenden Körpers, eine ganze Anzahl von Messungen mit dem Photometer

[1]) Elektr.-Zschr. 1897, S. 473.

beansprucht. In einer in „L'Éclairage électrique" 1895 erschienenen Abhandlung über dieses Thema beschreibt nun Prof. Blondel einen nach seinen Angaben von der Firma Sautter, Harlé & Cie. in Paris konstruirten Apparat, der es durch einen einzigen Versuch gestattet, die mittlere sphärische Intensität, also den Lichtstrom in Lumen zu bestimmen.

Das Princip des Apparates beruht in Folgendem: Man versetzt die zu messende Lichtquelle in das Centrum einer undurchsichtigen Kugel, welche mit einem oder mehreren Ausschnitten in der Form von Kugelzweiecken versehen ist. Der durch diese Ausschnitte austretende Lichtstrom, ein ganz bestimmter Theil des Gesammtstromes, wird mittelst eines Spiegels auf einen transparenten, lichtzerstreuenden Schirm geworfen. Auf dem Schirm entsteht dann ein Lichtfleck, dessen einzelne Elemente als selbständige Lichtquellen anzusehen sind.

Trifft auf das Flächenelement ds des Schirmes der Theil $d\Phi$ des Lichtstromes Φ, so erfährt dasselbe die Beleuchtung $\frac{d\Phi}{ds}$; die den Schirm durchsetzende Lichtintensität ist also

$$K \cdot \frac{d\Phi}{ds} ds = K \cdot d\Phi,$$

wenn K eine von der Art des Schirmes abhängige Konstante bezeichnet. Für den ganzen beleuchtenden Fleck ist die Gesammtintensität $K . \Phi$. Hat der Fleck von dem Photometer die Entfernung δ, die Etalonlichtquelle von der Intensität J davon die Entfernung l, so ist

$$K \cdot \frac{\Phi}{\delta^2} = \frac{J}{l^2}, \quad \text{also} \quad \Phi = \frac{1}{K} \cdot \frac{\delta^2}{l^2} \cdot J \text{ Lumen.}$$

Der von der Lichtquelle ausgehende Lichtstrom ergiebt sich dann, indem man Φ mit dem Faktor multiplicirt, welcher angiebt, wie oft das Kugelzweieck in der Kugelfläche enthalten ist.

Da die Absorption des Spiegels von dem Einfallswinkel abhängig ist, so wählt man das Kugelzweieck von einer solchen Oeffnung, dass die austretenden Strahlen den Spiegel nahezu unter gleichem Einfallswinkel treffen. Bei dem lichtzerstreuenden Schirme ist der Einfallswinkel ohne Einfluss. Anders ist die Sache bei dem Zerstreuungswinkel. Soll der Fehler nicht mehr als 1 % betragen, so müssen die vom Rande des Lichtfleckes ausgehenden Strahlen das Photometer noch unter einem Winkel von 4 Grad treffen, d. h. die Entfernung zwischen Schirm und Photometer muss ca. 8 mal so gross sein als der Durchmesser des Lichtfleckes.

Gehen wir nun zu dem Apparate, dem Spiegellumenmeter, selbst über, so erkennt man in der schematischen Fig. 51 eine undurchsichtige, innen geschwärzte Kugel S, in deren Centrum der geometrische Mittelpunkt O der zu prüfenden Lichtquelle gebracht wird. Bei MM sind zwei Ausschnitte von je 18 Grad Oeffnung. Die hier austretenden Lichtstrahlen treffen auf die spiegelnde Zone ZZ aus versilbertem Glase und werden von da auf den zerstreuenden Schirm AB geworfen. Die Zone

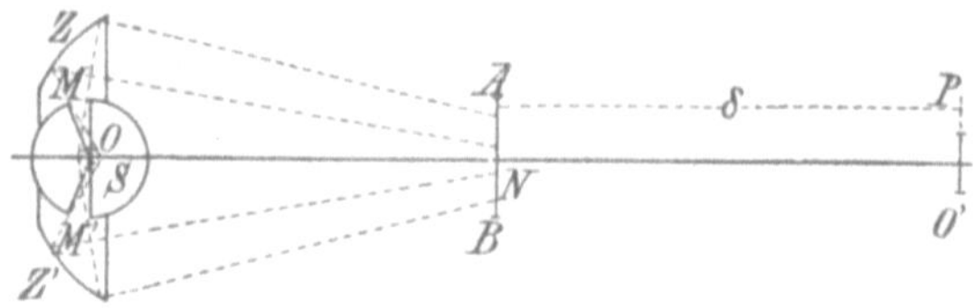

Fig. 51.

hat die Form eines Rotationsellipsoides, dessen Brennpunkte einerseits das Centrum der Hohlkugel, andererseits ein 3 m entfernter Punkt sind. Bringt man in die Nähe des letzteren den Schirm, so wird der Lichtfleck nicht sehr ausgedehnt (20—50 cm im Durchmesser bei Lichtbogen).

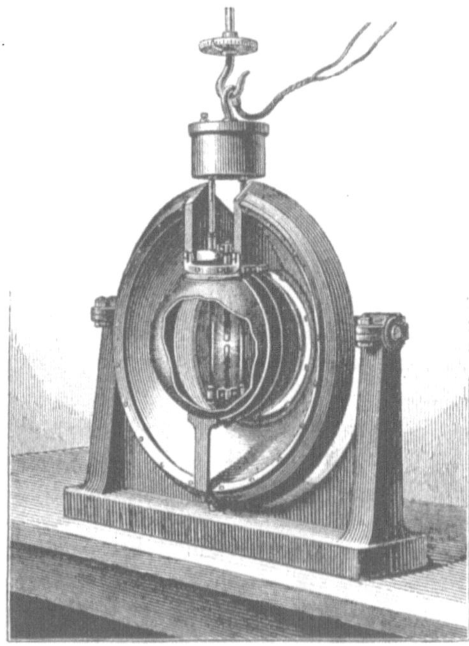

Fig. 52.
Lumenmeter von A. Blondel.

Der Schirm besteht aus Opalglas oder zwischen Glas eingeklemmtem Papier in einem Rahmen; sein Flächeninhalt soll 1 m² betragen.

Die Fig. 52 zeigt das Lumenmeter in perspektiver Ansicht. Oben ist eine Oeffnung zum Einführen der Bogenlampen. Ein Theil der undurchsichtigen Kugel ist entfernt, damit man in's Innere Einblick erhält. Da jeder der beiden Ausschnitte 18 Grad beträgt, so ergiebt eine einzige Messung $^1/_{10}$ des Gesammtlichtstromes der Lichtquelle. Unsymmetrische Lichtquellen sollen entweder sehr rasch rotiren, oder man dreht sie bei jeder Messung um 18 Grad weiter.

Um den Apparat auf Lumeneinheiten zu aichen, benutzt man eine Lampe mit Rundbrenner von bekannter horizontaler Intensität und blendet die Ausschnitte bis zu einem äquatorialen Fenster von der Höhe gleich $^1/_4$ des Kugeldurchmessers ab.

Eine praktische Verwendung fand der beschriebene Apparat bei Versuchen von André Blondel und Rey über die Ermittlung der sphärischen Intensität der Gleich- und Wechselstrombögen[1]), und über den Einfluss von Stromstärken und Durchmesser der Kohlenspitzen einer Bogenlampe auf den ausgesandten Lichtstrom.

22. Vertheilung des Lichtes und der Lampen[2]).

Die Lichtquellen unterscheiden sich ausser durch Lichtstärke noch durch ihren Glanz, d. i. die Lichtstärke pro Einheit der leuchtenden Flächen von einander. Die Temperatur des leuchtenden Theiles der Lichtquelle ist maassgebend für den Werth ihres Glanzes. Da mit Zunahme der Temperatur aber auch die Farbe des Lichtes sich ändert und sich immer mehr dem der Sonne nähert, so tritt dasselbe auch mit wachsendem Glanze der Lichtquelle auf. Dem Glanze entspricht die blendende Wirkung leuchtender Flächen auf das Auge. Sie kann dem Auge nicht nur unangenehm und bei höheren Werthen schon bei kurzer Dauer schädlich werden, sondern sie verursacht auch eine Verengung der Pupille und damit eine Verkleinerung der in's Auge fallenden Lichtmenge, wodurch der scheinbare Eindruck einer Intensitätsverminderung der Lichtquelle hervorgebracht werden kann. Um den Glanz der Lichtquellen zu vermindern, werden dieselben mit Lichtzerstreuern versehen, auf die später näher eingegangen werden soll. Vorerst sei der Beleuchtungseffekt betrachtet, welchen eine Lichtquelle auf einer Fläche erzeugt. Ein Flächenelement wird mit einer „Meterkerze" beleuchtet, wenn die Hefnerkerze in der senkrechten Entfernung von einem Meter das Element bestrahlt; ist die Entfernung r Meter, so beträgt die Beleuchtung des Flächenelementes nur noch $\frac{1}{r^2}$ Meterkerzen. Je flacher ein Beleuchtungsstrahl ein Flächenelement trifft, desto geringer fällt seine

[1]) L'Eclair. él. 1897, Februar, März und El. World 1897, No. 7.

[2]) Ausführlicher in dem gleichnamigen Werke der Verfasser. Berlin u. München 1895.

Wirkung aus, weil hierbei nur seine Komponente senkrecht zum Flächenelement in Betracht kommt. Wird das Flächenelement gleichzeitig von verschiedenen Lichtquellen beleuchtet, so addiren sich die Wirkungen der einzelnen gerade so, als wenn sie einzeln nacheinander zur Geltung gelangen würden. Nach diesen Grundsätzen lässt sich z. B. die Helligkeit des Bodens oder der Seitenflächen von Räumen oder Strassen beurtheilen. Es zeigt sich z. B. hierbei, dass die Helligkeit vom Fusspunkte der punktförmigen Lichtquelle in der beleuchteten Fläche rasch abnimmt, dass sie in einem Radius gleich der Höhe nur $^1/_3$, im Radius gleich der doppelten Höhe nur mehr $^1/_{30}$ von der im Fusspunkte auftretenden maximalen Helligkeit beträgt. Diese Ungleichförmigkeit verändert sich mit der Form der Intensitätskurve der Lichtquelle. Diese letztere kann durch die Verwendung von reflektirenden oder diffundirenden Lichtzerstreuern, also durch Schirme oder Glasglocken, im Sinne gleichförmiger Bodenbeleuchtung modificirt werden.

Bei der Glühlampe lässt sich durch Mattirung der Birne in einfachster Weise eine Milderung ihres Glanzes erzielen. Will man das Licht derselben nach einer bestimmten Richtung, z. B. einer Arbeitsstelle, hin verstärken, so greift man zu kleinen Schirmen, welche entweder mit spiegelnden oder matten weissen Oberflächen versehen werden. Erstere können auch durch die Herstellung eines halben Quecksilber- oder Silberspiegels auf dem Glaskörper der Glühlampe selbst ersetzt werden. Sie haben den lästigen Fehler, dass sie durch das Bild des leuchtenden Glühfadens einzelne helle Flecken oder Streifen auf die zu beleuchtende Fläche werfen.

Die Bogenlampen für Gleichstrom besitzen in der Aushöhlung der Oberkohle einen unmittelbaren Reflektor, der das Licht nach abwärts wirft. Soll dasselbe der Decke des Raumes zugewendet werden, so kann die den Reflektor bildende positive Kohle auch nach unten gesetzt werden. Der in Fig. 53 abgebildete Deckenreflektor setzt eine stark reflektirende, also am besten matt weiss gestrichene Decke voraus. Man kann dabei eine invertirte Bogenlampe verwenden, deren Wirkung durch den unterhalb des Lichtbogens angebrachten Reflektor noch unterstützt wird. Man kann aber auch die positive Kohle ruhig als Oberkohle weiterbenutzen und reflektirt dann den nach unten fallenden Theil des Lichtstromes mittelst des undurchsichtigen Reflektors an die Decke. Dieses Verfahren bietet trotz der zweimaligen Reflexion den Vortheil, dass die Beleuchtung auch bei nicht ganz reinem Kohlenmaterial ruhig bleibt. Es kann nämlich bei invertirten Lampen leicht vorkommen, dass sich in dem Krater der unteren Kohle Verunreinigungen, insbesondere Kügelchen flüssiger Kieselsäure ansammeln, die dann ein Flimmern des Bogens verursachen können. Solche invertirte Bogenlampen werden öfters für

Zeichensäle etc. bevorzugt. Sie geben bei weissgetünchter Decke ein überaus gleichförmig zerstreutes Licht. Bei Wechselstromlampen ist durch die Einführung des bereits genannten Coerper'schen Innenreflektors ebenfalls eine dem Gleichstromkrater entsprechende Wirkung erzielt worden. In vielen Fällen, wo die Beleuchtung von Seitenflächen erwünscht ist und wo durch die Reflexion dieser letzteren günstige Wirkungen erzielt werden können, befriedigt der Wechselstrombogen mit seiner Intensitätskurve weit besser als jene des Gleichstrombogens. Der Deckenreflektor ist für beide Arten von Bögen verwendbar.

Die vom Lichtbogen ausgehenden Strahlen können dann durch besondere Einrichtungen dem Auge entzogen und in passender Weise ge-

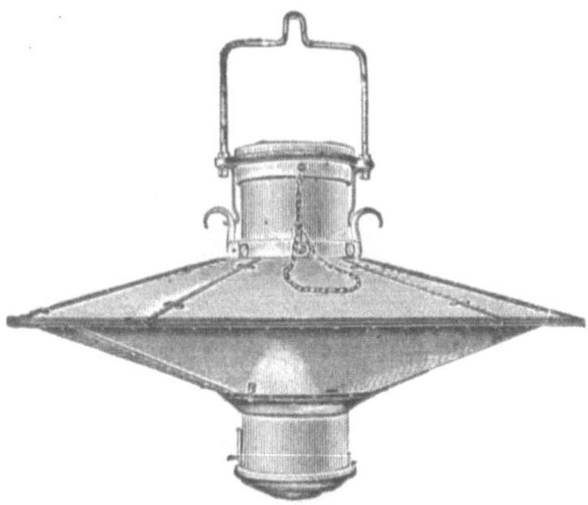

Fig. 53.

brochen oder reflektirt werden, sodass eine dem indirekten Tageslichte möglichst gleiche Lichtvertheilung im Raume stattfindet.

Fig. 54 stellt den von Hrabowski konstruirten Oberlichtreflektor dar. Derselbe besteht aus drei Haupttheilen, einem grossen transparenten Reflektor aus Leinwand von der Form einer flachen Glocke, einer kleinen halbkugeligen Alabasterglocke und einem Krystallglasring von dreieckigem Querschnitt. Der grosse Reflektor ist oberhalb der Lampe angebracht und fängt den oberen Theil dos Lichtstromes auf, um ihn zerstreut nach unten zu werfen. Einen Theil des auf ihn entfallenden Lichtstromes lässt der durchscheinende Reflektor nach der Decke und den oberen Theilen der Wände gelangen.

Der Hrabowski-Reflektor ist in seiner Wirkung unabhängig von der Farbe der Decke und giebt für Zeichensäle und Werkstätten eine matte Deckenbeleuchtung und eine gleichmässige diffuse Beleuchtung der Arbeitsplätze. Die Alabasterglocke umschliesst den unteren Theil der Lampe und lässt den grösseren Theil des auf sie entfallenden Lichtstromes durch, während sie einen kleinen Theil gleichzeitig nach oben gegen den transparenten Leinwandschirm reflektirt. Der grösste Theil des Lichtstromes muss jedoch den etwas unterhalb des Bogens angebrachten Glasring passiren und wird dabei so gebrochen, dass er ebenfalls den Leinwandreflektor trifft. Fig. 54 zeigt den Hrabowski-Reflektor in der Siemensschen Ausführung bei herabgelassener Lampe.

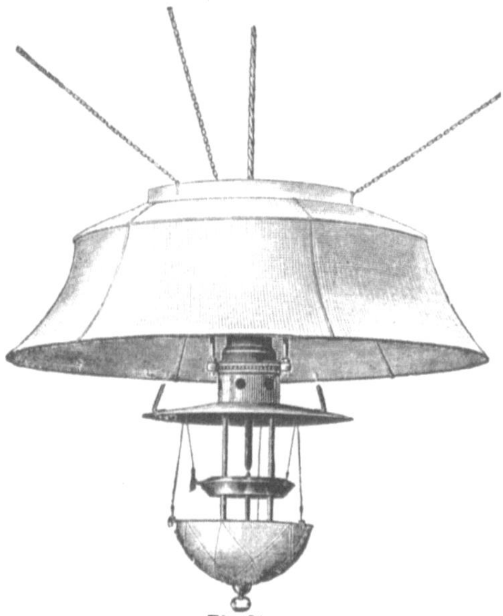

Fig. 54.

Ausgehend von der Zerstreuung des Lichtes durch Glasprismen wurden mannigfache Kombinationen derselben in Vorschlag gebracht. Nebst Trotter[1]) haben Psaroudaki und Blondel dieses Problem eingehend behandelt[2]). Von den letzteren sind mit gutem Erfolg doppelriffige Glocken eingeführt worden (Compagnie „Holophane", limited, London, 95 Queen Victoriastr.). Diese Glocken tragen aussen und innen Riffeln. Die äusseren laufen parallel um die Glocke und bilden eine Umdrehungsfläche um die vertikale Axe, während die inneren in dem Meridian der Kugel liegen. Die ersteren zerstreuen das Licht in der Meridianebene und die Anwendung der letzteren bewirkt noch die weitere Zerstreuung in der horizontalen Ebene. Beide verwandeln die Glocke in eine Oberfläche, welche fast in ihrer ganzen Ausdehnung gleichförmig erleuchtet erscheint, daher die Bezeichnung holophan. Die äusseren

[1]) Industries 1888, S. 532 u. Electrical Review 1894, Dec.

[2]) Zschr. f. Beleuchtungsw. 1896.

Riffeln bestehen ausserdem aus gemischten Zonen, welche aus lichtdiffundirenden oder reflektirenden Theilen bestehen. Auf diese Weise kann ein aussenstehender Beobachter Strahlen von fast allen Riffeln erhalten, die an der Seite der Glocken liegen, welche er erblickt; er sieht sie infolgedessen von oben bis unten erleuchtet.

Der Wirkungsgrad der Glocken ist je nach der Beschaffenheit sehr verschieden. Das klare Glas giebt nur einen geringen Verlust. Lichtzerstreuende Glocken bestehen entweder aus durchscheinendem, zerstreuendem oder aus halbzerstreuendem Material. Ein durchschimmerndes Material wirkt lichtzerstreuend, wenn es in jedem Punkt seiner Oberfläche einen einfallenden Lichtstrahl in ein kleines kugelförmiges und sehr divergirendes Strahlenbündel umwandelt. Derartige Glocken bestehen aus rauhem Glase oder aus Opalglas, welches durch und durch milchig ist; das sogenannte Alabasterglas ist davon das beste. Der von solchen Glocken umhüllte Lichtbogen ist selbst gar nicht sichtbar, indem der grössere Theil der Glocke leuchtend erscheint; je grösser diese leuchtende Fläche ist, desto milder und angenehmer ist das Licht. Um die Dicke des Opalglases zu vermindern, ohne die Glocke zu schwächen, hat man sogenanntes Opalinglas erfunden, wobei die Glocke aus hellem Glase besteht, welches mit einer dünnen Schicht von Opalglas innerhalb überzogen ist. Solche Glocken lassen einen grossen Theil des Lichtes direkt durchgehen und sind deswegen als halbzerstreuend zu bezeichnen[1]). Durch Verschiedenheit der Dicke der inneren Milchglasschicht kann man Glocken von allen Graden der Durchlässigkeit bis zur vollständigen Lichtzerstreuung herstellen. Hierher gehören auch die Kugeln aus rauhem Glase. Alle Glocken absorbiren einen Theil des Lichtes, welches in das Glas eindringt. Dieser Verlust soll sich auf 20 bis 40 % beziffern.

Die Zahlenangaben hierüber variiren zu sehr nach der Art und der Qualität der Kugeln, als dass ihre Registrirung hier einen Werth hätte[2]). Für die Praxis ist eigentlich der dauernde Wirkungsgrad solcher Mittel in Betracht zu ziehen. Einige Procente mehr oder weniger für den Wirkungsgrad in reinem Zustande helfen auf die Dauer weniger als eine häufige und gründliche Reinigung.

Ueber die Stärke der erforderlichen Beleuchtung hat sich Dr. Hermann Cohn zuerst durch Messung Klarheit verschafft.

Er fand, dass bei 50 Lux das Auge ohne Akkommodationsanstrengung ebenso schnell und ebenso gut liest als bei Tageslicht. Das

[1]) Blondel, Oeffentliche Beleuchtung mit Bogenlampen. Zschr. f. Beleuchtungsw. 1896, S. 203.

[2]) Th. Stort, Ueber Absorption der Lichtstrahlen durch durchsichtiges und durchscheinendes Glas. Elektr. Zschr. 1895, S. 500.

Minimum der hygienischen Forderungen stellte er auf 10 Lux fest. Handelt es sich um eine allgemeine Beleuchtung, nicht um die eines Arbeitsplatzes, so wird man auch mit weit geringeren Zahlen auslangen; so genügen 1 Lux und selbst darunter für die Bodenbeleuchtung von Strassen. Bei Räumen mit Seiten- und Deckenreflexion muss man auf diese letzteren Rücksicht nehmen. Eine schwarze Fläche absorbirt den einfallenden Lichtstrom Φ vollständig, während eine andere Fläche z. B. den Theil $A . \Phi$ zurückstrahlt und den Betrag $(1 - A) \Phi$ absorbirt. Fällt dieser zurückgestrahlte Betrag $A . \Phi$ auf eine zweite Fläche des Raumes, so bleibt für eine dritte nur der Betrag $A^2 \Phi$ u. s. w. Schliesslich hat man von dem ursprünglichen Lichtstrom die Summe

$$\Phi (1 + A + A^2 + \ldots) = \frac{1}{1 + A}$$

ausgenutzt. Der Koefficient A erreicht bei matten weissen Flächen den Werth 0,90. Nehmen wir ihn jedoch für gewöhnliche Wände mit nur 0,5 an, so würde der Saal zweimal glänzender beleuchtet erscheinen als bei schwarzer Farbe der Wände.

Sumpner[1]) giebt das Reflexionsvermögen folgender für die Praxis wichtiger Stoffe an:

Gelbe Tapeten 40 %, blaue 25 %, dunkelbraune 13 %, weissgetünchte Fläche 80 %, gelbgetünchte 40—60 %, schwarzes Tuch 1 %. Besteht ein Raum aus mehreren verschiedenartigen Flächen, so kann man die mittlere Reflexionskraft berechnen, indem man die Summe aus jeder Fläche mit ihrer zugehörigen Reflexionskraft bildet und durch die Summe der ersteren dividirt. Z. B. bei einem kubischen Raume mit heller Decke und dunklem Fussboden und dunklen Wänden hätte man:

$$\frac{\overset{\text{Decke}}{40 \times 1} + \overset{\text{Seitenwände}}{20 \times 4} + \overset{\text{Fussboden}}{20 \times 1}}{1 + 4 + 1} = 23{,}3\,\% \text{ mittlere Reflexionskraft}$$

und die hervorgebrachte Beleuchtung wird proportional sein zu

$$\frac{100}{100 - 23{,}3} = 1{,}3$$

d. h. die Beleuchtung wird 1,3mal besser sein als in einem Raume mit schwarz ausgekleideten Flächen.

Die rechnerische Bestimmung der für einen Raum nothwendigen Lampen bietet trotz der angeführten einfachen Grundsätze viele Schwierigkeiten. Den Rechnungen liegt das Gesetz der mit der Distanz quadratisch abnehmenden Wirkung zu Grunde. Diese führen jedoch immer zum Potential, hier „Luminal" genannt[2]). Da es nun für die meisten Fälle

[1]) Electrician XXX, 768 und Zschr. f. Beleuchtungsw. 1896, S. 75.

[2]) Dr. O. Lehmann, Elektricität und Licht, S. 349; auch Elektr. Zschr. 1896, S. 754.

der Praxis unmöglich ist, sich genauen Aufschluss zu verschaffen, so hält man sich an Mittelwerthe, die aus analogen bewährten Fällen der Praxis entnommen sind. Dabei setzt man entweder die Anzahl der zur Verwendung gelangten Lichtquellen selbst, oder ihre Intensität in Kerzen ausgedrückt, in Beziehung zu jener Grösse, die das zu beleuchtende Objekt am besten charakterisirt. Bei grossen Sälen bezieht man sich etwa auf die Anzahl der Kubikmeter des Raumes, welche auf eine Lampe oder eine Kerze entfallen; bei einer Bodenbeleuchtung bezieht man die Angabe auf die Quadratmeter Grundfläche; bei Wohnräumen auf die Anzahl der Fenster; bei Werkstätten, Bureaux, Theaterräumen, bei Gefangenhäusern auf den Mann, bei Spitälern auf das Bett; bei Ställen auf das Thier u. s. f. Solche Zahlen werden oft nur zu statistischen Vergleichungen der Verhältnisse aufgestellt, wie z. B. die Anzahl der Normalkerzen für je einen Einwohner für verschiedene Städte. Ihr Werth hängt daher ganz vom Materiale ab, aus welchem die Ermittlung vorgenommen wird. Die richtige Verwendung setzt die Kenntniss der einzelnen Fälle voraus, aus welchen die Mittelwerthe stammen.

Für die Bogenlichtbeleuchtung freier Plätze und gedeckter grösserer Räume kann man Mittelwerthe angeben, welche sich auf 1 m² Grundfläche und die darauf entfallende Lichtstärke in Kerzen beziehen. Letztere ist aus der hemisphärischen Intensität des Lichtbogens mit Glasglocke zu entnehmen. Hierzu dient die folgende Zusammenstellung:

Beleuchtungsobjekt	Von der hemisphärischen Intensität der Bogenlampe mit Glasglocke ist für 1 m² Bodenfläche zu rechnen
Restaurationen, grosse Geschäftslokale und Koncertsäle	zwischen 8—4 Kerzen
Fabrikhallen	- 4—2 -
Bahnhofhallen, Markthallen	- 2—1 -
Höfe von Fabriken	- 1—0,5 -

Die Bestimmung der Glühlampen nach Zahl und Stärke soll hier nur insoweit in Betracht kommen, als es sich um die Ermittlung der nothwendigen allgemeinen Beleuchtung von Innenräumlichkeiten handelt, während diejenigen Fälle, wo durch den Zweck, dem der Raum zu dienen hat, das Lichterforderniss mehr oder weniger bereits gegeben erscheint, von den folgenden Betrachtungen nicht berührt werden. Dies ist z. B. der Fall bei der Beleuchtung von industriellen Etablissements, Spitälern, Gefangenhäusern, Theatern, Schiffen etc.

Die Mittelzahlen, welche für Innenbeleuchtung und für die allgemeine Raumbeleuchtung durch Glühlicht angegeben werden, stammen meistens aus der Praxis der Gastechniker; und da die gewöhnlichen Gasflammen in der Wirkung sich nicht wesentlich von der Glühlampe unterscheiden, kann man dieselben ohne Weiteres benutzen.

So giebt das deutsche Bauhandbuch an, dass für gewöhnliche Zwecke und unter Voraussetzung von nicht dunklen Wänden und Deckenfarben auf 30—40 m^3 Rauminhalt eine Lampe von 16 Kerzen oder pro m^3 0,4 bis 0,5 Kerzen zu rechnen sind. Für festliche Räume ist das jedoch ungenügend. Man kann hier eine Lampe auf je 20—30 m^3 Raum oder 0,5 bis 0,8 Kerzen pro m^3 beziehen. Auf diese Weise erhält man pro m^3 Rauminhalt für gewöhnliche Ansprüche 0,4 bis 0,5 Kerzen und für festliche Beleuchtung 0,5 bis 0,8 Kerzen, also $^1/_2$ bis $^3/_4$ Kerzen je nach den Verhältnissen. Von dem Charakter des Saales, dem Zwecke, dem er zu dienen hat, also seiner Bestimmung, wird die Anzahl der nothwendigen Lampen abhängen. Um die Vorherermittelung zu erleichtern, kann etwa die folgende Tabelle benutzt werden[1]).

Mittlerer Lichtbedarf für elektrische Beleuchtungsanlagen.

Elegante Wohnungen:		
a) Salons	4 —5	Kerzen pro m^3
b) Wohn- und Speisezimmer	3 —3,5	-
c) Schlafzimmer	1,5—2	-
d) Nebenräume	1 —2	-
Bureauräume:		
a) Hauptbureau	5 —6	-
b) Nebenbureau	2 —2,5	-
c) Personalbureau	1,5—3	-
Geschäftslokale:		
a) Verkaufsläden ohne Auslagen	4 —7	-
b) Komptoirs und Lagerräume	2 —2,5	-
c) Schaufenster	50—100	-
Hotels:		
a) Gesellschaftszimmer	5 —7	-
b) Elegante Hotelzimmer	3 —4	-
c) Einfache Hotelzimmer	2 —3	-
d) Korridore und Nebenräume	1 —1,5	-
e) Wirthschaftsräume	1 —2	-
f) Festraum	9 —13	-

Ein wesentlicher Punkt in der Benutzung solcher roher Mittelwerthe liegt in der Vertheilung der Lampen zu entsprechenden Lampen-

[1]) Hilfsbuch zur Anfertigung von Projekten und Kostenanschlägen der Allgemeinen Elektricitäts-Gesellschaft, Berlin 1894.

gruppen. Diese Aufgabe wird durch die architektonischen und die dekorativen Anforderungen bestimmt. Es lässt sich daher vom allgemeinen Standpunkte aus wenig Zuverlässiges hierüber sagen.

Einige Gesichtspunkte sollen trotzdem hier Platz finden. Die für einen Raum bestimmte Gesammtzahl von Kerzen wird in zwei Hauptgruppen zu theilen sein: die Mittelbeleuchtung, welche durch Kronleuchter oder Luster, und die Seiten- oder Wandbeleuchtung, welche durch Wandarme besorgt wird. Die Mittelgruppe überwiegt bei Weitem die letztere, welche sich in der Regel unter dem Dritttheile der ersteren bewegt, oft auch ganz bei kleineren Räumen verschwindet. In manchen Fällen tritt zu diesen beiden Hauptgruppen noch eine dritte hinzu, nämlich die Deckenbeleuchtung. Gerade das Glühlicht hat durch die grosse Freiheit, welche es in der Verwendung zulässt, die letztere Art der Beleuchtung hie und da in schönster Weise zur Entwicklung gebracht. Die Anzahl der Kronleuchter wird von der Form des Saalgrundrisses abhängen. Wenn z. B. ein Raum von ca. 10 m Länge der Seiten soweit von der quadratischen Form abweicht, dass die Breite erheblich kleiner ist, so empfiehlt es sich, mehrere Kronleuchter anzubringen. Zu diesem Zwecke theilt man den Grundriss in mehrere annähernd quadratische Beleuchtungsfelder und bestimmt für jedes derselben die nothwendige Lampenzahl separat. Im Allgemeinen wird man auf diese Weise zu mehreren Alternativlösungen gelangen, indem man z. B. einen grossen Mittelluster und in der Längsaxe des rechteckigen Grundrisses mehrere kleinere, oder indem man durchaus gleiche Beleuchtungskörper anwendet. Die richtige Wahl wird in den meisten Fällen durch andere Bedingungen erleichtert. Ist sie getroffen, so wird es sich in sehr wichtigen Fällen immerhin empfehlen, die Bodenbeleuchtung nach der strengen Rechnung zu ermitteln und im Grundrisse für jeden Beleuchtungskörper einige Kreise gleicher Beleuchtungsintensität einzutragen. Man gewinnt auf diese Weise ein überaus klares Bild von der Wirkung der getroffenen Lichtdisposition und kann, wenn dieselbe ungenügend ausfällt, leicht auf die nothwendigen Aenderungen schliessen.

II. Kapitel.

Leitungsbau.

1. Einleitung.

Zur Fortleitung des Stromes benutzt man gute Elektricitätsleiter, in der Beleuchtungstechnik namentlich das Kupfer. Damit der Leiter aber in der That den Strom von einem Punkte zu einem anderen ungeschwächt fortleiten könne, ist es nothwendig, dass er isolirt sei, d. h. dass er von Nichtleitern so umgeben werde, dass eine Ableitung des Stromes auf einem anderen als dem vorgeschriebenen Wege möglichst verhindert wird. Die Luft ist ein ausgezeichnetes Dielektrikum und da sie dabei das billigste ist, so kann man den Leiter durch dieselbe führen und hat dann nur für ein anderes Nichtleitermaterial an den Unterstützungsstellen zu sorgen. In diesem Falle bezeichnet man den Leiter als einen blanken. Im Gegensatz hierzu kann der Leiter auf seiner ganzen Länge kontinuirlich mit einem besonderen Nichtleitermaterial umhüllt werden; man nennt ihn dann speciell einen isolirten Leiter, obzwar der blanke in elektrischer Hinsicht die gleiche Bezeichnung nicht minder verdienen würde als der letztere. Die Leitung des Stromes muss nun einerseits in Hinsicht auf den Leiter selbst, andererseits auf seine Isolirungsart betrachtet werden. Diese Betrachtung wird sich bei den blanken Leitungen auf die Lagerung des Leiters unmittelbar erstrecken müssen, während sie bei den isolirten Leitungen nur mittelbar geboten erscheint, damit die mechanischen und eventuell chemischen Einflüsse auf das Isolationsmaterial ebenfalls einer Erörterung unterzogen werden. Je nach dem Zwecke, dem eine Leitung zu dienen hat, und je nach den Anforderungen, denen sie genügen soll, wird sich also auch die Verlegung derselben ändern müssen. Wir können drei Hauptgruppen unterscheiden:

A. Freiluftleitungen, das sind im Freien geführte Leitungen.

B. Innenleitungen, das sind solche, die innerhalb gedeckter Räume geleitet werden, und ferner

C. unterirdische und submarine, das sind in die Erde oder unter Wasser verlegte.

Diese Eintheilung ist durchaus keine scharf begrenzte, sie soll nur zur übersichtlicheren Gestaltung des zu erklärenden Stoffes dienen, der unter dem Titel „Leitungsbau“ zusammengefasst wird und unter dem alle Fragen, welche die Konstruktion des eigentlichen Leiters, seine Isolirung und seine Verlegung betreffen, behandelt werden sollen.

Vor Jahren, bevor man noch ahnen konnte, dass die Elektricität auch als ein Agens zur Hervorbringung von Licht und Kraft eine nennenswerthe Rolle spielen würde, hatte sie bereits in der elektrischen Telegraphie einen weltbedeutenden Erfolg hinter sich. Die Telegraphie benutzt jedoch Ströme von geringer Intensität, die in Tausendstel von Ampère ausgedrückt werden und deren Spannungen selten 100 Volt überschreiten, während jene Ströme, welche zur Lichterzeugung und zur Arbeitsübertragung im Gebrauche sind, Stromstärken von oft vielen Tausend Ampère bei ein oder mehreren Hundert Volt Spannung, oder von mehreren Hundert Ampère bei Spannungen von mehreren Tausend Volt erheischen. Trotzdem sind aber manche Bedingungen hinsichtlich der Fortleitung des Stromes in beiden Fällen identisch geblieben, so dass die neuere Starkstromtechnik die Erfahrungen und Resultate der älteren Schwachstromtechnik mitbenutzen konnte. Der Leitungsbau hat mit der Entwicklung der elektromagnetischen Telegraphie, welche im Jahre 1835 durch Schilling begründet wurde, gleichen Schritt gehalten; sein Ursprung muss jedoch auf ein älteres Datum zurückverlegt werden. So hat Grey eine Linie von 250 m durch Aufhängen eines Leiters auf Seidendrähten bereits im Jahre 1727 gelegt, um die Fortleitung der durch eine geriebene Glasstange erzeugten Elektricität zu untersuchen. 1813 entzündete der bereits genannte Schilling in St. Petersburg Sprengminen durch ein über die Newa gelegtes Kabel, 1833 gab Weber in Göttingen elektrische Signale vom astronomischen Observatorium zum magnetischen vermittelst einer Luftleitung. Durch fast 50 Jahre hat sich die Entwicklung des Leitungsbaues unter dem ausschliesslichen Einflusse der nach verschiedenen Richtungen hin mächtig fortschreitenden Telegraphie vollzogen. Durch die glückliche Durchführung der Probleme der subterranen und submarinen Leitungen, welche die Städte und Kontinente mit einander verbanden, hatte der Leitungsbau immer neuen Stoff zur Entfaltung erhalten, und schon glaubte man, dass eine weitere Vervollkommnung und Entwicklung nicht mehr wahrscheinlich sei, als gegen Mitte des vorletzten Jahrzehnts unverhofft eine neue Aera der Verwendung des elektrischen Stromes einerseits zur Telephonie, andererseits zur Beleuchtung anbrach und dem Leitungsbaue durch besondere Bedingungen einen erneuten Impuls verlieh. Die grossen oberirdischen

Leitungsanlagen für hohe Spannungen und weite Distanzen, und die mächtig ausgebreiteten unterirdischen Leitungsnetze für Stadtbeleuchtungen sind die Resultate dieser Bestrebungen. Die fieberhafte Thätigkeit des letzten Jahrzehntes war jedoch vornehmlich auf die Verbesserung der Stromerzeugung und der Vertheilungssysteme selbst gerichtet, und man fand wenig Musse, alle Zweige des Leitungsbaues gleichmässig zu vervollkommnen. So kam es auch, dass den Innenleitungen trotz der raschen Verbreitung des elektrischen Lichtes nicht die verdiente Aufmerksamkeit geschenkt wurde; so kam es ferner, dass man noch heute an einzelnen Stellen eine Vorausberechnung eines Netzes auf anderer als rein empirischer Grundlage als überflüssig erachtet. Erst die letzten Jahre haben auch hierin einen lobenswerthen Umschwung herbeigeführt und mit der Anwendung der bösen Lehren der Haustelegraphieleitungen auf die Starkstromleitungen gründlich aufgeräumt.

Zum Schlusse muss noch erwähnt werden, dass die elektrischen Bahnen, sowohl in ihren Luftleitungen, als auch in der unterirdischen Anordnung der Leitungen zu ganz besonderen Entwicklungen des Leitungsbaues in allerneuester Zeit führten.

2. Eigenschaften des Leitermaterials und Wahl desselben.

Als Leiter für Starkstromanlagen kommen fast ausschliesslich Kupfer und einige seiner Legirungen in Verwendung. Das im Handel allgemein vorkommende Kupfer hat sehr verschiedene chemische Zusammensetzungen; so z. B. enthält jenes von Chili bei geringen Spuren von Wismuth und Antimon nennenswerthe Mengen von Arsenik und Eisen; die berühmte Marke Lake superior dagegen bei Spuren von Arsen Silber, während best selected, eine englische Waare, Silber, Arsen, Antimon, Wismuth und Eisen aufweist[1]). Diese Unterschiede drückten sich auch in den Eigenschaften des Drahtes zu jener Zeit aus, als man das erste submarine Kabel herstellen wollte und Sir W. Thomson die eingelaufenen Musterstücke untersuchte und zu seiner nicht geringen Ueberraschung fand, dass die elektrischen Leitfähigkeiten derselben Unterschiede bis zu 50 Procent aufwiesen. Das Bedürfniss nach Drähten guter Leitfähigkeit stammt aus jener Periode. Die Fabrikation derselben bestand bis zum Jahre 1866, wo Elkington das elektrolytische Läuterungsverfahren zum ersten Male versuchte, ausschliesslich in einer metallurgischen Behandlung des natürlichen Kupfers. Während ehemals die Eigenschaften des Produktes ganz und gar vom hüttenmännischen Verfahren abhingen, bietet heute die Elektrolyse ein Material von gleich-

[1]) Lazare Weiller et Henry Vivarez: Lignes et transmissions électriques.

mässiger Güte. Als Hauptbedingung für die Wahl des Leitermaterials tritt bei den Starkstromleitungen die elektrische Leitfähigkeit auf, in zweiter Linie folgen dann die mechanischen Eigenschaften, die absolute Festigkeit, die Elasticität und Geschmeidigkeit und das Gewicht. Weicher Kupferdraht, wie er zum grossen Theile zur Verwendung gelangt, hat eine absolute Festigkeit von nur 20—28 kg/mm², halbhartgezogener von 34—38,5 und hartgezogener von 38—42 kg/mm². Die Leitfähigkeit derselben kann dabei leicht bis 97 Procent des reinen Kupfers erreichen. In der Telegraphie versuchte man in der ersten Zeit ebenfalls Kupferdrähte, ersetzte sie jedoch bald wegen ihrer geringeren Festigkeit gegenüber den Eisendrähten durch letztere. Die geringe Leitfähigkeit der letzteren wollte man schon frühzeitig durch einen kupfernen Ueberzug verbessern. Die Grundidee, Drähte aus doppeltem Metall zu verwenden, das eine mit hoher Festigkeit, das andere mit hoher Leitfähigkeit, tauchte bereits frühzeitig auf. So nahm Rosenkrantz, New-York, 1859 ein Patent auf einen Kompounddraht, dessen innerer Kern aus Silber und dessen Schale aus Kupfer bestand. Man glaubte damals noch, dass Silber ein viel besserer Leiter sei als Kupfer. Inzwischen hat die Fabrikation des letzteren sich so verbessert, dass es das Silber bezüglich der Leitfähigkeit fast erreicht hat, wodurch sein Vorschlag allerdings ganz gegenstandslos geworden war. 1861 trat Parkes in Birmingham mit einem Draht hervor, welcher aus einem eisernen Stahl- oder Aluminiumbronzedraht gebildet und mit Kupfer umhüllt war. Seit jenen Tagen bis in die jüngste Zeit sind eine Reihe von solchen Versuchen ohne durchschlagenden Erfolg gemacht worden. So haben Felten & Guilleaume einen Doppelbronzedraht eingeführt, bei welchem das Innere aus Bronze hoher Bruchfestigkeit, der Mantel dagegen aus solcher mit hoher Leitfähigkeit besteht. Die Hoffnungen, die man auf die Kompounddrähte setzte, waren inzwischen durch die Erfindung von widerstandsfähigen Bronzedrähten stark gesunken. Man hatte die Erfahrung gemacht, dass die grosse Verschiedenheit in der Leitfähigkeit des Kupfers zum grossen Theil auf das Vorhandensein des nichtleitenden Kupferoxyduls zurückzuführen sei, welches sich beim Schmelzprocesse leicht bildete und in die Masse hineingelangte. Durch Beimengung von Reduktionsmitteln bemühte man sich, diese Bildung im Entstehungsmomente zu verhindern, wozu ein Zusatz von Phosphorkupfer genügte. Diese sogenannten Phosphorbronzen zeichneten sich durch hohe Festigkeit und Homogenität des Materials aus, und als im Jahre 1881 Montefiore-Lévy & Dr. Künzel auf der Pariser Weltausstellung Drähte aus diesem Materiale ausstellten, errangen sie einen vollen Erfolg.

Die Herstellung der ersten Telephonnetze, welche in diese Zeit fiel, geschah unter Verwendung dieses Materials. Trotzdem entstand bald darauf ein neues Produkt, welches das erstere in den Hintergrund schob. Die Desoxydation mit Phosphor konnte nur unvollkommen durchgeführt werden und durch die in der Masse verbleibenden Phosphorspuren selbst litt die Leitfähigkeit des Materials; ausserdem zeigte es sich, dass die absolute Festigkeit sehr verschieden ausfiel und leider nicht von vornherein ein für alle Mal anzugeben war. Die Furcht, dass dieser freie Phosphor sich mit der Zeit zu phosphorsaurem Kupfer verbinden könnte, was einen vollständigen Zerfall des Drahtes mit sich bringen musste, war nicht zu bannen. Und so war die Situation zur Aufnahme eines neuen Materials günstig geworden, als dieses sich in dem von L. Weiller erfundenen Siliciumbronzedraht einstellte. Derselbe besteht aus einer Legirung des Kupfers mit etwa 3 Procent Zinn. Im Anfange seines Auftretens enthielt er vielleicht auch Spuren von Silicium, das bei seiner Fabrikation angewendet wurde; die Hauptsache lag jedoch ausschliesslich in der vorzüglichen mechanischen Fabrikation des Materials und nicht, wie die geheimnissvolle Reklame vermuthen liess, in dem wunderthätigen Einflusse des Siliciums.

Bei den Kupferbronzedrähten waren die vorerwähnten Nachtheile der Phosphordrähte vermieden und man konnte den Anforderungen genügen, welche je nach Erforderniss für bestimmte Verwendung an die Festigkeit und Leitfähigkeit des Materials gestellt werden müssen, weil es in einer ganzen Reihe von Zusammensetzungen hergestellt werden konnte[1]).

So erhält man Drähte von

44—46 kg/mm²	Festigkeit	bei	97—99 %	Leitfähigkeit	
55—58 „	„	„	80—84 „	„	und
80—86 „	„	„	42—44 „	„	

Trotz dieser ausgezeichneten Eigenschaften der Kupferbronzedrähte werden dieselben nur verhältnissmässig wenig in der Starkstromtechnik verwendet, weil die daselbst nothwendigen grösseren Stärken der Drähte meist einen weicheren, leichter zu spannenden und zu behandelnden Draht begünstigen.

Wenn es auch im Allgemeinen richtig ist, dass demjenigen Material der Vorzug gebührt, welches bei den geringsten Kosten die höchste Leitfähigkeit, die grösste Festigkeit und das geringste Gewicht besitzt, und dies für die Wahl des harten Elektrolytkupfers sprechen würde, so hat doch die Erfahrung, die der maassgebendste Faktor bei der Entscheidung ist, aus dem oben auseinandergesetzten Grunde für die Beleuchtungs- und Kraftübertragungsanlagen in der Regel zu Gunsten des

---

[1]) J. B. Grief: Anleitung zur Errichtung und Instandhaltung oberirdischer Telegraphen- und Telephon-Linien.

weichen oder halbharten Elektrolytkupfers als des zweckmässigten Materials entschieden. In besonderen Fällen, wo das Kupfer durch äussere Einflüsse chemisch angegriffen würde, ist man gezwungen, verzinkten Eisendraht anzuwenden, doch zieht man in neuerer Zeit in solchen Fällen vielfach auch verbleite, d. h. mit Blei unmittelbar umpresste Kupferdrähte vor.

8. Die Form des Leiterquerschnittes und das Gewicht des Leiters.

Die gebräuchliche Form des Leiterquerschnittes ist in allen Fällen des Leitungsbaues die kreisförmige, weil sie sowohl während der Fabrikation, als während der Verlegung die einfachste Manipulation erfordert. Bei blanken Luftleitungen wird bis zu einem Durchmesser von 8 mm, in Ausnahmefällen darüber, ein einziger massiver Draht verwendet. Die Schwierigkeit des Geradestreckens und die dadurch hervorgerufene Beanspruchung der Tragkonstruktion, namentlich während der Montage, sind dabei schon bedeutende, und man hat dementsprechend die Erfahrung gemacht, dass die Montage von zwei 7 mm starken Drähten billiger kommt, als jene eines 9 mm-Drahtes. Bei isolirten Leitern geht man nicht gern über 6 mm mit dem vollen Querschnitte, ja es empfiehlt sich, noch weit unter dieser Grenze zu bleiben. Es ist jedoch nicht nur die zu geringe Geschmeidigkeit, welche zu einem neuen Behelf zwingt; auch die geringen Längen, in welchen die Werke Drähte mit grösserem Querschnitte liefern könnten, drängen hierzu. Man verarbeitet normal Barren bis zu ca. 60—70 kg, so dass bei Verwendung von massiven Stangen eine Unzahl von Verbindungen in die Leitungen kämen, was die Sicherheit derselben schwächen würde. Hierin hat die Praxis des Baues oberirdischer Bahnlinien insofern Wandel geschaffen, als der in der Regel 8—9 mm dicke Arbeitsdraht derselben (Trolleydraht) elektrisch geschweisst und in Rollen von 200 kg Gewicht geliefert wird. Bildet man dagegen aus dünnen Drähten ein Seil, so kann die Fabrikationslänge je nach der Wahl des Drahtes verschieden ausfallen. Bei derselben wird man sich in der Grösse von dem Gesichtspunkte leiten lassen, dass die Trommel, auf welche der Litzenleiter, der in der Regel schlechtweg Kabel genannt wird, aufgewickelt werden soll, nicht zu unhandlich gross ausfällt. Die Anzahl der Drähte eines einfachen Litzenleiters, Fig. 55, erhält man, wenn man successive einen Mitteldraht von gleich grossen Drähten sich umgeben denkt. Die erste Lage wird 6 solcher Drähte enthalten, denn der Umfang des Kreises, welcher durch die Mittelpunkte dieser Lage geht, ist $(2\,d)\,\pi = 6{,}28\,d$, der äussere Durchmesser dieses 7 fachen Kabels würde 3 d betragen. Fügt man noch eine Lage dazu, so liegen die Mittelpunkte dieser zweiten Lage auf dem Umfange $(4\,d)\,\pi = 12{,}56\,d$, wodurch es möglich ist, 12 Drähte hinzuzufügen, um zu einem 19 fachen Kabel mit dem äusseren Durchmesser von 5 d zu gelangen. Die nächste Lage führt zu 37 drähtigen, in analoger Weise von da zu 61 und 91 fachen Kabeln. Allgemeiner ausgedrückt, besteht ein solcher einfacher Litzenleiter mit einem Mitteldraht und n Lagen darüber aus:

$$3\,n\,(n+1)+1 \text{ Drähten.}$$

Der äussere Durchmesser desselben ist durch $(2n+1)d$ gegeben. Der erste Draht nimmt die Achse des Kabels ein, er ist ganz gerade. Die folgende Zone ist tordirt von links nach rechts, die darauffolgende von rechts nach links u. s. w. Man geht nicht gerne über 91fache Kabel heraus, weil die stärkeren keinen genügenden Zusammenhalt zeigen, sondern wählt dann lieber Kabel mit mehreren Litzenleitern, wie

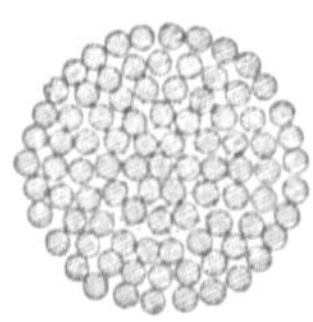

Fig. 55.

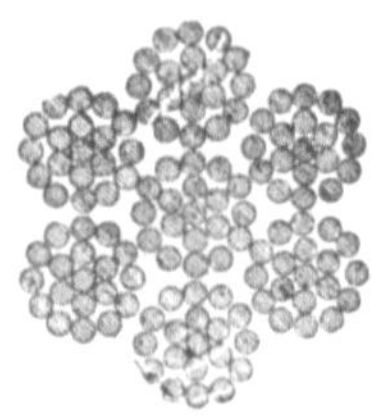

Fig. 56.

Fig. 57.

Fig. 56 ersichtlich macht. Die Torsionsrichtung der äusseren Kabellage ist entgegengesetzt jener der äussersten Lagen der Drähte eines einzelnen Kabels. Man greift zu dem Mehrlitzenkabel öfters nur mit Rücksicht auf den Fabrikanten, der sich mit einer Seilmaschine von geringer Bobinenzahl dabei behelfen kann; z. B. braucht ein 37 faches Kabel eine Maschine mit 18 Bobinen, während ein 49faches Kabel, bestehend aus 7 Litzen von je 7 Drähten, mit einer solchen von 7 Bobinen herzustellen wäre.

Ausser den beschriebenen Mehrlitzenleitern lässt sich noch ein Kabel dadurch herstellen, dass man aus solchen Mehrlitzenleitern wieder neuerdings ein Seil dreht; Figur 57 bringt ein solches Taukabel aus $7 \times 7 \times 7 = 343$ Drähten. Bei sehr biegsamen Leitern aus feinen Drähten z. B. den biegsamen Schnüren zu transportablen Lampen, macht man hiervon ausgiebigen Gebrauch.

Damit sind jedoch die Bildungsweisen von Kabeln durchaus nicht erschöpft, man findet häufig Zwischenformen, wie etwa statt eines centralen geraden Drahtes deren 3 und darauf einfache Lagen etc. Die Oberfläche der mehrlitzigen und der Taukabel weicht von der Kreislinie bedeutend ab, wodurch ihre Anwendung für isolirte Leiter erschwert wird, da sich das Isolationsmaterial leicht ungleichmässig, faltig, auflegt. Diesem Uebelstande kann man durch besondere Querschnittsformen begegnen, wodurch Kabel aus Form- oder Façondrähten sich ergeben, deren Oberfläche völlig glatt ist[1]).

Das Gewicht von Rundkupfer in Gramm per Meter oder in Kilogramm per Kilometer bei dem specifischen Gewichte von 8,91 beträgt

$$8{,}91\,f = 8{,}91\left(d^2\frac{\pi}{4}\right) \cong 7\,d^2,$$

wobei d den Durchmesser in mm, f den Querschnitt in mm^2 bedeutet.

Um das Gewicht der Kabel zu berechnen, denke man sich die einzelnen Fäden aufgerollt[2]). Die Länge des verseilten Drahtes wird umso grösser im Vergleich zur Kabellänge ausfallen, je mehr Umgänge pro Meter gemacht werden. Rechnet man, wie gewöhnlich üblich, 7 Drall per Meter, so beträgt erfahrungsgemäss bei den 7-, 19- und 37fachen Drähten die Eindrehung bei

Drähten von 1 mm Stärke $^1/_2$ Proc.,
- - 1,2—1,8 mm Stärke 1 Proc.,
- - 2—3 mm Stärke $1^1/_2$ Proc. der Länge.

Kabel aus 49fachen Drähten haben, da sie aus 7×7 Drähten angefertigt werden, annähernd den doppelten Längenverlust. Natürlich liegt es in der Hand des Fabrikanten, diese Ziffern je nach Bedarf zu verändern, indem er die Anzahl der Umgänge pro Meter variirt. Nimmt man dagegen ein konstantes Verhältniss zwischen Schraubenhöhe und Umfang an, so erhält man andere Werthe. Nach L. Weiller & Vivarez: Lignes et transmissions électriques, wird dieses Verhältniss mit 9 gewählt. Die Länge L eines Dralls ergäbe sich darnach für den einfachen Litzenleiter um ca. 5 Procent grösser als die gerade Länge, für die mehrfachen Litzenleiter demnach um ca. 10 Procent und das Taukabel um 16 Procent.

4. Elektrischer Widerstand des Leiters.

Der elektrische Widerstand des Leiters bestimmt sich in Ohm aus der Beziehung $r = \frac{L}{k \cdot f}$, wobei L die Länge in Meter, f den Querschnitt in mm^2 und k die Leitfähigkeit oder 1/k den specifischen Widerstand des Leitermaterials bedeuten. Für den Widerstand eines verseilten Leiters gilt unter der Annahme, dass der Strom nur längs der Drähte läuft und

[1]) Näheres Elektr. Zschr. 1897, S. 141, 142.

[2]) Näheres in Dr. Dehm's Theorie der Verseilung, Elektr. Zschr. 1888, S. 208.

die Nebenwege von Oberfläche zu Oberfläche der sich berührenden Drähte vernachlässigt werden, ein analoges Verhältniss zum massiven Draht wie beim Gewicht. Der Widerstand kupferner Leitungen nimmt mit steigender Temperatur zu. Ist derselbe für eine Temperatur t_0 bekannt und $= r_0$, so beträgt er bei einer anderen Temperatur t: $r_t = r_0 [1 + \alpha (t - t_0)]$. α heisst der Temperaturkoefficient. Während bis vor wenigen Jahren in Bezug auf die Bezeichnung und die Einheiten der Leitfähigkeit vollkommene Willkür herrschte, hat neuerdings der Verband Deutscher Elektrotechniker auf Anregung Teichmüllers[1]) Kupfernormalien festgesetzt.

5. Die Kupfernormalien des Verbandes Deutscher Elektrotechniker,

angenommen von der 4. Jahresversammlung am 18. Juni 1896, sind in folgenden Bestimmungen niedergelegt:

§. 1. Der specifische Widerstand des Leitungskupfers wird durch den in Ohm (= 1,063 Siemenseinheiten) ausgedrückten Widerstand eines Stückes von 1 m Länge und 1 mm Durchmesser bei 15 Grad C. angegeben.

§. 2. Als Leitfähigkeit des Kupfers gilt der reciproke Werth des durch §. 1 festgesetzten specifischen Widerstandes.

§. 3. Kupfer, dessen specifischer Widerstand grösser ist als 0,0170, oder dessen Leitfähigkeit kleiner ist als 57, ist als Leitungskupfer nicht annehmbar.

§. 4. Als Normalkupfer von 100 Procent Leitfähigkeit gilt ein Kupfer, dessen Leitfähigkeit 60 beträgt.

§. 5. Zur Umrechnung des specifischen Widerstandes oder der Leitfähigkeit von anderen Temperaturen auf 15 Grad C. ist in allen Fällen, wo der Temperaturkoefficient nicht besonders bestimmt wird, ein solcher von 0,4 Procent für 1 Grad C. anzunehmen.

A. Freiluftleitungen.

6. Durchhang und mechanische Spannung des Leiters.

Spannt man den elektrischen Leiter in der üblichen Weise zwischen zwei an entsprechenden Tragekonstruktionen angeordneten Isolatoren, so ist er der Einwirkung äusserer und innerer Kräfte unterworfen. Die äusseren Kräfte werden durch das Eigengewicht des Leiters, durch Winddruck, Schnee und sonstige Belastungen hervorgerufen; die inneren

[1]) Vergl. den lehrreichen Aufsatz Teichmüllers, Elektr. Zschr. 1894, S. 177 und 314.

Kräfte entsprechen der mechanischen Spannung, mit welcher der Leiter seine Unterstützungspunkte beansprucht.

Um den Zusammenhang zwischen Durchhang und Beanspruchung der Stützstellen zu finden, denken wir uns zunächst den vollkommenen biegsamen und unelastischen Leiter an zwei in horizontaler Linie liegenden Stützpunkten A und B (Fig. 58) befestigt. Der Leiter wird dann unter dem Einflusse der im Gleichgewicht befindlichen inneren und äusseren Kräfte etwa die Form einer Kettenlinie annehmen, deren Spannweite die Sehne A B = 2 a, deren Pfeilhöhe der Durchhang f ist. Da der Querschnitt q des Leiters klein ist gegen seine Länge L, so kann man sich denselben in parallele Einzelfasern von 1 mm^2 Querschnitt zerlegt denken und diese den Betrachtungen unterwerfen. Das Gewicht

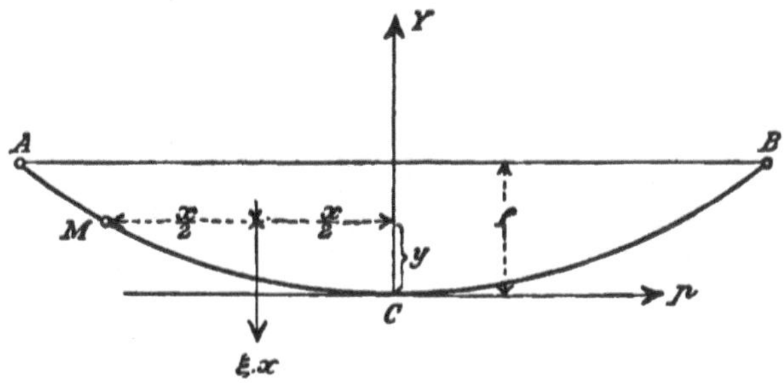

Fig. 58.

des laufenden Meters einer solchen Einzelfaser von 1 mm^2 Querschnitt sei ξ, ihre specifische Zugspannung sei p, dann wird das Gewicht des Drahtes pro Meter $g = \xi f$ sein. Da nun die Pfeilhöhe im Vergleiche zur Spannweite in den meisten Fällen der Praxis gering, selten über 2 % ist, so kann man für den flachen Bogen näherungsweise annehmen, dass das Gewicht längs der Sehne statt längs des Bogens gleichmässig vertheilt sei; dann ergiebt sich statt der Kettenlinie eine Parabel und die Gleichung der Kräftemomente ergiebt:

$$p \cdot f = (\xi \cdot a) \frac{a}{8} = \xi \frac{a^2}{8}$$

und für die Länge des Bogens:

$$L = a + \frac{2}{3} \frac{f^2}{a} \cdot$$

Die Veränderung von Pfeilhöhe und specifischer Spannung tritt nicht nur beim Aufspannen der Leitungen, sondern auch durch Temperaturvariationen von selbst ein: der Leiter wird bei einer Abnahme der Temperatur kürzer und erfährt bei der niedrigsten in Betracht kommenden Temperatur die grösste mechanische Inanspruchnahme, welche die zulässige keinesfalls überschreiten darf.

Die letztere wird in der Regel als ein Bruchtheil derjenigen angenommen, bei welcher ein Zerreissen eintritt. Je kleiner dieser Bruchtheil gewählt wird, desto grössere Sicherheit liegt in den Annahmen. Der Sicherheitskoefficient schwankt zwischen $^1/_3$—$^1/_6$ und wird bestimmt durch die Elasticitätsgrenze. Bei sehr elastischem, festem Material reicht die zulässige Belastung bis zu $^1/_3$ der absoluten Festigkeit, bei zähem, weichem Material nur bis zu $^1/_6$. Die Berechnung des Temperatureinflusses ist um so wichtiger, als andere Rücksichten es wünschenswerth erscheinen lassen, den Durchhang so klein als möglich zu halten; es können dann nämlich die Leitungen näher zu einander gesetzt werden, ohne dass eine Verschlingung derselben untereinaneer befürchtet werden muss.

Wärmeausdehnung des Leiters: Die Ausdehnung des Leiters pro 1° C. und 1 Meter Länge, die specifische Wärmedehnung, sei mit β bezeichnet. Ein Leiter von der Länge L wird bei einer Temperaturänderung Δ t eine Längenänderung Δ L erfahren und die neue Länge wird

$$L + \Delta L = L(1 + \beta \Delta t).$$

Bisher wurde der Leiter als vollkommen unelastisch angenommen. Nun soll der Einfluss der Elasticität ebenfalls in Betracht gezogen werden. Die Ausdehnung eines Meter Drahtes von 1 mm² Querschnitt in Folge einer Zugbelastung von 1 kg sei mit λ bezeichnet. Da der Elasticitätsmodul E die ideelle Belastung bis zur Ausdehnung gleich der ursprünglichen Drahtlänge bedeutet, so dehnt 1 kg einen Meter um den Betrag 1/E aus, was wir als λ, die specifische Zugdehnung, bezeichnen. Demnach wird ein Draht von der Länge L Meter in Folge der elastischen Dehnung ganz ähnlich dem Einflusse der Temperatur eine neue Länge

$$L' = L(1 + \lambda . \Delta p)$$

erhalten. Unter der gleichzeitigen Wirkung von Temperatur und Elasticität erhält man somit als thatsächliche Länge bei der Temperatur t

$$L_t = L(1 + \beta . \Delta t + \lambda . \Delta p).$$

Geht man von der angenommenen niedrigsten Temperatur, z. B. von — 20° C. aus und zählt die Temperatur von diesem Punkte aus als Nullpunkt; bezeichnet man die Zugspannung bei derselben mit p_0, diejenige bei einer anderen Temperatur mit p_t, die entsprechende Länge mit L_0 und L_t, so erhält man

$$L_t = L_0 [1 + \beta t + \lambda (p_t - p_0)] = a + \frac{a^3 \xi^2}{24 p^2}.$$

Nach einiger Rechnung, wobei $\frac{L}{a} \cong 1$ gesetzt wird, ergeben sich dann die Gleichungen

$$t = \frac{a^2 \xi^2}{24 \beta} \left(\frac{1}{p_t^2} - \frac{1}{p_0^2} \right) - \frac{\lambda}{\beta} (p_t - p_0)$$

und

$$t = \frac{1}{\beta}\left[\left(\frac{8}{3}\cdot\frac{f_t}{a^2} - \frac{\lambda\xi}{8}\cdot\frac{a^2}{f_t}\right) - \left(\frac{a^2\xi}{24}\cdot\frac{1}{p_0^2} - \lambda\, p_0\right)\right],$$

welche den Zusammenhang zwischen der Temperatur t (über -20^0 als Nullpunkt), den specifischen Zugspannungen, den specifischen Dehnungen für Wärme und Elasticität und den Werthen von Spannweite und Durchhang ergeben. Aus diesen Gleichungen lässt sich für jede Spannweite und

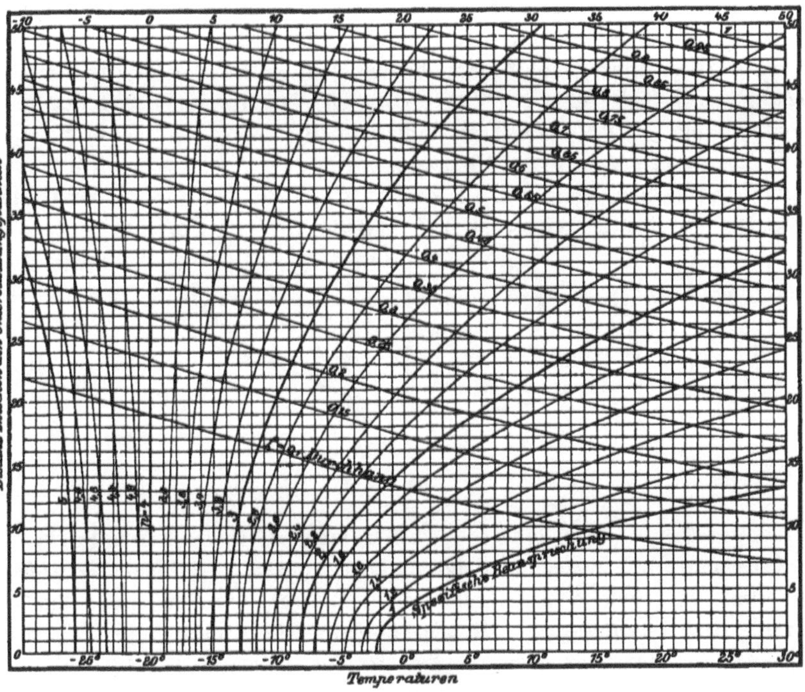

Fig. 59.

Temperatur t (über -20^0 C.) der Durchhang f_t berechnen, sobald die grösste zulässige Beanspruchung p_0 (für -20^0 C.) des Materials gegeben ist.

Diese zulässige Beanspruchung p_0 hängt zwar ausser von der Materialbeschaffenheit auch in geringem Grade vom Durchmesser des Drahtes ab; doch kann sie bei Annahme einer etwa 6fachen Sicherheit für die praktisch in Betracht kommenden Stärken des weichen Elektrolytkupfers durchweg mit 4 kg für den mm^2 eingesetzt werden. Weiters kann man folgende Zahlenwerthe einsetzen:

$\xi = 0{,}0089$ Gewicht von 1 m weichen Kupferdrahtes von 1 mm^2 Querschnitt in kg,

$\lambda = 0{,}0001$ spec. Dehnung pro 1 kg Zugspannung,
$\beta = 0{,}000017$ spec. Dehnung pro 1^0 C,
$p_0 = 4$ kg pro mm^2, zulässige spec. Spannung bei -20^0 C.,
p_t = spec. Spannung bei t^0 C. (gezählt von -20^0 C. an),

wodurch sich der Zusammenhang der in Fig. 59 dargestellten Beziehungen zwischen Temperatur und specifischer Spannung für verschiedene Spannweiten einerseits und zwischen Temperatur und Durchhang für verschiedene Spannweiten andererseits ergiebt.

Will man aus dieser Figur z. B. den Durchhang ermitteln, welchen man bei 40 m Spannweite und bei einer Temperatur von -12^0 einem Drahte geben muss, damit derselbe bei -20^0 C. mit 4 kg pro mm^2 belastet sei, so geht man auf der vertikalen Axe bis 40 m, auf der horizontalen bis -12^0; man trifft dann auf die Kurve des Durchhanges von 0,5 m; die specifische Spannung liegt dabei, wie aus der Parabelschaar ersichtlich, nahe bei 3,6 kg pro mm^2. Bei $+30^0$ wäre der Durchhang dieses Drahtes zwischen 0,75 und 0,8 m (= 2 Procent).

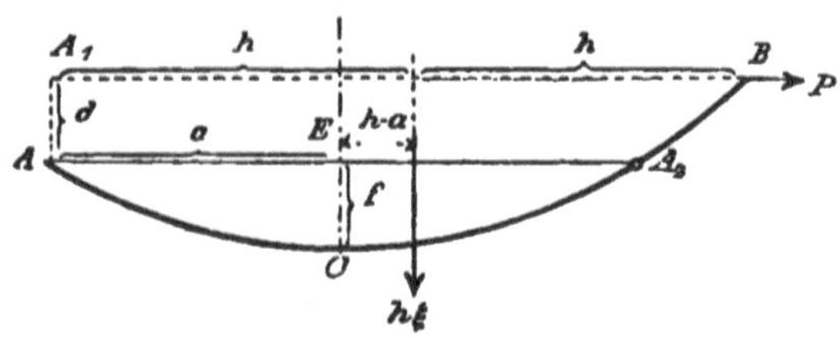

Fig. 60.

Bei **ungleicher Höhe** der Stützpunkte liegt der tiefste Punkt des Bogens um so näher dem niedrigeren Stützpunkte, je grösser die Höhendifferenz zwischen den letzteren ist. Beträgt dieselbe mehr als die Grösse des Durchhanges, so bildet natürlich der tiefer liegende Stützpunkt selbst den tiefsten Punkt des Drahtes, während der Minimalpunkt der verlängerten Kurve ausserhalb der Stützweite fällt. Bezeichnet Fig. 60 $A_1 B = 2h$ die letztere, $AA_1 = d$ den Höhenunterschied der Befestigungsstellen, so ergiebt sich die gesuchte Distanz AA_2 aus der Momentengleichung der Kräfte in Bezug auf den Punkt E:

$$Pd = \xi \,.\, h\,(h - a),$$

woraus

$$a = h - \frac{p \,.\, d}{h \,.\, \xi}.$$

Den Durchhang kann man nun vermittelst des Werthes 2a berechnen, weil der Punkt A und der ideelle Stützpunkt A_2 sich in gleicher Höhe befinden.

7. Einfluss des Winddruckes.

Ausser der vertikalen Gewichtskomponente G wirkt eventuell noch eine als horizontal anzunehmende Windkomponente W, die sich zu der Resultirenden R zusammensetzen. Die Folge dieser Kräfte werden Drahtschwingungen von bedeutender Ausladung sein. Der Winddruck hängt von der Geschwindigkeit des Windes ab und beträgt bei starkem Sturme 100—110 kg pro m², bei heftigem Orkan 230—270 kg pro m². Nach der kgl. preuss. Akademie des Bauwesens genügt es für deutsche meteorologische Verhältnisse, der Berechnung der Standfestigkeit hoher Bauwerke 125 kg pro m² zu Grunde zu legen. Nach dem Erlass des

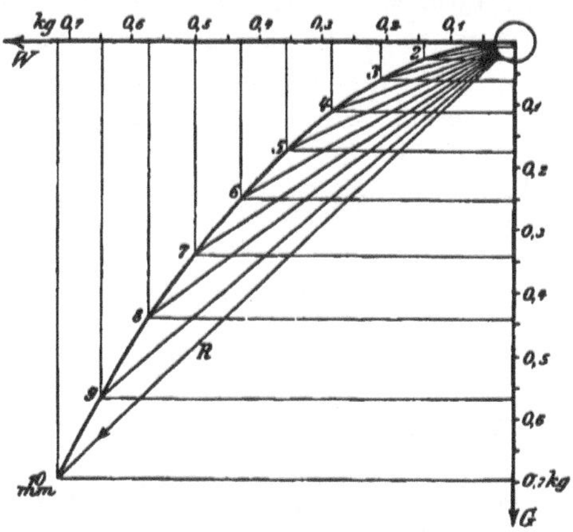

Fig. 61.

Ministeriums der öffentlichen Arbeiten ist dieser Werth das Minimum. Der Board of Trade schreibt 243,5 kg vor, während Preece 91,4 kg für englische Verhältnisse genügend fand. Rechnet man 120 kg und setzt für die cylindrische Oberfläche des Drahtes 0,6 ihrer Projektion in horizontaler Richtung, so erhält man für den Winddruck

$$W = 0{,}6 \,.\, 0{,}12\, d = 0{,}072\, d,$$

wobei W in Kilogramm, der Drahtdurchmesser d in Millimeter ausgedrückt ist und der Druck sich auf einen Meter Länge des Drahtes bezieht.

Die in Fig. 61 dargestellten Werthe geben die Zusammenstellung für Kupferdrähte. Die Windkomponente kann bei den ganz dünnen Drähten bis zu 10 Mal grösser als die Gewichtskomponente werden. Diese bedeutende Empfindlichkeit der dünnen Drähte lässt es für geboten erscheinen, weiche Kupferdrähte unter etwa 3 mm für Freileitungen nicht zu verwenden.

8. Belastung durch Schnee und Eis.

Die Mehrbelastung durch eine Schnee- und Eisschicht wächst mit dem Durchmesser des Drahtes, während das Gewicht des Drahtes mit dem Quadrate desselben zunimmt, wobei sich, gleichwie bei der Windbelastung, der dünne Draht im Nachtheil befindet. Bei extremen Witterungsverhältnissen und an exponirten Orten kann diese Schicht ganz enorm werden. So soll im Winter 1879 in der Umgebung von Paris ein 4 mm Eisendraht durch Eisbelegung auf einen Durchmesser von 38 mm gewachsen sein. Die Belastung durch Schnee und Eis kann um so gefährlicher werden, als durch sie die dem Winddrucke gebotene Fläche wesentlich vergrössert wird. Unter solchen Witterungsverhältnissen stürzen aber auch selbst die Zweige der Bäume zusammen.

Eine zahlenmässige Verfolgung dieser Umstände ist ausgeschlossen, man begnügt sich, ihnen durch die Wahl hoher Sicherheitskoefficienten Rechnung zu tragen. Während man bei eisernen Telegraphendrähten mit 4facher Sicherheit sich begnügt, wird beim Kupfer auf die 6fache gegriffen.

9. Verseilte Leitungen.

Hat man stärkere Querschnitte zu verlegen, so empfiehlt es sich, Kupferseile zu verwenden. Die elastische Ausdehnung in Folge der Verseilung würde das Angeführte über den Durchhang massiver Drähte nur ein wenig ändern. Hat man mit solchen Kupferseilen grössere Spannweiten zu bewältigen, so hängt man sie öfters an einen Stahltragdraht oder -Seil vermittelst Hängestücken auf. Die erste Anwendung dieses Mittels rührt von Wheatstone her, der 1860 in London, seinem Patente entsprechend, Telegraphenleitungen von Hausdach zu Hausdach führte. Man kann den Tragdraht elektrisch vom Gestänge isoliren und ihn dann zur Leitung des Stromes mit verwenden; doch werden in manchen Fällen gegen diese isolirte Befestigung des Tragdrahtes Einwände erhoben. Bei Verwendung hoher elektrischer Spannungen bringt eine Ableitung des Tragdrahtes zur Erde nämlich den Vortheil mit sich, dass eine Berührung mit demselben ungefährlich ist und dass er einen Schutz gegen Blitzschläge bildet, wie später noch näher erörtert werden wird.

10. Isolirglocken.

Die oberirdische Leitung muss in gewissen Distanzen durch Stützpunkte aufgenommen werden, welche aus einer isolirenden Substanz zu bestehen haben, um eine wesentliche Ableitung des Stromes zu verhindern. Im Anfang wand man den Draht um Glasknöpfe, die man an der Stange befestigte, oder man führte ihn durch isolirende Hülsen aus Thon oder Porzellan, jedoch ergab die Erfahrung, dass die Feuchtigkeitsschichten, mit welchen sich die Oberflächen des Isolationsmaterials überziehen, zu bedeutenden Stromnebenschliessungen führten. Es ging daraus hervor, dass nicht nur das Material, sondern auch die Form des isolirenden Stückes in Betracht gezogen werden musste. Als solche wurde die Form der Glocke gefunden, weil die innere Höhlung derselben vor den Witterungseinflüssen mehr oder weniger schützt und auf diese Weise der Leitungsweg vom Draht zur Stütze der Glocke durch eine trockene Strecke geschützt wird. Nebenstehende Figur 62 giebt den Schnitt einer solchen einfachen Glocke und eine Abwicklung ihrer drei Oberflächentheile. Die einfache Glocke, welche für Beleuchtungsleitungen niedriger Spannung etwa bis zu 200—300 Volt benutzt wird (selbst bei 1000 Volt

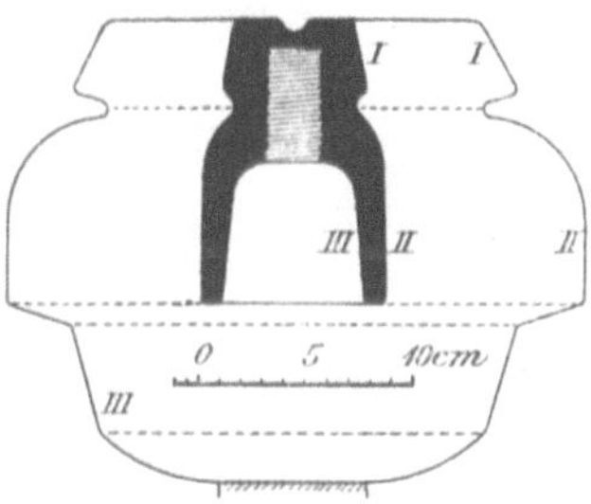

Fig. 62.

Fig. 63.

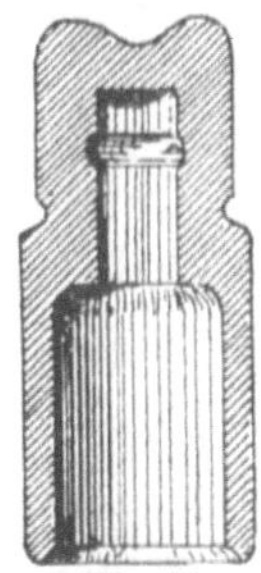
Fig. 64.

Wechselstrom zeigten sich absolut keine Anstände), hat sich in der Telegraphie frühzeitig als nicht genügend gezeigt. Den ersten Schritt zur Verbesserung derselben hat 1857 Borggreve in der in Figur 63 ersichtlichen Form gemacht, die sich durch grösseren mechanischen und elektrischen Widerstand auszeichnete, aber in Folge eines Nebenumstandes gänzlich unbefriedigende Resultate ergab. Es war nämlich die innere Höhlung zur Aufnahme der Stütze viereckig konstruirt, wodurch ungleiche Spannungen in der Masse und häufiger Bruch auftraten. Auch bot die flache untere Höhlung des Isolators den Luftströmungen zu leichten Eintritt. Im selben Jahre (1857) wurde in Folge dessen vom preussischen Handelsministerium eine gelehrte Kommission eingesetzt, welche nach vielfachen Berathungen den in Figur 64 abgebildeten sogenannten „Kommissionskopf“ empfahl. Derselbe zeichnete sich durch bedeutende Länge und geringen Querschnitt aus, wodurch auch die innere Höhle sehr eng und tief wurde. Man wollte offenbar zunächst den Widerstand der feuchten Schicht dadurch erhöhen, dass man dieselbe länger und schmäler gestaltete, und ferner durch den tiefen inneren Raum eine ruhende Luftschicht sichern. Diese Isolatoren bestanden aus weissem Glase, welches unter dem Einflusse direkter Sonnenstrahlen durch die brennglasartige Wirkung im Innern starke Erwärmungen zeigte. Die hieraus entstehenden mannigfachen Uebelstände wurden erst durch die kurz darauf von Chauvin eingeführte Doppelglocke aus Porzellan, Fig. 65, völlig vermieden. Bei derselben ist über den inneren cylindrischen Theil des Isolators eine zweite, ihn ganz bedeckende Glocke gesetzt, welche eine Wärmeausstrahlung des inneren Theils verhindert und dadurch ein Bethauen erschwert. Aus ihrer Anordnung und dem Umstande, dass die Flüssigkeitsschicht keine zusammenhängende werden kann, ergiebt sich der grosse Vortheil dieser Glocken gegenüber den einfachen[1]). Diese grossen Vorzüge hatten die Frage der Isolatorenkonstruk-

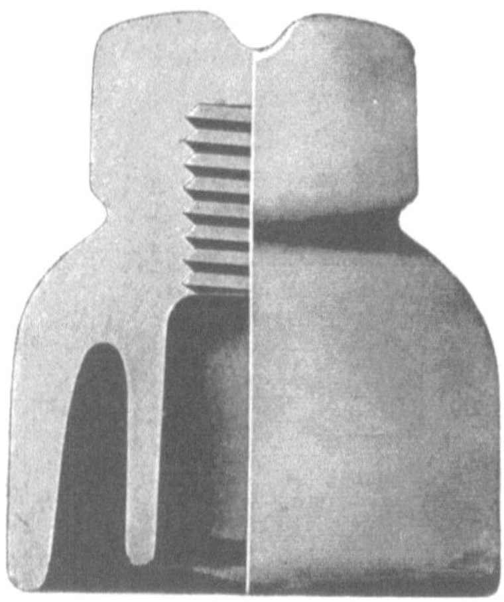

Fig. 65.

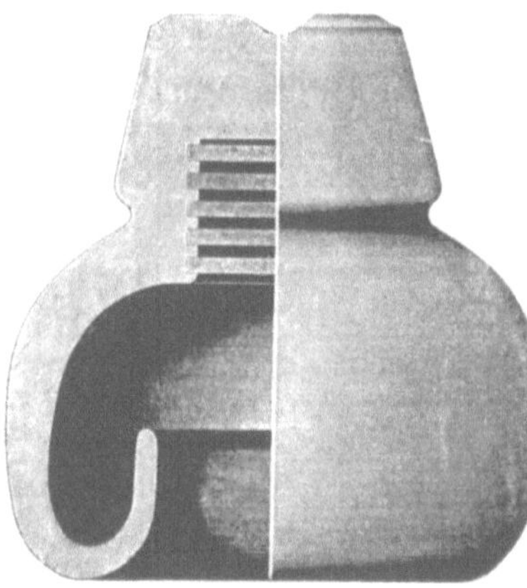

Fig. 66.

tion auf eine Reihe von Jahren zum vollständigen Abschluss gebracht. Bis 3000 Volt Spannung sind die gewöhnlichen Doppelglocken mit einer Höhe von 75—110 mm mit Erfolg in Verwendung gelangt. Bei Spannungen über 3000 Volt tauchte wieder die Frage weiterer Verbesserungen in der Starkstromtechnik auf, während sie für Telegraphenlinien längs Meeresküsten etc. schon viel früher rege wurde.

Im Jahre 1869 nahmen Lenoir und Prudhomme ein Patent auf die Verwendung von Oel für Isolirglocken. Bekannter wurden diese Flüssigkeitisolatoren durch Johnson und Phillips, welche 1876 auf eine Reihe von Formen Patent nahmen. Der untere Rand eines einfachen Glockenisolators wird nach Innen aufgebogen, so dass er einen ringförmigen

[1]) Ausführlicheres findet sich in Ludewig, Bau von Telegraphenlinien 1870: Zetzsche, Handbuch d. Telegraphie, III. Th.; Rother, Leitungsbau.

Hohlraum zur Aufnahme des Oels bildet, Fig. 66. Die isolirende Oberfläche des Isolators besteht also zum Theil aus der Oberfläche dieser Oelschicht, welche bei feuchtem Wetter namentlich den maassgebenden Theil der Isolation geben soll. Ebenso lässt sich die Doppelglocke hierzu verwenden, Fig. 67. Um zur Flüssigkeit leichter zu gelangen, kann der untere Flüssigkeitsbehälter gesenkt werden. Dieser letztere Isolator ist z. B. bei der 30 km langen, durch Ganz & Co. ausgeführten Leitungsanlage von Tivoli nach Rom verwendet, welche mit einer Spannung von ca. 5000 Volt seit 1891 funktionirt. Die erste Johnson-Anlage war die Kanallinie von Paddinton nach Uxbridge. Preece sagte über dieselbe, dass die drei Feinde der oberirdischen Leitungen, nämlich Regen, Wind und Insekten, ihr nicht minder zusetzten, als den ge-

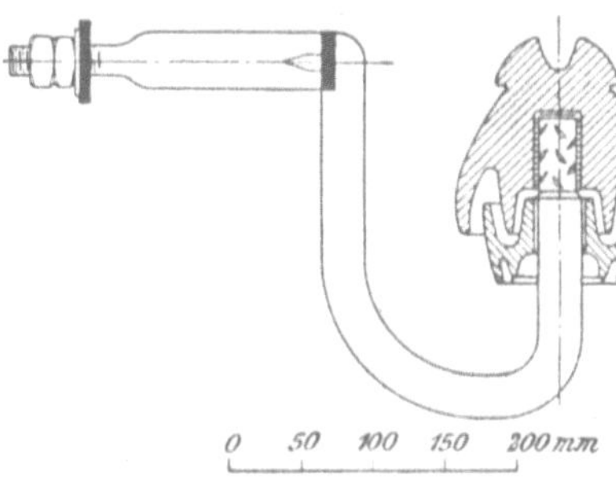

Fig. 67.

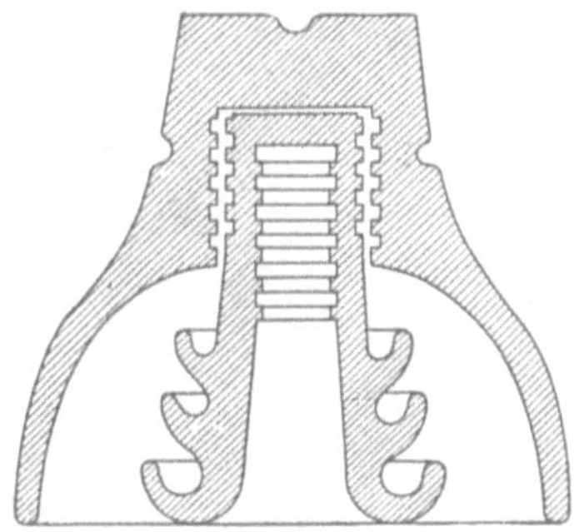

Fig. 68.

wöhnlichen Leitungen ohne Oel. Der Regen schlug sich in Perlen auf die Oelflüssigkeit, sank unter und nach einiger Zeit fand man statt des Oels nur Wasser. Dem wurde bald abgeholfen, indem man statt der leichten Oelsorte eine dickflüssige, schwerere wählte. Der Wind blies das leichte Oel heraus, man hatte also durch die Abhülfe für den ersten den zweiten Uebelstand gleichzeitig auch behoben. Die Spinnen scheinen durch das Oel angelockt zu werden, sie bilden durch ihre Fäden eine Brücke vom Glockenrand zur Isolatorstütze und machen hierdurch die Oelschichte unwirksam.

Eine interessante Anwendung fanden diese Isolatoren im Jahre 1891 bei Ausführung der grossen Kraftübertragung Lauffen-Frankfurt durch die Allgemeine Elektricitätsgesellschaft in Berlin. Grosse Glocken, von einem äusseren Durchmesser von 200 mm mit mehreren Schalen, die übereinander angeordnet waren, Fig. 68, von Schomburg & Söhne, Berlin, sollten den Anforderungen der Spannung bis 30 000 Volt genügen. Die seinerzeitigen Versuche und Resultate erlaubten jedoch kein abschliessendes Urtheil über den Werth der Flüssigkeitisolatoren. Die grossen, von der E.-A.-G. Helios am Kaiser-Wilhelm-Kanal angebrachten dreifachen

Glockenisolatoren ohne Oel bei 7500 Volt haben sich gut bewährt, trotzdem sie unter der hohen Spannung der Salzluft und hoher Kälte zu widerstehen haben. Solche dreifache Hochstromglocken aus Hartfeuerporzellan werden für höhere Spannungen nun allgemeiner verwendet. Figur 69 veranschaulicht die von der Porzellanfabrik Hermsdorf erzeugten Glocken, die bei einer Höhe von 130 und einem Manteldurchmesser von 110 mm bis zu Betriebsspannungen von 10 000 Volt ausreichen.

In Amerika werden die Isolatoren meistens aus Glas hergestellt und auf hölzerne Bolzen aufgesetzt. Die Westinghouse Co. hat im Jahre 1893 ihre 10 000voltige Fernleitung (47,5 Kilometer) bei Pomona in Californien mit Glasisolatoren ohne Oel ausgeführt. Der äussere

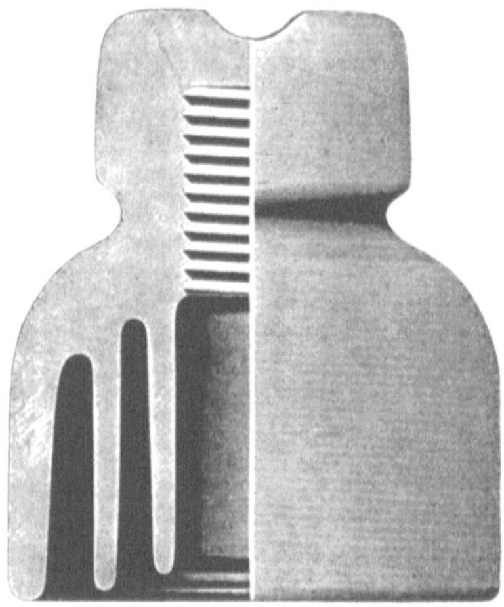

Fig. 69.

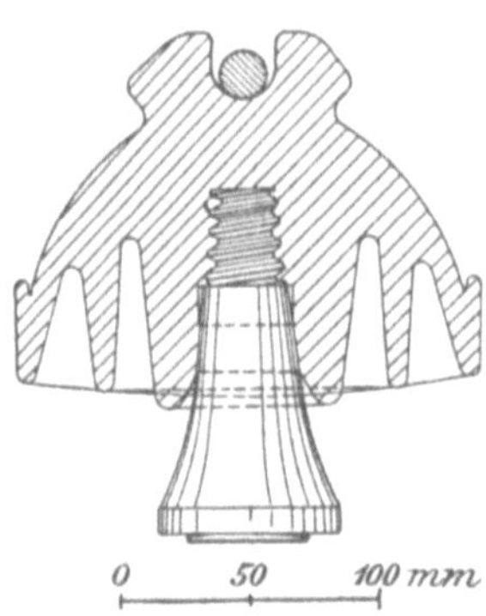

Fig. 70.

Rand der Glocke hatte einen Durchmesser von 150 mm. Dieser Rand hat sich in jüngster Zeit auch zur Rinne nach aussen zu entwickelt, um das auf die Glocke fallende Regenwasser zu sammeln, welches bei zwei symmetrisch liegenden Aussparungen der Rinne so abgeleitet wird, dass es nicht auf den die Glockenstütze tragenden Querarm fällt. Durch diese Konstruktion soll namentlich verhindert werden, dass sich an die Glocke Eiszapfen ansetzen, die auf dem Querarm eine Stütze finden könnten. Figur 70 giebt das Bild der in der Niagaraanlage in Verwendung befindlichen Porzellanglocken, die heute nur auf 10 000 Volt Spannung benutzt werden, jedoch weit höheren Anforderungen in der Zukunft genügen sollen.

F. M. Locke[1]) verwendet für solche überaus hohen Spannungen

---

[1]) El. World, Jan. 1897, S. 33.

Glocken, die aus zwei Theilen bestehen: der innere Theil ist aus Glas, der äussere aus Porzellan hergestellt, weil Glas als homogenes Material schwerer durchschlägt, während Porzellan bessere Oberflächenisolation behält und durch die Unbill der Witterung nicht so leicht oberflächlich angegriffen wird, wie Glas. Seine Glocken haben auch durchweg eine flachere regenschirmartige Gestalt, um mit dem äussersten Rande der Glocke möglichst weit von der Unterstützungsstelle zu bleiben und ein Ueberspringen dorthin thunlichst zu vermeiden. Dieser letztere Gesichtspunkt führte zu Glockenkonstruktionen, die unten nicht mit Muttergewinde versehen werden, sondern in einen kräftigen Bolzen ausgehen, der unmittelbar in den hölzernen Querarm eingeschraubt werden kann.

J. G. White[1]) berichtet, dass die neuen Isolatoren für die Kraftübertragung zwischen den Niagarafällen und Buffalo sämmtlich mit 40 000 Volt probirt wurden. Bei diesen Versuchen ergab sich, dass die Isolirfähigkeit des Porzellans mehr von der Güte der Vitrifikation als von der Dicke abhängt. Eine dünne Schale aus bestem Porzellan hielt 60 000 Volt aus, während ein 2 Zoll starkes poröses Porzellanstück von 20 000 Volt durchschlagen wurde. Es ist daher unnöthig, einen Isolator elektrisch zu prüfen, ehe derselbe in gebrochenem Zustande bei einer z. B. mit rother Tinte vorgenommenen Absorptionsprobe gute Resultate ergeben hat.

Glasisolatoren können nach White überhaupt nicht durchschlagen werden; maassgebend ist für sie jene Spannung, die einen Bogen um den Isolator herum zu erzeugen vermag.

Man hat der Verwendung von Glasisolatoren entgegengehalten, dass es schwer sei, einen gut nachgelassenen und mechanisch widerstandsfähigen Isolator in der erforderlichen Grösse zu erhalten, und dass die Oberfläche des Glases hygroskopischer sei als die des Porzellans.

Die erste Schwierigkeit liesse sich durch Sorgfalt in der Fabrikation beheben; die zweite Einwendung ist nach White übertrieben, da Schneeflocken und Regentropfen bei 10 000 Volt abgestossen werden, und Feuchtigkeit durch den dauernd zur Erde fliessenden Kondensatorstrom rasch verdampft wird.

Die Prüfung der Glocken in Bezug auf ihren Isolationswerth geschieht bei Schwachströmen durch Isolationsmessungen nach der Methode des direkten Ausschlages. Für Starkströme und namentlich bei hohen Spannungen ist jedoch eine Messung auf diese Weise unzuverlässig.

Eine bequeme Methode, sich ein allgemeines Urtheil zu bilden, giebt Mordey[2]) an. Die Glocken werden auf einer Metallplatte an-

---

[1]) Convention of the National El. Light Assoc., Niag. Falls, 1897 June.

[2]) Electrician, Bd. 38. 1897, S. 799.

geordnet und sodann mit den Köpfen nach unten in einen metallenen Trog getaucht, in welchem sich ebenfalls Flüssigkeit befindet. In das Innere der Glocken werden Kupferdrähte eingesetzt, nachdem man vorher die Glocken ebenfalls mit Flüssigkeit gefüllt hat (Fig. 71). Werden nun diese Kupferdrähte zu einem und der Trog zum andern Pol einer Dynamomaschine verbunden, so zeigt sich nach einigen Stunden bei den fehlerhaften Glocken in Folge der Elektrolyse beim Kupferpol durch Kupfersalz die innere Flüssigkeit blau gefärbt.

Bei Glocken für hohe Spannungen reicht diese Methode nicht aus und man ist gezwungen, zu einer viel rücksichtsloseren zu greifen.

Die Glocken werden nämlich einer viel höheren Spannung ausgesetzt, als diejenige ist, mit der sie unter Betrieb stehen sollen. Die schwachen Glocken werden dabei rasch zu Grunde gehen. Dieses Versuchsverfahren beruht auf der Annahme, dass das Material, welches dem

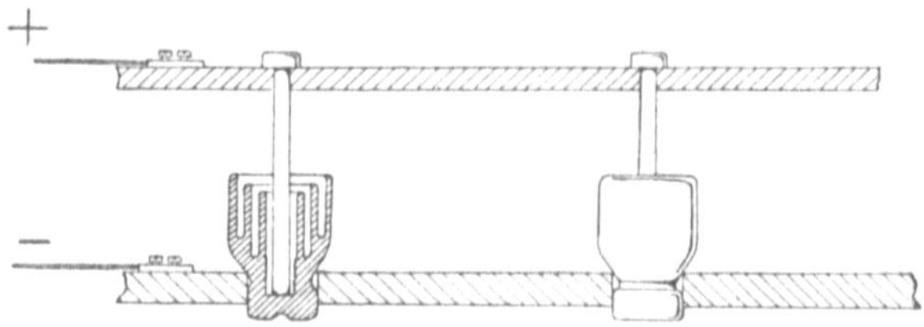

Fig. 71.

Durchschlagen der hohen Spannung auf 30—40 Minuten widersteht, gewiss einem Strom von niedriger Spannung auf unbestimmte Zeit wird widerstehen können. Ob diese Ueberanspruchung des Materials bei der Probe gerechtfertigt erscheint, ist ebenso fraglich, wie die bezüglichen Methoden bei der Prüfung der Glühlampen oder der hydraulischen Probe von Kesseln etc. Die Glocken können wie vorher angeordnet sein. Sobald die hohe Versuchsspannung eintritt, giebt sich ein lautes, summendes Geräusch kund und es verbreitet sich ein starker Ozongeruch im Versuchsraume, bis in Folge der hohen Spannung die fehlerhaften Glocken durchzuschlagen beginnen. Dabei wird zuerst ein tiefer Ton hörbar, dann ein heftiges Knacken, wobei sich die Durchschlagstelle bis zur Rothgluthitze erwärmt[1]). Isolatoren, welche leitende Mineralien im Thone enthalten, beginnen oft schon nach 5—10 Minuten abzuleiten und es scheint sich ein regelmässiger, leitender Weg zu bilden, wobei die Temperatur des Isolators sich erhöht, ohne dass aber irgendwelch sichtbarer Schaden entsteht. Stücke, welche sich derart benehmen, werden leicht übersehen, weil sie nicht zum Durchschlagen kommen. Isolatoren, welche nach 30 Minuten ganz kalt bleiben, sind als vollkommene zu bezeichnen.

[1]) N. M. Hopkins, El. Engineer, Nov. 1896.

11. Isolatorstütze und Befestigung der Glocke auf derselben.

Die Form der Isolatorstütze richtet sich nach der Art der Tragkonstruktion. Sie ist ein gerader Bolzen, sobald die Befestigung der Stütze auf einem Querbalken aus Holz, oder einem Querstück aus U-Eisen erfolgt (Fig. 72). Ein U-förmiger Bügel erlaubt als Stütze die Befestigung mittelst zweier Holzschrauben unmittelbar an die Holzsäule. Einfacher gestaltet sich die Art der Befestigung bei der in Fig. 73 dargestellten Schraubenstütze, auch Hackenstütze genannt, welche 1857 mit den bereits angeführten Borggreve-Glocken zum ersten Male eingeführt wurden. Der Leitungsdraht liegt in dem gleichen Niveau mit der Schraube, damit durch einen vom Draht etwa ausgeübten Zug keine Drehung erfolgen könne.

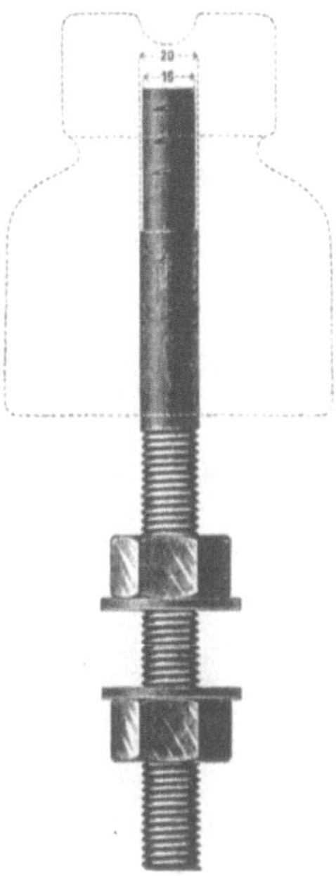

Fig. 72.

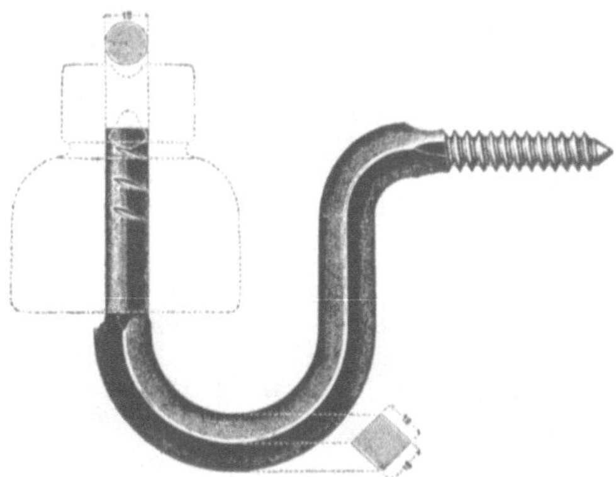

Fig. 73.

Die Verbindung des Isolators mit der Stütze geschieht auf zweierlei Weise: entweder durch Verwendung von Kitten oder durch Aufschrauben der Glocke, welche mit Gewinde versehen ist, auf der mit Leinöl-getränktem Hanf umwickelten Stütze, die etwas aufgehauen wird, um die Sicherheit der Verbindungen zu erhöhen. Als Kitt werden namentlich Schwefel oder Gips oder besondere Cemente gebraucht. Der Schwefel geht mit dem Eisen der Stütze eine chemische Verbindung ein, indem sich Schwefeleisen bildet. Manche sehen darin einen Vortheil, indem sie dieser Bildung den vorzüglichen Zusammenhalt zwischen Glocke und Stütze zuschreiben, andere fürchten mit Recht, dass hierdurch die Porzellanhülle gesprengt werden könnte. Gips hat den grossen Nachtheil, dass er hygroskopisch bleibt und leicht zum Abbröckeln neigt. Die Befestigung der Glocken erfolgt vor dem Festmachen der Stütze auf dem Maste oder der Tragkonstruktion. Es ist darauf zu achten, dass der Schwefel oder der Kitt nur die für die Aufnahme der Stütze bestimmte Höhlung fülle. In der Telegraphie ist die Verbindung vermittelst Hanf zur ausschliesslichen Herrschaft gelangt, bei den Starkstromleitungen wird je nach Umständen die eine oder die andere vorgezogen. Für die primären Leitungen mit höheren Spannungen besitzt der Schwefel dem Gips gegenüber den Vortheil höherer Isolation.

Die Stütze soll mit einem Anstrich von Mennige oder Leinölfirniss gegen Rost geschützt werden.

12. Befestigung der Leitung am Isolator, sogenannte Bindungen.

Der Leitungsdraht kann in Bezug auf den Isolator eine dreifache Lage einnehmen: eine obere, wozu die Glocke oft eine Furche auf dem Kopfe zur sicheren Lagerung erhält; eine seitliche, welche entweder eine äussere oder eine innere sein kann; bei dieser seitlichen Anordnung

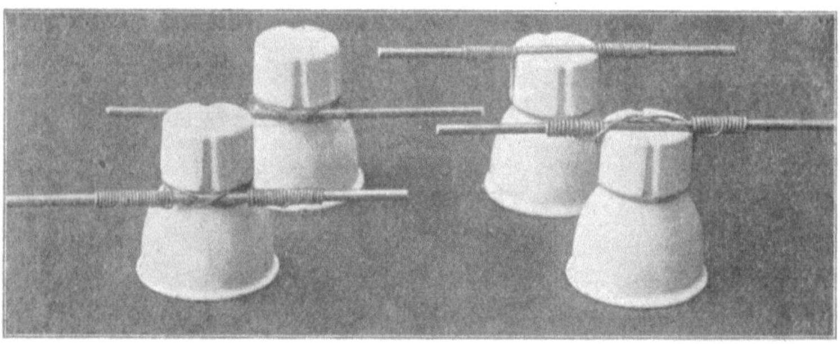

Fig. 74.

legt sich der Draht in eine Einkerbung unterhalb des Isolatorkopfes. In der geraden Strecke der Leitung kann der Draht irgend eine dieser Positionen erhalten, in den Krümmungen und den Winkelpunkten der Strecke muss derselbe jedoch seitlich placirt werden, und zwar so, dass der Isolator innerhalb des vom Drahte gebildeten Winkels sich befindet, damit der Zug des Drahtes denselben an die Glocke anpresst.

Der Leitungsdraht wird an jeden Isolator vermittelst eines Bindedrahtes aus verzinktem Eisendraht oder besser aus Kupferdraht unverrückbar festgebunden. Einige Gründe, z. B. Ausgleichung der verschiedenen Spannungen, welche an einer Glocke bei ungleich langen Spannweiten auftreten, sprechen gegen die Befestigung an jeder einzelnen Glocke. Man hatte darum versucht, den Draht nur an einzelnen Stellen, nur an jedem 5. oder 6. Isolator fix zu binden und an den Zwischenstellen keine oder nur eine lose Verbindung vorzunehmen, welche eine gleitende Bewegung des Drahtes in der Längsrichtung zuliess. Die Erfahrung zeigte jedoch, dass sowohl die Glocke als auch der Draht in Folge der Reibung litten und zu vielen Drahtbrüchen führten. Die Leitung wird also an jedem Isolator je nach den Verhältnissen durch einen Ober- oder Seitenbund niedergehalten. In Fig. 74 sind dieselben ersichtlich gemacht, und zwar bringen die beiden Glocken links den Seiten-, die beiden rechts den Oberbund zur Ansicht. Während zur seitlichen Befestigung nur ein einziger Bindedraht nothwendig ist, wird die Kopfbindung mit zweien bewirkt. Erstere ist auch leichter und fester herzustellen und darum wird auch in gerader Strecke der Draht

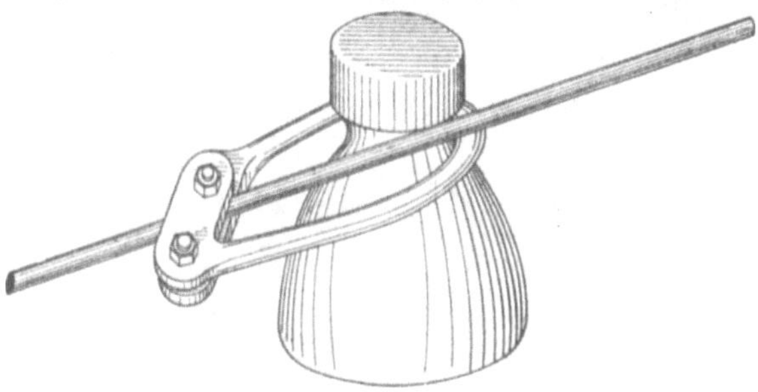

Fig. 75.

seitlich angeordnet, obzwar der Oberbund zu Folge der geringen Inanspruchnahme des Bindedrahtes zu bevorzugen wäre.

Statt den Leitungsdraht an die Glocke zu binden, verwenden Siemens & Halske die in Fig. 75 dargestellte Klemme; der Bügel besteht aus verzinktem Eisendraht.

13. Verbindungsstellen der Leiter.

Die Vereinigung der einzelnen Drähte, Kupferstangen oder Kabel erfolgt entweder durch verlöthete Bunde, gewöhnlich Löthstellen genannt, durch mit Loth vergossene Muffen oder durch Klemmverbindungen. Alle Arten erfordern, wenn sie zweckentsprechend sein sollen, die Berücksichtigung folgender mechanischer und elektrischer Bedingungen.

1. Die möglichste Einfachheit in der Form des Bundes. Der Leitungsdraht soll in gerader Richtung aus dem Bunde heraustreten, damit an dieser Stelle durch den eventuellen Zug keine Verbiegung erfolgen kann.

Der Bund soll dem wechselnden Zuge und der fortwährenden Vibration der Leitung, welche namentlich bei Freiluftleitungen auftreten, widerstehen.

2. Der Bund muss genügende Länge haben und die Berührungsstelle der zwei Leiterenden muss rein sein; es muss also das Eindringen fremder Stoffe und ebenso die chemische Veränderung der Oberfläche, also die Oxydation, dieser Stellen möglichst verhindert werden, damit

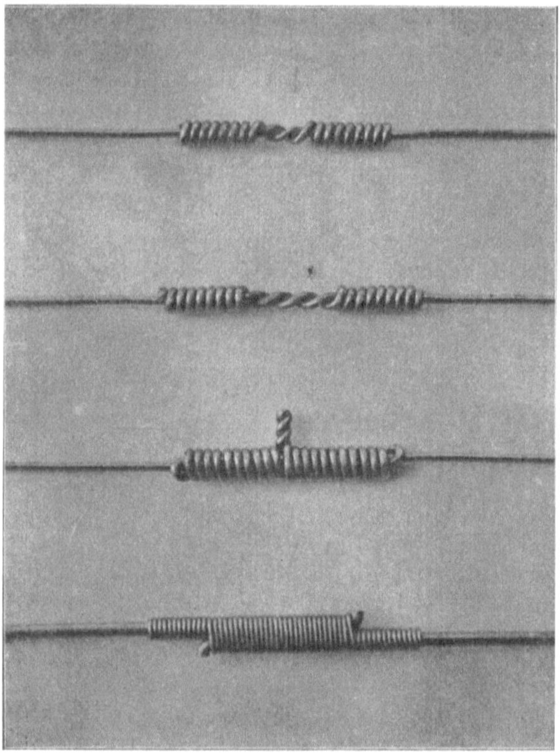

Fig. 76.

ein vollkommener elektrischer Kontakt gesichert werde. Nur auf diese Weise ist keine wesentliche Erhöhung des Widerstandes und keine besondere Verminderung der Festigkeit an dieser Stelle zu befürchten. Vor Herstellung einer jeden Verbindung sind die zu vereinigenden Enden auf eine entsprechende Länge blank zu schaben oder zu schmirgeln. Ein Beizen mittelst Säure ist für diesen Zweck nicht empfehlenswerth, weil bei nicht achtsamer Reinigung der verbleibende Theil derselben das Metall angreift; besser ist die Verwendung von Kolophonium. Die

Anzahl der für eine Leitungsanlage nothwendigen Verbindungsstellen richtet sich nach den Fabrikationslängen der Leiter, der Arbeitsweise und den örtlichen Verhältnissen.

Die Form der Bünde ist eine mannigfache; die bekanntesten mögen hier vorgeführt werden. Der einfache Bund (in der Figur 76 der oberste) wird durch Verwinden der Leiterenden untereinander auf eine möglichst lange Strecke hergestellt. Dieser sowie die beiden nachfolgenden, der Würgebund und seine Verbesserung, kommen nur bei dünnen Drähten in Betracht; doch ist die Materialbeanspruchung durch die Windungen zu gross, die Bünde bieten deshalb nur geringe Sicherheit gegen Zug und sind in Folge dessen, sowie wegen ihrer verhältnissmässigen Umständlichkeit, wenig mehr in Gebrauch. Dagegen hat sich die in Fig. 76 als unterste dargestellte Wickel- oder Britannialöthstelle sehr eingebürgert. Die beiden Leiterenden werden mit einem Bindedraht umwickelt und gelöthet, damit die Enden des letzteren sich nicht auflösen. Man kann die Sicherheit noch erhöhen, wenn man die Enden der Leitungsstücke umbiegt.

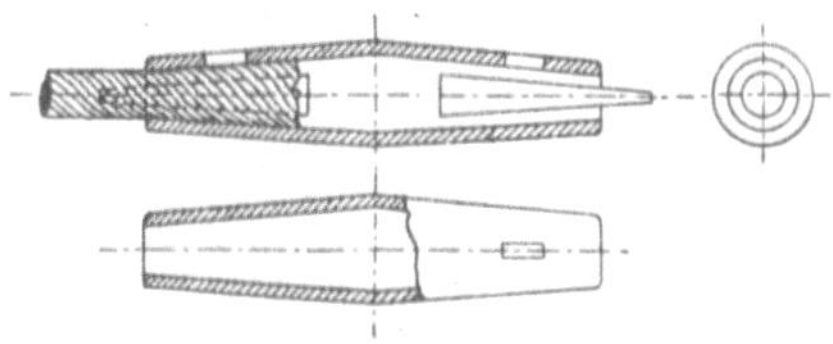

Fig. 77.

Dickere Drähte oder Stangen werden keilförmig abgeschrägt, oft noch zusammengenietet und in gleicher Weise mit verzinntem Kupferdraht umwickelt. Die Stärke des Bindedrahtes richtet sich nach dem Durchmesser der zu verbindenden Drähte; bis etwa 3,5 mm Leitung nimmt man 1 mm, bis 6 mm Leitung 1,5—2 mm als Bindedraht. Blanke Kabel werden durch gegenseitige Verflechtung der einzelnen Drahtenden verbunden.

Bequemer lassen sich die Leiter durch vergossene Muffenverbindungen vereinigen. Dicke Kupferstangen, deren Enden stumpf aneinanderstossen und welche vorher verzinnt wurden, können mittelst einer cylindrischen Muffe aus Kupferblech und durch Eingiessen eines Lothes gut verbunden werden. Ist diese Verbindung Zugbeanspruchungen ausgesetzt, so benutzt man bei Kabeln doppelkonische Muffen mit Keilverschluss, wie sie die Allgemeine Elektricitäts-Gesellschaft in Berlin bei ihren Luftleitungsnetzen zur Anwendung bringt, Fig. 77. Zur dauerhaften guten Verbindung werden dieselben mit Zinn vergossen. Zu diesem Zwecke sind die Verbindungsmuffen mit je zwei Schlitzen versehen. Damit jedoch die beiden Dorne beim Vergiessen der Muffe sich nicht verbinden, ist es vortheilhaft, vor dem Einbringen des Dornes Lehm, Asbest, Asbestpappe u. s. w. in die Muffe so einzulegen, dass ein Ueberfliessen

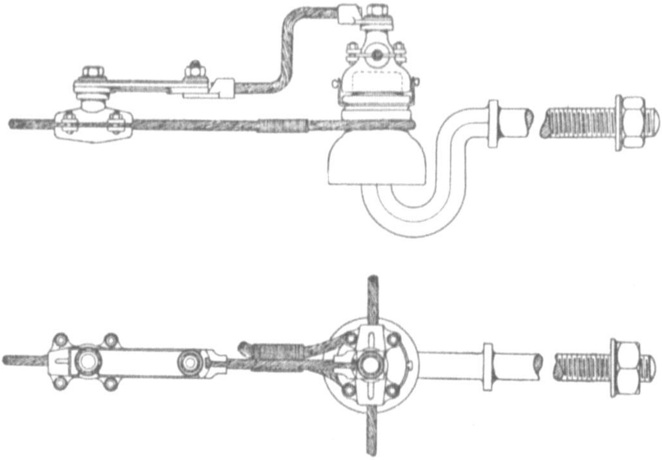

Fig. 78.

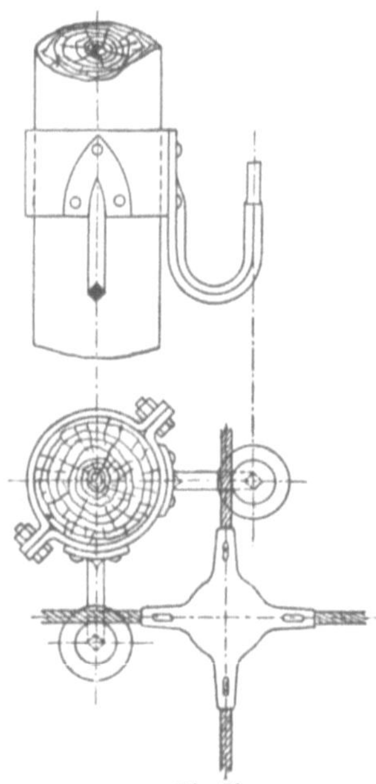

Fig. 79.

des Löthzinnes von der einen Muffenhälfte in die andere nicht eintreten kann.

Treten mehrere Leiter zu einem Knotenpunkte zusammen, so werden sie mittelst gewöhnlicher Löthstellen oder mittelst Verbindung, Fig. 78, ausgeführt. Die Abzweigung eines Drahtes von einem Drahte, sowie die eines Drahtes von einem Seile wird mittelst gewöhnlicher Löthstelle, und zwar stets an einem Isolator derart ausgeführt, dass der Abzweigdraht zunächst ordnungsgemäss am Isolator befestigt und dann erst das Ende mit dem durchgehenden Draht oder Seil verlöthet wird. Soll hingegen von einem Seile ein Seil abgezweigt werden, oder sollen drei Drähte, oder drei Seile von verschiedenen Querschnitten von einem Punkte aus sich abzweigen, so wird eine T-Muffe verwendet. Die Anbringung von 4 Leitungen geschieht mittelst Kreuzmuffen, Fig. 79. Bei der Konstruktion dieser Art Muffen hat sich wie bei den geraden Verbindungsmuffen der angeführte Keilverschluss bewährt. Abzweigungen mittelst solcher Muffen sind stets an Stützpunkten auszuführen. Die Klemmverbindungen sind Verbindungen, bei welchen die Drahtenden mittelst Verschraubungen metallisch aneinander verbunden werden. Da dieselben aber der Zugbeanspruchung nicht genügend widerstehen, so werden sie bei Luftleitungen nicht verwendet. Dagegen spielen sie eine Rolle bei isolirten Leitungen, die nicht auf Zug beansprucht sind.

14. Anordnung der Leitungen überhaupt und an ihrer Tragkonstruktion.

a) Allgemeines. Die Stütze der Isolatorglocke kann entweder direkt so befestigt werden, dass sie zur Aufnahme des Gewichtes und des Zuges der Leitungen geeignet ist, oder sie wird an einer durch örtliche Verhältnisse bestimmten Zwischenkonstruktion, einer Säule, einer Wandkonsole, befestigt. Diese Konstruktionen können aus Holz oder Eisen, manchmal auch aus beiden Materialien gebildet werden. Gehen die Leitungen über freies Terrain, so werden sie durch Tragstangen gehalten; sind Wandflächen zu erreichen, so werden Konsolträger angewendet, während die Führung über Dächer mittelst Dachgerüsten erfolgen kann. Die Dimensionen der Tragkonstruktion werden sich natürlich nach der Zahl und Stärke, sowie nach der Spannweite und Anordnung der Leitungsdrähte richten müssen. Diese Momente werden der Hauptsache nach durch die Wahl des Vertheilungssystems bedingt. Beim Zweileiter- und Dreileitersystem und bei niedriger Spannung werden starke und viele Leitungen zu führen sein, während bei hoher Spannung und bei Anwendung von Transformatoren verhältnissmässig wenige Drähte von geringer Stärke auftreten.

Für die Niederspannungssysteme kann man die Leitungsnetze in drei Elemente zerlegen: die Speiseleitungen, die Vertheilungsleitungen und die Prüfdrähte. Die Speiseleitungen, auch Hauptleitungen oder Feeder genannt, führen den in der Centralstation erzeugten Strom den Vertheilungsleitungen an einzelnen geeigneten Knotenpunkten zu, und zwar mit derjenigen Spannung, welche von der Centralstation aus nach Anzeige durch die dorthin zurückführenden Prüfdrähte eingestellt wird. Die Vertheilungsleitungen werden längs der Häuser geführt, welche mit elektrischer Energie versorgt werden sollen. Von ihnen werden die Hausanschlussleitungen abgezweigt. Die zweckmässigste Anordnung dieser Leitungen an den Tragkonstruktionen ist im Allgemeinen die folgende: Die Speiseleitungen am Kopfe des Trägers, darunter die Vertheilungsleitungen und am tiefsten die dünnen Prüf- und Signaldrähte. Es empfiehlt sich, horizontal nebeneinander nur Drähte zu legen, welche Ströme der gleichen Polarität führen, und zwar soll deren Entfernung von einander mindestens 200 mm betragen, während die Distanz von Drähten entgegengesetzter Polarität je nach der Spannweite, mindestens aber mit 350 mm bemessen werden muss. Bei Wechselstrom kommen die Wirkungen der Induktion und für lange Linien auch die der Kapicität für die Anordnung der Leitungen und der Glocken auf den Säulen in Betracht. Um eine Berührung der Drähte durch ungleichmässiges Schwingen zu verhindern, kann man bei grösseren Spannweiten und sehr naher Stellung der Drähte in horizontaler Richtung zwischen den beiden Stützpunkten ein fliegendes Stück, einen schwingenden Bügel, einschalten, welcher die Drähte in Distanz hält. Diese Anordnung kann in extremen Fällen noch verbessert werden, indem man den Bügel durch ein separates Hilfsseil, aus Stahldrähten etwa, halten lässt. Besondere Rücksicht ist jedoch bei dieser Anordnung auf Schneebelastung zu legen, da bei der geringen Distanz der Drähte die Gefahr nahe liegt, dass sich der Schnee auf und zwischen den Drähten festlagert. Beim Transformatorensystem haben wir in den Fernleitungsdrähten den hochgespannten primären Strom, welcher meistens nicht zu Knotenpunkten, sondern zu den Transformatoren führt. Die primären Drähte sollen, wenn möglich, ganz getrennt von den sekundären, d. h. den Vertheilungsleitungen geführt werden. Man sucht für diese primären Leitungen den kürzesten Weg von der Centrale zum Vertheilungsgebiete zu nehmen, und hat sie daher oft direkt über die Dächer der Häuser geführt, was jedoch die Kontrole während des Betriebes erschwert. Ist eine solche getrennte Führung auf separatem Wege unmöglich, so werden die Hochspannungsleitungen an die Spitze der Säule gesetzt und darunter die Sekundärleitungen in einer Minimaldistanz von 500 mm angeordnet; für Signal- oder Telephonleitungen an demselben Gestänge, die am tiefsten angebracht werden, ist es zweckmässig, metallische Rückleitung und zeitweilige Ueberkreuzung der Hin- und Rückleitung, vorzusehen. Der Abstand des tiefsten Drahtes vom Boden soll auf öffentlichen Strassen nicht unter 6 Meter betragen, während bei Uebergängen meistens 8—9 Meter nicht zu unterschreiten sind.

b) Schutzvorrichtungen für Luftleitungen. Aus einer Zeit, wo fast ausschliesslich der Luftraum für staatliche Telegraphenleitungen benutzt wurde, stammt in den meisten Ländern eine staatliche Verfügung, welche zur Sicherheit dieser Leitungen die Bestimmung einführte, dass keine Privatdrähte die öffentlichen Telegraphenleitungen überkreuzen durften.

Dieser Standpunkt war jedoch in Folge der Entwicklung der Starkstromleitungen unhaltbar geworden, indem für Staatsdrähte nicht nur eine Gefahr durch darüber geführte Privatdrähte, sondern auch durch darunter geführte beim Durchreissen der Staatsdrähte entstehen konnte.

Man muss in solchen Fällen zwischen beide Leitungen ein Schutznetz spannen, welches in der Regel aus zwei Längsdrähten besteht, die durch Querdrähte den Sprossen einer Leiter ähnlich verbunden sind.

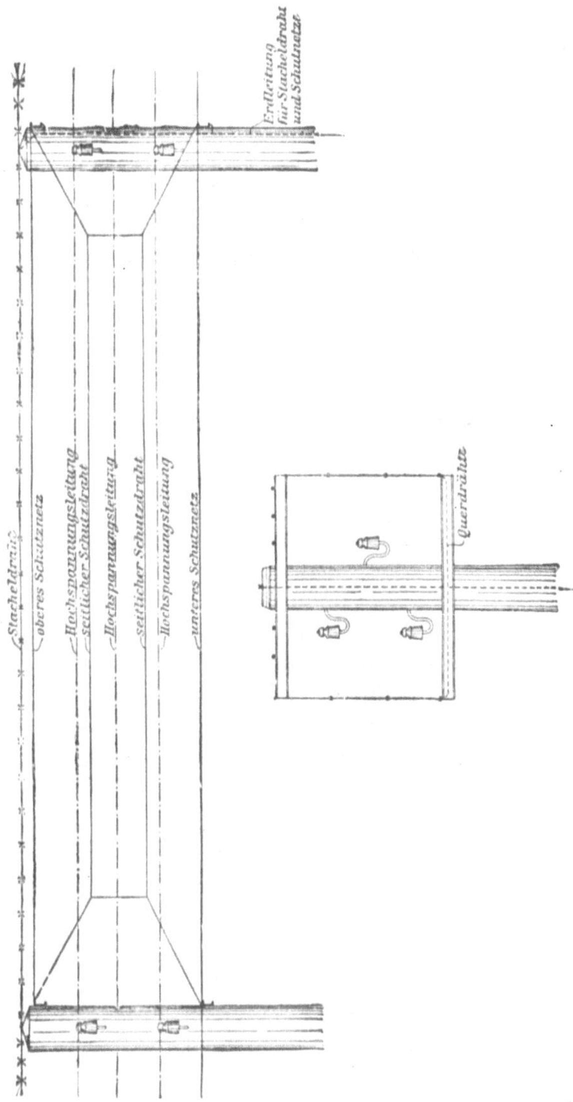

Fig. 80. Schutznetz für Hochspannungsleitung.

Ein recht lehrreiches Beispiel für ein solches Schutznetz bietet die in Figur 80 abgebildete, von Siemens & Halske für die mit 10000 Volt Drehstrom betriebene Kraftübertragungsanlage Eichdorf-Grünberg in Schlesien ausgeführte Konstruktion. Ausser dem aus verzinktem Stahldraht ausgeführten normalen Maschenschutznetze sind, um Verschlingungen mit den über die Hochspannungsleitungen wegführenden staatlichen Telephondrähten zu vermeiden, auch oberhalb der Hochspannungsleitungen und seitlich von denselben noch Schutzdrähte ausgespannt, welche durch eine Traverse am oberen Ende des Mastes getragen werden. An den Kreuzungsstellen mit Telephondrähten sind seitliche Schutzdrähte aus Stahl angebracht, welche die Form von langgestreckten, senkrecht liegenden Ebenen besitzen. Das obere Schutznetz besteht aus je 3 in gleichen Abständen liegenden verzinkten Stahldrähten, die rechts und links vom Stacheldraht angebracht sind.

Statt dieser Schutznetze hat man auch die Starkstromleitung durch aufgesattelte Schutzleisten zu schützen gesucht. In Fig. 81 beruht die

Fig. 81.

Lösung auf einem der Länge nach getheilten Gummischlauch, der durch aufgelöthete Reiter mit Schrauben und isolirenden Muttern aus Stabilit zweckentsprechend befestigt ist, während die zweite Anordnung darin besteht, dass statt des Gummischlauches eine imprägnirte Holzleiste von der in Fig. 82 dargestellten Form angewendet wird. Die Reiter greifen in diesem Falle in einen in die Leiste eingefrästen Schlitz ein, wodurch eine sichere Befestigung erzielt ist. Da der Schlitz auf der ganzen Länge der

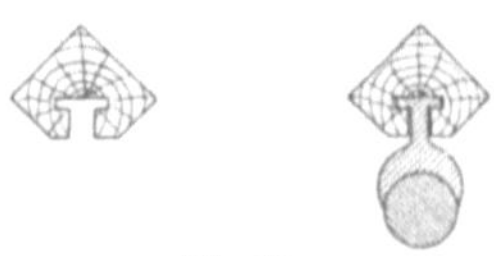

Fig. 82.

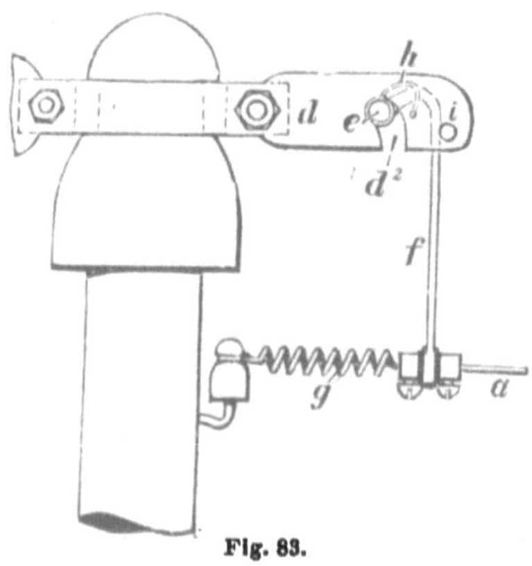

Fig. 83.

Leiste eingefräst ist, ist der durch die Temperatureinflüsse bedingten verschiedenen Ausdehnung von Holz und Metall Rechnung getragen.

Ausserdem hat man Schutzvorrichtungen konstruirt, bei denen ein Uebertritt des Starkstromes auf die Schwachstromleitung dadurch verhütet wird, dass sich die Leitung bei der durch das Reissen auftretenden Verminderung der Zugspannung selbstthätig am Gestänge aushakt. Ihrer Einführung steht jedoch entgegen, dass solche Verbindungen immerhin ein unsicheres Moment in sich bergen. Fig. 83 stellt eine solche von Gould & Co., Berlin, patentirte Vorrichtung dar. Die Isolirglocke trägt rechts und links Befestigungsschellen d, in deren Schlitze d_2 die Kloben e eingreifen. Diese Kloben waren ursprünglich direkt mit der Leitung verbunden. Neuerdings wird die Verbindung mit der Leitung durch die Hebel f bewirkt, welche sich an die Anschläge i stützen. Die Kloben e sind zur Herstellung besseren Kontaktes durch die Drähte h noch mit der Schelle d verbunden. Die Lösung erfolgt bei Leitungsbruch selbstthätig unter Einwirkung der Feder g.

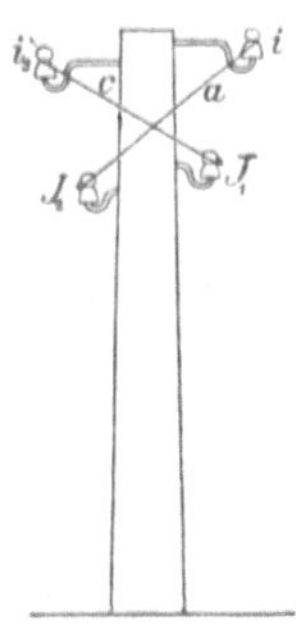

Fig. 84.

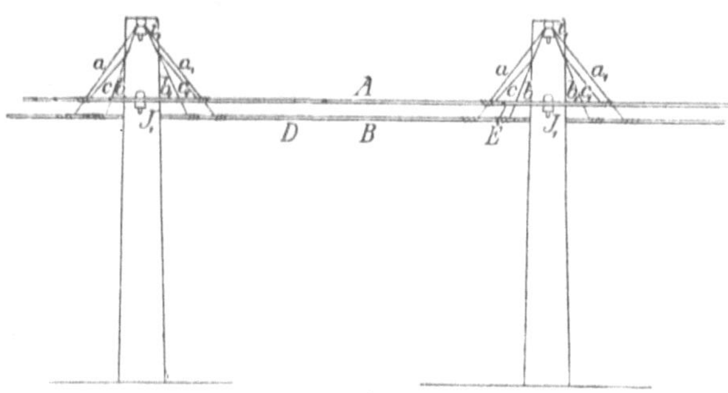

Fig. 85.

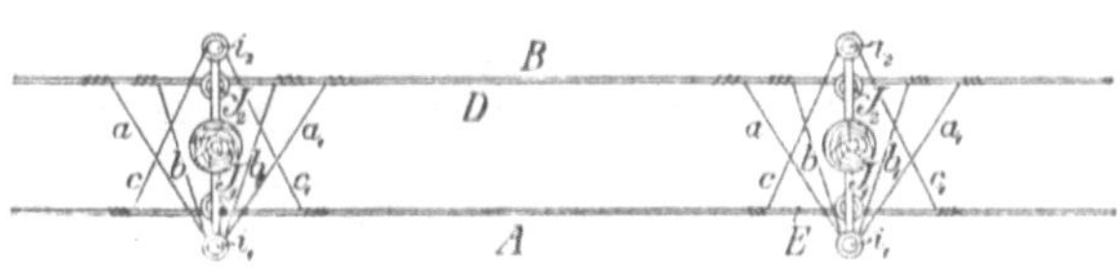

Fig. 86.

Eine einfache Schutzmaassregel gegen Unfall bei Freileitungen giebt Karl Moritz, Fig. 84—86, an. Oberhalb einer von den Isolatoren J_1 und J_2 getragenen Freileitung AB befinden sich Isolatoren i_1 und i_2, welche Nebenleitungen a b c und a_1 b_1 c_1 tragen. Durch Anordnung dieser gekreuzten Nebenleitungen wird erreicht, dass beim Reissen des Hauptleitungsdrahtes der mit ihr verknüpfte Nebendraht die Nebenleitung des anderen Hauptdrahtes berührt, wodurch ein Kurzschluss herbeigeführt wird, der eine Bleisicherung auslöst. Die Erfahrung hat gezeigt, dass diese Nebendrähte nur dann sicher funktioniren, wenn sie nicht durch die Schwingungen der Drähte schlaff werden, was durch Anwendung eines harten Drahtes und durch Einschaltung einiger Spiralwindungen zu erreichen ist. Dieses System des Schutzes lässt sich bei Verwendung vieler Drähte an einem und demselben Gestänge nur in sehr komplicirter Weise durchführen, weshalb die nachstehend beschriebene Vorrichtung wohl den Vorzug verdient.

Sie beruht auf einer ähnlichen Grundidee und besteht in einer den Draht umgebenden und gut mit der Erde verbundenen Schutzöse von solcher Weite, dass selbst bei stärkstem Winde der Draht die Oese

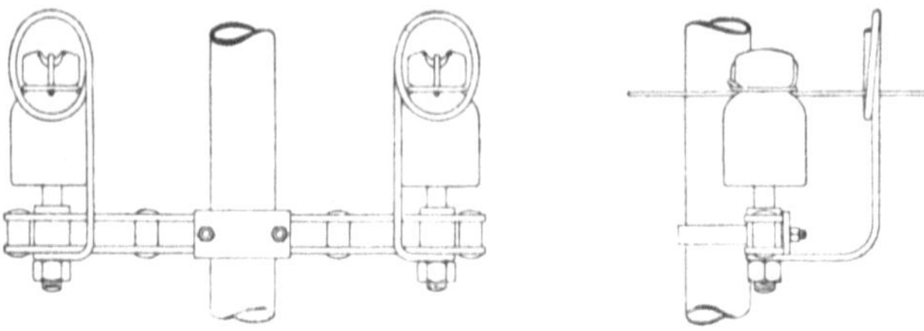

Fig. 87.

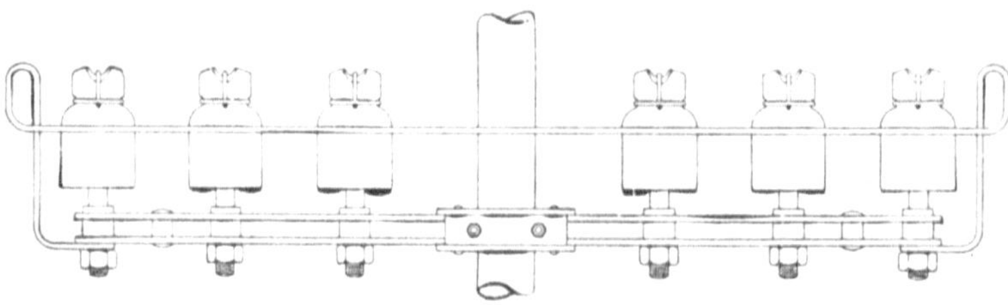

Fig. 88.

nicht berühren kann, Fig. 87. Stehen mehrere Isolatoren in einer Reihe, so kann die Oese zu einer Schleife von entsprechender Breite und Gestalt, Fig. 88, gebildet werden. Der Starkstrom wird, im Falle eines Drahtbruches, bei dieser Anordnung durch die Oese oder Schleife zur Erde abgeleitet.

15. Die Tragkonstruktionen.

Welchen Kräften hat nun die Tragkonstruktion im Allgemeinen zu widerstehen?

Erstens: dem Gewichte und dem mechanischen Zuge der Drähte.

Bei Berechnung des Drahtdurchhanges wurden dieselben bereits erörtert. In fortlaufender gerader Strecke heben sich die vom Drahtzuge hervorgebrachten horizontalen Kräfte auf. An Endpunkten oder in Krümmungen treten sie jedoch hervor.

Zweitens: den Kräften, welche Wind und Schnee auf die Tragkonstruktion selbst ausüben.

Die letzteren Kräfte sind in gerader fortlaufender Strecke bedeutend grösser als die ersteren und ist daher die Tragkonstruktion immer so anzuordnen, dass ihr grösstes Widerstandsmoment gegen

Biegung die neutrale Axe parallel mit der Leitungsrichtung besitzt; es ist nämlich in laufender Strecke immer mehr Gefahr, dass die Säulen gegen die Seite als in Richtung der Leitung umfallen.

Die Ermittlung der Dimensionen, welche der Konstruktion zu geben sind, um diesen Beanspruchungen sicher zu widerstehen, ist eine Aufgabe der Festigkeitslehre und soll hier nicht berührt werden.

a) Konstruktionen aus Holz. Wegen der Billigkeit und der leichten Beschaffung an Ort und Stelle sind die hölzernen Leitungssäulen für Luftleitungen am meisten in Verwendung. Sie bieten den Leitungen feste und doch elastische Stützpunkte und sind in letzterer Hinsicht sogar den Gusseisenkonstruktionen überlegen. Andererseits werden sie jedoch durch atmosphärische Einflüsse in ihrer Festigkeit geschwächt. Besonders Feuchtigkeits- und Temperaturwechsel greift die Säulen rasch an, daher auch die Stelle, wo die Säule ins Erdreich eintritt, am ehesten leidet. Sie ist aber gerade der gefährliche Querschnitt auch in Bezug auf die mechanische Inanspruchnahme. Darum gelten diesem Umstande die verschiedensten Behelfe. Man schlägt daselbst z. B. eine Reihe Holzschwarten fassartig um den Mast, um ihn vor den Witterungseinflüssen zu schützen. Um beanspruchte Holzsäulen, die in der Krümmung oder Ecke liegen, zu sichern, kann man drei T-Eisen- oder alte Schienenstücke anlegen, die durch zwei oder drei schliessbare Ringe oberhalb und unterhalb des gefährlichen Querschnittes armirt werden.

Hartes Holz mit gedrängten Fasern oder Holzarten mit Harzinhalt können verhältnissmässig lange dauern, während weiches Holz, wie gewöhnliches Tannen- und Fichtenholz mit lockerem Zellengewebe schon nach einigen Jahren in schlechtem Boden zu Grunde geht. Um dies zu verhindern, werden die Säulen imprägnirt. Das Verfaulen wird durch die stickstoffhaltigen Säfte des Holzes, welche zur Gährung neigen, verursacht. Ein Auslaugen dieser Stoffe verbessert schon die Stämme, daher schon geflösstes Holz einen gewissen Vorzug verdient. Um die Fäulniss energischer zu verhindern, werden die Poren der Stangen mit antiseptischen, gährungsverhindernden Stoffen gefüllt. Die einfachste Methode der Imprägnirung bei Säulen besteht darin, durch die schiefgelegten Säulen antiseptische Flüssigkeit von einer am Kopfe angebrachten Bleikapuze aus hindurchfliessen zu lassen. Um das Hindurchfliessen zu beschleunigen, wird das Flüssigkeitsgefäss hoch gestellt, wodurch der hydrostatische Druck zur Wirkung gelangt; dies Verfahren hat Boucherie 1838 mit Kupfervitriol mit günstigem Erfolge eingeführt. Um das Eindringen der antiseptischen Flüssigkeit noch mehr zu erleichtern, hat man die Stangen in geschlossene Kessel gelegt und durch Herstellung eines Vakuums die albuminösen Säfte des Holzes ausgezogen. Solche Verfahren wurden von Béthel, Légé und Burnett angegeben. Man verwendet verschiedene Antiseptika und zwar Kreosot, 2procentige Kupfervitriollösung, Sublimat und Zinkchlorid.

Oft muss man sich mit einer theilweisen Imprägnirung am Fusse der Säule zufriedengeben. Hermann Liebau in Magdeburg-Sudenburg hat das folgende Verfahren empfohlen: Der Pfahl wird in seiner Längsrichtung so tief angebohrt, dass das Loch später nach Aufrichtung der Säule ca. $^1/_2$ m über die Erdoberfläche reicht. Die untere Mündung wird durch einen Pfropfen verstopft. Ueber der Erdoberfläche wird dieses Bohrloch seitlich durch ein kleines Loch angebohrt, durch welches Kreosotöl zur Imprägnirung von innen heraus eingebracht und von Zeit zu Zeit einige Male nachgefüllt wird. Dieses Verfahren wird bei einer frisch geschlagenen Säule mit lebhafter Säftecirkulation mit mehr Vortheil angewendet, als bei einer alten Säule. Sehr oft wird auch der Fuss der Säule nur oberflächlich verkohlt; das hierbei in geringen Mengen entstehende Kreosot wirkt fäulnisswidrig, doch wird die Feuchtigkeit durch die hygroskopische Kohle mehr angesaugt. Ob ein Anstrich mit Holztheer vortheilhafter ist, ist noch fraglich. Oefters umschliesst man auch den Fuss mit Dachpappe und giesst Kalkmilch zwischen ihr und dem Holze ein.

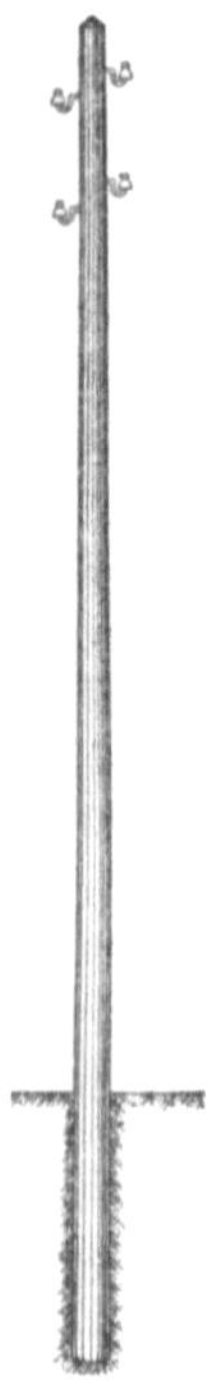

Fig. 89.

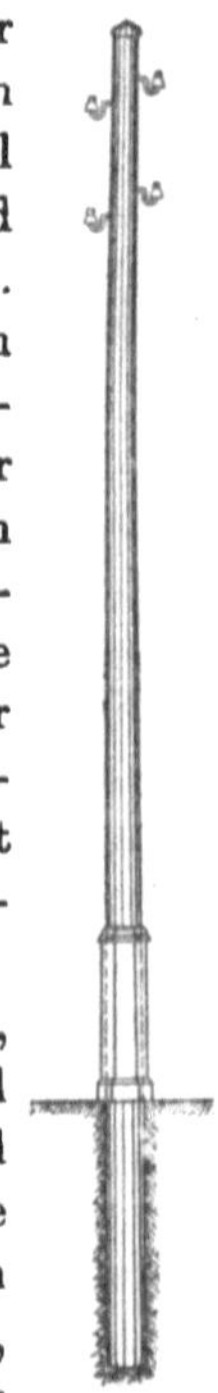

Fig. 90.

Zu Tragestangen werden gewöhnlich Kiefer, Lärche und Rothtanne verwendet. Der Stamm soll von geradem Wuchs, ohne Spaltstellen sein und wenig Astlöcher besitzen. Da dies für die Eiche schwer zu finden ist, und man auf gutes Aussehen bei Säulen für das innere Stadtgebiet zu sorgen hat, so muss man von ihr absehen, obwohl sie sonst gut verwendbar wäre.

Die Stärke des geschälten Stammes soll im Allgemeinen 15—18 cm am Kopfende bei einer Höhe von 8—10 m betragen. Die Verstärkung des Stammes soll auf den Meter 1 cm betragen. Je nach dem Boden werden 1,5—2 m versenkt. Die Standfestigkeit der einfachen Säule wird an einzelnen Punkten der Leitung verstärkt. So werden an Winkelpunkten die Säulen vor dem Ziehen der Drähte ausgiebig verankert. Der Anker besteht aus 2 oder mehreren verzinkten Eisendrähten, die durch eingeschraubte Haken an der Stange einerseits befestigt werden; andererseits werden sie an einem in den Boden getriebenen Rundholz oder einem Steinblock befestigt. Ist die Verankerung mittelst Eisendraht in der Zugrichtung der Platzverhältnisse wegen nicht möglich, so kann mittelst einer ca. 15 cm starken Holz- oder Eisenstrebe gegen die Zugrichtung abgeholfen werden. Diese Strebe muss die Leitungssäule möglichst nahe dem Kopfende fassen. Sind grössere Belastungen, hervorgerufen durch viele Drähte, aufzunehmen, so werden 2 Stangen im Winkel oder parallel zu einander gestellt und oft durch einen oder mehrere Querriegel verspreizt. Man bezeichnet sie als Doppelständer oder Doppelgestänge. Bei letzterem werden noch Diagonalstangen eingefügt.

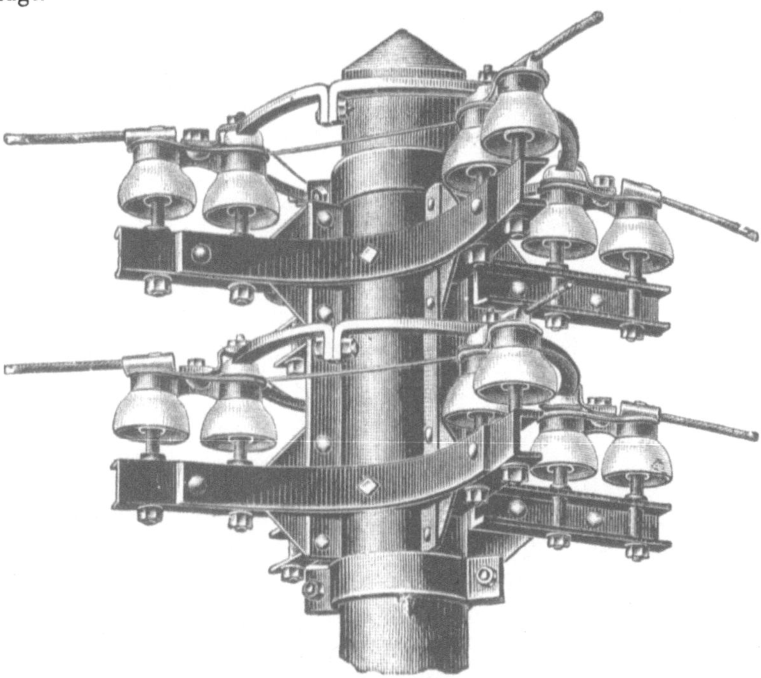

Fig. 91.

Die Figuren 89 und 90 geben die gewöhnlichste Anordnung von Isolatoren an Holzsäulen an. Die eine Säule ist durch einen Holzsockel geziert. Treffen viele Drähte an einer Stelle knotenpunktartig zusammen, so kann man nur durch Aufsetzen von besonderen Verbindungsstücken eine gute Lösung und besseres Aussehen erhalten; Figur 91 stellt eine solche dar, wie sie die Allgemeine Elektricitäts-Gesellschaft in Berlin entwickelt hat.

Die Glocken werden auch auf Querriegel gesetzt, die an die Säulen angeschraubt werden. Als Beispiel diene die Lauffen-Heilbronner Fernleitung; Figur 92 zeigt eine auf die Spitze gelagerte Holztraverse, ausreichend für 9 Glocken. Dieselben wurden in einer Horizontalen angeordnet, um die Drähte möglichst hoch über die längs der Leitung befindlichen, mächtigen Bäume wegführen zu können. Ueber jedem Mast erhebt sich ein Blitzableiter, dessen Erdleitung durch einen Stacheldraht gebildet wird, welcher bis unter das Fussende des Mastes reicht und so gleichzeitig eine Sicherung gegen unbefugtes Besteigen des Gestänges bildet.

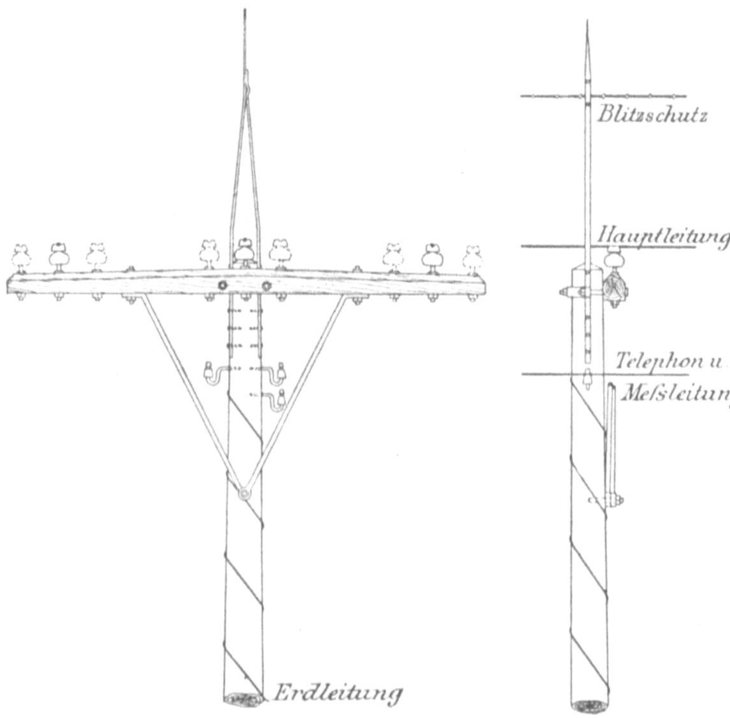

Fig. 92.

Den Uebergang zu den schmiedeeisernen Säulen bilden Holzsäulen, die in gusseisernen Schuhen sitzen.

b) Konstruktionen aus Eisen. Gusseisen eignet sich nicht besonders zur Herstellung von Tragsäulen wegen seiner geringen Elasticität; die Säulen müssen sehr stark dimensionirt werden, um der Biegungsbeanspruchung zu widerstehen. Das Schmiedeeisen wird dagegen in allen Formen hierzu benutzt. In manchen Fällen wird eine Kombination der beiden am Platze sein, indem die eigentliche Säule aus Schmiedeeisen, der Fuss aus Gusseisen hergestellt werden kann. Loir hat 1872 Säulen aus Zorés-Eisen empfohlen. Durch Aufeinanderlegen von 2 Zorés-

Eisen, die miteinander vernietet wurden, erhielt man röhrenförmige Säulen. Der Fuss wurde durch eine horizontale, mit Winkelstücken befestigte Platte gebildet, auf welche ein Mauer- oder Betonklotz aufgesetzt wurde. Auch aus alten Schienen oder T-Trägern lassen sich Konstruktionen herstellen. Elegante Formen hat das Eisenwerk Fives-

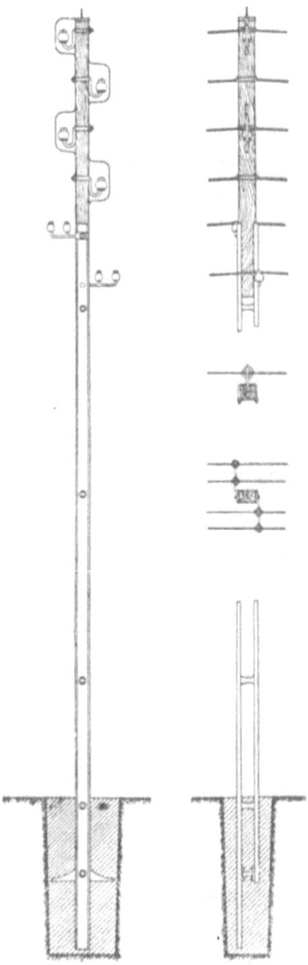

Fig. 93.

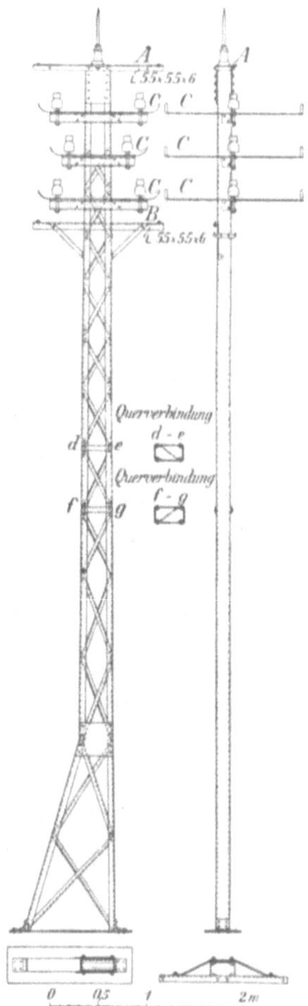

Fig. 94.

Lille im Verein mit L. Weiller aus 4 gegeneinander geneigten einfachen Winkeleisen, die durch Querstege verbunden sind, gebaut. Vielfach werden schmiedeiserne Röhren benutzt, die bei grosser Widerstandsfähigkeit recht leicht sind; besonders gilt dies von Mannesmannschen Röhren, die abgesetzt in einem Stücke geliefert werden können. Bei allen Röhrenformen ist es erforderlich, das Eindringen von Wasser zu verhüten und bei allen schmiedeisernen Konstruktionen ist ein dauerhafter Anstrich, der oft erneuert werden muss, Bedingung gegen Rostbildung. Die gute Eigenschaft des Holzes, bei einem Isolationsfehler der Glocke zum Theil dennoch zu isoliren, führte insbesondere bei hohen elektrischen Spannungen zu Konstruktionen, wo Holztheile als Ergänzung zu den Eisenkonstruktionen hinzugefügt werden. Fig. 93 stellt ein solche Tragstütze dar, welche auf der 29 km langen Strecke von Tivoli nach Rom zur Verwendung gelangte. Der untere eiserne Theil ist aus 2 T-Eisen, 9 m hoch und mit einem Querschnitt von 2180 mm², welche 16 cm von einander durch gusseiserne Stücke gehalten werden. Sie tragen am Fusse eine gusseiserne Platte, die in einem Betonklotz 2 m tief liegt. Die 2 T-Träger umfassen an ihrer Spitze einen Eichenbalken von 16 mal 20 cm, welcher 3,2 m lang ist und nur auf 0,9 m zwischen die T-Eisen eingesetzt ist. An demselben sind nun von oben nach unten zuerst vier Isolationsstützen für Kabel von 19 mal 2,6 mm Durchmesser = 104 mm² Querschnitt angeordnet, welche Strom von ca. 5000 Volt zu führen haben. Die Oelisolatoren, welche wir bereits besprachen, sind durch einen Schutzbügel gegen Steinwürfe geschützt; letzterer verhindert auch, dass der Leitungsdraht beim Bruche eines Isolators herunterfällt. Unter diesen vier Glocken sind 2 Träger mit je 2 Glocken für Signalleitungen angebracht. Der Kopf des Mastes ist mit einem Bleihut versehen, welcher ein Spitzenbündel trägt. Derselbe wird durch ein Kupferseil mit dem T-Eisen verbunden, so dass die Säule gegen Blitzschläge gesichert ist. Die Säulen sind in Distanzen von 35 m von einander errichtet.

Besonders hohe Maste werden in der Regel vollkommen als schmiedeiserne Gitterträger ausgebildet.

Hierher gehört auch der von der Obertelegrapheninspektion der Kgl. Sächsischen Eisenbahnen für die Anlage am Dresdener Bahnhof ausgebildete schmiedeiserne Gittermast, dessen Details aus Fig. 94 zu entnehmen sind.

16. Feinde der Luftleitungen.

Die Freileitungen werden wegen ihrer grossen Billigkeit in den Anschaffungs- und Montirungskosten den unterirdischen Leitungen gegenüber bevorzugt. Die Sicherheit ihrer Funktion kann durch aufmerksame Kontrole den gewünschten Grad der Vollkommenheit erreichen. So, wie die Bahnlinien ihre Wärter besitzen, erfordert auch eine elektrische Linie dieselben. Sorgsame Beobachtung lässt dann vielen Störungen vorbeugen, welche durch allerlei Zufälle an oberirdischen Leitungen auftreten können. Sie besitzen viele Feinde. Theoretische Feinde, eigentliche Widersacher, welche ihnen zwar nichts direkt anhaben, aber sie aus ästhetischen Gründen überhaupt nicht aufkommen lassen möchten. „Schön werden Telegraphenleitungen nie aussehen, und kein Mensch hält sie für eine Zierde der von ihnen durchzogenen Gegend", sagte Ludwig im Jahre 1870, „trotzdem muss auch hier, wo sie dem Auge sichtbar sind,. dem ästhetischen Gefühl nach Möglichkeit Rechnung getragen werden, was sich im Allgemeinen durch Regelmässigkeit und sichtbare Zweckmässigkeit mehr oder weniger erreichen lässt." Wirkliche Feinde, welche ihren Bestand gefährden, rekrutiren sich aus den verschiedensten Naturreichen: zu ihnen gehören Menschen, Thiere bis herab zur Ameise, zahlreiche Pilze und Schwämme und klimatische Einwirkungen.

Kein Theil der Leitungen wird verschont. Die Menschen greifen aus Habsucht nach dem Drahte, besonders da er aus Kupfer ist, und nach der Isolatorglocke, wie S. Weiller und H. Vivarez in ihrem Werke: Lignes et Transmissions électriques, so launig von den Arabern erzählten, dass sie Liebhaber von Kaffee, aber an Schalen dazu arm sind. Die Glocken bilden ausserdem eine beliebte Zielscheibe für die Steinwürfe der Strassenjugend. Man hat in Folge dessen zu unauffälligen Glocken, in brauner statt weisser Farbe, greifen wollen. Die Drähte können auch Angriffen von Vögeln ausgesetzt sein (v. Christiani erzählt, dass man in der Nähe von Gänseweiden Schutzdrähte ziehen musste, um die Hüter des Kapitols auf ihrem Heimwege vom Gegenfliegen wider die Telegraphenleitungen abzuhalten). Die Säulen werden von zahlreichen Insekten, von Pilzen und Schwämmen angegriffen. Vom Einflusse des Klimas haben wir bereits gesprochen; es sei nur noch hinzugefügt, dass man eine neue Holzsäule nicht gern in dasselbe Loch einsetzt, aus dem vorher eine verfaulte Säule entfernt wurde, aus Furcht, dass die zurückgebliebenen Fäulnisserreger ihr bald schaden könnten. Den Gefahren atmosphärischer Entladungen begegnet man durch besondere Einrichtungen, auf die wir später eingehen werden.

Trotz aller dieser Angriffe lässt sich eine Luftleitung leicht in gutem Zustande erhalten und ist dieselbe berufen, nicht nur die Energie weit abseits liegender Wasserkräfte auf ökonomische Weise zu übertragen, sondern auch Städten oder Stadttheilen mit geringer Verbrauchsdichte die Wohlthat elektrischer Stromvertheilung zukommen zu lassen.

B. Leitungen für Innenräume und deren Verlegung.

17. Isolirte Leitungen.

Wird der elektrische Leiter seiner ganzen Länge nach mit einer kontinuirlichen Isolirung versehen, so bezeichnet man ihn im Gegensatze zum blanken Drahte als „isolirten Leiter“. Die isolirten Leitungen können in 2 Gruppen getheilt werden und zwar in solche, deren Isolation bei mässiger Feuchtigkeit schon verschwindend klein wird, und in solche, welche selbst im Wasser liegend dauernd einen pro Kilometer angebbaren, grösseren Isolationswiderstand aufweisen können. Die letzteren werden daher oft als „solides Leitungsmaterial“ bezeichnet. Die erste Gruppe kommt namentlich für Installationen von Leitungen ausserhalb des Erdbodens für Innenräume, selten fürs Freie in Verwendung, während die zweite, welche im dritten Abschnitt dieses Kapitels behandelt wird, für die unterirdische Verlegung geeignet ist.

Die isolirende Hülle der Leitungen besteht aus mehreren Lagen des Isolirstoffes, theils um eine bessere Isolation, theils um grössere Biegsamkeit des Drahtes oder Kabels durch die geringere Sprödigkeit seiner Hülle zu erzielen. Für elektrische Apparate und Maschinen werden die Kupferdrähte mit 2—4 fachen Lagen von Seide, Zwirn oder Baumwolle umsponnen. Jede Lage ist in entgegengesetzter Richtung gewickelt als ihre Nachbarlagen. Baumwolldrähte in Wachs getränkt werden nur zur Haustelegraphie verwendet, während für trockene Räume die Drähte zuerst mehrfach mit Baumwolle, dann mit Leinenzwirn oder auch mit gezwirnter Wolle oder sogenanntem Eisengarn umflochten werden. Um diese Schichten für nicht absolut trockene Räume möglichst wasserdicht zu erhalten, werden sie mit Asphalt, Theer etc. getränkt. In den ersten Jahren der elektrischen Beleuchtungstechnik legte man grossen Werth auf die Unverbrennlichkeit dieser Isolirungsschichten und durchsetzte die Umspinnungen mit unverbrennlichen Stoffen wie Kreide etc. Reiner Asbest wird nur für kurze Leitungsstücke in besonderen Fällen verwendet, wo der Draht höheren Temperatureinflüssen von Aussen ausgesetzt wird. Die früher verwendeten sogenannten Asbestdrähte waren ganz zwecklos, da sie durchaus brennbar waren und ihre Masse in Folge ihrer Sprödigkeit beim Biegen leicht Sprünge erhielt. Um den Leiter gegen das Zutreten der Feuchtigkeit besser zu schützen, werden gute Leitungsdrähte zuerst mit einer oder zwei Lagen von dünnem Gummiband, welche spiralförmig den Leiter umschliessen, oder auch nur mit gummirtem Leinen- oder Baumwollband versehen. Da der vulkanisirte Kautschuk das Kupfer mit der Zeit durch Bildung von Schwefelkupfer angreifen würde, wird entweder der Kupferdraht verzinnt oder vor Berührung mit dem vulkanisirten Gummi durch eine Zwischenlage von Baumwolle oder Cellulose geschützt. Für dauernd feuchte Räume nutzen auch diese spiralförmig gewundenen Gummischichten nichts und man greift dann zu dem geschlossenen Guttapercha- oder Kautschukmantel. Die ersteren werden durch Wärme weich und empfehlen sich für Beleuchtungszwecke wenig. Dagegen haben sich Kombinationen von Gummi und Guttapercha gut bewährt. Das Eindringen von Feuchtigkeit wird jedoch am sichersten verhindert durch einen Bleimantel, welcher um den isolirten Leiter gepresst wird. Die Isolation dieser Drähte ist in Folge vollkommenen Abschlusses der Luft eine vorzügliche und bilden diese bleiumpressten Drähte oder Bleikabel, welche namentlich für Verlegung in die Mauer zu Hausinstallationen Verwendung finden, bereits einen Uebergang zum soliden Leitungsmaterial[1]).

Die isolirten Leitungen werden je nach dem Charakter der Oertlichkeit, in welcher sie unterzubringen sind, verschiedentlich verlegt und befestigt. Die Methode dieser Verlegung und die Wahl der richtigen Isolirungsart der Leitungen hängt jedoch nicht nur vom Raume und dessen Eigenthümlichkeiten d. h. davon ab, ob er ein Fabriksraum oder ein elegantes Wohnzimmer ist, oder ob er trocken, feucht, nass, feuergefährlich etc. ist, sondern auch von den Eigenschaften des Stromes selbst, namentlich von seiner elektrischen Spannung. Die Anwendung hochgespannter Ströme erfordert nicht nur wegen der besseren Isolirung, sondern auch wegen des nothwendigen Schutzes gegen ev. Berührung von Menschen und Thieren eine besondere Aufmerksamkeit. Der Reihe nach sollen nun für die oben angegebenen isolirten Leitungen die verschiedenen Verlegungsmethoden betrachtet und bei jeder ihre Verwendbarkeit für verschiedene Oertlichkeiten und verschiedenartige Ströme besprochen werden.

18. Anstiften der Leitungen.

Die einfachste Befestigung gut isolirter Leitungen kann durch stählerne Doppelstifte, Heftstifte, Zwecke oder Krampen, d. s. U-förmig gebogene Stifte erfolgen. Dieselben müssen, um gegen Rost geschützt zu sein, verzinnt sein.

Um die Isolirung des Leitungsdrahtes beim Einschlagen der Stifte nicht leichtfertig zu beschädigen, legt man unter dieselben Leder-

[1]) Näheres: Ueber isolirte Drähte und Kabel: Bishop. Elektr. Anzeiger 1897. Stuart A. Russell: Underground cables. Whittacker, London. Hugo Wietz: Die isolirten elektrischen Leitungsdrähte und Kabel. Leiner, Leipzig. 1897.

stückchen oder umwickelt den Draht mit etwas Isolirband. J. Wilfert in Köln stellt eine verbesserte Isolir-Sattelklammer aus verkupferten Stiften her (Fig. 95) und legt ein Stück Fiber als Polster auf, um den Leitungsdraht vor Verletzung durch zu starkes Antreiben des Stiftes zu schützen. Mojé und Stotz streben den gleichen Zweck durch ihren in Fig. 96 dargestellten Seidenlitzenhalter an, bei dem das Lager aus Kautschuk besteht und der vornehmlich für Leitungen in Wohnungen bestimmt ist, wo schnelle, wenig Schmutz erzeugende Montage angestrebt

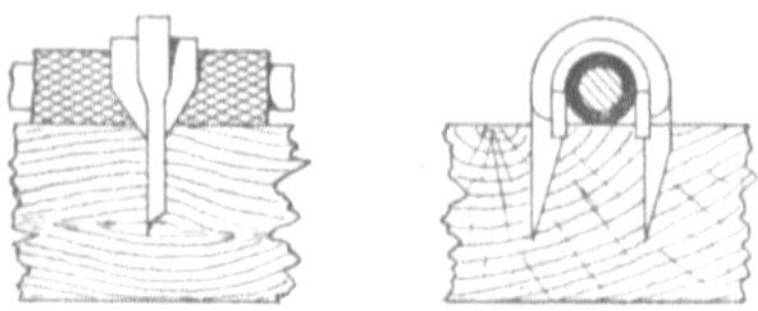

Fig. 95.

Fig. 96.

wird. Das Anstiften kommt nur in Frage in absolut trockenen Räumen auf Holz, Ledertapete oder Stuck. Es ist wegen der Unsicherheit verpönt, die durch den zu heftigen Hammerschlag beim Eintreiben der Stifte an der Isolirung des Leitungsdrahtes verursacht werden kann. In der einfachen Form ohne gutes Polster daher unzulässig, kommt das Anstiften heute nur in vereinzelten Fällen bei elektrischen Lichtleitungen mit niedriger Spannung und bei provisorischen Anlagen zur Anwendung, wobei man bestisolirte Leitungen wählen soll; der Verband D. E. erachtet das Anstiften und Ankrampen überhaupt als unzulässig.

19. Verlegung mittelst Klemmstücken und Rollen.

Um die Leitung an Wänden festzuhalten, werden je nach den Verhältnissen besondere Klemmstücke aus Metall, Holz, Glas oder Porzellan benutzt. Klemmstücke aus Metall, die durch Schrauben niedergedrückt werden und unter die ein Isolirpolster gelegt werden kann, sind in

Fig. 97.

einzelnen Fällen am Platze, wo das Anstiften nicht erlaubt ist und die nachfolgenden Methoden aus ästhetischen Gründen nicht zur Anwendung kommen können. Fig. 97 giebt ein solches Metallband für 1 oder 2 Leitungsdrähte an. Bleikabel werden oft auf diese Weise gefasst. Allgemeinere Verwendung findet jedoch die Klemmung mit Holz-, Glas-, oder Porzellanklammern. Dieselben bestehen für die meisten Fälle der Praxis aus 2 Stücken, einem Unterlagstück, welches den Leitungsdraht von der Wand weghält, und einem Obertheile, welches durch eine oder mehrere Schrauben die Niederpressung der Leitung bewirkt. Die Figuren 98—99 zeigen solche ein- oder zweinutige Klemmen aus Holz und

Fig. 98.

aus Hartglas oder Porzellan. Die Holzklemmen werden nur an trockenen Orten in Verwendung gebracht, während die Porzellan- und Glasklemmen selbst an feuchten Orten gute Isolation gewähren. Da der Eindruck einer solchen Leitung ein wenig gefälliger ist, so werden für Wohnräume oft beide Drähte, Hin- und Rückdraht, spiralförmig gewunden und durch ein zwischengeklemmtes kleines Buchsbaum-, Bein- oder Porzellanröllchen, wie Fig. 100 zeigt, niedergehalten. Zweckdienlicher, wenn auch nicht so zierlich, sind die von Friedrich Heller, Nürnberg, eingeführten Kleinisolatoren aus Porzellan (Fig. 101). Ein anderer Klemmisolator von

Fig. 99.

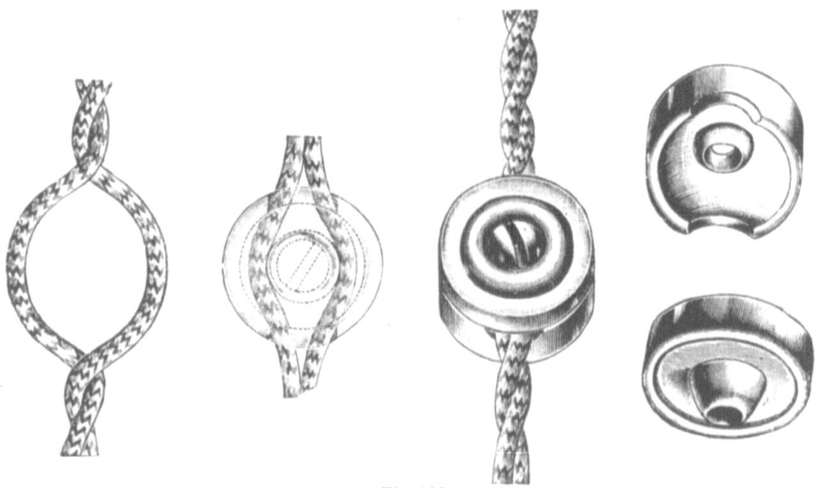

Fig. 101.

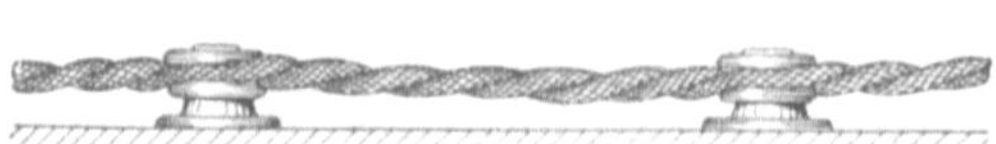

Fig. 100.

Gebr. Adt, Ensheim, ist in Fig. 102 dargestellt. Er besteht aus der unteren Hälfte a, der glockenartig geformten oberen Hälfte c und der

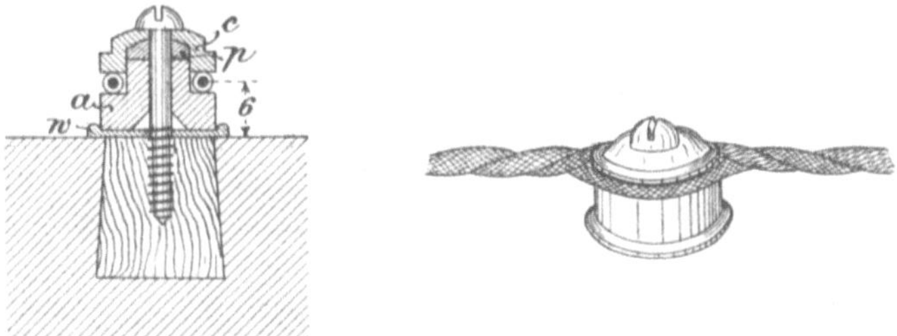

Fig. 102.

Wandrosette w; die Höhlung p enthält einen isolirenden Kitt, um jeden Stromübergang vom Draht zur Schraube zu verhüten.

Nach den Vorschriften des V. D. E. müssen Klemmen den Draht in mindestens 5 mm Abstand von der Wand halten.

20. Verlegung an Porzellanrollen.

Klemmunterlagen oder Porzellanrollen werden an Holzwänden oder Balken vermittelst Schrauben befestigt. An eisernen Traversen können sie durch Schellen, wie nach Fig. 103 montirt werden. An Mauerwerk aus Ziegel oder Stein werden vorerst Holz- oder Eisendübel (Fig. 104)

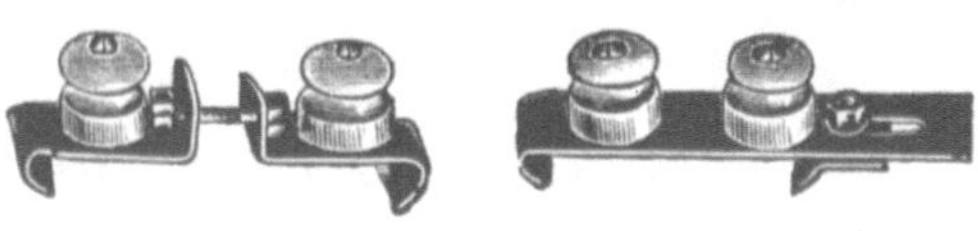

Fig. 103.

Fig. 104.

eingesetzt. Die Dübel werden in eine vorher ausgestemmte Oeffnung eingegypst. Für bessere Räume, wo möglichst wenig Schmutz bei der Montirung gemacht werden soll, greift man von viereckigen Dübeln zu runden; und soll man zur Schonung der Tapeten von der Eingypsung absolut absehen, so kann man durch Eintreiben eines kleinen Keils in den im Dübel gemachten Schlitz sich helfen, obzwar das Resultat kein so sicheres ist wie bei ersterer. Alle Holzdübel haben nämlich den Nachtheil, dass sie beim Schwinden des Holzes ihre Festigkeit einbüssen, insbesondere fällt jedoch dieser Nachtheil beim Dübel mit Keil ins Gewicht, weil der letztere noch leichter loslässt als der einfache Holzdübel, dessen Faserrichtung parallel zur Wandfläche, nicht senkrecht dazu verläuft. Des angegebenen Nachtheils wegen werden Holzdübel gemieden und eiserne Dübel immer mehr bevorzugt. Sollen mehrere Leitungen parallel geführt werden, so werden die Rollen längs einer Eisenschiene befestigt, welche mit dem Dübel ein einziges Stück bildet (Fig. 105). Schnelle und reine Montage gestattet die in neuester

Fig. 105.

Zeit von Stube und Schneider in Hamburg eingeführte Keilverschraubung (Fig. 106). Um einen Schraubenbolzen lagern vier Gusseisenlamellen, die von einem Blechring sanft gehalten werden. Wird nun an der sechseckigen äusseren Mutter oder am Schraubenkopf entsprechend gedreht, so wirken dieselben auf eine konische Schraubenmutter, die dann die Lamellen auseinandertreibt und so die Befestigung bewirkt.

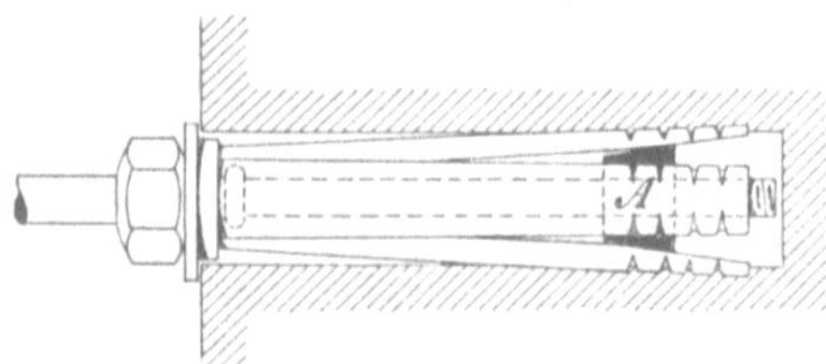

Fig. 106.

Aehnliche Zwecke verfolgt der von J. Böddinghaus in Düsseldorf erfolgreich eingeführte Spiraldübel, Fig. 107, 108. Der Dübel selbst wird hier durch eine doppelte Drahtspirale gebildet, welche mit der eingesetzten Schraube eingegypst werden. Bei dickem Putz soll das Dübelloch bis auf das eigentliche Mauerwerk durchgeführt und konisch erweitert werden. Das Loch soll dann mit Wasser ausgespritzt und zum Eingypsen soll dem Gyps ein geringer Zusatz von getrockneten und zu Pulver zerriebenen Malvenblüthen beigemengt werden. Durch diesen Zusatz soll erreicht werden, dass der Gyps erst nach etwa $^1/_2$ Stunde erhärtet und somit in grösseren Mengen zum Gebrauch fertiggemacht werden kann. Nach dem Erhärten des Gypses kann die Schraube zur Einsetzung der Porzellanrolle oder -Klemme leicht aus dem Dübel geschraubt werden.

Beim Verlegen von Leitungen in Wohn- oder Luxusräumen wird die Anwendung eines Sondirbohrers zum Aufsuchen der Mauerwerksfugen empfohlen. Das Mauerwerk bildet stets Parallelen unter sich und bildet somit die beste Hilfslinie für eine symmetrisch ausgeführte Leitung. In Neubauten kann der Holzdübel erst nach Austrocknung des Verputzes versetzt werden, während die Eisendübel direkt nach dem Rohbau eingesetzt und die Schrauben eingeschraubt werden können, sodass nach Fertigstellung aller Bauhandwerkerarbeiten dieselben nachträglich leicht aufgefunden werden können.

Die Verlegung auf Porzellanrollen, an die der gespannte Leitungsdraht vermittelst Kupferbindedraht gebunden wird, eignet sich in vorzüglicher Weise für alle Fälle, wo hohe Isolation gefordert wird. Sie kann bei passender Wahl der Rollen hohen Spannungen widerstehen. Es ist in solchen Fällen nur nöthig, den Kopf der Befestigungsschrauben zu versenken und mit einer Isolirungsmasse zu verstreichen oder mit einer Isolirkappe zu decken, damit Uebergänge des Stromes zur Be-

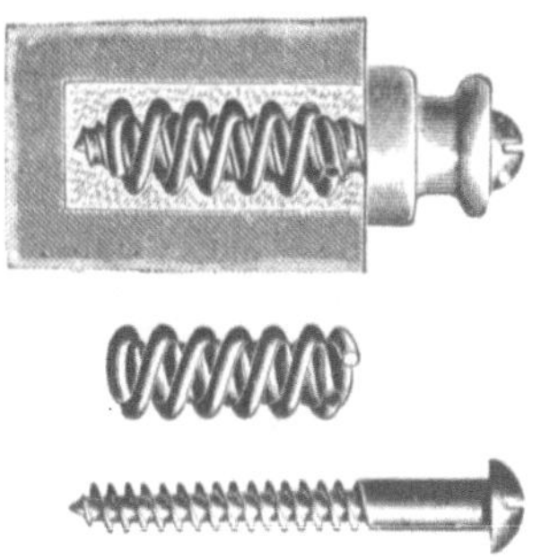

Fig. 107.

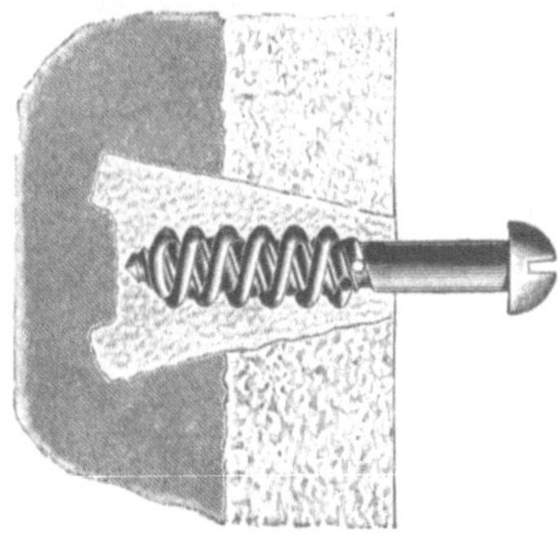

Fig. 108.

festigungsschraube gegen Erde, respektive Durchschläge auf diesem Wege ausgeschlossen werden. Auf diese Weise kann man Leitungen mit mehreren Tausend Volt Spannungsdifferenz sicher führen; natürlich wird man dabei, wo der Zutritt Unberufener zu befürchten ist, eine luftige Holzverschalung über die Leitung setzen. Auch für niedergespannten Strom greift man hie und da zu einer analogen Lösung, wo es gilt, die Leitung in einer Maueraussparung unsichtbar zu verlegen. Als Deckleiste kann man Schieferplatten benutzen, welche den Mörtelputz gut aufnehmen, sich nicht werfen und sich leicht herabnehmen lassen, und damit eine Leitungskontrolle ermöglichen. Diese Anordnung erfordert bedeutende Distanz zwischen den Hin- und Rückdrähten, damit beim Nachlassen der mechanischen Spannung im Drahte und entsprechendem Ausbauchen der Leitungen eine Berührung untereinander nicht stattfinden könne. Man suchte daher den Draht seiner ganzen Länge nach zu halten, was durch die später folgenden Verlegungsarten erreicht werden kann.

Nach den Bestimmungen des V. D. E. müssen Isolirrollen und Isolirringe so geformt sein und angebracht werden, dass der Draht in feuchten Räumen wenigstens 10 mm und in trockenen Räumen wenigstens 5 mm lichten Abstand von der Wand hat. Bei Führung längs der Wand soll auf je 80 cm mindestens eine Rolle kommen. Bei Führung an der Decke muss und darf sich die Entfernung der Rollen der Deckenkonstruktion anpassen.

21. Ring-Isolatoren.

Hierher ist auch die Verlegung von Zwillingsleitern auf Ringisolatoren nach Peschel's System, welches von Hartmann und Braun in Bockenheim bei Frankfurt a. M. für Hausinstallationen eingeführt wurde, zu rechnen. Doppelschnüre, deren äussere Umspinnung dem Ton der Tapeten angepasst ist, werden von dem in Fig. 109 dargestellten Porzellan-

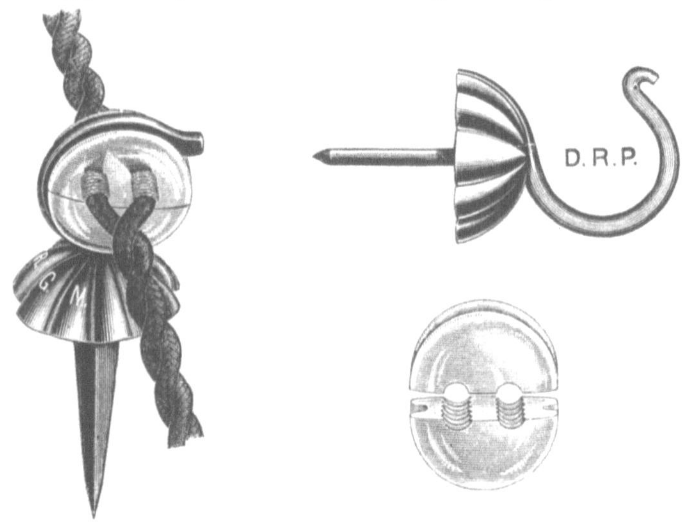

Fig. 109.

ring getragen, welcher vorher auf den Leitungsdraht aufgeschoben und dann erst in die Feder gedrückt wird. Das Eintreiben des Befestigungsstiftes wird vermittelst Setzeisens bewirkt. Die Kabel werden in leichten Bögen von Isolator zu Isolator durchhängend angeordnet und an einzelnen Punkten durch die in Fig. 110 ersichtliche Kabelklemme leicht festgeklemmt. Sie besteht aus einem Ringisolator, welcher an beiden

[1]) Näheres A. Peschel, Hilfsbuch für die Montage elektrischer Leitungen und Dr. C. Heim, Einrichtung elektrischer Beleuchtungsanlagen für Gleichstrombetrieb.

Seiten geschlitzte Gewindeansätze hat; in diese Schlitze werden kleine Keile eingelegt und mittelst je einer Schraubenmutter auf das durch den Ring geschobene Kabel gepresst. Bei starken Doppelkabeln verwendet man getheilte Ringe, wobei das lästige vorherige Aufschieben

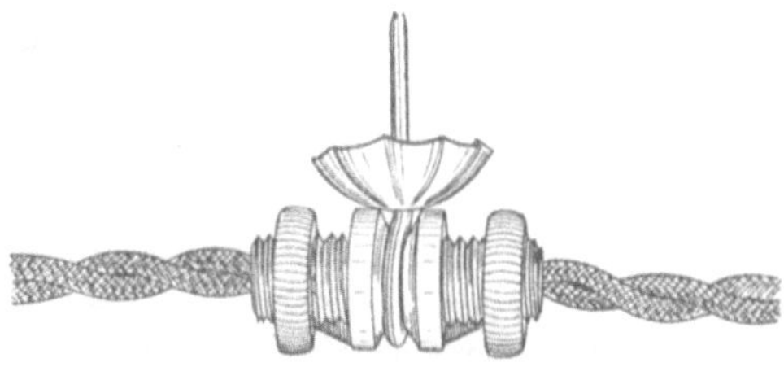

Fig. 110.

wegfällt. Soll eine Leitung in einer Wohnung sichtbar und gefällig geführt werden, so kann diese Verlegungsmethode mit Vortheil zur Anwendung kommen. Da die Leitungsschnüre jedoch lose hängen, so erfordert sie, um den guten Zustand aufrecht zu erhalten, beim Reinigen der Wohnungswände stete Aufmerksamkeit.

22. Verlegung in Holzleisten.

Diese Leisten bestehen aus einem mit Nuten versehenen Brett, in welches die Leitungsstränge ohne jede weitere Befestigung frei eingelegt werden (Fig. 111). Die Grundleiste wird mit einer Deckleiste geschlossen. Um dieses Schliessen besser zu gestalten, können die Mittelstege um eine Kleinigkeit tiefer stehen als die Randstege. Die Grundstege werden mit

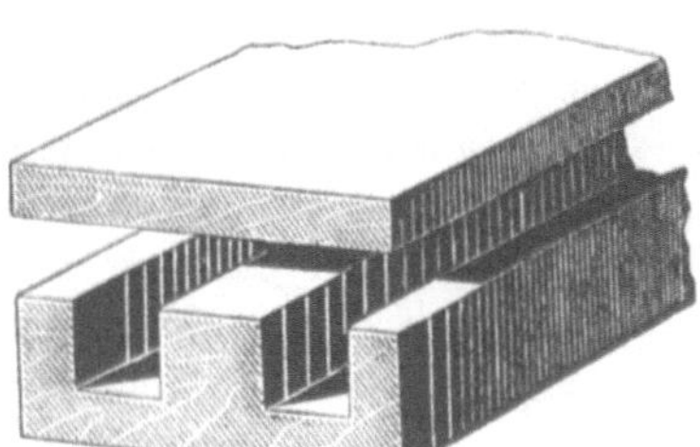

Fig. 111.

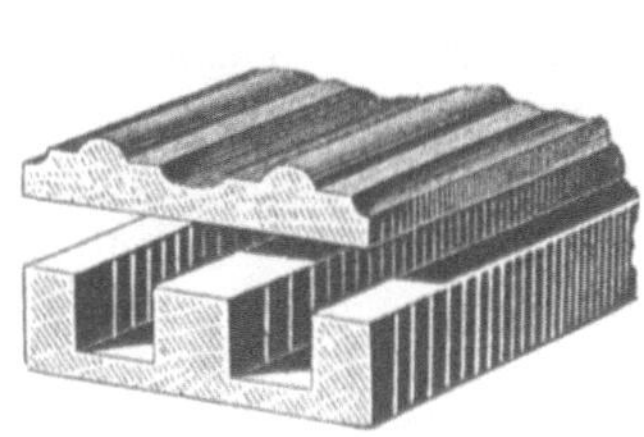

Fig. 112.

Hilfe von Dübeln an die Mauer etc. festgeschraubt. Diese Verlegungsart soll nur an trockenen Stellen zur Verwendung gelangen, denn das trockene Holz würde an feuchten Wänden Feuchtigkeit aufsaugen und so Stromableitungen herbei führen. Darum werden Leiste und Deckel oft vor dem Gebrauche mit einem Anstrich von Leinölfirniss versehen oder man entschliesst sich dazu, unter die Grundleiste an einzelnen Punkten Porzellanscheiben unterzuschieben, damit eine direkte Berührung mit der feuchten Wand vermieden werde.

Theeranstrich ist nicht geboten, weil derselbe eine eventuelle Brandgefahr erhöht. Die Holzleiste erlaubt die Unterbringung von vielen Leitungssträngen dicht nebeneinander, weil ihre gegenseitige Lage eine gesicherte ist. Da Holzleisten mit Oelfarbe angestrichen werden können oder mit Tapeten zu überkleben sind, und da eine Kontrolle durch Abnehmen der Deckleiste bei Anbringung auf dem Verputze oder mit demselben bündig möglich ist und auch durch Profilirung der Leiste (Fig. 112) dem ästhetischen Bedürfnisse nachgekommen werden kann, so ist diese Verlegungsart trotz aller Mängel auch jetzt vielfach beliebt. Die Ausführung von schön verlegten Holznutleitungen ist mehr Aufgabe eines tüchtigen Tischlers als eines Monteurs. Unterm Verputz empfiehlt sich diese Leitungsverlegung am wenigsten. Ein Eindringen des Mörtels kann die Isolirungsstoffe unmittelbar angreifen. Die Feuchtigkeit verliert sich nicht, da eine Ventilation unmöglich ist. Ausserdem wird oft der Verputz durch Eintrocknen der Leiste rissig, wodurch bei Verwendung am Plafondspiegel sich mit der Zeit ein hellerer Streifen bildet. Nicht weniger ungünstig verhalten sich Holzleisten unter dem gewöhnlich gedielten Fussboden als Lüsterzuführung für den darunter befindlichen Plafond verlegt, weil durch Aufwaschen dieses Fussbodens ein Feuchtwerden der Leitungen durch das zwischen den Fussboden eindringende Wasser zu befürchten steht. Ganz besondere Vorsicht erheischen hier die Löth- oder Verbindungsstellen der Leitungen, da ihre ev. Erhitzung bei schlechtem Kontakt der Leiste gefährlich werden könnte. Die Verlegung in Holzleiste wird ausschliesslich bei niedergespanntem Strome verwendet, hat aber zu sehr verschiedenen Beurtheilungen Anlass gegeben. Bei Gleichstrom, insbesondere bei Mehrleiteranlagen mit 220 Volt und mehr, sind öfters grosse Anstände entstanden; bei vielen anderen Anlagen, insbesondere aber mit Wechselstrom von 72 und 110 Volt, haben sich dagegen die Holzleisten gut bewährt; das vollkommene Verbot ihrer Verwendung seitens des V. D. E. scheint also etwas zu weit zu gehen, da man die Holzleisten bis 110 Volt und für trockene Räume jedenfalls sicher verwenden kann.

23. Verlegung in Rohrwegen.

Es lag nahe, die Technik der Gas- und Wasserleitungen auch für elektrische Leitungen nachzubilden und es wurden diesbezüglich eine grosse Reihe von Versuchen angestellt, von denen einige es zu praktischer Entwicklung und grosser Verbreitung gebracht haben. Die Leitungsdrähte werden in Röhren eingezogen und so zum Theil gegen Feuchtigkeit und mechanische Angriffe geschützt. Es giebt einige Durchführungen dieser Idee; am entwickeltsten ist das Installationssystem von S. Bergmann und Comp. in New York, Berlin. Die Rohre haben eine Länge von 3 bis 4 m und Durchmesser von 7 bis 48 mm lichter Weite. Sie bestehen

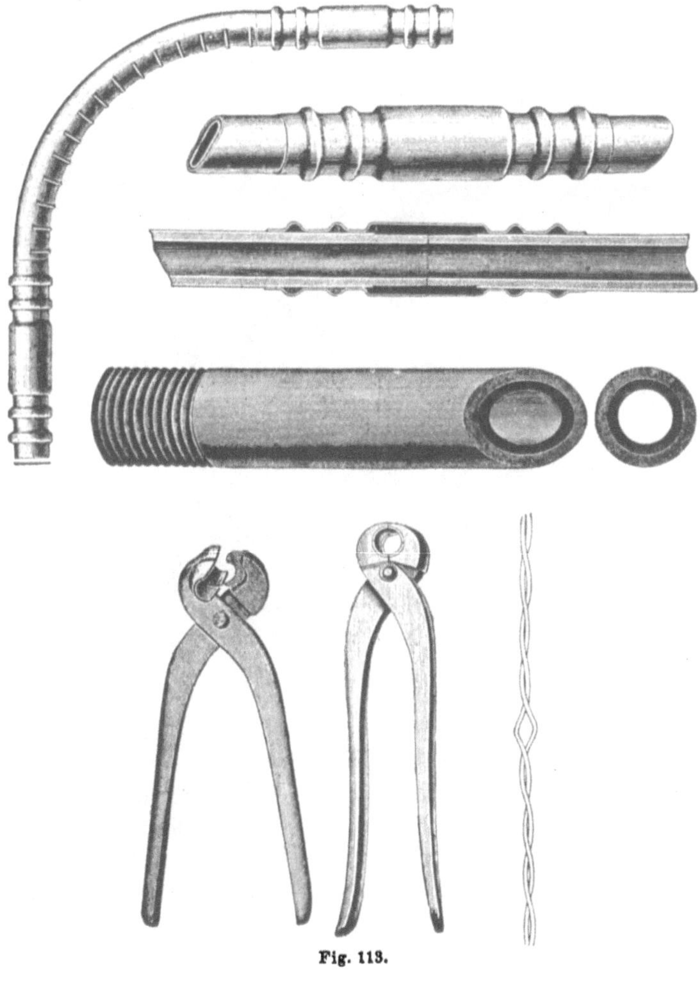

Fig. 113.

aus mehreren spiralförmig gewundenen Papierstreifen, welche mit einem bei hoher Temperatur schmelzenden Kohlenwasserstoff durchtränkt sind, wodurch sie wasserdicht und zugleich hart und etwas elastisch werden. Sie sind im Innern vollkommen glatt, so dass das Einziehen von Drähten vermittelst eines Stahlbandes erfolgen kann, wenn bei den Verbindungsstellen der Rohre genügende Vorsicht gegen die Bildung eines Grates genommen wird. Soll eine Leitung verlegt werden, so wird vorerst das Rohrnetz gelegt und dann werden erst die Leitungen eingezogen. Ausser geraden Stücken werden wie bei schmiedeisernen Rohrleitungen für die Biegungen und Ecken des Leitungsweges besonders gekrümmte Stücke geliefert. Die einzelnen Rohrlängen werden durch leichte Metallmuffen (Fig. 113) verbunden, indem dieselben leicht erwärmt auf das Rohr gesteckt werden und hierauf durch eine besondere Würgzange so eingekerbt werden, dass eine vollständige wasserdichte Verbindung erzielt werden kann. In solchen Räumen, wo durch Säuredämpfe diese Messingstücke bald unbrauchbar würden, müssen jedoch Muffen aus

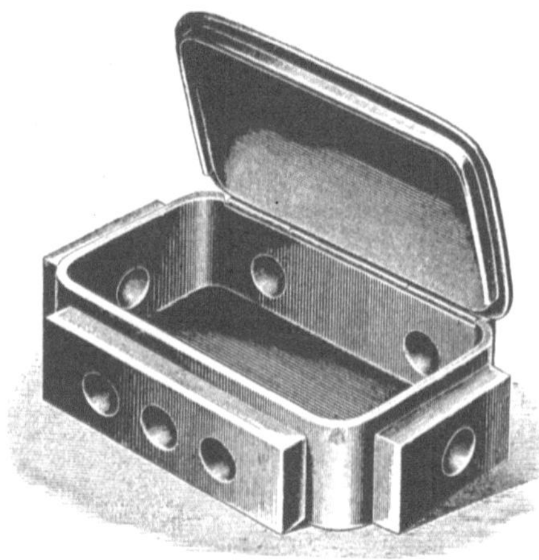

Fig. 114.

Papierrohr zur Anwendung gelangen. Die Röhren können nach gelinder Erwärmung gebogen werden; hierdurch, sowie mit den erwähnten Ellbogen und Kröpfungsstücken kann man allen Anforderungen des Raumes leicht nachkommen. An passenden Stellen der Leitung werden Dosen (Fig. 114) eingesetzt, von welchen aus die Leitung leicht zugänglich bleibt. Die Rohre werden entweder offen auf dem Verputz oder in denselben verlegt. Sie erhalten ihre Befestigung durch Rohrschellen (Fig. 97) oder durch einen aus zwei Litzen zusammengesetzten Eisendraht, welcher mit einem Drahtstift an dem Mauerwerk gehalten wird. In die fertiggestellten Rohrstränge, welche entweder Hin- und Rückleitung in einem Rohre gemeinschaftlich oder je in einem einzelnen Rohre zu führen haben, werden die Leitungen eingezogen. Hierbei ist zu beachten, dass nicht mehr als 4 Krümmungen von Dose zu Dose zu liegen kommen, damit das Einziehen der Leitungen auf keine Schwierigkeit stösst. Haupt- und

Steigleitungen erhalten separate Röhren für Hin- und Rückleitung. Die Löthstellen der Leitungen sollen nicht ins Rohr zu liegen kommen, sondern in den Verbindungskästen kontrolirbar untergebracht werden. Die Röhren werden entweder unsichtbar oder sichtbar verlegt. Im ersteren Falle kommen sie in den Verputz, wo sie am besten durch eine Gypsschichte von Kalkmörtel geschützt werden. Cement greift die Röhren besonders stark an und muss man in solchen Fällen Papierrohre mit einem Stahl- oder Messingblechüberzug verwenden. Bei Wechselstrom müssen dann Hin- und Rückleitung gemeinschaftlich verlegt werden. Auch sichtbar verlegte Rohre werden mit einer solchen Hülle, die polirt und vernirt zu erhalten ist, in besser ausgestatteten Räumen vielfach verwendet. Fig. 113 giebt ein Bild dieses Leitungssystems in seiner

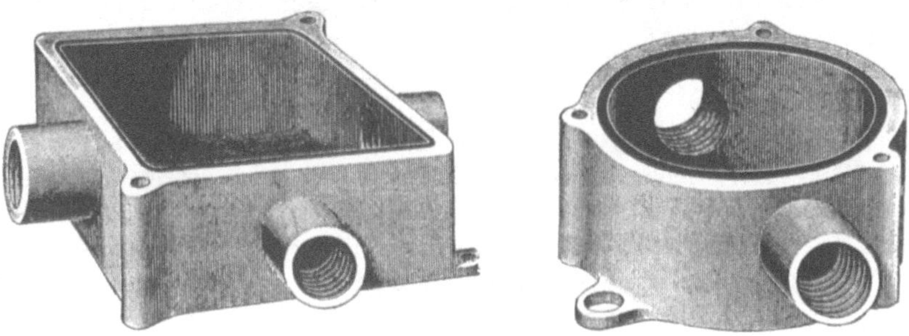

Fig. 115.

neuesten Form, bei der der Stahlmantel ziemlich beträchtliche Dimensionen besitzt. Die zugehörigen, mit Papier ausgekleideten gusseisernen Dosen sind in Fig. 115 dargestellt.

In jüngster Zeit werden in der Mannheimer Gummi-, Guttapercha- und Asbestfabrik in Mannheim biegsame Hartgummi-Isolirröhren in den Handel gebracht, welche die Anwendung von eigenen Façonstücken zur Herstellung von Biegungen und Krümmungen überflüssig machen. Die Verbindung zweier Rohre geschieht durch eine Messinghülse, welche durch eine besondere kalt aufgestrichene Gummilösung an das Rohr luft- und wasserdichten Abschluss herstellt, wie dies Gebrüder Adt, Ensheim, Rheinpfalz einführten.

In Räumen, die mit feuchter Luft oder Dünsten und Dämpfen von Gasen erfüllt sind, ist eine Abdichtung der Rohrwege an den Verbindungsdosen nothwendig. Auch für gewöhnliche Fälle hätte dieser luftdichte Abschluss Berechtigung, da er eine Entflammung der Isolirhülle bei einer fehlerhaften übermässigen Erhitzung des elektrischen Leiters durch Luftmangel hintanhalten würde In gewöhnlichen Räumen muss dies unterlassen werden, weil man die Rohrwege durch die eintretende cirkulirende Luft auch dann trocken halten will, wenn eine oder die andere Verbindung undicht wird oder die Mauerfeuchtigkeit bei Neubauten eindringt. Man giebt deswegen den Röhren ein entsprechendes Gefälle zum Abfliessen etwaiger Kondenswasseransammlungen. Nach den Bestimmungen des V. D. E. müssen die Rohre nach der Verlegung an der höher gelegenen Mündung des Rohrkanals luftdicht verschlossen werden, um die bei starkem Temperaturwechsel auftretende Bildung von Kondenswasser möglichst zu verringern. Bei Wechselstrom müssen Hin- und Rückleitung in ein Rohr verlegt werden.

24. Verlegung von gut isolirten Drähten im trockenen Mauerputz.

Isolirte Drähte, welche entweder mit einer wasserdichten Grundmasse aus Paragummi oder Kautschuk versehen, oder mit einem äusseren Bleimantel umgeben sind, werden in dem trockenen Mauerverputz in Rillen gebettet, die mit gut bindendem Gyps vorerst ausgestrichen, und dann verstrichen werden. Man soll für Hin- und Rückleitung keine gemeinschaftliche Rille benutzen, sondern besser getrennte in geringer Distanz von einander vorsehen. Das Einritzen des Mauerverputzes geschieht auf einfachste Weise durch das in Fig. 116 dargestellte Ritzeisen. Diese Verlegungsart darf nur an vollkommen trockenen Orten verwendet werden und giebt dann zwar niedrige, aber genügende Isolationswerthe. Die einfache und sichere Montage derselben lässt sie, am richtigen Orte angewendet, insolange gerechtfertigt erscheinen, als andere Methoden ihre Vortheile nur bei exquisitester Arbeit und hohen Kosten zur Geltung bringen, während dieselben vollends verschwinden, sobald in einem oder beiden erwähnten Punkten sich eine Beschränktheit zeigt. Am leichtesten lässt sich dies bei der Verlegung mit Bleikabel erkennen, wo z. B. eine Nachlässigkeit in einem einzigen Verbindungskasten den Kupferleiter mit der Bleihülle verbinden kann, oder bei denen ein einziges fehlerhaftes Stück im Bleimantel einen totalen Abfall des hohen Isolationswerthes herbeiführt. Man hat aus letzterem Grunde bei Bleikabeln die Verwendung von minderwerthiger Waare auszuschliessen und wählte früher deshalb oft nur Bleikabel mit doppeltem Bleimantel; dies ist jedoch gegenwärtig in Folge der vorgeschrittenen Fabrikationsweisen von Bleikabeln nicht mehr erforderlich, umsomehr als solche zweimantelige Kabel beim Biegen sich ungünstiger als einfache verhalten. Gute Installationsbleikabel sind sehr biegsam und ihre Isolationsmasse verträgt viele Biegungen, ohne rissig zu werden. Die Endverschlüsse von Bleikabeln müssen sorgfältig hergestellt werden, damit eine Ableitung vom

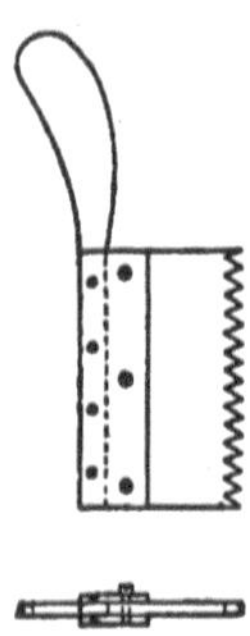

Fig. 116.

Kupfer zum Blei vermieden werde. Man schneidet die Bleihülle B auf eine entsprechende Länge ab (Fig. 117), und umwickelt die Isolirschicht mit Isolirband D, welches durch einen Bindfaden E gegen Aufrollen gesichert wird. Auf analoge Weise wird bei Abzweigungen vorgegangen und die Drähte miteinander durch ein Klemmstück F, unter welches noch Zinnfolie geschoben werden kann, verbunden. Liegen die Kabel im Verputz, so werden Verbindungs- und Kreuzungsstellen in besonderen hölzernen,

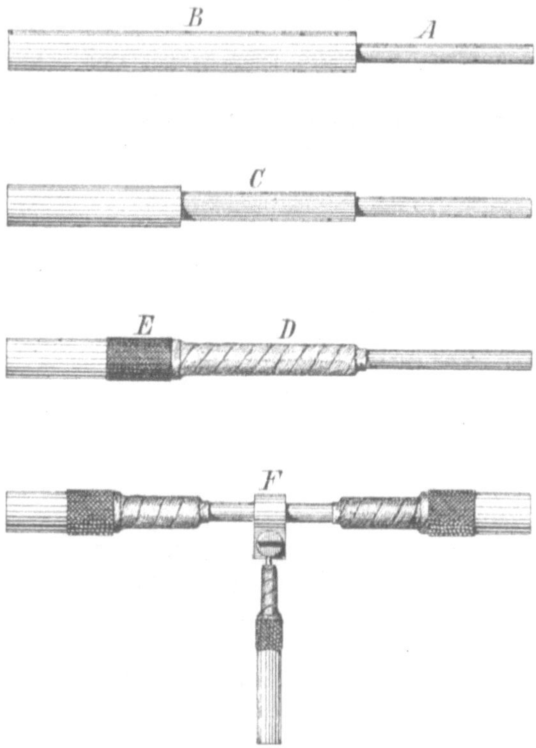

Fig. 117.

oder aus Isolirstoffen bestehenden Kästchen ähnlich Fig. 114 und 115 untergebracht. Sollen diese Stellen keinen Kontrolpunkt bei etwaigen Fehlern bilden, so können diese Kästchen ganz mit Isolirmasse ausgegossen werden. Besser bleiben sie zugänglich. Oft wird statt des Isolirbandes eine Kautschukhülse stramm über die Uebergangsstelle als Endverschluss geschoben oder nur einfach ein Ebonitröhrchen benutzt, welches mit Isolirmasse auszugiessen ist. Will man bei solchen Verbindungen das Kästchen ersparen, so kann ein Bleirohr über diese Stelle geschoben werden, dessen Enden vermittelst einer Rohrzange ausgezogen und zu dichtem Anschluss gebracht werden. Ist eine solche Uebergangsstelle von Bleikabel zu Luftleitung noch ausserdem der Witterung ausgesetzt, wie z. B. Anschlüsse zwischen den Bleikabelzuführungen zu Strassenlaternen und einer blanken Luftleitung, so muss man sie durch eine Porzellanhülse gegen Nässe schützen.

Die unsichtbare Führung von Leitungen bietet immerhin die Gefahr einer Verletzung durch Einschlagen von Nägeln etc.; — genaue Pläne, wie sie in solchen Fällen gefordert werden, — schützen dagegen leider nicht, sie erleichtern nur das Fehlersuchen. Man hat vorgeschlagen, den Gyps mit Minium zu untermischen, damit man die Leitungsstellen desto sicherer erkenne; Schutzleisten aus Stahlblech wurden vorgelegt, um die ev. Nagelhiebe abzufangen. Auch hat man zur Armirung der Bleikabel selbst vermittelst Eisendrähten gegriffen, wie wir näher im 3. Abschnitt bei den Erdkabeln erfahren werden.

25. Besondere Arten der Leitungsverlegung.

Ausser den angeführten Leitungs- und Verlegungsarten giebt es für besondere Fälle Methoden, welche in die gegebenen sich durchaus nicht einfügen lassen. So hat Andrew für die speciellen Bedingungen auf Schiffen ein Leitungssystem entwickelt, welches aus einem Innenleiter besteht, der durch eine Isolirungsschicht vom koncentrisch angeordneten Aussenleiter getrennt wird. Der letztere hat mit der Schiffshaut direkte Berührung.

An sehr feuchten Orten, an denen noch specielle Umstände hinzutreten, wie in Brauereien, chemischen Fabriken, Ställen, Dampfbädern etc. widerstehen isolirte Leitungen auf die Dauer schwer. Man legt dann blanke Drähte auf Porzellanglocken oder Rollen, und wenn zu befürchten steht, dass selbst das Kupfer angegriffen werden sollte, so muss man zur Anwendung von bleiumpressten Kupferstäben, von Eisenstäben oder hochkantigen Flacheisen greifen, welche mit einem öfters zu erneuernden Anstrich von Oelfarbe oder Emaillack gegen Rost oder Grünspan zu versehen sind.

Diese Anordnung nähert sich den für Freiluftleitungen gegebenen Lösungen. Noch mehr ist dies der Fall, bei den Leitungen, welche im Anschluss an Innenleitungen Keller- oder Hofräume zu überspannen haben.

26. Hofleitungen und Kellerleitungen.

werden in der Regel als blanke Leitungen angeordnet und ähnlich den Freiluftleitungen für grössere Spannweiten verlegt. Sie können für diese Zwecke nur auf hohe Porzellanrollen oder besser -glocken verlegt werden und müssen nach den Bestimmungen des V. D. E. von der Wand mindestens 10 cm, von einander bei Spannweiten über 6 m mindestens 30 cm, bei Spannweiten von 4—6 m mindestens 20 cm, bei kleineren Spannweiten mindestens 15 cm entfernt sein. Diese Entfernungen sind kleiner als jene bei Freiluftleitungen, weil die Hofleitungen in geringerem Maasse dem Winde ausgesetzt und gegen ihn auch unempfindlicher sind. Drähte gleicher Polarität dürfen in noch kleineren Abständen von einander geführt werden.

Die Glocken müssen stets so gestellt werden, dass sich in ihnen kein Wasser sammeln kann. Diese eigentlich selbstverständliche Bestimmung ist besonders für Kellerleitungen wohl zu beachten. Will man nämlich eine Leitung längs des Scheitels der Kellerwölbung führen, so erhält man die einfachste Montage mit geraden Isolatorstützen und nach abwärts gekehrten Isolirglocken; diese Montage ist aber trotz des leicht erreichbaren Abstandes von 10 cm von der Wand verwerflich. Sie muss ersetzt werden durch die längere U-förmige Stützen erfordernde Anordnung der aufwärts gerichteten Glocken, an denen der Draht im Seiten- oder Oberbund liegen kann.

27. Wand- und Deckendurchgänge.

An den Stellen, wo die isolirten Innenleitungen mit den blanken Hof- oder Freiluftleitungen in Verbindung treten, sind besondere Anordnungen erforderlich. Aehnliche Anordnungen ergeben sich auch an den Stellen, wo die isolirten Innenleitungen die Wände oder Decken der Gebäude und Zimmer durchbrechen.

Allen diesen Anordnungen liegt der Zweck zu Grunde, etwa in der Mauer vorhandene Feuchtigkeit oder durch atmosphärische Niederschläge an der Aussenseite des Gebäudes auftretenden Flüssigkeitsschichten von dem Eindringen in die Isolation der Innenleitungen abzuhalten.

Am zweckmässigsten ist es, für Wand- und Deckendurchgänge einen hinreichend weiten Kanal herzustellen, um die Leitungen frei hindurchführen zu können. Ist dies nicht angängig, so sind die Leitungen in Rohre aus Porzellan, Hartgummi oder Glas zu verlegen, welche über die Wand- und Deckenfläche um einige Centimeter vorstehen. Bei Durchgängen von der Decke eines Raumes zum Fussboden des darüber liegenden soll das Rohr auf der oberen Seite um 10 cm vorstehen, damit das beim Reinigen des Fussbodens verwendete Wasser nicht in das Schutzrohr laufen kann. Glasrohre sind häufig schon zerbrochen, wenn der Draht eben eingezogen ist; Papierrohre werden am besten mit Metallüberzug versehen, oder wie die Hartgummirohre mit einem weiteren Gasrohre mechanisch geschützt.

Bei Mauerdurchführungen aus dem Innern ins Freie werden dieselben Isolirrohre verwendet, an der Innenseite aber durch eine übergeschobene, nicht angesetzte Porzellantülle, an der Aussenseite durch eine ähnliche Einführungstülle mit abwärts gebogenem Rande oder Kopfende geschützt, Fig. 118. Der erste Isolator für die anschliessende Freileitung sitzt unter dieser Einführungstülle (oder -pfeife), um eine Abtropfstelle zu ermöglichen.

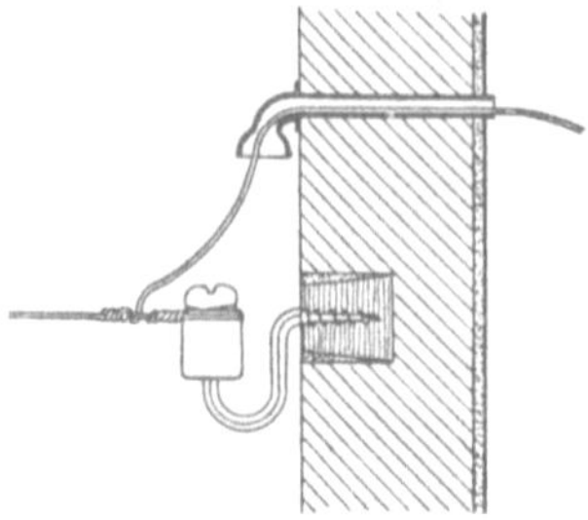

Fig. 118.

Wir haben damit die im ersten Abschnitte fürs Freie bestimmte Lösung wieder aufgegriffen; es bieten die Konstruktionen keine scharfen Merkmale zur gegebenen Eintheilung, sondern es treten vielfach Uebergänge ein, wie bei den Hofleitungen und bei den Bleikabeln erwähnt wurde.

28. Anforderungen an gute Montage.

Die Bedingungen, welche an eine rationelle Verlegungsart zu stellen sind, lassen sich wie folgt zusammenfassen. Man muss fordern:

1. Genügenden dauernden Isolationswerth.
2. Kontrollirbarkeit und Auswechselbarkeit der Leitungen.
3. Gefahrlosigkeit gegen abnormale Erwärmung, ev. Schutz gegen Berührung.
4. Berücksichtigung der ästhetischen Anforderungen.
5. Mässige Kosten.

Vergleicht man die aufgezählten Verlegungsarten in Bezug auf diese Punkte, so sieht man, dass es recht schwer hält, allen Bedingungen gleichzeitig gerecht zu werden; je nach dem speciellen Falle wird eine Wahl getroffen werden müssen, indem man die wichtigeren Bedingungen vorherrschen lässt, die unwichtigeren zurückdrängt. Der Kostenpunkt ist in letzter Reihe angeführt, erscheint jedoch in den meisten Fällen der Praxis leider als erster. Ueber die Höhe des Isolationswerthes werden wir in einem folgenden Kapitel die Festlegungen geben. Was die Kontrollirbarkeit und Austauschbarkeit der Leitungen anbelangt, so fällt es meistens nicht schwer, den ev. Umständen entsprechend zu wählen. Ueber die Erhitzung von Leitungen werden wir noch die allgemeinen Grundsätze, und in den Schmelzsicherungen noch ein Mittel gegen Ueberhitzung kennen lernen. Mechanischer Schutz und ästhetische Anforderungen stehen sich leider meistens entgegen, wie z. B. bei den hängenden Schnurleitungen auf Ringisolatoren, die recht nett aussehen, aber den mechanischen Angriffen nur mässig gewachsen sind.

C. Unterirdische Leitungen.

29. Allgemeines.

Die Aufgabe der Herstellung unterirdischer Leitungen für Starkströme tauchte gleichzeitig mit jener der ersten elektrischen Centralstation auf. Edison, der im Jahre 1882 als Erster einen grösseren Häuserblock von einer einzelnen Stelle aus mit elektrischem Strom zu Beleuchtungszwecken versorgte, brachte auch ein besonderes, in den Boden versenktes Leitungssystem dabei zur Anwendung. Da die Stromvertheilung nach dem Zweileitersystem mit 100 Volt Spannungsdifferenz zwischen den 2 Leitern erfolgte, so fielen die Leitungsquerschnitte so stark aus, dass die oberirdische Führung derselben unmöglich wurde, und die unterirdische Verlegung sich als einzige mögliche Lösung darbot. Die grossen technischen Schwierigkeiten, die hohen Kosten derselben, sowie insbesondere der finanzielle Misserfolg dieser ersten Centralanlage haben die Verbreitung der unterirdischen Starkstromleitungen in den darauffolgenden Jahren verzögert. Für die Leitungen der Serienbogenlichter und Transformatorensysteme, welche hochgespannten Strom führten, lag zwar die Nothwendigkeit der Verlegung in die Erde in den meisten Fällen nicht vor; aber es trat in den stark bevölkerten Hauptstädten mit ihren zahlreichen anderen Luftleitungen aus Sicherheitsrücksichten das Bedürfniss nach einer Bodenverlegung ein. Am stärksten zeigte sich dies z. B. in New-York, so dass man sich 1890 entschliessen musste, alle Luftleitungen daselbst zu verbieten.

Die Entwicklung der versenkten oder Untergrund-Leitungen für die neueren Starkströme wurde natürlich durch die zahlreichen, über ein halbes Jahrhundert reichenden Erfahrungen, welche man in der Telegraphie gesammelt hatte, wesentlich gefördert. Bei der Anlage der ersten Telegraphenlinien hatte man sich zur Erreichung grösserer Sicherheit der Anlage und des Betriebes voreilig bestimmen lassen, versenkte Leitungen anzuwenden. Die üblen Erfahrungen, welche man mit denselben in Folge ihrer technischen Unvollkommenheit und ihrer grossen Kosten machte, brachten sie fast auf ein halbes Jahrhundert in Misskredit. So erging es 1837 Cooke und Wheatstone, welche Draht mit Wolle bedeckten und in eine Harzmasse einbetteten, welche von einem Holzrahmen umgeben war. Diese Leitungen waren nicht wasserbeständig, und die Masse zersetzte sich bald. 1845 schlugen die Genannten Bleiumhüllung vor; aber der Misserfolg wiederholte sich, weil die Feuchtigkeit vor dem Ueberziehen des Mantels nicht beseitigt wurde. Um diese Zeit (1849) entdeckten Faraday und W. Siemens, dass Guttapercha ein gutes Dielektrikum sei; doch bewährte sich der anfänglich mit dieser Isolirung hergestellte Draht nicht, weil er der Länge nach eine Naht besass. 1868 wurde vulkanisirter Kautschuk zu submarinen Zwecken mit gutem Erfolge verwendet. Die Erfolge in der submarinen Kabeltechnik ermuthigten zur Verlegung der grossen unterirdischen Telegraphenlinien. Felten und Guilleaume in Mülheim a. Rhein begannen 1876 mit der Linie Berlin-Halle; seit jener Zeit sind gegen 220 deutsche Städte mit einander unterirdisch verbunden worden, und in anderen Staaten, namentlich in Frankreich, sind grosse Netze gelegt worden. Ein weiteres Feld wird

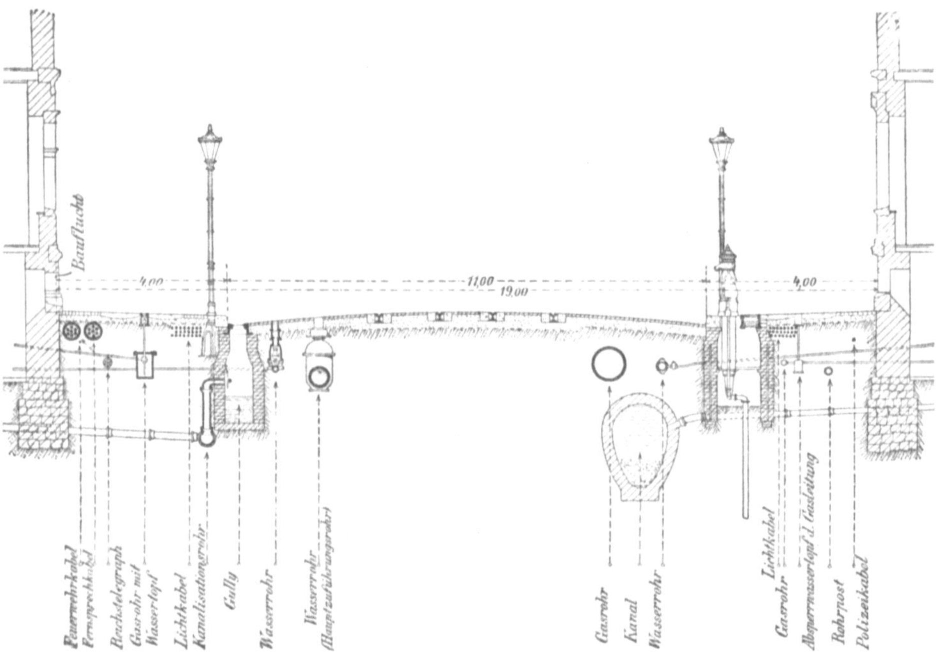

Fig. 119.

den unterirdischen Leitungen durch die Bedingungen der Telephonie eröffnet, und man kann heute von einem Abschluss in der Entwicklung der unterirdischen Leitungen weder für den Schwachstrom, noch für den Starkstrom sprechen.

Nicht minder interessant entwickelte sich die unterirdische Leitungsverlegung in den grossen Städten, wo die verschiedensten Versorgungsnetze für Nutz- und Trinkwasser, für Kloaken- und Wasserabführung, für Gas- und Elektricität, letztere zu Telegraphen, Telephon- und Signalzwecken, sowie für Licht und Kraft im Strassenkörper Unterkunft finden sollen. Es ist ohne Weiteres klar, welches Gewirr von Röhren entstehen kann, wenn nicht von vornherein auf eine übersichtliche Durchführung Rücksicht genommen wird. Fig. 119 giebt ein Schema der Platzvertheilung unterhalb einer Berliner Strasse, deren Bürgersteig 4 m besitzt[1]). Vor der Häuserfront ist ein $1^1/_2$—2 m breiter Streifen für die Leitungen der Post und der Feuerwehr reservirt. In diesem Streifen sind die Feuerwehrkabel, die Polizeikabel, die Kabel des Reichstelegraphenamts und die in weite Gusseisenrohre eingezogenen Fernsprechkabel untergebracht. Dann folgt ein etwa $1^1/_2$ m breiter Streifen, welcher für die Aufnahme der Gasleitungen dienen sollen. Nahe an den Bordsteinen sollen die Starkstromkabel, die Monierkanäle u. s. w. untergebracht werden. Auf diesem schmalen Streifen stehen auch die Gaskandelaber mit einem Abstande des Schaftes von etwa 0,5 m von der Bordkante; unter demselben sind ferner die Thonröhren der Kanalisation und Hausentwässerung angebracht, deren Reinigungskästen bis an die Strassenfläche heranreichen. Die dünneren Wasserröhren bis 230 mm Durchmesser werden zunächst den Bordsteinen auf der Fahrstrasse angeordnet; für alle grösseren Gas- oder Wasserrohre und für die Hauptschächte der Kanalisation dient der mehr nach innen liegende Theil des Fahrdammes. Die Tiefenlage dieser verschiedenartigen Leitungen ist so gewählt, dass für eventuelle Abzweigungs- und Reparaturarbeiten genügend Platz vorhanden ist. Weitere Details sind aus der Figur ersichtlich.

30. Eintheilung der Leitungssysteme für unterirdische Verlegung.

Die Eintheilung kann nach verschiedenen Gesichtspunkten erfolgen. Ist der eigentliche Leiter nackt, so muss die Verlegung nicht nur mechanischen Schutz, sondern auch Schutz gegen Ableitung des Stromes bieten. Ist der eigentliche Leiter isolirt, so übernimmt er selbst den elektrischen Schutz, während die Verlegung für den mechanischen Schutz aufzukommen hat. Die Eintheilung wird am übersichtlichsten, wenn man von der Art der Verlegung ausgeht und die Unterschiede in der Anordnung und Verwendung der Leiter berücksichtigt. Auf diese Weise lassen sich vier Gruppen bilden[2]):

a) Verlegung unterirdischer Leitungen in schliefbaren Kanälen oder Tunnellen,
b) Einlegung der Leitungen in mit Deckeln verschliessbare Kästen,
c) Einziehung von Leitungen in Rohrsysteme,
d) unmittelbare Einbettung von Leitungen in den Boden.

---

[1]) Kallmann, Elektr. Zschr. 1895, S. 211.

[2]) Wabner, Elektr. Zschr. 1887.
Rühlmann, Zschr. d. Ver. dtscher. Ingen. 1890, S. 1133, 1168 u. 1203.
Kallmann, Weltausstellung Chicago. Elektr. Zschr. 1893, Untergrundsysteme, S. 582.

31. Tunnelsystem.

Die Leitungen werden auf Porzellan montirt in schliefbaren Kanälen wie die Luftleitungen gezogen. Die grossen Kosten solcher Tunnelle

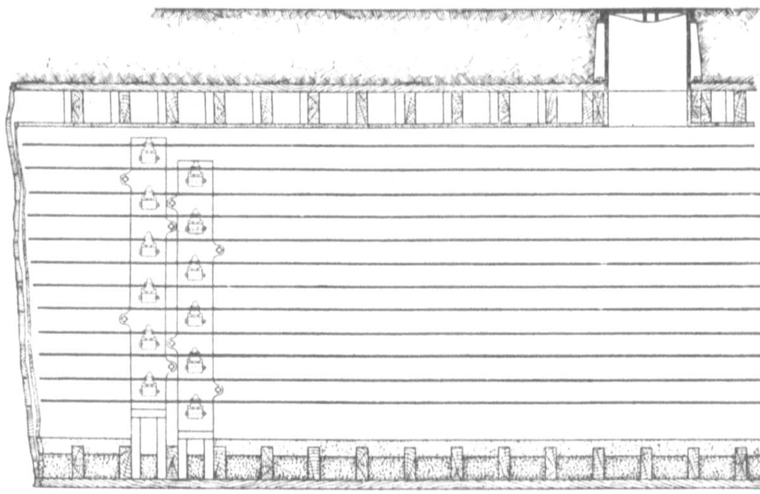

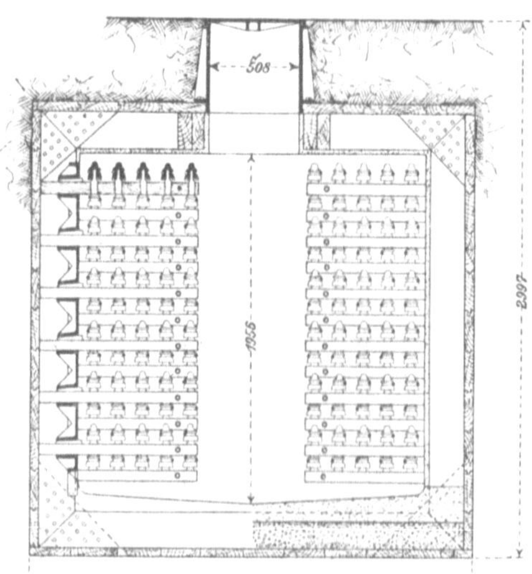

Fig. 120.

schliessen ihre allgemeinere Verwendung aus. In speciellen Fällen, wo der Tunnel schon vorhanden oder wegen anderer Umstände auch sonst erforderlich ist, gelangen sie öfters zur Anwendung. Bei Einzelanlagen

z. B. bei einem Theater wird das nahegelegene Maschinenhaus mit demselben wegen Ventilations- und Wasserleitung ohnehin schliefbar verbunden. Die in Paris vorhandenen grossen Abzugskanäle (Égouts) dürfen, da sie bereits mit anderen Leitungen überfüllt, nicht benutzt werden. Sie würden sich gut eignen und sind auch ausnahmsweise für eine Leitung von der Usine du Palais Royal ins Palais de l'Elysée, welche hochgespannten Wechselstrom führt, benutzt worden. Die Katakomben in Rom fanden stellenweise eine gleiche Verwendung.

In Ausstellungen, wo eine grosse Anzahl von Leitungen zu führen ist und der Bedarf sich von vornherein nicht leicht feststellen lässt, sind sie sehr am Platze. Die Kosten des Kanals fallen bei den vielen Leitungen nicht mehr schwer ins Gewicht. Fig. 120 giebt ein Bild der Tiefwege (Subways) der Chikagoer Ausstellung[1]) zwischen der Maschinenhalle und den übrigen Hauptgebäuden. Dieser Tunnel war 4,77 m breit und 2,53 m hoch, aus Holzrahmen von 46 mal 203 mm gebildet, welche mit 50 mm Pfosten bedeckt waren. Cement mit Metallstreifen diente zur oberen und seitlichen Abdichtung, während der Boden aus 100 mm Sand mit 152 mm Beton gebildet war. Jederseits standen 12 Querarme hervor, welche je 5 Isolatoren trugen, so dass 240 Leitungen unterzubringen waren. Die Querarme wurden durch gusseiserne Ständer, welche in Distanzen von 9,14 m mit dem Rahmengestell verbunden waren, gehalten. Die gesammte Länge dieser unterirdischen Kanäle belief sich auf 1900 m mit 6000 Armen, 30 000 Glocken und 167 km Drähten; das sind recht imponirende Zahlen. Bei allen Tunnelanlagen ist auf die Entwässerung und Luftcirkulation, die leichte Kontrollirbarkeit der Leitungen an und für sich, sowie auf ihre Evidenzhaltung besondere Rücksicht zu nehmen. So bezeichnete man z. B. jeden Querarm, sowie jeden darauf sitzenden Isolator mit einer Nummer und trug diese Coten in einen schematischen Plan ein, nach welchem die Orientirung sofort gegeben war.

82. Einlegesysteme.

Die Einlegesysteme bestehen aus offenen Kanälen, welche aus Mauerwerk, Cement, Moniermasse, Eisen und anderem geeigneten Material bestehen, in welche blanke Leitungen auf isolirenden Unterlagen oder isolirte Leitungen direkt eingelegt und durch ein Deckelstück verschlossen werden. Im ersteren Falle werden nur sorgfältig verzinnte Kupferkabel gebraucht, um die Grünspanbildung derselben zu vermindern. Die Allgemeine Elektricitätsgesellschaft in Berlin hatte z. B. eine Versuchsstrecke gebaut, bei der der Kanal mit Moniermasse hergestellt war.

---

[1]) Geo M. Mayer, Elektr. Zschr. 1893, S. 588.

Die Isolatoren hatten blanke Kupferstreifen aufzunehmen. Das Leitungsnetz der Stadt Königsberg, ein Fünfleitersystem, wurde von Gebrüder Naglo in analoger Weise (Fig. 121) durchgeführt. Um die Ansammlung von Gasen zu verhindern, wurden von einzelnen Punkten der Kanäle aus Lüftungsrohre an den Häuserfronten vertikal aufsteigend angebracht. Solche Gase können durch Elektrolyse oder Ueberhitzung der Isolation

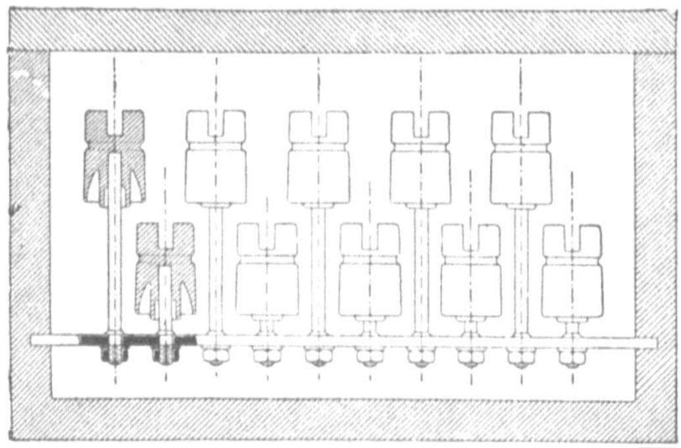

Fig. 121.

gebildet werden oder von undichten Leuchtgasleitungen eindringen, wodurch sie die Gefahr der Explosion heraufbeschwören. Für die Abführung des event. durch Bruch von benachbarten Wasserleitungsröhren eingedrungenen Wassers ist ebenfalls Vorsorge zu tragen. Die gleiche Konstruktion besitzt das von Crompton und Co. zuerst für die Westminster Electric Supply Corporation in London und dann für mehrere andere Städte, wie Manchester etc., angewendete System.

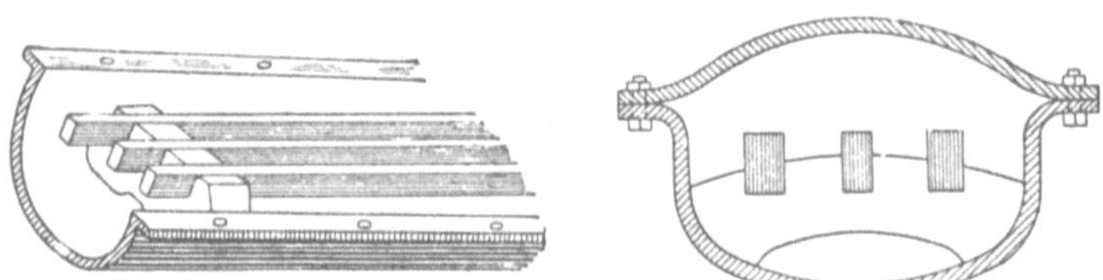

Fig. 122.

Statt des Cement- oder Betonkastens verwendet die St. James and Pall Mall Electric Light Company in London gusseiserne Behälter mit Deckplatten nach Fig. 122 für ihr Dreileiternetz, welches einen sehr dichten Beleuchtungsbezirk versorgen muss. Diese Kästen werden mit einem leichten Gefälle gegen grössere Verbindungskästen angelegt und die Porzellanstege mit Zahnlücken, welche mit Keilen die blanken Kupferstreifen tragen, sind unten so gestaltet, dass sie den freien Durchlass des event. eindringenden Wassers sichern. Der Verschluss der Rinnen besteht aus einem gewölbten Eisendeckel, der sich mit seitlichen Laschen auf ähnliche Laschen des Kastens auflegt. Zwischen beide kommt eine Schicht Hanf mit Mennige. Die einzelnen Kastenstücke werden durch übergreifende Verschlussstücke verbunden und durch Bleieinlage abgedichtet.

Isolirte Leitungen werden unter Umständen direkt in eiserne Behälter gelegt, z. B. sind die Bleikabel für den Hamburger und Bremer Freihafen, sowie für die Städte Lübeck und Barmen von Schuckert in Nürnberg in U-förmige Eisenrinnen eingebettet und dann mit starkem Eisendeckel verschlossen, wie aus Fig. 123 ersichtlich.

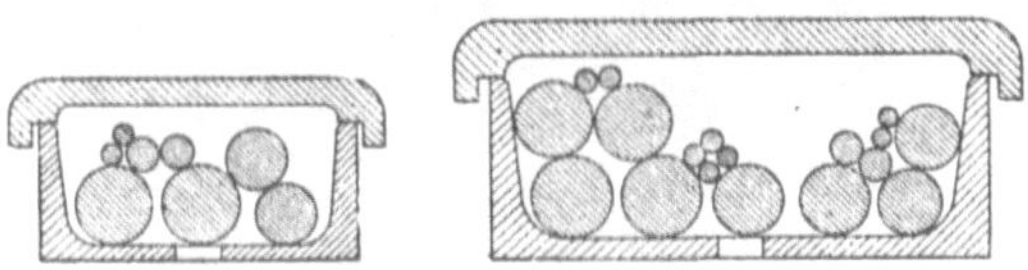

Fig. 123.

Die Einlegesysteme erstreben einfache Montage, sie bieten jedoch in ihrer reinen Form grosse Schwierigkeiten bezüglich guter Isolation und bezüglich sicherer Anschlüsse von Zweigleitungen. Die blanken Leitungen sind in Folge von vorgekommenen grösseren Explosionen, zu denen sie direkt oder indirekt beitrugen, endlich mit vollem Recht vollständig in Misskredit gekommen.

33. Einziehsysteme.

Um bei Kabelfehlern oder bei nachträglich nothwendig werdender Verstärkung der Leitungen nicht immer von Neuem den Strassenkörper aufreissen zu müssen, hat man zu Systemen die Zuflucht genommen, welche ein streckenweises Ein- und Ausziehen der Kabel in einen Schutzkörper ermöglichen. Für Leitungen mit sehr grossen Querschnitten war die Möglichkeit einer solchen Procedur überhaupt ausgeschlossen und die Methode konnte daher nur für die Schwachstromleitungen und noch für die Serienbogenlampenkreise und für Transformatorensysteme in Betracht kommen.

In Amerika kam das Dorsettsystem in grossem Maassstabe zur Anwendung. Aus einem Gemisch von Asphalt, Kohlentheer und feinem Sand wurden Blöcke mit cylindrischen Oeffnungen gebildet. Diese Blöcke, welche auf einer Betonunterlage ruhen, werden an ihren Berührungsflächen durch Dampf erweicht und durch eine leichtflüssige geschmolzene Masse zu einem einzigen Stück verbunden. In Entfernungen von 65 m münden die cylindrischen Oeffnungen in ein Mannloch, von dem aus das Ein- und Herausziehen und die richtigen Verbindungen hergestellt werden. Identisch mit diesem System ist das in England versuchte Callender-Webber'sche.

Das Weichwerden der Masse, wodurch die Leitungen ankleben, hat gezeigt, dass der hauptsächlich angestrebte Zweck nicht erreicht ist.

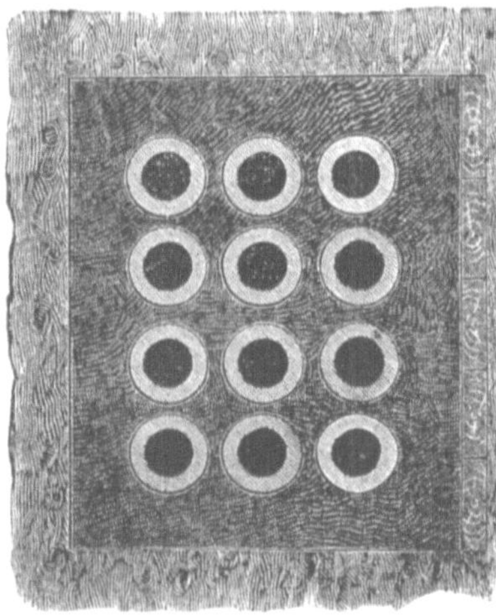

Fig. 124.

Die Masse ist zu wenig widerstandsfähig, man ist daher auf eiserne 1,6 mm starke in Gruppen geordnete Röhren übergegangen, welche in Cementguss eingebettet wurden. In die Röhren werden isolirte Drähte eingezogen. In dieser Weise hat z. B. die Standard Underground Cable Co., Chicago, die Leitungen zu ihren 2000 Bogenlampen ausgeführt (Fig. 124).

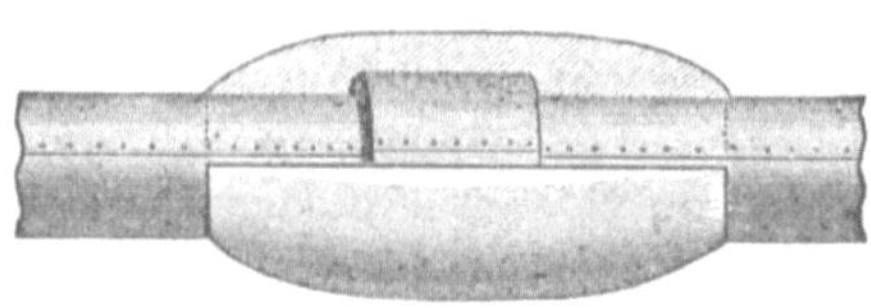

Fig. 125.

Die Verbindungsmuffen an den Stössen werden in einfachster Weise nach Fig. 125 hergestellt. Man hat auch gusseiserne Röhren, wie die Wasserleitungsröhren, welche direkt in den Boden verlegt werden, in England benutzt. So führt die House to house Electric Light Company in London ihren Strom mit 2000 Volt Betriebsspannung durch vulkanisirte, in solche Röhren verlegte Kautschukdrähte. Ein anderes Beispiel giebt das in

Fig. 126.

Fig. 126 dargestellte Johnston'sche System, welches für New York und Chicago officiell vorgeschrieben wurde. Der Haupttheil ist ein gusseiserner zweitheiliger Rahmen, welcher durch einsetzbare Stege untertheilbar wird. Die dadurch gebildeten Oeffnungen werden von Drahtleitungen eingenommen, welche ohne Abzweigungen fortlaufen, während an dem

Fig. 127.

obersten Reihe durch Einschieben eines besonderen Stückes eine Abzweigung leicht vorzunehmen ist. Fig. 126 zeigt eine Situation dieses Verlegungssystems und ein Einsteigeschacht ist aus Fig. 127 ersichtlich.

34. Unmittelbare Einbettung isolirter Leitungen.

Die Möglichkeit, dass Gase oder Wasser durch Undichtigkeiten der Rohrstränge sowohl beim Einlege- als auch beim Einziehsysteme eintreten können, hat schon oft nachträglich dazu geführt, dieselben mit Isolirmasse auszufüllen und dadurch neben mechanischem Schutze auch vorzügliche Isolation zu sichern. Dabei verlor freilich das Einziehsystem den Vortheil der Auswechselbarkeit der Leitungen. Hughes hat im Jahre 1858 vorgeschlagen, die Leitungen in Oel zu legen. Das erste atlantische Kabel erhielt nämlich 1858, kurz nachdem es verlegt war, einen Fehler. Man schrieb das dem Umstande zu, dass die Guttapercha an mehreren Stellen durchlöchert sei. Hughes meinte nun, es sollten die Kabel so isolirt werden, dass sich die kleinen Fehler von selbst schlössen. Ein Kabel, welches ein solches selbstrestaurirendes Medium, etwa Harzöl, eingeschlossen enthielt, würde die kleinen Fehler selbst repariren. Fünfzehn Jahre später hat D. Brooks in Philadelphia wieder das Oel in Vorschlag gebracht; auch damals ohne Erfolg. Erst vor einigen Jahren, wie bereits bei den Luftleitungen erwähnt, tauchten wieder die Oelisolatoren auf und man griff eifrig nach diesem Mittel, um auch Transformatoren für höhere Spannungen sicherer gegen Durchschläge zu schützen. Man wollte die schädlichen Wirkungen einer event. auftretenden Entladung durch das Nachfliessen des Oels aufheben; es ist also die alte Idee von Neuem in Verwendung gekommen.

35. Edison'sche Leitungssysteme.

Das erste Leitungssystem bestand aus blanken Stangen von halbkreisförmigem Querschnitte und einer Länge von 6 m. Durch Papp-

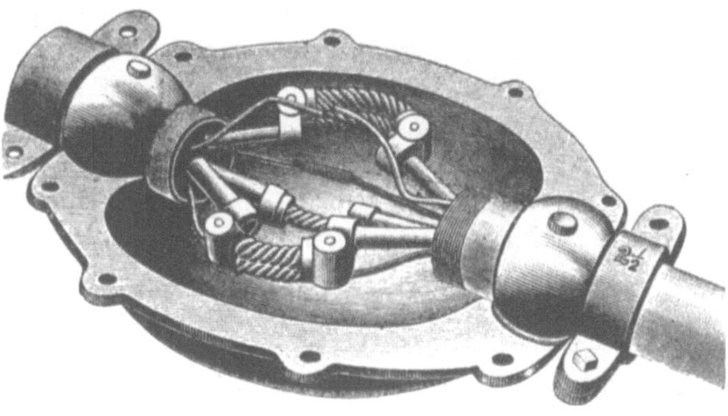

Fig. 128.

scheiben wurden dieselben in Distanz von einander und dem schmiedeeisernen Rohre gehalten, welches zum Schutze darübergezogen wurde.

Später wurden die starren Kupferstangen unter sich und vom Rohre in Distanz gehalten, indem starke Laufschnüre um- bezw. durchgewickelt wurden. Das ganze Rohr wird nachträglich mit Isolirmasse ausgefüllt. Fig. 128 giebt eine Verbindungsmuffe an, wie sie an jedem Rohrstosse erforderlich ist. Sie erlaubt die Ausdehnung bezw. Kontraktion der massiven Leiter den Temperaturunterschieden entsprechend. Das System, welches der Gas- oder Wasserleitungstechnik in gewisser Hinsicht nachgebildet war, hatte den grossen Uebelstand, dass es sehr theuer zu montiren war und dass die vielen Verbindungsstellen die Quelle zahlreicher Fehler bilden konnten. Heute bietet es nur noch geschichtliches Interesse, es wird ausser durch die Edison Illuminating Co. in New York nicht mehr verwendet, sondern hat den isolirten armirten Kabeln das Feld geräumt.

36. Isolirte Kabel oder solides Leitungsmaterial.

Für die in Erde unmittelbar zu legenden Kabel wird der Werth der Isolation vom Fabrikanten gewöhnlich ab Fabrik garantirt. Wir haben bei den isolirten Innenleitungen dieses Material als „solides“ bezeichnet, im Gegensatz zu den gewöhnlich isolirten Leitungen, für welche kein bestimmter Isolationswerth sich angeben lässt. Die Anordnung der Leiter im Kabel kann verschiedenartig erfolgen. Ein Einleiterkabel, schlechtweg einfaches genannt, führt einen einzigen Leiter, der mit Isolation und ev. Armirung versehen ist. Ein Zweileiterkabel, auch Doppelkabel genannt, enthält Hin- und Rückleiter unter gemeinschaftlicher Isolirung und Armirung. Sind die Leiter hierbei konzentrisch angeordnet, so hat man einfache konzentrische Kabel vor sich. Ebenso hat man Kabel mit drei Leitern, welche dreifach verseilt und, wenn konzentrisch, zweifach koncentrisch heissen. Für Dreileiterkabel hat Bondy in Wien auch die in Fig. 129 ersichtliche Lösung gefunden. Für zweiphasigen Drehstrom können vier Leiter verwendet werden. Wird ein Einleiterkabel von einem Wechselstrom durchflossen, so wird ein wechselndes magnetisches Feld in der Armirung geschaffen. Die Kraftlinien umkreisen den Leiter und es entstehen dadurch eine grössere Selbstinduktion und ausserdem durch Foucaultströme und Hysteresis scheinbare und effektive Energieverluste. Diese Verluste hängen ab von der Periodenzahl, der Stromstärke, der Art der Hülle, namentlich ob Blei allein oder mit Eisenarmirung verwendet ist, sowie von den Widerstandsverhältnissen dieser Hüllen, d. h. auch davon, ob die Hülle isolirt gebettet ist, oder ob sie stromableitend liegt.

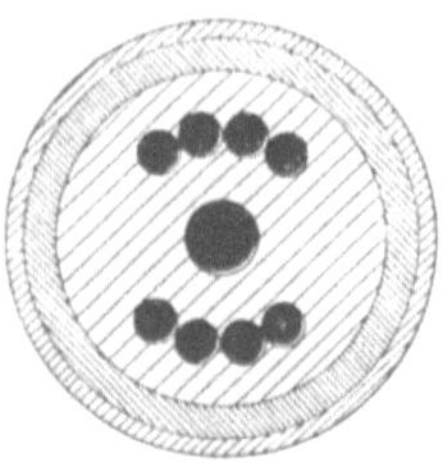

Fig. 129.

Um diesen Energie- und Spannungsverlusten vorzubeugen, greift man bei Verwendung von Eisenarmirung und Wechselstrom zum Doppelkabel, bei dem Hin- und Rückleiter von den gemeinschaftlichen Schutzhüllen umgeben werden. Da Hin- und Rückleiter nun die Tendenz zur Bildung von entgegengesetzten magnetischen Feldern besitzen, so haben solche Kabel sowohl bei verdrillter, als insbesondere bei konzentrischer Anordnung der Leiter weder merkbare Energieverluste noch merkbare Induktion auf benachbarte Leitungen. Da ausserdem der innere Leiter bei koncentrischen Kabeln zufolge seiner Lage eine höhere Isolation gegen Erde aufweist, so wurden diese Kabel insbesondere für hohe Spannungen und einphasigen Wechselstrom bevorzugt. Der Vollständigkeit wegen soll hier noch beigefügt werden, dass der Oberflächeneffekt bei massiven grösseren Querschnitten, d. i. der erhöhte Spannungsverlust in Folge der ungleichen, im Inneren geringen, gegen den Umfang zunehmenden Dichte des Stromes bei normalen Verhältnissen vernachlässigbar ist. Bei einer Stange von 25 mm Dicke und bei 60 Perioden bewirkt derselbe nur eine Erhöhung des Spannungsverlustes um 13%.

37. Isolationsmaterialien und deren Eigenschaften.

Die wichtigsten Isolationsmaterialien sollen hier noch mit einigen kurzen Bemerkungen zur Orientirung folgen.

Die Guttapercha ist ein Pflanzensaft, der im Jahre 1843 zuerst nach Europa gebracht wurde. Sie wird in mehreren Lagen auf den Leiter gewickelt. Damit diese Lagen einen Zusammenhalt gewinnen, benutzt man die von Chatterton und Smith im Jahre 1857 angegebene Compoundmasse. Dieselbe besteht aus 3 Gewichtstheilen Guttapercha, 1 Theil Harz und 1 Theil Theer. Der Kautschuk ist ebenfalls ein Pflanzensaft und viel länger schon bekannt; durch die Zufügung von Schwefel, die bis 50% des Gewichtes betragen kann, wie Goodyear 1839 entdeckte, erhält man den vulkanisirten Kautschuk mit werthvollen Eigenschaften. Das Paraffin ist zwar ein ausgezeichnetes Isolationsmaterial, aber leider sehr spröde. Das Ozokerit findet sich hauptsächlich in Galizien, Mähren, wird seit 1869 in Verbindung mit Theer oder allein z. B. zu Isolationsbändern verwendet. Das seit 1879 bekannte Kerit ist eine Mischung von vulkanisirtem Kautschuk, Ozokerit, Leinöl oder Nussöl. Auch Bitit, Okonit, Parkesin, Voltit gehören hierher. Die Kabelisolationsmassen bestehen häufig aus oxydirtem Leinöl oder ähnlichen Oelen, ferner Paraffin, Kolophonium. Die Isolirmasse von Heyl besteht aus einer Mischung von Olivenöl, Leinöl, Baumwollsamenöl, welche auf 400 Grad mit etwas Salpetersäure und Kalkstein erhitzt wird. Besondere Wichtigkeit hat jedoch für hohe Spannungen, besonders durch Ferranti's Vorgang, das Papier in trockenem Zustande mit nachträglicher Imprägnirung in einer Kabelmasse gefunden; dasselbe wird meist in Form dünner Bänder spiralförmig auf den Leiter gebracht.

Die isolirenden Materialien lassen sich in zwei Hauptgruppen in Bezug auf ihre Verwendbarkeit bei der Kabelfabrikation theilen. In solche, welche die Feuchtigkeit in ihre Masse selbst wenig einziehen, und in solche, welche sie begierig aufsaugen und daher durch eine wasserdichte metallische Hülle ergänzt werden müssen. Zur ersten Gruppe gehören vornehmlich Guttapercha und Kautschuk, sowie analoge Stoffe; zur zweiten gehören Faserstoffe wie Jute, Hanf, Baumwolle, Papier, welche mit Oel, Wachs, bituminösen, harzigen Compounds imprägnirt werden, wobei diesen Faserstoffen die Feuchtigkeit vor der Kabelfabrikation oder gleichzeitig mit derselben entzogen wird. Die erste Gruppe enthält Stoffe von homogener Masse, während die letztere aus Gespinnsten besteht. In elektrischer Hinsicht sind der specifische Isolationswiderstand des Materials, der Widerstand gegen disruptive Entladungen, sowie die elektrostatische Kapacität in Betracht zu ziehen. Diese Grössen hängen nicht nur von der Art des Materials, sondern auch von der Dicke desselben ab. Man darf nicht zu grossen Werth auf einen hohen Anfangswerth der Isolation legen, sondern muss mehr die Konstanz nach Dauerbeanspruchung schätzen. Bei Luft hat man z. B. eine sehr hohe Isolation bei geringem Widerstande gegen Entladungen. Viele Isolirmassen dagegen, welche in geschmolzenem Zustande geringeren Isolationswiderstand besitzen, haben eine höhere Widerstandsfähigkeit gegen Entladungen. Sie verhalten sich wie schwere Oele.

38. Herstellung und Verwendung der verschiedenen Kabel.

Solange man weit unter der Grenze der Durchschlagsspannung bleibt, ist bisher eine Veränderung des Materials nicht erwiesen worden. Nähert man sich dagegen jener Spannung, so erfolgt bei dauernder Wirkung der Durchschlag vor jener Grenze, ein Zeichen, dass eine Zersetzung des Materials stattgefunden hat. Der Isolationswiderstand wird von der Temperatur in umgekehrter Weise, wie der der guten Leiter beeinflusst und zwar sinkt er viel rascher, als er bei jenen steigt. Darum lassen sich z. B. Kautschukkabel durch den Strom nicht sehr stark belasten, weil die Wärme des Kupferdrahtes die Isolation der Umhüllung stark herabmindert. Die nur mit Guttapercha umpressten Drähte finden für Starkstromzwecke keine Anwendung, weil bei der geringsten Erwärmung des Leiters die Guttapercha weich wird, unter Umständen ganz abschmilzt, und wenn sie auch von noch so vorzüglicher Beschaffenheit ist, bei einer Wärme zwischen 35 und 40° C. absolut gar keinen Isolationswiderstand aufweist. Dagegen finden sie beinahe ausschliesslich Verwendung bei allen submarinen Kabeln für Telegraphen und auch bis jetzt beinahe ausschliesslich für unterirdische Telegraphenkabel. Neuerdings bringt die Rheinische Gummiwaarenfabrik von Franz Clouth in Köln-Nippes für sehr hohe Spannungen Kombination von Guttapercha und Gummi mit gutem Erfolg für hohe Spannungen zur Verwendung. Vulkanisirte Gummiader ist das vorzüglichste Material, leider aber sehr theuer. Diese Isolation wird auf verschiedene Weise hergestellt, immer aber wird nur unvulkanisirter Gummi bei der Erzeugung verwendet; das so fertiggestellte Kabel wird dann erst vulkanisirt. Die Vulkanisirung erfolgt, wie bereits erwähnt, durch Schwefel, der entweder der Gummimischung beigegeben wird oder auf das aussen angebrachte Leinenband gestreut wird. Die Vulkanisirung geschieht mit direktem Dampf, je nach der Qualität des verwendeten Gummis, nach der Zahl und Stärke der Lagen bei 120—150° C. Die besten Erfolge sind erzielt worden, wenn man den verzinnten Kupferdraht mit Baumwolle umspinnt und in einem Sikkativ tränkt; damit ist verhindert, dass bei dem Vulkanisirungsprocesse der freigewordene Schwefel das Kupfer angreift und Schwefelkupfer oder Schwefelzinn bildet. Die getrockneten Drähte werden dann mit unvulkanisirtem Paragummi spiralförmig umwickelt, darüber kommt eine Lage längslaufend umpresster Gummi, abermals eine Spirale von Para, dann ein geschwefeltes gummirtes Band. Es liegt ganz in der Hand des Fabrikanten und hängt nur vom Preise ab, den Isolationswiderstand des Materials zu bestimmen. Es wird vulkanisirte Gummiader schon mit einem Isolationswiderstand von 50 Megohm pro km bei 15° C. erzeugt, während auch viele Gummiadern mit einem Isolationswiderstande von vielen Tausenden Megohm erzeugt werden.

Kautschukkabel für hochgespannte Ströme sind in England und Frankreich viel in Gebrauch gekommen. Des überaus hohen Preises wegen, der für gute Qualitäten gefordert wird, beginnen sie auch dort, durch die guten billigen Faserkabel verdrängt zu werden.

Sollen die Kabel der ersten Kategorie direkt in den Boden verlegt werden, so erfordern sie, wie es die zweiten schon ihrer Eigenschaften wegen unbedingt erfordern, dass sie durch Bleihüllen vor der Feuchtigkeit und event. mit einem eisernen Schutz gegen mechanische Angriffe gesichert werden.

Im Jahre 1845 nahmen Wheaston und Cooke zuerst Patent auf die Verwendung eines mit Längsnaht versehenen Bleirohres. Young und Mc. Nair schlugen vor, dass das mit Wolle überzogene Kabel zuerst durch ein mit geschmolzener Compoundmasse gefülltes Gefäss, dann durch weiches Blei von einer Temperatur zwischen 120 und 200° C. geführt werde, dass es dann eine Düse unter hydraulischem Drucke passiren müsse. Der Dritte war Mapple, welcher das isolirte Kabel in eine Bleiröhre einzog, welche durch Rollen oder Scheiben an dasselbe nachträglich angepresst wurde. Diese Verfahren hatten damals keinen Erfolg, sie erlebten erst später ihre Wiedergeburt und sind heute nur in ihren Details verbessert worden. Hauptsache war es, das Bleirohr absolut dicht, blasenfrei zu gewinnen. Hohe Temperatur, leichtflüssiges Blei bei verhältnissmässig geringem Drucke wurden von Berthoud Borel verwendet, während Siemens, Felten und Guilleaume, Fowler Waring, Callender und Silbertown Kabel bei niedriger, unter dem Schmelzpunkte liegender Temperatur und sehr hohem Drucke herstellten. Bei dem ersteren Verfahren musste man fürchten, dass die Faser unter dem Einflusse der hohen Temperatur leide, während bei letzterem die Fortsetzung der Bleihülle nach einem Stillstande mehr Schwierigkeiten bietet und nur durch zweifach übereinanderliegende Bleihüllen vollkommene Dichte zu erreichen ist. Zu diesem Mittel griff man früher bei Kabeln für unterirdische Verlegung ganz allgemein, trotzdem sie dabei an Biegsamkeit einbüssten.

Statt des Faserstoffes hat man in neuerer Zeit Papier in Anwendung gebracht, welches in Streifen spiralförmig über den Leiter gezogen wird. Nachdem dasselbe einem hydraulischen Drucke ausgesetzt und bei einer Temperatur von 120° C. die Feuchtigkeit ausgetrieben worden ist, wird es in eine Compoundmasse getaucht und kommt dann zur Bleipresse; vielfach erzeugt man auch Hochspannungskabel mit Papierisolation in Verbindung mit Gespinnsten.

Die Erfahrung mit den submarinen Kabeln ermuthigten zur Idee, die subterrestrischen Leitungen ebenfalls unmittelbar in den Boden zu lagern.

39. Verlegung gut isolirter Kabel.

Die Verlegung dieser armirten Kabel erfolgt in der That häufig direkt in den Boden, indem man sie in mässiger, frostfreier Tiefe auf einer reinen Sandschichte in den aufgeworfenen Graben abrollt. Bei Strassenübergängen kann das Kabel noch besonders geschützt werden. Zum Schutz gegen Spatenhiebe werden Ziegel darüber eingelegt. In Paris ordnete man beim Secteur Champs-Elysées darüber noch ein eisernes Drahtnetz an. In Köln wurden diese Kabel in Holzkästen verlegt, in welchen dieselben auf eisernen Querbändern ruhen. Die Kästen wurden dann mit einer Asphaltmasse ausgegossen. Bei der Linie von den Niagarafällen nach Buffalo hat man 1200 m der Leitung unterirdisch in Terracottakanälen verlegt. Verwendet wurde dabei Gummikabel mit Bleiumhüllung, das mit 40 000 Volt probirt ist und bei 80 000 Volt durchschlägt; garantirt ist für 5 Jahre bei 25 000 Volt Betriebsspannung.

In manchen Fällen hat man die Kabel ohne Weiteres in Holzkästen verlegt. Hierbei hat es sich als nothwendig erwiesen, diese Kästen streckenweise durch eine eingegossene Asphaltmasse dicht zu untertheilen, damit etwa eindringendes Leuchtgas keine offenen Bahnen antreffe. Die Bedenken, welche man gegen die direkte Verlegung in den Boden jahrelang hegte, habensich nicht als stichhaltig erwiesen. Die armirten Bleikabel sind beständig, sobald die Verlegung mit der nöthigen Sorgfalt geschieht. Es ist nothwendig, das Kabel vor dem Eindringen von Jauche bei Wagenplätzen zu schützen; desgleichen hat sich gezeigt, dass Cement dasselbe angreift, und man bei Einführung durch Mauerwerk am besten eine Asphaltvergiessung benutzt.

Das einfache blanke Bleikabel, Fig. 130, für Gleichstrom besteht aus dem Kupferleiter, einer Isolationsschicht und einem Bleimantel.

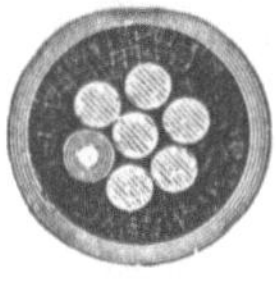

50 mm²

Fig. 130.
Einfaches, blankes Bleikabel mit Prüfdraht.

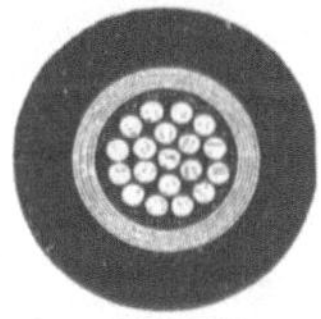

35 mm²

Fig. 131.
Einfaches, asphaltirtes Bleikabel.

Kommt noch eine Compoundschicht aus getheertem Gespinnst hinzu, so wird es als einfaches Bleikabel, compound, bezeichnet. Werden noch zwei Lagen Eisenband hinzugefügt, so wird es ein vollständig armirtes Kabel. Diese Kabel werden bis 1000 Volt Betriebsspannung konstruirt, und eine Beanspruchung bis 2 Ampère pro mm² gilt als normal. Der Isolationswiderstand beträgt 700—1500 Megohm pro km bei + 15 Grad C. Bodentemperatur. Koncentrische Zweileiterkabel für hochgespannten Wechselstrom bestehen, Fig. 132, 133, aus dem Hin- und Rückleiter a und d aus Kupfer, den Isolationsschichten b und e und den Bleimänteln c, f, f. Solche koncentrischen Kabel werden als blanke bezeichnet. Wird die Bleihülle durch eine Compoundschichte aus getheertem Gespinnst geschützt, so heisst das Kabel Compound; erhält es noch doppeltes Eisenband g, g und eine getheerte Gespinnstschichte, so ist es armirt oder bewehrt. Diese Kabel werden bis zu einer Betriebsspannung von 3000 Volt gebaut. Die innere Bleihülle c soll den Zweck haben, ein Eindringen von Feuchtigkeit zum Innenleiter auch dann zu verhindern, wenn der äussere bereits fehlerhaft geworden ist. Fig. 132 und 133 stellten eine Konstruktion von Felten & Guilleaume dar; die übrigen Kabelquerschnitte entsprechen Ausführungen von Siemens & Halske. Und zwar ist Fig. 134

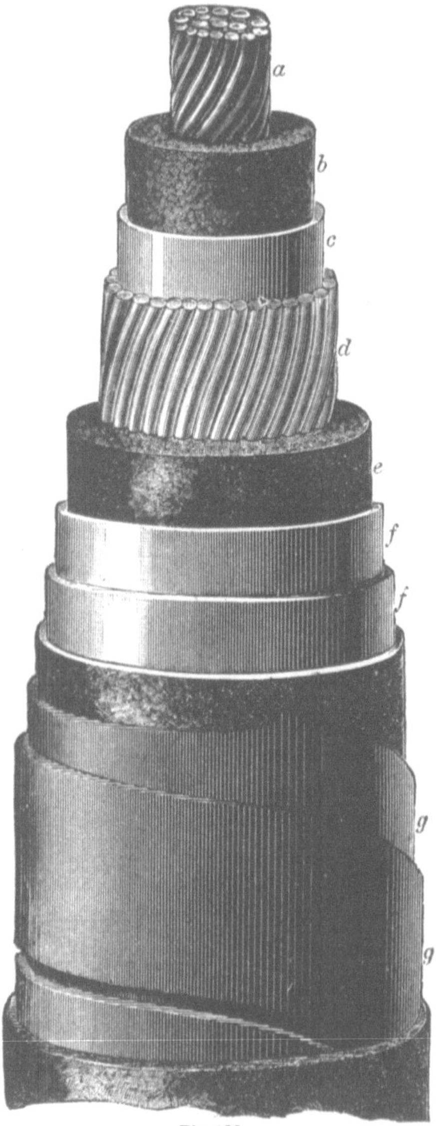

In nebenstehender Figur stellen vor:
a den inneren Kupferleiter,
b die innere Isolirschicht,
c einen Bleimantel,
d den äusseren Kupferleiter,
e die äussere Isolirhülle,
f zwei Lagen Blei,
g zwei Lagen Eisenband.

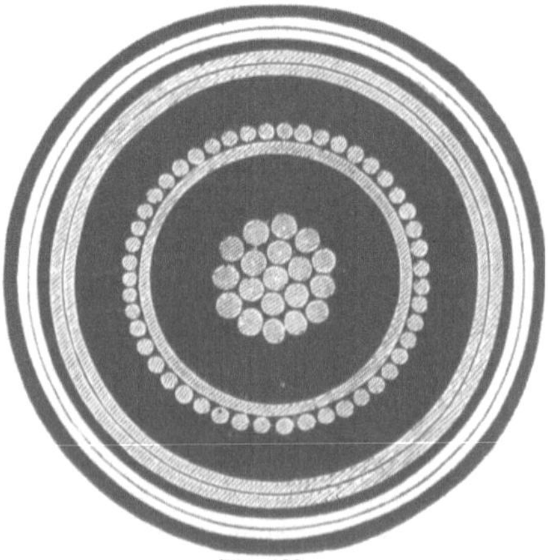

Fig. 132. Fig. 133.
Koncentrisches Panzerkabel für hohe Spannung.

der Querschnitt eines koncentrischen asphaltirten Bleikabels ohne Bleimantel unter der Rückleitung, während Fig. 135 ein ebensolches Kabel mit besonders starker Bewehrung zeigt. Dieses Kabel besitzt 95 mm² Kupferquerschnitt in jedem der Leiter und ist seit 10 Jahren im Bette der Salzach in Betrieb; es besitzt zwei Eisenbandmäntel, darüber eine

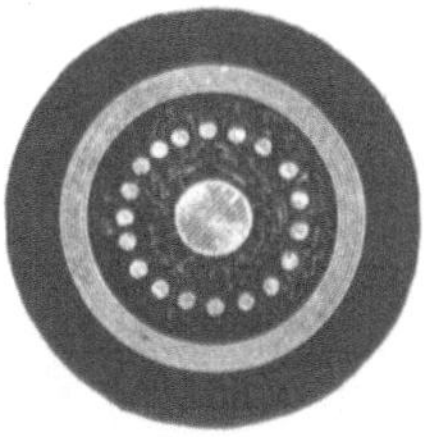

2 × 16 mm²

Fig. 134.
Koncentr., asphalt. Bleikabel.

2 × 95 mm²

Fig. 135.
Koncentr., eisendrahtbewehrtes Flusskabel.

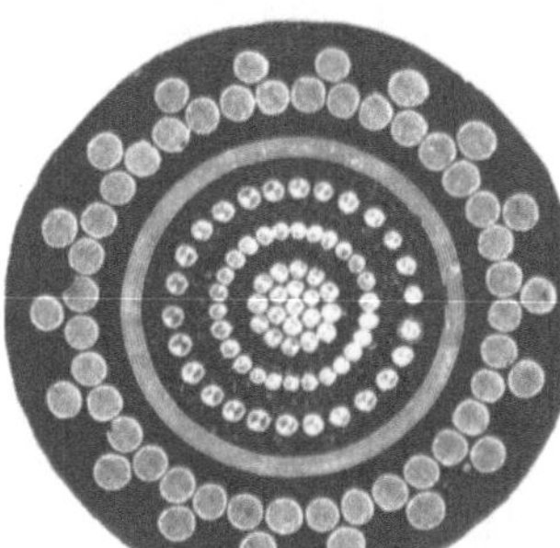

3 × 70 mm²

Fig. 136.
dreifach konc. Bleikabel mit Eisendrahtbewehrung.

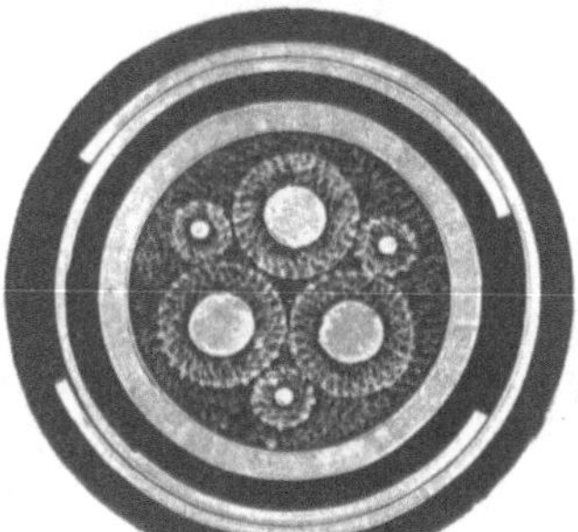

3 × 16 mm²

Fig. 137.
dreifach verdrilltes Kabel mit 3 Prüfdrähten.

Bewehrung durch Eisendrähte und darüber noch eine Bewehrung durch Eisendrahtlitzen. Aehnliche Armirung zeigt auch das in Fig. 136 dargestellte dreifach koncentrische Bleikabel, das gleich dem dreifach verseilten Kabel (Fig. 137) für Dreileiter- oder Dreiphasennetze Verwendung finden kann.

40. Kabelarmaturen.

Um die Kabelstücke untereinander zu verbinden, um von unterirdischen Kabeln zu gewöhnlicher freier Leitung überzugehen und um die Herstellung von kontrollirbaren Knotenpunkten im Leitungsnetze zu ermöglichen, werden besondere Verbindungstheile benutzt. An solchen

Stellen erleidet nämlich die Bleihülle eine Unterbrechung, und es sind die Isolirschichten demnach vor dem Zutritt von Feuchtigkeit um so dringender zu schützen, als die Fasermasse dieselbe begierig an sich zieht. Man kann diese Armaturen in 3 Gruppen theilen: Erstens die Endverschlüsse, welche zum Verschlusse des Endes, oder die Endanschlüsse welche zum Uebergang vom Bleikabel zu freien Leitungen bestimmt sind. Je nach der elektrischen Spannung ist die Konstruktion verschieden. Fig. 138 zeigt eine Kautschukhülse, welche für niedrige Spannungen genügt, während Fig. 139 eine Konstruktion aus Ebonit für

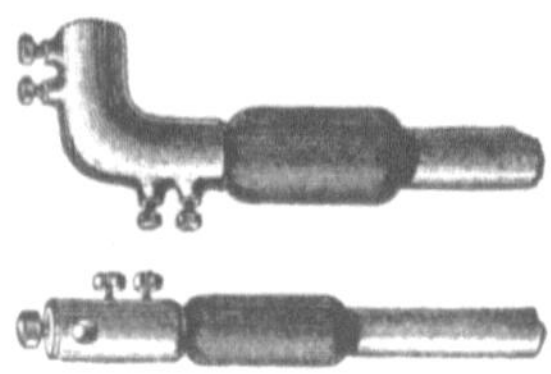

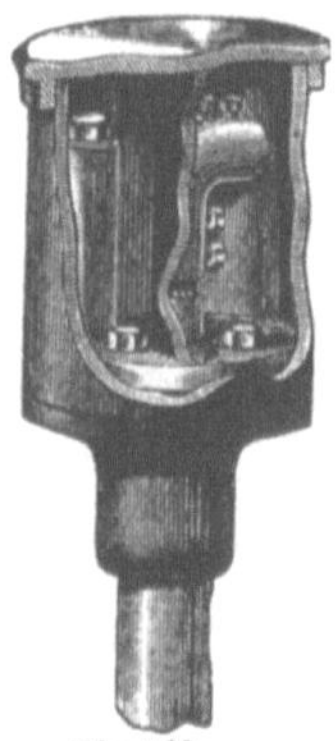

Fig. 139.

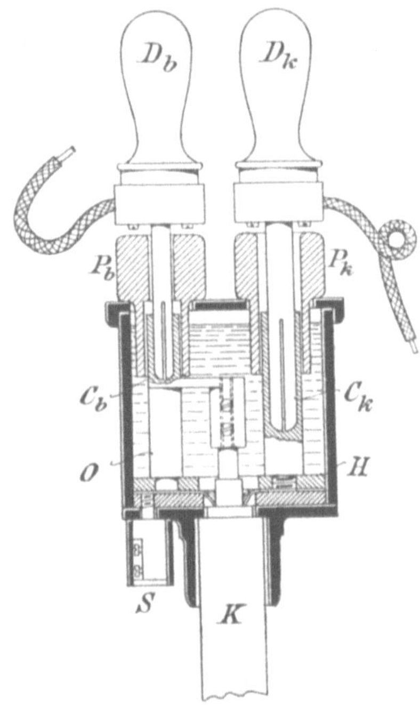

Fig. 140.

hohe Spannungen ersichtlich macht. Bei den Endverschlüssen bleiben die Anschlussleitungen weg. Fig. 140 stellt den von der Ungarischen Elektricitätsgesellschaft in Budapest verwendeten ausschaltbaren Kabelkopf dar. Das konzentrische Anschlusskabel K endet in zwei Klemmen O und H, in welche die Hausanschlussdrähte D_b, D_k stöpselartig eingesteckt werden. P_b, P_k sind isolirende Ueberwurfhülsen, S ist eine Klemme zum Anschlusse der Funkenstrecke. Der Kasten ist fast vollständig mit Isolirmasse ausgegossen. Die E.-A.-G. Helios verwendet ähnliche Kästen für die Endanschlüsse, doch fügt sie statt der Stöpselklemmen federnde Muttern ein.

Zweitens: kleine gusseiserne Tröge, in welchen fixe Verbindungen und Abzweigungen vorgenommen werden — man bezeichnet sie als Muffen und unterscheidet für die fortlaufende Strecke die gerade oder Verbindungsmuffe, Fig. 141, für Abzweigungen die Abzweigungsmuffe, Fig. 142, und in Fällen, wo sich die Leitungen kreuzen, die Kreuzungsmuffen. Fig. 143 und 144 stellen die Verbindungs- und Ab-

Fig. 141.

zweigemuffe der E.-A.-G. Helios für koncentrische Hochspannungskabel dar. Die blossgelegten Stellen werden durch Klemmverbindungen verbunden, mit Isolirband umwickelt und nachher mit Isolirmasse ausgegossen.

Drittens: Sollen die Kabel so verbunden werden, dass eine leichte Zugänglichkeit und Unterbrechung möglich ist, so müssen grössere Kästen eingebaut werden. Für einfache Abzweigung erhält man Abzweigungs-

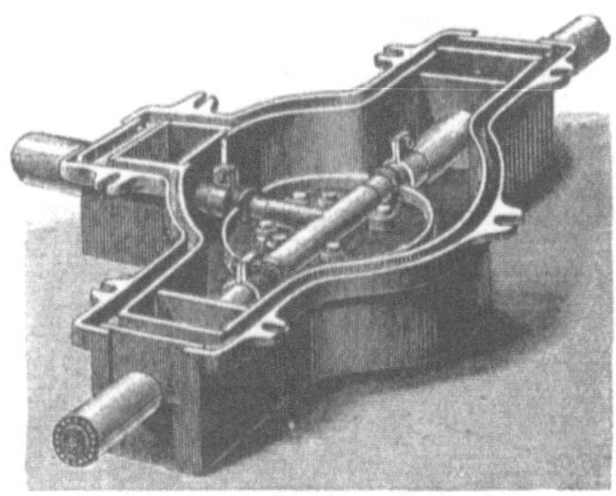

Fig. 142.

kästen, für Knotenpunkte mit mehreren Abzweigungen Vertheilungskästen. Fig. 145 zeigt einen solchen von Siemens & Halske, der für Dreileitersystem und niedrige Spannung bestimmt ist und dazu dient, vom Strassennetz Abzweigungen zu Privatobjekten und zu Strassenlampen vorzunehmen. Der Anschluss erfolgt durch Bleistreifen, die leicht herauszunehmen sind und die im Falle eines Kurzschlusses automatisch durch Abschmelzen den Strom unterbrechen. Die Fig. 146 zeigt einen Vertheilungskasten, dessen untere Hälfte mit Isolirmasse

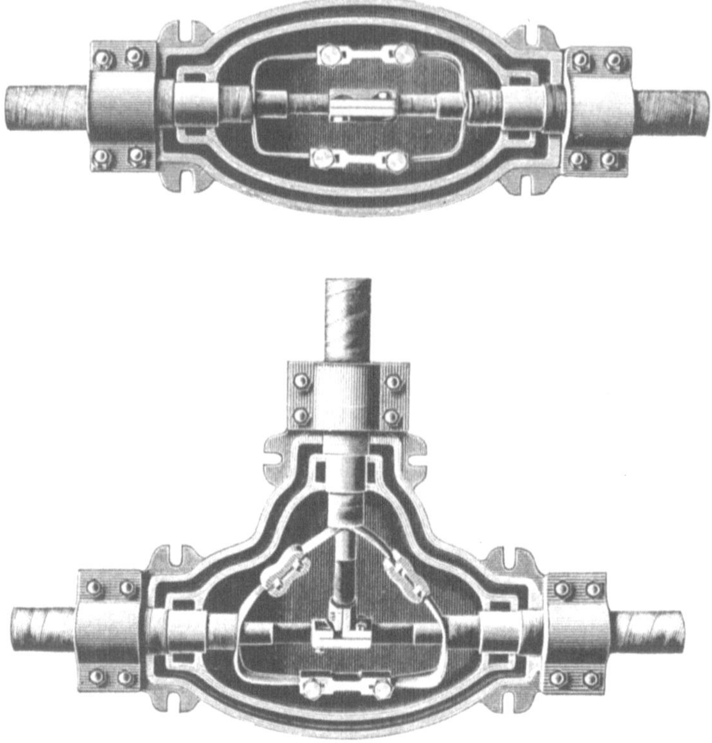

Fig. 143 und 144.

Fig. 145.

ausgegossen wird, während die Kontaktstücke daraus hervorschauen. Die Kästen werden luftdicht verschlossen und durch eine angesetzte Luftpumpe die Dichtigkeit des Verschlusses geprüft. Der Einbau in den Strassenkörper geschieht in verschiedener Weise. Wir wollen nur ein Beispiel in Fig. 147 anführen, welches der 3000 voltigen Wechselstromleitung der Ungarischen Elektr.-Ges. in Budapest von Ganz & Co. entspricht. In den Kasten münden vier Kabel, K_1—K_4, deren Isolationshüllen und Bleimäntel soweit abgeschält sind, dass die äusseren Leiter

Fig. 146.

an den Kupferring y, die inneren, koncentrischen Theile an das Kreuz R angeschlossen werden können. Der Anschluss erfolgt mechanisch unter Verwendung von Klemmstücken einfacher Form, elektrisch unter Vermittelung der in Ebonithülsen eingeschlossenen, mit isolirenden Griffen versehenen Bleisicherungen O_k. Der Kasten ist dann soweit mit Isolirmasse ausgegossen, dass nur die Sicherungen über sie hervorragen. Eine Mittelstellung nehmen die hierher gehörigen oberirdischen Schalthäuschen ein, welche die Elektricitäts-Aktiengesellschaft Helios bei ihren Centralen trotz der höheren Kosten verwendet.

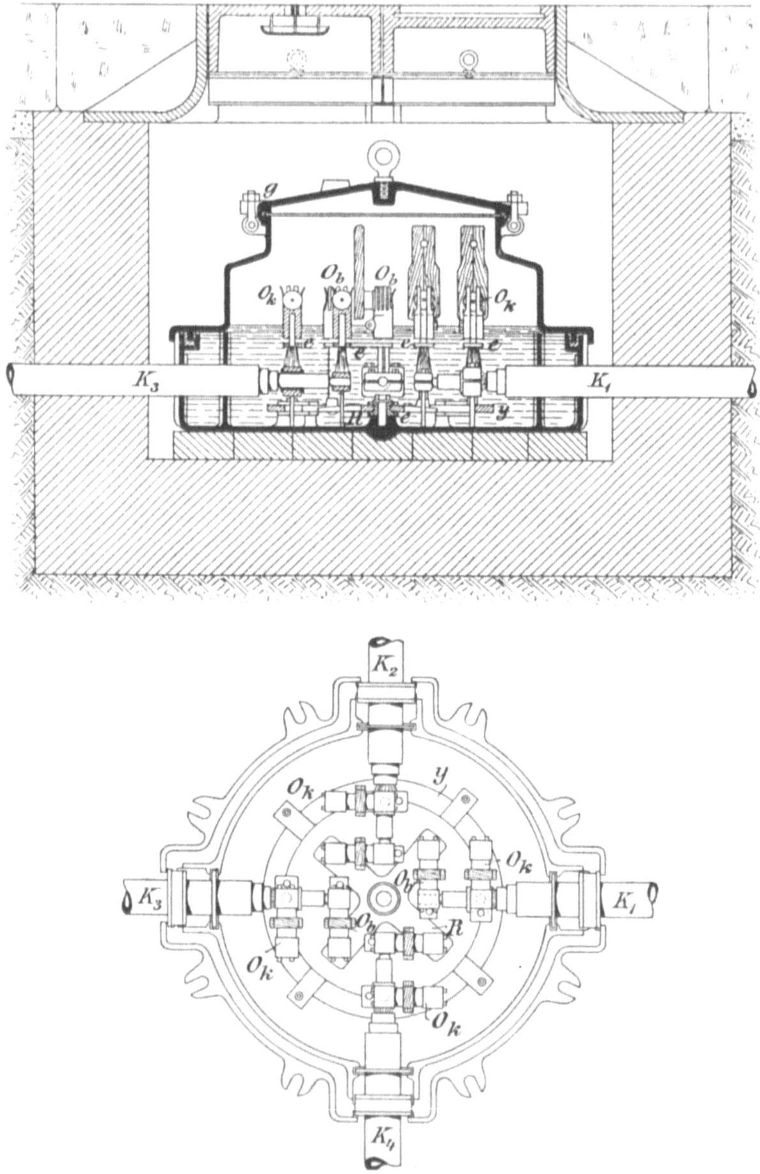

Fig. 147.

Bei allen drei Arten von Kabelarmaturen ist der Herstellung der Kabelverbindungen besondere Sorgfalt zuzuwenden. Bei Niederspannungskabeln verfuhr man in der Regel so, dass man die einzelnen Drähte der zu verbindenden Kabelstücke blank machte, verzinnte und nach dem Verflechten mit einander verlöthete. Derartige Löthstellen waren aber theuer und zeitraubend und ausserdem erforderten sie besonders geschultes Personal. Schliesslich aber waren sie nicht wieder lösbar. Prof. Feussner

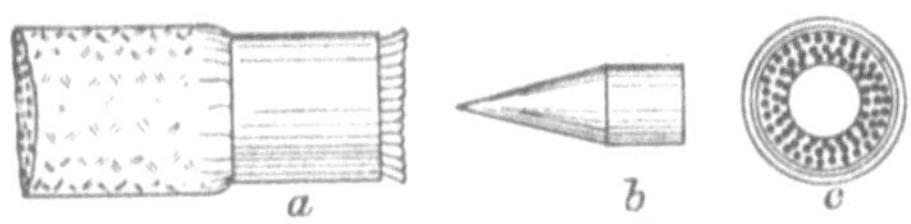

Fig. 148.

hat deshalb vorgeschlagen, um das von Isolirung entblösste Kabelstück c ein dünnwandiges Kupferröhrchen a, Fig. 148, zu schieben, nachdem man zuvor das Ende mit Bindedraht zusammengeschnürt hat. Um die runde Querschnittsform zu erhalten, treibt man dann einen massiven konischen

Fig. 149.

Dorn f mit dem Hammer fest ein. Dann lässt sich das Kabelende wie ein massives Metallstück bearbeiten und leicht und sicher verlöthen, Fig. 149. In neuerer Zeit verwendet man bei allen drei Arten von Muffen mit Vorliebe Klemmen, welche entweder den Draht direkt fassen, oder an welche das in eine Art Kabelschuh eingelöthete Kabel an-

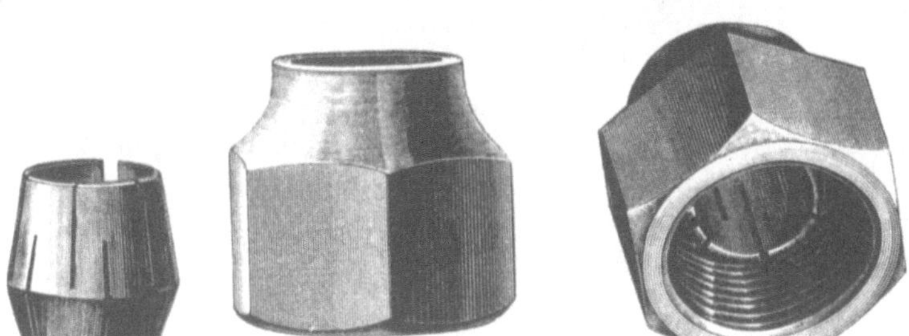

Fig. 150.

geschraubt oder angepresst wird. Verschiedene solcher Verbindungen sind aus den mitgetheilten Figuren ersichtlich. Fig. 150 zeigt ausserdem noch eine bemerkenswerthe federnde Verschraubung der E.-A.-G. Helios, welche hauptsächlich bei Uebergängen von Kabeln zu Anschlussdrähten verwendet wird. Auf den Draht oder das zusammengepresste

Kabel wird eine innen cylindrische, aussen konische, mehrfach geschlitzte Hülse gesetzt, über welche eine mit Anschlag versehene, innen entsprechend konisch geformte Mutter geschoben wird. Beim Anziehen der Mutter fasst die federnde Hülse das Kabelstück mit sehr gutem Kontakt. Wichtig ist bei dieser Verbindung ihre leichte und mühelose Lösbarkeit.

41. Vergleich der unterirdischen Leitungssysteme.

Der Vergleich der vorgeführten unterirdischen Leitungssysteme unter sich kann im Allgemeinen nur mit einem gewissen Vorbehalt geschehen, weil die Wahl des Systems nur nach den speciellen örtlichen Verhältnissen und den verfügbaren Kosten geschehen kann. Trotzdem sprechen in den meisten Fällen die technischen Gründe so für das letztangeführte System der direkten Verlegung von armirten Kabeln, dass nur in speciellen Fällen jene Wahl zweifelhaft wird. Für niedergespannten Strom sind nackte Drähte in Kanälen mit den direkt in den Boden verlegten armirten Kabeln zu vergleichen. Die Kosten der ersten Herstellung stellen sich bei einer geringen Zahl von Leitungen zu Gunsten der Kabel und bei einer grossen Zahl zu Gunsten der Kanäle. Die Montage und die Erhaltung der Kabel sind für Kanäle ungünstiger, und da die Sicherheit und die Isolation ebenfalls bedeutend geringer ausfallen, so erscheint die Wahl für das armirte Kabel sicher. Für hochgespannten Strom kämen nur gut isolirte Drähte in Röhren aus Eisen, Beton etc. zum Vergleich. Die Kosten sind für armirte Kabel kleiner und nur bei Lichtkabeln für Serienbogenlampen wird die Entscheidung öfters mit Rücksicht auf die Möglichkeit leichter Vergrösserung ohne neuerliches Aufreissen des Strassenkörpers zweifelhaft. Die geringere Sicherheit hat jedoch auch in diesem Falle die armirten Kabel in den Vordergrund treten lassen. Die Beobachtung der letztjährigen Entwicklung der unterirdischen Leitungssysteme in den Grossstädten Europas und Amerikas bestätigt das Urtheil, dass die armirten Bleikabel, direkt in den Boden verlegt, den Vorrang vor allen anderen Systemen erreicht haben.

42. Leitungsdurchführungen, Uebergangssäulen.

Wenn ein Leitungsnetz sich sowohl im Freien, als auch im Innern von Räumen ausbreitet und event. stellenweise in die Erde zu versenken ist, so erfordern diejenigen Stellen, welche den Uebergang von einer Leitungsart zur anderen bilden, besondere Aufmerksamkeit. Die Durchführung von Luftleitung zu Innenleitung ist bereits besprochen. Die Ueberführung von Freileitung zu einer versenkten geschieht durch eine

Uebergangssäule, die je nach den Verhältnissen aus Holz oder Eisen hergestellt ist. Das Kabel endigt mit dem Endanschluss oder Kabelkopf, der zugänglich sein muss und ist durch eine der später zu besprechenden Funkenstrecken oder ähnlicher Vorrichtungen gegen die von der Luftleitung aus möglicherweise eindringenden Blitzschläge geschützt.

43. Tabellarische Zusammenstellung der gewonnenen Ergebnisse.

Bezeichnung der Leitungen	Aussenleitung	Innenleitung			Versenkte Leitung.
		trockene Räume	feuchte Räume	Räume mit Gasen und Dämpfen erfüllt	unterirdisch
blanker Draht	Porzellanglocken	auf Porzellanrollen unzugänglich	auf Glocken	auf Porzellan bedingungsweise	auf Porzellan, zugänglich
Umklöppelter Draht	dto.	Klemmen, Ringe ev. Holzleisten	dto.	dto.	—
Gummidraht	dto.	Klemmen, Rollen ev. Holzleisten	in feuchten und warmen Räumen auf Porzellan	auf Porzellanglocken	auf Porzellan, in Röhren
Guttaperchadraht	dto.	Klemmen, in Holzleisten, nicht heisse Räume	in feuchten und kalten Räumen auf Porzellan	dto.	dto.
biegsame Schnurleitung	—	auf Rollen oder in Ringen	—	—	—
blankes Bleikabel	weich geklemmt	Klemmen, Holzleisten, in Gips	—	—	—
asphaltirtes Bleikabel	geklemmt	Klemmen, Holzleisten, in Gips	Holzklemmen, verzinnte Metallklemmen	—	in Holzkästen, in Beton, in Sand
Eisenbandarmirtes Bleikabel	geklemmt	Klemmen, Holzleisten, in Gips	Holzklemmen, verzinnte Metallklemmen	—	in Sand

Die in den vorhergehenden drei Abschnitten gewonnenen Resultate über die für verschiedene Leiter unter bekannten Verhältnissen entsprechenden Verlegungsarten sind in vorstehender Tabelle zusammengefasst:

Man erkennt z. B. aus dieser Tabelle, dass eisenbandarmirtes Kabel im Freien mit Klemmen gefasst oder für versenkte Leitungen in Sand gebettet werden kann. In den seltenen Fällen, wo es für feuchte Räume verwendet wird, kann es mit Holzklammern oder mit verzinnten Metallklemmen gefasst werden.

III. Kapitel.

Schaltungen.

A. Leitungssysteme.

I. Allgemeines.

1. Definition.

In jeder Anlage müssen die elektrische Energie abgebenden und die elektrische Energie aufnehmenden Theile, sowohl untereinander, wie gegenseitig durch Energiewege oder Leitungen verbunden werden, deren zweckmässige Verbindungsweise die Leitungssysteme ergibt.

Die zu verbindenden Theile sind entweder elektrische Energieerzeuger oder -abgeber, wie namentlich die elektrischen Maschinen, welche mechanische Energie in elektrische umsetzen; oder sie sind Energieabnehmer, wie die Lichtquellen, welche die elektrische Energie in Licht und Wärme umsetzen, oder wie die Motoren, bei welchen die Rückumsetzung in mechanische Energie erfolgt. Ausser diesen aktiven und passiven Anfangs- und Endgliedern kommen noch Zwischenglieder, indifferente Theile, wie die Umwandler oder Umformer in Betracht, bei welchen elektrische Energie von bestimmten Eigenschaften in eine anders beschaffene, entweder direkt, wie bei den Transformatoren, oder indirekt, wie bei den Akkumulatoren, umgesetzt wird.

Daraus geht hervor, dass die Behandlung der Leitungssysteme von der gleichzeitigen Behandlung der zu verbindenden Theile und der Kenntniss der Eigenschaften und Anforderungen derselben nicht zu trennen ist.

2. Eintheilung.

Die Eintheilung der Systeme kann nach verschiedenen Gesichtspunkten erfolgen, so:

a) nach der Schaltung der Energieaufnehmer und -abgeber, z. B. in solche mit Hintereinander- oder Serienschaltung, solche mit Nebeneinander- oder Parallelschaltung etc.;

b) nach der unmittelbaren oder mittelbaren Art der Verbindung zwischen Erzeuger und Abnehmer in direkte und indirekte Systeme;

c) nach der Zahl der Leiter in Zwei-, Drei- und Mehrleitersysteme;

d) nach der Art des verwendeten Stromes in Gleichstrom- und Wechselstrom- (Ein- und Mehrphasen-) Systeme.

Diese einzelnen Hauptabtheilungen sind jedoch durch eine Reihe von Zwischengliedern verbunden, sodass die Grenzen sich nicht ohne Weiteres genau fixiren lassen und scharfe Unterscheidungsmerkmale nur durch gleichzeitige Heranziehung mehrerer Gesichtspunkte zu erreichen sind.

3. Anforderungen der Energieaufnehmer.

Die Energieaufnehmer fordern, dass ihnen stets die gewünschte zulässige Energie zugeführt werde, und dass die Gleichmässigkeit der Energielieferung nicht durch den wechselnden Bedarf anderer Abnehmer beeinflusst werde.

Um der ersten Bedingung gerecht zu werden, ist es erforderlich, dass die Leistungsfähigkeit der Energieabgeber dem geforderten Konsum entspreche, wobei die Leitungen stark genug sein müssen, um die geforderte Energiemenge ohne schädliche Erwärmung zu führen.

Um der zweiten Forderung zu genügen, muss das System eine gewisse Elasticität gegen Schwankungen des Energiebedarfes oder der Belastung der Leitung, besitzen. Diese Belastungselasticität nennt man auch Löschbarkeit des Systems, wenn es sich um Lichtquellen als Energieabnehmer handelt.

Die Fortleitung der elektrischen Energie in den Leitungen selbst, sowie in den übrigen, oben genannten Theilen der Anlage geschieht mit einer Reihe von Energieverlusten. Ein ideales System müsste bei möglichst kleinen Verlusten jedem Energieaufnehmer volle Unabhängigkeit von den anderen und völlig freie Benutzungsweise desselben gestatten.

Diese Betrachtungen führen uns vorerst zur Dimensionirung der Leitungen.

4. Erwärmung der Leitungen.

Als äusserste Grenze der Temperaturerhöhung der meist in Frage kommenden Leitungen betrachtet man 40° C. Als zulässige Strombelastung des Leiters pflegt man die Hälfte jenes Stromes zu wählen, welcher jene äusserste Erhitzung hervorbringen würde; der zulässige Strom wird also die Temperatur des Leiters um 10° C. steigern. (Siehe Schmelzsicherungen.)

Die vom Strome J Ampère in einem kupfernen Leiter vom Durchmesser d mm und Widerstand R Ohm in einer Sekunde erzeugte Wärmemenge beträgt $J^2 R$ Watt; die unter der dauernden Einwirkung dieses Stromes auftretende Temperaturerhöhung wird durch die Beschaffenheit und Grösse der abkühlenden Oberfläche und durch die Verlegungsart des Drahtes beeinflusst. Der zulässige Strom beträgt etwa

für Innenleitungen . . . . . $J = 5\,d\sqrt{d}$
- Freiluftleitungen . . . . $J = 8\,d\sqrt{d}$
- unterirdische Kabelleitungen $J = 4\,d\sqrt{d}$

Bei koncentrischen Kabeln bedeutet d den Durchmesser des inneren Litzenleiters in mm.

Nach den Sicherheitsvorschriften des Verbandes Deutscher Elektrotechniker ist die höchste zulässige Betriebsstromstärke für Drähte und Kabel aus Leitungskupfer aus nachstehender Tabelle zu entnehmen, deren Werthe etwa $4{,}5\,d\sqrt{d}$ entsprechen:

Querschnitt in qmm	Betriebsstromstärke in Ampère	Querschnitt in qmm	Betriebsstromstärke in Ampère
0,75	3	35	80
1	4	50	100
1,5	6	70	130
2,5	10	95	160
4	15	120	200
6	20	150	230
10	30	210	300
16	40	300	400
25	60	500	600

Die Stromdichte nimmt demnach von 4 Amp./mm² bei dünnen Drähten bis auf 1,2 Amp./mm² bei dicken Kabeln ab.

5. Stromvertheilung in einfachen Leitern.

Die Stromvertheilung in linearen Leitern erfolgt nach den durch Ohm und Kirchhoff festgestellten Gesetzen. Die Verwendung dieser Gesetze auf die in der Praxis vorkommenden Fälle gewinnt an Uebersichtlichkeit, sobald dieselben nicht rein mathematisch, sondern mit Hilfe physikalischer Interpretation benutzt werden. Die meisten in der Beleuchtungspraxis vorkommenden Leitungsnetze sind dadurch gekennzeichnet, dass

1. sämmtliche Stromabnehmer oder Nutzwiderstände zwischen je zwei Leiternetze parallel eingeschaltet sind, und
2. dass der mittlere Spannungsabfall in den Leitungen nur einige Procente des mittleren Spannungsgefälles in den Nutzwiderständen selbst beträgt.

Bilden die beiden Hauptleiter je einen ein- oder mehrfach in sich geschlossenen Linienzug, so nennt man das Netz ein geschlossenes, im anderen Falle ein offenes. Die genaue Berechnung der Stromvertheilung führt zu sehr komplicirten Ausdrücken; man wendet daher ein Näherungsverfahren an, dem folgender Gedankengang zu Grunde liegt.

Das Spannungsgefälle von dem der Stromquelle am nächsten liegenden Stromabnehmer bis zu dem am weitesten entfernten darf nur einige wenige Procente der Nutzspannung betragen. In Folge der Geringfügigkeit des Spannungsgefälles in den Leitern im Verhältniss zu dem in den Nutzwiderständen geht der für die Vertheilung des Stromes ausschlaggebende Einfluss nur von den letzteren aus, und es kann angenommen werden, dass jeder Stromabnehmer bei gleichbleibendem Nutzwiderstande immer den gleichen, diesem Widerstande umgekehrt proportionalen Strom erhält. Man ist daher berechtigt, statt der Nutzwiderstände die ihnen entsprechenden Ströme von vornherein anzunehmen, um mit den Werthen derselben die Spannnungsvertheilung auszurechnen.

a) Einfache Fälle. Im Folgenden werden die wichtigsten Fälle der Stromvertheilung vorerst mit rein ohmischen Widerständen vorgebracht. Fig. 151 stellt ein Leiterstück dar, dessen Widerstand r Ohm beträgt und unter dem Einflusse des Spannungsunterschiedes von V_{01} Volt einen Strom von J_{01} Ampère in der Richtung von 0—1 führt. Es ist dann: $J_{01} = \frac{V_{01}}{r}$. Wird der reciproke Werth

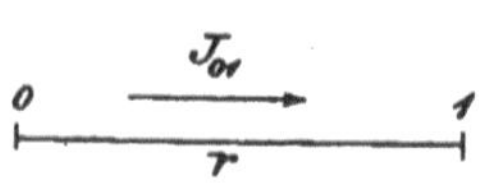

Fig. 151.

des Widerstandes eines Leiterstückes als seine Leitfähigkeit bezeichnet, so besagt das Ohm'sche Gesetz, dass die Stromstärke proportional dem Spannungsunterschiede und der Leitfähigkeit des Leiterstückes zunimmt. Da der Widerstand eines Kupferdrahtes von f Quadratmillimeter Querschnitt und $\mathfrak{l}$ Meter Länge $r = \frac{\mathfrak{l}}{60 \cdot f}$ ist, so kann für den vorliegenden Fall der Querschnitt f eines Drahtes von $\mathfrak{l}$ Meter Länge berechnet werden, in dem der Strom J_{01} den Spannungsverlust V_{01} bewirkt.

$$f = \frac{\mathfrak{l}}{60 \cdot r} = \frac{\mathfrak{l} \cdot J_{01}}{60 \cdot V_{01}}.$$

Ist z. B. $\mathfrak{l} = 2 \times 60$ Meter, $J_{01} = 50$ Ampère entsprechend 100 Glühlampen von je 0,5 Ampère, $V_{01} = 4$ Volt $= 4\,\%$ der Lampenspannung, so ergiebt sich $f = \frac{2 \,.\, 60 \,.\, 50}{60 \,.\, 4} = 25$ mm², was nach den Verbandsvorschriften noch zulässig ist.

Werden mehrere solche Leiterstücke hintereinander geschaltet, so resultirt ein Strom, welcher der Summe der Widerstände der einzelnen

Stücke entspricht und andererseits unter der Wirkung der Summe der Spannungsabfälle der einzelnen Stücke steht.

$$J = \frac{\Sigma V}{\Sigma R} = \frac{V_{01} + V_{12} + V_{23} + \dots}{r_{01} + r_{12} + r_{23} + \dots}$$

Werden dagegen mehrere Leiterstücke zwischen den Punkten 0 und 1 (Fig. 152) nebeneinander geschaltet, so findet sich der äquivalente Widerstand R aus der Leitfähigkeit der Kombination, welche gleich der Summe der Leitfähigkeiten der einzelnen Theile ist, also

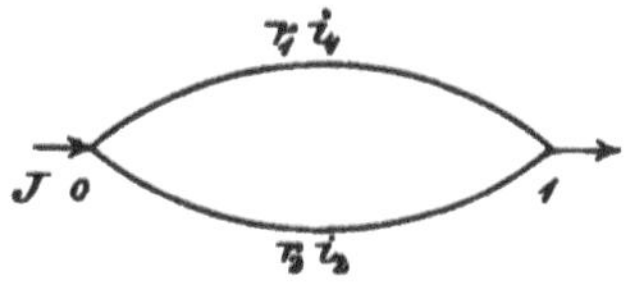

Fig. 152.

$$\frac{1}{R} = \frac{1}{r_1} + \frac{1}{r_2} + \dots$$

Die Nebeneinanderschaltung giebt demnach analoge Beziehungen, wie die Hintereinanderschaltung, sobald der Widerstand durch die Leitfähigkeit ersetzt wird.

b) Superposition. Der Strom, der durch ein Leiterstück in Folge des Spannungsunterschiedes V fliesst, kann auch als die Summe jener Einzelströme betrachtet werden, welche dem Nacheinanderwirken der Theilspannungen $v_1 + v_2 + \dots = V$ entsprechen. Ebenso kann der Gesammtstrom J bei parallel geschalteten Leitern als die schliessliche Summe der Theilströme i gedacht werden, wenn diese Theilströme einzeln nacheinander auftreten.

Diese Gesetze der Superposition von Spannungen und Strömen, oder dieser Zusammenhang zwischen Summenwirkung und Einzelwirkung kann vielfach bei der Betrachtung der Stromvertheilung benutzt werden, um selbst komplicirte Stromläufe in einfachere aufzulösen.

Man kann dies auch so fassen: ein und dasselbe Leitersystem wird in Folge der Wirkung von einzelnen Stromquellen und Stromabnahmen durch deren Einzelwirkung Strombilder geben, welche direkt aufeinandergelegt das schliessliche Bild der gleichzeitigen Gesammtwirkung aller zur Darstellung bringen.

Nimmt man nun 2 Widerstände r_1 und r_2, Fig. 152 an, und legt diese Leiter nicht im Punkte 0 zusammen, sondern breitet sie wie in Fig. 153 auseinander, so stellt dieses Bild den wichtigen Fall dar, dass zwischen einem Leiter 0—0 im Punkte 1 ein Stromabnehmer J zur Wirkung gelangt. Für diesen Fall wird also in jedem Theil des Leiters 0—1 der Stromzulauf von beiden Seiten, entsprechend der Leitfähigkeit der beiden Stücke, vor sich gehen. Man kann sich also vorstellen, dass der Strom J aus den Theilen i_1, i_2 besteht und dass der eine Theil von der einen Seite, der andere Theil von der anderen Seite mit Strom versorgt wird. Die vollständige Analogie dieses Falles mit den Gesetzen des Auflagedruckes eines auf 2 Stützen ruhenden Balkens vom Gewichte J ist in die Augen fallend.

Denkt man sich das Bild der Fig. 151 zusammengeklappt mit Fig. 153, so giebt dies die Lösung des Falles, dass ein Stromabnehmer

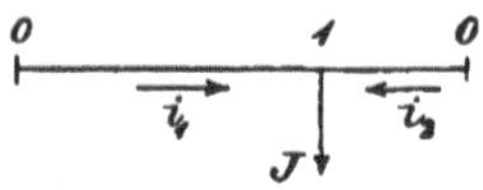

Fig. 153.

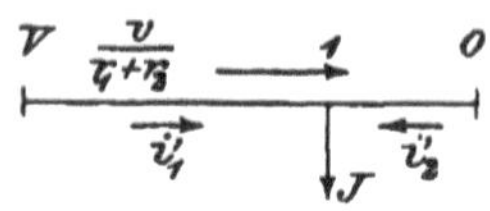

Fig. 154.

Strom von 2 Seiten erhält, deren Spannungswerthe ungleich hoch sind, wie dies in Fig. 154 zum Ausdruck gebracht ist. Es fliesst demnach zwischen V und 1 der Strom, welcher ohne den Abnehmer J fliessen würde, vermehrt um den Strom, welcher dem Theilstrom aus Fig. 153 entspricht. Wir wollen der Deutlichkeit wegen diesen Theilstrom als Komponentenstrom bezeichnen. Es ergiebt sich demnach: Strom zwischen V,1:

$$\frac{V}{r_1 + r_2} + i_1 = i'_1$$

und zwischen 0,1:

$$i_2 - \frac{V}{r_1 + r_2} = i'_2.$$

Man darf sich also vorstellen, dass auch hier der Strom J aus zwei Theilen i'_1, i'_2 besteht und sieht, dass die Leitung bei 1 ohne Aenderungen der Stromvertheilung in 2 Theile geschnitten gedacht werden darf, wie dies in Fig. 155 ersichtlich gemacht ist. Ist i''_2 negativ, so wird

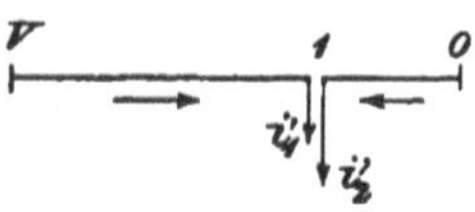

Fig. 155.

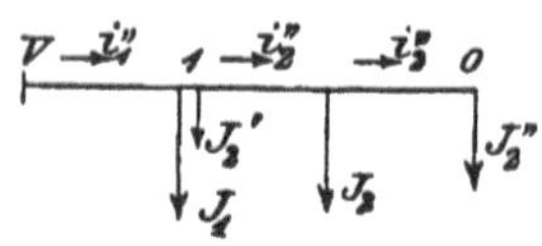

Fig. 156.

diese Summe eigentlich zur Differenz; der Strom J_1 wird von i''_1 abgezogen und geht als $i''_2 = i''_1 - J_1$ weiter (Fig. 156). Auch für diesen Fall hat die Vorstellung Geltung, als ob hier eine wahre Schnittstelle vorläge, allein die Rechnung deutet durch das negative Resultat darauf hin, dass diese Stelle zur Theilung im wahren Sinne des Wortes nicht genügen, sondern nur eine fiktive Schnittstelle repräsentiren kann.

Mehrere Abnehmer J, an verschiedenen Stellen wirkend, ergeben ihre gleichzeitige Wirkung aus der Deckung der einzeln hervorgerufenen Bilder. Man kann übrigens diesen komplicirten Fall durch successive Zerlegung der einzelnen J auf die benachbarten i auflösen in den Fall, dass nur ein einziger Stromabnehmer zwischen den beiden Strecken funktionirt, wie z. B. in Fig. 156, wo der Abnehmer J_2 derart in die Komponenten J'_2 und J''_2 zerlegt ist, dass J_2 wegfällt und nur ein einziger Abnehmer $J_1 + J'_2$ wirkt.

Werden statt zweier Widerstände wie in Fig. 152 deren 3, r_1, r_2, r_3 genommen und löst man abermals das Bild auf, indem man den Punkt 0 auseinander klappt, so erhält man den in Fig. 157 gezeichneten Fall, dass ein Knotenpunkt vorliegt, zu dem drei Stromzuführungen von gleichen Anfangsspannungen führen.

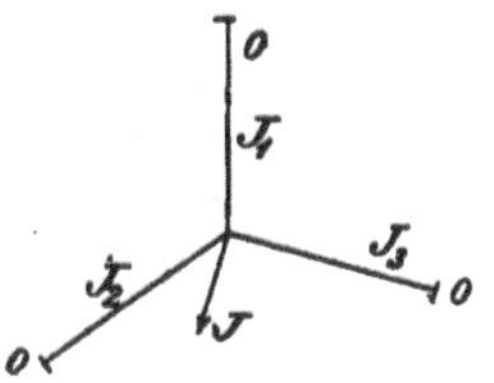

Fig. 157.

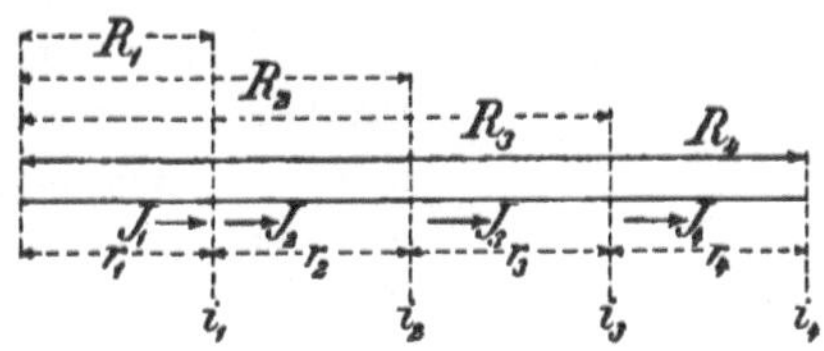

Fig. 158.

Wir wollen in eine Betrachtung des allgemeinen Falles hier nicht eingehen, sondern in einigen Beispielen die Anwendung der hier kurz gegebenen Grundsätze verdeutlichen.

Das gesammte Spannungsgefälle in einem Leiter ist gleich der Summe der Gefälle in den Theilstrecken (Fig. 158).

$$V = J_1 r_1 + J_2 r_2 + \ldots\ldots = \Sigma (Jr)$$
$$V = i_1 R_1 + i_2 R_2 + \ldots\ldots = \Sigma (i R).$$

Das Produkt (i R) aus jedem Abzweigstrom mit dem bis zu seinem Abzweigpunkt vom Anfangspunkt aus gerechneten Leitungswiderstande nennen wir Strommoment. Das gesammte Spannungsgefälle ist also gleich der Summe aller Strommomente.

Setzt man $V = \Sigma (i R) = \Sigma (i) . \rho$, so erkennt man, dass sich das Gesammtspannungsgefälle auch ergiebt, wenn man den Gesammtstrom mit einem idealen Widerstande

$$\varrho = \frac{\Sigma (i R)}{\Sigma (i)}$$

(gleich dem Schwerpunktradius) multiplicirt.

c) Schnittmethode. Dasselbe Verfahren lässt sich auf eine geschlossene Ringleitung, wie sie beispielsweise in Fig. 159 dargestellt ist, anwenden.

Man denkt sich den Ring im Stromzuführungspunkte A aufgeschnitten und hat dann den vorher besprochenen Fall vor sich, wobei die Spannungen an den Endpunkten gleich sind. Einfacher gestaltet sich die Rechnung jedoch auf Grund folgenden Gedankenganges.

Vom Punkte A theilt sich der Gesammtstrom J in zwei Theile, die im Allgemeinen in einem bestimmten Abzweigpunkte zusammentreffen. In diesem Punkte kann man einen Schnitt durch die Ringleitung führen, ohne die Stromvertheilung zu stören. Durch diesen Schnitt zerfällt die geschlossene Leitung in zwei offene Stränge, für welche die Momentgleichung gilt.

Die Bestimmungsweise des Schnittpunktes ergiebt sich aus folgender Betrachtung: Irgend ein Abzweigstrom ist gleich der algebraischen Summe der in den benachbarten Leiterstrecken fliessenden Ströme. Ist z. B. 3 (Fig. 159) der Punkt, in dem die Ströme von links und rechts zusammentreffen, so haben beide Ströme mit Bezug auf 3 dieselbe Richtung, sagen wir die positive; ist 3 nicht der gesuchte Schnittpunkt, so wird der eine Theilstrom zu diesem Punkte zu- und der andere von demselben wegfliessen, d. h. der eine wird sich aus der nachfolgenden Rechnung als positiv, der andere als negativ ergeben. Die Vorzeichen dieser Ströme werden also das Kriterium dafür bilden, ob man beim richtigen Schnittpunkt ist oder nicht.

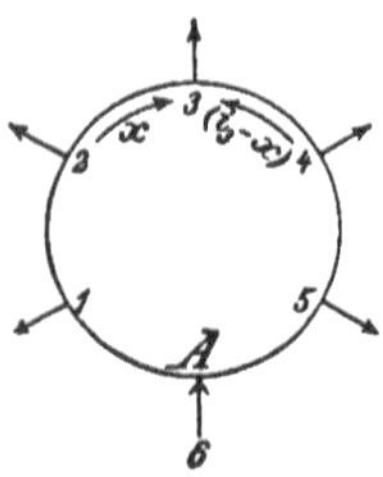

Fig. 159.

Bei 3 wird unter allen Umständen nur eine einzige Spannung herrschen; es wird also das Gefälle von A bis 3 auf dem linksseitigen Wege gleich sein müssen dem auf dem rechtsseitigen, sodass also, wenn wir die Widerstände von A aus gerechnet bis 1, 2 ... mit R_1, R_2 ..., den Widerstand des ganzen Ringes mit R bezeichnen, die Gleichung besteht:

$$i_1 . R_1 + i_2 . R_2 + i_3 R_3 = i_5 . (R - R_5) + i_4 . (R - R_4) + (i_3 - x) . (R - R_3).$$

Aus den Werthen der Theilströme x und $(i_3 - x)$, welche aus dieser für einen ganz beliebigen Punkt aufgestellten Gleichung gefunden wird, kann sofort auf die Lage des wahren Schnittpunktes geschlossen werden. Die Ströme x und $(i_3 - x)$ sind nämlich nach Grösse und Richtung die thatsächlich auftretenden. Wenn daher einer der beiden Werthe sich als negativ ergiebt, so schreitet man in der Richtung desselben zu dem nächsten Abzweigpunkte, zieht den hier abgezweigten Strom ab und fährt so fort, bis man zu einem Punkte gelangt, in welchem beide Ströme positiv sind. Dieser Punkt ist der gesuchte Schnittpunkt. Gelangt man einmal zu einem Punkt, in welchem der eine Theilstrom Null ist, so hat man den singulären Fall vor sich, dass ein Theil des Ringes stromlos ist.

Man sieht, dass zur Ermittlung der Stromvertheilung in einem geschlossenen Ringe eine einzige Gleichung genügt. Besteht ein Leitungsnetz aus mehreren oder aus beliebig vielen geschlossenen Theilen, so wiederholt sich das angegebene Verfahren für jeden geschlossenen Theil oder jede Masche. Man hat also so viele Gleichungen ersten Grades aufzustellen und auszuwerthen, als das Leitungsnetz Maschen hat. Behufs Aufstellung der Gleichungen denke man sich in jeder Masche in einem ganz beliebigen Abzweigpunkte einen Schnitt geführt, jedoch so, dass keiner der entstehenden offenen Leitungsstränge ohne Zusammenhang mit einer der Stromzuführungsstellen bleibe[1]).

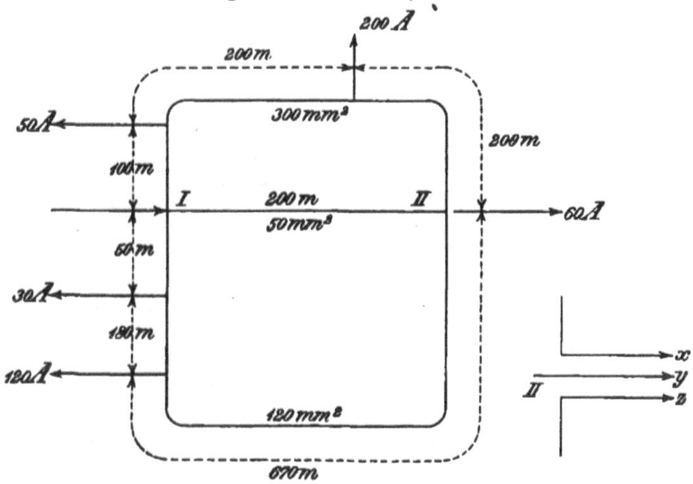

Fig. 160.

Ein Zahlenbeispiel (Fig. 160) wird das Verfahren verdeutlichen.

Wir schneiden beide Maschen in dem gemeinsamen Knotenpunkte II auf und erhalten folgende Gleichungen:

$$x + y + z = 60.$$

$$x \cdot \frac{200 + 200 + 100}{300} + 200 \cdot \frac{200 + 100}{300} + 50 \cdot \frac{100}{300} = y \cdot \frac{200}{50}$$

$$z \cdot \frac{670 + 180 + 50}{120} + 120 \cdot \frac{180 + 50}{120} + 30 \cdot \frac{50}{120} = y \cdot \frac{200}{50}.$$

Hieraus folgt:

$$\begin{cases} x = 5{,}7 \\ y = 56{,}5 \\ z = -2{,}2 \end{cases}$$

Diese Werthe besagen, dass das Bild des richtigen aufgeschnittenen Leitungsnetzes so ist, wie es Fig. 161 darstellt.

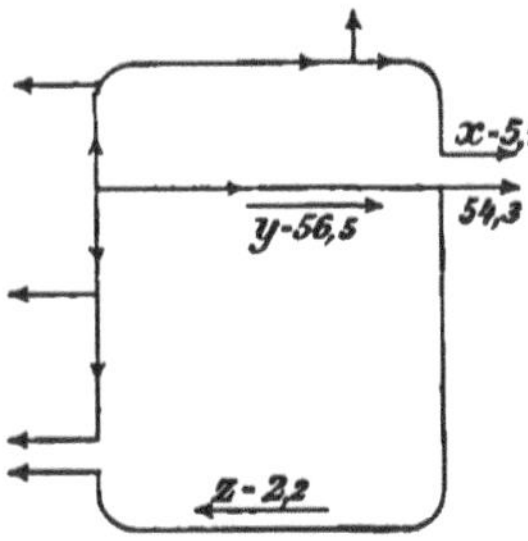

Fig. 161.

[1]) Schnittmethode von Herzog-Stark, Elektr. Zschr. 1890, S. 221, 445.

Die skizzirte Methode giebt ein brauchbares Mittel, nicht nur die Stromvertheilung in Leitungsnetzen zu ermitteln, sondern auch den Einfluss von Aenderungen in den Belastungen der verschiedenen Theile eines Netzes rasch zu konstatiren. Hierauf kann jedoch hier nicht eingegangen werden; es sei dieserhalb auf das Werk „Die Berechnung elektrischer Leitungsnetze in Theorie und Praxis" von J. Herzog und Cl. P. Feldmann, Berlin und München 1898, 2. vermehrte Auflage, verwiesen werden.

6. Leitungen mit Induktanz und Kapacität.

a) Impedanz. Die Stromvertheilung in Leitern mit Selbstinduktion und Kapacität ist unter den gemachten beschränkenden Annahmen für das Netz und mit der weiteren Hinzufügung einer „unabhängigen Spannung der Stromquelle" unschwer aufzustellen. Der scheinbare Widerstand eines Leiterstückes kann als die geometrische Resultante aus dem reellen Widerstande und dem Drosselwiderstande der Selbstinduktion aufgefasst werden; also

$$r' = \sqrt{r^2 + (\omega L)^2},$$

wobei r den Ohm'schen Widerstand, $\omega = 2\pi \sim$, $\sim$ die Zahl der Perioden pro Sekunde und L die Induktanz in Henry bedeutet (Fig. 162).

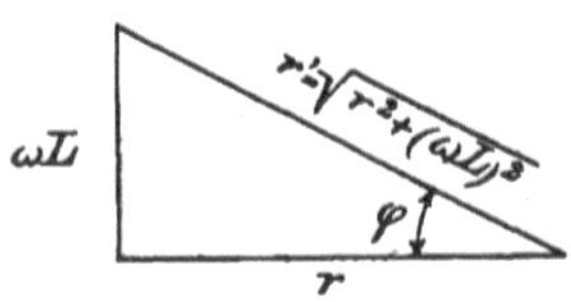

Fig. 162.

Dieser Ausdruck ergiebt sich, wenn man sich vergegenwärtigt, welche Beziehungen zwischen dem Strom in einem Stromkreis mit Widerstand und Selbstinduktion und der sinusförmig wechselnden E.M.K., welche den Strom erzeugt, bestehen. Cirkulirt der Strom durch einen Widerstand, so muss ein Theil der E.M.K., ganz wie im Gleichstromkreise, zur Ueberwindung dieses Widerstandes verwendet werden. Der Strom inducirt jedoch in seiner Umgebung ein je nach Beschaffenheit derselben verschieden starkes magnetisches Feld, dessen Stärke in Folge der variablen Stromstärke ebenfalls veränderlich ist. Bei sinusartigem Verlauf des Stromes wird die durch das veränderliche Feld inducirte E.M.K (Gegen-E.M.K. der Selbstinduktion genannt) in der Phase gegen die der Stromstärke, also auch gegen die Phase derjenigen Spannung, die zur Ueberwindung des Ohm'schen Widerstandes dient, um 90° verschoben sein. Da sowohl der Ohm'sche Spannungsabfall, als auch die induktiv aufgezehrte Spannung dem Maximalwerthe J der Stromstärke direkt proportional ist, so kann die Stärke des entstehenden Stromes nicht grösser sein, als den rechtwinklig zusammengesetzten Proportionalitätsfaktoren r und L ω entspricht.

$$J = \frac{E}{\sqrt{r^2 + (L\,\omega)^2}}.$$

Das Produkt $L\,\omega$ nennt man Reaktanz; den Ausdruck unter der Wurzel $r' = \sqrt{r^2 + (\omega\,L)^2}$ nennt man Impedanz; beide haben im absoluten Maasssystem die Dimension eines Widerstandes und die Impedanz spielt in Wechselstromkreisen mit Widerstand und Induktanz dieselbe Rolle wie der Ohm'sche Widerstand in Gleichstromkreisen.

Fig. 162 hat auch noch eine andere Bedeutung. Multiplicirt man nämlich den Widerstand oder die Resistanz r, die Reaktanz $L\,\omega$ und die Impedanz r' mit der Stromstärke J, so erhält man der Grösse und der relativen Phase nach den Ohm'schen und induktiven Spannungsabfall, welche durch die Katheten, und die wirkende E.M.K. oder Spannungsdifferenz, welche durch die Hypothenuse dargestellt ist. Da nun die Phase des Stromes mit der Phase der Spannung, die zur Ueberwindung des Ohm'schen Widerstandes nothwendig ist, übereinstimmt, so giebt der Winkel φ zugleich die Phasenverschiebung zwischen E.M.K. und Strom; derselbe kann, wie ersichtlich, aus der Beziehung $\operatorname{tg}\varphi = \frac{\omega\,L}{r}$ ermittelt werden. Mit Hilfe dieses Phasenwinkels kann die durch den Strom geleistete Arbeit berechnet werden. Die Leistung oder den Effekt in irgend einem Zeitpunkte erhält man, indem man die momentane Spannung mit der momentanen Stromstärke multiplicirt. Es kann nun einfach bewiesen werden, dass, wenn Spannung und Strom gegeneinander in der Phase verschoben sind, die einer Sekunde entsprechende Arbeit ermittelt wird, entweder als das Produkt $\frac{1}{2}\,J\,.\,E\,.\cos\varphi$ oder indem man die effektive Spannung $\overline{E} = \frac{E}{\sqrt{2}}$ mit der effektiven Stromstärke $\overline{J} = \frac{J}{\sqrt{2}}$ und mit dem Cosinus des Phasenverschiebungswinkels φ multiplicirt. Da mit Zunahme der Induktanz L der Winkel φ grösser wird, ist der von derselben E.M.K. in einem Stromkreise von gleicher Impedanz geleistete Effekt um so geringer, je grösser L ist. Für die Grösse der Leistung ist nicht die Stromstärke selbst maassgebend, sondern nur ihre Projektion auf die Richtung der E.M.K. Diese Komponente nennt man daher den Wattstrom im Gegensatz zu der Stromkomponente, die mit der Richtung der E.M.K. einen Winkel von 90° einschliesst und die in Folge dessen zur Arbeitsleistung nichts beiträgt und deshalb nach v. Dolivo-Dobrowolsky der wattlose Strom genannt wird. Da ferner bei gleicher E.M.K. und Stromstärke die Grösse des geleisteten Effektes vom Werthe des $\cos\varphi$ abhängt, so nennt man $\cos\varphi$ den Leistungsfaktor.

b) Induktanz langer Linien. Obwohl in Wechselstromkreisen als induktive Belastungen hauptsächlich die Eisen enthaltenden Verbrauchsapparate in Betracht kommen, darf man doch auch bei längeren Leitungen die in denselben auftretenden induktiven Rückwirkungen nicht ausser Acht lassen, da sie, namentlich wenn dickere Drähte in grösserer Entfernung von einander montirt sind, eine schon beachtenswerthe Phasenverschiebung und bedeutenderen Spannungsabfall hervorrufen können.

Die Selbstinduktion von zwei parallelen Drähten erhält man, indem man den Kraftlinienfluss in einer zum Draht senkrechten Ebene im Intervalle zwischen den beiden Drähten berechnet und diesen Betrag mit 2 multiplicirt, da in dem Intervall ein gleich grosser Betrag von Kraftlinien, vom zweiten Draht herrührend, zu Stande kommt[1]).

Die Induktion in der Entfernung a vom Draht beträgt $\frac{2\,J}{a}$ (J = effektive Stromstärke). Durch Integration dieser Induktion von d bis D erhält man den Gesammtwerth

$$2\,J \log_e \frac{2\,D}{d}.$$

D = Entfernung beider Drähte von einander, d = Drahtdurchmesser. Wenn hierzu noch die Induktion im Innern des Drahtes beigefügt wird, so erhält man bei kupfernen Leitungen einen Gesammtkraftlinienfluss von

$$\left(2 \log_e \frac{2\,D}{d} + \frac{1}{2}\right)$$

für die Schleifenlänge gleich 1 cm und für 1 Ampère.

Die Induktanz für eine Parallelleitung von 0,5 km einfacher Länge, also für die Gesammtdrahtlänge von 1 km, in Henry ausgedrückt, ist

$$L = \left(0{,}5 + 2 \,.\, 2{,}3026 \log_{10} \frac{2\,D}{d}\right) 10^5 \,.\, 10^{-9},$$

in welcher der natürliche Logarithmus in Briggs'schen umgerechnet ist. Das giebt

$$L = \left(0{,}05 + 0{,}4605 \log_{10} \frac{2\,D}{d}\right),$$

in Millihenry. D und d sind dabei in gleicher Längeneinheit auszudrücken.

	D = 25 cm	50 cm	75 cm	100 cm	150 cm	200 cm
d = 1 mm	L = 1,292	1,431	1,512	1,570	1,645	1,705
2	1,155	1,292	1,372	1,431	1,514	1,570
3	1,070	1,209	1,292	1,348	1,430	1,487
4	1,017	1,155	1,240	1,292	1,372	1,430
5	0,970	1,110	1,190	1,247	1,329	1,386
6	0,934	1,070	1,150	1,219	1,292	1,346
7	0,905	1,044	1,129	1,183	1,263	1,320
8	0,877	1,017	1,087	1,155	1,226	1,292
9	0,850	0,990	1,070	1,127	1,212	1,270
10	0,832	0,971	1,052	1,110	1,191	1,249

[1]) Siehe u. a. Steinmetz, Elektr. Zschr. 1893, S. 476.

In vorstehender Tabelle[1]) sind die Werthe der Induktanz in Millihenry für verschiedene Drahtdurchmesser d mm und Drahtentfernungen D cm zusammengestellt:

Z. B. sei der Spannungsabfall in einer Parallelleitung von 2 km Gesammtlänge bei folgenden Angaben zu berechnen:

$$d = 5 \text{ mm.} \quad \text{Länge} = 2 \text{ km.} \quad D = 25 \text{ cm.} \quad J = 20 \text{ Amp.} \quad \omega = 2 \cdot \pi \cdot 50 = 314.$$

$$\text{Gegen-E.M.K.} = 314 \cdot 0{,}970 \cdot 2 \cdot 20 \cdot 10^{-3} = 12{,}16 \text{ Volt.}$$

Es wurde mit 10^{-3} multiplicirt, weil die Tabellenwerthe in Millihenry und nicht in Henry angegeben sind.

$$\text{Ohmischer Spannungsabfall} = \frac{20 \cdot 2000}{60 \cdot 20} = 33 \text{ Volt}$$

Gesammter Spannungsverlust bei induktionsfreier Belastung

$$= \sqrt{33^2 + 12^2} = 35 \text{ Volt.}$$

Ganz und Comp. in Budapest benutzt für die Berechnung von langen Wechselstromleitungen die folgende graphische Fig. 163 des Herrn J. Schwarz, in welcher die Gesammtlänge der zwei parallelen Drähte als Abscisse, der Spannungsabfall bei 1 Amp. und 5000 Polwechsel p. M. als Ordinaten aufgetragen ist. Den Werth für J Amp. erhält man durch Multiplikation mit J. Die gestrichelten Linien geben den ohmischen Spannungsabfall für 3—8 mm starke Drähte; die nächsthoch über denselben liegenden ausgezogenen Linien geben den resultirenden Spannungsabfall für gegenseitige Drahtentfernungen von D = 400 mm bis 1000 mm.

Wird als Abscisse die einfache Drahtlänge genommen, so erhält man den Gesammtspannungsabfall am Ende der Leitung, indem man die entsprechende Ordinate bei einphasigem Wechselstrom mit 2 multiplicirt.

c) Zusammensetzung von Impedanzen. Sind in einem Wechselstromkreise Widerstände von verschiedenen Induktanzen, so hat man durch stufenweise Aneinanderreihung der den einzelnen Abschnitten entsprechenden Figuren, in welchen der ohmische und induktive Spannungsabfall geometrisch zu einer Resultanten zusammengesetzt sind, ein Mittel, um den Strom, die an den Klemmen der Widerstände herrschenden Spannungen und die Phasenverschiebung des Stromes, sowie die in denselben aufgezehrten Energiemengen zu ermitteln.

Motoren und Transformatoren repräsentiren in Wechselstromkreisen, namentlich bei geringeren Belastungen, grosse Induktanzen und haben bedeutende Phasenverschiebungen zur Folge. Während der Strom in Transformatoren bei Vollbelastung gegen die Spannung nur eine geringe Verschiebung der Phase besitzt, wächst letztere bei kleineren Belastungen

[1]) Umgerechnet nach Elektr. Zschr. 1894, S. 586 (Houston & Kennelly).

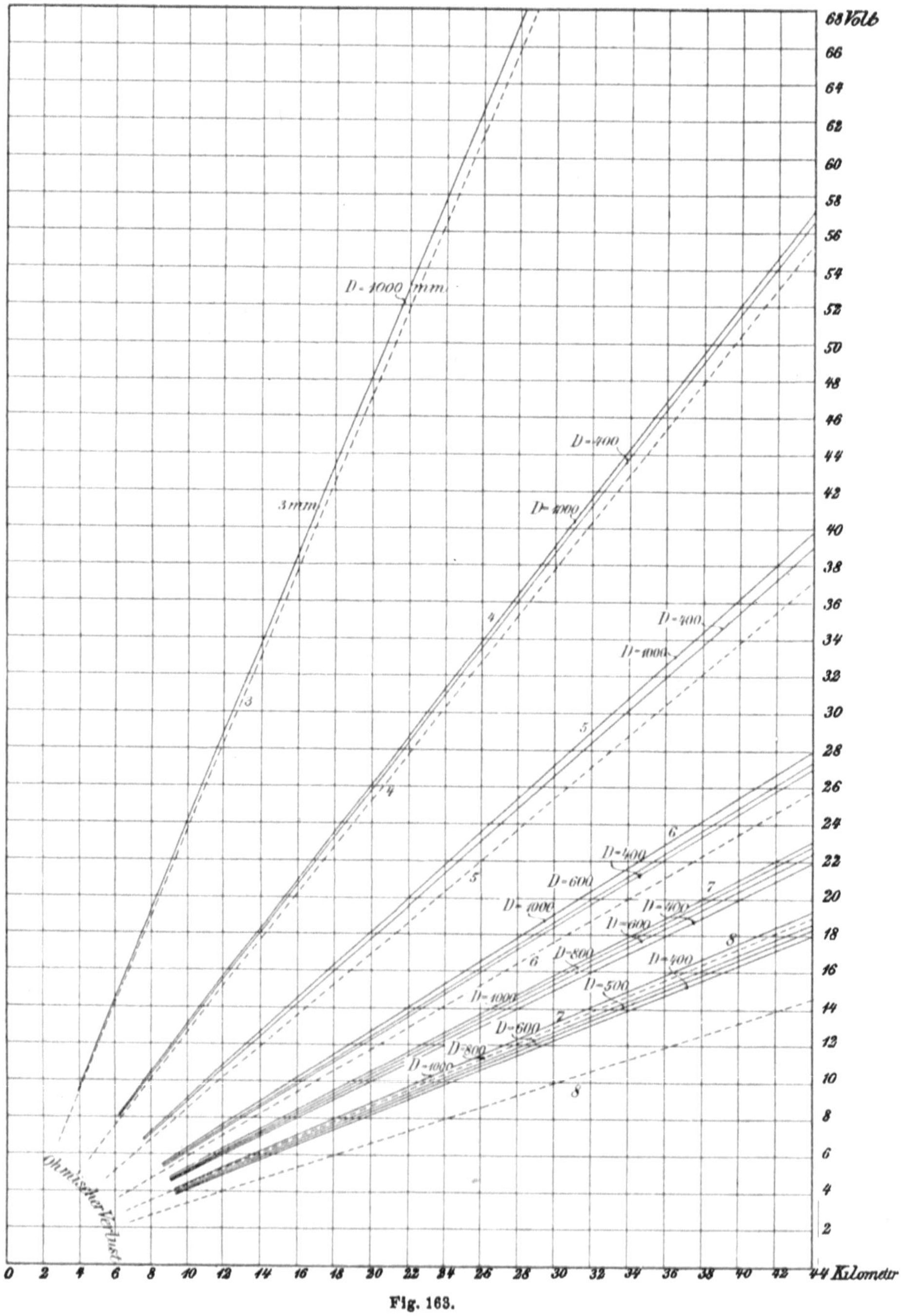
68 Volt
Kilometr
D = 1000 mm
3 mm
D = 400
D = 1000
D = 400
D = 1000
D = 400
D = 600
D = 1000
D = 800
D = 1000
D = 600
D = 800
D = 1000
D = 400
D = 600
D = 400
D = 500
Ohmischer Verlust

Fig. 163.

und bei Leerlauf auf bedeutende Werthe, die nahe an 90 Grad reichen würden, wenn die Hysteresiserscheinungen dem nicht entgegenwirkten. Der Leistungsfaktor in Motorkreisen beträgt 0,75—0,85.

Als Beispiel für die Berechnung eines Wechselstromkreises, in welchem Widerstände von verschiedener Induktanz vorkommen, diene der folgende Fall.

Es sei von einer Wechselstrommaschine von 90 Kilowatt Leistungsfähigkeit bei 2000 Volt und 42 Perioden p. S. ein Transformator für 80 kw zu speisen. Die Entfernung des Transformators von der Maschine

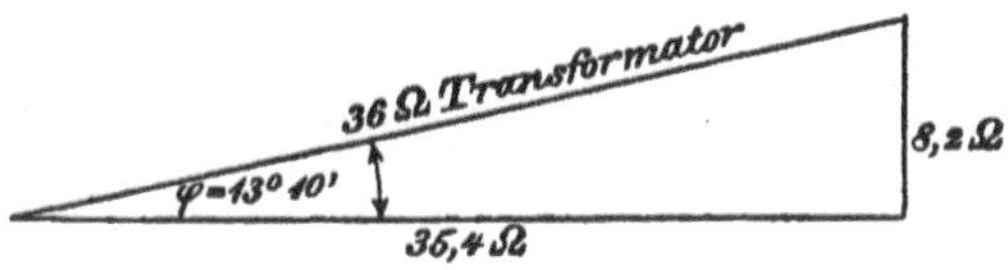

Fig. 164.

betrage 6 km. Die Leitung bestehe aus Kupferdraht von 8 mm. Wir nehmen an, dass die Primärwickelung des Transformators bei Vollbelastung eine Impedanz von 36 Ω besitzt und zwar so, dass der scheinbare ohmische Widerstand des Transformators 35,4' Ω, die Reaktanz 8,2 Ω betrage. Infolgedessen wird die Phasenverschiebung (in der primären Wicklung) des Stromes gegen die Transformatorenspannung $\varphi_3 = 13^0\ 10'$ betragen. (Siehe Fig. 164.)

Die Impedanz der Leitung beträgt 5 Ω, und zwar ist der ohmische Widerstand 3,96 Ω, die Reaktanz 3 Ω, die Phasenverschiebung $\varphi_2 = 37^0\ 10'$. (Fig. 165.)

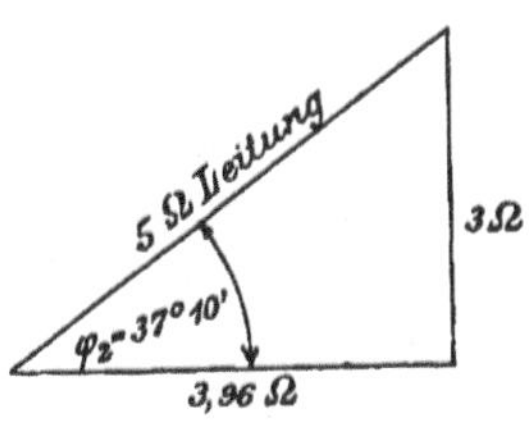

Fig. 165.

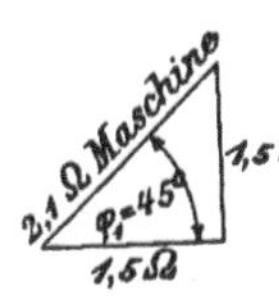

Fig. 166.

Der Generator habe einen Widerstand von 1,5 Ω und eine gleich grosse Reaktanz. Die Phasenverschiebung der im Generator aufgezehrten Spannung (nicht der elektromotorischen Kraft) gegen den Strom ist $\varphi_1 = 45^0$. (Fig. 166.)

Werden die bezüglichen Widerstände und Reaktanzen geometrisch mit einer Phasenverschiebung von 90° addirt, so resultirt ein gesammter ohmischer Widerstand von 41 Ω und eine Gesammtreaktanz von 12,56 Ω;

die Impedanz des Stromkreises wird daher 42,7 Ω und die Phasenverschiebung der elektromotorischen Kraft gegen den Strom beträgt 17°. (Fig. 167).

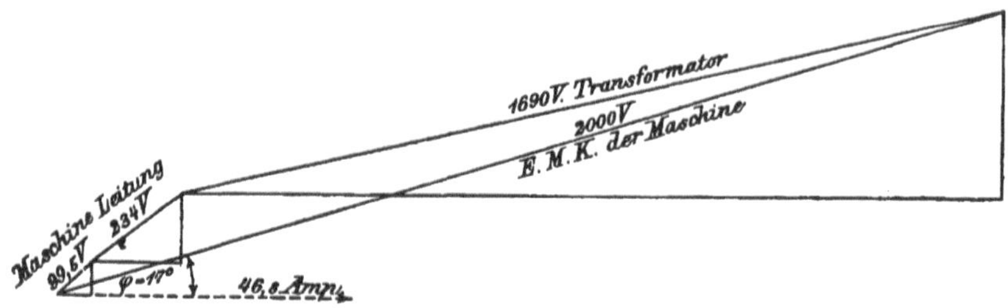

Fig. 167.

Die Stromstärke beträgt $\frac{2000}{42,7} = 46,8$ Amp. Die Leistung des Generators ist $2000 \cdot 46,8 \cdot \frac{41}{42,7} = 89,9$ kw. Die Leistung des Transformators wird, da die Spannung an den Transformatorenklemmen 1690 Volt ist, $= 1690 \cdot 46,8 \cdot \frac{35,4}{36} = 77,9$ kw.

Spannungsverlust in der Maschine = 99,5 Volt.
Spannungsverlust in der Linie = 234 Volt.

Der Spannungsverlust bis zum Transformator ist nicht die Summe der Verluste in Maschine und Linie (also 333,5 Volt), sondern beträgt wegen der verschobenen Phase der einzelnen Spannungsverluste nur 310 Volt (2000 — 1690).

d) Kondensatorwirkung. Ist im Wechselstromkreise eine Kapacität eingeschaltet, so entsteht durch Ladung und Entladung des Kondensators ein Strom, dessen Phase der elektromotorischen Kraft um 90° vorauseilt und dessen Grösse durch folgende Formel berechnet wird: $J = V \cdot \omega \cdot C \cdot 10^{-6}$, wenn J in Ampère, V in Volt, C in Mikrofarad ausgedrückt ist. Dieser Strom leistet ebensowenig eine Arbeit, wie der wattlose Strom, den man aus der Selbstinduktionswirkung berechnen kann. Da nun diese beiden wattlosen Ströme gegeneinander um 180° verschoben sind, lässt sich der resultirende wattlose Strom durch einfache Subtraktion aus beiden berechnen.

Parallel geführte Luftleitungen besitzen Kapacität, wenn dieselbe auch sehr klein ist; ihre Grösse variirt je nach Durchmesser und Entfernung der Drähte, wie aus folgender Tabelle ersichtlich.

Kapacität pro km Doppelleitung in Mikrofarad.

	D = 25	50	75	100	150	200 cm
d = 1 mm	0,00445	0,00402	0,00378	0,00364	0,00346	0,00334
2	500	445	417	402	378	364
3	545	475	445	428	402	394
4	572	500	466	445	417	402
5	603	522	485	462	433	415
6	625	545	500	475	445	428
7	648	557	515	489	457	437
8	670	572	528	500	467	445
9	689	585	545	516	476	453
10	705	603	552	522	485	463

Für d = 4 mm, D = 50 cm, $\omega = 314$ ist bei 20 km dieser wattlose, 90 Grad voreilende Strom bei 10000 Volt

$$J_c = 10\,000 \cdot 314 \cdot 0{,}005 \cdot 10^{-6} \cdot 20 = 0{,}314 \text{ Ampère}$$

Wenn also der Gesammtstrom ohne Kondensatorwirkung z. B. 5 Amp. mit $\cos.\varphi = 0{,}75$ ($\sin\varphi = 0{,}66$) wäre, wäre der 90° nacheilende Leerstrom $5 \times 0{,}66 = 3{,}3$ Amp.; der resultirende Leerstrom also 3,3 minus $0{,}314 \cong 3{,}0$ Ampère, und somit der Gesammtstrom statt 5 Amp. nur

$$\sqrt{(5 \cdot 0{,}75)^2 + 3{,}0^2} \cong 4{,}8 \text{ Ampère.}$$

Hieraus erkennt man das die Kapacitätswirkung für kurze Linien von wenigen km Länge überhaupt vernachlässigbar ist.

Sind Widerstände mit Induktion und Kapacität zwischen zwei Netzen mit den bereits wiederholten Beschränkungen parallel geschaltet, so darf man sich das Stromvertheilungsproblem in zwei Bilder auflösen. Einmal wirken die Arbeitskomponenten allein und erzeugen eine bestimmte Stromvertheilung, dann blos die wattlosen und geben ebenso eine zweite Stromvertheilung. Werden nun die im gleichen Leiterstücke so auftretenden Ströme unter rechtem Winkel addirt, so erhält man die schliessliche Stromvertheilung bei gleichzeitiger Wirkung beider. Auf diese Weise kann man z. B. den Leerlaufstrom der schwachbelasteten Transformatoren bei Wechselstrom-Netzen berücksichtigen.

e) ***Mehrphasenleitungen.*** Wirken auf ein Leiterstück mehrere einfach periodische elektromotorische Kräfte von gleicher Periodenzahl zeitlich verschoben, d. h. unter verschiedenen Verschiebungswinkeln ein, so werden die den einzelnen elektromotorischen Kräften entsprechenden Ströme geometrisch unter denselben Winkeln addirt.

Das Gleiche gilt auch für ganze Netze. Daraus ergiebt sich für die Mehrleitersysteme mit phasenverschobenen Quellen der Grundsatz, wonach die Stromvertheilung aufgesucht werden kann. Man lässt das ganze Netz mit allen gegebenen Anschlüssen bestehen, bestimmt die Stromvertheilung zuerst für die eine, dann für die zweite etc. Quelle allein und addirt die Strombilder entsprechend den Verschiebungswinkeln der Quellen. Dabei ist vorausgesetzt, dass diese Quellen völlig unabhängig von einander sind, was z. B. beim Gleichstromdreileitersystem mit zwei Maschinen zutrifft, während bei guten Drehstrommaschinen diese Bedingung nur annäherungsweise erfüllt ist. Auf diese Weise erhält man auch Aufschluss über die Frage: welchen Einfluss die einseitige Löschbarkeit von Lampen hervorbringen kann.

Die in den Luftleitungen bei Drehstrom, d. i. Dreiphasenstrom mit 120° Verschiebung, wie wir später sehen werden, auftretenden induktiven Rückwirkungen lassen sich ähnlich berechnen, wie bei einphasigem Wechselstrom und sind die für letztere berechneten Selbstinduktionskoëfficienten annähernd auch für Drehstrom richtig. Es ist nämlich die Summe der Ströme in zwei Leitungen gleich und entgegengesetzt dem Strome in der dritten Leitung; sie können daher durch einen Draht ersetzt gedacht werden, in annähernd gleicher Entfernung wie die Drähte des Systems und mit annähernd gleicher induktiver Wirkung, wie der Rückleitungsdraht eines einphasigen Wechselstromes. Man kann daher einem Vorschlage von Kandó folgend, die oben mitgetheilte graphische Tabelle auch zur Berechnung des Spannungsabfalles in Drehstromluftleitungen benützen, indem man die der einfachen Drahtlänge als Abscisse entsprechende Ordinate wegen der Phasenverschiebung der Ströme mit $\sqrt{3} = 1{,}732$ multiplicirt.

f) Induktion im massiven Leiter selbst. Bei Wechselstrom vertheilt sich der Strom nicht gleichmässig über den ganzen Querschnitt des Leiters. Die einzelnen Stromfäden erzeugen vielmehr alternirende Stromfelder, welche gegen die Mitte des Leiters zu am dichtesten sind und deshalb dort nur dem schwächsten Strome den Durchgang gestatten. Bei genügend starken Wechselstromleitungen würde infolgedessen die Mitte derselben praktisch stromlos werden. Diese Schirmwirkung der Oberfläche bewirkt eine Widerstandserhöhung des Leiters; Prof. Gray hat diesem Vorgange folgend, die Dicke einer cylindrischen Schichte berechnet, deren ohmischer Widerstand gleich dem wirklichen Widerstand des vollen Drahtes ist[1]). Für runde Kupferdrähte bis 20 mm Durchmesser kann der erhöhte Widerstand R′ mit genügender Genauigkeit[2]) aus der Formel

$$R' = (1 + 7{,}5^2 \sim \cdot d^4 \cdot 10^{-11})\, R$$

---

[1]) Gray: Absolute Measurements in Electricity and Magnetism, vol. II., part. 1, p. 338.

[2]) Kolben: Zur Frage der günstigsten Periodenzahl. Elektr. Zschr. 1894, S. 77.

berechnet werden. Bei 50 Perioden und 20 mm Durchmesser beträgt die Widerstandszunahme nur 3%, bei 100 ~ nur 12%; sie ist also für die meisten Fälle der Praxis vernachlässigbar.

7. Oekonomische Beziehungen.

Es lässt sich nachweisen, dass die Menge des in einem Leitungsnetze aufzuwendenden Leitungskupfers dann ein Minimum ist, wenn für jeden Knotenpunkt die Gleichung $\Sigma\left(\frac{f^2}{i}\right) = 0$ erfüllt ist, wobei f der Querschnitt und i die Stromstärke bezeichnet. Dies heisst mit anderen Worten: Die einzelnen Querschnitte verhalten sich für minimales Leitungskupfer zu einander wie die Wurzeln aus den in ihnen fliessenden Strömen. Dieser Gesichtspunkt wird jedoch nur in wenigen Fällen benützt werden können, da für die Wahl des Querschnitts meistens andere praktische Gesichtspunkte maassgebender sein werden.

Ein weiterer ökonomischer Gesichtspunkt lässt sich aus der Thomson'schen Regel ableiten, dass bei dem günstigsten Querschnitte die Summe der für den Energieverlust erforderlichen Ausgaben gerade gleich sei dem Aufwande an Verzinsung und Tilgung für jenen Theil des Anlagekapitals, welcher dem Leiterquerschnitte proportional ist[1]). Die Grösse des wirthschaftlichen Querschnittes und des wirthschaftlichen Spannungsverlustes hängt aber vor Allem von der Art, Länge und Verlegung der Leitung, von dem Preise der Betriebsmaterialien, den Anlagekosten, Verzinsungs- und Tilgungsquoten, und von der Art und Dauer des Betriebes ab. Dagegen enthalten diese Beziehungen keine Rücksicht auf die Funktion der Stromverbraucher. Es ist deshalb oft, ja meistens so, dass diese Rücksicht eine andere Dimensionirung des Querschnittes erheischt und dass somit die ganze Berechnung auf Grund der Thomson'schen Regel hinfällig wird; ihr Grundgedanke jedoch kann in extremen Fällen sehr langer Hauptleitungen von Werth sein.

8. Zulässiger Spannungsverlust.

Der wirthschaftliche Spannungsverlust wird sich nur selten decken mit dem zulässigen Spannungsverluste. Die Grösse des letzteren ist dadurch bestimmt, dass bei Anlagen mit grosser Löschbarkeit kein Konsument in störender Weise durch die Variationen seines eigenen Konsums oder des Konsums der an das gleiche Netz angeschlossenen anderen Konsumenten beeinflusst werde. Bei Anlagen ohne Ablöschung

---

[1]) Siehe El. Engineer 1894, Prof. Anthony.

kann also rein wirthschaftlichen Rücksichten Raum gegeben werden; es sind dies im Allgemeinen Anlagen mit reiner Serienschaltung und Speiseleitungen für Parallelschaltungssysteme.

Bei Anlagen mit Löschbarkeit, also bei allen ausschliesslich oder vornehmlich mit Parallelschaltung der Stromverbraucher arbeitenden Netzen, darf der zulässige Spannungsverlust in den eigentlichen Vertheilungsleitungen nicht mehr als 1—3 % bei maximalen Schwankungen des Verbrauchs betragen, wobei konstante Spannung an den Speisepunkten vorausgesetzt ist.

Dieser geringe Werth ist deshalb erforderlich, weil bei reinem oder vorwiegendem Glühlampenbetrieb die Lichtquellen schon deutlich und störend empfundene Variationen der Lichtstärke aufweisen, wenn die Spannung um 2 % (im Mittel) variirt. Bei reiner oder überwiegender Verwendung parallel oder zu zweien geschalteter Bogenlampen darf der zulässige Spannungsverlust höher sein, weil dieselben auf Spannungsschwankungen weniger empfindlich sind.

Beim Anschlusse von Motoren an Lichtnetze ist besonders darauf zu achten, dass dieselben keine Ueberschreitung der zulässigen Spannungsverluste bewirken. Alle Motoren nehmen beim Anlauf verhältnissmässig grosse Ströme auf, weil im ersten Momente der Anker noch keine Gegen-E. M. K. entwickelt. Dies ist bei allen Motoren in um so höherem Maasse der Fall, je weniger sorgfältig die Anlassvorrichtungen dimensionirt sind und je grösser die geforderte Anzugskraft ist. Deshalb wird man bei Lichtleitungsnetzen den Anschluss grosser Motoren nur nach Prüfung derselben und auf Widerruf gestatten und zu ihrer Speisung womöglich ein indirektes Mittel (Akkumulatoren oder Transformatoren) als Aufnehmer für den Stoss anzuwenden suchen.

9. Vortheil hoher Betriebsspannungen.

Je grösser die Betriebsspannung ist, desto kleiner werden die zur Uebertragung des gleichen Effektes erforderlichen Stromstärken. Gleichzeitig wachsen aber die absoluten Werthe des zulässigen Spannungsverlustes. Folglich werden die zur Uebertragung der gleichen Energiemenge auf gleiche Distanz erforderlichen Querschnitte im quadratischen Verhältnisse der Spannungserhöhung abnehmen. Daraus folgt, dass man bei Verwendung höherer elektrischer Spannungen entweder leichtere und billigere Leitungen bei gleichen Distanzen, oder grössere Distanzen bei gleichen Leitungsquerschnitten erreichen kann.

Wendet man z. B. pro gleichzeitig verwendetes Hektowatt bei einem maximalen Spannungsgefälle von 10 % der jeweiligen Gesammtspannung 6 kg Kupfer auf, so kann man mit dem

Zweileitersystem	bei	100	Volt bestreichen	300 m
Dreileitersystem	-	200	- -	600 m
Fünfleitersystem	-	400	- -	1000 m
Einphasenwechselstrom	-	2000	- -	6500 m.

Bei gleichem Leitungssystem und bei gleichem Wirkungsgrade, also gleichem procentischem Spannungsverlust und bei gleicher Entfernung nehmen die Kupfergewichte für gleiche Belastungen im quadratischen Verhältniss der Spannungserhöhung ab. Dies führt uns zum Studium der gebräuchlichsten Leitungssysteme.

II. Seriensysteme.

10. Reine Seriensysteme.

Bei den reinen Seriensystemen durchfliesst derselbe Strom ungetheilt alle Stromverbraucher; versagt ein einziger derselben, so ist der Stromkreis unterbrochen. Reine Seriensysteme haben deshalb keine in der Schaltung gegebene Löschbarkeit. Sie sind in der reinen Form fast nie zur Anwendung gekommen. Man hat zum Mindesten die stromverbrauchenden Bogen- oder Glühlampen mit automatischen Kurzschliessern versehen und dadurch erst eine künstliche Löschbarkeit gesichert.

11. Seriensysteme mit beschränkter Löschbarkeit.

Solche Systeme sind in Amerika oder von amerikanischen Firmen vielfach ausgeführt worden. Man scheute sich nicht, bis zu 3000 Volt als Betriebsspannung für Bogenlampenkreise zu verwenden, wovon z. B. 500 Volt Verlust sind und 2500 Volt auf 50 in Serie geschaltete Bogenlampen entfallen. Solche Bogenlampen werden für Strassenbeleuchtung oder für die Privatkonsumenten verwendet und besitzen automatische Kurzschliesser. Das System ist für Gleichstrom und für Wechselstrom zur Ausführung gelangt; auch hat man sogar Glühlampen in Serie mit diesen Bogenlampen geschaltet. Das System regulirt auf konstanten Strom und erfordert deshalb Maschinen besonderer Art mit variabler Spannung und besonderer Armaturkonstruktion.

In neuerer Zeit hat die Aktiengesellschaft Helios ein Seriensystem mit beschränkter Löschbarkeit zur nächtlichen Erhellung der Trace des Kaiser-Wilhelm-Kanals verwendet. Bei demselben ist eine Drosselspule parallel zu jeder der 25kerzigen und 25voltigen Glühlampen geschaltet; 250 solcher Glühlampen bilden eine Serie mit 6250 Volt Nutzspannung und 7500 Volt Betriebsspannung. An jedem Ende des 100 km langen Kanals ist eine mit einphasigem W.S. arbeitende Centrale angeordnet, welche zu jeder Kanalseite eine Strecke von 50 km Länge speist. In Folge der sorgfältigen Anordnung der Drosselspulen und der geschickten Dimensionirung der Dynamos beträgt die Löschbarkeit (ohne Nachregulirung) bis zu 20 %. Die Anlage ist die erste dieser Art und arbeitet in jeder Weise zufriedenstellend.

Die Westinghouse Co. verwendet zur Strassenbeleuchtung ein indirektes Seriensystem. Sie schaltet die Primärspulen kleiner Transformatoren in Serie und lässt jede Sekundärspule ihre eigene Glühlampe speisen. Den Primärspulen verleiht sie in der Regel 50 Volt Klemmenspannung, dem Transformator giebt sie meist das Uebersetzungsverhältniss 1. Reisst der Faden einer Glühlampe, so dient die Primärspule des sekundär offenen Transformators als Drosselwiderstand für den Rest des Stromkreises.

Dieselbe Anordnung ist auch bei passender Wahl der Verhältnisse für in Serie geschaltete Bogenlampen oder für gemischte Beleuchtung ausführbar, wenn nur die primären Stromstärken aller Stromverbraucher gleich sind.

III. Parallelsysteme.

12. Zweileitersystem.

Das einfachste System der Parallelschaltung ist jenes, bei welchem zwei Leitungen das ganze Beleuchtungsgebiet durchziehen, sich in demselben verzweigen und bis zu den Lampen der Konsumenten verästeln, stellenweise sich auch zu Knotenpunkten vereinigen. Die Speisung des so gebildeten Netzes kann dabei an einem oder an mehreren Punkten geschehen. Die Löschbarkeit ist unbeschränkt. Das System ist einfach, erfordert aber wegen der geringen Lampenspannungen, die angewendet werden können, grosse Kupferquerschnitte. Bei Anwendung von Speiseleitungen mit 20—25 % Verlust bei Maximalbelastung kann das Beleuchtungsgebiet auf etwa 500 m Radius ausgedehnt werden. Hierbei ist als Basis die meist gebrauchte Lampenspannung von 110 Volt angenommen. Bei der neuerdings in Frage kommenden Lampenspannung von 200—220 Volt dürfte dieser Radius auf etwa 800 m erweitert werden.

Das Zweileitersystem ist als direktes System für Gleich- und Wechselstrom anwendbar. Dabei sind die Leitungen der Konsumenten direkt mit den Vertheilungsleitungen verbunden. Als indirektes System findet dasselbe Anwendung bei den Transformatoren für einphasigen Wechselstrom.

13. Einphasentransformatoren.

Es wird ein normales Zweileitersystem mit Vertheilungs- und event. auch Speiseleitungen ausgebildet, welches mit beliebig hoher Spannung arbeiten kann, weil als Stromverbraucher nur die leicht zu isolirenden, dem Konsumenten unzugänglichen und kaum Wartung erfordernden Primärspulen bei den Transformatoren auftreten. Die von den primären Spulen räumlich und elektrisch getrennten sekundären Spulen sind mit den primären auf einem gemeinsamen, meist geschlossenen Eisenkern aufgebracht und unterliegen den Wirkungen des durch den Primärstrom im Eisenkerne erzeugten, wechselnden Feldes. Dadurch werden sie selbst zu Wechselstromquellen, welche wieder für die eigentlichen Stromverbraucher zu Stromquellen werden, und als solche zur Ausbildung weiterer offener oder geschlossener Zwei- oder Mehrleitersysteme verwendet werden können.

IV. Gemischte Systeme.

14. Gruppensysteme.

Die einfachsten Kombinationen von Serien- und Parallelschaltung ergeben sich, wenn man entweder mehrere Serien von Lampen parallel schaltet oder mehrere parallele Reihen in Serien anordnet. Erstere Anordnung passt z. B. für Bahnhofsbeleuchtungsanlagen, bei welchen Serien von Bogenlampen parallel geschaltet wurden; letztere Anordnung findet sich z. B. bei der öffentlichen Beleuchtung von Temesvár bei welcher parallele Glühlampen zu Serien zusammengefasst sind. Diese Gruppensysteme sind wohl mehrfach ausgeführt worden, haben aber nie praktische Bedeutung erlangt. Allerdings muss die beim Zweileitersysteme und bei den Mehrleitersystemen vielfach verwendete Parallelschaltung von einer aus zwei oder mehr Bogenlampen gebildeten, kleinen Serie streng genommen diesen Gruppensystemen zugezählt werden.

15. Dreileitersystem.

Charakteristisch für die Gruppensysteme war die Verwendung nur einer Stromquelle bei verschiedenen Anordnungen der Leitungen und Verbraucher.

Die nunmehr zu beschreibenden Mehrleitersysteme sind dadurch charakterisirt, dass die Gesammtspannung des Systems von mehreren Stromerzeugern oder von mehreren nahezu unabhängigen Theilen eines und desselben Stromerzeugers geliefert und zur Speisung eines aus mehreren möglichst von einander unabhängigen Theilen bestehenden, gemischten Leitersystemes verwendet wird.

Beim Dreileitersystem sind zwei Stromerzeuger vorhanden, welche in Serie geschaltet sind. Von den beiden Aussenklemmen und der gemeinsamen Mittelklemme führt je ein Draht nach dem Versorgungsgebiet. Die Stromverbrauchsvorrichtungen werden zwischen einem Aussen- und einem Mittelleiter eingeschaltet, und die Gesammtspannung des Systems ist somit gleich dem doppelten Werth der Spannung der Stromverbraucher. Der gemeinsame Mittelleiter ist bei gleicher Belastung beider Hälften des Leitungssystems stromlos; sonst führt er die Differenz der beiden Ströme, welche der ungleichen Strombelastung auf beiden Seiten des Leitungssystems entspricht. Derselbe kann meist halb so stark genommen werden, wie die Aussenleiter. Daraus und aus der hohen Maximalspannung des Systems ergiebt sich eine Ersparniss an Leitungskupfer. Bei gleichen Minimalspannungen an den Konsumstellen sind zur Uebertragung gleichen Effektes auf gleiche Distanz mit gleichem Effektverlust erforderlich an Leitungskupfer:

bei Zweileitersystem	100	Gewichtseinheiten
bei Dreileitersystem, wenn Mittelleiter halb so stark als Seitenleiter	31,3	-
wenn Mittelleiter ebenso stark als Seitenleiter	37,5	-

16. Einphasige Mehrleitersysteme.

Eine einfache Ueberlegung zeigt, dass man aus dem Dreileitersystem durch Zufügung einer weiteren Stromquelle und eines vierten Drahtes ein Vierleitersystem, durch Zufügung zweier Stromquellen und zweier Drähte das Fünfleitersystem entwickeln kann. Die maximale Spannung des Systems wird dadurch auf den drei- bezw. vierfachen Werth der Konsumspannung gebracht, und da die Innenleiter stets nur mit der Differenz der Ströme der beiden angrenzenden Theilsysteme belastet sind, betragen die relativen Kupfergewichte unter sonst gleichen Verhältnissen

beim Vierleitersystem, Querschnitt des Innenleiters	= $^1/_1$	der Aussenleiter	22,2
- - - - -	= $^1/_2$	- -	16,7
- Fünfleitersystem, - - -	= $^1/_1$	- -	15,6
- - - - -	= $^1/_2$	- -	10,9

wenn jene beim Zweileitersystem 100 betragen.

Die Mehrleitersysteme sind in gleicher Weise für Gleichstrom wie für Wechselstrom geeignet; bei ersterem hat man in neuerer Zeit Vorrichtungen ersonnen, um die Zahl der n — 1 Stromquellen zu verringern, die bei einem n Leitersystem erforderlich sind; beim Wechselstrome kann man direkt ohne besondere Vorkehrungen die als Stromquelle verwendeten Dynamos oder Transformatoren derart untertheilen, dass man stets mit einer Stromquelle Systeme mit beliebiger Leiterzahl speisen kann. Solche Dynamos und Transformatoren wurden von Ganz und Helios besonders für das Dreileitersystem seit 1885 ausgeführt.

17. Mehrphasige Mehrleitersysteme.

Gehen wir von dem einphasigen Dreileitersystem zu dem mehrphasigen über, so entspricht dies gewissermaassen dem Uebergange aus der ebenen Anordnung der Leiter in die räumliche. Je nachdem wir die durch Ebenen repräsentirten Einzelsysteme aus denen sich das Mehrleitersystem zusammensetzt, zusammenfallen lassen (Fig. 168), senkrecht

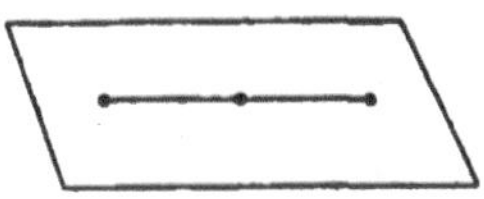

Fig. 168.
Ebenes Dreileitersystem.
(Einphasensystem.)

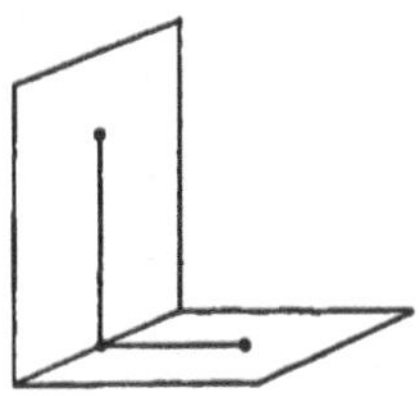

Fig. 169.
Räumliches Dreileitersystem.
(Verkettetes Zweiphasensystem.)

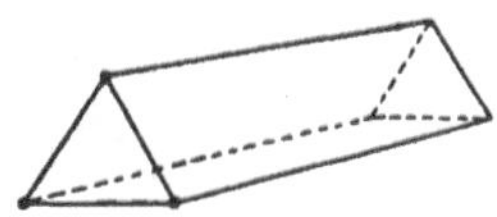

Fig. 170.
Räumliches Dreileitersystem.
(Dreiphasensystem; Dreieckschaltung.)

Fig. 171.
Ebenes Vierleitersystem.
(Einphasensystem.)

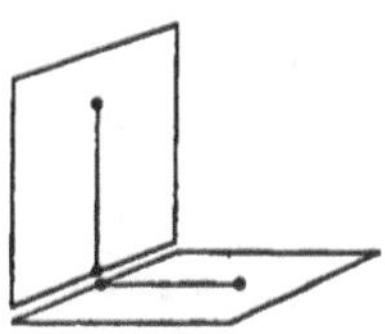

Fig. 172.
Räumliches Vierleitersystem.
(Unverkettetes Zweispasensystem.)

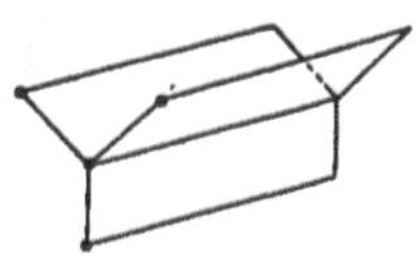

Fig. 173.
Räumliches Vierleitersystem.
(Dreiphasensystem; Sternschaltung.)

zu einander stellen (Fig. 169) oder als Seiten eines Prismas auffassen (Fig. 170), brauchen wir zur Speisung zwei in der Phase zusammenfallende, dem Vorzeichen nach entgegengesetzte E.M.K., zwei in der Phase um 90° differirende E.M.K. oder drei in der Phase um 120° differirende E.M.K.

Der Mittelleiter führt im ersten Falle die algebraische, in den anderen Fällen, also beim zusammenhängenden oder „verketteten" Zweiphasensystem, oder beim Dreiphasensystem in Dreieckschaltung, die geometrische Summe der Ströme der durch ihn begrenzten Nachbarsysteme.

Dasselbe gilt auch, wenn man beim Vierleitersystem von der ebenen Anordnung in die räumliche übergeht. In diesem Falle erhält man die in Fig. 171—173 dargestellten Anordnungen. Man erkennt, dass das getrennte Zweiphasensystem durch Trennung der gemeinsamen Rückleitung in zwei Theile entstanden gedacht werden kann. Das in Fig. 173 dargestellte Dreiphasensystem mit vier Leitungen bezeichnet man als Sternschaltung; der neutrale Punkt derselben kann an Erde gelegt und so auf das Potential 0 gebracht werden. Dann fällt die vierte Leitung fort und die Sternschaltung geht in ein verkümmertes räumliches Dreileitersystem über.

18. Ströme und Spannungen beim Zweiphasensystem.

Wenn beim getrennten Zweiphasensystem beide Systeme gleich belastet sind, führen die vier Leiter gleich starke Ströme (Fig. 174). Das System gleicht also vollkommen zwei getrennten Einphasensystemen,

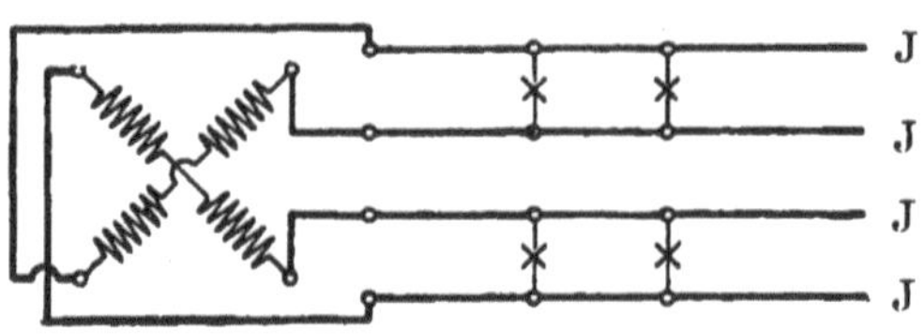

Fig. 174.
Unverkettetes Zweiphasensystem; Lampenspannung E.

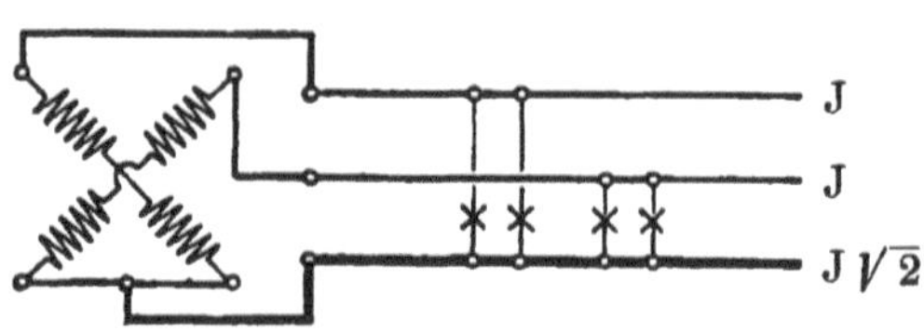

Fig. 175.
Verkettetes Zweiphasensystem; Lampenspannung E $\sqrt{2}$.

deren Ströme und Spannungen nicht zusammenfallen, sondern um 90° verschoben sind. Wenn also der Strom in einem der beiden Systeme in einem bestimmten Momente seinen Maximalwerth J $\sqrt{2}$ besitzt, ist der Strom im zweiten Systeme in demselben Momente Null. Würde man also zwei von den Leitern zusammenlegen und so das verkettete Zweiphasensystem bilden, so würde der neu entstandene Mittelleiter die geometrische Summe J $\sqrt{2}$ führen (Fig. 175). Der effektive Mittelwerth der Spannung in jedem Systeme wäre E, der effektive Mittelwerth der Spannung des verketteten Systems wäre E $\sqrt{2}$.

19. Ströme und Spannungen beim Dreiphasensystem.

Sind die drei Zweige eines Dreileitersystems für dreiphasigen Wechselstrom (Fig. 176) mit dem gleichen Strome i belastet, so sind die Spannungen der drei Systeme gleich E, und jeder der Leiter führt den Strom $\frac{J}{\sqrt{3}}$.

Sind die drei Aussenzweige eines Vierleitersystems für dreiphasigen Wechselstrom (Fig. 177) mit dem gleichen Strom J belastet, so sind die

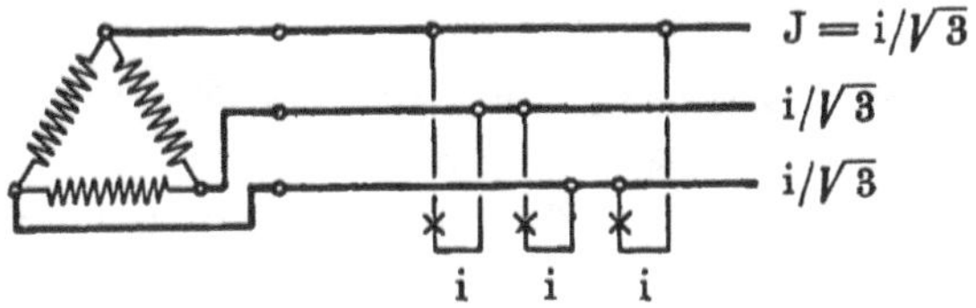

Fig. 176.
Dreieckschaltung. Lampenspannung = Phasenspannung = E.

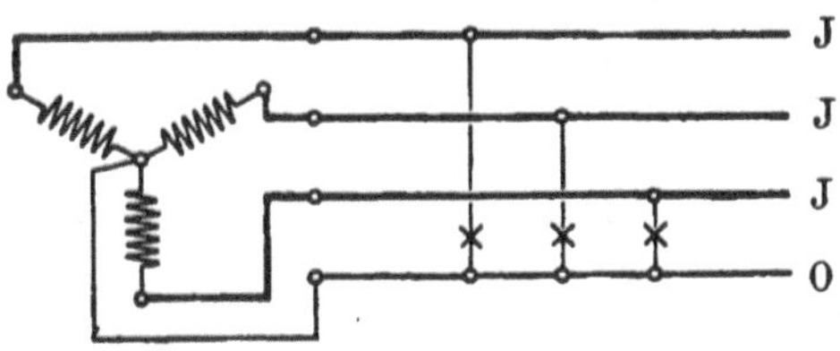

Fig. 177.
Sternschaltung, Vierleiter. Lampenspannung = Phasenspannung = E.

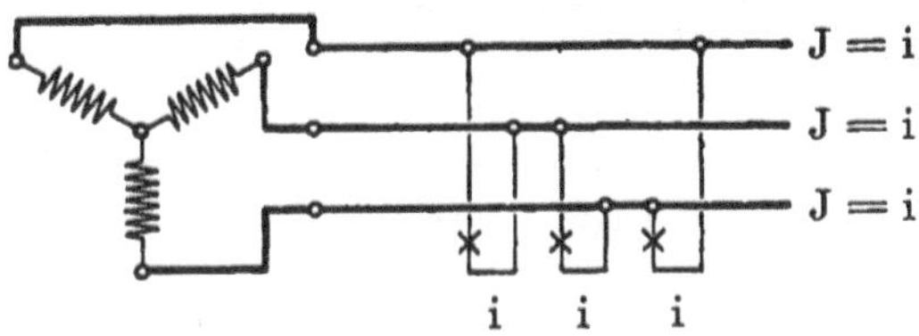

Fig. 178.
Sternschaltung, Dreileiter. Lampenspannung = $E\sqrt{3}$.

Spannungen der drei Systeme gleich E, und jeder der Leiter führt den Strom J. Sind die drei Aussenzweige eines verkümmerten Vierleitersystems für dreiphasigen Wechselstrom (Fig. 178) mit dem gleichen Strome J belastet, so sind die Spannungen der drei Systeme $E\sqrt{3}$, wenn jeder der drei Schenkel des Stromes die Spannung E besitzt. Der allen dreien gemeinsame auf einen Punkt reducirte Rückdraht besitzt dann gegen alle drei Aussenleiter die Spannungsdifferenz E und führt keinen Strom und kann deshalb an Erde gelegt werden.

20. Allgemeines Mehrphasensystem.

Jedes Mehrphasensystem, bei welchem q Ströme äquidistant über eine ganze Periode vertheilt sind, kann nach Blondel[1]) zur Ausbildung zweier Arten von Systemen Veranlassung geben:

1. eines sternförmigen Systems, bei welchem die in den Lampen etc. fliessenden Konsumströme phasengleich sind mit den die Leitungen durchfliessenden Speiseströmen,

2. eines polygonalen Systems, bei welchem die Konsumströme gegen die Speisesströme um $\frac{2\pi}{q}$ verschoben sind.

Bezeichnet man mit i und e die (effektiven Mittelwerthe der) Konsumströme und Phasenspannungen, mit J und E die (entsprechenden Werthe der) Speisestöme und Systemspannungen, so ist

1. beim sternförmigen System

für die Aussenleiter $J = i$,

- den Mittelleiter $J = 0$, wenn die Zahl der Phasen q ungerade,

$J = 2i \cdot \sin\frac{\pi}{q}$, wenn die Zahl der Phasen q gerade,

$$e = \frac{E}{2\sin\frac{\pi}{q}},$$

2. beim polygonalen System $i = 2J \cdot \sin\frac{\pi}{q}$,

$e = E$.

Der Faktor $2\sin\frac{\pi}{q}$ beträgt für

$q = 3$ (Dreiphasensystem) . . . $\sqrt{3} = 1{,}732$,
$q = 4$ (Zweiphasensystem) . . . $\sqrt{2} = 1{,}414$,
$q = 5$ (Fünfphasensystem) . . . $= 1{,}176$.

V. Zusammenfassung.

21. Relativer Aufwand an Leitungskupfer bei verschiedenen Systemen.

Die Vergleichung des relativen Aufwandes an Leitungskupfer kann für verschiedene Systeme auf Grund zweier Gesichtspunkte durchgeführt werden. Für die eigentlichen Vertheilungsleitungen ist die Spannung an den Konsumstellen als maassgebender Faktor zu betrachten. Für

[1]) Lum. él. 1893. Bd. 50, S. 351.

sehr lange Speiseleitungen, bei denen besonders hohe Spannungen verwendet werden, kann nach Kapp's[1]) Vorgang der Maximalwerth der Spannung im Systeme als maassgebend betrachtet werden. Dies gilt jedoch nur bei Wechselstrom. Bei Gleichstrom ist die Maximalspannung im Gesammtsystem stets gleich der arithmetischen Summe der Spannungen der Einzelsysteme. Ausserdem aber muss berücksichtigt werden, dass bei Gleichstrom ausser der elektrostatischen Beanspruchung der Isolirung auch elektrolytische Wirkungen auftreten, welche in den meisten Fällen von grösserer Bedeutung werden können als die ersteren.

Wenn also auch auf Grund der einfachen Ueberlegung, dass beim Einphasen-Wechselstromsysteme mit 2000 Volt effektiver Spannung das Isolirmaterial mit etwa 2800 Volt beansprucht ist, bei gleicher Maximalspannung das Gleichstromsystem eine Ersparniss an Kupfer im Verhältniss $\left(\frac{2000}{2800}\right)^2 = \frac{1}{2}$ bewirken würde, so ist diese Ueberlegung, mit Rücksicht auf den zerstörenden Einfluss der Elektrolyse nicht zulässig und nicht gerechtfertigt.

Für Beleuchtungsanlagen kommt Gleichstrom mit derartigen Spannungen nicht in Betracht. Die Gründe liegen in den bedeutenden Schwierigkeiten, in der Unzuverlässigkeit der Kollektoren, welche bei den Stromerzeugern und bei den nothwendigerweise rotirenden Transformatoren erforderlich wären, den Kosten der Bedienung dieser Transformatoren und der Schwierigkeit ihrer Ausführung in reiner Parallelschaltung. Für Kraftübertragungsanlagen ist man wohl neuerdings bis zu 6000 Volt gegangen, indem man mehrere Seriendynamos und Motoren hintereinanderschaltete.

Wir führen hier die Vergleichung des relativen Kupferaufwandes für alle Systeme auf der Basis gleicher Konsumentenspannungen und ausserdem für die Wechselstromsysteme noch auf Basis gleicher Maximalspannung durch.

Um alle Systeme in der einfachsten und elementarsten Weise zu vergleichen, müssen wir sie nach Steinmetz[2]) alle in gleichartige Systeme, z. B. Eindrahtsysteme auflösen, indem wir alle Ströme als vom Erzeuger nach einem neutralen Punkte oder Centralpunkte ausgehend betrachten, wo sie sich neutralisiren.

Dann besteht z. B. das Einphasensystem (für Gleichstrom oder Wechselstrom) mit der Potentialdifferenz E zwischen den Leitern aus

[1]) G. Kapp, Electric Transmission of Energy. London 1894. 4. Auflage, S. 387. (Deutsche Ausgabe. 3. Auflage. 1898.)

[2]) C. P. Steinmetz, El. World 1894, Bd. 23, S. 112; Elektr. Zschr. 1894, S. 161. Theory & Calcul. of Alternating Current Phenomena. New York 1897, S. 385.

zwei eindrähtigen Systemen je von dem Potential $+\frac{E}{2}$ und $-\frac{E}{2}$, sodass $E = \left(+\frac{E}{2}\right) - \left(-\frac{E}{2}\right)$ ist.

Das Dreiphasensystem mit der Potentialdifferenz E zwischen den Leitern besteht aus drei eindrähtigen Systemen je von dem Potential $\frac{E}{\sqrt{3}}$.

Da nun der Aufwand an Leitungsmaterial unter sonst ganz gleichen Umständen umgekehrt proportional dem Quadrate des Potentials ist, so stehen die Kupferbedürfnisse im Verhältnisse

$$\left(\frac{E}{\sqrt{3}}\right)^2 : \left(\frac{E}{2}\right)^2 = 4 : 3.$$

Das verkettete Zweiphasensystem kann aus dem Zweiphasensystem mit vier getrennten Drähten dadurch gebildet werden, dass man einen Draht einer Phase weglässt und einen Draht der anderen Phase zur gemeinsamen Rückleitung benutzt. Hierbei wird ein Draht ganz gespart, der Effektverlust aber nicht geändert; aber die maximale Spannung im Systeme (zwischen den zwei Hinleitungen) und die Stromdichte im gemeinsamen Drahte werden um 41,4 % erhöht. Wählt man aber die Stromdichten in allen drei Leitern dieses Systems gleich, verleiht man also dem Rückdrahte einen um 41,4 % grösseren Querschnitt als den Aussenleitern, so erhält man noch etwas günstigere Bedingungen und erspart an Kupfer im Verhältniss

$$\frac{3 + 2\sqrt{2}}{6} : 1 = \frac{100}{97,13}$$

gegen die frühere Anordnung. Für die Begründung und Ableitung dieser Beziehungen vergleiche man der Verfasser Werk über: Die Berechnung elektrischer Leitungsnetze . . . 2. Auflage. 1898.

22. Vergleich auf Basis gleicher Minimalspannung im Beleuchtungssystem.

Zur Uebertragung gleichen Effekts auf gleiche Distanz mit gleichem Effektverlust, also mit gleichem Wirkungsgrad, sind die betreffenden Kupferbeträge:

Zweidrähtige Systeme:	Einphasen- oder Gleichstrom	100,0
Dreidrähtige Systeme:	Edison-Dreileiter-, Einphasensystem, Mittelleiter ½	31,3
	- - - - ¹⁄₁	37,5
	Verkettetes Zweiphasensystem, gleiche Dichte in allen Leitern, ...	72,9
	Dreiphasensystem, Δ-Schaltung	75,0
	- Y- - ohne Mittelleiter .	25,0

Vierdrähtige Systeme:	Gleichstrom- oder Einphasensystem, inn. Drähte $^1/_2$	16,7
	- - - - - $^1/_1$	22,2
	Dreiphasensystem m. neutralem Draht (Sternschaltg.)	33,3
	Unabhängiges Zweiphasensystem	100,0
Fünfdrähtige Systeme:	Fünfleiter, G.S.- od. Einphasensystem, Innendr. $^1/_2$.	10,9
	- - - - - $^1/_1$.	15,6
	Verkettetes Zweiphasensystem mit neutralem Draht	31,3

23. Vergleich auf Basis gleicher Maximalspannung in den langen Speiseleitungen.

Zur Uebertragung gleichen Effekts auf gleiche Distanz mit gleichem Effektverlust, also mit gleichem Wirkungsgrad, sind die betreffenden relativen Kupfergewichte:

Zweidrähtige Systeme: Einphasen	100
Verkettetes Zweiphasensystem	145,7
- - mit drei gleichen Drähten . . .	150
Dreidrähtige Systeme: Dreiphasensystem	75
Vierdrähtige Systeme: getrennte Zweiphasen	100

Bei langen Linien ist man bis auf 16000 Volt gegangen; für solche Linien muss die Berechnung des Verlustes jedoch auf anderen Grundlagen vorgenommen werden, weil die Phasenverschiebung von Punkt zu Punkt längs der Linie variirt. Näherungsweise kann man allerdings auch die Verluste auf Grund der in Abschnitt 6 dieses Kapitels gegebenen Grundlagen ermitteln, indem man sich die gesammte längs der Linie vertheilte Induktanz und Capacität etwa in der Mitte der Linie lokalisirt denkt.

B. Schaltungen der Stromquellen.

1. Allgemeines.

Die Betriebsverhältnisse elektrischer Anlagen von etwas grösserer Ausdehnung erfordern aus zwei Gründen die Anordnung mehrerer Stromerzeuger.

Es zwingt nämlich einerseits die Sicherung einer ununterbrochenen Stromlieferung dazu, durch Anordnung einer weiteren Maschine oder durch Beigabe von Akkumulatoren eine Reserve vorzusehen, während andererseits der in vielen Fällen wechselnde Lichtbedarf die Untertheilung der gesammten erforderlichen Maximalleistung in mehrere kleinere Maschineneinheiten erfordert.

Der zweite Gesichtspunkt unterstützt also den ersten bis zu einem gewissen Grade. Dabei können die als Stromerzeuger dienenden Dynamos oder Umformer entweder getrennt auf die einzelnen Stromkreise arbeiten, oder sie können elektrisch vereinigt werden und dem Leitungsnetze gemeinschaftlich Strom zuführen. Die letztere Anordnung erfordert mehr Vorsicht im Betriebe und wird daher zuweilen bei kleineren Anlagen mit ungeschultem Personal absichtlich vermieden. Die Verbindung der Stromerzeuger untereinander ist dabei je nach ihrer Art und inneren Schaltung verschieden. Wir besprechen deshalb zunächst

2. Die innere Schaltung und die Eigenschaften der Dynamos.

a) Allgemeines. Dynamos sind elektromagnetische Vorrichtungen, bei welchen in regelmässig angeordneten Windungen durch Relativbewegung zwischen denselben und einem magnetischen Felde periodische Variationen in der Zahl und meistens auch der Richtung der die Windungsebenen durchsetzenden Kraftlinien und deshalb auch periodisch variirende E. M. Kräfte auftreten.

Die Dynamo besteht also aus zwei Theilen, welche Relativbewegungen gegeneinander ausführen: dem inducirten, mit den regelmässig angeordneten Windungen versehenen Theile, dem Anker oder der Armatur, und dem inducirenden Theile, dem magnetischen Felde.

Welcher von diesen beiden Theilen als Läufer ausgebildet wird, ist für die Wirkungsweise gleichgültig und beeinflusst nur die Konstruktion. Die Konstruktion wird am einfachsten, wenn man bei Gleichstrommaschinen den mit dem Kollektor verbundenen Anker, bei Wechselstrommaschinen, die des Kollektors nicht bedürfen, dagegen das Magnetfeld oder Theile desselben als Läufer wählt.

b) Anker oder Armatur. Aus der Definition geht auch ohne Weiteres hervor, dass in der Armatur jeder Dynamomaschine E.M.Kräfte periodisch wechselnder Art entstehen und dass somit jede Dynamo auf einen äussern Schliessungskreis Wechselstrom liefern würde, wenn man von mindestens zwei Punkten ihrer Bewickelung den Strom abnehmen würde. Sind gerade so viele Bewickelungsgruppen auf dem inducirten Theil wie Magnete auf dem Felde, so ist der entstehende Wechselstrom einphasig, da alle inducirten Bewickelungsgruppen gleichzeitig ihren Maximalwerth erreichen und eine halbe Periode später oder früher gleichzeitig durch 0 gehen. Uebersteigt jedoch die Zahl der Wickelungsgruppen auf dem inducirten Theile die Zahl der Magnetpole, und sind die inducirten und die inducirenden Spulen und Felder räumlich derart gegen einander versetzt, dass die einzelnen inducirten Gruppen im gleichen Momente verschiedene Phasen aufweisen, so entstehen mehrere phasenverschobene Wechselströme, deren Leitungen, wie wir in den vorhergehenden Abschnitten gezeigt haben, verkettet sein können. In diesem Sinne spricht man dann von mehrphasigem Wechselstrom. Die Zahl der sekundlichen Polwechsel des Stromes ist dabei durch das Produkt aus der Polzahl und der Zahl der Umdrehungen per Sekunde gegeben. Die Periode (mit $\sim$ bezeichnet) besteht aus zwei Polwechseln. Bei einer sechspoligen Gleichstromdynamo z. B., welche 600 Umdrehungen pro Minute macht, ist die Zahl der minutlichen Polwechsel 3600, die Zahl der sekundlichen Perioden $\frac{3600}{2 \cdot 60} = 30 \sim$.

Da man in vielen Fällen für den Verbrauchskreis der Dynamo Strom von gleichbleibender Richtung wünscht, ordnet man nach Pacinotti's Vorgang einen Stromwender oder Kommutator an. Die Rolle des Kommutators ist eine zweifache: einmal wandelt er den im Erzeugerkreise der Armatur cirkulirenden Wechselstrom in Strom von gleichbleibender Richtung und innerhalb einer Umdrehung nur wenig pulsirender Stärke um, dann aber verschiebt er kontinuirlich die Pole, welche den in der Armatur vorhandenen Induktionsströmen entsprechen, relativ zu den rotirenden Windungen der Armatur in solcher Weise, dass diese Pole im Raume feststehen. Eine Gleichstromdynamo kann also auch angesehen werden als ein Mehrphasenerzeuger, dessen Periodenzahl nach der vorhin erwähnten Regel fixirt ist, und dessen Phasenzahl der Zahl der Kollektorsegmente entspricht. Da diese Zahl gross (für Beleuchtungsmaschinen mindestens 20) ist, müssen die Pulsationen in der Stärke des Stromes während einer Umdrehung wegen der Ueberdeckung der vielen Phasen sehr klein sein. Bei 20 Stromwenderlamellen treten z. B. per Umdrehung 20 Schwankungen auf, deren grösster Werth nach S. P. Thompson 0,61 % der mittleren E.M.K. der Dynamo beträgt. Die Zahl der Kollektorlamellen richtet sich nach der erforderlichen Spannung und nach der Zahl und Anordnung der Windungen.

Letztere kann zweifacher Art sein. Entweder umgeben die in sich zurücklaufenden Windungen den ringförmigen Eisenkern der Armatur kettengliederartig, indem sie auch sein Inneres durchsetzen, oder knäuelartig, indem sie nur seine äussere Oberfläche umspannen[1]). Im ersten Falle (Fig. 179) haben wir den Gramme'schen Ring, im zweiten Falle (Fig. 180) die Hefner-Alteneck'sche Trommel. Diese beiden Hauptklassen von Wickelungen können für zwei- oder mehrpolige Armaturen in mannigfaltiger Weise ausgeführt werden. Insbesondere bei

[1]) Dieser Unterschied ist hier genügend, obgleich er, um z. B. Nuten- und Lochanker zu umfassen, präciser gefasst werden müsste.

mehrpoligen Ankern können die Windungen entweder alle parallel oder theilweise in Serie geschaltet werden, doch muss bezüglich des Detailstudiums auf Specialwerke[1]) verwiesen werden, unter denen das Arnoldsche Buch über Ankerwickelungen eines der hervorragendsten ist.

Die Zahl der Stromabnahmestellen und die Zahl der durch die Bürsten am Stromwender parallelgeschalteten Abtheilungen ist dabei mindestens 2, höchstens gleich der Zahl der Pole.

Bei Wechselstrommaschinen wird der im Anker erzeugte Strom von mindestens zwei Punkten abgenommen, welche bei rotirendem Anker als Schleifringe auszubilden sind. Da man jedoch hochgespannten Strom nicht gerne von bewegten Theilen abnimmt, gestaltet man häufig den Anker als Ständer, das Feld als Läufer und kann dann den Strom direkt von zwei ruhenden Punkten des Ankers abnehmen.

Die Ankerwickelung kann ähnlich derjenigen der Gleichstrommaschinen ausgeführt werden. Doch verwendet man vielfach und gerne die aus der Lontin'schen Anordnung hervorgegangene, von Ganz & Co. und von Helios weitergebildete Anordnung, bei welcher jedem Pole des Feldes ein selbstständig ausgebildeter, leicht auswechselbarer Armaturpol entspricht. Fig. 181 und 182 zeigen die ruhenden Armaturspulen a, die auf Eisenkernen d angebracht sind. Die Eisenkerne sind mittelst der Bolzen f an den Trägern t befestigt, die dann durch weitere Bolzen g und isolirende Büchsen c an die seitlichen Rahmen der Maschine befestigt sind. Diese Anordnung bietet also den Vortheil der doppelten Isolirung gegen Erde und der leichten Auswechselbarkeit.

Bei einphasigen Wechselstrommaschinen muss die Zahl der Armaturpole mit der Zahl der Magnetpole übereinstimmen; bei Gleichstrommaschinen ist dies meistens auch der Fall, obgleich es hier nicht in allen Fällen unbedingt erforderlich wäre. Bei Mehrphasenmaschinen kann dagegen die Zahl der Ankerpole grösser sein als jene der Magnetpole, und muss die Anordnung der in gewissem Sinne von einander unabhängigen Gruppen von Armaturwindungen derart sein, dass mehrere gegen einander phasenverschobene E.M.K. entstehen. Es kann also z. B. jede zweipolige Gleichstrommaschine mit 1500 Touren in der Minute bei Anordnung von zwei Schleifringen und Stromentnahme an zwei um 180° auseinanderliegenden Punkten a und b (Fig. 183) einphasigen Wechselstrom von 25 $\sim$, bei Anordnung von drei Schleifringen und Stromentnahme an drei um je 120° auseinanderliegenden Punkten

[1]) E. Arnold, Die Ankerwickelungen der Gleichstrommaschinen. 2. Auflage 1896.

H. F. Parshall & H. M. Hobart, Armature Windings of electric machines. 1895. New York.

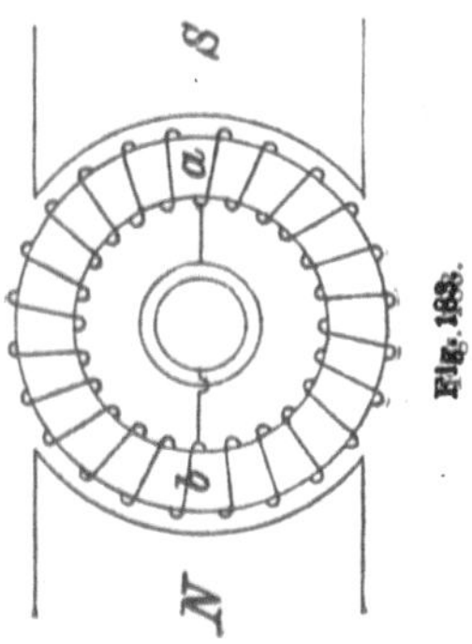

Fig. 183.

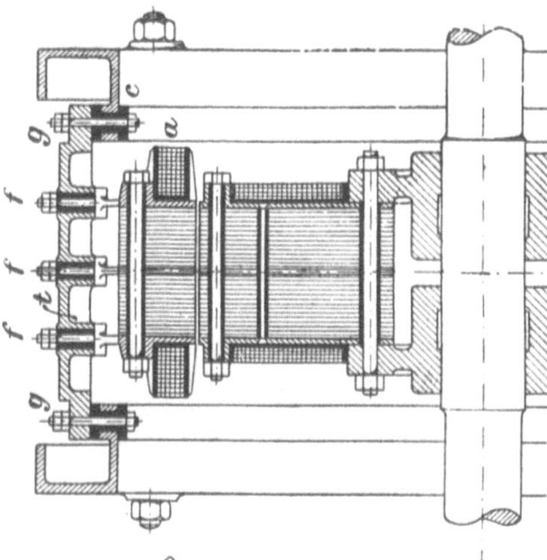

Fig. 182.

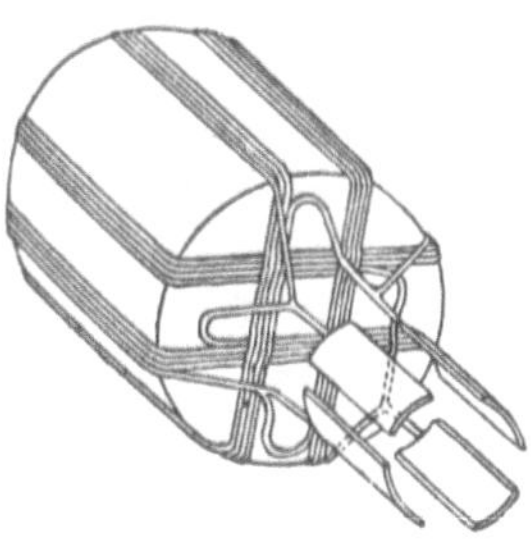

Fig. 180.

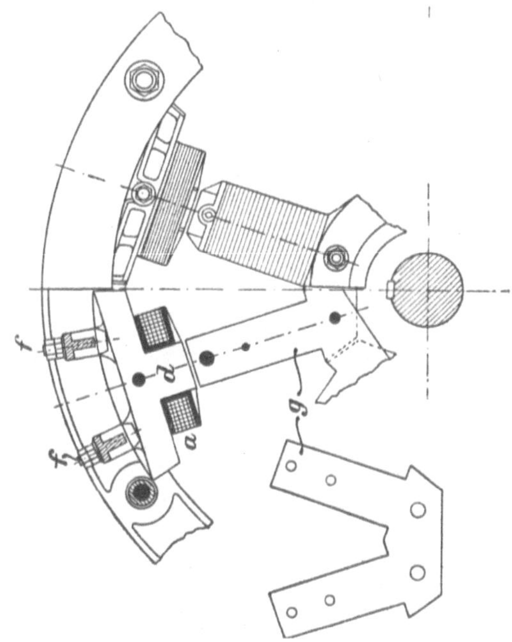

Fig. 181.

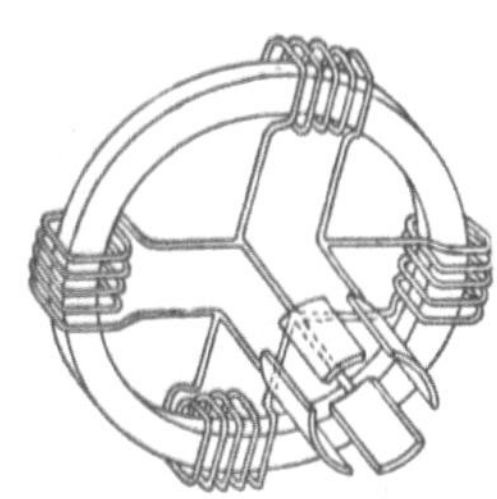

Fig. 179.

Drehstrom, und bei Anordnung von vier Schleifringen und Stromentnahme von vier um 90° auseinanderliegenden Punkten Zweiphasenstrom von ebenfalls 25 ∼ liefern. Dasselbe lässt sich auch erreichen, wenn man bei einer Einphasenwechselstrommaschine mit p Polen auf der Armatur 2 p oder 3 p inducirte Spulen anordnet, die für Zweiphasenstrom um eine halbe Phase, für Dreiphasenstrom um $^2/_3$ Phase gegen einander verschoben sind. Dies kann in verschiedener Weise geschehen. Die zwei gegenwärtig gebräuchlichsten Arten sind in Fig. 184 und 185 dargestellt. Bei der ersten Anordnung ruhen sowohl die Magnetspulen S als auch die inducirten Armaturspulen, die auf den Kernen A aufgebracht sind, und die Variation der Induktion entsteht durch die Rotation des in Fig. 186 noch besonders dargestellten Schluss- oder Polankers. Bei der zweiten Anordnung, die sich besonders für Mehrphasenmaschinen mit niedriger Spannung eignet, können die Magnete ebenso oder mit bewegtem Kupfer, wie bei den Einphasenmaschinen oben beschrieben, ausgebildet werden. Auf jeden Pol entfallen dann bei Dreiphasenstrom drei, meist

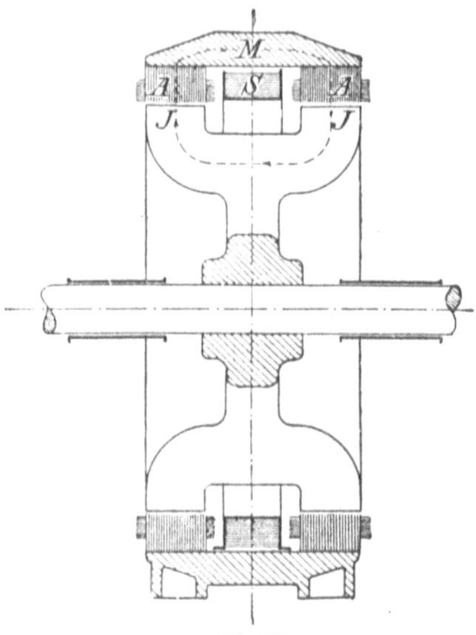

Fig. 184.

Fig. 185.

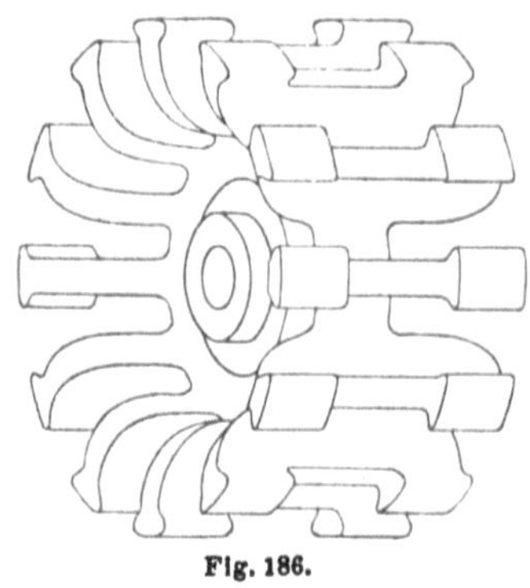

Fig. 186.

aus einem Stabe oder einigen Windungen bestehende, einander überlappende Spulen. Beide Konstruktionen eignen sich auch für Einphasenmaschinen, bei denen dann auf jeden Magnetpol nur eine Spule entfällt.

Will man mit nur zwei Spulengruppen pro Magnetpol Dreiphasenstrom erzeugen, so wendet man das von Scott[1]) angegebene Verfahren an, den entstehenden Zweiphasenstrom dadurch zu transformiren, dass man der einen Phase die Spannung E, der anderen die Spannung $\frac{E\sqrt{3}}{2}$ giebt und diese dann an die Mitte der ersten anschliesst. Zwischen den drei freibleibenden Enden hat man dann drei um je 120° verschobene Spannungen von der Grösse E.

[1]) Electrician, Bd. 32, 1894, S. 640.

Auf ein ähnliches Auskunftsmittel greift Steinmetz[1]) zurück, um bei einem Wechselstromnetz die event. angeschlossenen Motoren als Mehrphasenmotoren anlaufen zu lassen. Das so gebildete System nennt er das monocyklische. Der monocyklische Generator (Fig. 187) unter-

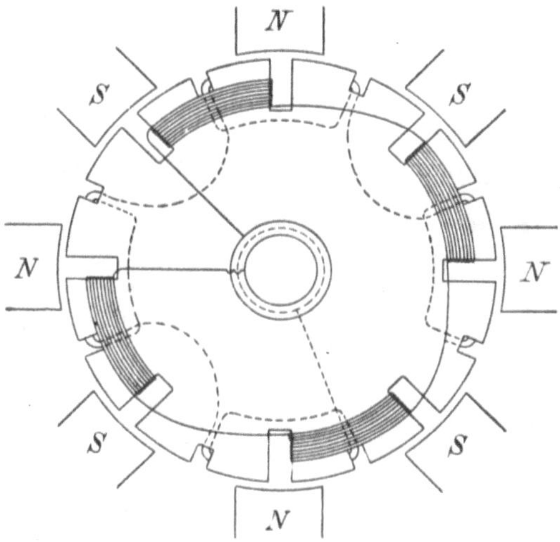

Fig. 187.

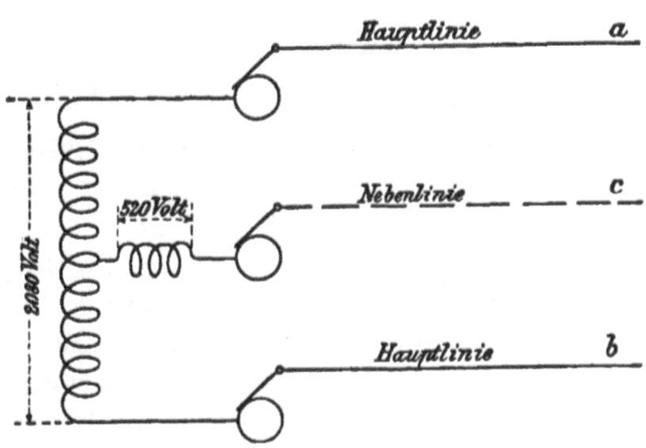

Fig. 188.

scheidet sich von der gewöhnlichen Einphasenmaschine nur dadurch, dass er in der Mitte zwischen den die Hauptwindungen einschliessenden Armaturlücken ein zweites System kleinerer Zahnlücken enthält. In diesen kleinen Lücken ist die Neben- oder Hilfswickelung untergebracht, die nur ein Viertel der Hauptspannung liefert und an die Mitte derselben

[1]) Elektr. Zschr. 1895, S. 516.

angeschlossen ist (Fig. 188). Da die Spannung der Hilfsspulen nur 0,25 der Spannung der Hauptspulen ist, beträgt die Spannung zwischen a und c oder c und b: $\sqrt{0,5^2 + 0,25^2} = 0,57$ der Hauptspannung; die beiden Theile der Spannungsdifferenz zwischen Haupt- und Nebenlinie sind um etwas weniger als 60° gegen einander verschoben. Eine der möglichen Schaltungen mit zwei gleich grossen Transformatoren ist in Fig. 189 und 190 dargestellt. a b ist die primäre Haupt-E.M.K., c d die primäre Neben-E.M.K., die punktirten Linien a c und c b sind die resultirenden primären Spannungsdifferenzen. Durch Transformation wird nun ac in AC und cb in CB_1 umgewandelt. Da aber CB_1 umgekehrt angeschlossen

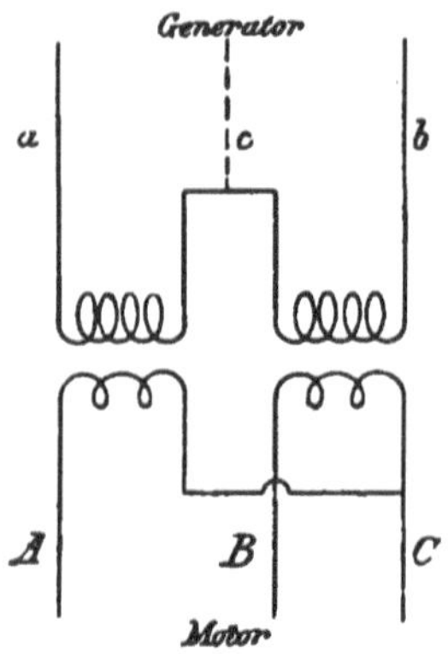

Fig. 189.

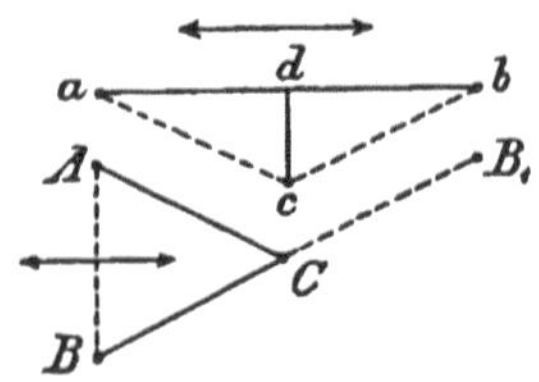

Fig. 190.

wird, ergiebt sich als Dreieck der sekundären E.M.K. ABC, dessen Seite AB = 2 × Nebenspannung × Umsetzungsverhältniss und dessen Seiten AC und BC die Resultanten aus sekundärer Haupt- und Nebenspannung sind.

*c) **Das Magnetfeld*** kann zwei- oder mehrpolig sein und ist bei W.St.-Maschinen mit einer oder mehreren Phasen meistens vielpolig. Seine Form ist, seitdem man die Gesetze des magnetischen Kreises besser erkannt hat, gedrungen und von möglichst kleinem magnetischen Widerstande. Der Luftraum zwischen dem Eisen des Feldes und jenem des Ankers beträgt nur wenige Millimeter, damit die Erregung klein werde; ist jedoch der Luftraum zu klein, so ergeben sich leicht mechanische Schwierigkeiten, sowie starke Ankerrückwirkung und bei G.S.-Maschinen unter Umständen auch Funken am Kollektor.

Die Pole des Feldes werden heute stets durch Elektromagnete gebildet; nur bei den Leuchtthürmen Frankreichs und Englands hat man noch immer die alten Meritens Maschinen mit permanenten Stahlmagneten in Verwendung. Bei G.S.-Maschinen verwendet man zur Erregung der Pole den Ankerstrom oder einen Theil desselben; bei W.S. oder Mehrphasenstrom ordnet man in der Regel besondere Erregerdynamos an, obgleich man auch hier einen Theil des Ankerstromes durch Kommutirung zu einem zur Magneterregung verwendbaren, wenn auch wegen der geringen Kollektorlamellenzahl meist stark pulsirenden Gleichstrom umformen kann und umgeformt hat (Chertemps und Ganz).

d) Innere Schaltung. Bei Gleichstrommaschinen unterscheidet man je nach der Anordnung des Erregerkreises der Magnete zum Ankerkreise folgende drei Hauptarten der inneren Schaltung von Maschinen:

1. Die meist verwendete und verwendbare Nebenschluss- oder Shuntmaschine. Die Bewickelung der Magnete besteht aus ziemlich dünnem Drahte und ist im Nebenschluss zum Anker angeordnet. Sie zweigt von den Klemmen des Ankers ab. Da nun bei konstantem Felde und konstanter Tourenzahl die E.M.K. der Dynamo konstant bleibt, die Klemmenspannung aber des Verlustes im Anker wegen sinkt, so wird das Feld mit wachsender Belastung geschwächt werden. Hierzu kommt noch, dass der zwischen den Polspitzen der Feldmagnete enthaltene Theil der Ankerwindungen den nützlichen Ampèrewindungen des Feldes entgegengesetzte Ampèrewindungen erzeugt, welche ebenfalls das resultirende Feld schwächen. Die Folge ist, dass bei der Nebenschlussmaschine die Klemmenspannung mit wachsender Belastung ziemlich stark sinkt, wenn nicht durch einen in Serie zur Nebenschlusswickelung der Magnete geschalteten Rheostat das Feld mit wachsender Belastung verstärkt wird.

2. Die selten verwendete Hauptschluss- oder Seriendynamo. Die Bewickelung der Magnete besteht aus verhältnissmässig starkem Draht und ist in Serie zum Anker angeordnet. Eines ihrer Enden und ein Ankerpol bilden also die beiden Dynamoklemmen. Die Spannung steigt der wachsenden Feldstärke wegen stark mit wachsender Belastung, wenn nicht durch einen parallel zur Serienwickelung geschalteten Rheostat das Feld mit wachsender Belastung geschwächt wird.

3. Die zuweilen verwendete Doppelschluss- oder Compounddynamo (Verbunddynamo). Die Bewickelung besteht aus einem in Serie zum Anker geschalteten und einem parallel zum Anker oder zu der Serie aus Anker und Hauptschluss angeordneten Theile. Wenn beide richtig gegeneinander abgeglichen sind, bleibt bei konstanter Tourenzahl die Klemmenspannung ohne Nachregulirung fast konstant. Ueberwiegt die Serienbewickelung, so steigt die Spannung bei wachsender Belastung, und die Dynamo heisst übercompoundirt; überwiegt die Nebenschlussbewickelung, so sinkt die Spannung bei wechselnder Belastung und die Dynamo heisst untercompoundirt.

Die Nebenschluss- und Compoundmaschinen sind also bei Systemen anwendbar, welche konstante Spannung erfordern, die Seriendynamo bei Systemen für konstanten Strom. Bei letzteren Systemen verwendet man zuweilen noch Maschinen mit offenen Ankerwickelungen nach dem Vorgange von Brush und Thomson-Houston. Diese Maschinen für Bogenlampen in Serienschaltung besitzen besondere Kommutatoren mit wenigen Lamellen und entsprechen in ihrer Schaltung Mehrphasenmaschinen mit Sternschaltung. Ein genaueres Eingehen auf sie dürfte kaum mehr erforderlich erscheinen, da sie in Europa allgemeinere Verbreitung nicht erlangt haben.

3. Parallelschalten von Gleichstromdynamos.

a) Beim ***Parallelschalten von Nebenschlussdynamos*** werden einfach die gleichnamigen Bürsten mit einander verbunden, nachdem zuvor die parallel zu schaltenden Maschinen möglichst genau auf gleiche Spannung eingestellt wurden. Eine Umpolarisirung ist nicht zu befürchten,

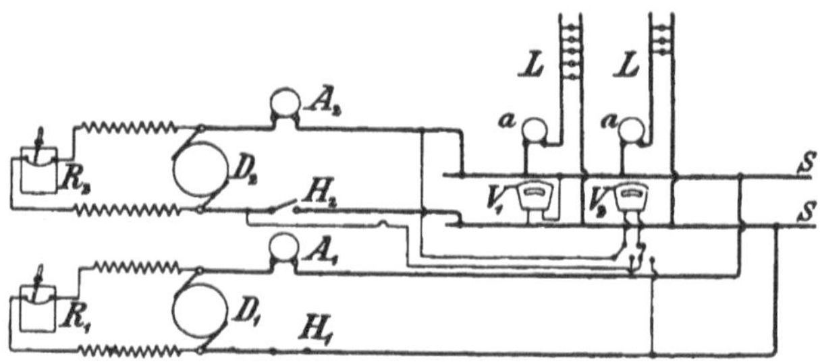

Fig. 191.

solange die Bürsten aufliegen, weil in diesem Falle selbst bei ungleicher Spannung der Maschinen, oder beim Vorhandensein einer parallelgeschalteten Akkumulatorenbatterie die Dynamo nur Strom aufnehmen und eventuell als Motor laufen könnte. Sind jedoch Akkumulatoren vorhanden und werden die Bürsten aufgehoben, so kann der Nebenschluss umpolarisirt und gleichzeitig auch die Batterie mehr oder weniger entladen werden. Um derartigen Zufällen vorzubeugen, schaltet man beim Anschlusse von Batterien in die Leitungen noch Stromrichtungszeiger und eventuell Minimalausschalter ein.

Fig. 191 zeigt eine Schaltanlage mit einer an die Aussenleitungen LL mit Ampèremetern aa angeschlossenen Dynamo D_1 und einer neu einzuschaltenden D_2, die nach der Parallelschaltung gemeinsam auf die Sammelschienen SS und von da in das Netz L speisen sollen.

Früher verwandte man zur Parallelschaltung vielfach einen Belastungswiderstand für die zuzuschaltende Maschine; er ist jedoch entbehrlich, sobald die einzelnen Maschinen von derselben Transmission oder von gut regulirenden Motoren angetrieben werden. Man erregt zunächst die zuzuschaltende Maschine D_2 entweder von den Sammelschienen S oder, wie gezeichnet, von ihren eigenen Klemmen aus, stellt ihre Spannung nach dem Voltmeter V_2 durch Verstellung der Rheostaten R_2 etwas niedriger als jene von D_1 und schaltet dann zu. Die Maschine wird dann Anfangs keinen Strom in das gemeinsame Netz liefern, event. sogar solchen aus dem Netze aufnehmen. Durch allmähliche Nachstellung des Rheostats R_2, event. auch von R_1, erhöht man nun ihre Spannung so lange, bis die Leistungen beider Maschinen, die an den Ampèremetern A_1 A_2 abzulesen sind, gleich oder bei verschiedener Leistung der Grösse entsprechend sind. Beim Ausschalten von D_2 beobachtet man das umgekehrte Verfahren. Man erregt also so, dass D_1

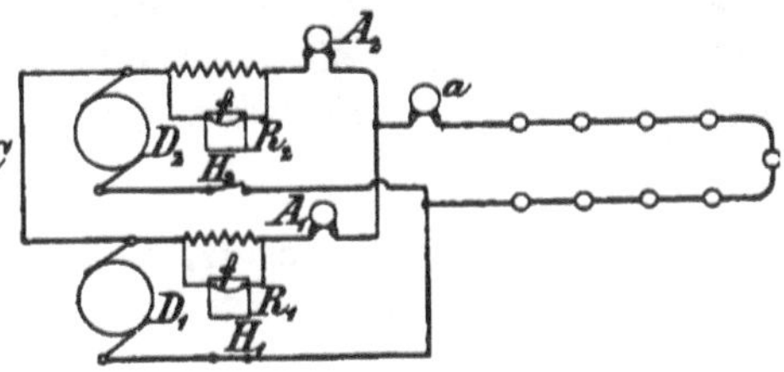

Fig. 192.

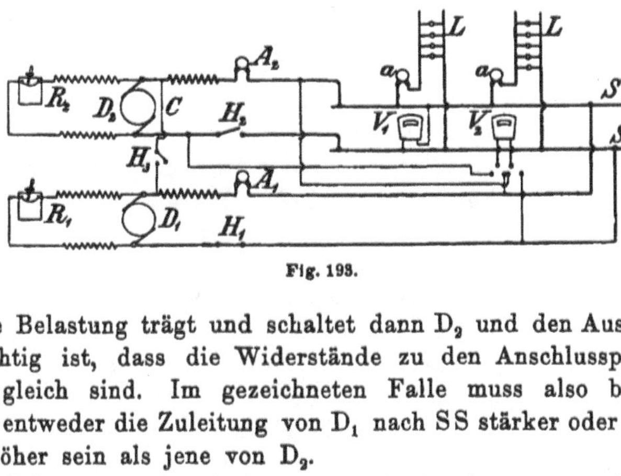

Fig. 193.

die ganze Belastung trägt und schaltet dann D_2 und den Ausschalter H_2 ab. Wichtig ist, dass die Widerstände zu den Anschlusspunkten annähernd gleich sind. Im gezeichneten Falle muss also bei gleicher Leistung entweder die Zuleitung von D_1 nach SS stärker oder die E.M.K. von D_1 höher sein als jene von D_2.

b) Beim ***Parallelschalten von Seriendynamos*** müssen nach Gramme's Vorschlag die beiden an den Hauptschluss gelegten Armaturklemmen durch eine Ausgleichsleitung CC verbunden werden (Fig. 192), weil sonst Umpolarisirung leicht eintreten könnte; oder es kann nach Gülcher der Ankerstrom der einen Dynamo die Magnete der zweiten in Wechselspeisung erregen. Will man auch hier bei gleich grossen Maschinen gleiche Leistungen an den Ampèremetern A_1 A_2 haben, so muss man Rheostate R_1 R_2 parallel zu den Serienwickelungen anordnen.

c) Die ***Parallelschaltung von Compoundmaschinen*** entspricht den beiden eben erwähnten Fällen; die Ausgleichsleitung C (oder die Wechselspeisung) ist auch hier erforderlich. Soll D_2 zugeschaltet werden, so schliesst man (Fig. 193) zuerst H_3 und regulirt dann durch Verstellung von R_2 den so erregten Nebenschluss (oder die Tourenzahl) so lange, bis die Spannung V_2 von D_2 höchstens gleich ist derjenigen V_1 von D_1; dann erst wird durch Schliessung von H_2 die Parallelschaltung der Anker vorgenommen. Beim Abstellen öffnet man zuerst H_2, dann H_3 und dann durch Rückwärtsdrehen von R_2 den Nebenschluss, nachdem man zuvor durch entsprechende Regulirung mit R_1 und R_2 die auszuschaltende Maschine fast vollkommen entlastet hat.

Der gemeinsame Betrieb mehrerer Maschinen auf ein gemeinsames Netz stellt erhöhte Bedingungen an die Regulirung der Antriebsmotoren und an die Aufmerksamkeit des Bedienungspersonals.

4. Parallelschaltung von Wechselstrommaschinen und Mehrphasenstrommaschinen.

a) Allgemeines. Der Parallelbetrieb von W. St.-Maschinen ist bereits 1868 durch Wilde für magnet-elektrische, mechanisch gekuppelte Dynamos versucht worden; 1884 hat Hopkinson die theoretischen Grundlagen geliefert und durch einen Versuch bestätigt, aber erst 1886 sind zwei von derselben Transmission betriebene Wechselstrommaschinen in Treviso durch Ganz & Co. parallel geschaltet worden. Im Jahre 1888 hat dann O. T. Bláthy in Rom zwei direkt mit Dampfmaschinen gekuppelte W. St.-Maschinen in parallelen Betrieb gesetzt und in demselben erhalten. Trotzdem begann erst einige Jahre nachher der Zweifel an der Ausführbarkeit der Parallelschaltung langsam zu weichen.

Die Aufgabe der Parallelschaltung der W. St.-Maschinen ist mehr und mehr eine solche ihres Antriebes geworden. Wohl kommen bei der Parallelschaltungsfähigkeit von W. St.-Maschinen die Belastungscharakteristik, die Selbstinduktion und die Höhe der Periodenzahl in Betracht; doch kommt keinem dieser Faktoren überwiegender oder ausschlaggebender Einfluss zu. Bei gut konstruirten Dynamomaschinen ist stets die Selbstinduktion so gross und der Ankerwiderstand so klein, dass die Parallelschaltung gut möglich ist und die Belastungen entsprechend der Leistungsfähigkeit der Maschinen zwischen diesen vertheilt werden können.

Die Durchführung der Parallelschaltung von W. St.-Maschinen ist zwar ebenso einfach als jene von G. St.-Maschinen; doch ist die Zahl der Bedingungen, die bei jenen zu erfüllen sind, grösser und somit die Erklärung auch umständlicher als bei diesen. Damit die zum Netze oder zu einer laufenden Maschine hinzuzuschaltende Wechselstrommaschine keine Spannungsschwankung verursache, müssen ihre Periodenzahlen, ihre Phasen und ihre Spannung mit jenen der Netzmaschine übereinstimmen.

Die Gleichheit der Periodenzahlen und die Uebereinstimmung der Phasen treten deshalb als neue Bedingungen auf, weil beim Wechselstrome die Momentanwerthe der Ströme und Spannungen von der Zeit abhängig sind; sie sind erforderlich, damit die neue Maschine in Takt oder in Tritt gelangen kann. Die Spannungsgleichheit ist nothwendig, damit nach dem Einschalten kein hoher wattloser Korrektionsstrom zwischen den Maschinen fliesst. Man kann auch Maschinen mit sehr verschiedener Spannung parallel schalten; aber man erhält dann für die Parallelgruppe die resultirende Spannung, was für Lichtbetrieb unzulässig ist.

Bei Mehrphasenmaschinen tritt zu den drei obigen Forderungen noch die vierte, dass die zeitliche Aufeinanderfolge der Strommaxima der einzelnen Phasen für die anzuschliessende und die Netzmaschine übereinstimmen. Die Anordnungen für den Parallelbetrieb sind im Allgemeinen bei grossen Centralen mit Dampfbetrieb folgende: Jede Wechselstrommaschine, event. auch ihre mit ihr gekuppelte Erregerdynamo, wird von einer besonderen Dampfmaschine angetrieben. Alle Dampfmaschinen sind parallel an das Hauptdampfrohr angeschlossen und erhalten Dampf von möglichst gleichem Drucke. Alle Magnetfelder M (Fig. 194) der W. St.-Maschinen A werden parallel von (nahezu) der gleichen Spannung der Erregerdynamos a erregt. Alle Armaturen der W. St.-Maschinen sind parallel mit einander geschaltet und speisen das Netz mit genau der gleichen Spannung. Die Regulirung der gemeinsamen Erregerspannung erfolgt durch Einwirkung mittelst der Rheostate r auf die Magnetfelder m auf die Erregerdynamos a, welche gemeinsam oder getrennt sein können. Die Regulirung in Bezug auf die Belastung oder die Stromstärke jeder Maschine erfolgt zum grössten Theile durch Einwirkung auf die Dampfeinströmung der Maschinen. Ausserdem soll jede Dampfmaschine während des Ganges durch Drosselventil oder Verstellung des Regulators regulirbar sein.

b) Phasenschaltung von Einphasendynamos. Zu der auf das Netz arbeitenden Dampfdynamo A_1 soll die gleich grosse A_2 parallelgeschaltet werden. (Fig. 194.) Man lässt A_2 anlaufen, erregt durch Verstellung von r_2 und R_2 auf normale Spannung, belastet mittelst eines Belastungsrheostats, der an die Hilfsleitung R angeschlossen ist, A_2 ebenso so hoch als A_1, beobachtet am Tachometer die Touren und damit Periodengleichheit, am Phasenanzeiger P die Phasengleichheit, am Voltmeter die Spannungsgleichheit, und schaltet, wenn allen Forderungen genügt wird, zweipolig durch K L parallel. A_1 und A_2 arbeiten dann gemeinsam auf die Netzleitung L und den Belastungswiderstand R; letzterer wird nun allmählich ausgeschaltet und durch geringe Ver-

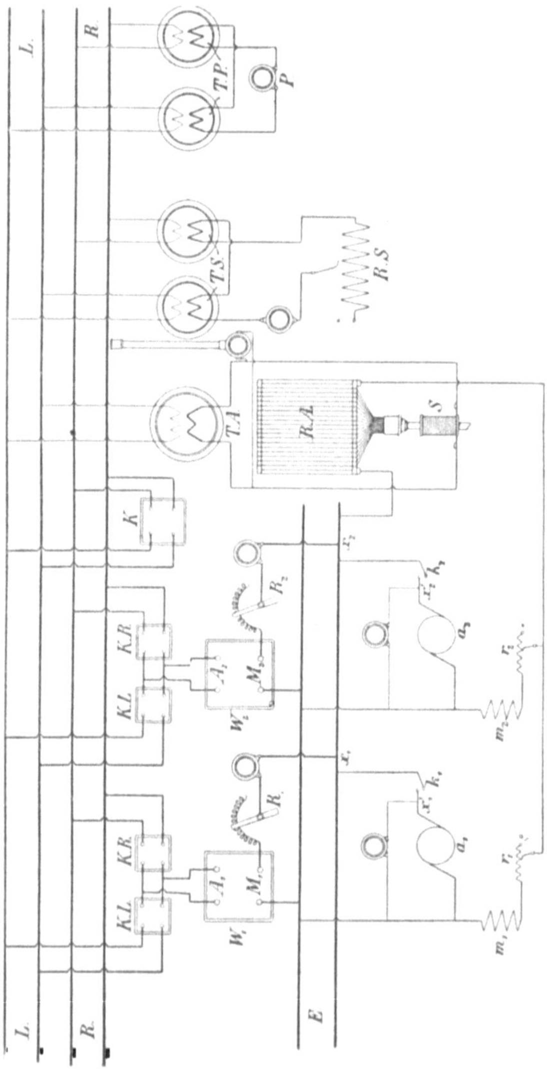

Fig. 194.
Schema der Parallelschaltung von Wechselstrommaschinen.

stellung der Hebel der Erregerrheostate r_2 und R_2 wird die Belastung auf beide Maschinen gleichmässig vertheilt. Dies ist die bequemste Art der Parallelschaltung. Die Zuleitungen zu den Magnetfeldern M_1 und M_2 können auch, statt bei x_1 x_2 an die Erregerleitungen E angeschlossen zu sein, von den Ausschaltern k_1 k_2 abgezweigt werden, sodass jede Erregerdynamo ihre eigene Wechselstrommaschine erregt.

Will man den Belastungswiderstand vermeiden, was neuerdings allgemein geschieht, weil die Einstellbarkeit der Touren der Dampfmaschinen verbessert wurde, so führt man Anfangs der Dampfmaschine von A_2 nur so viel Dampf zu, als sie zum erregten Leerlauf braucht, schaltet dann wie oben parallel und erhöht nun die Dampfzufuhr event. unter geringer Nachregulirung der Erregerspannung, bis beide Maschinen gleich belastet sind. Der zwischen beiden elektrischen Maschinen cirkulirende Korrektionsstrom hält die Dampfmaschinen, wenn sie gewissen Bedingungen genügen, die bei den Dampfmaschinen besprochen werden sollen, im Takt; werden die Unregelmässigkeiten der Dampfzufuhr aber zu gross, so treten langsame Variationen der Spannung und damit Schwebungen des Lichtes ein, welche zuweilen unangenehm empfunden werden.

Bei Abstellung einer Wechselstromdynamo wird analog verfahren. Die Belastung darf nicht plötzlich abgenommen werden, sondern es muss zunächst die Dampfeinströmung so reducirt werden, dass die Leistung des Alternators fast Null wird. Dann darf nur ausgeschaltet werden, wenn die Ampèremeterzeiger still stehen; es kann sonst sich ereignen, dass die Drosselung zu weit getrieben war und die auszuschaltende Wechselstromdynamo als synchroner Motor läuft.

Um die Reihenfolge der auszuführenden Operationen zu sichern und das Bedienungspersonal zu entlasten, hat Coerper den Stellwerken ähnliche zwangläufige Schaltapparate konstruirt, welche in der typisch gewordenen Kölner Centrale zuerst verwendet wurden. Einer derselben ist auf der folgenden Seite in Fig. 195 abgebildet. a ist der den zweipoligen Quecksilberausschalter bedienende Handhebel für die Armatur der Wechselstrommaschine, d verbindet bei seiner Verstellung die Armatur der Erregerdynamo mit dem Felde der Wechselstrommaschine; b und c bethätigen die zwei Rheostate r_2 und R_2, e schaltet mittelst einer Daumenwelle den Belastungswiderstand ein.

*c) **Phasenindikator.*** Der meist verwendete Phasenindikator besteht bei hochgespannten W.St.-Maschinen aus zwei kleinen Transformatoren (T.P. in Fig. 194), deren Primärspulen vom Netze L und vom Belastungswiderstande R, d. h. von den parallel zu schaltenden Maschinen A_1 und A_2 abgezweigt sind. Die Sekundärspulen der beiden Transformatoren sind dann hintereinander geschaltet und durch zwei in Serie geschaltete Glühlampen P geschlossen. So lange die beiden Maschinen nicht genau perioden- und phasengleich sind, werden Schwebungen des Lichtes dieser Glühlampen auftreten, die um so langsamer erfolgen, je näher Phasengleichheit erreicht ist. Ist dies der Fall, so bleiben beide

Lampen dunkel, wenn die beiden Phasentransformatoren sekundär gegeneinander, hell, wenn sie sekundär hintereinander geschaltet waren. In einem Falle heben sich die phasengleichen und gleichgrossen Spannungen gerade auf, im anderen Falle addiren sie sich. Die Parallelschaltung

Fig. 195.

lässt sich natürlich am leichtesten ausführen, wenn die Phasengleichheit länger andauert.

Das richtige Erfassen des Zeitpunktes, an welchem die parallel zu schaltenden Maschinen vorübergehend genau im Takte waren, erfordert einige Uebung und ist bei kleinen Schwungmassen und nicht genau übereinstimmenden Regulatoren zuweilen umständlich. Um das Intrittfallen zu erleichtern, hat man bei einigen Anlagen sogenannte Synchronisatoren angewendet (T.S. in Fig. 194). Dies sind in der Ganz'schen Anordnung zwei grössere Transformatoren in derselben Schaltung wie die Phasentransformatoren, deren Sekundärspulen auf einen allmählich zu verstellenden Widerstand RS geschlossen sind. Sie sollen die einspringende Maschine gewissermaassen in den Takt reissen. Kapp hat für Bristol zum gleichen Zwecke zwei in Serie geschaltete Drosselspulen[1]) verwendet.

Der beschriebene Phasenindikator ist nicht der einzige, wohl aber einer der verbreitetsten. Er gestattet nur relative Schlüsse, lässt aber im Unklaren, welche Maschine voreilt. Dies kann man an stroboskopischen Erscheinungen erkennen. Man beleuchtet z. B. ein von dem laufenden Alternator A_1 synchron angetriebenes Rädchen durch das Licht einer von der zweiten Maschine A_2 gespeisten Bogenlampe. Das Rädchen läuft dann scheinbar vorwärts, rückwärts oder garnicht, je nachdem A_2 nacheilt, voreilt oder synchron ist.

Feldmann erzeugt in seinem Phasometer ähnlichen Vor- oder Rücklauf oder Stillstand an einer Eisen- oder Metallscheibe, welche unter der Einwirkung zweier differential wirkenden, gekreuzten Felder steht, von denen das eine von der ersten, das andere von der zweiten Maschine erregt wird.

d) Die Parallelschaltung von Mehrphasenmaschinen wird in ganz analoger Weise vorgenommen, indem man für jede Phase die oben besprochenen Beobachtungen ausführt.

Wenn zwei Dreiphasengeneratoren parallel geschaltet werden, so müssen die drei Spannungsdifferenzen

$$a_1 b_1 \cong a_2 b_2 \qquad a_1 c_1 \cong a_2 c_2 \qquad b_1 c_1 \cong b_2 c_2$$

phasengleich, periodengleich und gleich gross sein, was durch das Zeichen der Kongruenz angedeutet sein soll. Schaltet man drei Glühlampen zwischen die drei entsprechenden Punkte $a_1 - a_2$, $b_1 - b_2$, $c_1 - c_2$, so erlöschen alle drei Lampen bei Phasengleichheit und Gleichheit der Spannungen.

Michalke[2]) hat die dabei auftretenden Lichtschwebungen in hübscher Weise graphisch veranschaulicht.

Läuft A_1 rascher als A_2 und verhalten sich die Perioden für eine Sekunde wie 5 : 6, so stellt Fig. 196 den zeitlichen Verlauf der Potentiale der drei Klemmen beider Maschinen dar. Die Phasen sind erst entgegengesetzt, stimmen dann überein und weichen dann wieder auseinander. Die den Spannungsdifferenzen $a_1 a_2$, $b_1 b_2$, $c_1 c_2$ entsprechenden

[1]) Elektr. Zschr. 1894, S. 488.

[2]) Elektr. Zschr. 1896, S. 573.

Lichtschwebungen sind in Fig. 197 dargestellt. Die Schwebungskurven sind somit stark deformirte Sinusoide. Die Zeitdifferenz zwischen zwei Uebereinstimmungen der ungleichen Perioden T_1 und T_2 ist dabei $\frac{T_1 T_2}{T_1 - T_2}$. Die Spannung der Glühlampen steigt zwischen $a_1 a_2, \ldots$ maximal

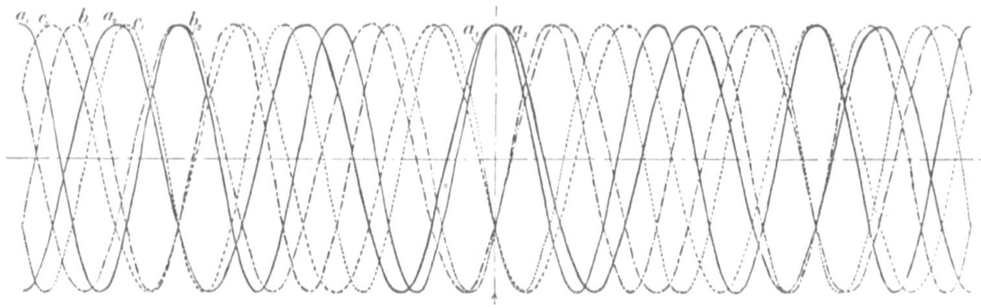

Phasen-Gleichheit

Fig. 196.

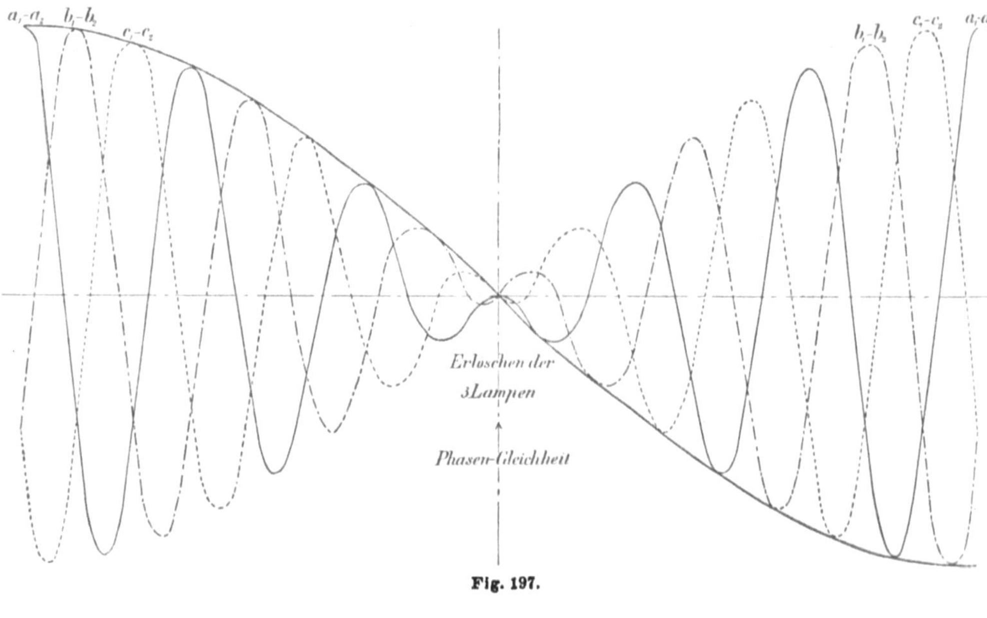

Fig. 197.

um rund 15 % höher als die Netzspannung. Da die Summe zweier Ströme gleich dem dritten sein muss, genügt es, statt der drei Lampen nur zwei zu verwenden.

Um zu erkennen, welche Maschine schneller läuft, ordnen Siemens & Halske zwei Lampen zwischen b_1 und c_2 und zwischen c_1 und b_2 an;

die dritte Lampe bleibt zwischen a_1 a_2. Fig. 198 stellt die hierbei auftretenden Potentialdifferenzen dar und lässt erkennen, dass die Spannungsminima der drei Lampenkreise nach einander auftreten. Läuft die zuzuschaltende Maschine zu langsam, so leuchten die Lampen in derselben Reihenfolge auf, in der die entsprechenden Phasen der zuzuschaltenden Maschine einander folgen. Bringt man die Lampen cyklisch in einem mit matter Tafel abgeschlossenen Gehäuse unter, so rotirt der Lichtschein nach rechts oder links. Fig. 199 ist gut geeignet, ein Bild über die Verbindungen zur Parallelschaltung von Drehstrommaschinen zu geben.

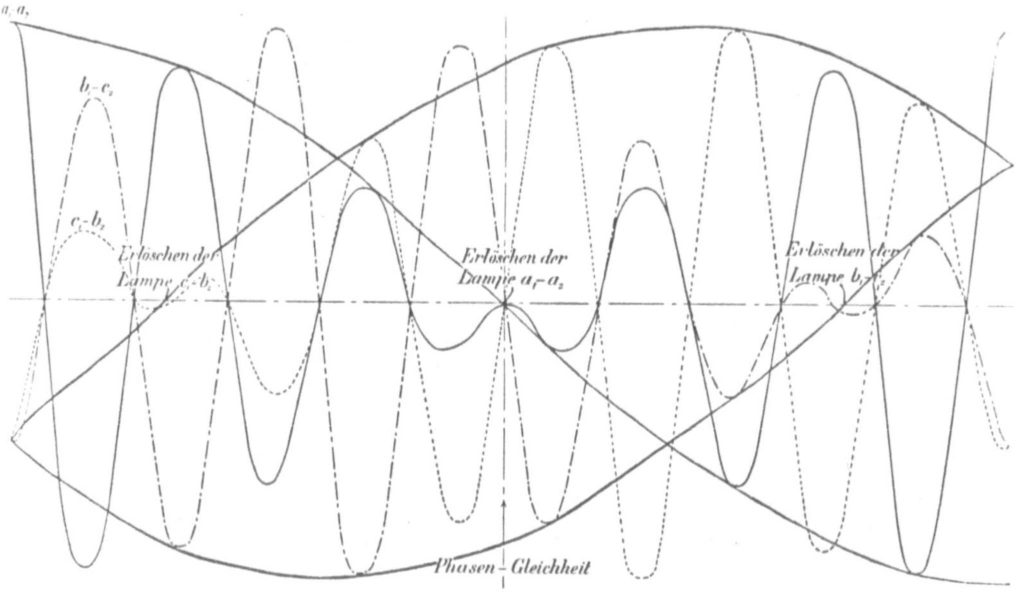

Fig. 198.

e) Mechanische Analogie zur Parallelschaltung von W.St.-Maschinen. Die Vorgänge beim Parallelschalten von W.St.-Maschinen lassen sich nach Mordey durch eine Analogie zur klaren Anschauung bringen. Man stelle sich zwei Dampfmaschinen vor, welche mittelst Zahnrädern eine gemeinsame Welle antreiben. Die Welle veranschaulicht den Stromkreis, welchem Energie zugeführt werden soll; die Zähne der Räder entsprechen den auf einander folgenden Stromwellen. Das In-Tritt-Fallen wird verständlich, wenn man sich eine der beiden Maschinen im Gange und die Welle mitnehmend denkt. Um die zweite Maschine als Unterstützung der ersten in Betrieb zu bringen, wird man die zweite auf die Tourenzahl bringen müssen, bei welcher ihr Zahnrad in Synchronismus läuft. Ein Phasenindikator entspricht der mechanischen Vor-

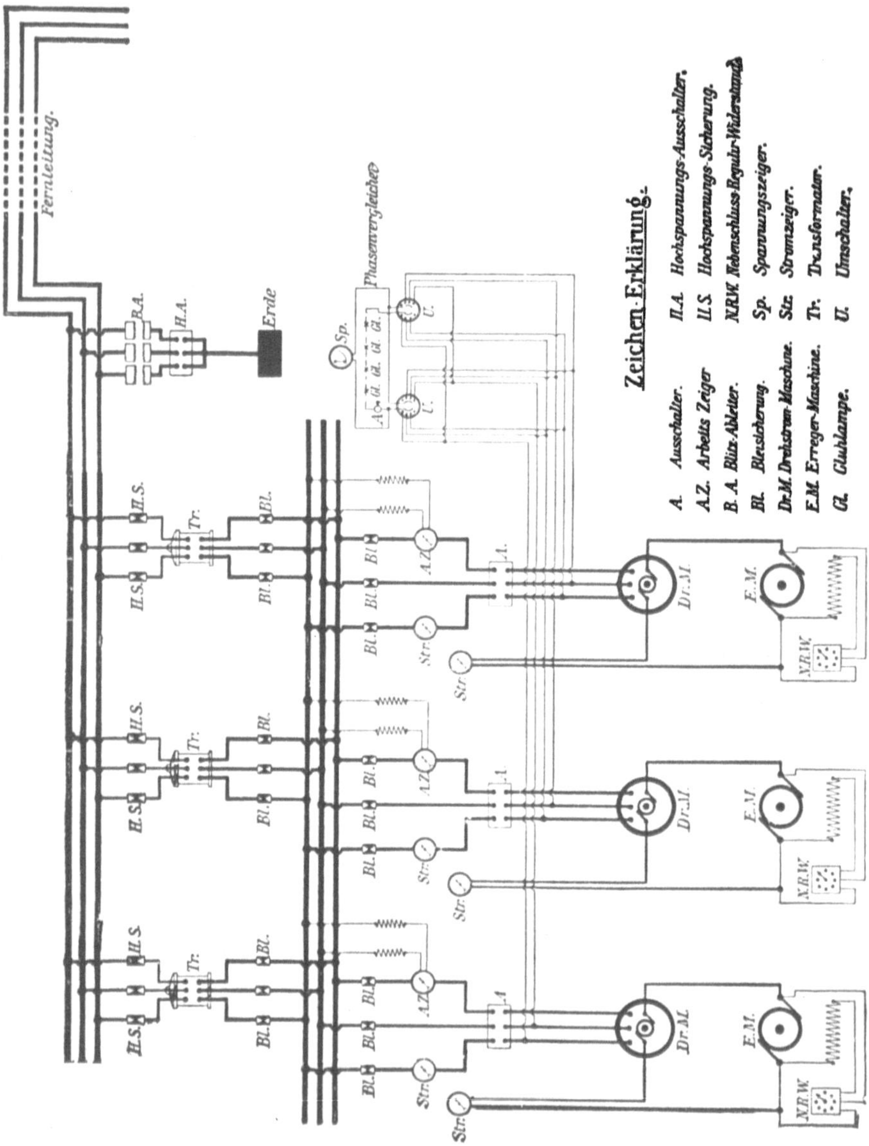

richtung, welche anzeigt, dass die Zähne des einen Rades genau gegenüber den Zahnlücken des andern Rades laufen.

Der mechanische Vorgang, die beiden andern Zahnräder in Eingriff zu bringen, entspricht dem Zuschalten einer W.St.-Maschine und alle Wirkungen, welche folgen, wenn dieses im falschen Momente geschieht, werden illustrirt durch den plötzlichen Stoss, welchem die Zähne begegnen. Es ist auch leicht, den Vorgang weiter zu verfolgen, den Zulass oder Aufsperrung des Dampfes bei der Maschine hervorbringen. Der Generator kann zum Motor werden, gleichwie beim Parallelschalten. Die getriebene Maschine erhält ihre Kraft von der Welle und ist analog mit einem synchronen Motor; die Thatsache, dass hierbei der Zahndruck nicht mehr an der Vorderseite der Zähne, sondern an der entgegengesetzten Seite derselben auftritt, entspricht dem Zuge an den Polen und Armaturspulen, welcher nun in entgegengesetzter Richtung wirkt, als im Falle des Generators. Der Wechsel der Phasendifferenz des Korrektionsstromes zwischen Generator und Motor entspricht diesem Wechsel der relativen Position der Zähne der zwei Räderpaare. Durch diese Analogie ist es auch möglich zu erklären, was geschieht, wenn eine Dampfmaschine während einer Umdrehung mit verschiedener Kurbelgeschwindigkeit läuft. Wenn nämlich zwei solcher Maschinen in Betrieb kommen und eine etwas verspätet, wenn sie über den todten Punkt geht, während die andere Dampf erhält und etwas voreilt, so werden die Zähne der ersteren Maschine einen verringerten Druck auf die Zähne des Rades auf der gemeinsamen Welle ausüben, während die zweite Maschine einen erhöhten Druck abgeben muss. Wenn die Differenz bedeutend wird, so kann die ganze Kraft der einen Maschine während eines Theiles einer Umdrehung zum Antrieb der andern und umgekehrt werden, was dem Korrektions- oder synchronisirenden Strome in der Leitung zwischen zwei W.St.-Maschinen entspricht. Der Vergleich lässt sich noch weiter spinnen; er beginnt nur zu hinken, sobald das Analogon zur Klemmenspannung der Maschine aufgesucht wird.

Nach Besprechung der Eigenschaften und Schaltungen der Dynamos wenden wir uns den chemischen und elektro-magnetischen Umformern zu, die ebenfalls die Rolle von Generatoren zu übernehmen haben.

5. Zweck und Wesen der chemischen Umformer. Akkumulatoren[1]).

Alle bis jetzt praktisch bewährten Akkumulatoren bestehen aus Bleielektroden, welche in verdünnter Schwefelsäure angeordnet sind. Bei der Ladung bilden sich aus der aktiven Masse der Akkumulatoren Bleisuperoxyde an der positiven, Bleischwamm an der negativen Elektrode, wobei ein Theil des Wassers gebunden und Schwefelsäure frei

[1]) Litteratur: Heim, Die Akkumulatoren für stationäre elektr. Anlagen.
Hoppe, Die Akkumulatoren für Elektricität.
Schoop, Die Sekundärelemente.

wird. Während der Ladung steigt also das spec. Gewicht der Flüssigkeit von 1,147 (19° B.) auf etwa 1,157 (50° B.). Ist die aktive Masse der Elektroden nicht mehr im Stande, die bei der Spaltung des Wassers entstehenden Gase zu binden, so entweicht ein Theil derselben, während ein anderer Theil allmählich die Oberfläche der Platten mit einer dichten Schicht überzieht und die Säure mit aufsteigenden Blasen durchsetzt. Dadurch steigt die Ladespannung schnell von 2,0 auf etwa 2,05 Volt und dann allmählich bis auf etwa 2,35 Volt. Hier beginnt lebhafte Gasentwickelung, beträchtliche Erhöhung des inneren Widerstandes und dementsprechend rasches Steigen der Spannung bis auf einen Maximalwerth von etwa 2,7 Volt.

Bei der Entladung wird unter allmählicher Bildung von Bleisulfat auf beiden Platten Schwefelsäure gebunden, während Wasser frei wird. Die Folge davon ist, dass das specifische Gewicht der Schwefelsäure bei der Entladung herab bis auf etwa 1,138 (18° B.) sinkt. Auch die Klemmenspannung sinkt bei der Entladung von 2,0 Volt Anfangs schnell auf etwa 1,95 Volt, dann ganz allmählich bis auf etwa 1,75—1,8 Volt. Hier muss die Entladung unterbrochen werden, weil sonst die Entladespannung sehr rasch abfällt, die ganze aktive Masse unter starker Volumveränderung sulfatisirt wird und die Platten leicht sich werfen oder krumm werden. Das Sinken der Klemmenspannung bei der Entladung rührt daher, dass der Verlust im inneren Widerstand hier von der E.M.K. zu subtrahiren ist (während er bei der Ladung zu addiren war) und dass die E.M.K. selbst wegen der fortschreitenden Sulfatisirung beider Elektroden sinkt.

Soll in einem Akkumulator die ganze aktive Schicht zur Wirkung kommen, so darf die Stromdichte ein gewisses Maass nicht überschreiten; je geringer die Stromdichte ist, desto tiefer dringt der Entladeprocess in die Masse ein und desto mehr wächst die Gesammtleistung des Akkumulators. Lässt man einen nur in den obersten Schichten entladenen Akkumulator ohne Stromentnahme etwas stehen, so regenerirt sich die schon entladene Schicht auf Kosten der unteren, und es steigt demnach die Spannung und die Kapacität des Akkumulators. Der Akkumulator hat sich erholt.

Die Kapacität des Akkumulators ist die Gesammtzahl der Ampèrestunden, welche der bis zur beginnenden Gasentwickelung geladene Akkumulator bei der Entladung bis auf äusserst 1,75, besser 1,8 Volt liefern kann. Dieselbe ist jedoch kein feststehender Werth, sondern nimmt mit steigender Stromdichte aus den eben geschilderten Gründen ab. Nach Prof. Peukert[1]) ist das Produkt $J^n \,.\, t$, in welchem J die

[1]) Elektr. Zschr. 1897, S. 287.

Elektrodenstromstärke, n einen experimentell bestimmten Faktor, t die Dauer der Entladung bedeutet, für die weitverbreiteten Typen von Akkumulatoren konstant. Der Faktor n variirt zwischen 1,35 und 1,72. Die Gesammtarbeitsleistung entspricht dabei der Zahl der während dieser Zeit geleisteten Wattstunden. Der Wirkungsgrad ist das Verhältniss der geleisteten zur aufgenommenen Arbeit; er beträgt im Mittel etwa 75 % bei mässiger Stromdichte. Das Verhältniss der geleisteten zur aufgenommenen Strommenge variirt stark mit der Stromdichte, beträgt aber für die gebräuchliche Entladung in 3, 5 oder 7 Stunden etwa 90 %.

Die Verwendung von Akkumulatoren bezweckt eine Unterstützung des Maschinenbetriebes, indem die zur Zeit geringer Stromabgabe geladenen Akkumulatoren während der Hauptbetriebszeit einen Theil der Stromlieferung übernehmen und bei Störungen an den Maschinen eine willkommene Reserve bilden, sofern ihre Kapacität ausreicht.

Zur Erzielung der für Beleuchtungszwecke meist geforderten konstanten Spannung muss die Zahl der in Serie zu einander und parallel zu den Maschinen geschalteten oder die Lampen speisenden Zellen während der Ladung oder Entladung durch Zellenschalter verändert werden. Die Gesammtzahl der für eine bestimmte Spannung erforderlichen Zellen ergiebt sich durch Division mit der minimal zulässigen Entladespannung, etwa 1,8 Volt, in diese Spannung.

6. Parallelschaltung von Shuntmaschinen und Akkumulatoren.

Fig. 200 giebt eine Schaltung wieder, bei welcher die Dynamo und die Batterie unter Verwendung eines einfachen Zellenschalters entweder allein oder gemeinsam die Lampen speisen können. Steht der Maschinenumschalter M nach links, so ist die Batterie ausgeschaltet und die Dynamo speist die Lampen. Steht M nach rechts, so wird im Allgemeinen die Batterie geladen; je nach dem Stande des Zellenschalters Z, also je nach der Betriebsspannung, werden dann die Lampen von dem grösseren Theile der Batterie, oder von Batterie und Dynamo gemeinschaftlich gespeist. Die Entladung ist also in jeder Weise entsprechend; bei der Ladung werden jedoch stets alle Zellen vom Dynamostrom durchflossen, die selten gebrauchten Endzellen also unnöthig und stark überladen. Diesem Uebelstande kann durch einen Doppelzellenschalter (Fig. 201) gesteuert werden; durch denselben kann nicht nur die Zahl der zu entladenden, sondern auch die Zahl der zu ladenden Zellen verändert werden. Hierauf kommen wir im nächsten Kapitel zurück.

Die Parallelschaltung von Compoundmaschinen mit Akkumulatoren wird zuweilen erforderlich, wenn zu einer vorhandenen Dynamo nachträglich eine Batterie beschafft werden soll. Man muss in diesem Falle entweder die Hauptschlussbewickelung ganz ausschalten oder wenigstens die Akkumulatorenbatterie nur von den Bürsten abzweigen. Bei Neuanschaffungen wird man stets für gleichzeitigen Batteriebetrieb Nebenschlussdynamos wählen.

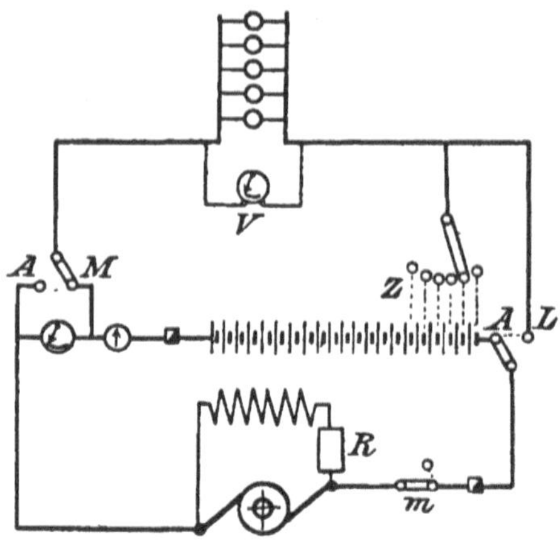

Fig. 200.

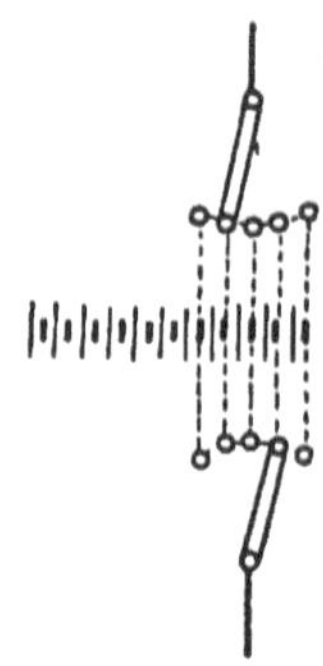

Fig. 201.

7. Zweck und Wesen der elektromagnetischen Umformer. Transformatoren[1]).

Die Transformatoren dienen zur Umwandlung der Energie durch Veränderung der sie bildenden Faktoren, Stromstärke und Spannung; in der elektrischen Beleuchtungstechnik werden sie meistens zur Umwandlung einer gegebenen Spannung in eine zweckentsprechendere verwendet. Sie sind elektromagnetische Vorrichtungen mit zwei einander gegenseitig beeinflussenden, mit einem gemeinsamen Felde verketteten Bewickelungen.

Wird die Induktionswirkung innerhalb des gemeinsamen Feldes durch Relativ- und zwar Rotationsbewegung der einen Bewickelung gegen die andere hervorgebracht, so hat man einen rotirenden Transformator; wird sie durch Variationen des gemeinsamen Feldes innerhalb der ruhenden Spulen hervorgebracht, so hat man einen ruhenden Transformator.

Beide Arten von Transformatoren können z. B. verwendet werden, wenn die hohe Spannung eines Vertheilungsnetzes auf den für Beleuchtung erforderlichen Werth reducirt werden soll. Bei einem Gleichstromnetze

[1]) Litteratur: Fleming, Alternate current transf. Kapp, Transformatoren für Wechselstrom und Drehstrom. Feldmann, Wirkungweise, Prüfung und Berechnung der W.St.-Transformatoren.

mit 500 Volt kann man z. B. als rotirenden Transformator zwei gekuppelte Nebenschlussdynamos verwenden, von denen die 500 voltige als Motor, die 100 voltige als neue Stromquelle funktionirt. Bei einem W.S.-Netze mit 2000 Volt wird man W.S.-Transformatoren anwenden, welche die hohe Vertheilungsspannung in ruhenden Bewickelungen in die Gebrauchsspannung umwandeln.

Auf andere Verwendungen der Umformer kommen wir bei Besprechung der Regulirung zurück.

8. Parallelschaltung der Umformer.

Für die rotirenden G.S.-Umformer gelten dieselben, sinngemäss abgeänderten Regeln, welche bei der Parallelschaltung der Dynamos erwähnt wurden.

Die Parallelschaltung der Wechselstromtransformatoren ist von den Elektrikern der Firma Ganz & Co., namentlich auf Grund von Experimenten und Berechnungen des Herrn Otto Titus Bláthy, eingeführt wor-

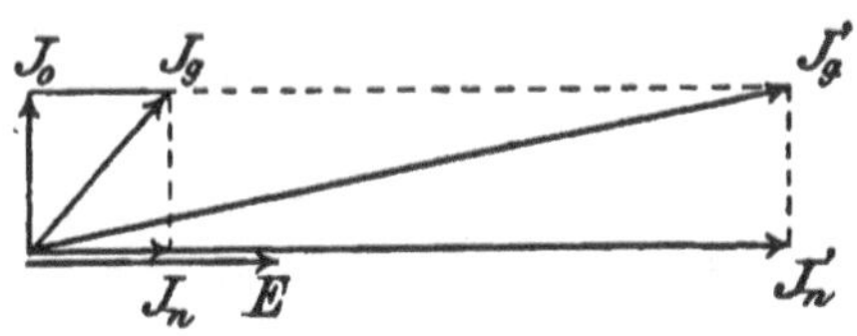

Fig. 202.

den und hat dem Wechselstromsysteme erst Lebensfähigkeit verliehen. Die Arbeitsbedingungen eines Transformators sind einfach (Fig. 202). Bei offenem Sekundärkreise nimmt der Primärkreis jene Energiemenge auf, welche zur Ummagnetisirung des Eisenkerns erforderlich ist. Dieselbe beträgt je nach der Grösse des Transformators 1,5—4 % der Gesammtleistung. Der Gesammtstrom J_g, welchen der Transformator bei diesem Leerlauf aufnimmt, zerfällt in zwei zu einander rechtwinklige Komponenten, den Nutzstrom J_n und den Leerstrom J_0. Der Nutzstrom fällt in der Phase mit der Spannung zusammen und giebt mit ihr multiplicirt bei Leerlauf den Leerverlust; bei Belastung, je nach der Auftragung, die aufgenommene oder abgegebene Energie. Der Leerstrom liefert das wechselnde magnetische Feld und wird nach Dobrowolsky „wattlos" genannt. Der Gesammtstrom ist gegen die Spannung um den Winkel φ verzögert und ihm entspricht eine Leistung

$$J_g \cdot E \cdot \cos \varphi = J_n \cdot E.$$

Der Leerstrom beträgt bei guten Transformatoren der eisengeschlossenen Type nur wenige Procent des Stromes bei Vollbelastung.

Der Winkel der Phasenverschiebung wird also schon bei $^1/_{10}$ Belastung sehr klein, und für grössere Belastung kann der Transformator wie ein (induktionsfreier) Widerstand mit dem Leerstrom Null betrachtet werden. Seine Spannungen sind um praktisch 180° gegen einander verschoben und fallen bei induktionsfreier Sekundärbelastung, wie sie Glühlampen und Bogenlampen praktisch darstellen, mit den entsprechenden Strömen zusammen.

Trotz dieser einfachen Arbeitsbedingungen sind die Bedingungen für die Parallelschaltung noch nicht genügend bekannt oder beachtet. Wenn zwei Transformatoren primär und sekundär parallel geschaltet werden sollen, so müssen solche Pole verbunden werden, welche in einem bestimmten Momente gleichnamig sind; diese Grundregel muss zur Vermeidung von Kurzschlüssen streng beobachtet werden. Sollen die Leistungen sich entsprechend den Leistungsfähigkeiten vertheilen, so müssen bei gleichen Transformatoren die inneren Widerstände gleich sein. Bei verschieden grossen Transformatoren müssen sich die inneren Widerstände umgekehrt wie die Leistungen verhalten, oder genauer: es müssen die Spannungsabfälle bei den der normalen Leistung jeder Type entsprechenden Belastungen gleich sein. Hierbei sind gleich lange Zuleitungen vorausgesetzt.

Wenn die Transformatoren primär und sekundär parallel geschaltet, aber nicht nahe zusammen aufgestellt sind, wie dies bei Transformatorenbänken vorkommen kann, so muss auch der Widerstand der Leitung zwischen beiden in Betracht gezogen werden, wie es bei parallel geschalteten Dynamomaschinen auch geschieht. Es ist also nicht nur erforderlich der vorhergehenden Bedingung des gleichen Spannungsabfalles zu genügen, sondern es muss auch der Verlust in den primären und sekundären Zuleitungen in Betracht gezogen werden, wenn die gewünschte Theilung der Belastung im annähernden Verhältniss der Leistungsfähigkeiten der einzelnen Transformatoren erfolgen soll.

9. Serienschaltung von Dynamos und elektromagnetischen Umformern.

Die reine Serienschaltung von Dynamos kommt nur bei Systemen mit konstanter Stromstärke vor und wird für Beleuchtungszwecke fast nur von Thury verwendet. Die Schaltung ist dabei derart, dass in den Unterstationen rotirende Umformer aufgestellt werden, deren primäre Theile in Serie zu einander geschaltet und mit automatischen Kurzschliessern für den Fall der Stromunterbrechung ausgestattet sind, während die sekundären Theile als Dynamos Lichtnetze betreiben. Dagegen wendet man neuerdings, wie schon mehrfach betont, der reinen Serienschaltung von Transformatoren oder von Drosselspulen für die Zwecke der Strassenbeleuchtung grössere Aufmerksamkeit zu.

Auch die Mehrleitersysteme erfordern eine Serienschaltung von Dynamos oder Umformern; doch unterscheidet sich dieselbe dadurch von der reinen Serienschaltung, dass zwischen je zwei Dynamos oder Umformern stromführende Ausgleichs- oder Mittelleiter abzweigen, welche Strom im einen oder anderen Sinne führen können, und dass die Regulirung auf konstante Spannung erfolgt.

Zum Betriebe eines Dreileitersystems sind zwei Gleichstrommaschinen oder zwei Gruppen von solchen erforderlich, welche hintereinandergeschaltet werden. Sind für jeden Theil des Dreileitersystems mehrere Einzelmaschinen vorhanden, so vollzieht sich das Parallelschalten derselben für jeden Theil des Systems wie beim normalen Zweileitersysteme. Man verwendet fast allgemein Nebenschlussmaschinen, deren Serienschaltung selbst bei ungleicher Belastung der Hälften des Systems keine Schwierigkeiten bietet. Compoundmaschinen würden in Serienschaltung Komplikationen ergeben und sind im Allgemeinen schon deshalb nicht erforderlich, weil man in der Regel beim Dreileitersystem grössere Verluste in den Speiseleitungen, also variable Spannung in der Centrale hat, und häufig auch Akkumulatoren in Parallelschaltung zu jeder Systemhälfte vorsieht.

Will man mit Wechselstrom ein ebenes Mehrleitersystem zur Anwendung bringen, so untertheilt man die inducirte Bewickelung der W.S.-Dynamo in eine entsprechende Zahl in Serie geschalteter Theile. Dies ist nicht nur sehr einfach und bequem, sondern auch deshalb erforderlich, weil sich Wechselstrommaschinen nur unter Beobachtung praktisch nicht durchführbarer Maassregeln in Serie schalten lassen. In ebenso einfacher Weise kann man von den zwei in Serie geschalteten Theilen eines Transformators ein Dreileitersystem ausgehen lassen. Dies ist seit den ersten Ausführungen von Ganz & Co. für Wechselstromdynamos und Wechselstromtransformatoren geschehen und wird heute vielfach für Transformatoren zur Speisung zusammenhängender Sekundärnetze ausgeführt.

10. Doppelmaschinen und Spannungstheiler.

Man suchte hauptsächlich wegen der Schwierigkeiten in der Reserve und der hohen Kosten nach Lösungen für Drei- oder Mehrleitersysteme für Gleichstrom welche die Serienschaltung von zwei oder mehreren Gruppen vermeiden liessen.

Die einfachste dieser Lösungen ist die, dass man für das Dreileitersystem nur eine Maschine, oder eine Gruppe parallel geschalteter

Maschinen auf die Aussenleiter arbeiten lässt und die Spannungstheilung durch eine parallel geschaltete, in der Mitte mit Abzweigung zum Mittelleiter versehene Akkumulatorenbatterie vornehmen lässt. Diese Anordnung ist das Analogon zur Spannungstheilung durch den elektromagnetischen Umformer; während dieser aber durch Drosselung bis zu einem gewissen Grade selbst die Differenzen der Belastung in den Netzhälften ausgleicht, erfordert die Batterie hierzu Doppelzellenschalter für jede Hälfte.

Ein anderes Mittel besteht darin, dass der Mittelleiter statt an die Verbindungsstelle der zwei Hauptdynamos an die von zwei hintereinandergeschalteten rotirenden Umformern angelegt wird. Diese Ausgleichsdynamos sind zuerst von E. Thomson angegeben worden und bestehen aus zwei mechanisch gekuppelten Elektromotoren, deren Anker und Nebenschlüsse je in Serie geschaltet sind und von den Aussenleitern

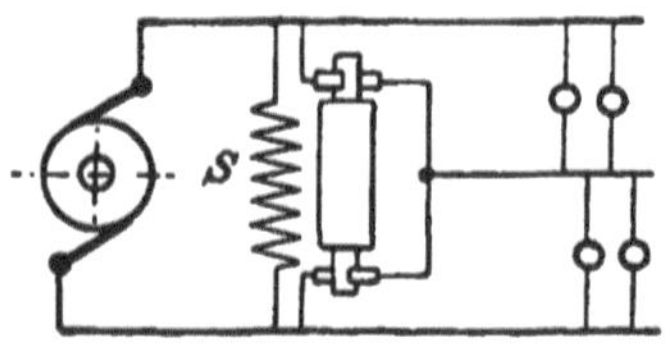

Fig. 203.

Spannung erhalten. Man kann auch, wie Fig. 203, die Hilfsmaschine als Doppelmaschine ausführen, indem man auf einen gemeinsamen Ankerkern zwei Bewickelungen mit zwei Kollektoren aufbringt und die in Serie geschalteten Bewickelungen, sowie den gemeinsamen Nebenschluss S von den Aussenleitern abzweigt. Solange die beiden Systemhälften gleich belastet sind, fliesst durch den Anker nur soviel Strom, als zur Aufrechterhaltung der Drehung nöthig ist. Werden die Belastungen ungleich, so wirkt die der stärker belasteten Systemhälfte entsprechende Ankerhälfte als Dynamo, die andere als Motor, wodurch eine genügende Ausgleichung hervorgebracht wird. Diese Ausgleichsmaschinen vereinfachen zwar die Schaltung, vertheuern aber in den meisten Fällen die Lösung. Dies gilt auch, wenn auch in geringerem Grade, von der von v. Dolivo-Dobrowolsky[1]) erfundenen Dreileitermaschine. (Fig. 204.) Drobrowolsky zweigt von zwei diametral liegenden Punkten a b des als Grammering angedeuteten Ankers zu den Enden einer Drosselspule S ab und führt den Mittelleiter N von der Mitte O dieser Spule ab. Rotirt die Drosselspule mit dem Anker, so ist ein Schleifring für den Anschluss des Mittelleiters nöthig. Ist sie ausserhalb des Ankers und

[1]) v. Dolivo-Dobrowolsky, Elektr. Zschr. 1894, S. 323.

ruhend angeordnet, so sind zwei Schleifringe erforderlich, von denen aus der die Spule S durchfliessende Wechselstrom abgeleitet wird. Bei gleicher Belastung durchfliesst die Spule nur schwacher Wechselstrom; bei ungleicher Belastung superponirt sich ihm in der einen Hälfte Gleichstrom, der der einen Armaturhälfte zufliesst. Ein ähnlicher Vorschlag rührt von Kandó her; derselbe bildet den Generator als Gleichstrom-

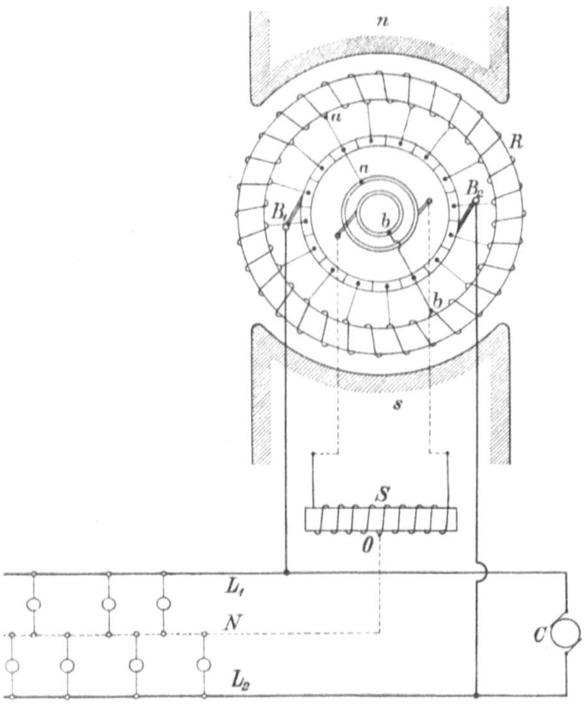

Fig. 204.

drehstromgenerator aus und zweigt den Mittelleiter vom neutralen Punkte der Drehstromapparate ab[1]).

In neuerer Zeit hat Dettmar[2]) die von Thomson angewendete Doppelmaschine auch als Hauptmaschine zur Spannungstheilung verwendet. Er lässt den zweiten Kollektor fort und schafft durch die Anordnung des Magnetfeldes eine breite neutrale Zone, in welcher er mittelst einer dritten auf dem Kollektor schleifenden Bürste direkt die Spannungstheilung vornehmen kann.

---

1) Kandó, D.R.P. 90 559. Kombinirte Stromvertheilung.

2) A. Rothert, Elektr. Zschr. 1897, S. 230, 247.

Wir beschränken uns nur auf die Beschreibung der Anordnungen für das ebene Dreileitersystem; die anderen ebenen Mehrleitersysteme sind im Allgemeinen wenig verbreitet, denn das mehrfach kultivirte Fünfleitersystem ist allmählich dem Transformatorensystem gewichen, und die sinngemäss abgeänderten Vorrichtungen, welche wir soeben beschrieben haben, können sämmtlich auch bei ihnen Verwendung finden.

Wir haben mehrmals die Grenze des Gebietes der Regulirfähigkeit der Systeme und der Regulirungsmethoden streifen müssen und wollen uns nun diesem Gebiete zuwenden.

IV. Kapitel.

Regulirung.

Anforderungen und Eintheilung.

Die einzige und vollends genügende Anforderung an eine gute Regulirung für Beleuchtungsanlagen ist die, dass die Lichtstärke aller jeweils eingeschalteten Lampen konstant gehalten werde. Die Spannung an den parallelgeschalteten Konsumstellen soll bei unbeschränkter Löschbarkeit in bestimmten, engen Grenzen konstant bleiben. Bei Anlagen mit Serienschaltung tritt an Stelle dieser Bedingung die entsprechende, dass der Strom bei beschränkter Löschbarkeit konstant gehalten werden muss. Andererseits kommen auch bei Anlagen mit reiner Parallelschaltung in besonderen Fällen, z. B. bei Theatern, Anordnungen vor, wo bei konstanter Spannung die Regulirung Veränderung der Lichtintensität in möglichst weiten Grenzen bewirken soll.

Schon aus diesen wenigen Gesichtspunkten lässt sich erkennen, dass die Eintheilung nach dem Zwecke der Regulirung das Hauptunterscheidungsmerkmal abgeben muss, während die Trennung in Arten sich nach den physikalischen Gesetzen ergiebt, welche der Regulirung zu Grunde liegen. Ein dritter Gesichtspunkt für die Eintheilung ergiebt sich, wenn man die Regulirung in ihrem Zusammenhang mit den einzelnen Theilen der Beleuchtungsanlage, also in ihrer direkten Einwirkung auf die Dynamos und ihre Antriebsmaschinen, das Netz oder die Lichtquellen selbst betrachtet. Ein weiterer Unterschied tritt dadurch zu Tage, dass man die Regulirungsmethoden für Gleichstrom von jenen für Wechselstrom trennt.

Wir unterscheiden demnach:

A. Regulirung auf konstante Spannung.
B. - - zeitweise veränderte Spannung.
C. - - konstanten Strom.
D. - - Belastungsausgleich oder Belastungstheilung.
E. - - möglichst variable Lichteffekte.

A. Regulirung auf konstante Spannung.

I. Regulirung der Stromquellen.

Diese Art der Regulirung reicht dann zur Erzielung konstanter Spannung an den Lichtquellen aus, wenn die Leitungen so kurz oder die Leitungsverluste so gering sind, dass bei der höchsten vorhandenen Löschbarkeit die Differenzen in den Spannungsverlusten nicht unangenehm empfunden werden. Sie ist die einfachste Art der Regulirung und erfolgt in den meisten Fällen bei Dynamomaschinen durch Einschaltung von Widerständen in den Erregerstromkreis.

Im Allgemeinen lässt sich die Regulirung verschiedentlich vollziehen.

1. Selbstregulirung durch Wickelung der Stromquellen.

Dies ist bereits bei den Schaltungen derselben gelegentlich der Besprechung der Compounddynamos erwähnt worden. Da man aber genau compoundirte Maschinen kaum fabrikmässig herstellen kann, muss man in den meisten Fällen auch für Maschinen mit Haupt- und Nebenschlussbewickelung einen Rheostat für letztere vorsehen, umsomehr, als man auf konstante Umdrehungszahl nur in gewissen Grenzen rechnen kann. Dagegen hat man es bei Wechselstromtransformatoren, die hier als Stromquellen in Betracht kommen, vollkommen in der Hand, durch die Konstruktion, Dimension und Bewickelung die Selbstregulirung beliebig weit zu treiben. In der Regel begnügt man sich mit einem Abfall von etwa 1,5—3 % für die grössten und kleinsten Typen zwischen Vollbelastung und Leerlauf und erhält dementsprechend im Eisenkern Verluste von etwa 1,5—6 %. Der Eisenverlust und der Kupferverlust verändern sich dabei stets in umgekehrtem Sinne; von Dobrowolsky's Vorschlag (auf den wir später noch zurückkommen) zur Verringerung des Eisenverlustes durch Erhöhung der Kupferverluste auf etwa 3—8 % ist also vom Standpunkte der hier betrachteten Selbstregulirung verwerflich. Man müsste bei Anwendung desselben, ebenso wie bei den nicht vollkommen selbstregulirenden Compoundmaschinen noch eine der folgenden Nachregulirungsmethoden anwenden.

Auch bei Wechselstrommaschinen, welche bei konstanter Erregung und wachsender Belastung je nach ihrem Ankerwiderstand und ihrer Anordnung mehr oder weniger stark in der Spannung abfallen, sind Compoundirungen möglich. Nur sind dieselben hier noch weniger leicht und noch unvollkommener durchführbar als bei Gleichstrommaschinen. Fig. 205 zeigt die von Ganz & Co., besonders bei selbsterregenden

Wechselstrommaschinen, vor Jahren vielfach angewendete Methode zur Compoundirung.

Bei der bezeichneten Maschine rotiren die 6 Elektromagnete S innerhalb des feststehenden Kranzes der 6 Armaturspulen. Fünf von diesen Spulen sind in Serie geschaltet und an die Klemmen A und B angeschlossen; die sechste Spule, deren Enden a und b sind, liefert unter Zwischenschaltung eines Kommutators C den Strom zur Erregung der Magnete S S. Der Kommutatur besitzt 6 Theile, von denen je drei elektrisch mit einander verbunden sind. Bei der gewöhnlichen Anordnung wurden die Enden d e des Erregerkreises durch einen regulirbaren Widerstand kurzgeschlossen. Hier jedoch enthalten sie die eine Spule eines Umformers, dessen andere Spule D E in den Haupt-

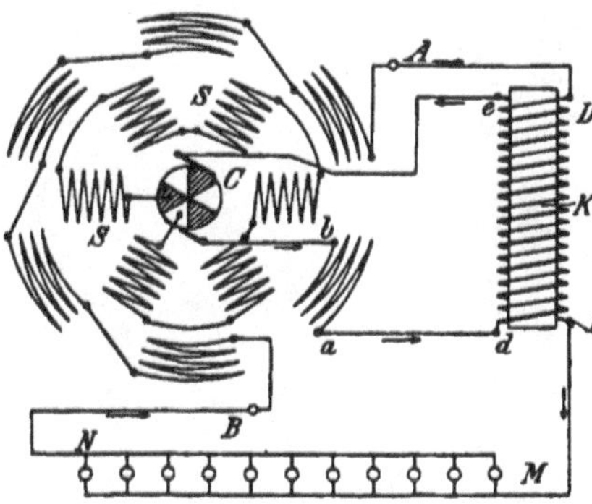

Fig. 205.

stromkreis eingeschaltet ist. Der in den Lampen M N fliessende Wechselstrom wird also, wenn er selbst wächst, die Spannungsdifferenz der Klemmen d und c erhöhen, und der hieraus resultirende stärkere Erregerstrom wird durch den Stromwender C in einen zur Magneterregung brauchbaren, pulsirenden Gleichstrom verwandelt werden. Bei geeigneter Wahl der Wickelungsverhältnisse des Umformers und unter eventueller Verstellung des Eisenkernes K kann eine fast vollkommene Compoundirung erreicht werden. Doch sind die Einstellungen und die Vermeidung starker Funken am Stromwender so schwierig, dass die Methode heute fast nicht mehr verwendet wird.

2. Widerstandsregulirung.

Bei den Dynamomaschinen setzt man Rheostate in den Stromkreis des Nebenschlusses, wie dies bereits in den Fig. 191 u. 194, Kapitel III, dargestellt ist. Jeder Rheostat für Handregulirung besteht aus drei Theilen: den eigentlichen in Serie oder theilweise parallel geschalteten

Widerstandsdrähten, welche meist in Form von Spiralen verwendet werden, der Kontaktbahn, an welche die einzelnen Abtheilungen des Widerstandes angeschlossen sind und auf der der Kontakthebel zur Stromabnahme schleift, und dem Gestell, das in der Regel die Widerstandsspirale und die Kontaktbahn isolirt trägt. Die Rheostate gehören eigentlich zu den Hilfsapparaten; da sie aber das best bekannte und am meisten verwendete Hilfsmittel zur Regulirung sind, mögen sie hier kurz erwähnt werden.

Fig. 206 zeigt eine einfache Ausführungsform eines solchen Nebenschlussrheostats. Kompendiöser gestaltet sich die Anordnung, wenn man die von K. E. Carpenter und W. Leonard ausgebildeten Email-

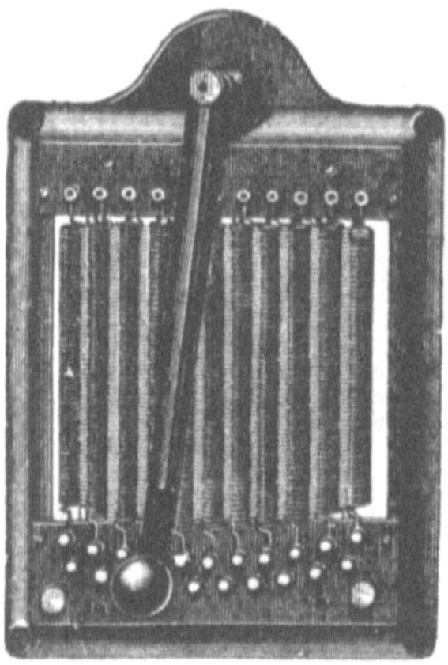

Fig. 206.

Fig. 207.

rheostate verwendet. Bei denselben ist der spiralig gewickelte und dann zickzackförmig zusammengelegte Neusilberdraht überall von einer isolirenden Emailmasse umgeben, welche den Draht schützt und sich mit ihm ausdehnt und zusammenzieht. Das Gestell ist mit Rippen zur Erhöhung der Wärmeausstrahlung versehen. Da der Draht überall geschützt ist, kann man ihn sehr hoch beanspruchen, wodurch die Konstruktionen leicht und gefällig aussehen. Die amerikanische Praxis hat gezeigt, dass der in Fig. 207 abgebildete Emailrheostat mit 25×25 cm Platten zur Vernichtung von 5000 Watt ausreicht, dass man also dauernd etwa 8 Watt pro cm^2 einseitige Abkühlungsfläche vernichten kann.

3. Selbstthätige Widerstandsregulirung.

Dieselbe unterscheidet sich in der Schaltung nicht von der vorhergehenden. Fig. 208 stellt einen von Bláthy entworfenen, von Ganz & Co. und Helios vielfach für G. S. und W. S. verwendeten automatischen

Rheostaten dar. Während bei den oben erwähnten Rheostaten die einzelnen Widerstandsabtheilungen meist in Serie geschaltet werden und zur Erhöhung der Erregung bei wachsender Stromabgabe einzelne Theile des Widerstandes ausgeschaltet wurden, wird hier die Verstärkung der Erregung dadurch bewirkt, dass mehr und mehr von den ursprünglich in Serie geschalteten Widerstandsabtheilungen kurz geschlossen werden. Dies geschieht dadurch, dass die verschieden langen Endkontakte der Abtheilungen durch das allmählich hochgehende Quecksilbergefäss mit einander elektrisch verbunden werden. Die Stellung des Quecksilbergefässes bedingt somit den Werth des noch wirkenden Widerstandes; sie erfolgt selbstthätig durch die Einwirkung eines Solenoides auf einen mit dem Gefässe verbundenen Eisenkern. Das Solenoid ist mit einem entsprechenden Vorschaltwiderstand in Serie geschaltet und von jenen Punkten abgezweigt, an welchen die Spannung konstant gehalten werden soll. Dies sind im vorliegenden Falle die Sammelschienen oder die Maschinenklemmen. Das in der Fig. 208 unten sichtbare grosse Wassergefäss enthält einen Schwimmer, dessen Auftrieb gerade die nach abwärts wirkenden Kräfte der stromführenden Spule abbalancirt.

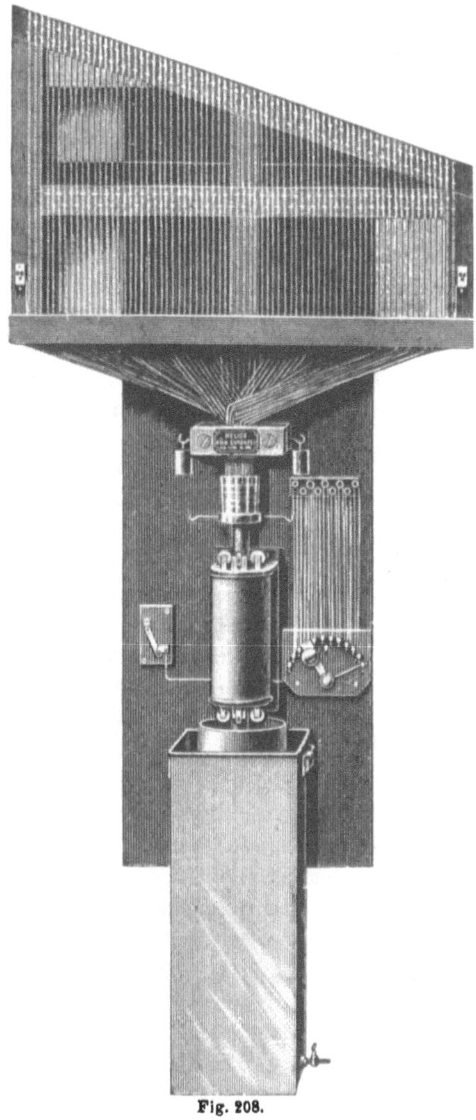

Fig. 208.

Die Wirkungsweise des Apparates lässt sich nur erklären, wenn man alle in Betracht kommenden Kräfte berücksichtigt.

Es sind dies: I. Das Gewicht aller beweglichen Theile, das während des ganzen Weges, den der Eisenanker relativ zur Spule zurücklegt, konstant bleibt. (Kurve a_1 b_1 Fig. 209.)

II. Der magnetische Zug. Haben Eisenkern und Spule gleiche Länge, so erreicht die Zugkraft ihr Maximum, wenn $^2/_3$ des ersteren in letztere eintauchen; der gesammte Weg des Ankers ist so bemessen, dass dies die tiefste Lage ist, während bei der höchsten Ankerstellung die Endfläche des Eisenkerns mit der Spulenmitte sich deckt. In diesem Falle wächst die Zugkraft bei Abwärtsgehen des Kernes von y nach x etwa in der durch Kurve a_2 b_2 (Fig. 209) dargestellten Weise.

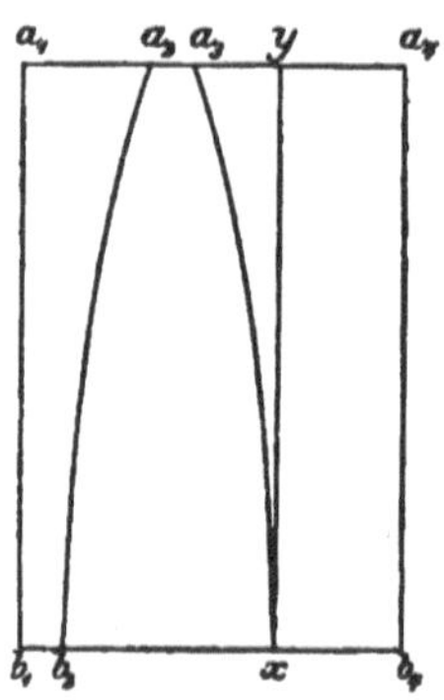

Fig. 209.

III. Der Abtrieb der Kontaktstäbchen im Quecksilbergefässe. Dieser Abtrieb wirkt, da die Stäbchen oben feststehen und das Quecksilbergefäss unter ihnen beweglich angeordnet ist, nach abwärts. Er ist in der tiefsten Stellung x, bei welcher alle Stäbchen frei sind, gleich Null und erreicht sein Maximum, wenn an der höchsten Stellung y des Ankers alle Stäbchen durch das Quecksilbergefäss kurzgeschlossen werden. Sind die Stäbchen um gleiche Längen abgestuft, so verläuft diese Kraft nach einer Parabel a_3 x, deren Scheitel in x ist. Werden die Stäbchen nach einem anderen Gesetze abgestuft, so kann man der Kurve a_3 x eine etwas andere Gestalt verleihen.

IV. Der Auftrieb des Schwimmers und des eventuell mit ihm verbundenen Bremsringes, die während des ganzen Weges des Ankers annähernd konstant wirken (Kurve a_4 b_4).

Durch geeignete Wahl der Dicke der Stäbchen kann man nun leicht erreichen, dass für die höchste und die tiefste Stellung dieselbe Stromstärke in der Regulirspule Gleichgewicht des Kernes herbeiführt. Dies ist dann der Fall, wenn $\overline{y\,a_3} = (\overline{x\,b_2} - \overline{a_2\,y}) - (\overline{x\,b_4} - \overline{y\,a_4})$ ist.

Da die Kurve a_2 b_2 angenähert den Verlauf einer Parabel zeigt, genügt in den meisten Fällen die gleichförmige Abstufung der Länge der Stäbchen zur Erreichung der Astasie auch für die Zwischenlängen. Andernfalls lässt sich dieselbe dadurch erreichen, dass man durch Aenderung der Länge der Stäbchen die Form der Kurve a_3 x ändert.

Bei richtiger Konstruktion und Erreichung vollkommener Astasie wird also der Kern so lange in jeder Lage stehen bleiben, als die Spannung richtig ist, und so lange sich in einem oder anderem Sinne verstellen, bis wieder die richtige Spannung eingestellt ist.

Selbstverständlich müssen die Abstufungen der Regulirwiderstände kleiner sein als die Empfindlichkeit der Spule, so dass die Tendenzen der Wirkungen sich decken; andernfalls würde ein Pendeln des Kernes auftreten. Periodische Schwankungen, welche durch äussere Kräfte, z. B. Variationen in der Geschwindigkeit des Antriebsmotors hervorgerufen werden, können durch einen auf den Schwimmer aufgesetzten Bremsring gedämpft werden.

Bei dem Bláthy'schen Automat sind durch sinnreiche Details die Fehlerquellen soweit verringert, dass die Spannung auf $\pm {}^1/_2\,{}^0/_0$ automatisch regulirt werden kann.

Soll der Automatrheostat zur Regulirung von Wechselstrommaschinen verwendet werden, so schliesst man das entsprechend bewickelte und zur Erreichung der Astasie mit besonders geformtem, magnetischem Kreise versehene Solenoid an die Wechselstromleitungen unter Verwendung eines Transformaters und eines Zusatzwiderstandes an. Der Regulirwiderstand kann dann entweder in den Nebenschluss oder in den Hauptschluss der Erreger eingeschaltet werden und somit indirekt oder direkt auf die Erregung der W.S.-Maschine in dem vorbeschriebenen Sinne wirken. Bei Maschinen mit starker Ankerrückwirkung reichen die Automatrheostate nicht für die ganze Differenz der Erregerstromstärke zwischen Vollbelastung und Leerlauf aus; man schaltet ihre Widerstände deshalb in solchen Fällen meist noch in Serie zu Handrheostaten, denen man die grobe Regulirung überlässt, während man dem automatischen Rheostat die feine Nachregulirung zuweist.

Der soeben beschriebene Automat war dadurch charakterisirt, dass die von ihm beeinflusste Stromquelle auch die zur Einschaltung der Widerstände erforderliche Energie lieferte. Eine zweite Klasse von automatischen Regulatoren begnügt sich damit, durch die zu beeinflussende Stromquelle nur einen Auslösungs- oder Kuppelungsmechanismus zu bethätigen, während die Arbeit der Regulirung von einer besonderen Kraftquelle geleistet wird. Solche Konstruktionen sind von Schuckert, der Allgemeinen Elektricitäts-Gesellschaft und Siemens & Halske vielfach angewendet worden. Bei den Automaten von Siemens & Halske (Fig. 210) wird eine oben links angedeutete Riemenscheibe durch eine dauernd laufende Transmission (oder eventuell einen Elektromotor) in Bewegung erhalten. Diese rotirende Bewegung wird durch ein Excenter für eine mit der Schubstange verbundene Doppelklinke in auf- und niedergehende verwandelt, aber nur dann auf das Regulirrad übertragen, wenn die Spannung zu niedrig oder zu hoch ist. In diesem Falle wird nämlich durch die Wirkung eines Relais auf die zwei vorhandenen Elektromagnete die eine oder andere Seite der Doppelklinke angezogen und dadurch das mit den Schleiffedern verbundene Regulirrad soweit nach rechts oder links gedreht, bis nach Erreichung der normalen Spannung die Nase des Gesperres nicht mehr in die Nuten des Regulirrades eingreift. Die Anordnung der Nuten ist so getroffen, dass die Schleiffeder niemals zwischen zwei Kontakten stehen bleiben kann.

Die automatische Regulirung der Maschinen oder der anderen Theile einer Beleuchtungsanlage bietet unstreitig etwas Verlockendes; sie ist für mittlere Anlagen mit beschränkter und annähernd bekannter

Fig. 210.

Löschbarkeit auch gut und bequem durchführbar. Für sehr grosse Anlagen jedoch liegt bei nicht absolut verlässlichen Apparaten stets die Gefahr nahe, dass der Automat entweder zu pflichteifrig ist und über das Ziel hinausschiesst, oder aber zu träge funktionirt. Für solche Anlagen wird man zwar stets automatische Regulatoren vorsehen; man wird aber stets zur Ueberwachung einen denkenden Mann vor das Schaltbrett postiren. Ein guter Regulirer ist sicher der beste Automat.

II. Regulirung der Netze.

4. Selbstregulirung.

Die Netze sind nur dann als selbstregulirend zu bezeichnen, wenn bei der erforderlichen und maximal auftretenden Löschbarkeit die Nachregulirung in einer vernünftigen Weise auf die Einstellung einer von

Zeit zu Zeit festgesetzten, im Uebrigen konstanten Klemmenspannung im Maschinenhause beschränkt bleiben kann. Dieser Anforderung entsprechen die meisten kleinen Anlagen für Häuser und Fabriken, ferner viele mit Gleichstrom betriebene Blockstationen mit mittelgrossem Konsum und die meisten grossen Wechselstromnetze.

5. Speiseleitungen und Prüfdrähte.

Sobald das Netz nicht mehr selbstregulirend ist, genügt es nicht mehr, die Spannung an den Sammelschienen oder den Maschinenklemmen konstant zu halten. Sie muss dort vielmehr entsprechend der steigenden Belastung erhöht werden, damit sie an den Speisepunkten des Netzes konstant bleibe. Sind nur wenige Speiseleitungen vorhanden und die Verluste in ihnen gering (3—5 % bei maximaler Belastung), wie dies häufig bei Hochspannungsanlagen der Fall ist, so genügt es in den meisten Fällen, nach den Angaben der Ampèremeter die Spannung an den Klemmen der Maschine um ein Geringes zu erhöhen, so dass die Gesammterhöhung bei maximaler Belastung gerade dem maximalen Verluste in den Speiseleitungen (3—5 %) entspricht.

Sind jedoch mehrere oder viele Speiseleitungen mit relativ grossen Verlusten vorhanden, so genügt dieses einfache Mittel nicht mehr. Man wird vielmehr in der Regel besondere Prüfdrähte verwenden, welche von den zu untersuchenden Stellen isolirt abzweigen und zur Centrale zurückführen, wo sie zur Kontrolle der Spannungen der einzelnen Speisepunkte verwendet werden. Ist das Netz sehr ausgebreitet, stark zusammengehängt und sehr unregelmässig in der Löschbarkeit, so wird man sich sogar mit der Kontrolle der Spannung der Speisepunkte nicht begnügen, sondern einzelne wichtige Vertheilungspunkte eventuell sogar einzelne Grosskonsumenten, z. B. Theater oder öffentliche Gebäude, auf Konstanz der Spannung kontrolliren. Wilking hat ein schon früher von Hopkinson vorgeschlagenes und von Schuckert & Co. verwendetes Compoundvoltmeter ausgebildet, in welchem ausser der Spannungsspule auch eine Hauptstromspule und eine im Nebenschluss zum Rheostaten der Speiseleitung liegende Spule angeordnet sind; die beiden letzteren Spulen (Fig. 211) wirken im gleichen Sinne auf den Eisenkern, die Fernspannungsspule arbeitet in entgegengesetztem Sinne und misst die Spannung am Anfange der Leitung. Da nun die ihr entgegengesetzten Hauptstromspulen den Spannungsverlust in der Speiseleitung und im zugehörigen Hauptstromrheostat messen, giebt das Fernspannungsvoltmeter ohne Verwendung besonderer Prüfdrähte die Spannung am Speisepunkte an.

Es würden nun, wenn von der Centrale an n Speisepunkten von

der + und der — Sammelschiene je n Prüfdrähte ausgehen, im Ganzem n Spannungsbeobachtungen vorzunehmen sein, welche im Allgemeinen etwas

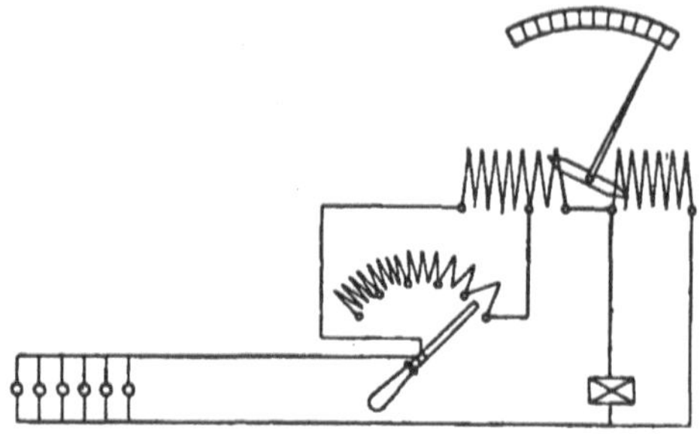

Fig. 211.

verschiedene Werthe ergeben werden. Deshalb ist es erforderlich, die n Paare von Prüfdrähten derart zu vereinigen, dass die n Spannungswerthe zu einem einzigen Mittelwerthe kombinirt werden.

6. Mittlere Netzspannung.

Die gebräuchliche Anordnung hierfür zeigt die Fig. 212. Die einzelnen Prüfdrähte P_1 P_2 P_3 P_4 sind zunächst durch Vorschaltung entsprechender Widerstände w_1, w_2 . . . alle auf den gleichen Widerstand

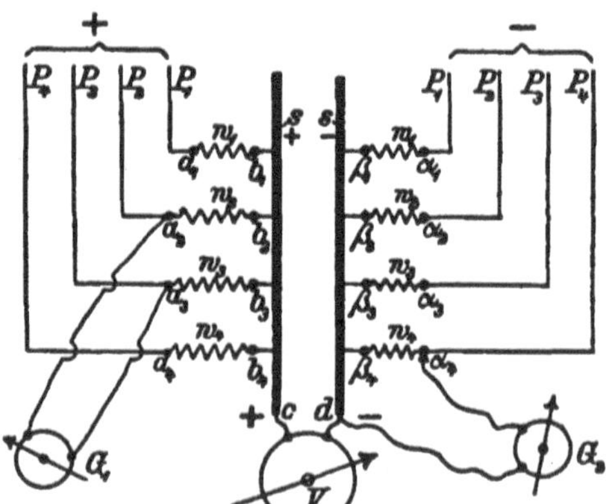

Fig. 212.

abgeglichen und dann an Sammelschienen S S angeschlossen. Die Abgleichung ist deshalb erforderlich, damit der durch den Voltmeterstrom verursachte Spannungsverlust bei allen Speisepunkten gleich sei. Das Voltmeter muss unter Berücksichtigung dieses Vorschaltwiderstandes geaicht sein, da bei 2000 Ohm Widerstand desselben ein Unterschied von etwa 10 Ohm im Widerstand der Prüfdrähte (entsprechend einer Längendifferenz von etwa 600 m 1 mm starken Prüfdrahtes) schon $^1/_2$ % Fehler verursachen würde. Will man die Abgleichung vermeiden, so wählt man W_1, W_2 ... so gross (z. B. = 500 Ohm), dass die Differenzen praktisch vernachlässigbar werden, oder man verwendet ein elektrostatisches Voltmeter, das nicht nachgeaicht zu werden braucht, dafür aber andere Mängel besitzt.

Das an den Sammelschienen SS bei c d anliegende Voltmeter V zeigt die mittlere Netzspannung. Sind bei $b_1 \beta_1$, $b_2 \beta_2$ ... entsprechende Umschalter angeordnet, so kann man an diesen Punkten auch die Einzelspannungen beobachten. Dabei ist jedoch zu beobachten, ob durch Einschalten eines Prüfdrahtes nicht die mittlere Spannung wesentlich geändert wird. Dr. Kallmann[1]), dessen Ausführungen wir hier vielfach benutzt haben, hat gezeigt, dass bei Abgleichung aller Prüfdrähte auf den kleinen Widerstand W_1 (20—30 Ohm) die am Voltmeter S angegebene mittlere Netzspannung e gleich der Differenz der arithmetischen Summe der Einzelspannungen E_1 E_2 .... und des Verlustes durch den Voltmeterstrom in den Prüfdrahtwiderständen W_1 ist.

$$e = \frac{E_1 + E_2 + \ldots + E_n}{n} - \frac{i\,W_1}{n}.$$

Ist dagegen z. B. e = 105 Volt, n = 10 Prüfdrahtpaare, W_1 = 800 Ohm, d. h. 400 Ohm in dem +, 400 Ohm im — Prüfdraht, W = 2000 Ohm Voltmeterwiderstand, so ergiebt sich für den Voltmeterstrom

$$i_n = \frac{E_1 + E_2 + \ldots + E_n}{n\left(W + \frac{W_1}{n}\right)}$$

$$= \frac{105}{10\left(2000 + \frac{80}{10}\right)} = 0{,}005 \text{ Ampère},$$

und für den Verlust im Prüfdrahtwiderstand 800 × 0,005 = 4 Volt. Wenn also ein normales Voltmeter 105 Volt als mittlere Spannung anzeigen würde, wäre der thatsächlich an den Kontrollpunkten vorhandene mittlere Werth um 4 Volt höher, also 109 Volt. Würde man von diesen zehn Prüfdrahtpaaren einen abschalten, so würde bei demselben absoluten Werthe der mittleren Spannung (109 Volt) das Voltmeter um etwa $^1/_2$ Volt mehr anzeigen als vorher (105,5 Volt). Kallmann hat gezeigt, dass möglichst geringe Veränderungen der mittleren Spannung bei Abschaltung eines Prüfdrahtes dann eintreten, wenn die Zahl der Prüfdrähte gross, ihr Widerstand W_1 klein und der Voltmeterwiderstand gross ist.

---

[1]) Dr. Kallmann, Elektr. Zschr. 1893, S. 721.

7. Widerstandsregulirung für Speiseleitungen.

Die Regulirung dient nur zur Konstanthaltung dieser mittleren Netzspannung. Dafür, dass die Differenzen zwischen den einzelnen Knoten- oder Speisepunkten nicht zu gross werden, hat das Kabelnetz selbst zu sorgen. Die Regulirung kann den Ausgleich im Netze nicht vollständig besorgen. Wie die Aenderungen der Belastung die Stromdichte in den einzelnen Kabelsträngen und die Spannungen an den einzelnen Knotenpunkten beeinflussen, haben wir in unseren „Berechnungen elektrischer Leitungsnetze“ ausführlich klargelegt.

Die Regulirung der mittleren Spannung erfolgt im einfachsten Falle wieder durch Rheostate, die in die Speiseleitungen selbst eingeschaltet und dementsprechend stark dimensionirt sind. Ein Speiseleitungsrheostat ist bereits bei Besprechung der Schuckert'schen Fernspannungsregulirung (Fig. 211) erwähnt und dargestellt worden.

Die Formgebung dieser Rheostate kann ganz analog jenen für Nebenschlusskreise an Dynamos erfolgen; auch können die dort beschriebenen besonderen Anordnungen, sowohl die Emailrheostate, als die automatischen Regulirvorrichtungen, unter entsprechender Abänderung der Klemmen, Kontakte und Widerstände Verwendung finden. Bei Automaten wird man bei direkter Wirkung (Bláthy) das Solenoid bei Auslösung des Relais vom Speisepunkte und Rückleitungen abzweigen und die eigentlichen Widerstände vom Hauptstrom durchfliessen lassen. Im Allgemeinen ist es schwer, diese Feederrheostate richtig zu bemessen, weil die maximale und die minimale Stromstärke sich von vornherein kaum feststellen lassen. Die Rheostate werden meistens genügend stark sein, um den maximalen Strom zu vertragen. Aber ihre Regulirungsstufen werden ganz anderen Empfindlichkeitsstufen entsprechen, als ursprünglich angenommen worden war. Man sucht deshalb, und aus Gründen der Oekonomie, auf die wir später eingehen werden, die Verwendung dieser Rheostate in neuerer Zeit möglichst zu umgehen.

8. Regulirung durch Hilfsdynamos.

Will man den in den Hauptstromrheostaten auftretenden Energieverlust vermeiden, so muss man zur Regulirung statt der Widerstände elektromotorische Kräfte verwenden, welche in Serie zu der E.M.K. der Hauptquelle geschaltet werden. Nach F. Wilking[1]) stammt die erste Veröffentlichung hierüber von J. Perry. Bei dieser Anordnung durchfliesst der Hauptstrom der Speiseleitung hintereinander den Anker und

---

[1]) Elektr. Zschr. 1890, S. 41.

die Magnetbewickelung der Hilfsdynamo. Wird letztere mit konstanter Tourenzahl durch ein Vorgelege oder einen Elektromotor betrieben, so entwickelt sie eine der Stromstärke, also auch dem Spannungsverlust proportionale Zusatzspannung. W. Lahmeyer hat die Methode noch dadurch erweitert, dass er bei seiner Fernleitungsdynamo FD (Fig. 213) die Magnete mit gemischter Bewickelung versieht. Bei schwachem Ankerstrom überwiegt der Nebenschluss und die Dynamo vermag Arbeit

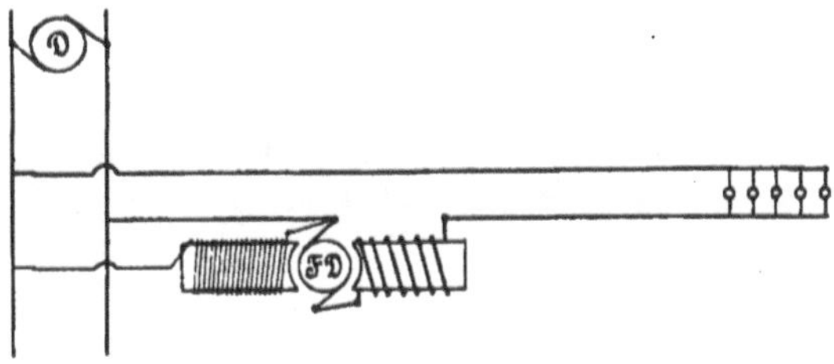

Fig. 213.

abzugeben, bei starkem Anker- und Speisestrome überwiegt der Hauptschluss und die Dynamo verbraucht Energie und erzeugt dafür Zusatzspannung.

In dieser Anwendungsform, zur Konstanthaltung der Spannung, hat die Zusatzdynamo nur verhältnissmässig geringe Anwendung gefunden. Dagegen wird sie vielfach verwendet, wenn während des Lichtbetriebes Akkumulatoren von einer Dynamo aus geladen werden sollen,

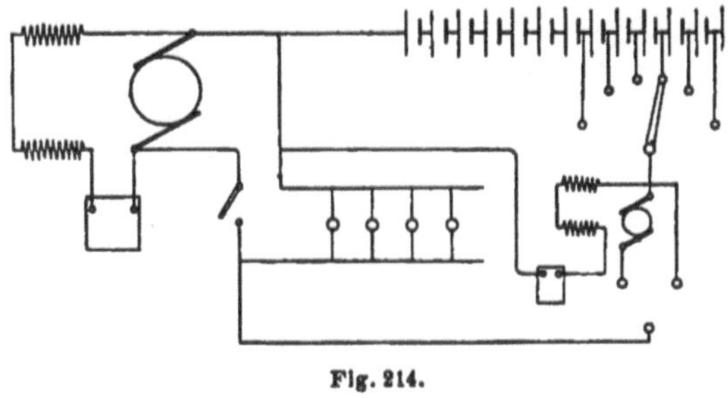

Fig. 214.

welche nur die für das regelrechte Brennen der Lampen erforderliche Spannung zu liefern vermag. Die Anordnung ist dabei ähnlich wie zuvor, nur dass statt einer Seriendynamo eine solche mit Nebenschlussbewickelung verwendet wird, welche meist von einem mit ihr gekuppelten Nebenschlussmotor mit konstanter Tourenzahl angetrieben wird. Die Schaltung unter Verwendung eines Einfachzellenschalters ist dabei in Fig. 214 dargestellt.

Wenn während der Ladung der Akkumulatoren auch Lampen brennen, so arbeitet die Hauptdynamo immer mit der normalen Spannung, und der für die Lampen erforderliche Strom fliesst ihnen direkt zu, ohne die am Zellenschalter liegenden Elemente zu durchströmen. Es können somit bei Verwendung einer Zusatzdynamo trotz einer relativ zur Leistung der Dynamo kleinen Batterie beliebig viele Lampen mitbrennen, ohne dass es nöthig wäre, die Zellenschalterelemente zu vergrösseren. Die Spannung der Zusatzdynamo ist so gross zu wählen, dass sie mit der Hauptmaschine zusammen pro Zelle etwa 2,7 Volt zu liefern vermag. Hat z. B. die Hauptdynamo 110 Volt, so sind 60 Zellen vorzusehen, und die Zusatzdynamo muss maximal 60 . 2,7 — 110 = 52 Volt liefern. Ihr normaler Strom soll etwa dem normalen Ladestrom der Batterie entsprechen.

9. Regulirung durch Zellenschalter.

Dieselbe beruht darauf, dass die mittlere Spannung an den Speisepunkten dadurch verändert wird, dass die Speiseleitungen mittelst eines besonderen Schalters von verschiedenen Zellen nahe dem Ende

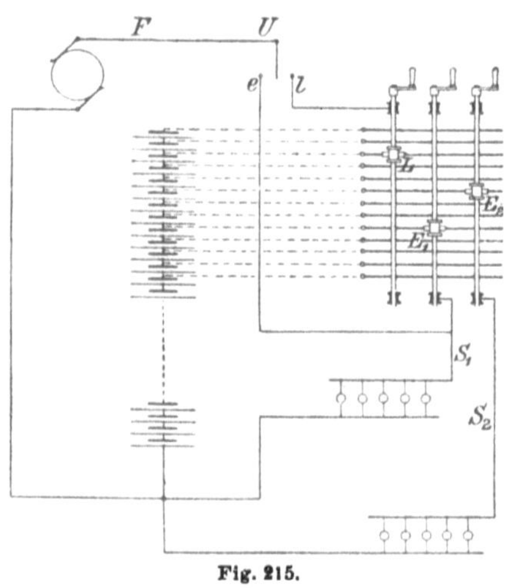

Fig. 215.

der Batterie abgezweigt werden. Um die Ausbildung dieser Zellenschalter für Centralstationen hat sich besonders Hermann Mueller verdient gemacht; seine Konstruktionen sind von der E.-A.-G. Schuckert bei allen ihren grossen Centralen angewendet werden.

Bei der älteren Anordnung (Fig. 215) besass der Zellenschalter einen Ladeschalter L und, für die zwei in der Figur dargestellten

Speiseleitungen S_1 S_2, zwei Entladeschalter E_1 E_2. Während des Tages stand der Umschalter U in der Stellung 1, so dass der verfügbare Strom der Dynamos zur Ladung der Zellen Verwendung finden konnte; Abends wurde der Umschalter U auf e gestellt, so dass der Ladeschalter L ausser Thätigkeit war. Durch entsprechende Vorschiebung der Kontakte der Entladeschalter E_1 E_2 konnte dann das Potential der Speiseleitungen S_1 S_2 um je $\pm n_2$ Volt etwa verändert werden.

Bei der neueren Anordnung ist ein Schalter dadurch gespart worden (Fig. 216), dass der Umschalter U in die Speiseleitung gelegt ist

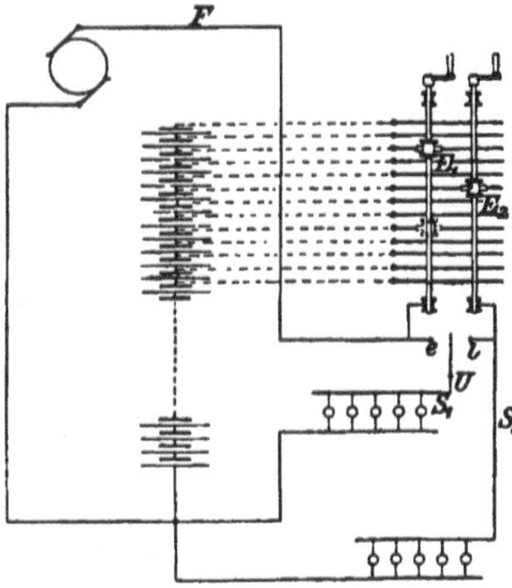

Fig. 216.

und dazu verwendet wird, den einen Schalter E_1 während des Tages zum Ladeschalter, Abends zum Entladeschalter zu machen. Bei schwacher Belastung steht nämlich U in der Stellung l; der Entladeschalter E_2 regulirt die mittlere Spannung S_1 und S_2, der Schalter E_1 dient in sogleich zu erläuternder Weise zum Laden der Batterie. Bei starker Belastung muss die Ladung sistirt und auch der zweite Schalter E_1 durch Umlegung von U auf die Stellung e zur Regulirung der jetzt getrennten Speiseleitungen (S_1) verwendet werden. Die Akkumulatoren befinden sich jetzt in der Entladung. Diese Schaltung ist zum ersten Male in Düsseldorf zur Anwendung gelangt.

10. Details der Zellenschalter.

Die Schaltung des Zellenschalters[1]) bei Ladung und Entladung ist in den Fig. 217 u. 218 für eine Batterie von 38 Zellen, entsprechend

[1]) H. Mueller, Elektr. Zschr. 1891 u. 1892.

einer Verbrauchsspannung von 65 Volt dargestellt. 14 Elemente sind in der angedeuteten Weise an die 14 Ladekontakte L_1 und die 14 Entladekontakte E_1 angeschlossen. Der Strom tritt von der + Klemme k durch den Ladekontakt LL_1 in die Batterie ein und verzweigt sich, sofern die erzeugte Energie grösser ist als die verbrauchte, beim Kontakte 10, indem ein Theil derselben zur Ladung der übrigen Zellen dient, während der Ueberschuss den Lampen zufliesst. Die beiden Zweigströme vereinigen sich bei S und fliessen nach K_1 zurück. Da nun bei der gezeichneten Stellung der Gesammtstrom die Zellen 2—10 durch-

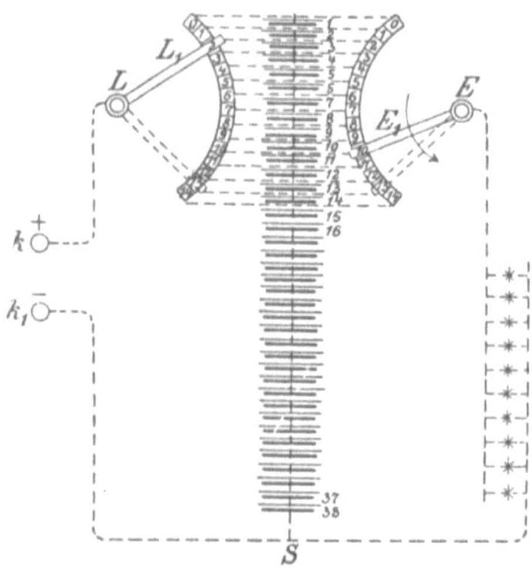

Fig. 217.

fliesst, werden dieselben vor den übrigen geladen sein. Hierzu ist jedoch erforderlich, dass die Zellenschalterzellen befähigt sind, den max., bei der gleichzeitigen Ladung und Entladung auftretenden Gesammtstrom aufzunehmen.

In dem Maasse, wie die Ladung fortschreitet, wird die Spannung der Endzellen steigen und werden die beiden Hebel am Zellenschalter verstellt werden müssen, bis sie schliesslich bei beendeter Ladung die in Fig. 217 punktirten Stellungen einnehmen. Der Entladehebel $E E_1$ wird nämlich mit fortschreitender Ladung auch im Sinne des Pfeils langsam verstellt werden müssen, damit die Lampenspannung konstant bleibt. Am Ende der Ladung sind noch 38—13 = 25 Zellen à 2,6 Volt eingeschaltet und Lade- und Entladehebel stehen auf demselben Kontakte (13).

Beginnt nun der Strombedarf die Stromlieferung seitens der Dynamo zu überwiegen, so sinkt die Spannung. Es ist deshalb erforderlich, die beiden Hebel im Sinne der Pfeile bei Fig. 218 zu bewegen. Diese Bewegung muss für beide Hebel gleichmässig erfolgen, solange die Maschine mitarbeitet. Nach Abstellung der Maschine ist LL, ausser Thätigkeit und die letztere Bedingung somit belanglos.

Bei der beschriebenen Anordnung sind die Ein- und Ausschalterkontakte getrennt gezeichnet worden. Praktisch werden sie vereinigt und mit zwei verschiebbaren Kontakten geradlinig angeordnet. Um beim Ab- und Zuschalten von Zellen weder Stromunterbrechung, noch Kurzschluss eintreten zu lassen, und um die Stränge beim Verschieben

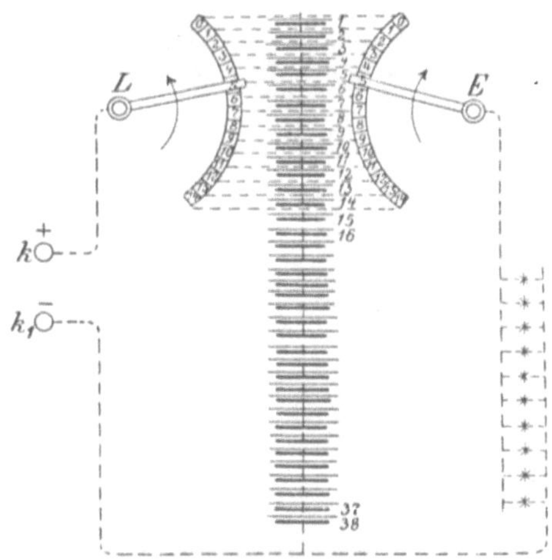

Fig. 218.

um einen Kontakt möglichst klein zu machen, geschieht die Ausführung des Apparates in folgender Form (Fig. 219).

Die Endzellen z_1 z_2 . . . . der Batterie sind in der angedeuteten Weise mit den Kontakten c_1 c_1, c_2 c_2, ... sowohl des Ladeschalters A, als des Entladeschalters B verbunden. Die Kontakte sind gegeneinander in der angedeuteten Weise versetzt und in abwechselnder Folge mit metallischen Zwischenstücken a_1 a_2 . . . . angeordnet, welche zu Schienen S_1 S_2 vereinigt sind. Es entstehen so zwei ebene Gleitbahnen C_1 und C_2 für die beiden Gleitstücke b_1 und b_2, welche auf dem Schlitten T isolirt angeordnet und mit ihm durch die Spindel f und das Handrad h bewegt werden. Zwischen den Schienen S_1 S_2, auf denen die Enden der Gleitstücke b_1 b_2 dauernd schleifen, ist ein Widerstand w angeordnet, durch welchen der Entladestrom in den Zwischenstellungen des Schlittens T fliessen muss. Hierdurch werden die Abstufungen, die normal etwa 2 Volt betragen, verkleinert. Da w veränderlich eingerichtet ist, können die Abstufungen auf 1 Volt reducirt werden. Bei der gezeichneten

Stellung von T läuft der Strom von z_6 über den Zellenkontakt zum Schleifstück b_1 und über die Schiene S_1, die Leitung l und den eingeschalteten Theil des Widerstandes w zur Schiene S_2 und durch das Ampèremeter zu den Lampen. In der folgenden Stellung x y fliesst der Strom über c_6 und b_2 direkt nach S_2 und den Lampen, ohne w zu pas-

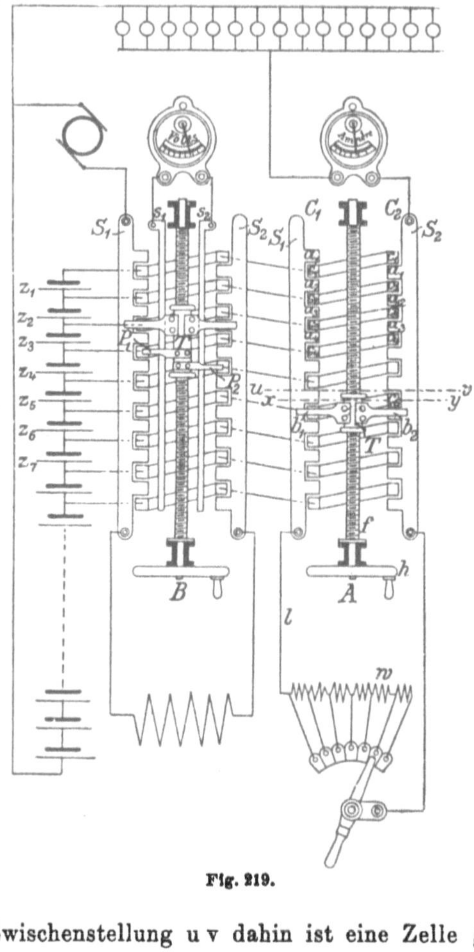

Fig. 219.

siren; in der Zwischenstellung u v dahin ist eine Zelle gerade durch w allein geschlossen.

Der Ladeschalter A dient dazu, die nur wenig beanspruchten und deshalb nur wenig Ladung erfordernden Endzellen bei fortschreitender Ladung auszuschalten. Fig. 219 zeigt nun ausser den bereits beschriebenen Vorrichtungen noch zwei Hilfsschienen s_1 s_2 und zwei isolirte Schleifbürsten P_1 P_2, mittelst deren an einem Voltmeter die Spannung der zuletzt noch eingeschalteten Zellen und somit das Ende der Ladung bestimmt werden kann.

Um die Funken, welche beim Aus- und Einschalten einzelner Zellen stets auftreten, unschädlich zu machen, hat H. Mueller eine besondere in Fig. 220 dargestellte Funkenentziehvorrichtung angewendet; dieselbe besteht aus einem doppelten Kontakthebel, dessen zwei Theile von einander isolirt, aber mechanisch mit einander und dem Schlitten derart verbunden sind, dass der Doppelhebel sich bei einer Verschie-

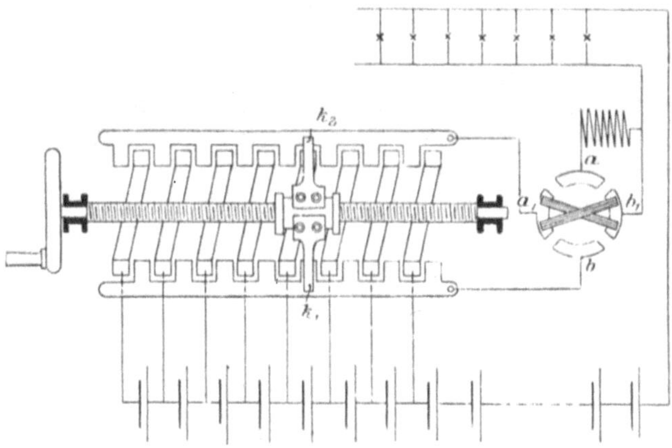

Fig. 220.

bung des Schlittens um eine Zelle um 180 Grad dreht. Es ist leicht ersichtlich, dass die Funken an den bequem auswechselbaren Kontaktstücken $a\ a_1$, $b\ b_1$ auftreten werden.

Wir haben diesen Zellenschalter eingehender beschrieben, weil er bei vielen grossen Centralen Anwendung gefunden hat und weil er alle zu beobachtenden Punkte zu besprechen gestattet. Es sind jedoch noch eine Reihe anderer guter Konstruktionen in gerader oder runder Form auf dem Markte, von deren Beschreibung wir hier des Raumes halber Abstand nehmen.

11. Wechselstromregulirungen.

Die Regulirung von Wechselstromnetzen auf konstante Spannung kann natürlich in der beschriebenen Weise wie bei Gleichstrom durch Selbstregulirung und durch Widerstände erfolgen. Diese beiden Punkte sind auch bereits an den entsprechenden Stellen erwähnt worden. Bei der Ausführung der Wechselstromnetze sind jedoch gewisse Verschiedenheiten gegenüber dem Gleichstrom zu bemerken. Während einzelne amerikanische Firmen nur einzelne Hauptstränge von der Centrale aus verlegen, die nicht zusammengehängt sind, verwenden die europäischen Firmen entweder zusammenhängende Netze mit wenigen Speiseleitungen und wenigen Speisepunkten, oder sie übertragen die Gleichstrompraxis, die vielen Speisepunkte und die Federregulirung, einfach auf die Ausbildung von Wechselstromnetzen. Dies ist nur mit Vorbehalt möglich, weil dadurch gerade ein Vortheil des Wechselstromes, die Uebersichtlichkeit der Anordnung und die Leichtigkeit der Regulirung, verloren gehen. Es empfiehlt sich deshalb bei Wechselstrom die Beschränkung auf eine geringe Zahl von Speisepunkten bei einem fast vollkommen zusammenhängenden Netze. Dadurch werden die Stromschwankungen, welche bei Abschaltung einzelner Konsumwerthe auftreten, und der ihnen entsprechende Regulirungszwang bedeutend verringert.

An die Stelle der für Gleichstrom verwendbaren Regulirung durch E.M.K. von Zellen, Ferndynamos oder Reglerdynamos tritt bei Wechselstrom die Regulirung durch die reaktive Kraft von Drosselspulen oder Transformatoren. Auch sie bietet wie die Regulirung durch Gegen-E.M.K. bei Gleichstrom den Vortheil geringeren Energieverlustes gegenüber der reinen Widerstandsregulirung.

12. Die Drosselspule.

Fügt man in einen Wechselstromkreis einen mit der Induktanz L Henry behafteten Widerstand R Ohm ein, so setzt derselbe, wie bereits im vorigen Kapitel erwähnt, dem Durchgange des Wechselstroms J Ampère eine Impedanz oder einen verzögernden Widerstand W entgegen, dessen Grösse $W = \sqrt{R^2 + L^2 \omega^2}$. ω^2 bedeutet hierin $2\pi \sim$; $\sim$ ist die Zahl der sekundlichen Perioden. Die beiden Komponenten der Impedanz W wirken nicht in gleicher Weise; der Widerstand R verzehrt unter der Wirkung des Stromes J den Effekt $J^2 R$; die Reaktanz $(L\omega)$ setzt dem Durchgange des Stromes zwar eine Gegenwirkung entgegen, verzehrt aber keinen Effekt, sondern verursacht nur ein Zurückbleiben des Stromes hinter der E.M.K. Wenn man also hinter den Widerstand R_1 einer Speiseleitung eine Drosselspule mit dem Widerstand R_2 und der Induktanz L_2 schaltet[1]) (Fig. 221 a u. b), so wird der Spannungsverlust $R_2 J_2$ sich zu $R_1 J_1$ addiren; der induktive Spannungsverlust $J L_2 \omega$ aber wird nicht gleichphasig hiermit, sondern im Sinne der Verzögerung um 90 Grad dagegen verschoben sein. Es stellen also im Diagramme $\overline{BC} = R_2 J$ den Spannungsverlust im Widerstand der Drosselspule, $\overline{AB} = E_2$ jenen in der ganzen Drosselspule dar. Dieser Verlust E_2 ist gegen den Spannungsabfall $E_1 = R_1 J_1$ in der Speiseleitung um $180 - \theta_2$ verschoben und setzt

[1]) Bedell & Crehore, Die elektr. Wechselströme. Deutsch von A. H. Bucherer.

sich mit ihm zu dem gesammten Spannungsverlust $E = \overline{AO}$ zusammen, der gegen den in der Richtung $\overline{OC}$ liegenden Strom um θ verschoben ist. Das Diagramm ist für die Maximalwerthe der einzelnen Grössen gezeichnet, gilt aber auch für die effektiven Mittelwerthe.

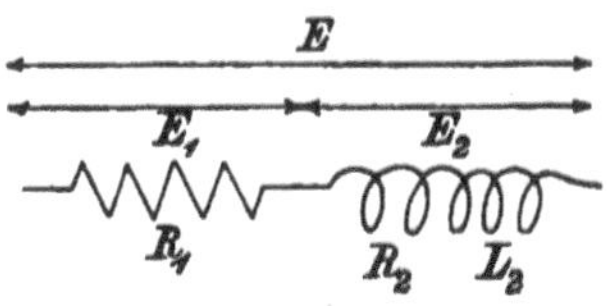

Fig. 221 a.

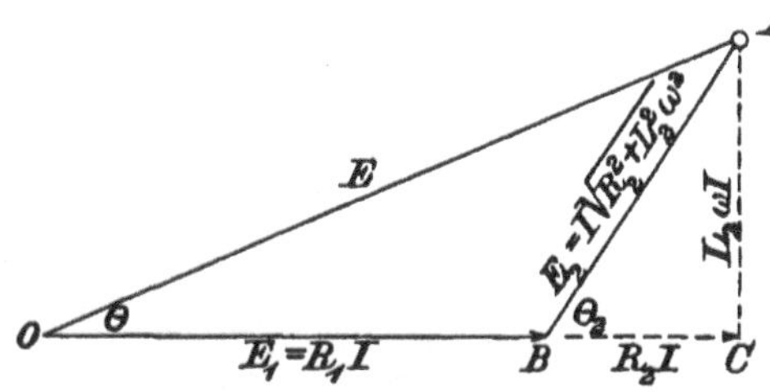

Fig. 221 b.

Die vernichtete Spannung ist

$$E = J\sqrt{(R_1 + R_2)^2 + L^2\omega^2} = J \cdot W;$$

die verzehrte Energie ist

$$E \cdot J \cos \Theta = J^2(R_1 + R_2).$$

Bei Verwendung induktionsfreier Widerstände hätte die Vernichtung derselben Spannung E einen Energieaufwand $J^2 \cdot W$ erfordert; er wäre also im Verhältniss der Impedanz zum (Ohm'schen) Widerstand, d. h um $\frac{1}{\cos\Theta}$ grösser gewesen.

Die Methode ist gut verwendbar, so lange θ nicht zu gross wird; in diesem Falle würde nämlich der starke wattlose Strom (welcher der drosselnden E.M.K. $\overline{AC}$ entspricht) die Maschinen und Leitungen stark belasten.

13. **Spannungserhöher** (Booster).

Wenn von den Sammelschienen C der Centrale[1]) (Fig. 222) die Speiseleitung S mit hohem Verluste zu den Transformatoren der Unterstation T führt, von welcher das sekundäre Vertheilungsnetz V abzweigt, so kann zur Konstanthaltung der Spannung am Speisepunkte T ein Hilfstransformator B aufgestellt werden, welcher primär parallel von den Sammelschienen abzweigt, sekundär in Serie zur Hauptleitung S geschaltet ist. Der Zusatztransformator B wird also dauernd magnetisirt und seine sekundäre Wickelung ist regulirbar eingerichtet und gerade so bemessen, dass er den grössten Spannungsverlust in der Einstellung des Hebels s auszugleichen vermag. Für den Schalthebel gelten die-

[1]) G. Kapp, Transformatoren, S. 158.

selben Gesichtspunkte, welche bei Besprechung der Zellenschalter entwickelt wurden. Diese Art der Regulirung wurde gleichzeitig und unabhängig von Kapp, Stillwell und Bláthy erfunden. Fig. 222 zeigt das Schema der Kapp'schen Anordnung, Fig. 223 dasjenige der Anordnung

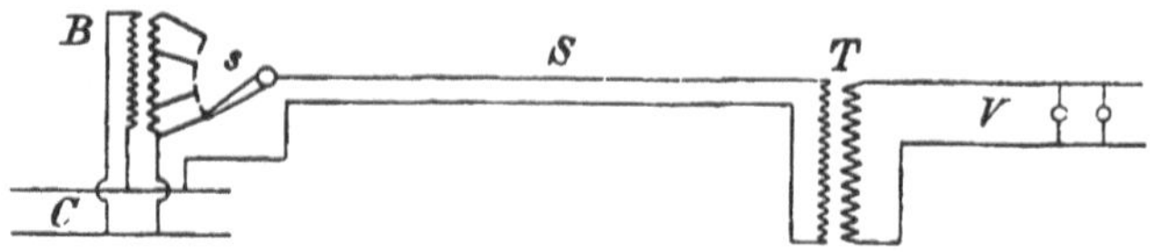

Fig. 222.

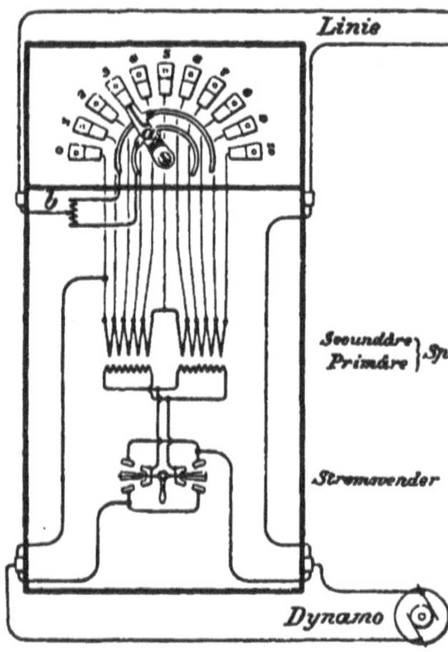

Fig. 223.

von Stillwell. Man erkennt aus letzterer die Anordnung des Schalthebels mit der zur Verhütung der Kurzschlüsse dienenden Spule b und den im Primärkreise des Spannungserhöhers angeordneten Stromwender, welcher dazu dient, die Spannung zu erhöhen oder zu erniedrigen.

14. Messung der Spannung am Vertheilungspunkte.

Hierfür sind verschiedene Methoden zuerst 1886 von Bláthy, dann 1888 und 1889 von Kapp und Stillwell vorgeschlagen worden.

Die Anordnung von Kapp und Stillwell ist analog der von Hopkinson vorgeschlagenen und von Schuckert für Gleichstrom verwendeten.

Die Primärwindungen des als Kompensator (Fig. 224) bezeichneten Hilfstransformators werden vom Hauptstrom durchflossen, die sekundären beeinflussen eine Hilfsspule des Voltmeters, deren Wirkung proportional dem Hauptstrom und entgegengesetzt dem Spannungssolenoide des Voltmeters gerichtet ist. Damit bei steigender Stromstärke der Zeiger des Voltmeters auf diese Marke einspielen kann, muss die Zugkraft des Voltmetersolenoids durch Verstellung des Regulators vermehrt werden. Der Kompensator regulirt also nicht direkt die Maschinenspannung, sondern gestattet nur die Messung der am Ende der Speiseleitung vorhandenen Spannung und veranlasst somit, dass die Maschinenspannung nach den Ablesungen des Ampèremeters proportional der Belastung verändert werden

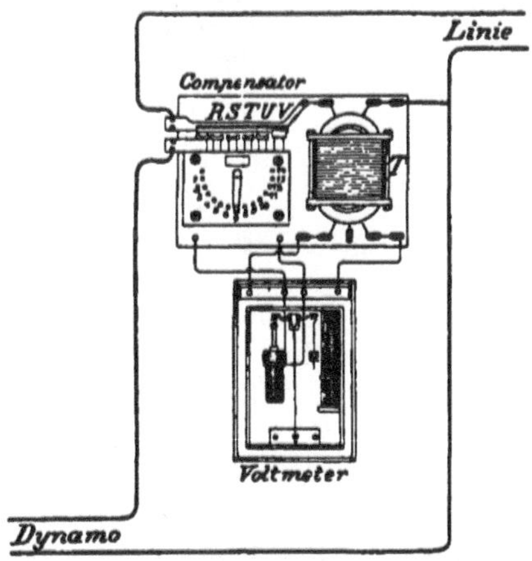

Fig. 224.

kann. Zu diesem Zwecke sind die primären Spulen von T durch Stöpselung bei RST . . ., die sekundären Spulen durch Verschiebung auf den Kontakten 1, 2, 3 . . . nach der Stromstärke und dem Leitungsverluste einstellbar gemacht.

Die Ganz'sche Anordnung, der sogenannte Egalisator, ist in Fig. 225 in Verbindung mit dem die Erregung der Maschine beeinflussenden automatischen Rheostaten dargestellt. Man erkennt, dass auch hier derselbe Gedanke in sinnreicher Form verkörpert ist. Die primäre Spule des Egalisators E wird vom Hauptstrom durchflossen. Die sekundäre Spule ist auf einen Widerstandsrahmen R_1 geschlossen; dieser Egalisirwiderstand wird vom Strome des Egalisators und von jenem des zur Spannungserniedrigung dienenden Reduktors T im gleichen Sinne durchflossen; es wird also mit steigender Belastung im Egalisirwiderstande bei passender Wahl der einzelnen Grössen ebenderselbe Verlust auftreten, welcher in der Speiseleitung durch den Strom verursacht wird. Das an die rechte Klemme des Reduktors und die linke des Egalisirwiderstandes angeschlossene Voltmeter wird also die Spannung am Ende

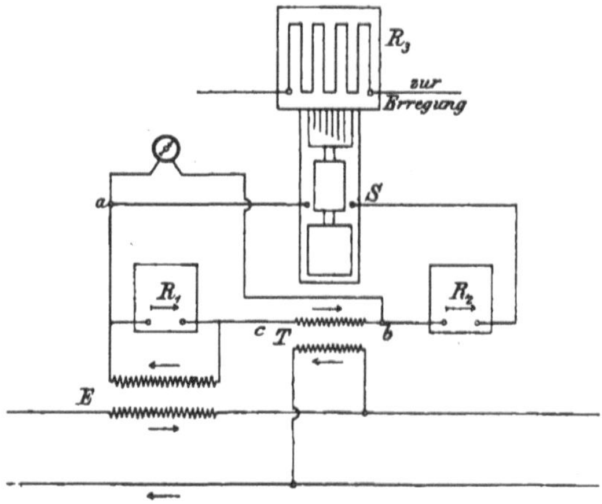

Fig. 225.

der Speiseleitung anzeigen und der automatische Rheostat, dessen Spule S (in Serie mit einem entsprechenden Zusatzwiderstand R_2) parallel zum Voltmeter abgezweigt ist, wird somit die Erregung der Wechselstromdynamos entsprechend der Belastung selbstthätig verändern.

III. Regulirung der Lichtquellen.

Wenn die Spannung an den Maschinen oder an den Vertheilungspunkten genügend regulirt wird, ist eine besondere Nachregulirung der Lichtquellen auf konstante Spannung nicht nöthig. Die Gründe hierfür sind aus den im ersten Kapitel erörterten Gesichtspunkten ohne Weiteres verständlich.

Nur bei Bogenlampen, welche einzeln oder in kleinen Serien von einem Netze abgezweigt sind, sind Vorschaltwiderstände nöthig, um die bei diesen mechanisch gesteuerten Theilen unvermeidlichen kleinen Schwankungen der Stromstärke und Klemmenspannung nicht unangenehm bemerkbar zu machen.

Diese Vorschaltwiderstände, die eigentlich auch zu den Hilfsapparaten gerechnet werden müssen, werden in sehr verschiedener Weise gebaut. Sie sind nur wenig regulirbar, vielmehr für dauernde Einschaltung bestimmt. Fig. 226 zeigt eine auf einen Porzellan- oder Schiefercylinder gewickelte Drahtspirale mit einem zur Ausschaltung und groben

Regulirung dienenden Hebel. Fig. 227 zeigt eine andere Anordnung, bei der der Draht über Porzellanrollen gewickelt ist; bei einer anderen Form wird der Draht in Rillen eines Porzellan- oder Schiefercylinders gewickelt. Die Einstellung erfolgt hier durch Verschiebung eines auf den Drahtwindungen nach Lösung einer Klemmschraube verschiebbaren Kontaktes.

Die Drahtabmessungen müssen so gewählt sein, dass der normale Strom und der beim Einschalten der Bogenlampen während einiger Zeit besonders starke Strom ihn nicht bis zur Rothglut erhitzen. Dieselben sind mit einer perforirten Blechumkleidung oder sonstigen feuersicheren Schutzhülle zu versehen und derart

Fig. 226.

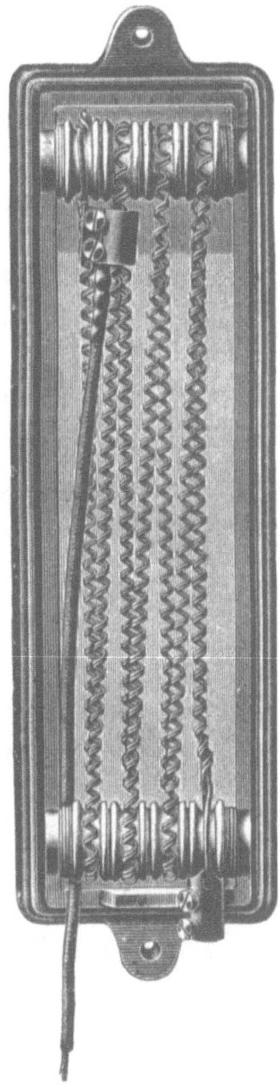

Fig. 227.

anzuordnen, dass eine Berührung zwischen den wärmeentwickelnden Theilen und entzündlichen Materialien nicht vorkommen kann, und dass die von den erhitzten Drähten aufsteigende Luftströmung nicht unmittelbar an brennbare Stoffe gelangen kann. Sie müssen ausserdem auf feuersicherem, gut isolirendem Material montirt sein und dürfen an Wänden nur freistehend auf feuersicherer Unterlage angebracht werden. In Räumen, wo betriebsmässig Staub, Fasern oder explosible Stoffe vorhanden sind, dürfen sie überhaupt nicht angewendet werden.

Sollen zwei in Serie geschaltete, je 45 Volt bei 10 Ampère verbrauchende Lampen von einem 110 voltigen Stromkreise abgezweigt werden, so ist ein Vorschaltwiderstand erforderlich, welcher 20 Volt und 10 Ampère verzehrt, ohne dabei bis zur Rothglut erhitzt zu werden. Sein Widerstand (in warmem Zustande) muss also $\frac{20}{10} = 2$ Ohm betragen. Diese Lösung ist für G.S und W.S. anwendbar. Im letzteren Falle, wo die Lampen nur etwa 29 Volt Klemmenspannung besitzen, könnte man jedoch statt eines Vorschaltwiderstandes von 5,2 Ohm entweder eine dritte Lampe und einen Widerstand von 1,3 Ohm, oder eine Drosselspule verwenden, deren Impedanz 5,2 Ohm bezw. 1,3 Ohm entspricht.

Der Widerstand von 5,2 Ohm würde 520 Watt verzehren, die entsprechende Drosselspule dagegen etwa 100 Watt verbrauchen, so dass in dieser Beziehung dieselbe entschieden den Vorzug verdient.

Dagegen zeigt sich bei Verwendung zahlreicher Drosselspulen in einem Netze ein so starker wattloser Strom, dass verschiedene Elektricitätswerke wegen der unangenehmen, weil unbezahlten Belastung ihrer Kabelnetze und Maschinen die Anwendung von Drosselspulen überhaupt untersagt haben. Dies ist gewiss zu weit gegangen.

Die A.-E.-G. Helios verwendet seit Jahren besondere kleine Transformatoren zur Reduktion der Netzspannung (110 Volt) auf die Lampenspannung (circa 30—33 Volt). Diese Transformatoren gestatten bei etwas höheren Anlagekosten eine völlig von den übrigen Theilen getrennte und deshalb leicht zu isolirende Bogenlampenleitung, was bei ausgedehntem unterirdischem Sekundärnetz von Werth ist. Der Transformator wird zweckmässig so eingerichtet, dass er primär ausgeschaltet werden kann.

B. Regulirung auf zeitweise veränderte Spannung.

Hierhin gehören streng genommen alle jene Methoden, welche dazu dienen, trotz variabler Belastung die Spannung an den Vertheilungspunkten konstant zu halten. Die Spannung am Anfang der Speiseleitungen, also in der Centrale, wird mit der Belastung zeitweise veränderlich sein. Ebenso gehören hierher die Methoden, welche dazu dienen, bestimmte Signal- oder Beleuchtungsvorrichtungen zu einer bestimmten Zeit durch Aenderung der sonst konstanten Spannung auszulösen. Ein Beispiel hierfür bieten die von Hefner-Alteneck'schen Uhren, welche an das Netz der Berliner Elektricitätswerke angeschlossen sind und durch eine sinnreiche Vorrichtung jeden Morgen zu einer genau bestimmten Zeit regulirt werden. Ein weiteres Beispiel hierfür würden ähnliche durch plötzliche Veränderung der Spannung bethätigte Relais oder sonstige Vorrichtungen bieten, welche dazu dienen könnten, einen Theil der Strassenbeleuchtung nach Mitternacht von der Centrale aus zu löschen. Solche Vorschläge sind mehrfach gemacht, aber unseres

Wissens kaum in grösserem Maassstabe durchgeführt worden. Die Schwierigkeiten liegen darin, dass durch derartige Spannungsveränderungen auch jene noch brennenden Lampen und Konsumapparate beeinflusst würden, deren Beeinflussung nicht beabsichtigt ist.

Dagegen tritt in kleineren Beleuchtungsanlagen häufig die Forderung auf, tagsüber ohne besondere Zusatzdynamo die Akkumulatoren zu laden. In diesem Falle muss die Dynamo in der Spannung, welche normal etwa 1,8 Volt pro Zelle entspricht, erhöht werden können auf etwa maximal 2,7 Volt, normal 2,35 Volt pro Zelle. Eine Maschine, welche z. B. 110 Volt liefern kann und zu der mittelst eines Zellenschalters eine Batterie von 62 Elementen parallel geschaltet ist, muss also für die ersten Ladungen dieser Batterie auf etwa 160 Volt und dann für alle folgenden Ladungen auf 145 Volt gesteigert werden können, ohne im Nebenschluss oder Ankereisen zu heiss zu werden, und ohne bei normaler Belastung zu funken. Dazu kommt noch, dass aus praktischen Gründen die Erhöhung der Tourenzahl während der Ladung meistens unmöglich und stets unerwünscht ist. Es ist dies eine Aufgabe, die zwar heute von allen Dynamofabrikanten gelöst wird, die aber weder eine gute, noch eine billig herstellbare Maschine liefert. Man sollte deshalb, wo es die höheren Anlagekosten irgendwie ermöglichen, stets Zusatzmaschinen anwenden, oder die Batterie mittelst sogenannter Reihenschalter für die Ladung in zwei parallele Gruppen, für die Entladung in Serie schalten. Diese Art der Ladung war früher sehr beliebt, während sie heute mit Recht kaum mehr verwendet wird; sie liefert für kleine Batterien ohne Zellenschalter zwar gute Resultate, ist aber komplicirt, weil streng darauf geachtet werden muss, dass beide parallelen Hälften gleichen Strom erhalten. Zu diesem Zwecke müsste man jeder Hälfte einen absolut kleinen, relativ zum Widerstande der Batterie aber grossen Drahtwiderstand (etwa 1 Ohm) vorschalten und denselben nach einem Ampèremeter abgleichen.

C. Regulirung auf konstanten Strom.

Bei dieser Art der Regulirung ist naturgemäss eine eigentliche Regulirung des Netzes ausgeschlossen. Einmal nehmen die Netze nur die Form langer Linienzüge an; dann aber kann bei konstantem Strome ohne Hilfsvorrichtungen an den Stromaufnehmern von bedeutender Löschbarkeit nicht die Rede sein. Damit fällt auch das Bedürfniss nach einer Netzregulirung im strengen Sinne fort.

Dagegen treten jetzt als wichtigste Faktoren die automatische Ersetzung defekter oder ausgeschalteter Lichtquellen und die entsprechende

Nachregulirung der Stromquellen in den Vordergrund. Beide zusammen vermögen dann mittelbar ein Seriensystem mit beschränkter Löschbarkeit und somit eine Nachregulirung in übertragenem Sinne zu ergeben.

I. Regulirung der Stromquellen.

Die Regulirung der Stromquellen auf konstanten Strom muss den Zweck haben, bei variabler Belastung den Strom in der Armatur konstant zu halten und den Feldmagnetstrom so zu verändern, dass die vorhandene Spannung der erforderlichen entspricht.

Dies könnte nach den Angaben des Ampèremeters nothdürftig unter Verwendung einer Gleichstromseriendynamo geschehen, indem man parallel zu den Magneten einen Rheostat abzweigt, dessen Widerstand man mit wachsender Belastung vergrössert.

15. Automatische Widerstandsregulirung.

Ein ähnliches Verfahren ist von der Brush Electric Co. wie folgt ausgebildet worden.

Es wird die Eigenschaft der Kohle benutzt, bei schwachem Drucke dem Stromdurchgange grösseren Widerstand entgegenzusetzen als bei

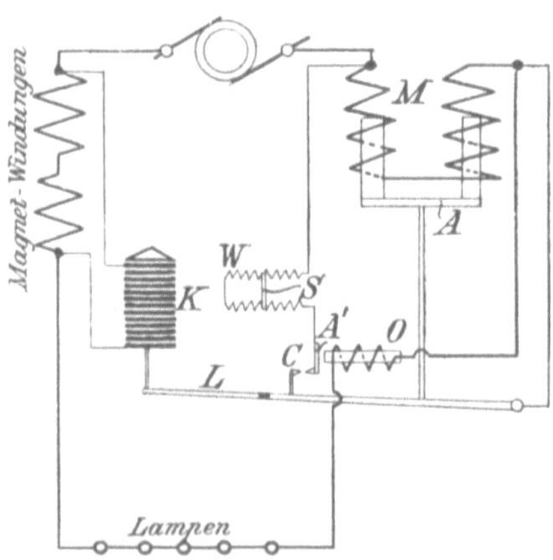

Fig. 228.

stärkerem Drucke. Die Veränderung des Druckes der Kohlenplatten K wird durch einen Elektromagnet M (Fig. 228) mittelst eines Hebels L bewirkt und wächst mit der Stärke des die Windungen des Elektromagneten umfliessenden Hauptstromes. Der veränderliche Kohlenwiderstand K ist parallel zu den Windungen der Magnete geschaltet.

Wächst durch Ausschaltung von Lampen der Strom, so ziehen die Elektromagnete O und M ihre Anker A^1 und A an. Durch die Anziehung von A^1 wird der Kontakt C geöffnet und der Nebenschluss W zum Elektromagneten M unterbrochen. Es wird also durch Verwendung der Hilfsmagnete O die Wirkung von M und die Zusammenpressung von K verstärkt; der Kohlenwiderstand nimmt mehr Strom auf und die Feldmagnete so viel weniger, dass der Hauptstrom wieder normalen Werth erreicht. Der Widerstand W besitzt Schleifkontakt S und erhöht mit O zusammen die Empfindlichkeit und Schnelligkeit der Einstellung.

16. Automatische Bürstenverstellung.

Dieselbe hat durch die Thomson Houston Co. vielfach Anwendung gefunden. Die Maschine dieser Firma (Fig. 229) besitzt eine nach Sternschaltung ausgeführte eigenthümliche Ringarmatur mit nur drei

Fig. 229.

Kollektorsegmenten, welche in Fig. 230 schematisch angedeutet sind. Auf diesem Kollektor schleifen zwei Haupt- und zwei Hülfsbürsten. Der Regulator beeinflusst nun die Stellung dieser Bürsten derart, dass er zur Erzielung höherer Spannung die Dauer der maximalen E.M.K. einer Spule verlängert und die Dauer minimaler E.M.K. zweier parallel geschalteten Spulen verkürzt. Steigt die Stromstärke im äusseren Kreise, so wird der Anker des Kontrollmagnets f stärker angezogen und der Kontakt bei g unterbrochen. Der Strom durchfliesst also den Regulirelektromagneten a und dieser verschiebt unter Vermittelung von Zwischenhebeln c und d beim Anziehen des Ankers b den Hülfsbürstenhalter rückwärts, während die Hauptbürstenhalter unter Vermittelung anderer Zwischenhebel vorwärtsgleiten. Dabei bewegen sich die Hülfsbürsten etwas schneller als die Hauptbürsten, so dass letztere stets auf möglichst geringe Funkenbildung eingestellt bleiben. Um die Verbrennung des

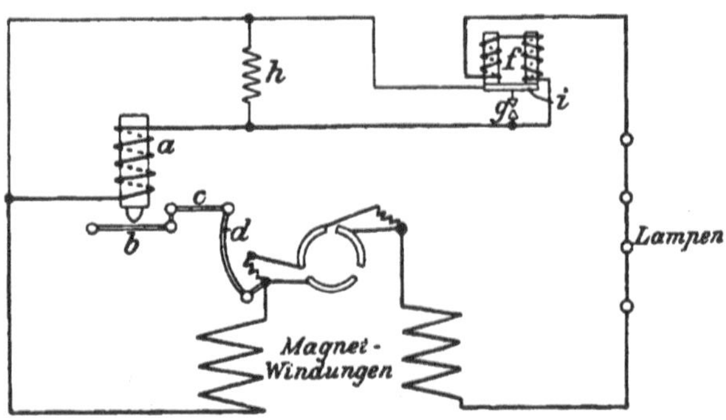

Fig. 230.

Kontaktes g zu verhüten, ist parallel zu ihm ein Kohlenwiderstand h als Funkenentzieher angeordnet. Ein Luftkissen c dient zur Dämpfung der Bewegungen.

Die Regulirung geschieht durchaus automatisch, sehr empfindlich und ohne Zuhilfenahme von Widerständen. Die Thomson Houston-Dynamos haben in Amerika und im Süden Europas vielfach für Serienbogenlampen bis zu 3000 Volt Verwendung gefunden. In Deutschland sind sie wegen der unleugbaren Gefahren, welche die Bedienung dieser Lampen mit sich bringen kann, nicht beliebt.

17. Dynamo mit Selbstdrosselung.

Die Westinghouse Co. hat eine Wechselstrommaschine[1]) mit besonders hoher Armaturrückwirkung konstruirt, deren Selbstregulirung nach Geo Mayer[1]) so vollkommen sein soll, dass beim gleichzeitigen Ausschalten aller Lampen bis auf eine, diese letzte Lampe noch nahezu die normale Stromstärke erhält. Steinmetz giebt an, dass bei Aende-

[1]) Elektr. Zschr. 1890, S. 257 u. Elektr. Zschr. 1893, S. 626.

rungen des Widerstandes von etwa 300 Ohm (entsprechend etwa 100 Lampen à 10 Amp.) auf 100 Ohm (etwa 30 Lampen à 10 Amp.) der Strom ohne Nachregulirung nur um 2 % stieg, während die Spannung von 3000 auf 1000 Volt fiel.

II. Regulirung der Lichtquellen.

Beim Seriensystem mit beschränkter Löschbarkeit muss jeder Empfänger eine selbstthätige Kurzschluss- oder Nebenschlussvorrichtung erhalten. Auch hier ist Regulirung durch Widerstände, Drosselspulen und Transformatoren möglich.

18. Widerstandsregulirung.

Bei Bogenlampen besteht dieselbe aus einem kleinen Elektromagneten, dessen Windungen vom Hauptstrom durchflossen werden, und welcher mittelst entsprechender Kontaktvorrichtungen einen Ersatzwiderstand automatisch einschaltet, sobald der Strom zwischen den Kohlenspitzen durch Abbrand, Betriebsstörung oder freiwillige Löschung unterbrochen wird. Die Zahl dieser Ausführungsformen ist sehr gross.

Bei Glühlampen sind verschiedene sinnreiche Vorrichtungen ersonnen worden, über welche Wilking[1]) 1890 berichtet hat. Die bekannteste derselben ist die von Bernstein angegebene, bei welcher beim Zerbrechen eines Kohlenfadens die Berührung der bis dahin durch den stabförmigen Faden gebrannt gehaltenen, federnden Elektroden selbstthätig erfolgt. Siemens & Halske haben einen Elektromagneten im Nebenschluss zur Lampe verwendet, welcher bei gutem Faden nur schwachen Strom aufnimmt, bei schadhaftem Faden aber stark magnetisirt wird und Kurzschluss herstellt.

Die Widerstandsregulirung hat bei Serienbogenlampen vielfache Anwendung gefunden; bei Glühlampen hat sie die Einbürgerung des Seriensystems verhindert, weil die Komplikation und die geringe Zuverlässigkeit der mechanisch bewegten Theile zu sehr gegenüber der Einfachheit der Regulirung bei reiner Parallelschaltung abstach.

19. Regulirung durch Drosselspulen bei Wechselstrom.

Denkt man sich zu einer Lampe vom Widerstande R eine (praktisch fast) widerstandslose Drosselspule mit der Induktanz L parallel geschaltet, so wird der Gesammtstrom J aus zwei zu einander recht-

---

[1]) Elektr. Zschr. 1890, S. 8.

winkeligen Komponenten bestehen, von denen die eine i_m wattlos ist, während die zweite i_l dem Verbrauche der Lampe entspricht (Fig. 231) Es ist also

$$J = \sqrt{i_m^2 + i_l^2}$$

und

$$e = i_l R = L \omega i_m,$$

wo

$$\omega = 2 \pi \sim.$$

Reisst nun der Faden der Lampe, oder erlischt der Bogen, dessen Widerstand durch R repräsentirt ist, so strömt der ganze konstant ge-

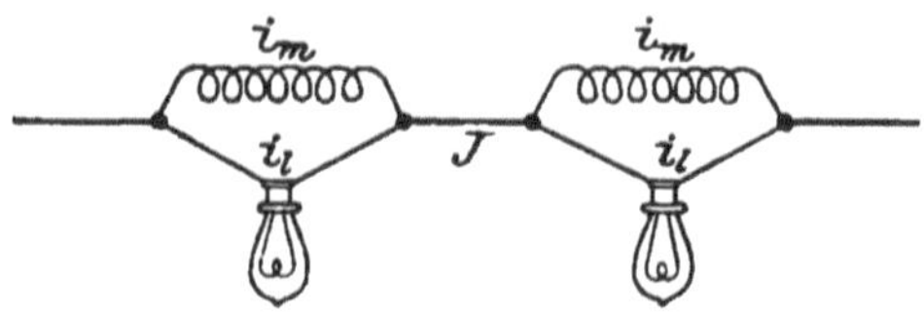

Fig. 231.

haltene Strom J durch die Drosselspule. Die Theorie zeigt nun, dass bei konstanter Induktanz L die zur Durchführung des Stromes J erforderliche Klemmenspannung

$$e' = L \omega J,$$

also

$$e' = L \omega J = e \cdot \frac{J}{i_m}$$

unter Umständen viel grösser sein müsste, als die normale Klemmenspannung E. Glücklicher Weise giebt es aber in der Praxis keine konstanten Selbstinduktionskoefficienten. Es lässt sich vielmehr, wie die von Helios ausgeführte Beleuchtung des Kaiser-Wilhelmkanals beweist, bei sorgfältiger Dimensionirung der Drosselspulen erreichen, dass in einem viele Lampen enthaltenden Kreise bis zu $^1/_3$ derselben ohne Nachregulirung der Spannung und ohne praktisch merkbare Veränderung des Stromes gelöscht werden können. Am Kanal brennen ca. 250 Lampen à 25 Volt in Serie.

Die Lösung ist in gleicher Weise auch anwendbar z. B. auf den Betrieb von sieben in Serie geschalteten Wechselstrombogenlampen von 220 Volt aus. Von diesen Lampen können zwei bis drei ohne beträchtliche Aenderung des Stromes gelöscht werden[1]).

---

[1]) Die Theorie ist graphisch behandelt worden von A. Rothert, Elektr. Zschr. 1896, S. 142.

20. Regulirung durch Transformatoren.

Die Westinghouse Co. hat seit längerer Zeit Serientransformatoren verwendet, deren Primärspulen hintereinander geschaltet sind, während die Sekundärspulen einzeln Glühlampen speisen. Das System ist einfach und kann bei sorgfältiger Dimensionirung der Transformatoren gute Resultate ergeben. Man muss jedoch, wenn man gewöhnliche Lichttransformatoren verwenden will, dafür Sorge tragen, dass bei konstantem Primärstrom die Klemmenspannung bei offener Sekundärspule nicht zu hoch ansteigt und damit der Transformator sich zu stark erwärmt. Dies kann geschehen entweder durch eine Drosselspule, die parallel zur Lampe von der Sekundärspule der Transformatoren abgezweigt ist, oder durch ein Glimmerplättchen, das von der bei offenem

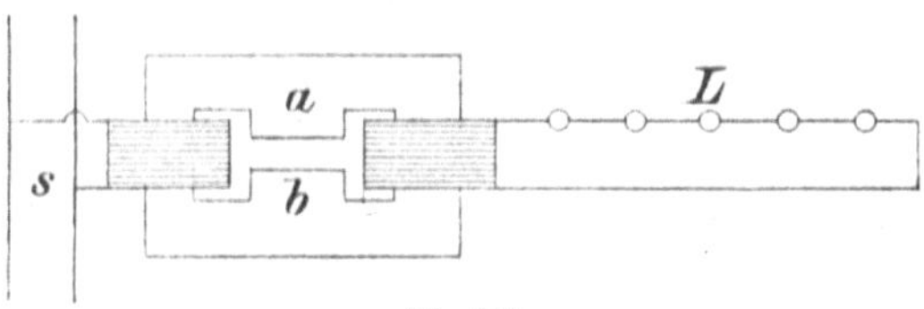

Fig. 232.

Sekundärkreis erhöhten Sekundärspannung durchgeschlagen wird, oder schliesslich durch Anbringung eines Luftspaltes im magnetischen Kreise des Transformators.

Die Wirkung dieses Mittels geht aus der von E. Thomson 1889 vorgeschlagenen Anordnung (Fig. 232) hervor. Die primäre Spule dieses Streutransformators ist an die Hauptleitung angeschlossen, die sekundäre speist die Lampen L. Je grösser der sekundäre Strom wird, um so grösser wird die Streuung in dem Schlitze a b; sie hat ihren maximalen Werth, wenn alle Lampen kurz geschlossen sind, ihren minimalen, wenn alle Lampen brennen. Es wird also im ersten Falle die minimale, im letzten die maximale Klemmenspannung zum Betriebe der Lampen zur Verfügung stehen. Man erkennt, dass auf diese Weise eine annähernde Regulirung auf konstanten, sekundären Strom selbst dann erzielt werden kann, wenn primär bei s die Spannung konstant gehalten wird.

D. Regulirung auf Ausgleich.

Wie die Mehrleitersysteme eine Kombination der Serien- und der Parallelschaltung darstellen, so nehmen jene Regulirungsmethoden, welche bei unregelmässig wechselnder Belastung in jedem der Mehrleitersysteme eine möglichst gleichförmige Vertheilung der gesammten

Belastung auf die entsprechenden Zweidraht- oder Einzelsysteme bezwecken, etwa die Mitte zwischen den Regulirungen auf konstantem Strom und auf konstante Spannung ein. Ihr Zweck ist es, bei konstanter Spannung an den Vertheilungspunkten einmal die Stromstärke im neutralen Leiter, z. B. des Dreileitersystems, möglichst gering zu erhalten und zweitens die Auferhaltung der Spannung in den beiden Netzhälften des Dreileitersystems zu ermöglichen oder zu erleichtern. Bei einzelnen Anlagen tritt ausserdem noch die Aufgabe auf, die Theilung der Gesammtbelastung nicht nur zu reguliren, sondern gleichzeitig auch überhaupt erst zu ermöglichen.

Deshalb gehören hierher streng genommen die im Kapitel über Schaltungen beschriebenen Dreileiterdynamos von Dobrowolsky und Dettmar und vor allem die Ausgleichsdynamo von E. Thomson; es rangiren hierunter ferner die Zellenschalter und einige weitere, sogleich systematisch zu beschreibende Regulirungsmethoden.

I. Der Belastungsausgleich bei Dynamos

kann auftreten, wenn dieselben parallel oder in Serie geschaltet sind. Bei Parallelschaltung ist es für Nebenschlussmaschinen leicht, durch Veränderung der Spannung innerhalb sehr enger Grenzen (unter Umständen weniger als 1%) möglich, die Belastung gleichförmig auf zwei gleich grosse oder im Verhältniss der Leistungen auf zwei oder mehr verschieden grosse Dynamos, die auf ein gemeinsames Zweileiternetz arbeiten, zu vertheilen. Die hierbei, sowie bei Anwendung von Compound- und Wechselstrommaschinen, beachtenswerthen Punkte sind bereits im vorhergehenden Kapitel bei Besprechung der Parallelschaltung klargelegt worden.

Der Belastungsausgleich bei in Serie geschalteten Dynamos deckt sich mit dem bei Mehrleitersystemen erforderlichen Ausgleich der Stromstärken der Netztheile und soll mit jenem zusammen besprochen werden.

21. Ausgleichsdynamos.

Die bereits am Schlusse des vorigen Kapitels erwähnten Doppeldynamos und Theilungsdynamos, die für Drei- und Fünfleiteranlagen vielfach verwendet werden, dienen sämmtlich dazu, die Spannung zu theilen und durch Unterstützung der auf der stärker belasteten Netzhälfte liegenden Stromquelle nach Möglichkeit den Belastungsausgleich zu fördern. Sie sind dazu nur im Stande, wenn die Belastungen der Netzhälften oder -Viertel nicht allzu stark von einander differiren, oder wenn durch Umschaltung einzelner Konsumentengruppen von einer Netzhälfte auf die andere die Belastungen annähernd gleich gehalten werden.

II. Ausgleich der Netze. (Ausgleichsleitungen.)

Hierbei können zwei Hauptgesichtspunkte dadurch geschaffen werden, dass man den Ausgleich der Spannungen und jenen der Ströme in den Netztheilen gesondert in Betracht zieht. Der Ausgleich der Spannungen ist im Allgemeinen um so leichter und vollkommener erreichbar, je kleiner der Spannungsverlust im Vergleich zur Gesammtspannung und zur Löschbarkeit ist. Ein Netz wird also um so vollkommeneren Ausgleich besitzen, je vollkommener seine Selbstregulirung ist, oder je einfacher die erforderliche Nachregulirung sich vollziehen lässt und je gleichmässiger sie alle Punkte des Netzes beeinflusst, wie im vorigen Kapitel erörtert. Das Zweileitersystem mit einem oder wenigen Speisepunkten und mit einem relativ zur Betriebsspannung kleinen Spannungsverluste und mit mehrfach geschlossenen Netzmaschen wird also den besten Spannungsausgleich ergeben. Je komplicirter ein Netz ist, desto näher liegt die Gefahr, dass die einzelnen Speisepunkte etwas verschiedene Spannung erhalten. Dies gilt insbesondere für Mehrleitersysteme ebener oder räumlicher Art, bei welchen auf mittlere Netzspannung in der vorerwähnten Weise regulirt wird.

Damit in solchen Netzen die Differenzen der Spannungsverluste an den Ausläufern oder an besonders wichtigen Konsumstellen nicht zu gross werden, ordnet man besondere Ausgleichsleitungen an, welche von dem Punkte geringeren Spannungsverlustes, also höherer Spannung, einen Ausgleichsstrom zu einem oder einigen Punkten grösseren Spannungsverlustes, also niedrigerer Spannung führen. Durch die Anordnung zahlreicher und entsprechend stark gewählter Ausgleichsleitungen zwischen den einzelnen Speise- oder Vertheilungspunkten werden zahlreiche Netzmaschen gebildet, welche zwar die Anlagekosten erhöhen, aber auch wesentlich zur Erhöhung der Selbstregulirung und der Betriebssicherheit beitragen.

22. Ausgleich durch Zellen.

Der Spannungsausgleich durch Zellenschalter und Akkumulatorenbatterien, der bereits eingehend besprochen worden ist, wirkt auch indirekt auf den Ausgleich der Belastungen in den beiden Hälften des Dreileitersystems.

23. Ausgleich durch Transformatoren oder Drosselspulen.

Die Mannigfaltigkeit der Ausgleichssysteme ist bei Verwendung von Wechselströmen besonders gross.

Als einfachste Form derselben kann z. B. die seit 1885 von Ganz & Co. und Helios geübte Anordnung einer Mittelklemme an der Sekundärwickelung eines Transformators betrachtet werden. Die Verluste werden bei guten Transformatoren der eisengeschlossenen Type selbst dann nicht zu gross, wenn von dem so entstehenden sekundären Dreileitersystem eine Hälfte fast voll, die andere fast ganz unbelastet ist, weil die eine Transformatorhälfte immer noch als Drosselspule wirkt.

Auf ähnlicher Grundlage beruht die von E. Thomson angegebene, als Kompensator bezeichnete Drosselspule, welche den Betrieb und die Löschung einzelner

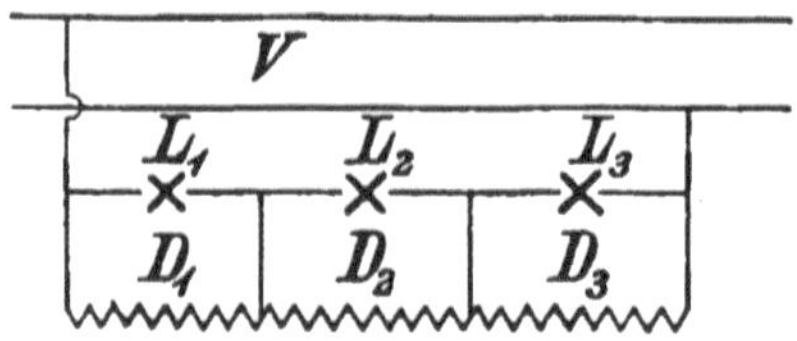

Fig. 233.

in Serie geschalteter Lampen gestattet. (Fig. 233.) Die eine Spule wirkt gleichzeitig als Umformer und Spannungstheiler, indem sie z. B. 100 Volt aufnimmt und dieselben an drei einzeln ohne unangenehm merkbare Beeinträchtigung der Spannungsverhältnisse löschbare Bogenlampen vertheilt. Auf ähnlicher Grundlage beruht der von Ganz & Co. gebaute Divisor, dessen Abbildung Fig. 234 giebt.

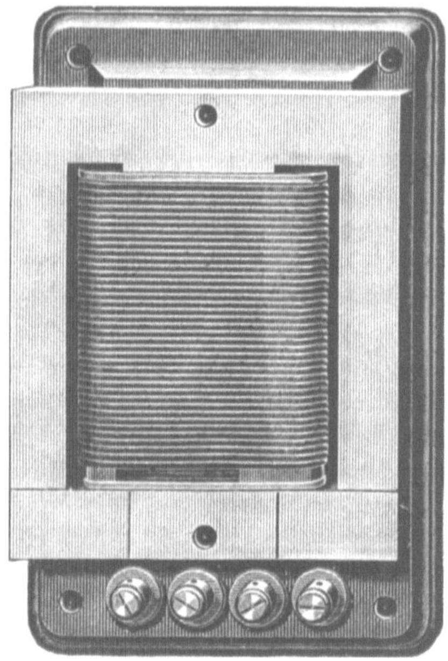

Fig. 234.

Den vollkommensten Belastungsausgleich gestattet jedoch der 1885 bereits verwendete Ganz'sche Egalisator für Stromkreise in der in

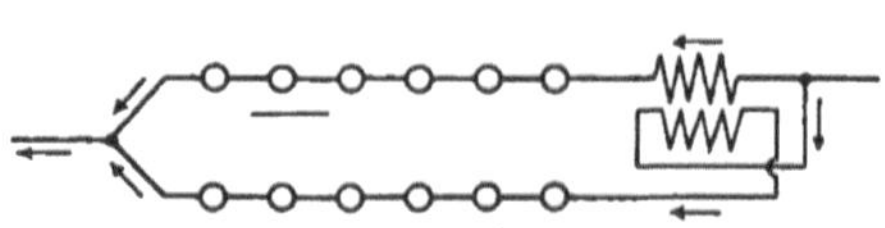

Fig. 235.

Fig. 235 dargestellten Form. Führt man die von einer gemeinsamen Stromquelle stammenden Zweigströme in entgegengesetzten Richtungen durch die Bewickelungen eines Transformators, so bleibt das Verhältniss der Intensitäten der beiden Stromstärken fast genau konstant.

24. Regulirung der Phasenverschiebung.

Bei Wechselstromanlagen ist die genaue Ermittelung des von einer Centrale gelieferten Effektes nur dann möglich, wenn ausser den Voltmetern und Ampèremetern auch noch Wattmeter vorhanden sind. Ist dies nicht der Fall, so ist die durch leerlaufende Transformatoren, Drosselspulen und Motoren hervorgerufene Phasenverschiebung so beträchtlich und in ihrem Verlaufe innerhalb eines Tages oder eines Jahres so unregelmässig, dass man nur in roher Schätzung aus den Angaben des in den Hochspannungsleitungen eingeschalteten Stationsampèremeters und des häufig mit transformirter Spannung arbeitenden Voltmeters den Werth der Gesammtleistung ermitteln kann.

Die Gesammtleistung ist stets, auch bei voller Belastung, kleiner als das aus den Angaben der beiden genannten Instrumente erhaltene Produkt aus den primären Ampère und den primären Volt, und man bezeichnet das Verhältniss der

scheinbaren Leistung in Voltampère primär
zu der wirklichen Leistung in Watt primär

als den Leistungsfaktor.

Der Leistungsfaktor nimmt bei vollkommen induktionsfreier Belastung den Maximalwerth Eins an. Bei starker Belastung einer fast ausschliesslich Glühlampen speisenden Centrale, also z. B. an Winterabenden gegen 7 oder 8 Uhr, erreicht er bis zu 0,95. Im Laufe des Tages sinkt er jedoch, und zwar bei Centralen ohne Motorenbelastung bis auf oder unter 0,5, bei Centralen mit relativ hoher Motorenbelastung während des Tages auf etwa 0,7.

Der Verschiebung zwischen Strom und Spannung entspricht ein wattloser Strom, welcher die Kabel belastet und die Maschinenerregung erhöht. Da aber der wattlose Strom nur während des Tages relativ gross ist, kann weder die Belastung der Kabel noch die ohnehin geringe Erregung der Maschine durch den Leerstrom in störender Weise vermehrt werden; dagegen können falsch angewendete Sparsamkeit in der Verlegung des Netzes oder zu kleine Maschineneinheiten für den Tagesbetrieb oder besonders starker Anschluss von Motoren es wünschenswerth erscheinen lassen, statt der Anbringung des Wattmeters eine Vorrichtung zur Regelung der Phasenverschiebung anzuwenden.

Die durch leerlaufende Transformatoren und besonders durch Motoren hervorgerufenen Leerströme sind gegen die Spannung verzögert, bewirken erhöhten Spannungsabfall bei Transformatoren und Dynamos und erhöhte Erregung bei letzteren.

Die durch Kondensatoren hervorgerufenen Leerströme eilen dagegen der Spannung vor, verringern die Erregung der Dynamos und vermögen auch deren Spannung bei gleicher Erregung zu erhöhen. Man kann also durch Verwendung von parallel zu den Dynamos in der Centrale oder an Vertheilungspunkten angeordnete Kondensatoren den verzögerten Leerstrom verringern oder annulliren, die Erregung und den Spannungsabfall vermindern und die Leistung der Dynamos somit erhöhen.

Dieses Mittel ist in verschiedenen Fällen zur Anwendung gelangte; allgemeinere Anwendung dürfte dasselbe trotz Swinburnes Prophezeinng, dass bald keine Centrale mehr ohne Kondensatoren sein würde, erst dann finden, wenn man gelernt haben wird, zu verlässige Kondensatoren von einigen Mikrofarads für hohe Spannungen herzustellen.

Nun haben Blondel[1]) und Mordey[2]) unabhängig von einander gefunden, dass genau synchron laufende Wechselstrommotoren je nach ihrer Erregung verzögerten oder voreilenden Leerstrom zu liefern vermögen. Eine der ersten derartigen Phasenregulirungen ist dann später durch v. Dobrowolsky[3]) ausgeführt worden.

Wenn ein solcher Motor in synchronem Lauf gebracht worden ist und mit seiner Armatur in der Centrale oder einem Vertheilungspunkte von den Wechselstromleitungen abgezweigt wird, kann man durch Verstellung seiner durch Gleichstrom bewirkten Magneterregung den gesammten Leerstrom der Wechselstromleitungen verstärken, annulliren oder umkehren, wenn man allmählich die Erregung mehr und mehr verstärkt. Ein übererregter Synchronmotor wirkt also wie ein Kondensator, ein untererregter wie eine Drosselspule. Dabei ist es zulässig, den bisher als leerlaufend betrachteten Motor auch schwach zu belasten. Bei entsprechend weit getriebener Erregung kann man auch die Spannung der Vertheilungsleitungen über die Maschinenspannung erhöhen, doch läuft der Motor dann nicht stabil, so dass diese Art der Spannungserhöhung nicht empfehlenswerth ist. Sie ist im Allgemeinen theuer, weil man Motoren wählen muss, welche für die volle Spannung und den gesammten wattlosen Strom ausreichen. Immerhin mag es sein, dass sie mit der Zeit mehr Anklang findet als bisher, da sie unstreitig auf gesunder Basis beruht.

25. Absichtliche Ungleichheit der Belastungen in den Leitungszweigen.

Bei räumlichen Mehrleitersystemen, die man besonders gerne bei überwiegender Motorenbelastung anwendet, hat man[4]) die einzelnen Phasen absichtlich ungleichartig belastet, indem man z. B. bei Dreiphasenstrom

[1]) Lum. él. 1892, Bd. 45 u. 46.

[2]) El. Review 1893, Bd. 32, S. 242.

[3]) Elektr. Zschr. 1894, S. 555.

[4]) Ganz & Co. u. Helios, D.R.P. 53416.

alle drei Phasen zur Speisung dreiphasiger Motoren verwendet und die ganze Beleuchtung in einer Phase zu einem ebenen zweidrähtigen Systeme vereinigt. Dies ist empfehlenswerth, weil man dann nur dieses eine ebene System auf jenen hohen Grad von Genauigkeit reguliren muss, welchen die Lichtquellen erfordern. Die in den zwei anderen Systemen und in den Motoren selbst auftretenden Spannungsschwankungen und Unsymmetrien sind so geringfügig in ihren Wirkungen, dass dieselben für die Motoren vollkommen zulässig sind. Will man diese Anordnung verwenden, so muss man zum

III. Belastungsausgleich durch Versetzung der Lichtquellen

selbst greifen, indem man dieselben von einem zweidrähtigen System auf das andere umschaltet. Dies bedingt die Einführung dreier Drähte in jede Konsumstelle und die Anwendung von Kombinationsschaltern, welche eine derartige Versetzung ermöglichen.

E. Regulirung auf variable Lichtstärken.

Bei den gewöhnlichen Beleuchtungsanlagen kommt es selten vor, dass die Lichtstärken der Lampen verändert werden sollen. Zwar ist der Konsument von den Schnittbrennern der Gasbeleuchtung her gewöhnt, dass ein Zudrehen des Hahnes eine beträchtliche Verminderung der Lichtstärke herbeizuführen vermag. Da aber schon die beträchtlich verbesserten Gasbrenner wenig in der Lichtstärke regulirbar sind und das Bedürfniss im Allgemeinen auch bisher genügend dadurch befriedigt werden kann, dass man von mehreren kleinen Lichtquellen die eine oder die andere löscht, hat man sich mit dieser bei elektrischer Beleuchtung besonders bequemen Regulirung des gesammten Lichtstromes in einem Raume gerne begnügt. Doch taucht zuweilen der Wunsch auf, einzelne Glühlampen oder kleinere Gruppen hell oder dunkel brennen zu lassen. Erforderlich ist dies z. B. in Krankensälen während der Nacht, wo für die Wächter eine geringe Beleuchtung gewünscht wird; dann für Leuchtfeuer, wo durch Variationen des Lichtstromes Signale gegeben werden sollen, und insbesondere für Theater zur Hervorbringung der „Beleuchtungseffekte“.

26. Regulirung auf wenige, beträchtlich verschiedene Lichtstärken.

Wenn man zu verschiedenen Zeiten von einer Lichtquelle, z. B. einer Glühlampe, zwei verschiedene Lichtstärken, eine grosse und eine geringe, fordert, kann man entweder, wie in Kapitel I erwähnt, zweierlei Glühfäden in einer Birne anordnen, oder bei G.S. einen Widerstand, bei W.S. eine Drosselspule anwenden, welche bei der hohen Lichtstärke kurzgeschlossen, bei der geringen eingeschaltet sind. Solche Lösungen sind mehrfach verwendet worden; so sind von Voigt & Haeffner, Frankfurt a. M., Fassungen für Glühlampen vorgeschlagen worden, bei welchen je nach der Hahnstellung ein Widerstand geschlossen oder eingeschaltet ist; der Widerstand besteht dabei aus einem auf Porzellan eingebrannten Edelmetallstriche von einigen Centimetern Länge, einigen mm Breite und minimaler Dicke.

Für W.S. hat man verschiedene Konstruktionen ersonnen, bei welchen man in dem etwas vergrösserten Untertheile der Fassung eine kleine Drosselspule mit ringförmigem Eisenkern untergebracht hat; durch Untertheilungen der Windungen dieser Spule kann man zwei oder mehrere Helligkeitsgrade ausser der normalen Lichtstärke erzielen. Natürlich sind diese Regulirungen keineswegs ökonomisch, da sie auf der Benutzung der Lampe bei zu niedriger Spannung, also zu hohem specifischen Verbrauche beruhen.

Da ausserdem die Fassungen eine vermehrte Ausgabe erforden, kann man etwa dasselbe erreichen, indem man entweder die Lampe normal brennen lässt und vor dieselbe einen mehr oder weniger durchsichtigen Schirm giebt, oder indem man die Lampe durch eine andere mit zu hoher Spannung ersetzt. Man kann z. B. eine Lampe für normal 110 Volt 16 Kerzen für den Abend und eine solche für normal 125 Volt 16 Kerzen für die Nacht an einem 110 Voltkreise verwenden und erzielt dann etwa 16 und 8 Kerzen; dies hat sich in Krankensälen gut bewährt. Man kann auch als Vorschaltwiderstand zu einer Lampe eine zweite Lampe verwenden wie es z. B. bei Coupébeleuchtungen zur Lichtregulirung hie und da geschehen ist; aber auch hier wird zwar die Lichtstärke bedeutend, der Energieaufwand nur wenig verringert.

Handelt es sich dagegen um Strassenbeleuchtung von Städten, so hat die Verminderung der Beleuchtung z. B. nach Mitternacht nur dann Zweck, wenn sie von einer entsprechenden, fast proportionalen Verringerung des Energieaufwandes begleitet ist. In diesem Falle genügt es also kaum, einen Widerstand vorzuschalten oder für den betreffenden Stromkreis die Spannung zu erniedrigen. Auch die Umschaltung der Lampen von der reinen Parallelschaltung z. B. auf parallele Serien von je zwei Stück ist zu komplicirt und bringt zu geringe Ersparnisse mit sich.

Das Einfachste und Beste bleibt immer die Verminderung der Anzahl der Lichtquellen, indem man die Lampen zweier Lichtstromkreise z. B. abwechselnd setzt und den einen Stromkreis z. B. nach Mitternacht löscht.

Hat man Bogenlampen zur Strassenbeleuchtung, so löscht man häufig bestimmte Lampen gegen Mitternacht, oder man löscht in untergeordneten Strassenzügen oder an Orten mit geringem Nachtverkehr die Bogenlampen alle und ersetzt sie durch Glühlampen, die in besonderem Stromkreise geordnet und an dem Bogenlampenträger angebracht sind.

Die Regulirung der Bogenlampen auf einige wesentlich verschiedene Lichtstärken noch weniger leicht möglich als bei Glühlampen; sie hat auch bisher gar keine praktische Bedeutung erlangt.

Bei Seefeuern oder dergl. wird die Regulirung meistens dadurch bewirkt, dass mittelst mechanisch oder elektrisch bewegter, mit Ausschnitten versehener Scheiben die Lichtquelle zeitweilig ganz abgeblendet wird, zeitweilig voll wirkt. Die Besprechung dieser Regulirung gehört nicht hierher.

27. Allmähliche Abstufung.

Die Beleuchtungstechnik der Theater fordert ausser der allmählichen Veränderung der Lichtstärke auch noch starke Veränderungen der Farbe und allmähliche Uebergänge der einzelnen Farbentöne in einander.

Betrachten wir zunächst die allmähliche Abstufung der Lichtstärke des monochromatischen Lichtes.

Soll eine Veränderung der Lichtstärke als allmähliche empfinden werden, so müssen die Eindrücke, welche die Netzhaut unserer Augen empfängt, so allmählich verlaufen, dass unserem durch die Gehirnthätigkeit ausgelösten Urtheil keine Diskontinuität auffällt. Nun verändert sich die Lichtstärke einer Glühlampe mit heller Glasbirne, wenn wir durch Vorschaltung von Widerstand ihre Klemmenspannung allmählich reduciren, in zweierlei Art. Es wird nicht nur der Glanz des Fadens und die Lichtstärke verringert, sondern es nähert sich gleichzeitig das anfänglich gelblichweisse Licht mehr und mehr dem Orange und Roth. Die Eindrücke, welche die Retina also bei dieser Vorschaltung von Widerstand empfängt, werden nicht nur von der absoluten Verminderung der Lichtstärke, sondern auch von dem physiologischen oder psychologischen Effekte der Strahlen verschiedener Wellenlänge (Farbe) beeinflusst.

Unterhalb einer gewissen Minimallichtstärke ist der Reiz auf die Netzhaut so gering, dass man überhaupt nicht mehr den Eindruck des

Lichtes erhält; diese Minimallichtstärke ist für verschiedene Augen ebenso verschieden, wie die Empfindlichkeit der Augen für verschiedene Farben. Im Allgemeinen lässt sich jedoch sagen, dass die Kurve der sichtbaren Intensität des Spektrums für gelbgrüne Strahlen ihr Maximum erreicht und dann nach Roth und nach Violett sehr stark abfällt.

Will man nun einen Rheostat bauen, welcher eine allmählich empfundene Veränderung der Lichtstärken bewirkt, so müsste man das Gesetz kennen, nach welchem alle die soeben genannten Faktoren zusammenwirken, um eine durch die Regulirung hervorgerufene Veränderung des Reizes uns zum Bewusstsein, zur Empfindung zu bringen.

Man nahm früher nach E. H. Weber und Fechner an, dass die Empfindungsstärken sich verhalten wie die Logarithmen der Reizstärken. Das Verhältniss des Reizes R zu einer kleinen Aenderung dR war also eine Konstante

$$\frac{R}{dR} = \alpha,$$

welche man als die Verhältnissschwelle des Reizes bezeichnete. Für einen bestimmten Reiz $R = S$ war die Empfindung E noch $= 0$; diesen Werth nannte man den Schwellenwerth des Reizes. Wurde

$$R = S\left[1 + \frac{1}{\alpha}\right],$$

so war die Empfindung $= 1$; wurde

$$R = S\left[1 + \frac{1}{\alpha}\right]^2,$$

so wurde die Empfindung $= 2$. Allgemein war also

$$R = S\left[1 + \frac{1}{\alpha}\right]^E.$$

Für den vorliegenden Fall modificirt, müsste R als maximale Lichtstärke λ_{max}, S als minimale Lichtstärke λ_0, $\left(\frac{1}{\alpha}\right)$ als das Verhältniss zweier auf einander folgenden Lichtstärken und E als die der Zahl der Empfindungen entsprechende Zahl der Abstufungen n angesehen werden, so dass also

$$\lambda_{max} = \lambda_0\left(1 + \frac{1}{\alpha}\right)^n.$$

Für eine gegebene Zahl von Kontakten n, eine gegebene maximale Lichtstärke λ_{max} (z. B. 16 Kerzen) und eine minimale Lichtstärke von z. B. $\lambda_0 = \frac{16}{25}$ Kerzen, war also z. B. das Verhältniss zweier Lichtstärken

$$\frac{1}{\alpha} = \sqrt[n]{\frac{\lambda_{max}}{\lambda_0}} = \sqrt[20]{\frac{1}{25}} = 0{,}85.$$

Entsprechend diesem Verhältniss ermittelt man nun experimentell für einige Musterlampen für

$$\lambda_0 = 0{,}6;\ \lambda_0 \left(1 + \frac{1}{\alpha}\right) = 0{,}7;\ \lambda_0 \left(1 + \frac{1}{\alpha}\right)^2 = 0{,}7: \ldots \lambda_0 \left(1 + \frac{1}{\alpha}\right)^{n-1} = 13{,}6;$$

$$\lambda_0 \left(1 + \frac{1}{\alpha}\right)^n = \lambda_{max} = 16{,}0$$

Kerzen, Strom und Spannung und berechnet daraus leicht den erforderlichen Vorschaltewiderstand[1]).

Das Weber-Fechner'sche Gesetz wird durchaus nicht allgemein als gültig anerkannt[2]). Ph. Breton folgert z. B. aus seinen optisch-physiologischen Versuchen, dass die Beziehung zwischen Empfindungs- und Reizstärke eine parabolische und somit durch die Gleichung $E = \text{Konstante} \cdot \sqrt{R}$ ausdrückbar sei.

Auch diese Beziehung könnte eventuell zur Ermittelung der Stufen eines Modulirrheostats verwendet werden. Doch zieht man es heute im Allgemeinen vor, die Zahl der Abstufungen möglichst gross zu machen, damit man in der Modulirung möglichst freie Hand hat.

Dies ist besonders dann nothwendig, wenn man es nicht mehr mit ein-, sondern mit verschiedenfarbigen Lichtquellen zu thun hat.

28. Modulirrheostate für Gleichstrom

werden nach den oben auseinandergesetzten Grundzügen ausgerüstet und mit möglichst vielen Kontakten ausgestattet; Hauptsache ist die Vermeidung zu hoher Erwärmungen, um Feuersgefahr zu verhüten. Als Material verwendet man, da es sich bei grösseren Bühnen in der Regel um hohe Stromstärken handelt, Bänder aus Nickelin oder ähnlichen Widerstandsmaterialien. Da in vielen Fällen die Platzfrage eine bedeutende Rolle spielt, verwendet man neuerdings die in Email gebetteten Rheostate. Um jeden grösseren Beleuchtungskörper in ganz beliebiger Weise reguliren, moduliren zu können, verwendet man für jeden derselben einen besonderen Hebel, welche entweder für sich allein oder gekuppelt mit einer beliebigen Anzahl anderer in ganz beliebiger Weise verstellt werden können.

Die Allgemeine Elektricitäts-Gesellschaft Berlin verwendet zweiarmige Hebel, welche am unteren Ende isolirt angeschraubte Kontaktfedern besitzen, die auf den Rheostatknöpfen oder -kontakten schleifen.

---

[1]) Vergl. E. Löbbecke, Elektr. Zschr. 1890, S. 234, Grawinkel u. Strecker S. 424, 1893.

[2]) Dr. Nebel, Elektr. Zschr. 1890, S. 311.

Diese Hebel schwingen um hohle Wellen, welche ihrerseits wieder durch Zahnräder und Sperrklinken mit der hohlen gemeinsamen Längsaxe gekuppelt werden können. Jeder Hebel ist zunächst für sich von hell bis dunkel, d. h. bis zur vollkommenen Ausschaltung drehbar, kann aber durch Auslösung eines Sperrstiftes mit der Stahlaxe gekuppelt und dann mittelst eines Handrades mit beliebig vielen anderen Hebeln gemeinsam verstellt werden. Ein am Hebel angebrachter Zeiger gestattet die Ablesung und die bequeme Reproduktion der einzelnen Helligkeitsstufen.

Zwischen den Kontakten der Schleifbahn sind die einzelnen Stufen des Modulatorrheostats eingeschaltet. Der Rheostat selbst kann, wenn der Raum genügt, direkt mit dem Regulirmechanismus verbunden werden, oder er kann, wenn der Raum nicht genügt, von ihm räumlich getrennt werden. Im ersteren Falle ordnet man den hohen Apparat in der Regel an der Prosceniumswand derart an, das der Rheostat auf dem unteren Bühnenboden, der Regulirmechanismus zur grösseren Übersichtlichkeit etwas erhöht auf der Bühne steht.

Im letzteren Falle müssen Regulirmechanismus und Rheostat elektrisch und mechanisch verbunden sein. Die elektrische Verbindung ist ohne Weiteres klar, die mechanische erfolgt bei den Apparaten der A.E.G. durch Drahtseile. Die Regulirhebel sind hierbei mit Reibungskuppelungen versehen und sitzen ebenfalls auf einer stählernen Längsaxse. Statt der Kontaktfedern tragen sie jedoch Kreissegmente, an welchen das Stahldrahtseil und ein Gegengewicht angreifen; auch am Ende des Drahtseiles, am Schleifkontakte des Rheostaten, balancirt ein Gleichgewicht die Zugvorrichtung so aus, dass der Regulirhebel in jeder Lage festgestellt werden kann. Es giebt eine Reihe derartiger Konstruktionen, doch ist ihr Grundprincip den eben beschriebenen ähnlich.

Die bald unabhängige, bald gemeinsame Verstellung ist eben nöthig, wenn bald einzelne Punkte, bald grössere Theile, bald die ganze Bühne regulirt werden soll.

29. Mehrlampensystem der Farbenmodulirung.

Bisher haben wir nur das sogenannte Einlampensystem beschrieben, bei welchem jeder Bühnenbeleuchtungskörper nur weisse Lampen enthält, deren verschiedenartige Färbung durch bunte, an den Beleuchtungskörpern angebrachte cylindrische Gelatineschirme bewirkt wird. Diese Schirme drehen sich um die Lampen und enthalten gelbe, rothe und grüne Streifen in der Reihenfolge, die den allmählichen Uebergang von Tag zum Abend mit Abendroth und zur mondbeschienenen Nacht gestattet. Die Cylinder werden durch Schnurzüge entweder einzeln oder gekuppelt verwendet und ergeben drei ziemlich scharf abgegrenzte Farbenwechsel.

Fig. 236.
Bühnenregulator der Allgemeinen Elektricitäts-Gesellschaft, Berlin.

Das Einlampensystem ist zwar verhältnissmässig billig, aber es erfordert schwierige Manipulationen und schwerere Versatzkörper und Soffiten als das Mehrlampensystem, bei welchem jeder Bühnenbeleuchtungskörper mehrere, meist drei verschiedenfarbige, und zwar weisse, rothe und grüne (oder blaue) Lampen enthält.

Hier lassen sich Farbenstimmungen leicht erzielen, indem man die von einander unabhängigen Lampen einzeln oder in Gruppen mit verschieden abgestuften Lichtstärken einschaltet. Das System ist erheblich theurer, dafür vollkommen den erhöhten Ansprüchen der neuen realistischen Darstellungen der Bühnen anzupassen und leichter zu bedienen. Es wird deshalb auch meist für grosse Bühnen verwendet. Die einfachste Bedienung ergiebt sich, wenn für jede Farbe ein besonderer Regulirungshebel angebracht wird. Dies würde also etwa einer Verdreifachung der für das Einlampensystem beschriebenen Konstruktion bedeuten. Die drei Hebel sind treppenförmig hintereinander angeordnet und die jeweils in einer senkrechten Ebene liegenden Hebel gehören den drei Farben eines Beleuchtungskörpers an.

Um Raum zu sparen, verwendet man jedoch häufig auch Apparate mit zwei Hebelsystemen und einer sogenannten „Farbeneinstellung“. (Fig. 236.)

Dies ist um so eher möglich, als an einem Beleuchtungskörper nie mehr als zwei Farben gleichzeitig verwendet werden.

Die zwei Regulirhebel sind dann treppenförmig hintereinander angeordnet und über der hintersten Reihe befindet sich als Farbeneinstellung für jede Farbe ein besonderer Kontaktschieber, welcher durch Vorziehen mit dem vorderen, durch Rückwärtsschieben mit dem hinteren Regulirhebel verbunden wird. Jeder selbstständige Beleuchtungskörper besitzt also zwei Regulirhebel, drei Gruppen von Lampen und drei Farbeneinstellungen. Um eine Ueberlastung der Leitungen und Rheostatabtheilungen zu verhüten, sind an den Farbeneinstellungen Anschläge, welche die Verwendung von mehr als zwei Lampenfarben verhüten. Da man unter Umständen mit den verschieden zeitweilig gekuppelten Hebeln zu verschiedenen Zeiten die Endstellungen erreichen kann, ist in dieser Endstellung eine selbstthätige Los- und Wiederankuppelung vorgesehen.

30. Wechselstrommodulatoren.

Selbstverständlich kann man für Wechselstrom ohne Weiteres dieselbe Widerstandsregulirung anwenden, wie sie eben beschrieben wurde. Aber es liegt nahe, den Schlittenapparat als magnetisch offene Drosselspule zu verwenden. Dies geschieht in dem in Fig. 237 abgebildeten Bühnenregulator der Westinghouse Co. Man erkennt, dass die Drossel-

Fig. 237.

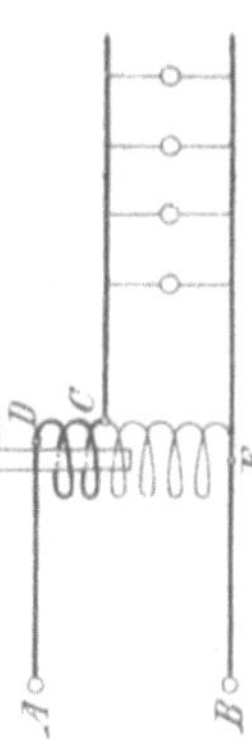

Fig. 238.

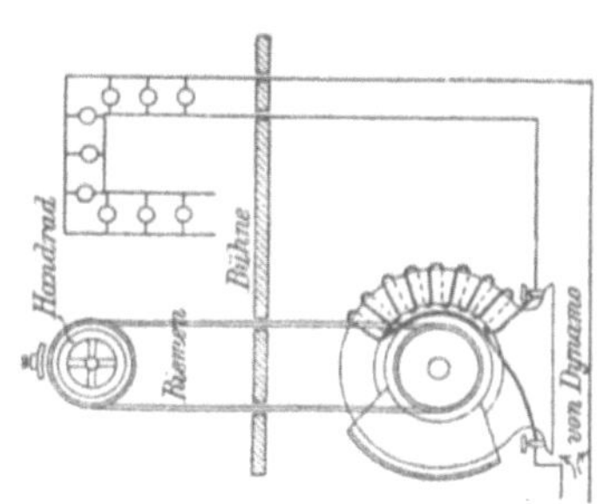

Fig. 239.

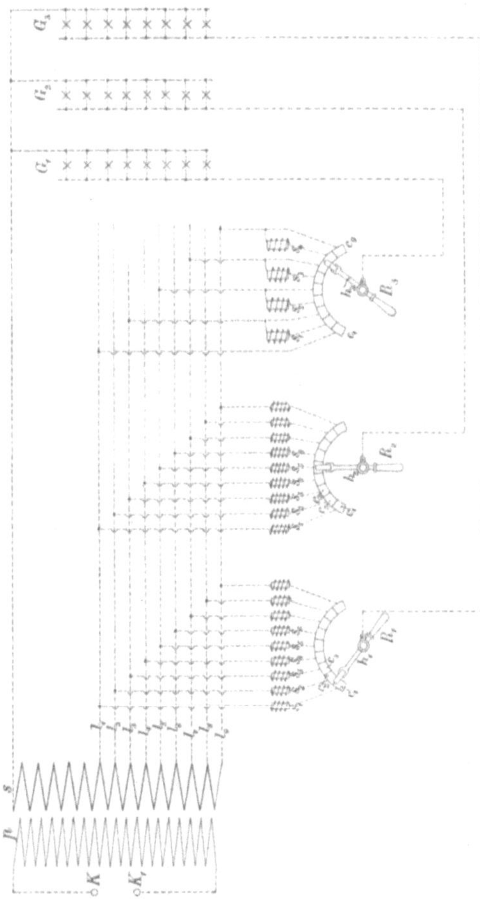

Fig. 240.

spule zwei verschieden starke Bewickelungen besitzt, in welche ein die Spule nur theilweise ausfüllender untertheilter Eisenkern mehr oder weniger tief eingeschoben werden kann. Die zwei Spulen sind in Serie zu einander geschaltet und werden an die Klemmen A B eines Transformators angeschlossen (Fig. 238). Der Lampenkreis zweigt von der Verbindungsstelle der beiden Spulen ab, so dass die dicke D C als Serienspule wirkt, während die dünnere E C parallel zu den Lampen liegt. Ist der Kern ganz tief in die dünnere Spule eingeschlossen, so lässt dieselbe fast keinen Strom durch, und die Lampen brennen mit voller Helligkeit. Wird der Kern allmählich aus der dünnen Spule herausgezogen, so taucht er nach und nach in die dicke ein. Es vermindert sich somit die Induktanz des Nebenschlusses, während gleichzeitig die Iuduktanz des Hauptschlusses steigt. Die Lampen brennen also am dunkelsten, wenn der Kern die in Fig. 238 angedeutete Stelle am Ende der dicken Spule besitzt.

Die General Electric Co. verwendet einen Bühnenregulator, bei welchem die drosselnde Wirkung einer eisengeschlossenen Reaktionsspule durch Verstellung einer gut leitenden metallischen Hülle verändert wird. Der Apparat ist in Fig. 239 abgebildet. Dieser „Dämpfer" ist von Prof. E. Thomson erfunden und besteht aus einem zertheilten Weicheisenring, dessen Umfang auf etwa $^1/_8$ mit isolirtem Draht bewickelt ist. Innerhalb des Ringes ist eine (in der Fig. 239 kaum erkennbare) untertheilte Eisentrommel angeordnet, an welche ein Kupfersegment von entsprechender Breite angeschraubt ist. Die Trommel dreht sich mit mässigem Luftabstand innerhalb des theilweise bewickelten Ringes; die Verstellung kann vom Schnürboden aus mittelst des angedeuteten Handrades erfolgen. In der gezeichneten Stellung besitzt die Spule die maximale Induktanz; wenn das mantelförmige Kupfersegment die Bewickelung gerade überdeckt, bildet sie den kurzgeschlossenen Sekundärkreis eines stark streuenden Transformators und die Impedanz ist sehr klein (fast gleich dem doppelten Widerstand der Bewickelung). In den Zwischenstellungen kann man also sanfte Uebergänge von sehr geringer zu voller Helligkeit erzielen.

Hermann Müller[1]) hat noch eine weitere Art von Bühnenregulatoren beschrieben, welche eine Mittelstellung einnehmen. Die zuletzt beschriebenen zwei Apparate gestatteten nämlich unendlich viele Einstellungen; die Gleichstromrheostate, die nur Widerstände besassen, gestatteten so viele Einstellungen, als Kontakte vorhanden waren. Hermann Müller schlägt nun vor (Fig. 240), einzelne Windungen der sekundären Spule eines Transformators auszuschalten und zur Vermeidung von Kurz-

[1]) Elektr. Zschr. 1894, S. 564.

schlüssen die Kontakte des Ausschalters durch kleine Drosselspulen zu verbinden. Man könnte aber auch die bei Gleichstrom angewandten Widerstände theilweise durch Drosselspulen ersetzen. Man erkennt sofort, dass man hierbei unter gleichzeitiger Verstellung der Drosselspulenkerne die Zahl der Einstellungen bei beschränkter Kontaktzahl beliebig gross machen kann. Aber es fragt sich, ob die dabei erzielten Vortheile nicht durch die Komplikation des Apparates und der Bedienung wieder aufgewogen würden.

V. Kapitel.

Hülfsapparate.

Die elektrischen Anlagen erfordern sowohl bei den stromerzeugenden Maschinen und den Leitungen, als auch bei den angeschlossenen Theilen mannigfache Hülfsapparate, die sich durch Zusammenfassung von gleichartigen Objekten, welche analogen Zwecken zu dienen haben, zu Gruppen vereinigen lassen. Der durch sie angestrebte Zweck ist verschieden; mit einigen will man einen Schutz gegen unwillkommene innere oder äussere Vorgänge erreichen; mit anderen wird eine Schaltung oder Regulirung beabsichtigt, mit wieder anderen soll dem Bedürfniss einer Messung genügt werden. Die zu diesem Zwecke nothwendigen Apparate sollen nun zur Besprechung gelangen.

A. Schmelzsicherungen.

1. Allgemeines.

In Parallelschaltungsanlagen sind trotz aller Sorgfalt Zufälle möglich, welche in einzelnen Leitungstheilen einen anormal hohen Strom hervorrufen und dadurch eine Ueberhitzung derselben veranlassen können, die eine Gefahr für die Isolirung der Leitung und für die Feuersicherheit der Umgebung in sich birgt. Unter diesen Zufällen spielt der direkte Kurzschluss die hervorragendste Rolle. Derselbe tritt ein, wenn Hin- und Rückleiter durch einen gut leitenden Gegenstand unmittelbar verbunden werden. Erhalten dagegen beide eine gute Verbindung mit der Erde und durch dieselbe miteinander, so spricht man von einem indirekten Kurzschluss durch Erdschlüsse. Wegen der Möglichkeit müssen die Leitungsanlagen durch besondere Vorrichtungen geschützt solcher Zufälle werden, welche in jenem Theile den Strom selbstthätig unterbrechen, in welchem er über eine als zulässig erachtete Höhe steigt.

Zu diesem Zwecke wird fast ausschliesslich die von Edison 1880 erfundene Sicherung benutzt. Dieselbe besteht dem Wesen nach aus einem leicht schmelzbaren Metalle von hohem Widerstande, welches als Theil der Leitung in den zu schützenden Leiter eingeschaltet wird und welches, sobald der Strom eine bestimmte Höhe erreicht hat, in Folge

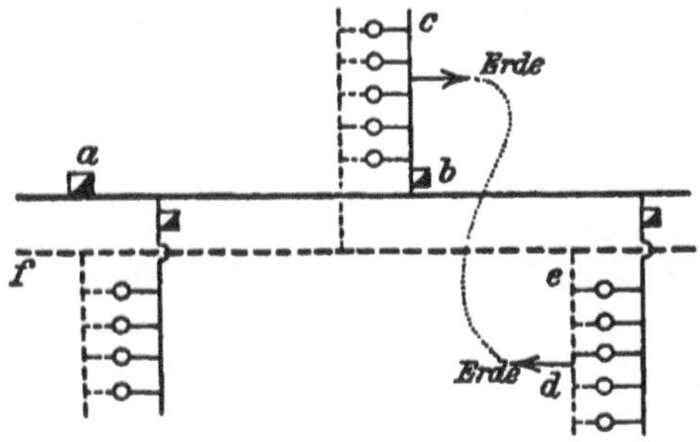

Fig. 241.
Richtige Anordnung.

der hohen Wärme abschmilzt und so den Strom selbstthätig unterbricht. Diese Schmelzsicherung wird oft als Bleisicherung bezeichnet, weil als abzuschmelzendes Metall grösstentheils Blei oder Legirungen desselben in Verwendung gelangten.

Jede Schmelzsicherung schützt gegen Ueberstrom nur in jenen Leitungstheilen, welche von der Stromquelle aus gerechnet hinter ihr

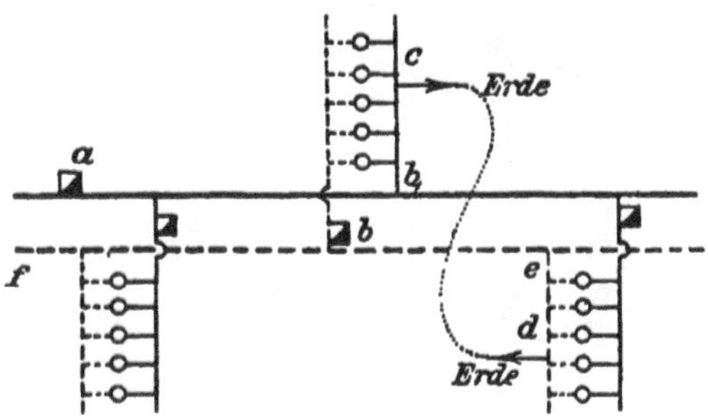

Fig. 242.
Fehlerhafte Anordnung einpoliger Sicherungen.

liegen. Sie muss daher möglichst an den Anfang des zu schützenden Theiles gesetzt werden. Die Vorschriften des Verbandes Deutscher Elektrotechniker bestimmen, dass von der Schalttafel ab sämmtliche Leitungen durch Schmelzsicherungen zu schützen sind. Die unverzweigte Leitung, welche den gesammten Strom zur Schalttafel führt, muss also nicht gesichert werden. Es ist sogar empfehlenswerth, den Antriebsmotor, etwa die Dampfmaschine nicht einer plötzlichen Entlastung durch Anbringung von Schmelzsicherungen auszusetzen.

Die Einschaltung der Sicherungen kann in zweifacher Weise erfolgen. Entweder werden nur in die Hinleitungen oder nur in die Rückleitungen Abschmelzdrähte eingeführt oder es erhalten beide Stränge solche. Die erste Anordnung heisst einpolige (unipolare), die zweite zweipolige (bipolare). Findet die erstere statt, so dürfen die Sicherungen nur im gleichnamigen Strang Platz finden, wie dies aus Fig. 241 ersichtlich ist. Tritt der skizzirte Schluss ein, so wirkt die Sicherung bei b. Ist jedoch b fälschlich am anderen Pol eingesetzt, wie in Fig. 242, so findet der Kurzschlussstrom erst bei a die wirksame Sicherung. Die Bedingung für einpolige Sicherung lässt sich bei weitverzweigten Anlagen schwer erfüllen, da eine exakte Kontrolle der Polarität aller Stränge oft mit Umständen verbunden ist. Man sichert daher die einzelnen Gruppen einpolig geschützter Abzweigungen mittelst zweipoliger Sicherungen, wodurch gleichzeitig eine vollständige Lostrennung von Leitungsteilen zur etwaigen Fehleruntersuchung ermöglicht wird.

2. Konstruktion der Schmelzsicherungen.

Die Konstruktion hängt vor allem von der Spannung und Stärke des Stromes und auch zum geringeren Theile von der Art desselben, ob Gleich- oder Wechselstrom, ab. Jede Schmelzsicherung besteht der

Fig. 243.

Hauptsache nach aus den Leitungsklemmen, aus den Kontakten des Schmelzstückes und dem letzteren selbst. Einige Konstruktionen sollen an folgenden Beispielen besprochen werden.

Am einfachsten gestaltet sich die Lösung, wenn ein Schmelzdraht oder eine Platte zwischen zwei Klemmbolzen eingesetzt wird. Diese letzteren ruhen auf einer Porzellanscheibe, Fig. 243 und 244. Ist der Leitungsdraht dünn, so wird er zur Oese gebogen und unterklemmt, ist derselbe stärker, so wird der Kontakt durch Anziehen der seitlichen Klemmschraube in Fig. 244 erzielt. Für die Anbringung im Freien wird häufig die Porzellanscheibe zur Glocke entwickelt.

Fig. 244.

Als Schmelzdraht wird gewöhnlich Blei oder eine Legirung desselben verwendet. Edison nahm z. B. 60 % Blei mit 40 % Zinn. Reines Blei schmilzt bei 325 Grad Cels. und hat einen spec. Widerstand, der zehnmal grösser ist als der des Kupfers. Edisons Legirung schmilzt bei 200 Grad C. D'Arcet verwendet eine Legirung aus 5 Theilen Blei, 3 Theilen Zinn, 8 Theilen Wismuth, die bei 94 Grad schmilzt. Man hat auch andere Metalle in Vorschlag und Verwendung gebracht, so z. B. Platin und Silber für sehr feine Drähte und Zinn für starke, weil sie beim Abspringen keine glühenden Kügelchen werfen, wie sich dies bei Aluminium, Kupfer, Messing und Eisen zeigt. Das Blei hat den Nachtheil, besonders im Freien, zu oxydiren und erfordert daher oft eine Erneuerung.

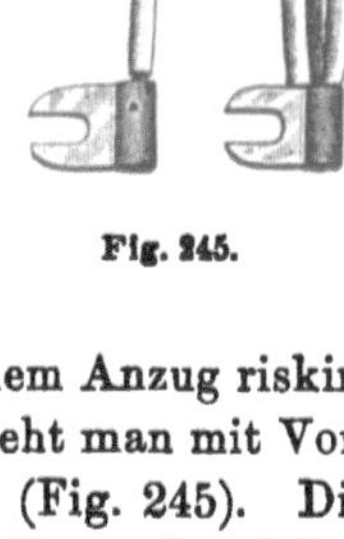

Fig. 245.

Die Einklemmung des weichen Bleies ist unsicher; wird die Schraube zu stark angezogen, so läuft man Gefahr, dass der Querschnitt verletzt wird; bei zu schwachem Anzug riskirt man, dass der Kontakt mangelhaft ausfällt. Darum versieht man mit Vorliebe die Schmelzdrähte mit Metallösen oder Schuhen (Fig. 245). Die dünnen Bleidrähte können diese Oesen schwer tragen und man hat daher zur Versteifung und zum Abschlusse gegen Aussen oft den Bleidraht in Glasröhrchen eingesetzt oder das dünne Bleiplättchen oder die Zinnfolie auf einem Fiber-, Glimmer- oder Porzellanstück angeklebt oder befestigt. In Fig. 246 ist eine derartige bipolare Konstruktion mit biskuitförmigen Ein-

Fig. 246.

satzstücken zwischen federnden Kontakten von Voigt und Häffner, Frankfurt a. M.-Bockenheim abgebildet, die bis 25 Ampère und 220 Volt Verwendung findet. Beim Abschmelzen des Bleies steht bei nicht entsprechenden Einsatzstücken unter Umständen zu befürchten, dass Lichtbogen dadurch stehen bleiben, dass das geschmolzene Metall die Fiber- oder Glimmer-

Fig. 247.

unterlage bestäubt, wodurch eine Strombrücke auch nach dem Abschmelzen des Bleies bestehen bliebe. Namentlich ist dies bei zu kleiner Länge des Schmelzstückes zu befürchten. Diesem Einwurfe trachtet man durch die folgende Anordnung zu begegnen, bei der der Bleidraht seitlich gefasst wird, wie aus Fig. 247 zu ersehen. Mehrere solcher

Sicherungen sind in einem gemeinschaftlichen Kästchen untergebracht. Am bequemsten gestaltet sich das Einsetzen eines Schmelzstückes, wenn dasselbe in einem Stöpsel gelagert wird. Derselbe besteht aus zwei von einander isolirten Theilen, die durch den im Innern ruhenden Schmelzdraht mit einander leitend verbunden sind. Durch Einschaltung dieses Stöpsels wird die Leitung geschlossen. Edison hat durch

Fig. 248 a.

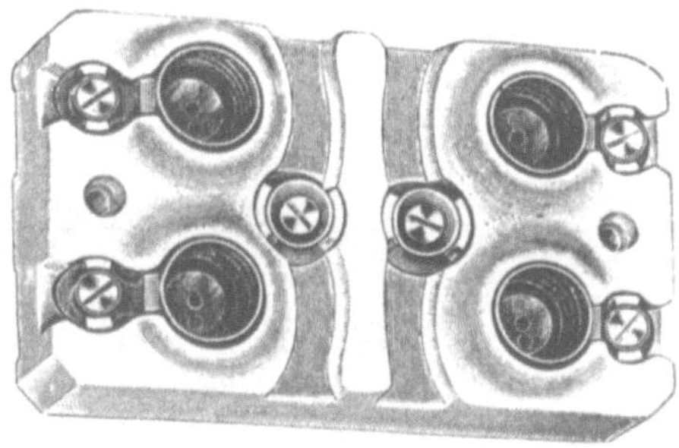

Fig. 248 b.

Schraubengewinde die Befestigung erzielt, Fig. 248, Ganz & Co. haben den Bajonettverschluss in eleganter Weise, Fig. 249, zur Anwendung gebracht.

Die Vorschriften des V. D. E. fordern, dass für Sicherungen bis 40 Amp. Abschmelzstromstärke durch die Konstruktion eine irrthümliche Verwendung zu starker Abschmelzstöpsel ausgeschlossen sein müsse.

Fig. 249.

Dies gab der Konstruktion der Sicherungen einen neuen Anstoss, besonders dadurch, dass der Verband einen Preis für die beste Konstruktion ausgeschrieben hatte. Fig. 250 zeigt die preisgekrönte Konstruktion von A. Ritterhausen. Sie ist dadurch gekennzeichnet, dass auf die Klemmschrauben Metallringe geschraubt werden, deren Zahl und Durchmesser für verschiedene Stromstärken verschieden ist, und welche in entsprechende

Bohrungen oder Ausschnitte der Abschmelzstreifen passen. Die Sicherungen werden für normal 50, 100, 400 und 1000 Amp. hergestellt und mit entsprechenden Bohrungen oder Ausschnitten für die Klemmschrauben von $^1/_4$, $^5/_{16}$, $^1/_2$ und $^3/_4$'' bezw. versehen. Für andere als die normalen Stromstärken werden mit besonderem Schlüssel ein oder zwei Ringe aufgeschraubt und die Bohrungen den Ausschnitten entsprechend geändert. Die in Fig. 250 abgebildete Sicherung ist für normal 400 Amp. bestimmt

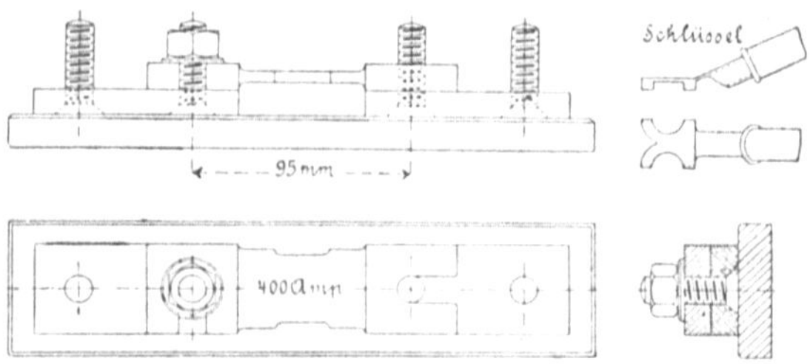

Fig. 250.

und hat dann zwei Einschnitte von je 12 mm Durchmesser; bei 300 Amp. (Fig. 251) erhält der Bleistreifen je ein Loch von 12 und eines von 19 mm, bei 200 Amp. erhält er zwei Löcher von je 19 mm. Eine irrthümliche Benutzung eines Streifens für zu hohe Stromstärke ist dadurch verhütet, die muthwillige natürlich nicht.

Aehnlichen Zwecken genügen auch die von Hundhausen beschriebenen neuen Schmelzsicherungen von Siemens & Halske, welche für 4, 6, 10, 15, 20, 30, 40 Amp. Schmelzstärke bestimmt sind. Bei denselben (Fig. 252) ist das Einsetzen eines zu starken Schmelzstöpsels dadurch verhütet, dass in dem Mittelloch des Stöpsels verschieden tiefe Aussparungen vorgesehen sind, welchen am Körper der Sicherungen verschieden hohe Ansätze entsprechen. Die einzelnen Stufen unterscheiden sich um je 5 mm in der Höhe dieser Absätze, während bei den Edison-Stöpseln die Höhenunterschiede nur etwa 2 mm betragen. Um die Sicherungen für 200 Volt brauchbar und handlich zu gestalten, besitzt der Stöpsel etwa 35 mm, der Schmelzdraht dagegen etwa 105 mm Länge. Dies ist dadurch erreicht, dass der Draht zickzackförmig durch Oeffnungen des in Fig. 253 abgebildeten Cementkörpers hindurchgeführt wird. Durch diese Anordnung soll insbesondere der weiteren Forderung

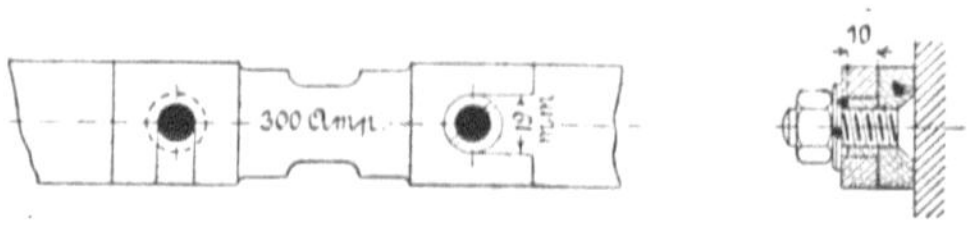

Fig. 251.

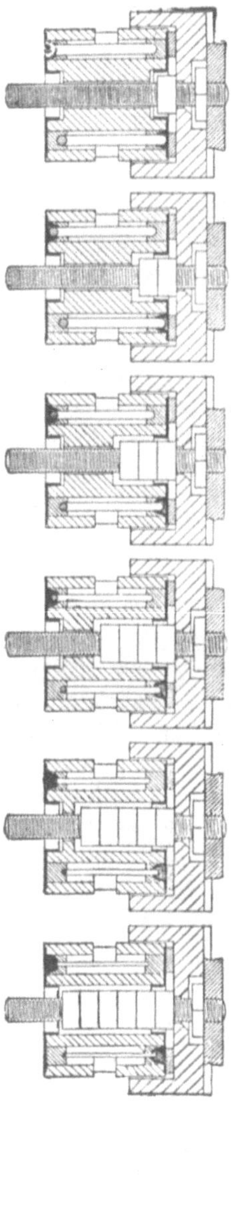

Für: 1 mm² 4 Amp. — 1,5 mm² 6 Amp. — 2,5 mm² 10 Amp. — 4 mm² 15 Amp. — 6 mm² 20 Amp. — 10 mm² 30 Amp.

Fig. 252.

Fig. 253.

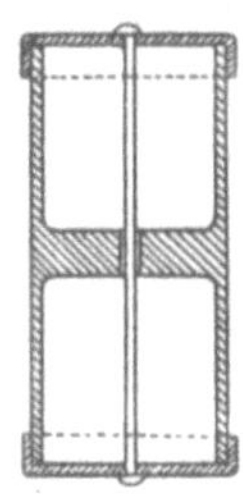

Fig. 254.

Fig. 255.

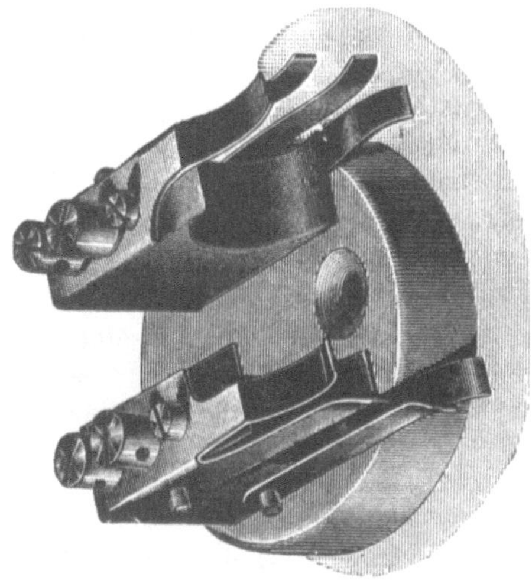

Fig. 256.

genügt werden, dass beim Abschmelzen kein dauernder Lichtbogen stehen bleiben kann.

Die bisher angeführten Konstruktionen dienen für niedergespannten Strom. Für geringe Stromstärken werden meist die Stöpsel oder Patronenbleisicherungen gebraucht, für stärkere Stromstärken wird die direkte Einklemmung von Bleiplatten verwendet. Bei hochgespanntem Strom hat man einerseits Rücksicht auf das Stehenbleiben des Lichtbogens, welches bei gleicher Spannung und Stromstärke bei Gleichstrom bedeutender auftritt als bei Wechselstrom, und andererseits auf die ungefährliche Handhabung beim Einsetzen der Schmelzpatrone Rücksicht zu nehmen. Um ersteres zu verhindern, hat man versucht, die beiden Kontaktstücke des Bleidrahtes nach dem Abschmelzen durch Federn von einander zu entfernen und damit den Bogen zum Abreissen zu bringen. Hierher gehört z. B. die Fallschiebersicherung von Siemens & Halske[1]), bei welcher auf dem verstärkten Schmelzdrahte ein durch eine Feder gespannter Schieber aufliegt, welcher beim Schmelzen des Drahtes in eine Oeffnung der Grundplatte fällt und so das Stehenbleiben eines Lichtbogens verhütet. Einfacher wirkt jedoch selbst bei Spannungen von mehreren Tausend Volt die in Fig. 254 ersichtliche isolirende Zwischenwand, wie sie O. T. Bláthy bei seiner Hochstromsicherung für Wechselstrom, Fig. 255, vielfach verwendet. Der Bleidraht ist zwischen zwei Metallkappen befestigt, die auf einem Ebonitrohre aufsitzen und die Stromzuführung bilden. Ein Handgriff gestattet die Manipulirung mit der Patrone, welche in festsitzende Kontaktfedern, Fig. 256, zu sitzen kommen. Ferranti hat später ein ähnliches Diaphragma aus Asbest benutzt. Oft hat man auch den Schmelzdraht mit einer isolirenden Substanz überzogen, um die Bildung eines grösseren Lichtbogens zu verhüten, was aber andere Mängel zur Folge hatte. Man griff daher zu einer körnigen isolirenden Masse, wie reinem Sand, oder zu Schieferscheiben die auf den Faden aufgefädelt sind, oder ähnlichen Körpern, die beim Schmelzen des Drahtes in ähnlicher Weise wie der Siemens'sche Fallschieber den Lichtbogen abreissen oder ersticken sollten. Dies gelingt jedoch nicht immer, da der Lichtbogen zuweilen die Stoffe zu einer vollkommenen „Blitzröhre" zusammenschmilzt. L. W. Downes und W. C. Woodward[2]) ergänzten die Anwendung von pulverisirtem Material, indem sie auf den Schmelzdraht in der Mitte desselben eine kleine geschlossene Papiertrommel dicht aufsetzten; die Erhitzung ist daselbst am höchsten und die Abschmelzung erfolgt präciser, weil die stagnirende Luft in der Trommel die Ableitung der Wärme verringert und ihre Wände nach dem Bláthy'schen Princip die Verbreitung der Dämpfe verhindern.

[1]) Hundhausen, Elektr. Zschr. 1897, S. 29.
[2]) The Electrical Engineer 1897, S. 647.

Der Bogen kann auch durch die elektromagnetische Wickelung mehrerer Windungen zum Erlöschen gebracht werden, wie es Fischer-Hinnen[1]) angiebt. Der Bleidraht wird von ihm um eine mit Rillen versehene Glocke gewickelt, in deren Mitte die Stromzuführung aufsteigt. Beim Abschmelzen reisst der Bogen in Folge der elektromagnetischen Wirkung des so gebildeten Feldes ab.

3. Dimensionen des Abschmelzstückes.

Die Ermittelung dieser Dimensionen für die verschiedenen Abschmelzstromstärken geschieht auf experimentellem Wege. Die Vorgänge werden in Folge Wärmeableitung durch die Leitungsklemmen, sowie durch die Luft etc. verwickelt.

Innerhalb gewisser Grenzen findet man trotzdem einfache Ausdrücke, wie z. B. bei der in Fig. 243 dargestellten Klemmensicherung, welche bei 25 mm freier Bleilänge die Abschmelzstromstärke $J = 17 \cdot d \cdot \sqrt{d}$ ergab, wobei d den Durchmesser des Bleidrahtes in mm bedeutet. Für den Legirungsdraht sinkt die Konstante dagegen selbst auf ca. 6 herab. Für die grössere Sicherung, Fig. 244, fand man analog für Bleiplatten, deren Schaftlänge 40 mm betrug, $J = 10 \sqrt{b \cdot h (b + h)}$, wobei b die Breite, h die Dicke in mm bedeutet. Nimmt man 1 mm starke Platten, so reducirt sich obige Formel annähernd auf $J = 10\,b$, d. h. für ein Millimeter Breite sind ca. 10 Ampère zu rechnen.

Schuckert, Nürnberg, verwendet Britanniableche, die durch Längsschlitze so untertheilt werden, dass jeder Streifen bei 10 Amp. schmilzt. Die eingehenden Untersuchungen von Feldmann über den Einfluss der Länge des Schmelzdrahtes und der Abkühlung durch die Klemmen haben gezeigt, dass man die Abschmelzstromstärke allgemein durch

$$J = \frac{a}{\sqrt[4]{l}} d \sqrt{d}$$

darstellen kann, wobei l die freie Länge bedeutet, während a nur von den Dimensionen des Klemmstückes abhängt[2]). Cockburn hat vorgeschlagen, den Zinndraht mit einer kleinen Bleikugel zu belasten, damit die Abschmelzung schon vor der Rothglut des Fadens erfolgen kann und ein exakteres Funktioniren bei bestimmter Stromstärke eintrete.

Die Verwendung grosser Länge des Schmelzdrahtes, welche hinsichtlich des Abreissens des Bogens wünschenswerth erscheint, verbietet

[1]) Elektr. Zschr. 1897, S. 274.

[2]) Ausführlicheres siehe Herzog - Feldmann, Elektrische Leitungsnetze, 1. Aufl., S. 323.

sich andererseits wegen des nennenswerthen Spannungsabfalles in demselben. Dr. C. Heim[1]) hat an Bleisicherungen von 5—100 Amp. Betriebsstrom Messungen vorgenommen und Spannungsabfälle von 0,06—0,1 Volt beobachtet. Oft sind bis zur Lampe drei und mehr Bleisicherungen hintereinander zu rechnen; berücksichtigt man nun, dass beim bipolaren Schutz die Werthe zu verdoppeln sind, so kann man begreifen, dass der Gesammtverlust in den Bleisicherungen nicht allzuschwer bis auf ein Volt anzusteigen vermag.

4. Wahl der Abschmelzstromstärke.

Die Schmelzsicherung soll verhindern, dass der Strom selbst in den schwächsten Ausläufern der von ihr geschützten Leitungsgruppe eine solche Stärke annehmen kann, dass seine Isolirung oder seine Umgebung durch Erhitzung Schaden erleiden könne. Zur Ermittlung dieses Stromwerthes dienen die im vorhergehenden Kapitel gegebenen Bestimmungen über die äusserste Temperaturerhöhung, welche als die gefährliche angesehen werden soll. Es ist klar, dass die verschiedenen Verlegungsarten der Leitungen zu verschiedenen Werthen führen müssen. Ein blanker, auf Porzellan geführter Draht giebt gewiss einen höheren Wert als eine isolirte, in Holznuten versenkte Leitung. Einer Temperatur über 100 Grad C. setzt man Faserstoffe nicht gerne aus; man überschreitet daher diese Grenze im Allgemeinen nicht. Die Feuerversicherungs-Gesellschaften empfanden zur Wahrung ihrer eigenen Interessen frühzeitig das Bedürfniss, in dieser Hinsicht Normen festzusetzen. Später folgten Vereine, hernach obligatorische Vorschriften von Stromlieferungs-Gesellschaften und Behörden. Einige Beispiele sollen angeführt und verglichen werden.

Die ältere Vorschrift des Wiener Elektrotechn. Vereins bezeichnet denjenigen Strom, welcher eine Temperaturerhöhung von 20° C. hervorrief, als zulässigen, den doppelten als äussersten Ueberstrom, den die Bleisicherung zu unterbrechen hat. Da der doppelte Strom die vierfache Temperatursteigerung hervorbringt, so entspricht dies 80° C. Rechnet man hierzu 20° Zimmertemperatur, so werden im Ganzen 100° erreicht. Die neuesten Vorschriften desselben Vereins zeigen eine Verschärfung, indem sie ca. 10° Erhöhung als zulässige und das 1,5 fache als Abschmelzstromstärke angeben, so dass sich die höchste Temperatur nur zu $10 \cdot 1{,}5^2 + 20 = 42^0$ C. ergäbe. Die Londoner Institution of Electrical Engineers hat bei einer zulässigen Erhöhung von 10° den

[1]) Dr. C. Heim, Die Einrichtung elektr. Beleuchtungsanlagen für Gleichstrom, 2. Aufl., S. 416.

doppelten Ueberstrom und damit eine Temperatur von 60^0 C. als äusserste Grenze festgesetzt. Die Chambre syndicale des Industries électr. in Paris nimmt sogar den dreifachen Ueberstrom an, was 110^0 C. ergeben würde.

Nimmt man für 10^0 C. Erhöhung rund an:

$$J_{max} = 5 \cdot d \cdot \sqrt{d},$$

so ergeben die vorstehenden Fälle der Reihe nach:

$$2 \cdot (1{,}4 \cdot 5 \cdot d\sqrt{d}) = 14\, d \cdot \sqrt{d},$$ Wien, alte Vorschriften.

$$1{,}5 \cdot (5 \cdot d \cdot \sqrt{d}) = 7{,}5$$ - - neue

$$2 \cdot (5 \cdot d \cdot \sqrt{d}) = 10$$ - London.

$$3 \cdot (5 \cdot d \cdot \sqrt{d}) = 15$$ - Paris.

Die Pariser Vorschriften gestatten also den doppelten Strom als die Wiener. Die Vorschriften des V. D. E. bestimmen, dass die Sicherungen lediglich nach dem Querschnitte des dünnsten von ihnen geschützten Drahtes zu bemessen sind, und zwar soll die Abschmelzstromstärke gleich dem Doppelten des auf Seite 181 angegebenen normalen Stromes sein. Doch können mehrere Vertheilungsleitungen eine gemeinsame Sicherung erhalten, wenn ihr gesammter Stromverbrauch 8 Amp. nicht überschreitet. Bewegliche Leitungsschnüre sollen stets von Wandkontakten mit Sicherungen abgezweigt werden, welche der Stromstärke genau anzupassen sind. Ausserdem ist es zulässig, die Sicherungen empfindlicher zu nehmen, als dies die obige Regel angeben würde. Die ursprünglich von Edison gegebenen Vorschriften bezogen sich auf den den angeschlossenen Lampen entsprechenden Strom. Die Schmelzampère betrugen das Doppelte dieses Betriebsstromes. Diese Fassung seiner Vorschrift hat oft zu der irrigen Annahme verleitet, als ob die Sicherung die Lampen und nicht die Leitung zu schützen hätte. Aus der Berechnungsweise der Leitungsquerschnitte für gedrängte Beleuchtungsobjekte bei Leitungslängen bis etwa 100 m erhält man für einen angenommenen maximalen Spannungsverlust eine bestimmte Stromdichte. Das Doppelte derselben gilt dann für den höchsten Ueberstrom. Sei z. B. die maassgebende Leitungslänge $\lambda = 100$ m, der Spannungsverlust $V = 2$ Volt von 100, so ergiebt sich der Leitungsquerschnitt für ein Ampère mit $\frac{1 \cdot 100}{60 \cdot 2} = 0{,}83$ mm². Demnach würde z. B. eine Sicherung in einem Drahte von 3 mm $0{,}83 \cdot 7{,}1 \cdot 2 =$ 12 Ampère Abschmelzstromstärke zu erhalten haben. Es steigen die Abschmelzstromstärken hier mit dem Leitungsquerschnitt, also mit dem Quadrate des Durchmessers der Leitung, und zwar nach der Formel $J_{max} = 1{,}3\, d^2$, welche die neuere Wiener Formel erst bei Durchmessern über 32 mm erreichen würde. Daraus lässt sich schliessen, dass die Berechnungsweise nach Lampen für die kleineren Bleisicherungen, obzwar dem Wesen nach unzutreffend, doch der Bequemlichkeit wegen (man braucht nicht nach dem Leitungsdurchmesser zu fragen, während die Leitungsberechnung unmittelbar die Querschnitte ergiebt) verwendet werden kann. Sie giebt meistens hierbei zu empfindliche Bleikontakte an und man geht in Folge dessen mit dem Sicherheitskoefficienten höher, z. B. auf das Zwei- bis Dreifache, umsomehr als die feinen Abstufungen in den Abschmelzungsicherungen praktisch nicht leicht durchführbar sind.

Für specielle Fälle hat man die Schmelzsicherungen durch automatische elektromagnetische ersetzt. Der Ueberstrom verstärkt die Wirkung eines Magnetes, welcher einen Kontakthebel löst, der den Strom unterbricht. Solche Apparate werden namentlich bei den elektrischen Bahnen, die mit 500 Volt Gleichstrom arbeiten, benutzt. Erst in jüngster Zeit hat sich auch hier die gewöhnliche Schmelzsicherung zu behaupten gewusst, indem das Ausblasen des entstehenden mächtigen Lichtbogens von einem separaten Elektromagnet besorgt wurde, wie die General Electric Comp., New-York selbst an Bleisicherungen für 4400 Ampère und 550 Volt mit Erfolg durchführte. Die bereits bei Luftleitungen erörterten Konflikte zwischen Starkstrom- und Schwachstromleitungen machen für letztere die Anbringung empfindlicher Schmelzsicherungen in der Centrale erforderlich. K. Strecker[1]) hat feine Widerstandsdrähte, z. B. Superiordraht von 0,07 mm Durchmesser, angewandt, der bei 0,8 Amp. schmolz. Die isolirende Zwischenwand hat sich auch hier vollkommen bewährt, indem ein dünnes Korkscheibchen oder selbst ein dünner Siegellacküberzug als Diaphragma wirkt. Am besten wäre es, die dünnen Schmelzdrähtchen durch entsprechend feine Oeffnungen einer 1 cm starken Porzellanwand zu ziehen.

B. Blitzschutzvorrichtungen.

5. Allgemeines.

Ueber die Wirkungen der atmosphärischen Elektricität auf oberirdische Leitungsanlagen und die Mittel, ihnen zu begegnen, lagen aus der Schwachstromtechnik zahlreiche Erfahrungen vor. Aus derselben wurde auch das Princip übernommen, eine Funkenstrecke einzuschalten, welche für den gewöhnlichen Nutzstrom nicht zu überwinden ist, während die Blitzentladung sie, der hohen Spannung wegen, leicht überspringt und so sich zur Erde führen lässt.

Dagegen ist die im Telephon- und Telegraphenbetriebe geübte Praxis, während starken Gewitters die Apparate abzuschalten und die

---

[1]) Elektr. Zschr. 1896, S. 432.

Leitungen an Erde zu legen, natürlich für Starkstromanlagen nicht verwendbar. Damit und mit der wachsenden Verbreitung der Starkstromanlagen war ein tieferes Eingehen in die Fragen des Schutzes mit Rücksicht auf die speciellen Eigenschaften der Starkstromanlagen von vornherein geboten. Die Wirkungen der atmosphärischen Elektricität lassen sich in direkte und indirekte theilen. Erstere erfolgen, sobald der Blitz unmittelbar in die Leitung einschlägt und seine Entladung in derselben findet; letztere tritt ein durch Influenz von geladenen Wolken auf die Leitung oder auch durch Induktion benachbarter Entladungsströme, wie sie von Wolken zur Erde oder von Wolke zu Wolke auftreten, auf die Leitung. Die Ströme dieser indirekten Wirkung sind es nun, welche sich vorwiegend zeigen und welche in Gebirgsgegenden während des Gewitters bei den Blitzplatten durch ihre Entladungen ein ununterbrochenes Geräusch ergeben, während direkte Blitzschläge nur vereinzelt auftreten. Diese Blitzplatten dienen zum Schutze von Maschinen und Apparaten, auch von unterirdisch verlegten Leitungen, die an ein oberirdisches Netz anschliessen. Sie finden daher in der Maschinenstation, bei Transformatorenstationen oder Vertheilungspunkten, von welchen aus die oberirdische Leitung in unterirdische übergeht, Aufstellung. Sie sollen als „Stationsschutz“ behandelt werden, während die Betrachtungen der an den oberirdischen Leitungen selbst angewendeten Vorsichtsmaassregeln unter „Linienschutz“ zusammengefasst werden sollen, obzwar der angestrebte Schutz bei mancher Lösung sich nicht allein auf die Linie beschränkt, sondern auch auf die Station rückwirkt.

6. Stationsschutz.

Der Stationsschutz besteht aus der Funkenstrecke, der Erdleitung und in manchen Fällen aus speciellen Selbstinduktionsspulen und Kondensatoren, die ein Abdrängen der Entladung von den Maschinen etc. zur Funkenstrecke sichern sollen. Unter Umständen muss man Kombinationen von mehreren Funkenstrecken u. s. w. anwenden, auf die wir noch zurückkommen.

Die Funkenstrecke wird auf mannigfache Weise hergestellt. Fig. 257 und 258 zeigen gangbare Konstruktionen der Firma Ganz & Co., bei welchen zwischen Metallkämmen die Funkenentladung erfolgt. Die Schaltung geschieht bei ersterer derart, dass ein Kamm mit einem Leitungspole, der andere zur Erde verbunden wird, während bei der zweipoligen Platte Hin- und Rückdraht einer Leitung mit den Seitenkämmen, die Mittelklemme jedoch zur Erde verbunden werden. Diese Schaltungsweisen sind noch in Fig. 259 durch eine ergänzt, wo zwei einpolige ganz von einander getrennte Platten mit gleichfalls separaten

Erdleitungen benutzt werden. Bei sehr heftigen Entladungen kann es nämlich geschehen, dass gleichzeitig an beiden Funkenstrecken der Hin- und Rückleitung sich Lichtbögen bilden, welche als gutleitende Brücke, Fig. 259 I u. II, metallisch kurzschliessen, im Falle III aber die Ma-

Fig. 257.

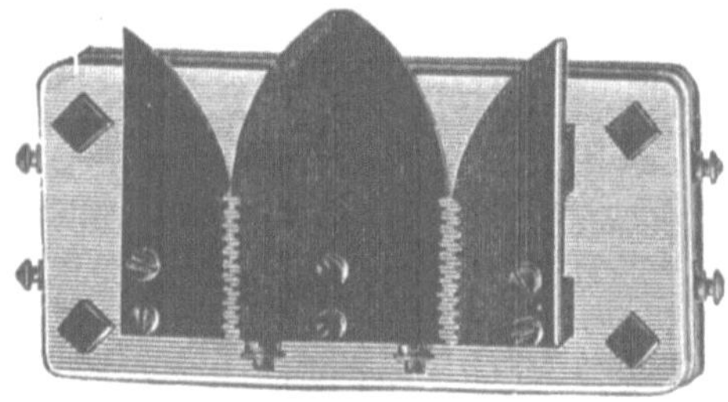

Fig. 258.

schinen auf den zwar geringen, jedoch nicht belanglosen Erdwiderstand zwischen den Platten schalten.

Die schädliche Wirkung dieses Kurzschlusses auf die stromerzeugenden Maschinen selbst wird je nach ihrer Art verschieden sein; aber in jedem Falle wird dabei eine Veränderung des Betriebszustandes der Centrale und somit auch bei den Konsumobjekten zu befürchten sein.

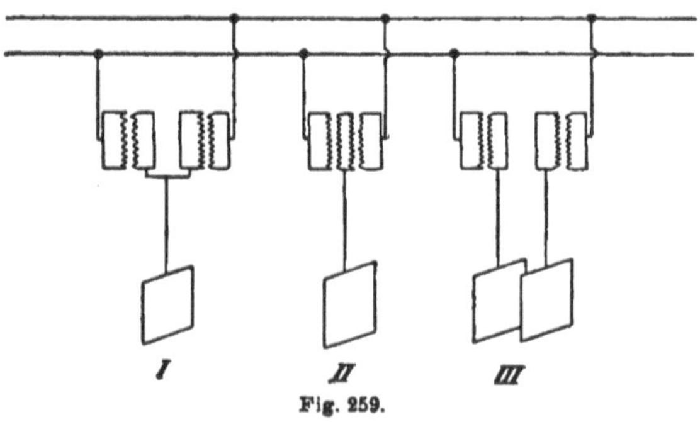

Fig. 259.

Viele Vorschläge wollen dem abhelfen. So wird der Kurzschlussstrom zur Bethätigung elektromagnetischer Wirkungen benutzt, welche den sich bildenden elektrischen Bogen durch Vergrösserung der Funkenweite zum Abreissen bringen. Die in Fig. 260 dargestellte Blitzplatte der General Electric Co. von Elihu Thomson enthält keine beweglichen Theile. Die Klemmen a, b, c werden zur Erde, zur Linie und zur Maschine verbunden.

Das Funkenausblasen geschieht bei ihr durch die Wirkung des magnetischen Feldes, welches den Bogen wie einen freibeweglichen, vom Strome durchflossenen Leiter nach oben treibt, ihn dabei in Folge der hornförmigen Ansätze streckt und zum Abreissen bringt, ein Princip, welches wir schon bei den Bleisicherungen erwähnten. Die elektromagnetische Funkenlöschung wurde, wie die in Fig. 257 und 258 bereits gegebenen Formen zeigen, der Einfachheit wegen schon vor einem Jahrzehnt verschmäht, während man die Hörner beliess, weil für das Aufsteigen und Verlängern des Bogens zwei Anschauungen sprachen. Die erste gründete sich auf die Wirkung der aufsteigenden heissen Luft, die zweite auf die elektrodynamische Abstossung zweier parallelen, in entgegengesetzten Richtungen verlaufenden Ströme, wie dies bei der damals noch in frischer Erinnerung stehenden Jablochkoff'schen und Jamin'schen Kerze angenommen wurde, zwischen deren parallelen Kohlenstäben sich der elektrische Lichtbogen auf der Spitze halten sollte.

Fig. 260.

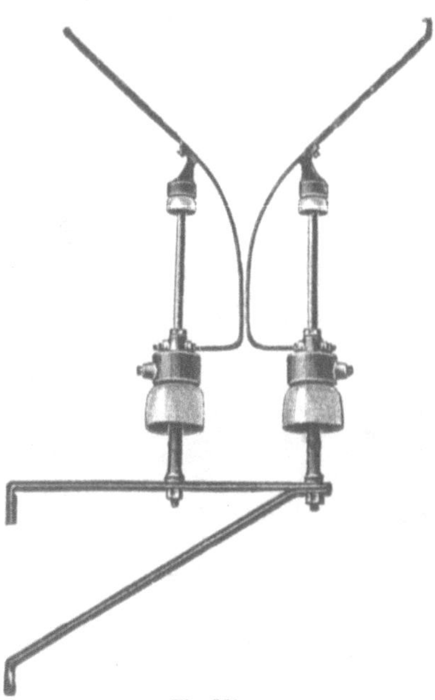

Fig. 261 a.

Neuerdings wurden in dieser Richtung eingehende Untersuchungen [1]) vorgenommen, welche zu dem in Fig. 261 dargestellten Blitzableiter für Hochspannung von Siemens & Halske führte. Zwei starke, hornför-

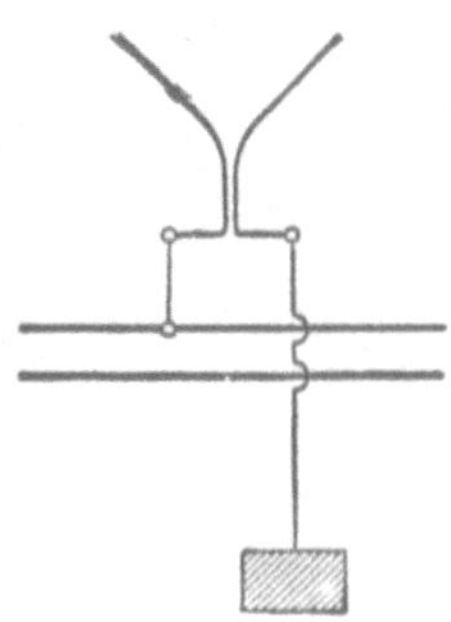

Fig. 261 b.

[1]) H. Görges, Elektr. Zschr. 1897, S. 214.

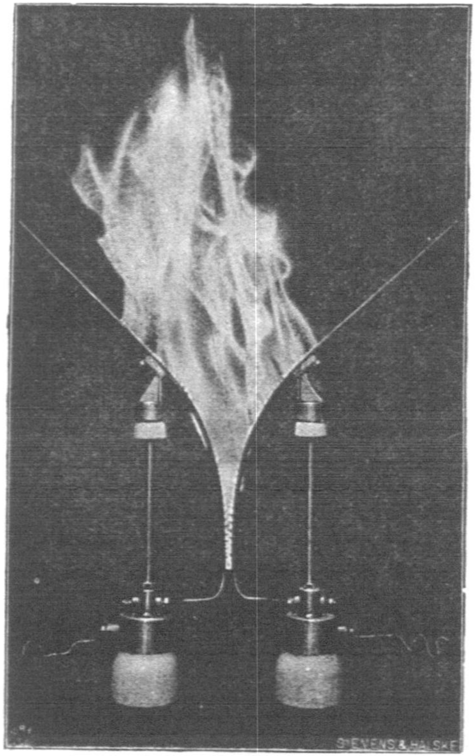

Fig. 264 a.

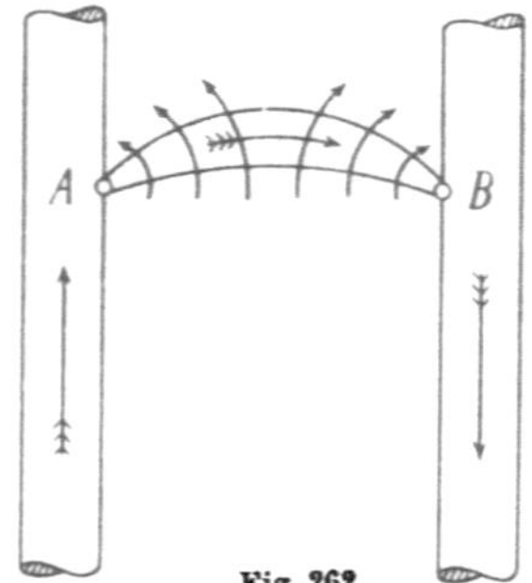

Fig. 262.

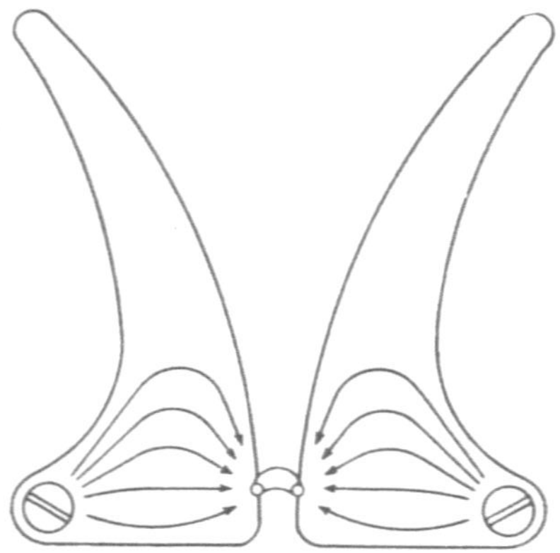
Fig. 263.

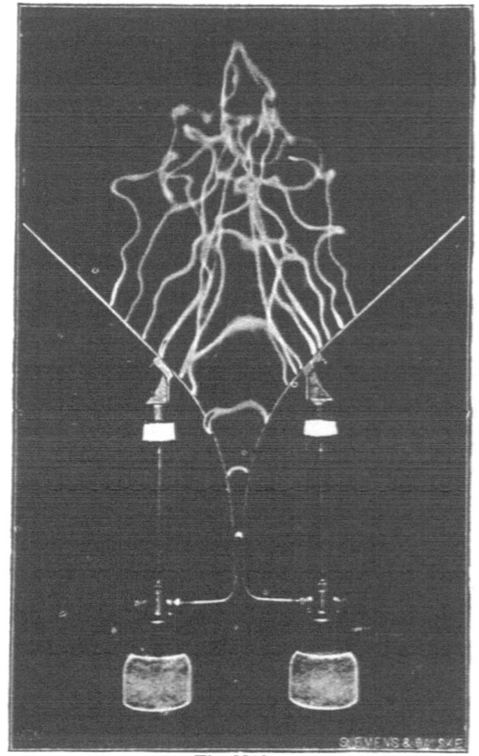
Fig. 264 b.

mig gebogene Kupferdrähte sind einander gegenübergestellt; sie werden von gusseisernen Kappen getragen, die auf Porzellanisolatoren gekittet sind. Um die elektrodynamische Wirkung sicher zu erhalten, ist hier dafür gesorgt, dass die parallelen Stromläufe wirklich so erfolgen, dass sie die in Fig. 262 ersichtlich gemachte Richtung besitzen und nicht wie in Fig. 263 verlaufen, wo die von den Klemmen ausgehenden Stromlinien sich zum Theil in ihrer elektrodynamischen Wirkung aufheben und die Resultirende, je nach der Form des Stückes, nach unten oder oben gerichtet sein kann. Bei hohen Spannungen soll dieser Apparat sicher funktioniren. Die Fig. 264a und 264b stellen photographische Aufnahmen eines bei 10000 Volt Wechselstrom kurzgeschlossenen Blitzableiters dar. Fig. 264a ist eine Daueraufnahme von etwa 2 Sekunden, während welcher der Lichtbogen nach oben wandert und erlischt. Fig. 264b

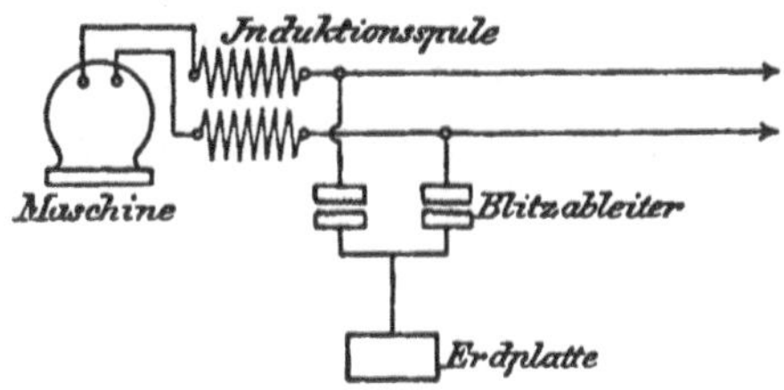

Fig. 265.

ist eine Aufnahme, die mit Hilfe einer rotirenden, radial geschlitzten Scheibe gemacht wurde. Von den vielen Lichtbogen, in die man sich die bei dem Kurzschluss auftretende Flammenerscheinung aufgelöst denken muss, sind in der Abbildung nur wenige sichtbar. Sie lassen erkennen, dass der Lichtbogen in jedem Augenblicke ein dünnes Band bildet, das sich, den Wirbeln der Luft folgend, in mannigfacher Weise verschlingt.

Die Elektromagnetspule, welche die Ausblasung des Entladungs- oder Kurzschlussbogens bewirken soll, darf nicht in die Erdleitung geschaltet sein, da sie in Folge ihrer Selbstinduktion dem Abfliessen der veränderlichen Entladungen desto mehr entgegenwirken würde, je mehr man ihre elektromagnetische Wirkung zu erhöhen beabsichtigt. Sie wird dagegen in natürlicher Weise vor die Maschine in die Hauptleitung geschaltet, wo sie das Abdrängen der Entladungen von der Maschine auf die Blitzplatten zur Erde befördert. Die Disposition dieser Induktionsspulen, die als Schutzspulen bezeichnet werden können, zeigt Fig. 265. Die geringe Zahl von etwa 10—20 Windungen ist dadurch erklärlich, dass die Blitzentladung nicht als ein einzelner Stromstoss, sondern nach den Untersuchungen von O. Lodge als oscillatorische Entladung von sehr hoher Wechselzahl (bis 10^6 in der Sekunde) anzusehen ist.

Neben Schutzspulen wurde auch die Schirmwirkung der Kondensatoren zur Anwendung gebracht.

Thury hat bei seiner ausgedehnten und mit hoher Spannung arbeitenden Gleichstrom-Serienmotorenanlage bei Genua die in Fig. 266 dargestellte Anordnung der Induktionsspulen und Kondensatoren mit Erfolg verwendet, um ein plötzliches übermässiges Anwachsen der Spannung zu verhindern.

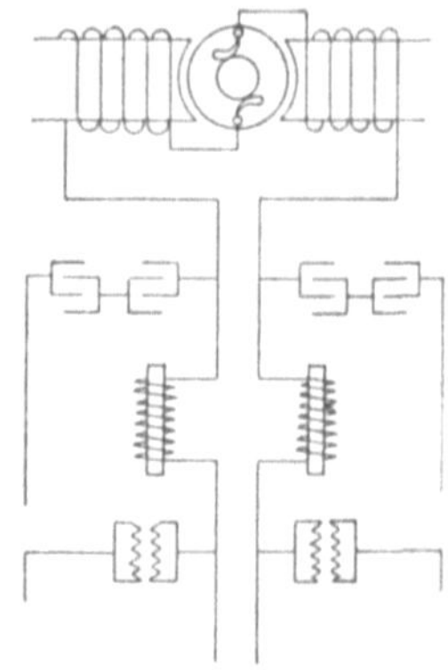

Fig. 266.

Die Funkenweite soll mit Rücksicht auf die Leichtigkeit der Abführung der atmosphärischen Entladung so klein als möglich sein; mit Rücksicht auf den Kurzschlussbogen und die entsprechende Stromstärke muss sie jedoch um so grösser sein, je höher die Betriebsspannung ist. Dabei kommen noch andere Momente des ganzen Leitungskreises in Betracht und es ist namentlich zu beachten, dass die Summe der hinter-

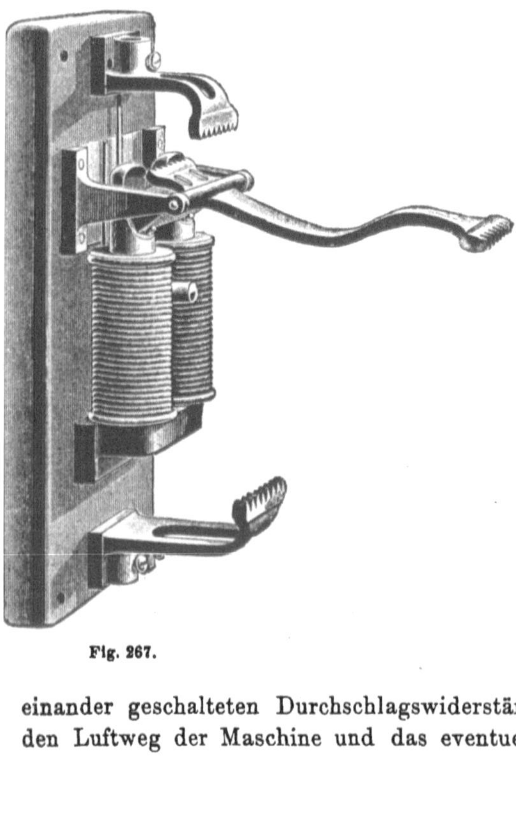

Fig. 267.

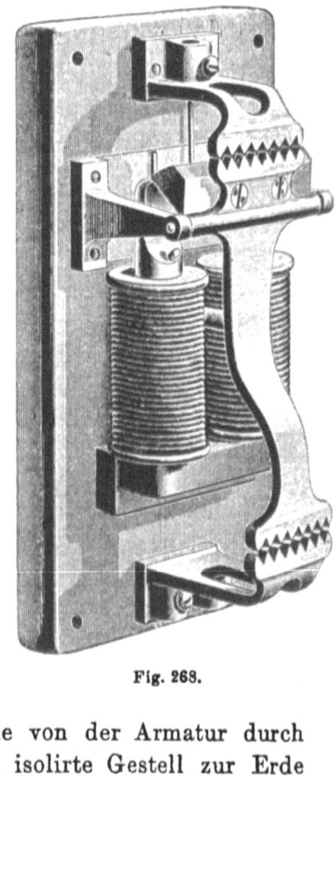

Fig. 268.

einander geschalteten Durchschlagswiderstände von der Armatur durch den Luftweg der Maschine und das eventuell isolirte Gestell zur Erde weit grösser sein muss als diejenige der Funkenstrecke. Andere Konstruktionen von Funkenstrecken benutzen die elektromagnetische Wirkung nur zur Auslösung von Gewichten, Hebeln u. s. w., um die Funkenweite mechanisch zu vergrössern. Eine erprobte Konstruktion ist in Fig. 267 und 268 wiedergegeben. Der Elektromagnet zieht ein Schlussstück an, welches mit einem doppelarmigen Hebel fest verbunden ist. Dieser Hebel bildet an seinen Enden die Funkenstrecken. Der Entladungsstrom wird hierbei an zwei Funkenstrecken unterbrochen.

In einem Blitzableiter der Westinghouse Co. werden die Elektroden selbstthätig durch die Wärmewirkung des Lichtbogens auseinandergeschleudert (Fig. 269). Die Kohlenelektroden sind an Armen befestigt,

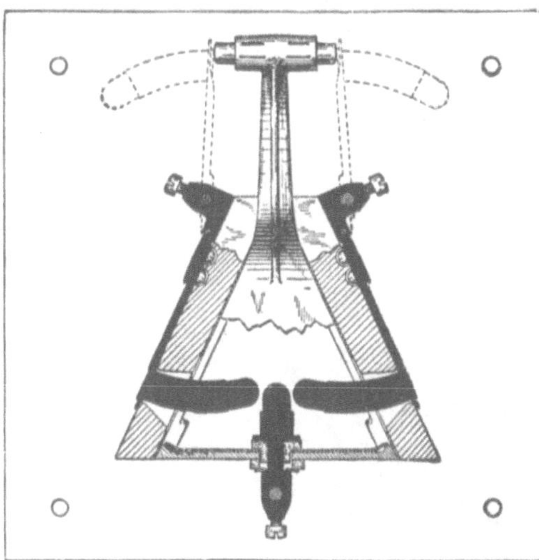

Fig. 269.

die nahezu vertikal herunterhängen und um je eine oben angeordnete Axe drehbar sind. Dehnt ein Lichtbogen die Luft im Innern des Kastens plötzlich aus, so werden die Kohlen herausgeschleudert, um gleich darauf wieder zurückzufallen.

Besonderen Erfolg wiesen die von Wurts, dem amerikanischen Specialisten für Blitzschutz, gebauten Apparate auf. Auf einer zur Erde abgeleiteten Grundplatte sind eine Reihe von Zinkscheiben säulenförmig auf einander geschichtet, welche von einander durch volle Glimmerscheiben isolirt werden. Die Entladung erfolgt von der obersten Scheibe zur nächsten u. s. w., und auf diesem Wege wird ihr so viel Wärme entzogen, dass kein grosser Lichtbogen zu Stande kommt, sondern nur kleine Fünkchen. Fig. 270 zeigt das Aeussere einer solchen Vorrichtung

20*

Fig. 270.

Fig. 271.

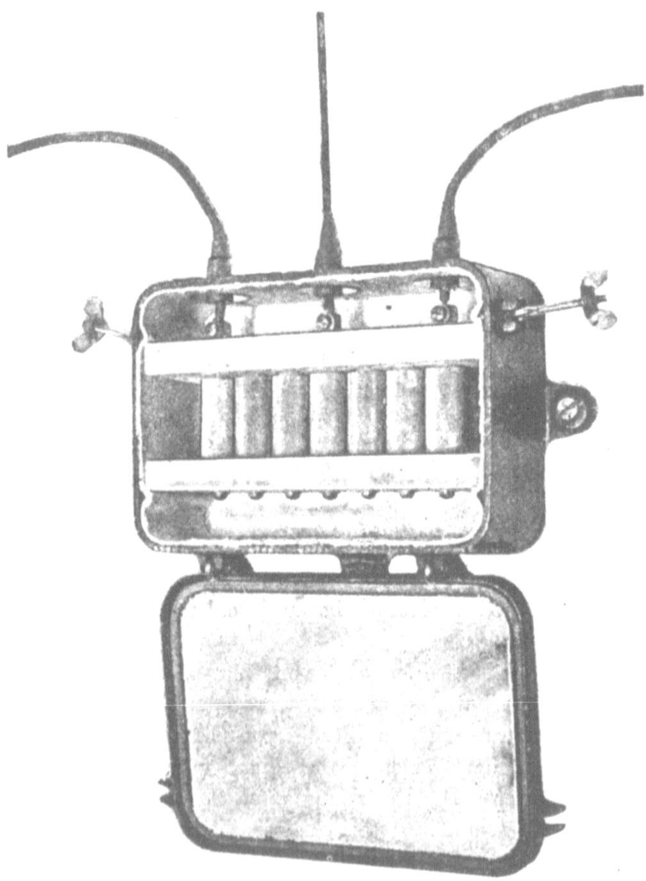

Fig. 272.

in der Ausführung der Allgem. Elektr.-Ges., welche meist für niedere Spannung und auf Leitungsstangen montirt wird. Eine Modifikation nach Voigt & Haeffner, bei der sich die Funkendistanz leicht überprüfen lässt, führen wir noch in Fig. 271 an. Für höhere Spannungen, etwa für 3000 Volt, nimmt man eine Reihe von Zinkblechröhren, welche auf isolirende Bolzen beweglich aufgeschoben sind (Fig. 272). Um alle

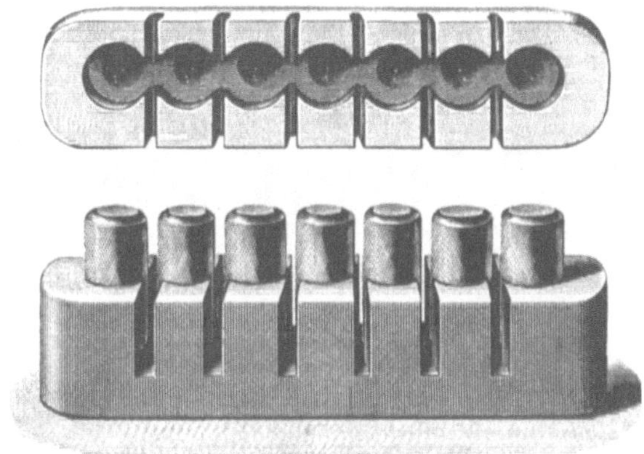

Fig. 273.

Theile des Zinkmantels, der durch Funken angegriffen wird, ausnutzen zu können, vermag man von Zeit zu Zeit das Zinkrohr auf dem Bolzen zu drehen. Zink oder Messing, welches neuestens wegen der schwereren Schmelzbarkeit bevorzugt wird, hat sich bei diesen Konstruktionen bewährt, weil die durch den Lichtbogen gebildeten Metalloxyddämpfe schlecht leitend sind und die Bildung grösserer und dauernder

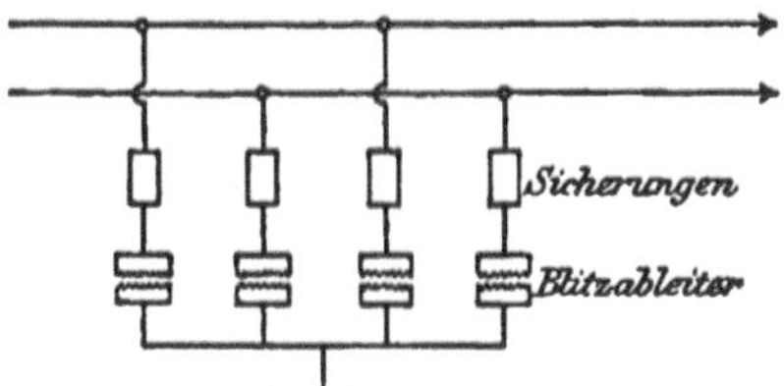

Fig. 274.

Lichtbögen hintanhalten oder mindestens erschweren. Wurts bettet bei seiner als Standard bezeichneten Funkenstrecke (Fig. 273) die geriffelten Cylinder in Porzellanstücke mit entsprechenden Schlitzen ein. Die innere Schaltung von Blitzschutzapparaten ist sehr mannigfach. So wurden z. B. parallel geschaltete Bleistreifen mit Funkenstrecken in die Erdleitung eingesetzt (Fig. 274). Die Funkenweite der verschiedenen Kämme ist von einem zum anderen wachsend, die Entladung erfolgt bei der geringsten, die Bleisicherung schmilzt in Folge des Maschinenkurzschlusses; bei der nächsten Entladung folgt der nächste Kamm u. s. w. Man muss demnach eine grössere Anzahl von Kämmen anwenden, um grossen, rasch

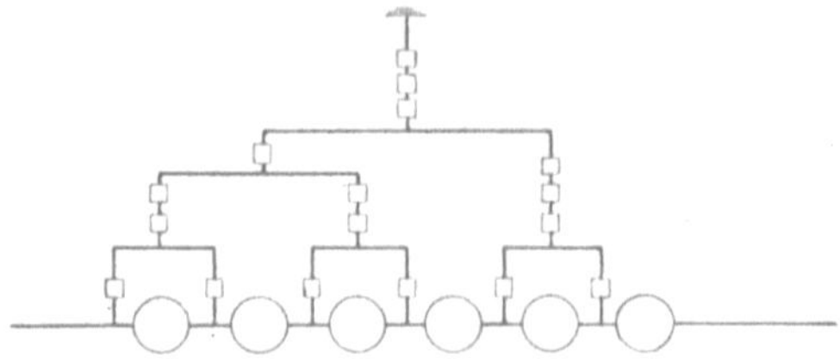

Fig. 275.

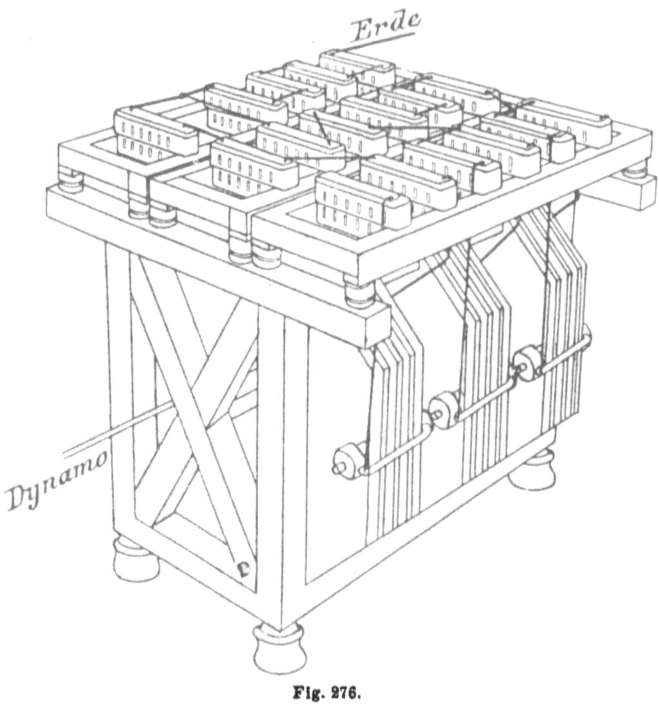

Fig. 276.

auf einander folgenden Gewitterschlägen zu widerstehen. Die von Lodge angegebenen und von Muirhead & Co., London, gebauten Apparate sind nach diesem Princip ausgeführt[1]). Um die Wirkung des Kurzschluss-

[1]) Oliver J. Lodge, Lightning Conductors and lightning guards. 1892, S. 423

stromes bei hohen Spannungen zu verringern, hat Wurts[1]) durch Parallelschaltung seiner Funkenstrecken den Strom gespalten und in jede Spaltung je nach der Höhe der Betriebsspannung die entsprechende Anzahl in Serie geschaltet, wobei er vor jeder Spaltung eine Abdrängungs- oder Schutzspule anbringt, wodurch sich die in Fig. 275 dargestellte pyramidenförmige Anordnung für 15000 Volt ergiebt. In dieser Figur bedeuten die Kreise die Schutzspulen, die Vierecke die Funkenstrecken. Zur kompendiösen Vereinigung wird ein in Fig. 276 abgebildetes Holzgestell verwendet, welches unten die Schutzspulen, oben die Funkenstrecken aufnimmt.

Zur Abführung des Entladestromes dient die Erdleitung und die Erdplatte. Die für Hausblitzableiter geltenden Normen, die freilich recht unsicher sind, kommen auch hier in Betracht. Jedenfalls muss gute und dauernde Erdverbindung vorgesehen werden[2]).

Zum Schlusse seien, dem Beispiele Dr. A. Denzler[3]) folgend, die aus Vorstehendem resultirenden Bedingungen zusammengefasst, welche der Stationsschutz zu erfüllen hat: 1. Die Entladung soll die Maschinen und Apparate unbeschädigt lassen. 2. Sie soll sicher zur Erde abgeleitet werden. 3. Der Maschinenkurzschluss soll womöglich ganz vermieden oder wenigstens selbstthätig störungsfrei unterbrochen werden.

7. Linienschutz.

Der Linienschutz richtet sich hauptsächlich gegen die direkten Blitzwirkungen, d. i. die unmittelbaren Blitzschläge in die Leitung oder ihre Gestänge. Er wird je nach der zu Grunde gelegten theoretischen Anschauung und je nach dem Werthe, den man ihr für die Praxis beizumessen für gut findet, recht verschieden ausgeführt. Entscheidende Erfahrungen, welche nur auf Grund einer ausgedehnten und zweckmässigen Statistik zu erreichen wären, liegen wegen der veränderlichen lokalen Verhältnisse und Bedingungen bei den verschiedenen Anlagen bis jetzt nicht vor, stehen jedoch durch die Initiative des Verbandes Deutscher Elektrotechniker in Aussicht. Einzelne besonders exponirt liegende Leitungssäulen werden durch Anbringung einer Aufsaugspitze, eines Ableitungsdrahtes und einer Erdplatte geschützt. Viele erachten diesen Schutz für ungenügend und armiren jede Leitungssäule gegen Blitzgefahr. Um die Kosten zu verringern, wird der Ableitungsdraht selbst oben zur Spitze entwickelt und unten in eine Endspirale gewun-

[1]) A. J. Wurts, El. Engineer, New York, Sept. 1896; ferner Elektr. Anzeiger 1896, S. 1886.

[2]) Vergl. hierüber: Untersuchungen über Erdleitungen. F. Vesper, Elektr. Zschr. 1897, S. 757.

[3]) Schweizer. Bauzeitung 1894.

den. Den Uebergang in den Erdboden, der der Korrosion stark ausgesetzt ist, isolirt man durch Umpressen von Blei oder durch Einsetzen in ein eisernes Rohr und Ausfüllen mit einem Gemisch von Sand und Theer. Immerhin steht zu befürchten, dass die eine oder die andere Säule schlechte Erdleitung erhält. Man hat daher die Stangen durch einen Draht leitend verbunden, um erstens die Erdleitung nur bei vereinzelten Stangen vorzunehmen und zweitens sich von der Güte der Erdleitung einer oder der anderen Stange unabhängiger zu machen. Ausserdem glaubte man durch die Vermehrung der Spitzen einen leichteren Ausgleich der Elektricität zu erreichen. Diese Ansicht einer präventiven Wirkung der Spitzen hat sich jedoch als trügerisch ergeben[1]) und damit fällt auch das in Uebertreibung des alten Princips empfohlene und häufig geübte Verfahren, den Verbindungsdraht aus Stacheldraht herzustellen, der sich schwer spannen lässt, leicht reisst und die Unsicherheit bedeutend erhöht.

8. Funkenstrecken bei unterirdischen Stromleitungen.

Im Anhange an die Blitzschutzvorrichtungen sollen noch in Kürze die Funkenstrecken Erwähnung finden; sie dienen zum Schutze von unterirdischen Leitungen gegen ein Durchschlagen der Isolirung zur Erde, das durch Anwachsen der Spannung im Netze aus verschiedenen Ursachen entstehen kann. Es hat schon Acheson 1888[2]) die Wahrnehmung gemacht, dass bei Gleichstrombogenlampenkreisen mit langen einfachen Bleikabelleitungen Durchschläge gegen Erde erfolgten, die er der Kapacität des aus Kabel und Erde gebildeten Kondensators zuschrieb und auf welche wir im Kapitel über die Isolation der Leitungen noch näher zurückkommen. In klarer Weise beschrieb und erklärte L. Neustadt[3]), dass durch falsches Zu- und Abschalten eines Kabelstranges an einem Hochstromnetz aus koncentrischen Kabeln Durchschläge von Kondensatorströmen vom Aussenleiter zur Erde erfolgen können. Solchen Ereignissen beugt man nun durch an Erde gelegte Funkenstrecken an geeigneten Stellen, z. B. an den Transformatorenstationen des Netzes, vor.

Sobald durch irgend einen Umstand die Spannung jene Grenze überschreitet, die der Netzisolirung schaden könnte, tritt die gefahrdrohende Entladung bei der Funkenstrecke schadlos ein.

---

[1]) Elektr. Zschr. 1897, S. 331.

[2]) C. H. Rudd, Dieruptive discharges in lead cables, Western Electrician 1889, S. 112.

[3]) Erscheinungen an koncentrischen Kabeln im Wechselstrombetrieb, Elektr. Zschr. 1893, Heft 13.

Einen solchen Kabelschützer giebt Fig. 277 in schematischer Darstellung. Der Ausgleich findet zwischen den verstellbaren Stiften R R statt. Bei koncentrischen Wechselstromnetzen hat unseres Wissens zuerst Jacottet von dieser Methode Gebrauch gemacht, während sie unter analogen Verhältnissen zum Schutze des Hochspannungsschaltbrettes von Bláthy in die Praxis eingeführt wurde.

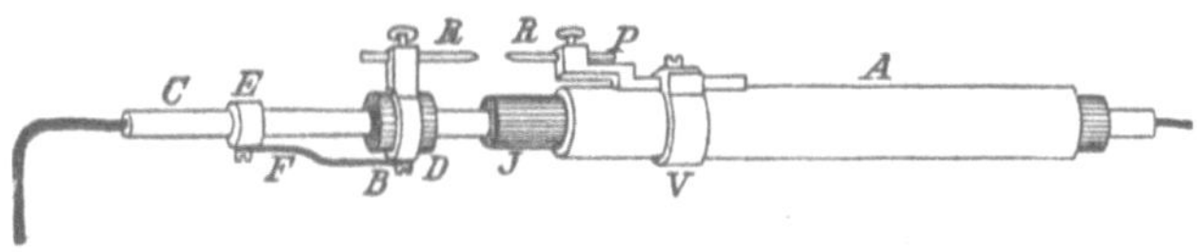

Fig. 277.

Dem gleichen Zwecke könnte auch die auf elektrostatischer Anziehung eines zwischen zwei Messingplatten liegenden Aluminiumplättchens beruhende Schutzvorrichtung von Cardew dienen. Sobald die Spannung die gefährliche Höhe überschreitet, verbindet das Aluminiumplättchen die obere an das Kabel angeschlossene Platte mit der unteren an Erde liegenden.

C. Stromschalter.

9. Allgemeines.

Jeder bestimmten Schaltung von Maschinen, Lampen, Transformatoren und Apparaten, sowohl unter sich selbst, als auch gegenseitig von einem oder mehreren dieser Objekte aus, entspricht ein bestimmter Stromlauf. Soll eine rasche Aenderung desselben von Hand aus oder

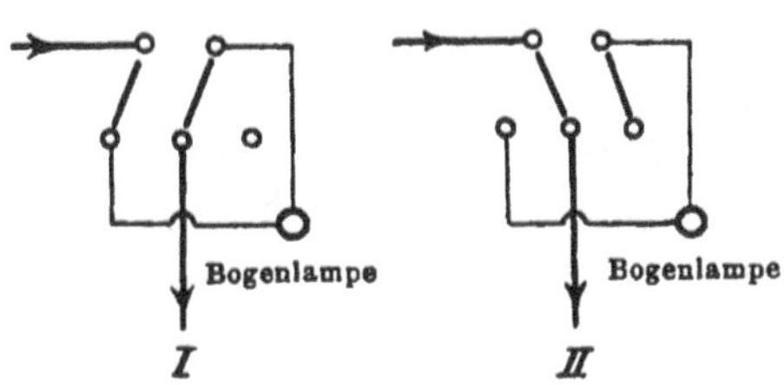

Fig. 278.

selbstthätig erfolgen, so werden hierzu besondere Apparate verwendet, die man allgemein Stromschalter nennt. Sind z. B. Bogenlampen in Serie geschaltet und soll der Strom, welcher durch alle Bogenlampen geht, bei einer derselben zeitweilig unterbrochen werden, so benutzt man das in Fig. 278 dargestellte Schalterschema, bei welchem in Stellung I die Lampe eingeschaltet, in II dagegen der Stromkreis kurzgeschlossen und zugleich die Lampenabzweigung vom Hochstrom führenden Serienkreis vollständig abgetrennt ist, sodass die Bedienung der Lampe gefahrlos vorgenommen werden kann. Bei parallelgeschalteten Objekten wird die Abstellung einzelner durch einfache Unterbrechung der Stromzuführung herbeigeführt; der Schalter wird dann specieller als Ausschalter bezeichnet. So werden einzelne Glühlampen oder Gruppen derselben beim Zwei- oder Mehrleitersystem zum Leuchten oder Erlöschen gebracht. Die Unterbrechung kann dabei für Hin- oder Rückleitung allein oder für beide zugleich erfolgen, wodurch man zu ein- oder zweipoligen und beim Mehrleitersystem zu mehrpoligen Ausschaltern geführt wird.

Soll ein Leitungsstrang von einer Leitung auf eine andere geschaltet werden, so benutzt man Umschalter, die ebenfalls in einfache oder einpolige, doppelte oder zweipolige u. s. w. unterschieden werden. Sie werden z. B. benutzt, um eine Gruppe von Leitungen von einer oder der anderen Maschine je nach Bedürfniss speisen zu lassen. Die Konstruktion eines Schalters hängt einerseits von den Bedingungen ab, die sich aus seinem Schaltungsschema ergeben, andererseits von der Stärke des Stromes, seiner Art und Spannung. Jedes Stromschliessen und besonders jedes Unterbrechen verursacht Funken- oder Lichtbogenbildung. Die wichtige Frage über die Grösse dieses Funkens in ihrer Abhängigkeit von der Zeitdauer des Schaltens, der Art des verwendeten Stromes und den Eigenschaften des Leitungsnetzes und seiner Anschlüsse kann hier nicht behandelt werden. Wir verweisen deshalb hier nur auf einige Aufsätze über diesen Gegenstand[1]). Die Konstruktionen zeigen diesen Bedingungen entsprechend eine grosse Mannigfaltigkeit. Es sollen einige Formen vorgeführt werden und zum Schlusse die Anforderungen formulirt werden, welchen gute Konstruktionen genügen müssen.

10. Konstruktionen von Stromschaltern.

a) Für schwache Ströme. Für geringere Stromstärken hat man für gewisse Fälle zum Stromschliessen und -öffnen Formen übernommen, die sich ursprünglich in der Telegraphie eingebürgert hatten. Es sind dies Steck- und Stöpselkontakte. Sie haben eine ausgedehnte Verbreitung bei den Schaltbrettern für Serienbogenlampenanlagen in Amerika gefunden, wo es gilt, entweder einen Stromkreis auf eine beliebige

---

[1]) J. A. Kittrick, An experimental study of E. M. Forces induced on breaking circuit. El. World Bd. 27, S. 778. Bd. 28, S. 10.

Walter, Theory of induction coil. El. Review, London 1897 oder Wiedemanns Annalen Bd. 62, S. 300.

S. P. Thompson, Der Elektromagnet, Deutsch von C. Grawinkel. 1894, S. 327.

Maschine oder auch mehrere Kreise, in denen weniger Bogenlampen in Funktion geblieben sind, hintereinander zu schalten. Solche Steckkontakte finden mannigfache Verwendung, z. B. um transportable Beleuchtungskörper mit biegsamen Schnüren an eine Leitung bequem anzuschliessen etc.

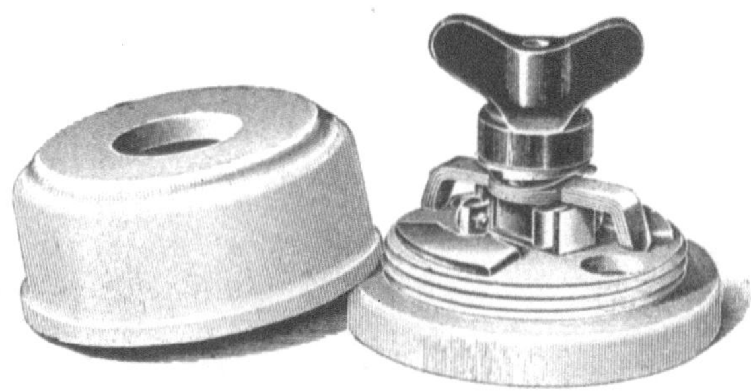

Fig. 279.

Zum Abstellen einzelner Glühlampen werden analog den Gashähnen Ausschalter, die durch einen Griff (oft Hahn genannt) bethätigt werden, in den die Glühlampe tragenden Fassungstheil eingesetzt. Sollen kleinere Glühlampengruppen, wie Luster, abgestellt werden, so erhalten ihre Zuleitungen Ausschalter, die gern an die Wand placirt werden. Fig. 279 und 280 stellt einen solchen Dreh- oder Dosenausschalter von

Fig. 280.

Voigt & Haeffner, dar; ersterer für einpolige, letzterer, je nach der Stellung für Ein- und Ausschaltung zweier Lampen oder Einschaltung der ersten oder zweiten Lampe. Es ist durch Einspannen einer Feder dafür gesorgt, dass das bewegliche Kontaktstück nur in den Grenzlagen gehalten werden kann, wodurch bleibende Lichtbogenbildung selbst bei Bedienung durch Unsachkundige hintangehalten wird.

b) Für stärkere Ströme. Die selbstthätigen Ausschalter bewirken eine Unterbrechung des Stromkreises, sobald die Stromstärke unter ein gewisses zulässiges Maass herabsinkt oder über einen als zulässig betrachteten Werth anwächst. Im ersten Fall heissen sie Minimal-, im letzteren Maximalausschalter.

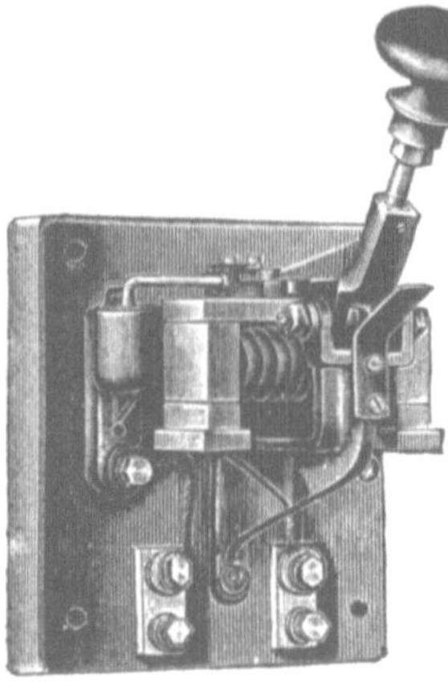

Fig. 281.
Minimalausschalter von Siemens & Halske für 50 Amp.

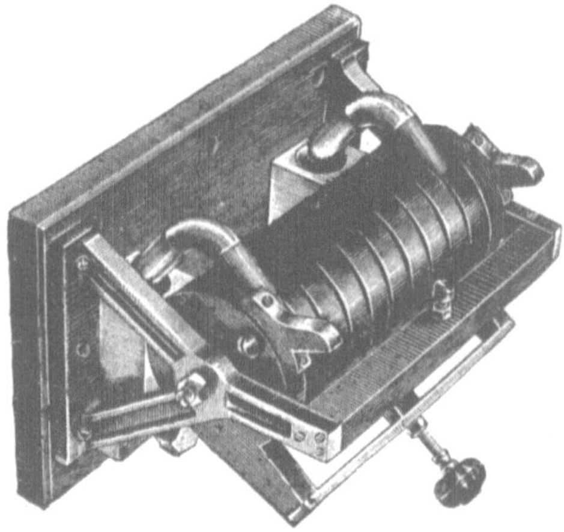

Fig. 282.
Minimalausschalter der A. E. G. Berlin für geringere Stromstärken.

Die ersteren finden hauptsächlich bei Akkumulatorenbetrieben Anwendung und sollen dann verhindern, dass die Batterie sich ganz oder theilweise auf die Dynamo entlädt. Die letzteren finden vor allen in Bahnbetrieben als Ersatz für Schmelzsicherungen Verwendung.

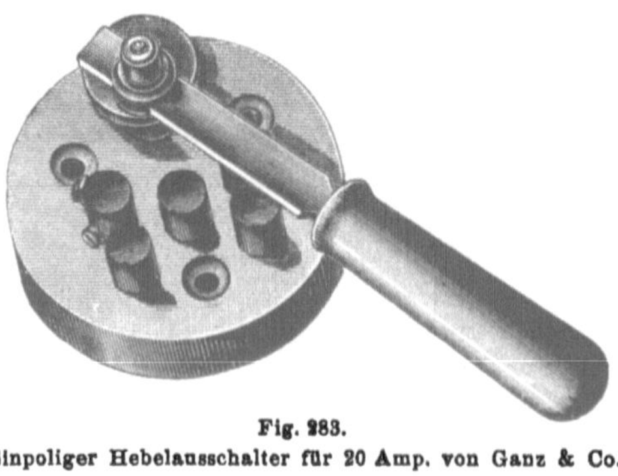

Fig. 283.
Einpoliger Hebelausschalter für 20 Amp. von Ganz & Co.

Fig. 281 und 282 stellen zwei Minimalausschalter mit Quecksilberkontakten dar, die beide geschlossen bleiben, so lange die Anziehungskraft des Elektromagneten das Drehmoment des Schlussbügels überwiegt.

Stärkere Ströme werden durch Hebelausschalter unterbrochen, von denen Fig. 283, 284, 285 und 286 typische Formen zeigen. Bei den beiden ersteren

Fig. 284.
Zweipoliger Hebelausschalter für 50 Amp. von Helios.

Fig. 285.
Einpoliger Hebelausschalter von Voigt & Haeffner für 150 Amp.

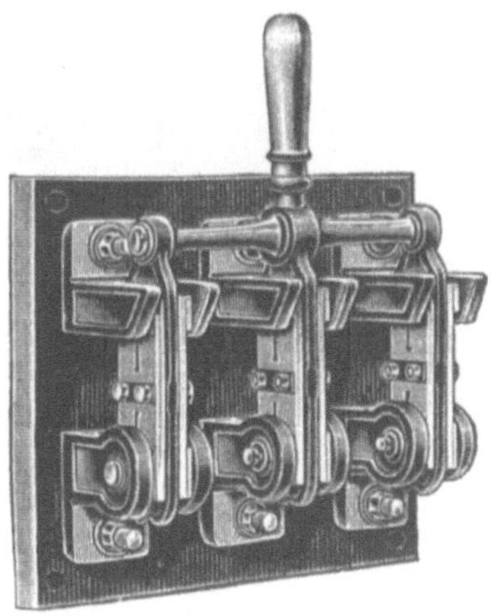

Fig. 286.
Dreipoliger Hebelausschalter von Siemens & Halske für 500 Amp.

ist die Bewegungsebene parallel zur Grundfläche des Ausschalters, während sie bei den beiden letzteren auf derselben senkrecht steht.

c) Automatische Ausschalter. Die Figuren 287—289 zeigen einen von Schuckert für die Centrale in Altona gebauten automatischen Ausschalter für 1600 Ampère.

Fig. 287.

Der Elektromagnet ist drehbar angeordnet und erhält Strom durch die Kontaktstücke cc_1, welche in die federnden Ringe ee_1 eingreifen. Der Elektromagnet ist nun nicht starr mit den Kontaktstücken verbunden, sondern kann, wenn der Strom zu schwach wird, durch die Federn dd_1 mit seinen Polen bb_1 von dem Schlussstück h losgerissen werden und eine gewisse Bewegung machen, bis das Messingquerstück p (Fig. 288) gegen die Nase k stösst. Die mit dieser Bewegung erlangte lebendige Kraft reicht dazu aus, die Kontakte cc_1 aus den Ringen ee_1 herauszureissen. Durch Veränderung der Höhenlage der Enden mm_1 der Federn wird der Hebelarm derselben und damit die Empfindlichkeit des Apparates verändert.

Der Apparat in Fig. 282 kann durch entsprechende Einstellung des Gegengewichtes auch als Maximalstromausschalter und somit als Ersatz für eine Schmelzsicherung angewendet werden. Die Wirkung ist dabei ohne Weiteres ersichtlich.

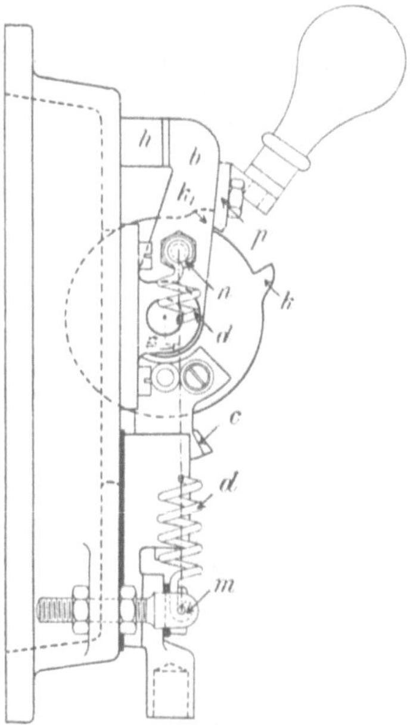

Fig. 288.

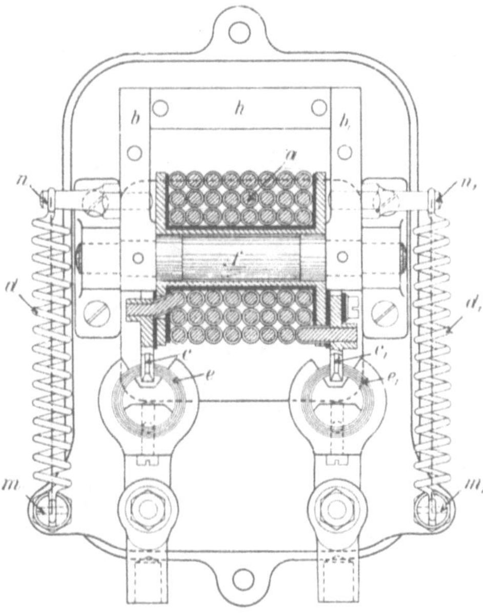

Fig. 289.

Der in Fig. 290 abgebildete Apparat von Hartmann und Braun enthält als Relais ein Federampèremeter, dessen Eisenkern bei zu starkem Strom nach abwärts gezogen wird und dabei einen doppelarmigen Hebel mitnimmt, welcher die Dose des Kontaktmessers freigiebt, so dass letzterer durch Federkraft herausgeschleudert werden kann. Die Einschaltung kann von aussen durch den rechts ausgerückten Hebel geschehen. Da bei diesen Ausschaltern im Augenblicke ihrer Wirksamkeit starke Oeffnungsfunken entstehen, müssen besondere Funkenentziehvorrichtungen, etwa parallel geschaltete Kohlenkontakte vorgesehen werden, ähnlich wie sie bei den Zellenschaltern beschrieben worden sind.

Der Grund, weshalb die automatischen Maximalausschalter die Bleisicherungen bei Lichtanlagen bis jetzt nicht zu verdrängen vermochten und weshalb automatische Schalter überhaupt mit Vorsicht anzuwenden sind, liegt in dem principiellen Fehler derselben, zu rasch auf kurz anhaltende Stromstösse zu reagiren. Bei den Bleisicherungen ist stets eine gewisse Zeit erforderlich, bis die Schmelzung eintritt; der Automat reagirt aber mit unerwünschter Präcision auf momentane Stromstösse, welche durch irgend einen Schaltfehler oder dergl. hervorgerufen und sofort beseitigt wurden, und welche ohne das Funktioniren der Automaten keine bemerkbare Störung im Betriebe hervorgerufen hätten. Diese Eigenschaft lässt die Automaten jedoch gerade bei Motoranlagen besonders werthvoll erscheinen.

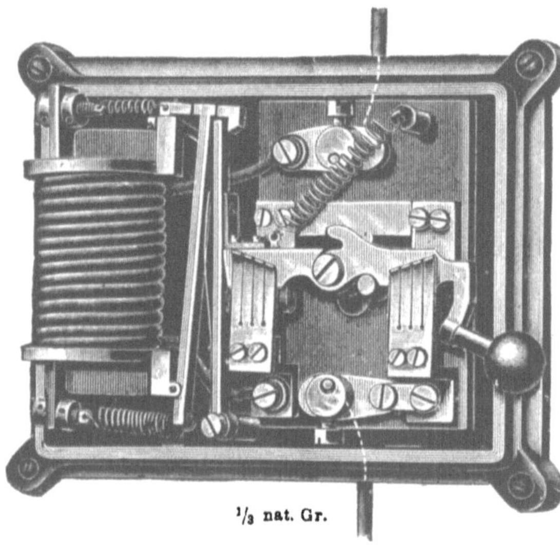

$^1/_3$ nat. Gr.

Fig. 290.

d) Hochspannungsausschalter. Bei hohen Spannungen bis 3000 Volt und stärkeren Strömen bewährt sich die von Ganz & Co. stammende in Fig. 291 dargestellte Konstruktion. Ein Ebonitgefäss enthält Quecksilber. Durch rasches Heben oder Senken wird Stromschluss resp. Oeffnung herbeigeführt, wobei innen am Deckel Ebonitröhrchen zum Funkenabstreifen vorgesehen sind. Fig. 292 zeigt den von Helios konstruirten Quecksilberausschalter für 2000 Volt und Ströme bis 200 Ampère. Derselbe besteht aus 4 mit Hartgummi umkleideten und auf einer Hartgummiplatte montirten Metallgefässen, welche mit Quecksilber theilweise gefüllt sind. In dieselben können durch Bewegung der Kurbel vier Stahlzapfen tauchen, von denen je zwei einem Pole angehören. Durch die untere Hartgummiplatte reichen die Anschlussstücke hindurch, welche mit federnden Ueberwurfmuttern versehen sind.

Fig. 293 zeigt schliesslich einen weiteren Apparat von Coerper mit Metallfedern und dreifacher Isolirung aller stromführenden Theile, der mit Erfolg am Nordostsee-Kanal für 7500 Volt angewendet wurde.

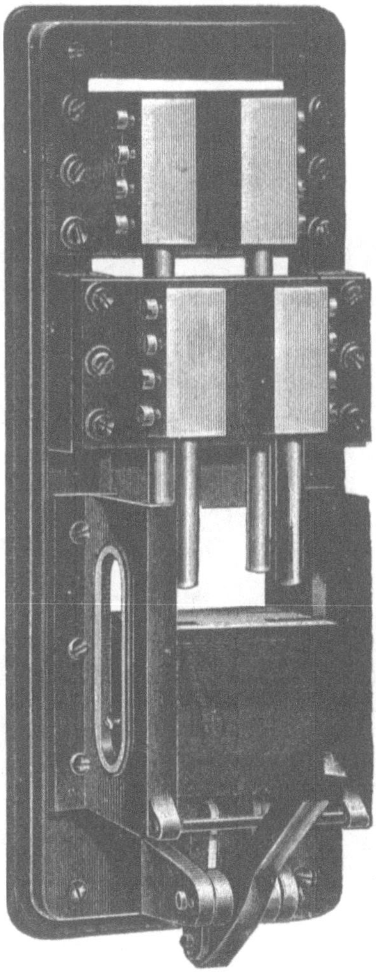

Fig. 291.

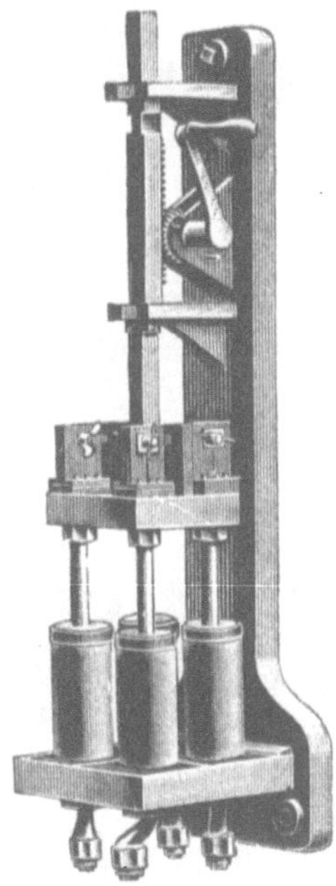

Fig. 292.

Für noch höhere Spannungen empfiehlt es, sich Konstruktionen zu wählen, welche auf Hochstromglocken aufgesetzt sind. Wir führen als Beispiel einen Ausschalter aus der Dreiphasenanlage Bozen-Meran für 10000 Volt an. Auch hier wird wie in den früheren Hochspannungskontakten jeder Pol zweifach unterbrochen. Die festen Kontakte sind auf den Isolatoren a, die beweglichen auf den Isolatoren b angebracht, während die aufeinander senkrecht stehenden Marmorscheidewände c und f eine zweite Isolirung bewirken. Beim Oeffnen des Schalters bewegen sich die Marmorplatten g unter der Wirkung des Excenters h nach oben, bis sie an die Platten f kommen und die beweglichen Kontaktmesser von den festen Kontakten trennen.

Fig. 293.

Ein nicht minder interessantes Beispiel geben die Maschinenschalter der Westinghouse Co., welche in der Anlage an den Niagarafällen für die 5000 P.S.-Dynamos bei 2000 Volt verwendet werden. Es ist natürlich, dass ein solcher Ausschalter im normalen Betriebe nicht funktionirt, sondern nur in den äussersten Nothfällen und zwar durch Druckluft bethätigt wird. Der mächtige Funken wird dabei durch einen Druckluftstrahl, der den Westinghouse-Kompressoren entnommen wird, zum Erlöschen gebracht[1]).

[1]) Cassier's Magazine, Niagara number. S. 281 u. 292.

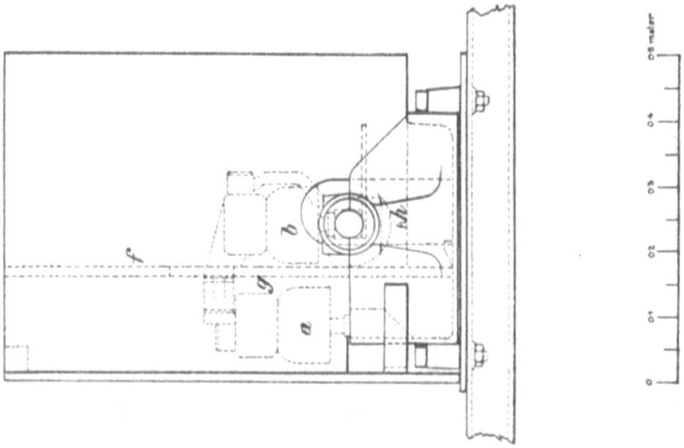
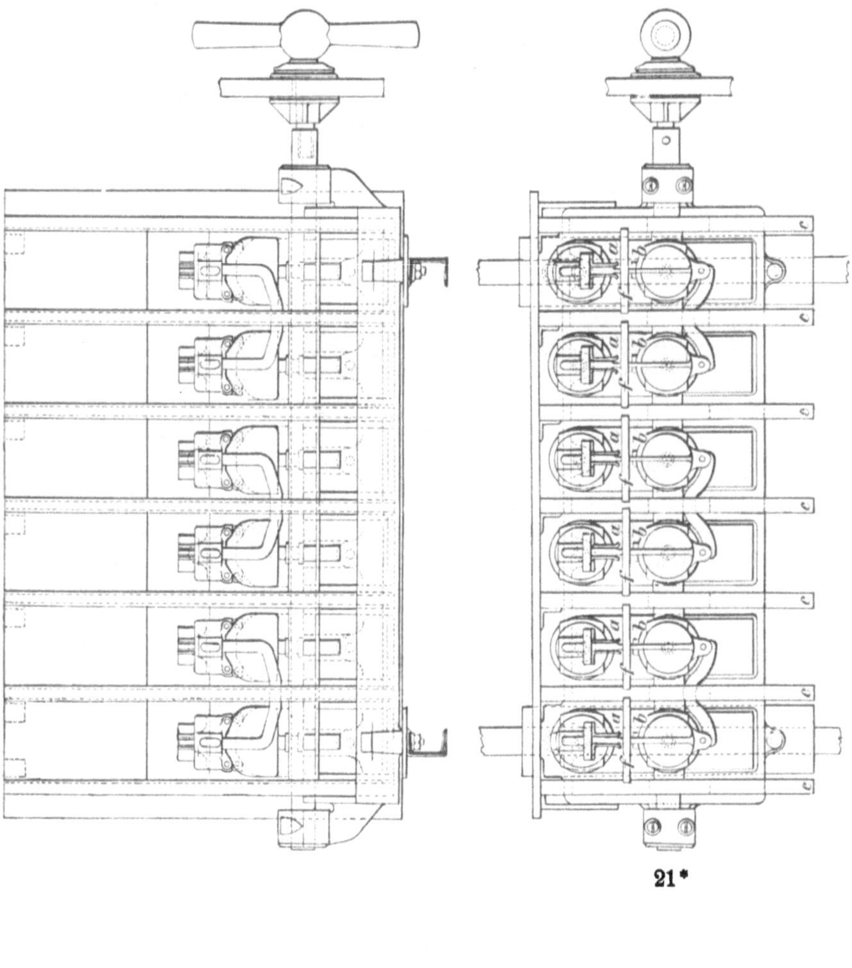

Fig. 294.
Hochspannungsausschalter von Ganz & Co.
für 10 000 Volt.

e) Anforderungen. Die allgemeinen nothwendigen Anforderungen, welche bei Schaltern geltend zu machen sind, sind in Kürze folgende:

1. Guter Kontakt zwischen den schliessenden Theilen des Schalters. Sichere Einklemmung der zu führenden Leitungen.
2. Beim Oeffnen rasches Entfernen des beweglichen Theiles, demgemäss beim Schliessen rasches Zunehmen der Kontaktfläche.
3. Feuersichere Grundplatte und entsprechende dauernde elektrische Isolirung.

In speciellen Fällen treten zu diesen allgemeinen Forderungen besondere hinzu, welche die Konstruktion beeinflussen. Solche Forderungen sind z. B., dass die Kontaktflächen leicht auswechselbar sein sollen; dass der Ausschalter eine Schutzkappe erhalte; dass seine Stellung von aussen leicht erkennbar sei; dass Zwischenstellungen des beweglichen Kontaktstückes ausgeschlossen seien; dass die Konstruktion (wie in feuchten oder mit Explosivstoffen gefüllten Räumen) vollkommen abgeschlossen sei; oder dass sich die eigentliche Konstruktion der Abschaltung vom Bedienungstheile gewissermaassen scheide, wie dies oben für sehr hohe Spannungen bereits besprochen wurde oder wie es bei den Schnurschaltern und bei Fernschaltern der Fall ist, bei welchen die Bewegung statt durch mechanische Einwirkung durch einen besonderen Schwachstrom erfolgt.

D. Messinstrumente.

11. Allgemeines.

Die Einrichtung einer guten Anlage, die Erhaltung derselben, die Führung eines sicheren, zufriedenstellenden Betriebes, und bei Centralanlagen auch die Art und Weise des Energieverkaufes erheischen eine Reihe der verschiedensten Messinstrumente und die Kenntniss einer Reihe von Messmethoden.

Dieselben sollen im Folgenden in Kürze besprochen werden.

Im Allgemeinen gilt, dass für alle Arten von praktischen Messungen die Apparate mit selbstthätiger direkter Angabe der zu messenden Grösse besonders bevorzugt werden. Alle Apparate mit Nulleinstellung müssen deshalb für Laboratoriumsarbeiten, die von geübten Händen vorgenommen werden, reservirt bleiben. Die verhältnissmässig grobe Praxis des Installateurs und des Centralenbetriebes kann solche Instrumente im Allgemeinen nicht verwenden; hiervon sind jedoch Ausnahmen zu machen. Wenn es sich z. B. darum handelt, Aichungen an Zählern, Untersuchungen von Glühlampen oder Bogenlampen, genauere Messungen von Widerständen, also kurz Kontrollarbeiten vorzunehmen, die an Betriebsfragen grenzen und Laboratoriumsarbeiten bilden, so wird man sich zweckmässigerweise der Dynamometer, der Wattmeter, der feinen Galvanometer bedienen können.

Die normalen Betriebsmessungen umfassen Bestimmungen der Stromstärke, der Spannungsdifferenz, bei Wechselstromanlagen wegen der Verschiebung zwischen Strom- und Spannungskurve auch die Ermittlung des Effektes und schliesslich die Kontrolle des Isolationswiderstandes, der ein besonderer Abschnitt gewidmet ist. Bei den Parallelschaltungsanlagen ist die Messung der Spannung unbedingt erforderlich und auch die Messung der Stromstärke selbst für kleine Anlagen wünschenswerth. Bei Serienanlagen sind die Verhältnisse gerade umgekehrt, die Spannung sollte, der Strom muss gemessen werden.

12. Strom- und Spannungsmessung.

Zur direkten Strommessung dient eine Reihe von bekannten Apparaten, bei welchen mit dem Zeiger verbundene Weicheisenkerne je nach der ein Solenoid durchfliessenden Stromstärke ihre Relativlage zum Solenoide ändern. Diese Apparate unterscheiden sich von den direkt zeigenden Spannungsmessern gleicher Konstruktion nur durch den Widerstand und die Stromstärke des Solenoides. Wichtig ist, dass bei dauernder Einschaltung des letzteren die unvermeidliche Erwärmung die Angaben des Instrumentes nicht beeinflusst; dies wird dadurch erreicht, dass man entweder das Solenoid selbst oder bei höheren Spannungen einen entsprechend angeordneten Vorschaltwiderstand aus einem Material von hohem spec. Widerstande und geringem Temperaturkoefficienten herstellt.

Die elektromagnetischen Apparate mit Weicheisenkern sind für Gleich- und Wechselstrom verwendbar, doch erfordern sie stets eine Aichung für die bestimmte Periodenzahl, wobei die Korrektion je nach der Form des Wechselstromes und des Eisenkernes bis 30 % der Gleichstromtheilung betragen kann. Instrumente mit kurzen Eisenkernen geben trotz relativ grösserer Masse kleine Korrektionen, Instrumente mit langem Kern auch bei kleiner Masse desselben grosse Korrektionen. Stets ist dasselbe Instrument bei Wechselstrom unempfindlicher als bei Gleichstrom.

Von diesem Fehler sind die elektrothermischen oder Hitzdrahtinstrumente frei. Ihre Angaben beruhen auf der durch Erwärmung bewirkten Ausdehnung eines Fadens von hohem Widerstande, wachsen somit mit dem Quadrate der Stromstärke im Faden und müssen für gleiche effektive Spannungen gleiche Ausschläge ergeben, wie immer die Stromkurve sei. Ausserdem sind sie frei von Beeinflussungen durch benachbarte Felder, während Weicheiseninstrumente durch Streufelder von Dynamos oder durch benachbarte stromführende Leitungen in ihren Angaben stark und unregelmässig beeinflusst werden können. Dies ist ein Punkt, der bei der Anlage von Schaltbrettern wohl zu beachten ist. Die Beeinflussung ist am geringsten, wenn die benachbarte Hin- und Rückleitung möglichst nahe nebeneinander und möglichst weit ab vom Instrumente liegen.

Hitzdrahtinstrumente und elektrostatische Instrumente lassen sich ausserdem, da sie von magnetischen Feldern nicht beeinflusst werden, leicht durch Anwendung magnetischer Bremsscheiben mit aperiodischer Einstellung herstellen. Statische Voltmeter schlagen bei Blitzschlägen leicht durch, weil sie den kleinsten Luftweg zur Erde in einem Hochspannungsnetze darstellen. Hitzdrahtinstrumente sind dagegen für Wechselstromanlagen beliebt und fangen allmählich auch an, in Gleichstromanlagen einzudringen. Sie sind für Stromstärkemessungen ebenfalls verwendbar, doch ist die Methode der Strommessung eine indirekte.

13. Indirekte Strommessung.

Dieselbe erfordert die Messung einer relativ kleinen Spannung an den Enden eines in den Hauptstromkreis eingeschalteten, genau bekannten Widerstandes. Hierauf beruhen z. B. die Hitzdrahtampèremeter von Hartmann und Braun, bei welchen ein etwa 1—2 % der Gesammtspannung konsumirender Widerstand aus Mangankupfer oder ähnlichem Metall in den Hauptstromkreis eingeschaltet ist, der z. B. 0,99 oder 0,999 des Hauptstromes aufnimmt, während 0,01 oder 0,001 desselben das im Nebenschluss dazu angeordnete, als Ampèremeter geaichte Voltmeter für 1—2 Volt durchfliesst.

Hierher gehören auch die vortrefflichen Instrumente von Weston und von Siemens & Halske, die jedoch wegen ihrer Genauigkeit und Empfindlichkeit eher zu den Normalinstrumenten gerechnet werden müssen. Von der Beschreibung oder Abbildung einzelner Typen kann hier wohl Abstand genommen werden; es dürfte genügen, diese allgemeinen Gesichtspunkte erörtert zu haben. Zu den indirekten Methoden gehört auch

14. Kallmann's Differentialmethode[1]).

Denken wir uns durch Fig. 295 schematisch eine Centrale dargestellt, E sei die Stromquelle; w_1, w_2 seien zwei +, w_3, w_4 zwei — Speiseleitungen und ϱ_1, ϱ_2 seien die zwischen die von A und C bezw. B und D ausgehenden Vertheilungsleitungen eingeschalteten Nutzwiderstände. Bei

[1]) Elektr. Zschr. 1893, S. 709.

normalem Betriebe werden stets Potentialdifferenzen zwischen A, B, C und D auftreten; dieselben könnten bei direkter Messung der Betriebsspannungen A C und B D als Differenzen zwischen diesen beiden Werthen nur ungenau ermittelt werden. Dr. Kallmann misst deshalb die Differenzen zwischen den gleichpoligen Punkten A und B bezw. C und D, indem er Voltmeter für niedrige Spannung G_1 und G_2 verwendet. Werden die Potentiale in den Punkten A, B, C, D der Reihe nach mit e_1

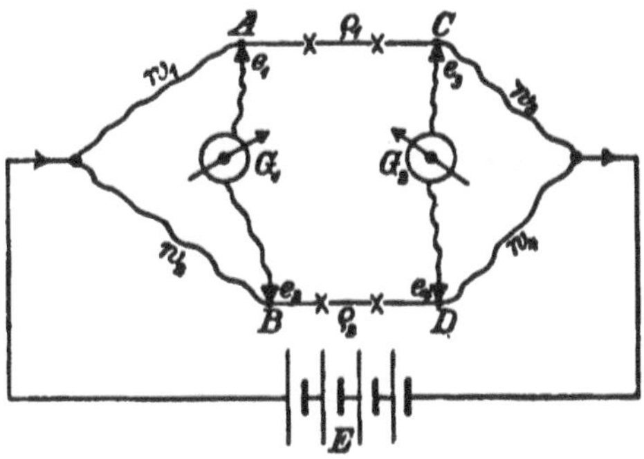

Fig. 295.

bis e_4, die Galvanometerwiderstände mit r_1, r_2 und die Ströme in ihnen mit j_1, j_2 bezeichnet, so kann man die Spannungsverluste aus den Beziehungen

$$e_1 - e_2 = j_1 r_1$$
$$e_3 - e_4 = j_2 r_2$$

und die Ströme i_1 und i_2 in ϱ_1 und ϱ_2 aus den Beziehungen

$$i_1 w_1 + i_1 w_3 = E - i_1 \varrho_1$$
$$i_2 w_2 + i_2 w_4 = E - i_2 \varrho_2$$

ermitteln; hierbei ist nur vorausgesetzt, dass r_1, r_2 gross sind gegen die Widerstände w_1 bis w_4. Letztere sind meistens sehr klein und einander gleich; es genügen also Galvanometer von etwa 100 Ohm Widerstand. Ist ferner

$$w_1 = w_3$$
$$w_2 = w_4,$$

so wird

$$2 i_1 w_1 = E - i_1 \varrho_1$$
$$2 i_2 w_2 = E - i_2 \varrho_2,$$

wo E die Maschinenspannung, $i_1 \varrho_1$ und $i_2 \varrho_2$ die Nutzspannung und $i_1 w_1$ und $i_2 w_2$ den Verlust in den Feldern bedeuten.

Handelt es sich um die Vergleichung zweier verschiedenen Spannungen, so schaltet man dieselben nach Fig. 296 unter Vermittlung eines

Widerstandes und eines Galvanometers G vom Widerstande ϱ gegeneinander. Dann entspricht die Stromstärke im Galvanometer der Beziehung

$$i(\varrho + w) = E_1 - E_2 = \Delta.$$

Die Entwicklung dieses Prinzips zur Bestimmung der mittleren Netzspannung ist bereits in dem Kapitel über die Regulirung besprochen worden. Es mögen deshalb hier nur noch einige andere Anwendungsformen der Methode besprochen werden.

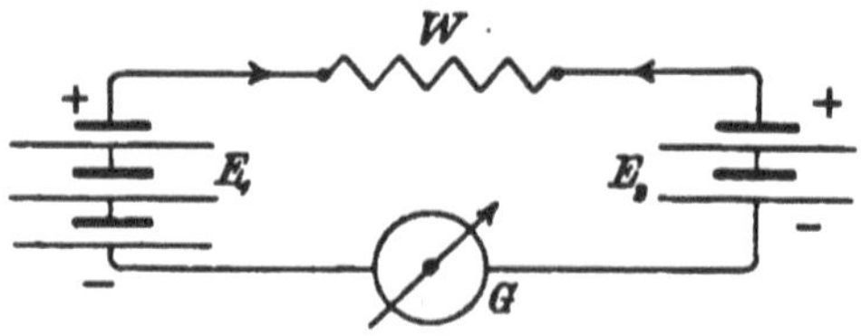

Fig. 296.

15. Messung der Maschinenspannung.

Die Messung der Maschinenspannung genügt, wenn die Verluste in den Vertheilungsleitungen so klein sind, dass die Spannung im Maschinenhause konstant gehalten werden kann. Dies ist im Allgemeinen entweder nur bei sehr kleinen Anlagen oder bei Hochspannungsanlagen der Fall. Bei letzteren genügt es zuweilen auch, wie schon bei Besprechung der Regulirung hervorgehoben, mit wachsendem Konsume die Regulirung der Spannung im Maschinenhause entsprechend den Angaben des Hauptampèremeters allmählich um den Spannungsabfall von den Maschinen bis zu den Vertheilungsleitungen zu erhöhen. In diesem Falle kann die dauernde Messung der Maschinenspannung nur den Zweck einer rohen Kontrolle haben. Maassgebend für die Regulirung wird nur die konstant zu haltende mittlere Spannung sein.

Dagegen ist es erforderlich, die Maschinenspannung zeitweilig zu messen, wenn eine Maschine zu den schon laufenden parallel geschaltet werden soll.

In diesem Falle genügt es im Allgemeinen nicht, die Spannung an den Sammelschienen mit einem Voltmeter, die Spannung der neu hinzutretenden Maschine mit einem anderen Voltmeter zu messen, weil die beiden Voltmeter im Allgemeinen nie völlig gleich in der Genauigkeit und Empfindlichkeit übereinstimmen, ferner verschiedenen störenden Beeinflussungen durch benachbarte Starkstromleitungen oder Streufelder unterliegen werden, und somit die erzielbare Genauigkeit kaum einige Procente übersteigen dürfte. Besser ist es schon, ein und dasselbe Voltmeter mehrmals auf die einzuschaltende Dynamo und die Sammelschienen umzuschalten, weil dabei die vorerwähnten Fehler fortfallen. Noch besser ist es, Doppelinstrumente mit differential angeordneten Wickelungen vorzusehen, welche von der Spannung der Sammelschienen und der neuen Dynamo entgegengesetzt beeinflusst werden und Spannungsgleichheit durch Nullstellung angeben. Derartige Apparate sind jedoch verhältnissmässig theuer. Sie können nach Kallmann durch einfache Niederspannungsvoltmeter ersetzt werden, wenn man folgende Schaltung anwendet, Fig. 297, die sich mit dem früher mitgetheilten Schema, Fig. 296, deckt. Man bringt die zuzuschaltende Dynamo D_2 eventuell durch Vorbelastung mit dem Rheostat auf annähernd gleiche Spannung, schaltet

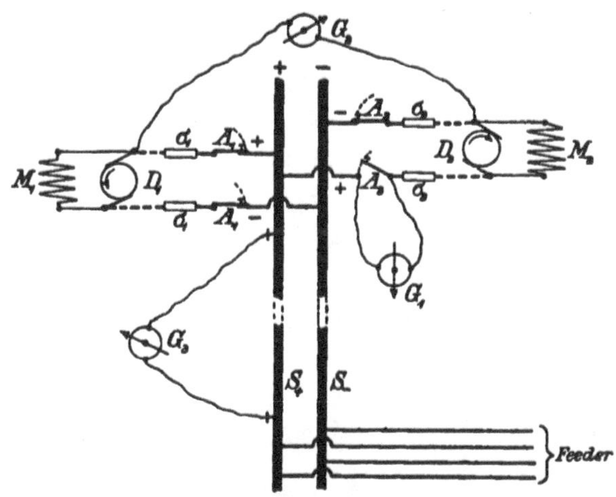

Fig. 297.

dann ihren einen Pol, $-A_2$, direkt auf das Netz und vergleicht das Potential des anderen, $+A_2$, unter Verwendung eines Galvanoskops oder Voltmeters G_1 für einige Volt mit jenem von A_1. Sobald G_1 die Spannung 0 anzeigt, schliesst man auch den Hebel $+A_2$. Das Voltmeter G_1 kann 50—100 Ohm Widerstand besitzen und braucht eigentlich nur den Nullpunkt richtig anzuzeigen; dagegen soll es um etwa 3—5 Volt nach beiden Seiten von dem Nullpunkte ausschlagen können. Da beim Anfahren einer Dynamo die Tourenzahl sich erst allmählich auf einen konstanten Werth einzustellen pflegt, und da ferner bei grossen parallel geschalteten Maschinen kleine Unterschiede in den Widerständen der Sammelschienen oder ein momentanes Hängenbleiben eines Ventils und dergl. leicht die Güte des Parallelbetriebes gefährden und die Maschinen unruhig machen kann, empfiehlt es sich noch, ein Galvanoskop G_2 einzuschalten, dessen Zeigerbewegungen zusammen mit den Beobachtungen der Ampèremeter- und Tachometerangaben dem Ingenieur das Studium dieser verwickelten Erscheinungen ermöglichen.

Sind z. B. die E.M.Kräfte der beiden Dynamos D_1 und D_2

$$E_1 = 111{,}35 \text{ Volt}, \quad E_2 = 110{,}2 \text{ Volt}$$

und liefern beide zusammen 4000 Ampère bei einer Sammelschienenspannung von 107 Volt, so beträgt der Gesammtwiderstand des Netzes

$$\varrho = \frac{107}{4000} = 0{,}02675 \text{ Ohm}.$$

Die Widerstände der 1500 qmm starken Kupferschienen, welche zu den Sammelschienen führen, betragen für Hin- und Rückleitung

$$w_{l_1} = \frac{2 \times 30}{60 \times 1500} = 0{,}000657 \text{ Ohm} \quad \text{und} \quad w_{l_2} = \frac{2 \times 18}{60 \times 1500} = 0{,}0004 \text{ Ohm}$$

für die 30 bezw. 18 m vom Schaltbrett entfernten Maschinen. Beträgt dann für beide Dynamos der warme Ankerwiderstand noch

$$w_a = 0{,}00135 \text{ Ohm},$$

so liefert Maschine D_1

$$\frac{4{,}35}{0{,}00135 + 0{,}000657} = 2170 \text{ Ampère},$$

Maschine D_2

$$\frac{3{,}2}{0{,}000175} = 1830 \text{ Ampère}.$$

Eine geringe Veränderung von E_1 oder E_2, oder von w_{l_1} oder w_{l_2} würde die Verhältnisse sofort ändern; zum Studium derartiger Untersuchungen über Belastungsvertheilung dient das Galvanoskop G_3.

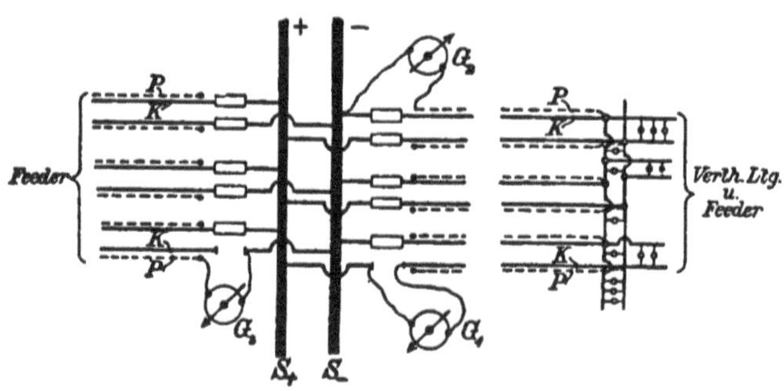

Fig. 298.

16. Indirekte Strommessung.

Die letzten Betrachtungen beweisen, dass die Methode auch zur indirekten Strommessung nach der in Fig. 298 durch G_3 dargestellten Schaltung verwendbar ist. Man zweigt von einem Theile der Hauptsammelschienen ein Galvanoskop ab, das Hundertstel eines Volt abzulesen gestattet, und aicht dasselbe rechnerisch oder empirisch derart, dass es ein Hauptampèremeter ersetzen kann.

Ein nach Fig. 298 angeordnetes Galvanoskop G_1, das statt der Bleisicherung zwischen Kabelende K und Sammelschiene eingeschaltet ist, zeigt die Spannung an, welche der eingeschaltete Kabelstrang k ausgleichen müsste; ein Galvanoskop G_2 zwischen Prüfdraht P einer Speiseleitung und Sammelschiene S zeigt den Spannungsverlust in dieser Speiseleitung. Ein Galvanoskop G_3, das ebenso wie G_2 eingeschaltet ist, würde den Unterschied in der Strom- und Spannungsvertheilung anzeigen, welche durch Entfernung der Sicherung der betreffenden Speiseleitung entstanden sind[1]).

17. Effektmessung.

Die Messung des Effektes ist bei Gleichstromanlagen kaum nöthig, dagegen lassen bei Wechselstromanlagen die Angaben des Ampère- und Voltmeters noch keinen Schluss auf die in einem bestimmten Momente abgegebene Leistung zu. Man kann sich zwar einigermaassen dadurch helfen, dass man in längeren Pausen das Ampèremeter mit einem provisorisch eingebauten Wattmeter empirisch aicht und über den ganzen Skalenbereich das Verhältniss zwischen den angezeigten scheinbaren Ampère und den aus dem Effekt durch Division mit der konstanten Spannung sich ergebenden „wirklichen" Ampère festsetzt. Eine derartige experimentelle Bestimmung des Leistungsfaktors bei verschiedenen Gesammtbelastungen der Centrale wird aber nur beschränkten Werth haben, weil der Werth des resultirenden Leistungsfaktors mit wachsendem Ausbau der Centrale dauernd sich verändert, dann aber vor allem, weil der Leistungsfaktor für denselben Werth der scheinbaren Ampère zu verschiedenen Tages- und Jahreszeiten unregelmässig wechselt. Will man also wirklich den Effekt messen, so muss man direkt zeigende Wattmeter einbauen, die z. B. nach Lord Kelvin's Angaben von James White in Glasgow für Ströme bis zu etwa 300 Ampère und Spannungen bis zu 2000 Volt geliefert werden. Scheut man den Einbau der Spannungsspule in den Hochspannungskreis, so kann man eventuell für dieselbe nach Fleming's Vorschlag einen besonderen Reduktionstransformator verwenden. Dies ist zulässig, weil die Phasen der primären und sekundären E.M.K. praktisch um 180 Grad gegen einander verschoben sind. Zur Orientirung mag angegeben werden, dass bei einer kurze Zeit in Betrieb befindlichen Lichtcentrale in den Sommermonaten

---

[1]) Näheres siehe Elektr. Zschr. 1893, S. 709.

für etwa	20	scheinbare Ampère	ein Leistungsfaktor von	0,67
- -	50	-	- - - -	0,85
- -	100	-	- - - -	0,94
- -	200	-	- - - -	0,97

beobachtet wurde. Selbstverständlich ändert der Anschluss weiterer Motoren, Transformatoren und eventuell auch Kabel diesen Faktor, so dass man aus den graphisch aufgetragenen und auf wirkliche Ampère reducirten Stromstärken kein genaues Bild über die Arbeitsleistung der Centrale erhalten kann. Dies vermögen nur direkte häufige Effektmessungen oder besser noch Arbeitsmesser zu geben.

E. Elektricitätszähler oder Verbrauchsmesser[1]).

18. Allgemeines.

Die von den Konsumapparaten oder Konsumenten verbrauchte Energie kann nach verschiedenen Gesichtspunkten gemessen oder registrirt werden. Sie bildet in den meisten Fällen die Grundlage der Verrechnung zwischen dem Stromlieferanten und dem Abnehmer, und ihre Ermittlung dient andererseits bei den Centralen zur Grundlage der Berechnungen, welche Selbstkosten, Verkaufspreise und andere wirthschaftliche Lebensfragen betreffen. Aus diesen beiden Gesichtspunkten geht die grosse Bedeutung, welche diesen Apparaten zukommt, klar hervor.

Der Zähler kann entweder den zeitlichen Verlauf des Produktes aus Stromstärke, Spannung und Leistungsfaktor aufzeichnen, woraus sich der Summenwerth $\int E\,J \cos\varphi\,dt$ indirekt leicht ermitteln lässt; oder sein Zählwerk kann die intermittirende oder fortlaufende Integration direkt besorgen. Daraus würde sich schon eine Eintheilung in registrirende und integrirende Zähler ergeben. Wesentlich vereinfacht wird die Aufgabe des Zählers, wenn der eine Faktor des Produktes $E\,J\cos\varphi$ von vornherein als unveränderlich angenommen werden kann, und wenn der Leistungsfaktor konstant oder sehr nahe gleich der Einheit ist. Wird die Stromstärke konstant gehalten, der Leistungsfaktor gleich Eins gesetzt, so reducirt sich der obige Ausdruck auf $J \int E\,dt$, bei Parallelschaltungsanlagen nimmt er dagegen die Form $E \int J\,dt$ an. Bei Wechselstromanschlüssen mit Motorenbetrieb wird $\cos\varphi$ sich zwischen 0,7—0,85 bewegen; es muss also hierauf Rücksicht genommen werden.

Noch weiter wird die Aufgabe des Zählers in solchen Ausnahmefällen vereinfacht, wo stets dieselbe unveränderliche Leistung vorausgesetzt wird. Man hat dann den sogenannten Zeitzähler, der bei man-

---

[1]) Vergl. u. a. Les Compteurs d'Énergie électriques par E. Hospitalier.

chen kleinen Konsumenten mit genau bekanntem, konstantem Konsum am Platze sein mag. Die Zähler dieser Art sind eigentlich nur Uhrwerke mit Arretirung, deren Arretirhebel in irgend welcher Weise mit dem Hauptausschalter mechanisch gekuppelt ist.

Zur Konstruktion der Zähler sind fast alle bekannten Wirkungen des elektrischen Stromes in Vorschlag gebracht worden, doch sind von den Hunderten von Konstruktionen nur wenige überhaupt zur Ausführung gelangt und von diesen haben sich nur einzelne als lebensfähig erwiesen.

19. Elektrochemische Zähler.

a) Zu den ältesten Zählern gehört der ***Edisonzähler*** (Fig. 299), dessen Kasten in seinem Obertheile zwei mit Zinksulfatlösung gefüllte Zersetzungszellen enthält. In diese Zellen tauchen je zwei Zinkelektroden, von denen die Kathode alle 14 Tage, die Anode zur Kontrolle alle Monate nachgewogen wird. Die Gewichtszunahme der Kathode (oder die Gewichtsabnahme der Anode) geben die Zahl der Ampèrestunden an, welchen die Zellen ausgesetzt waren. Der Untertheil des Zählerkastens enthält einen Neusilberwiderstand, der so abgeglichen ist, dass nur ein Tausendstel des Gesammtstromes die Zersetzungszellen passirt. Aenderungen im Widerstande der Zinksulfatlösung, welche durch Temperaturschwankungen oder Stromdurchgang hervorgerufen werden können, sind durch Vorschaltwiderstände aus Kupfer kompensirt, so dass der Widerstand der Abzweigung konstant bleibt[1]). Der untere Raum enthält ausserdem oft noch eine Glühlampe, die bei grosser Kälte automatisch zur Erwärmung des Kastens durch einen sogenannten Thermostat eingeschaltet wird. Letzterer besteht aus zwei nebeneinanderliegenden Streifen aus Messing und Stahl, durch deren Zusammenziehung eine Ausbauchung und dadurch Kontakt für die Leitung der Glühlampe herbeigeführt wird. Diese Zähler sind bei der Edison Co. in Amerika noch in Gebrauch.

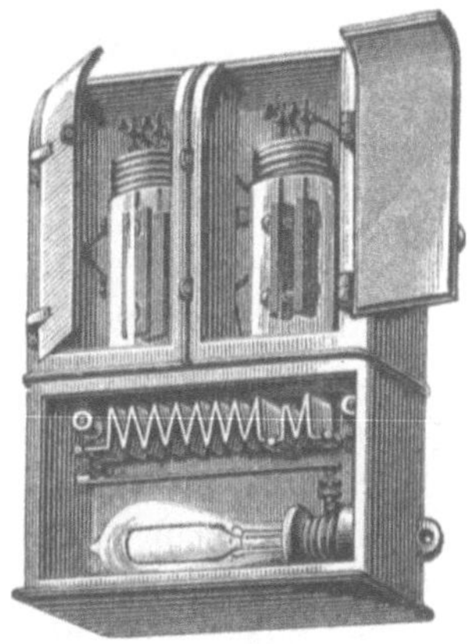

Fig. 299.

Die Hauptfehler dieses Zählers waren ausser der bei den stets misstrauischen Konsumenten in hohem Grade unbeliebten Abwägung der Platten die Ungenauigkeiten, welche durch den variablen Widerstand des

[1]) Ueber den Temperaturkoefficienten der Zähler vergl. G. W. D. Ricks, Electrician Bd. 39. 1897, S. 573, 601.

durch die Zellen gebildeten Nebenschlusses und durch die mit wechselnder Plattenstärke nicht stets gleichbleibenden Niederschlagsverhältnisse bedingt wurden. Der Zähler kann deshalb gegenüber den vervollkommneten motorischen Zählern, welche die Ablesung vor den Augen der Konsumenten gestatten, nicht bestehen.

b) Der Zähler von Chauvin und Desruelles. In neuerer Zeit haben Desruelles und Chauvin einen weiteren Versuch gemacht, dem elektrochemischen Zähler das verlorene Feld wiederzugewinnen. Um die Fehler des Edisonzählers zu umgehen, verwenden sie eine vielplattige Zelle mit einer wässerigen Zinksulfitlösung, deren Widerstand so klein ist, dass sie direkt in den Hauptstromkreis eingeschaltet werden kann. Die Kathoden und Anoden sind gegen einander Anfangs abbalancirt und beweglich aufgehängt, so dass sie bei fortschreitender Elektrolyse ihre Relativlage gegen einander ändern. Bei Erreichung einer gewissen Niederschlagsmenge hebt die Kathode die leichtere Anode so hoch, dass sie einen kleinen Motor auslöst, der einmal die Registrirung der entsprechenden Strommenge und dann die Umschaltung der Elektroden bewirkt, so dass jetzt die Kathode zur Anode wird und umgekehrt. Es ist uns nicht bekannt, ob und wie weit sich dieser Zähler praktisch bewährt hat.

20. Elektromagnetische Zähler.

a) Der Aron'sche Zähler[1]) (Fig. 300). Dieser Zähler basirt auf der elektromagnetischen Einwirkung einer vom Strom durchflossenen Spule auf die Schwingungsdauer eines Pendels, an welches statt der Linse ein in jene Spule hineinreichender Stabmagnet befestigt ist. Sei T die Schwingungsdauer dieses Pendels ohne Strom und bedeutet M das Trägheitsmoment in Bezug auf die Drehungsaxe, m das Schwerkraftmoment, so ist bekanntlich die Schwingungsdauer

$$T = \pi \sqrt{\frac{M}{m}}.$$

Wird aber die Spule von einem Strom J durchflossen, so wird dieselbe den am Pendel angebrachten Magneten anziehen oder abstossen, und zwar mit einer Kraft, welche sich zur Schwerkraft addirt, um die Schwingung entweder zu beschleunigen oder zu verzögern. Darnach ist

$$T' = \pi \sqrt{\frac{M}{m + a\,J}},$$

wobei der Ausdruck a J den Einfluss der Spule auf das Pendel darstellt; und zwar bedeutet a eine Konstante, während J die Stromstärke der

[1]) Elektr. Zschr. 1884, S. 484. Drehstromzähler Elektr. Zschr. 1894, S. 193. Neuester Zähler Elektr. Zschr. 1897, S. 372.

Spule unter Voraussetzung konstanter Spannung bedeutet. Das Verhältniss dieser beiden Schwingungsdauern, welche sich umgekehrt wie die Schwingungszahlen N, N' verhalten, ergiebt sich mit

$$\frac{T}{T'} = \frac{N'}{N} = \sqrt{1 + \frac{a}{m} J}.$$

Berechnet man den Werth $\frac{a}{m}$ als eine Konstante mit $\frac{1}{C}$ und macht man $\frac{J}{C} < 1$, d. h. die magnetische Anziehung klein gegen die Schwerkraft, und entwickelt den Wurzelausdruck in eine Reihe, so ergiebt sich die neue Schwingungszahl, durch die alte ausgedrückt, mit

$$N' = N\left(1 + \frac{J}{2C} - \frac{J^2}{8C^2} + \ldots\ldots\right).$$

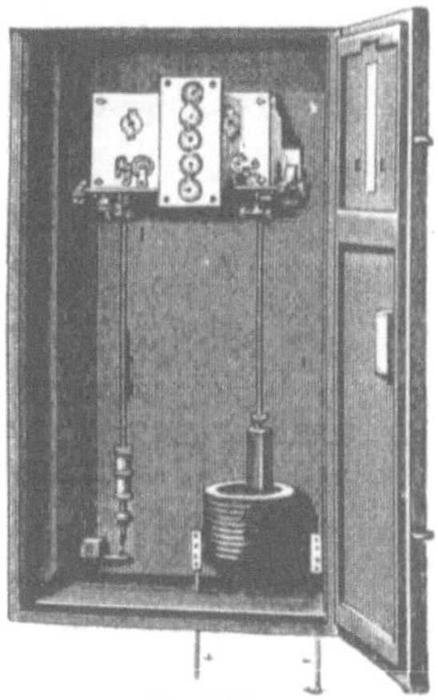

Fig. 300.

Wählt man für eine bestimmte Zählergruppe die Verhältnisse so, dass das quadratische Glied innerhalb des zulässigen Messbereichs zu vernachlässigen ist, so resultirt

$$\frac{N' - N}{N} = \frac{J}{2C}.$$

Die Gangdifferenz zwischen dem beeinflussten und normalen Pendel ist also der Stromstärke proportional. Dr. H. Aron's Zähler besteht demnach aus zwei auf gleiche Schwingungsdauern abgeglichenen Pendeln. Das linke Pendel ist ein gewöhnliches, das rechte trägt einen Stahlmagnet. Die Pendel werden durch irgend ein Uhrwerk, das durch Federkraft getrieben wird, in Gang erhalten und wirken auf ein gemeinschaftliches Zählerwerk, welches die Differenz ihrer Schwingungen registrirt. Das oberste Zifferblatt giebt die Einer, das zweite die Zehner u. s. w. an. Die auf diese Weise erhaltene Zahl ist mit der Konstanten des vorliegenden Apparates zu multipliciren, um die gelieferte Energiemenge zu erhalten. Das Uhrwerk zum Betriebe des Pendels geht 40 Tage, so dass es monatlich aufgezogen werden muss. Man hat auch versucht, dieses Aufziehen elektrisch selbstthätig vorzunehmen.

Bei der neuesten Konstruktion dieses Zählers sind besonders kurze und leichte Pendel angebracht, die in der Stunde etwa 12000 Schwingungen machen und bei maximaler Belastung um etwa 2500 Schwingungen pro Stunde differiren. Bei so grossen Gangdifferenzen könnte das Glied zweiter Ordnung $\frac{J^2}{8C^2}$ nicht vernachlässigt werden, wenn nicht durch Beeinflussung der beiden Pendel im entgegengesetzten Sinne dieses Glied vollkommen eliminirt würde. Bei Zählern für Dreileiter-, Fünfleiter- und Drehstromsysteme wird je ein Pendel pro Stromkreis verwendet und es ist die Einrichtung vorgesehen, dass in Perioden von etwa 20 Minuten durch eine Umschaltung der Gangfehler auch hier vollkommen eliminirt wird; die in Fig. 301 angedeutete Umschaltung U dreht elektrisch den Strom im Nebenschluss und mechanisch die Drehungsrichtung des Zählwerkes um, sodass der Zähler den Stromverbrauch in einem Sinne registrirt. In dieser Figur bedeuten S S die Hauptstrom-, s s die Nebenschlussspulen, R einen Widerstand parallel zu den Pendeln, durch dessen genaue Abgleichung die Konstante des Zählers fixirt wird. O stellt eine lösbare Verbindung zwischen Hauptschluss und Nebenschluss dar und P sind die Windungen eines Elektromagneten, der mittels eines schwingenden Ankers und einer Feder den selbstthätigen Aufzug des Zählers bewirkt. Dieses Schema entspricht dem in Fig. 302 dargestellten Wattstundenzähler neuester Konstruktion; derselbe ist transportabel, misst auch unregulirt richtig und ist sowohl für Gleichstrom als für Wechselstrom verwendbar.

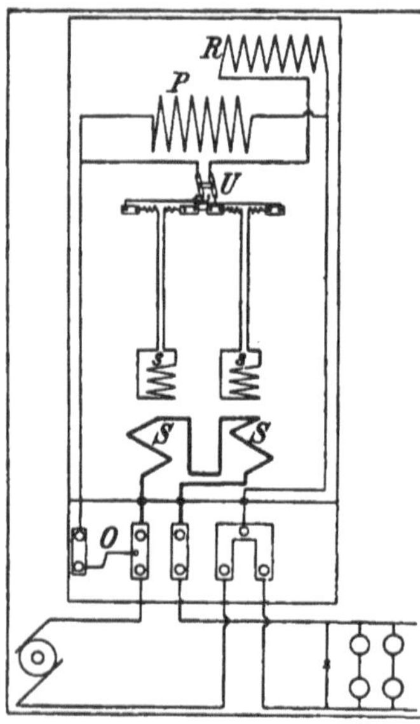

Fig. 301.

b) Der Zähler von Frager. Der Zähler von Frager besteht aus drei verschiedenen Theilen, einem Wattmeter mit einer beweglichen Spule, einem chronometrischen Motor und einer Integrirvorrichtung. Als chronometrischer Motor dient ein elektrisch ausgelöster Balancier, der jede Sekunde ausschlägt und über eine Integrirvorrichtung weggleitet, die mit der beweglichen Spule des Wattmeters verbunden ist. Der Ausschlag des Hebels wird durch eine sinnreich im Nebenschluss angeordnete Auslösung bewirkt; seine Arretirung erfolgt durch mechanische Mittel, sobald er den Integrator verlässt. Letzterer besteht aus einer ebenen Platte, deren Umriss derart festgesetzt ist, dass der ausschlagende Balancier dem Zählwerk nur eine der Relativstellung der Wattmeterspulen und somit der zu zählenden Energie entsprechende Weiterbewegung verleiht.

c) Der Siemens-Zähler. Bei dem Zähler der Firma Siemens & Halske wird ein leichter gekrümmter Hebel o (Fig. 303) durch ein Uhr-

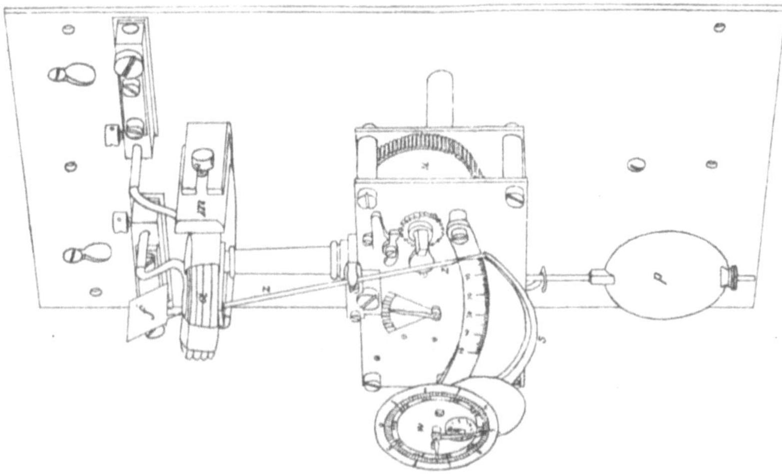

Fig. 303.

Fig. 302.

werk alle $2^1/_2$ Minuten aus seiner Ruhelage entfernt und periodisch gegen die Schneide des Zeigers z eines Strom- oder Effektmessers bewegt. Der dabei von dem Hebel beschriebene Winkel wird durch das Zählwerk integrirt. Der in Fig. 303 abgebildete Strommesser ist nach dem Deprez-D'Arsonval-Princip konstruirt und besteht aus den vom Hauptstrome umflossenen Windungen a, welche aussen von den Polen eines permanenten Magneten umfasst werden und innen einen in Spitzen gelagerten Weicheisenkern enthalten, der mit dem Zeiger verbunden ist. Die Ablenkungen des letzteren sind genau proportional der Stromstärke und die Krümmung des Hebels ist so bemessen, dass sein Ausschlagwinkel ebenfalls genau proportional derselben wird. Der Aluminiumflügel f dient dazu, dem Zeiger z das Gleichgewicht zu halten; letzterer wird durch eine Feder stets wieder in seine Ruhelage zurückgeführt. In neuerer Zeit ist die Dauer der Periode des Zählens verkleinert worden. Die beiden letzten Zähler integriren periodisch, der Aron'sche permanent.

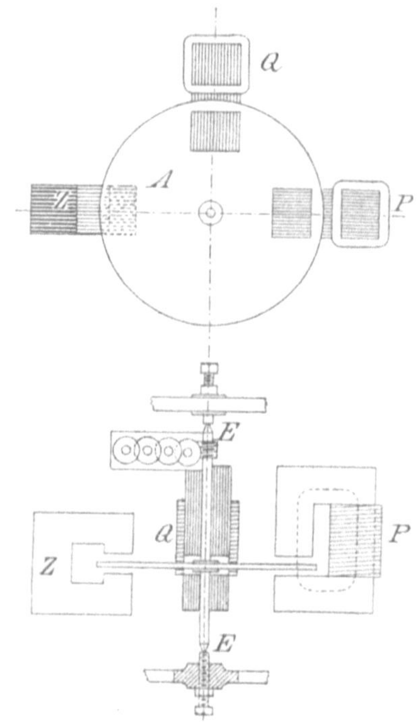

Fig. 304.

21. Motorische Zähler.

a) Der Bláthy-Zähler. Er wird seit 1889 von Ganz & Co. und von Helios gebaut und hat sich seiner soliden Konstruktion wegen sehr gut bewährt. Dieser Zähler besteht im Wesentlichen aus einer um eine vertikale Welle E, Fig. 304, sehr leicht drehbaren horizontalen Aluminiumscheibe. Diese Welle setzt ein Zählwerk durch einen Schneckentrieb und diverse Uebersetzungsräder in Bewegung. Die Scheibe A ist der inducirenden Wirkung zweier Systeme von Elektromagneten ausgesetzt. Das eine dieser Systeme P wird durch den zu messenden Wechselstrom magnetisch erregt, und der entwickelte Magnetismus ist diesem Hauptstrom proportional. Das zweite System Q wird durch einen Nebenschluss von den Klemmen des Hauptstromes, oder bei hochgespannten Strömen von den sekundären Klemmen eines Reduktors, erregt und ist demnach der Spannung proportional. Beide Magnetsysteme erzeugen in der Scheibe inducirte Ströme und wirken auf diese wieder derart dynamisch ein, dass dieselbe in Rotation versetzt wird. In Folge der Bewegung der Scheibe durch die magnetischen Felder werden aber wieder Ströme inducirt, die der Bewegung der Scheibe entgegenstreben; bei einer gewissen Geschwindigkeit tritt zwischen den treibenden und hemmenden Kräften Gleichgewicht ein. Diese Geschwindigkeit ist dem Energiebetrage proportional, welcher die Leitung passirte. Die genaue Theorie dieses Zählers, welche hier nicht gegeben werden kann[1]), zeigt, dass die Hinzufügung eines permanenten Magneten Z genügt, geringe Veränderungen der Polwechselzahl, also z. B. Tourenänderungen der Maschine

Fig. 305.

unschädlich zu machen und die Proportionalität selbst bei kleinen treibenden herzustellen Kräften zu vergrössern. Deshalb fügt man einen Hufeisenmagnet hinzu, dessen Pole die Scheibe von beiden Seiten umfassen. Dieser Magnet klemmt so zu sagen die Scheibe magnetisch, erschwert ihre Drehung, so dass z. B. die Scheibe nach Abstellen des Stromes rascher zur Ruhe kommt und die Weiterbewegung in Folge der Trägheit fast auf Null vermindert wird.

Die Figur 305 veranschaulicht einen solchen Zähler. Der Hauptmagnet ist vorne unter dem Zifferblatt angebracht. Er besteht aus dünnen Eisenplatten, hat Hufeisenform und ist mit einigen Windungen blanken Kupferdrahtes umgeben, dessen Enden zu den vier Klemmen führen, an

[1]) Dr. Th. Bruger, Ueber die Theorie der Motorzähler, Elektr. Zschr. 1895, S. 675.

welche der Hauptstrom angeschlossen ist. Der Nebenschlussmagnet ist oben ersichtlich; er trägt zwei Spulen mit grosser Selbstinduktion, die hintereinandergeschaltet sind; und deren freie Enden an die Hauptleitung angeschlossen sind. Unter diesem Elektromagneten befindet sich ein weiteres Eisenstück, das den magnetischen Stromkreis schliesst. Das obere Ende der Scheibenaxe trägt eine Schnecke, die in ein Schneckenrad des Zählwerkes eingreift und ihre Bewegung auf das Zifferblatt

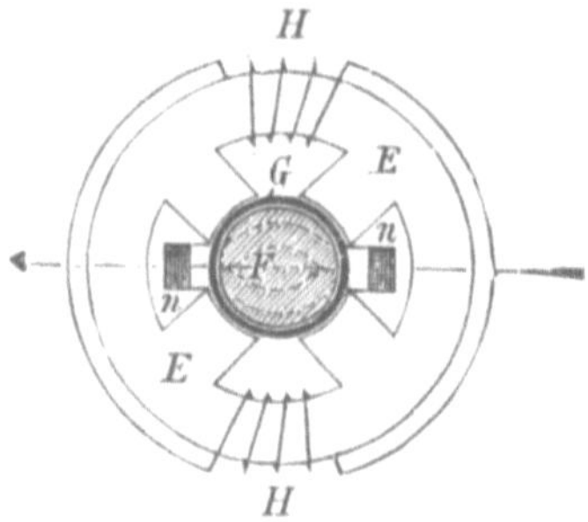

Fig. 306.

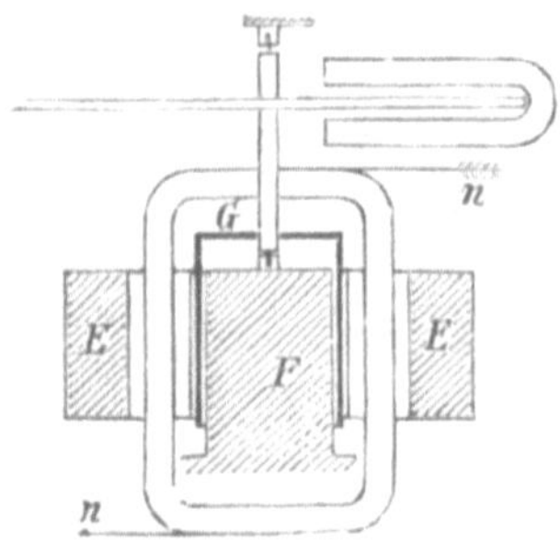

Fig. 307.

überträgt. Unter den Polen des Nebenschlusselektromagneten befindet sich ein kupferner Schirm, der sich mittelst einer endlosen Schraube etwas hin- und herbewegen lässt; dadurch kann das Nebenschlussfeld beeinflusst und eine Nullstellung bei stromlosen Hauptspulen erzielt werden, was sonst bei nicht absolut symmetrischer Anordnung nicht möglich wäre. Die Aichung auf eine bestimmte Konstante erfolgt dadurch, dass der als elektrische Bremse wirkende permanente Magnet

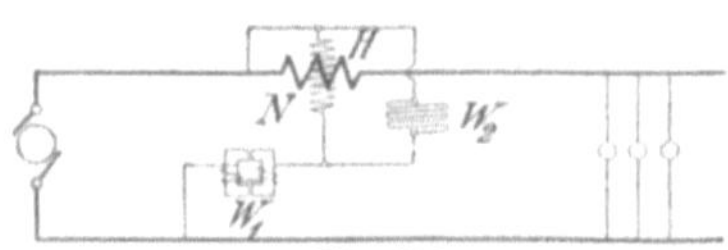

Fig. 308.

verschoben wird. Die ganze Konstruktion und der Zählapparat sind so berechnet, dass auf diese Weise ein Theilstrich des ersten Zeigers einer Ampèrestunde resp. Hektowattstunde entsprechen kann. Der ganze Mechanismus ist durch ein Zinkgehäuse verdeckt und durch Bleiplomben vor unbefugtem Oeffnen geschützt.

Es giebt für Wechselstrom eine ganze Reihe ähnlicher Konstruktionen, so die Wechselstromzähler von Schallenberger, Duncan, Hartmann und Braun, die alle mehr oder weniger Verbreitung gefunden haben. Hier sei nur noch kurz der W.S.-Zähler von Hummel beschrieben.

b) Bei dem ***Wechselstromzähler von Hummel*** (Fig. 306—308), der neuerdings von der A. E.-G., Berlin fabricirt wird, wird das Hauptstromfeld durch die grammeringartige Wickelung H, das Nebenschlussfeld durch die in Rahmen gewickelten Spulen N gebildet. Das diesen beiden Spulensystemen gemeinsame Feld E besitzt vier Polfortsätze, die der als Kupferglocke ausgebildeten Armatur G eine dauernde, äusserst schwache Vorwärtsbewegung zu geben streben. Dieser auch bei stromlosem Hauptfelde vorhandenen Tendenz wirkt der schwache Druck eines feinen Eisenstäbchens entgegen, das von den Bremsmagneten angezogen wird und bei stromlosen Hauptspulen H die Scheibe D und die Glockenarmatur G festhält, bei ganz schwachem Strome in den Hauptspulen aber schon die Bewegung gestattet. Das Ankereisen F steht fest, die rotirenden Theile sind deshalb äusserst leicht zu halten und der Zähler arbeitet

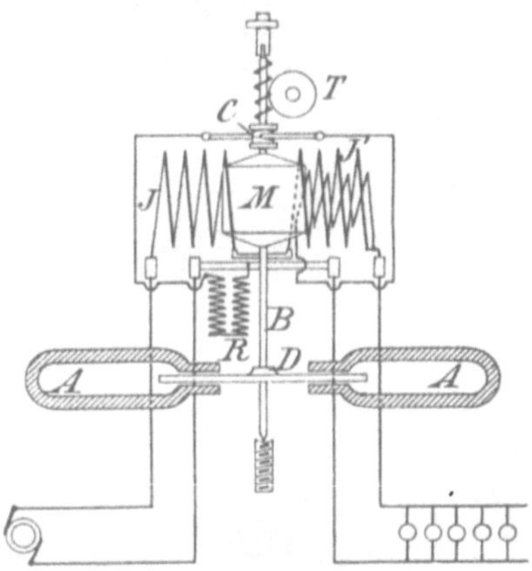

Fig. 309.

nach den Angaben der Versuchsanstalt des polytechnischen Vereins München mit einem mittleren Fehler von etwa $^1/_2$ %. Die Verschiebung des Nebenschlussfeldes wird durch einen besonderen induktiven Widerstand W_1 bewirkt, der zum Nebenschluss N in Serie geschaltet ist. Der in der Figur angedeutete Widerstand W_2 ist induktionsfrei und dient dazu, die Phasenverschiebung zwischen H und N auf genau 90° zu bringen. Dies ist erforderlich, wenn der Zähler auch bei Motorenbelastung genau richtig zeigen soll.

c) Der Zähler von Elihu Thomson. Gleich gut für Gleich- oder Wechselstrom eignet sich der in Fig. 309 und 310 veranschaulichte Zähler von Elihu Thomson. Eine vertikale Welle B trägt die Trommel M eines Elektromotors und eine zwischen permanenten Magneten laufende Kupferscheibe als elektrische Bremse. Der Elektromotor besitzt weder in den Magneten noch in der Trommel Eisen. Seine Trommel hat acht Sektoren. Der zu messende Strom durchläuft die beiden Magnetspulen JJ', so dass ihr magnetisches Feld sich proportional mit dem Strome ändert. In dem von diesen Spulen hervorgerufenen Felde bewegt sich der inducirte Anker M. Der Kollektor C desselben und die darauf ruhenden Bürsten sind aus Silber. Der Anker M hat einen grossen induktionsfreien Widerstand R vorgeschaltet und ist damit von den Klemmen des Hauptstromes im Nebenschlusse abgezweigt, so dass unter der Annahme einer konstanten Spannung die Trommel von einem konstanten Strome durchflossen wird. Der Widerstand R hat den Zweck,

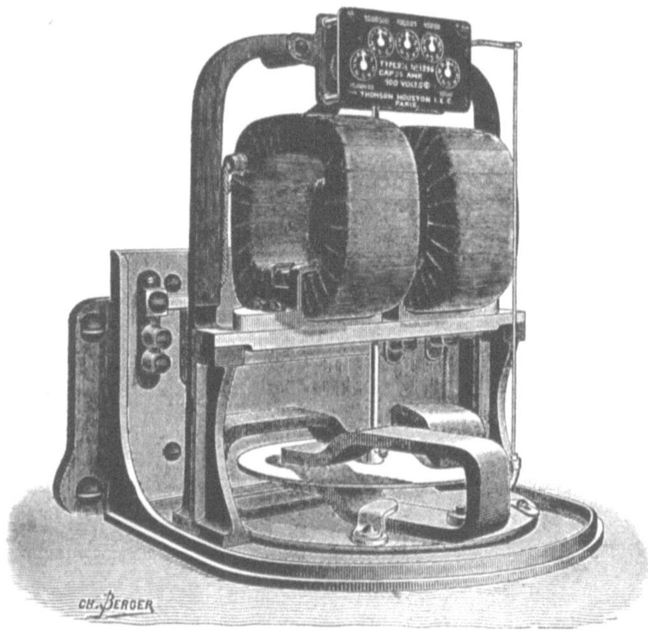

Fig. 310.

die Spannung zu reduciren, damit für die Dynamo M resp. ihren Kommutator eine geringe Spannung zu erreichen und so die Funkengefahr zu beseitigen; ferner soll er den Eigenverbrauch des Zählers herabsetzen und bei Wechselstrom namentlich den scheinbaren Widerstand annähernd gleich dem effektiven gestalten, wodurch der Einfluss von Aenderungen der Polwechsel abgeschwächt wird. Die vom Motor bei n Umdrehungen geleistete Arbeit ist gleich $K_1 J . n$, weil sich eine vom konstanten Strom durchflossene Trommel in einem mit J veränderlichen Felde bewegt. Die durch die Trommel absorbirte Arbeit ist von den erzeugten Foucaultströmen abhängig. Da aber die Stärke der Ströme selbst jener Tourenzahl proportional ist, so ergiebt sich die absorbirte Arbeit mit

$K_2 n^2$, wobei K_1, K_2 Konstante sind. Es muss also $K_1 \cdot J n = K_2 n^2$ oder $J = K n$ sein. Die Umdrehungszahl ist also der zu messenden Stromstärke proportional, wobei E als konstant angenommen wurde.

d) Der in Fig. 311 schematisch abgebildete von Schuckert gebaute ***Gleichstromzähler von Hummel*** ist analog dem Thomson-Zähler ausgebildet. Er enthält einen eisenlosen, im Nebenschluss angeordneten Anker A_1 mit siebentheiligem Silberkollektor und besitzt vom Hauptstrom durchflossene Magnete W_1. Zur Eliminirung der durch Reibung entstehenden Fehler sind auf den Feldmagneten noch feine Wicklungen M_1 angeordnet, die ebenfalls im Nebenschluss zu den Leitungen L_1, L_2 liegen; ferner sind vor dem Anker die hohen Widerstände

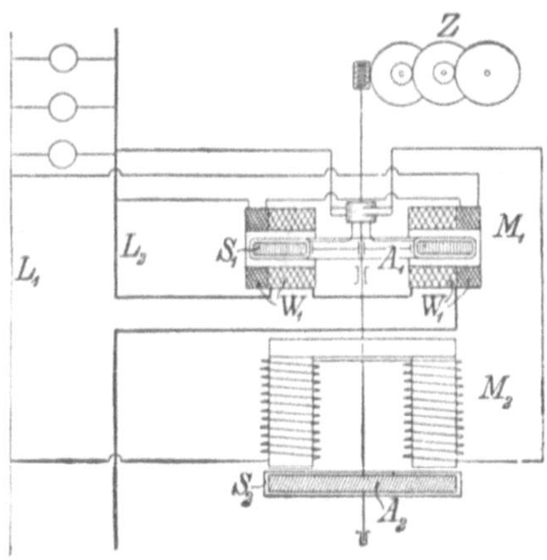

Fig. 311.

der Windungen des bremsenden Elektromagneten M_2 geschaltet, der seinerseits auf die mit der Ankeraxe verbundene Kupferscheibe A_2 dämpfend einwirkt. Z ist das Zählwerk.

e) ***Der Zähler von Chamberlain & Hookham*** besass in seiner älteren Form einen Quecksilberkommutator. In der neueren Form (Fig. 312) besteht der vom Hauptstrom radial durchflossene Anker einfach aus einer mit zwei Schlitzen versehenen Faraday'schen Scheibe, die auf Quecksilber schwimmt und unter dem messingenen Schlussstücke C zwischen den Polschuhen BB eines starken permanenten Magneten AA angebracht ist. Auf ihrer Axe sitzt die Bremsscheibe O, welche unter dem Einflusse der Polfortsätze E steht. Beachtenswerth ist die starke Einschnürung F eines dieser Polstücke, die bewirkt, dass selbst bei beträchtlicher Schwächung des Magneten A die Konstante des Apparates nur unwesentlich geändert wird. Die in Serie zu dem Anker geschalteten wenigen Hauptstromwindungen H und das von ihnen beeinflusste

Schlussstück G dienen zur Ueberwindung der Reibung beim Angehen aus der Ruhelage. Die links angeordnete gebogene Röhre dient zum Einfüllen des Quecksilbers.

Fig. 312.

22. Anforderungen an Zähler.

Mit zunehmender Verbreitung der elektrischen Centralstationen hat sich das Bedürfniss nach einer gesetzlichen Regelung der Aichung der gewerblichen Elektricitätsverbrauchsmesser ergeben und ist z. B. in Oesterreich seit 1894 eine diesbezügliche Verordnung erschienen, aus welcher einige wichtige Bestimmungen herausgegriffen werden sollen. Die Abweichung der Angaben des Zählers von den Sollangaben sollen im Mehr oder Weniger höchstens 4 % zwischen 10—100 % der Belastung betragen, bei 2 % der Maximalbelastung muss der Zähler sicher angehen.

Diese Toleranz wird vom Jahre 1898 auf drei Viertel, vom Jahre 1903 ab auf die Hälfte reducirt werden. Der Zähler muss so konstruirt werden, dass die Konstanz seiner Angaben innerhalb der zulässigen Aichtoleranz für mindestens zwei Jahre gewährleistet erscheint. Bei Wechselstromzählern darf die Abhängigkeit ihrer Angaben von Polwechselzahl, Stromkurven und Spannung, bei Gleichstromzählern die Abhängigkeit von der Spannung nicht so gross sein, dass sie unter den praktischen Betriebsbedingungen systematische Abweichungen von der mittleren Angabe im Betrage der Aichtoleranz bedingen würde. Ausserdem sollen Zähler leicht anzuschliessen, bequem abzuschalten und nicht empfindlich auf die zuweilen rohe Behandlung sein, welche sie auf dem Transporte und bei der Aufstellung haben. Die Konsumenten verlangen heute ausserdem fast überall direkt zeigende Zähler, deren Aufnahmen eventuell in ihrer Gegenwart stattfinden können. Die Aufgaben, welche die Zähler zu lösen haben, entspringen aus den später zu besprechenden Tarifbedingungen für den Verkauf der elektrischen Energie. Wird z. B. ein Rabatt angenommen, der vom Maximalstrome während einer gewissen Zeit abhängt, so erweitert sich auch das Zählerproblem. Ebenso verändert und erweitert sich dasselbe, wenn z. B., wie dies öfter bereits vorgeschlagen wurde, der Grundpreis während der Tagesstunden gegenüber jenem während der Abendstunden ermässigt werden soll. Sollte die elektrische Beleuchtung dereinst jene Verbreitung finden, wie sie heute die Gasbeleuchtung besitzt, so wird man vermuthlich auch bei den elektrischen Zählern automatische Stromlieferung während einer bestimmten Zeit beim Einwurfe eines bestimmten Geldstückes fordern[1]). In Deutschland befinden sich gesetzliche Vorschriften über die Aichung der Elektricitätszähler noch in Vorbereitung.

F. Sonstige Hülfsapparate.

Die Anzahl der Hülfsapparate ist durch die im Vorgehenden nicht erschöpft. Sie müsste noch durch einige wichtige Instrumente, wie Erdschlussanzeiger zur Prüfung des Isolationszustandes einer Leitungsanlage, Phasenindikator zur Vergleichung der Phasen zweier Wechselströme etc. vermehrt werden. Die ersteren sollen jedoch bei der Frage der Isolation von Anlagen erörtert werden; die anderen sind bei der Parallelschaltung von Wechselstromanlagen erörtert worden. Dagegen wären hier noch folgende Apparate kurz zu erwähnen.

---

[1]) Couzens, Electrician Bd. 39, S. 477. 1897.

23. Registrirende Instrumente.

Auch registrirende Instrumente sind zuweilen erforderlich, und gerade in neuester Zeit ist ihnen durch das Studium des Problemes der gerechteren Tarifirung grössere Aufmerksamkeit zugewendet worden. Sie dienen entweder dazu, eine Kontrole über die Zuverlässigkeit des

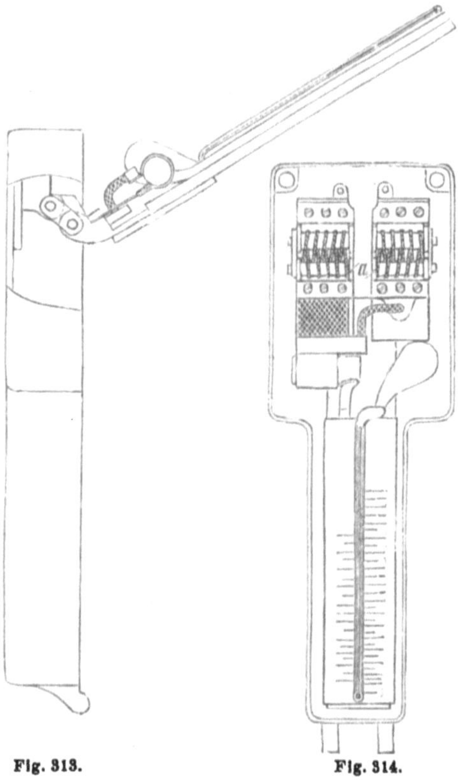

Fig. 313. Fig. 314.

Bedienungspersonals und der automatischen Regulirvorrichtungen zu ermöglichen, oder dazu, die Maxima und Minima bestimmter Werthe festzusetzen[1]).

Als Instrumente der ersten Art sind registrirende Voltmeter zur selbstthätigen Aufzeichnung der Spannung und event. registrirende Vorrichtungen für den Dampfdruck u. s. w. anzusehen. Die registrirenden Voltmeter, von denen sich diejenigen von Richard Frères, Paris, von Hart-

[1]) Vergl. auch Dr. A. Raps: Ueber ein Universalregistririnstrument von Siemens & Halske. Elektr. Zschr. 1897, S. 196.

mann & Braun, Bockenheim, und von Prof. Mengarini, Rom, besonderer Verbreitung erfreuen, sind technische Galvanometer oder Elektrodynamometer, deren Zeiger als Schreibstift ausgebildet ist. Dieser Stift zeichnet auf einer in 24 Stunden eine Umdrehung vollendenden, mit auswechselbaren getheilten Tafeln bespannten Trommel graphisch den Verlauf der Spannung auf, und lässt alle Unregelmässigkeiten, Störungen und Unterbrechungen deutlich erkennen.

Zu den Instrumenten der zweiten Art gehören die registrirenden Ampèremeter, die aus den technischen Ampèremetern in ähnlicher Weise hervorgegangen sind. Die Ermittelung des Flächeninhalts der von ihnen in 24 Stunden aufgezeichneten Kurve giebt ein rohes Maass der verbrauchten Ampèrestunden und lässt deutlich den Verlauf und das Maximum der Belastung erkennen. Noch besser genügt der letzteren Anforderung der von Arthur Wright und Henry Reason, Brighton, ausgearbeitete Demand indicator (Fig. 313 u. 314), bei dem der zu messende Strom durch Expansion eines Gases Flüssigkeit aus einer U-förmigen Röhre in ein mit Skala versehenes kommunicirendes Gefäss befördert. Die Höhe der übergetretenen Flüssigkeit zeigt das Maximum an, das z. B. bei einer Lichtanlage innerhalb eines halben Jahres auftrat; der Apparat braucht 10 Minuten zur Einstellung und reagirt deshalb nicht auf einen momentan auftretenden Kurzschluss. Um die Flüssigkeit ohne Stromunterbrechung nach Vornahme der Ablesung wieder in die U-Röhre zurückzuschaffen, ist letztere nebst den damit kommunicirenden Gefässen vermittels des charnirartig ausgebildeten Leiters a in vertikaler Ebene drehbar eingerichtet. In welcher Weise dieser Apparat für das Wright'sche System des Differentialtarifs verwendet wird, werden wir später erkennen.

24. Stromrichtungsanzeiger.

In einzelnen Fällen, so z. B. beim Akkumulatorenbetrieb, ist die Beobachtung der Stromrichtung ausser der Stromstärke erwünscht. Hierzu dient ein um eine Axe drehbares Magnetstäbchen, welches bei schwachen Strömen vor einigen Windungen, bei starken vor dem geraden Leiterstück angeordnet und bei Stromdurchgang aus seiner Gleichgewichtslage abgelenkt wird, wobei es einen Zeiger mitnimmt. Das Instrument soll empfindlich sein, d. h. es soll schon bei kleinen Strömen einen Ausschlag zeigen; andererseits darf es bei den höchsten vorkommenden Strömen nicht umpolarisirt werden. Die Stromrichtung spielt ferner bei Anlagen mit Gleichstrombogenlampen eine wesentliche Rolle. Zur Untersuchung der Pole benutzt man jedoch den genannten Richtungszeiger nur selten, meist begnügt man sich entweder damit, die Kohlenstäbe nach dem ersten Versuch selbst zu bewachen und die richtige Schaltung zu prüfen, oder man benutzt das Wilke'sche Polreagenzpapier, welches, angefeuchtet und auf beide Pole gepresst, den negativen Pol durch einen rothen Fleck auf dem Papier markirt. Demselben Zwecke dient auch Berghausen's Polsucher. In einem Glasrohre, welches mit der reagirenden Flüssigkeit gefüllt ist, führen die beiden mit kugelförmigen Enden versehenen Pole am negativen Pole eine rothe Färbung herbei, die beim Umschütteln der Flüssigkeit wieder verschwindet.

25. Tourenmesser.

Nebst der Bestimmung rein elektrischer Grössen, wie Spannung, Stromstärke etc., spielt die Messung von mechanischen Grössen, namentlich der Geschwindigkeit der Lichtmaschine oder ihres Antriebes, eine wichtige Rolle. Zur zeitweisen Prüfung der Umdrehungszahl der Lichtmaschine dient der Tourenzähler. Die Axe desselben wird vermittelst einer Dreikantspitze oder eines Kautschukkonus in den Körner der rotirenden Maschinenwelle so hineingedrückt, dass sie vollends mitgenommen wird. Nach dem Sekundenzähler einer Uhr führt man die Spitze zu Anfang einer Minute in die Welle ein und nimmt sie genau am Ende derselben oder nach Verlauf mehrerer Minuten heraus. Die Anzahl der inzwischen erfolgten Umdrehungen wird durch ein Zifferblatt oder einen vollkommneren Zählmechanismus angezeigt. Durch eine kleine Rechnung und bei einiger Uebung erreicht man bei solchen Apparaten sogar eine Genauigkeit bis auf 1 %.

Will man eine bequemere Ermittlung, bei der die Beobachtung der Zeit wegfällt, vornehmen, wobei man sich jedoch mit einer geringeren Genauigkeit begnügen muss, so greift man zum Geschwindigkeitsmesser oder Tachometer. Am verbreitetsten ist die Konstruktion von Buss, Sombart & Co., bei welcher der Ausschlag eines Centrifugalregulators auf einen Zeiger übertragen wird. Das Tachometer wird bei geringeren Umdrehungszahlen entweder mit der Welle der Maschine direkt gekuppelt oder durch eine Riemenübersetzung in Bewegung gesetzt und gestattet hierbei eine kontinuirliche Beobachtung der Touren; oder es kann, wie die gewöhnlichen Tourenzähler nur zeitweise an die Welle angesetzt werden, wozu die sogenannten Handtachometer dienen. Für kleine Anlagen genügen Tourenzähler, während grössere Anlagen Tachometer, die meistens von der Motorwelle getrieben werden, wünschenswerth erscheinen lassen.

Erwähnung verdienen noch die Tachographen, welche die Geschwindigkeitsänderungen durch ein Diagramm aufnehmen. Beim Betriebe elektrischer Lichtanlagen liegt oft das Bedürfniss vor, sich überzeugen zu können, in welchem Betrage und in welcher Zeit Tourenschwankungen stattgefunden haben. Anfragen über die Ruhe des Lichts, über Lebensdauer von Glühlampen etc. zwingen häufig zu solchen Untersuchungen. Auch die Fragen, ob Betriebsmaschinen genügende Gleichheit der Umdrehungszahl besitzen und für den Antrieb von elektrischen Lichtmaschinen, insbesondere für die Parallelschaltung von W.S.-Maschinen geeignet sind, ob sie durch Abstellen von Arbeitsmaschinen zu stark beeinflusst werden, können damit untersucht werden.

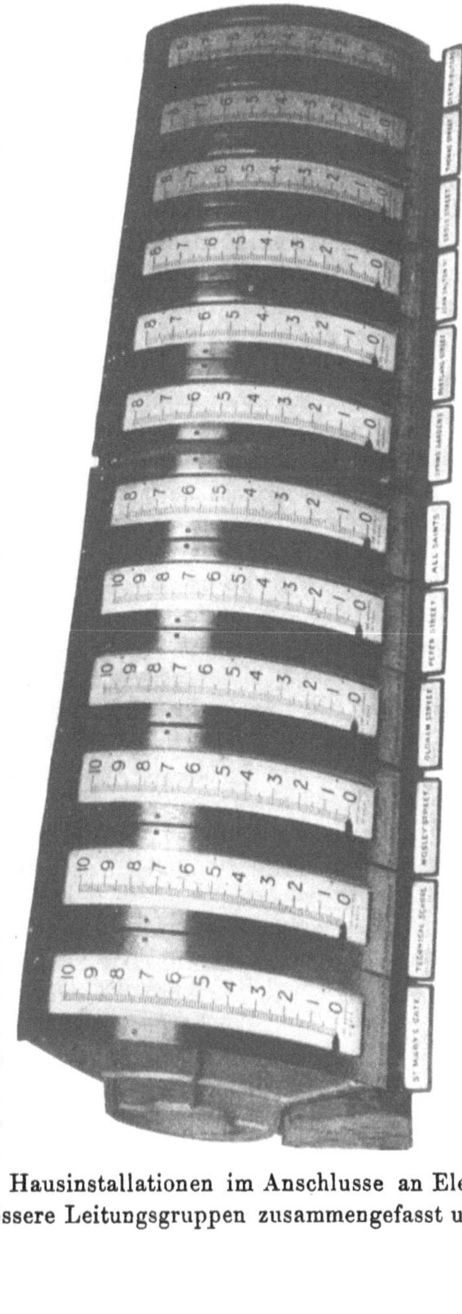

Fig. 315.

26. Schalttafel.

Die einem bestimmten Zwecke entsprechenden Hülfsapparate werden meist mit den Leitungsanschlüssen auf einer gemeinsamen Tafel übersichtlich angeordnet. Man kann nach dem Zwecke des Schaltbrettes von einer Maschinenschalttafel sprechen, welche die von den Maschinen kommenden Leitungen mit den aus dem Maschinenhause führenden verbindet. Bleisicherungen, Anzeigeinstrumente, sowie Regulirapparate finden auf oder neben derselben Platz. Von hier aus wird die Betriebskontrolle geübt, werden die Maschinen parallel geschaltet, einzelne Stränge ab- und eingeschaltet etc. Analoges gilt für die Schalttafel von Akkumulatoren- und Transformatorenanlagen. Bei Hausinstallationen im Anschlusse an Elektricitätswerke werden oft grössere Leitungsgruppen zusammengefasst und von einem Schalttäfelchen aus, auf dem die Bleisicherungen, die Ausschalter und die Anschlussstücke sitzen, verzweigt.

Die Schaltwand kann aus Holz, oder weit besser, mit Rücksicht auf Feuersgefahr, aus Marmor- oder Schiefertafeln bestehen, die bei grösseren Dimensionen der Schaltwand auf einem eisernen Gerüst ruhen. Die Leitungen können entweder sichtbar vor der Wand oder hinter derselben geführt werden.

Bei der Festlegung von grösseren Maschinenhaustafeln gelte als Grundsatz, dass die Apparate in zwei Gruppen getheilt werden. Die erstere umfasst alle Apparate, welche zum unmittelbaren Betriebe der regelmässigen Handhabung seitens eines Schaltbrettwärters anvertraut werden; die zweite umfasst alle Kontroll- und Messinstrumente, die einem Betriebsleiter oder Ingenieur überwiesen sind. Die Apparate der ersten Gruppe kommen zweckmässig in die Nähe der Maschinen auf ein Podium oder eine erhöhte Gallerie, von der aus man die Antriebsmotoren überblicken kann, jene der zweiten eventuell in einen benachbarten Raum. Bei der Unterbringung und Anordnung des Schaltbrettes ist auf Zugänglichkeit seiner Theile und auf Erweiterungsfähigkeit ohne Störung des Betriebes Rücksicht zu nehmen. Ist die übersichtliche Anbringung der Apparate und Instrumente in der Ebene unmöglich, so tritt man aus der Ebene der Tafel heraus und sucht durch räumlich entfaltete Konstruktionen, wie es die erwähnten Hochstromausschalter Fig. 294 zeigen, abzuhelfen. Diesem Bedürfniss kommen auch die kantig oder steil gestellten Feederampèremeter nach, die neuerdings von Evershed und Vignoles, London, in den Handel gebracht werden (Fig. 315). Oft hat man es bei sehr grossen Anlagen auch vorgezogen, für jede Maschineneinheit die ihr zugehörigen Apparate auf einen besonderen allerseits zugänglichen Pfeiler zu setzen. Besondere Vorsicht erheischen die Schalttafeln für hochgespannten Strom. Eine wichtige Erleichterung bot bei ihrer Durchführung die durch Hitzdrahtampèremeter ermöglichte indirekte Strommessung, da es hierdurch überflüssig wurde, die starken und hochgespannten Ströme zum Schaltbrett zu führen. Einen ähnlichen Vortheil bieten Hochspannungsausschalter, wie der in Fig. 293 abgebildete, die von einem vor dem Schaltbrette liegenden, isolirenden Griff aus bedient werden können und bei denen die Ausschaltung hinter dem Schaltbrette durch mechanische Uebertragung der eingeleiteten Bewegung geschieht. Beispiele von Schalttafeln werden später bei der Beschreibung einzelner Anlagen Platz finden.

VI. Kapitel.

Ueber Isolation elektrischer Leitungsanlagen.

Die Frage der Isolirung von Leitungen und deren Anschlussobjekten, wie z. B. der Beleuchtungskörper, haben wir bereits ausführlich erörtert; es erübrigt nur einiges Allgemeine über die Isolirung hinzuzufügen, zu erwähnen, welche Anforderungen man bei verschiedentlichen Anlagen in Bezug auf die Höhe des Isolationswerthes mit Berechtigung stellen soll, sowie die Prüfung desselben zur Erörterung zu bringen.

1. Isolation von isolirten Leiterstücken.

Bevor an die Betrachtung ganzer Anlagen mit ihren mannigfachen Theilen, den Leitungen, den Zubehörtheilen, den Transformatoren etc. geschritten werden kann, soll die Frage der Isolation eines isolirten Leiterstückes behandelt werden.

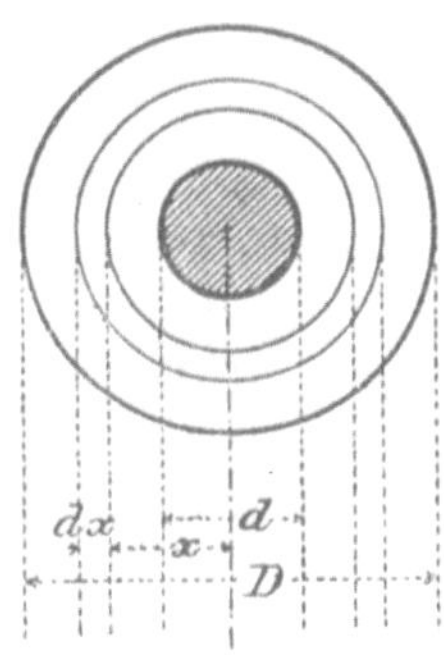

Fig. 316.

In Fig. 316 ist der Querschnitt eines solchen Leiters mit dem inneren Durchmesser d und dem Durchmesser D der Isolirungshülle gezeichnet. Der Widerstand einer differentiellen Schicht ist

$$d r = \frac{s \cdot d x}{2 \pi x \cdot l},$$

wobei s den spec. Isolationswiderstand des Isolationsmaterials, l die Länge des Leiters bedeutet. Integrirt man in den Grenzen $x = d$ bis $x = D$, so ergiebt sich der gesuchte Isolationswiderstand

$$R = \frac{s}{l} \log \text{nat.} \frac{D}{d}.$$

Wählt man die Isolirdicke für verschiedene Draht- oder Kabelstärken so, dass $\frac{D}{d}$ konstant bleibt, so hängt der Isolationswiderstand nur von s und l ab. Da die Grösse s jedoch für ein und dasselbe Material je nach seiner Fabrikation sehr veränderlich ist, so ist die obige Formel zur rechnerischen Ermittlung des Isolationswiderstandes nicht benutzbar.

2. Einfluss der Temperatur.

Dazu kommt noch, dass dieser spec. Widerstand für dasselbe Stück von der Temperatur beeinflusst wird, und zwar im umgekehrten Sinne wie der der guten Leiter. Eine Erhöhung der Temperatur vermindert nämlich den spec. Widerstand in rascherer Weise, als sie den Widerstand guter Leiter erhöht. Z. B. erhöht eine Steigerung der Temperatur um 10° den Widerstand von Kupfer um ungefähr 4%, während dieselbe bei einigen Guttaperchasorten eine Verminderung des Isolirwiderstandes auf etwa 20% des Anfangswerthes herbeiführt. Eine Erhöhung der Temperatur um 20° erhöht den Widerstand des Kupfers um ca. 9% und vermindert den Widerstand der Guttapercha auf etwa 5% des ursprünglichen Werthes. Nach Latimer Clark ist der Zusammenhang durch den Ausdruck

$$R_{t_1} = R_{t_2} \alpha^{(t_1 - t_2)}$$

dargestellt, wobei R die Widerstände, t_1 t_2 die Temperaturen, α eine Materialkonstante bedeuten, welch letztere nach den Messungen der französischen Telegraphenverwaltung zwischen 5 bis 32° C. den Werth 0,861 annimmt. Andere Isolationsmaterialien verhalten sich anders, und es lassen sich keine bestimmten Temperaturkorrektionen für dieselben aufstellen, umsoweniger als geringe Aenderungen in der Zusammensetzung und dem Fabrikationsprocesse der Stoffe grossen Einfluss auf den Werth des Koefficienten ausüben. Das Gesetz, nach welchem sich der Isolationswiderstand je nach entsprechender Höhe der Spannung bei dauerndem Einfluss verändert, ist noch nicht sicher entschieden. Die Veränderung tritt bei homogenen Isolationsstoffen weniger, bei festen Compoundmassen und imprägnirten Muttersubstanzen stärker auf und ist von grosser Wichtigkeit, seitdem die Verwendung hoher Spannungen grosse Verbreitung gefunden. Prof. Heim[1]) hat einige Versuche mit Guttaperchadrähten und bleiarmirten Kabeln bei Spannungen von 20—460 Volt vorgenommen. Es schien sich mit wachsender Spannung eine Widerstandsabnahme bis zu 10% zu ergeben, doch waren die einzelnen Ergebnisse so verschieden, dass sie zu keiner Formulirung des Gesetzes berechtigten.

---

[1]) Elektr. Zschr. 1890, S. 469. Weiter siehe H. Zielinski, Einfluss der Temperatur und Elektrisirungsdauer auf das Isolationsvermögen des Guttaperchadrahtes, Elektr. Zschr. 1896, S. 67, 90.

3. Haltbarkeit und Elektrisirung.

Die Erwärmung der Isolirhülle durch die Wärme des stromdurchflossenen Leiters und durch den dauernden Durchgang des Isolations- oder Verschiebungsstromes, besonders durch mangelhaft isolirte Stellen und auch durch die bei Wechselströmen im Dielektrikum auftretenden hysteretischen Verluste könnten mit der Zeit die Struktur des Isolationsmaterials ändern. Dies scheint jedoch nicht der Fall zu sein, so lange eine normale Beanspruchung des Materiales erfolgt. Fest steht nur, dass der spec. Isolationswiderstand sich stark vermindert bei einer der Durchschlagsgrenze nahen Spannung, weil bei derselben eine theilweise Zerstörung der Struktur bereits Platz gegriffen hat. Die Furcht vor Veränderung der Isolirungsstoffe bei höheren Spannungen überhaupt hat noch vor einigen Jahren Kabelfabrikanten abgehalten, ür ihre Fabrikate bei Wechselstromhochspannungsnetzen eine Garantie auf Jahre hinaus zu übernehmen. Die Erfahrung hat sie jedoch inzwischen belehrt, dass hierzu kein Grund vorhanden war, da inzwischen viele Netze ohne nachweisbare Veränderung im Zustande des Isolirmaterials seit Jahren unter der Wirkung der hohen Spannung mit vorzüglichem Erfolge funktioniren. Vielmehr gebührt zweifelsohne dem Wechselstrom wegen seiner geringeren elektrolytischen Wirkung der Vorzug bezüglich der Haltbarkeit der Netze.

4. Isolationswiderstand.

Je minderwerthiger das Isolirmaterial eines Stromleiters, desto geringer ist der Widerstand, welchen der die Isolirungsstellen oder die Isolirhülle durchfliessende Ableitungsstrom findet und desto schlechtere Isolation zeigt jener Leiter. Geht die Nebenschliessung durch Erde, so pflegt man von der „Isolation gegen Erde“ zu sprechen. Dieser Isolationswiderstand wird nach dem Vorhergehenden von der Stärke und Qualität des Isolirstoffes, von der Anzahl der Stützpunkte und von der Länge der Kabel abhängen.

Isolation zweier Leiterstücke gegen Erde und gegeneinander. Hat man zwei benachbarte, von Erde vollkommen isolirte Leiterstücke nebeneinander, so ist noch die „unmittelbare Isolation von Leiter zu Leiter“ zu berücksichtigen. Dieselbe hängt für den Fall direkt sich berührender Leiterhüllen auch vom mechanischen Drucke ab, mit welchem dieselben aneinander gepresst wurden; dies gilt z. B. für Drähte in den engen Röhren der Beleuchtungskörper. Sind die Leiter in geringer Distanz von einander und werden sie durch leitende, von Erde gut isolirte Zwischenstücke gehalten, so hängt ihre gegenseitige Isolation von diesen Theilen ab (Fig. 317 und 318).

Lässt man für den betrachteten Fall die beschränkende Bedingung der vollständigen Isolirung von Erde fallen und nimmt an, dass die Drähte entweder direkt oder durch ihre Zwischenstücke gleichzeitig Erdverbindung besitzen, so kommen kombinirte Widerstände in Betracht. Die Rechnung werde unter der Annahme gemacht, dass keine elektro-

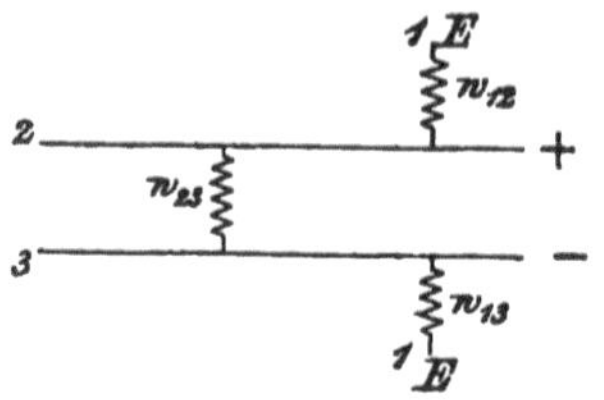

Fig. 317.

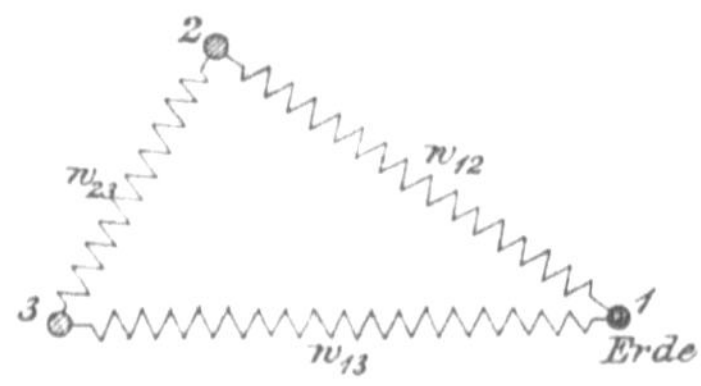

Fig. 318.

statische Kapacität der Leiter in Betracht kommt. Der Widerstand des Leiters 2 gegen Erde, setzt sich aus dem Widerstande w_{12} mit der Nebenschliessung $w_{23} + w_{13}$ zusammen, jener von 3 gegen Erde aus w_{13} mit $w_{23} + w_{12}$ und schliesslich jener von 2 gegen 3 aus w_{23} mit $w_{12} + w_{13}$. Demnach gelten die Ansätze

$$\frac{1}{w_{12}} + \frac{1}{w_{13}} = a_1$$

$$\frac{1}{w_{12}} + \frac{1}{w_{23}} = a_2$$

$$\frac{1}{w_{13}} + \frac{1}{w_{23}} = a_3,$$

wobei a den Fehlerstrom bezeichnet, der den kombinirten Wegen entspricht. Diese Fehlerströme lassen sich leicht durch direkte Beobach-

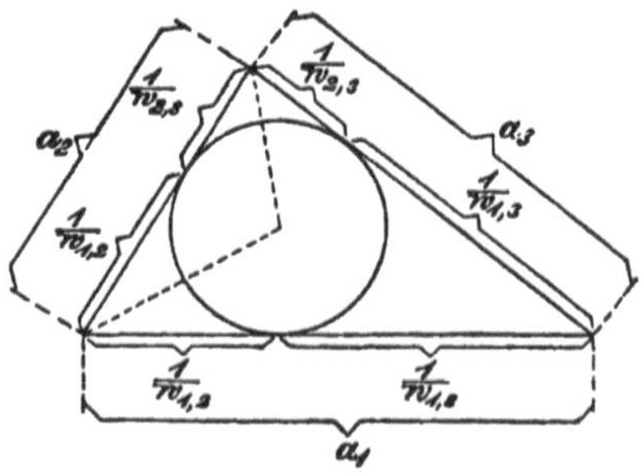

Fig. 319.

tung ermitteln. Die Isolationswiderstände sind nämlich den Strömen proportional, welche ein Galvanometer zeigt, wenn es einerseits an Erde, andererseits an den Hin- resp. Rückleiter verbunden wird, oder wenn es zwischen 2 und 3 geschaltet wird. Aus diesen Ablesungen können die ideellen Widerstände w_{12}, w_{13}, w_{23} rechnerisch ermittelt werden:

$$\frac{1}{w_{12}} = \frac{a_1 + a_2 + a_3}{2} - a_3$$

$$\frac{1}{w_{13}} = \frac{a_1 + a_2 + a_3}{2} - a_2$$

$$\frac{1}{w_{23}} = \frac{a_1 + a_2 + a_3}{2} - a_1$$

Diese Auswerthung kann auch leicht graphisch erfolgen[1]), indem man, Fig. 319, ein Dreieck aus den drei Stromwerthen a_1, a_2, a_3 bildet. Der demselben eingeschriebene Kreis a_1, a_2, a_3 ergiebt durch seine Berührungspunkte die gesuchten Werthe

$$\frac{1}{w_{12}}, \quad \frac{1}{w_{23}}, \quad \frac{1}{w_{13}}.$$

5. Oberflächenisolation.

Der dem Isolationswiderstand entsprechende Ableitungsstrom nimmt nicht in allen Fällen den Weg durch das Isolationsmaterial, sondern es kommt an gewissen Punkten der Leitungsanlage der Weg auf der Oberfläche des Isolationsmaterials in Frage. Diese unter dem Namen Oberflächenisolation bekannte Erscheinung ist bei niedriger Spannung nur in feuchten Räumen, so z. B. bei dem Uebergang von Kabeln zu gewöhnlichen Leitungen, oder bei den Schalteobjekten und Isolatoren in Betracht zu ziehen, während sie eine besonders wichtige Rolle bei Verwendung von hochgespannten Strömen spielt.

Wir haben sie bereits bei den Doppelglocken im Kapitel über Luftleitungen behandelt, ferner diese Erscheinung auch bei den Endverschlüssen der Kabel erörtert. Sie kommt in gleicher Weise auch bei der Isolirung von Maschinen und Transformatoren und bei der Isolirung von Schaltapparaten in Betracht.

Man hilft sich hierbei immer nach dem Principe, diesen Oberflächenwiderstand möglichst gross dadurch zu halten, dass man den Weg für den entsprechenden Strom möglichst schmal und lang macht; z. B. wird man Spulenisolirungen bei hochgespannten Wechselströmen nicht stumpf aneinanderstossen lassen (Fig. 320) und eine sogenannte Stossfuge bilden, sondern wird sie überblatten, wie dies aus der umstehenden Fig. 321 ersichtlich ist.

[1]) A. Campbell, Elektr. Zschr. 1895, S. 115; ferner Rudolf Skutsch, Elektr. Zschr. 1897, S. 142.

Diese Oberflächenisolation ist namentlich mit Rücksicht auf Durchschlagbögen entsprechend zu wählen, ein Gegenstand, den wir hier nicht näher behandeln können.

Die bei den einzelnen Objekten einer Beleuchtungsanlage zu erreichenden Isolationswiderstände sind sehr verschieden. Es sollen, um über die Werthe eine beiläufige Orientirung zu gewinnen, einige beispielsweise Zahlen angeführt werden. Elektrische Maschinen besitzen eine Isolation von mindestens 0,1 Megohm bei G.S. und niedriger Spannung

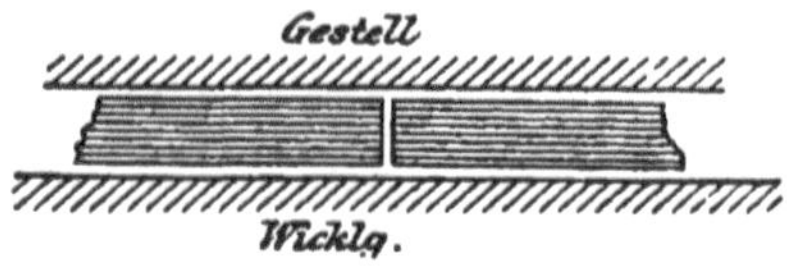

Fig. 320.

und mindestens 2 Megohm bei W.S. und etwa 2000 Volt Betriebsspannung. Die Wicklungen eines Transformators gegeneinander oder gegen ihr Gestelle weisen mindestens 4 Megohm auf. Einfache Kabel für niedere Spannung haben unverlegt mindestens 500 Megohm, während Kabel für hohe Spannung unverlegt 700—1500 Megohm per Kilometer besitzen. In verlegtem Zustande ist der Isolationszustand der Netze wesentlich von der Zahl und dem Isolationszustande der angeschlossenen Objekte abhängig. Grosse Dreileiternetze für G.S. werden selten mehr als einige Tausend Ohm per Kilometer aufweisen, meistens besitzen sie

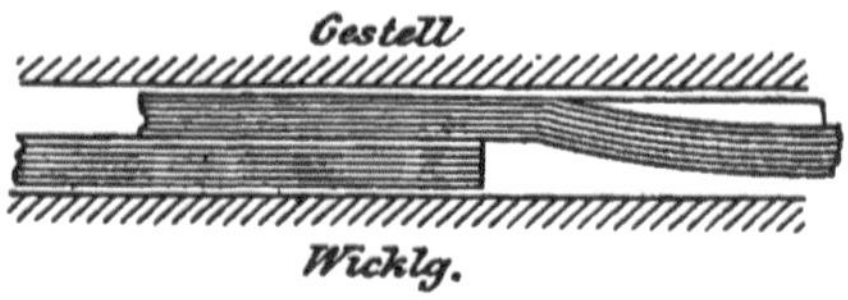

Fig. 321.

weniger. Hochstromnetze mit koncentrischen Kabeln und angeschlossenen Transformatoren besitzen je nach der Temperatur und der Feuchtigkeit etwa 1—10 Megohm per Kilometer. Fassungen mit Glühlampen zeigten bei einer vorgenommenen Messung 4400 Megohm bei vollständig trockenem Gyps, während Glühlampen allein den Betrag von 5800 Megohm ergeben haben. Glühlampen mit reinen Platinösen, ohne Gyps, ergaben beispielsweise 26 000 Megohm. Bogenlampen im Freien und Bleisicherungen zählen erfahrungsgemäss zu denjenigen Gegenständen, welche den Isolationswiderstand einer Anlage wesentlich herabzudrücken vermögen, weil ihre Oberflächenisolirung fast stets klein ist.

In manchen Fällen versucht man die Oberflächenisolirung zu umgehen, indem man den Gegenstand in Oel setzt, wie dies bei Hochstromkabeln und ihren Armaturen und bei Transformatoren geschah. Um sichere Resultate zu erzielen, muss dieses Oel wasserfrei sein und bleiben, was letzteres zu der schwer durchführbaren Bedingung des völligen Luftabschlusses führt.

6. Vertheilung des Potentials im Leitungskreise und Wirkung der elektrostatischen Kapacität.

Wir wollen nun den Einfluss untersuchen, den eine an einem einzigen Punkte hergestellte Erdableitung auf einen bei C offenen, sonst isolirten Stromkreis, Fig. 322, ausübt, und ziehen zuerst Gleichstrom in in Betracht. Bevor die elektromotorische Kraft einer solchen Quelle wirkt, hat der Stromkreis mit der Erde natürlich gleiches Potential,

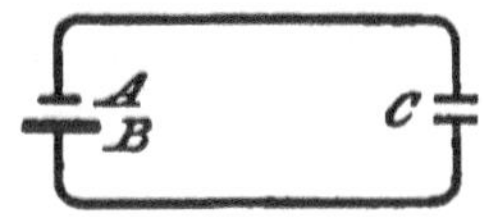

Fig. 322.

nämlich Null. Sobald dieselbe in Thätigkeit tritt, wird, wenn die Schnittfläche bei C offen ist, BC und AC das Potential von B resp. A annehmen. Die Differenz der Potentiale V muss demnach gleich derjenigen der Quelle sein; bei 100 Volt z. B. ist in BC + 50, in AC — 50 Volt, die Differenz also wieder $50 - (-50) = 100$ Volt. Jeder Leiter AC und BC wird mit der Elektricitätsmenge $\frac{KV}{2}$ geladen, wenn K die Kapacität jedes Leiters bedeutet. Wenn nun mit einem derselben eine Erdleitung hergestellt wird, so erfolgt eine Veränderung der Potentiale, und zwar erfolgt ein Ausgleich, indem der berührte Leiter das Erdpotential Null annimmt, während der andere Leiter auf das Potential V steigt. Demzufolge fliesst ein Strom von der maximalen Stärke $\frac{V}{2R}$ ab, unter R den Widerstand gegen Erde verstanden, und sowie derselbe abnimmt, lädt sich der zweite Leiter mit der Elektricitätsmenge $K\frac{V}{2}$, so dass er auf K V steigt. Wird die Schnittstelle bei C geschlossen, und liegt C in der Mitte des ganzen Leitungswiderstandes, so wird daselbst das Potential Null herrschen, wenn keine andere Stelle zur Erde abgeleitet ist. Gleichzeitig findet sich natürlich in der Elektrizitätsquelle selbst ein entsprechender Punkt, der gleichfalls das Potential Null aufweisen muss. Diese beiden Punkte, zur Erde abgeleitet, würden keine Veränderung in der Spannungsvertheilung herbeiführen, wenn die übrige Leitung von Erde frei ist[1]).

Anders gestaltet sich der Fall bei Wechselstrom, wo die Ladung des Kabels keine konstante ist, sondern sich mit der veränderlichen Spannungsdifferenz ändert. Der Ladestrom, den eine Wechselstromquelle von $\sim$ Perioden und V Volt Spannung durch das Dielektrikum eines Kondensators von K Mikrofarad sendet, ist $I = 2\,\pi \sim K \,.\, V\, 10^{-6}$.

Die auf die ganze Länge eines Kabels vertheilte Kapacität kann mit hinreichender Genauigkeit durch einen oder mehrere an Einzelpunkten wirkende Kondensatoren ersetzt gedacht werden, insoferne nur die Ladeerscheinungen desselben erklärt werden sollen.

7. Wechselstromnetze.

Besonderes praktisches Interesse bieten die Erscheinungen an Wechselstromhochspannungsnetzen, welche aus koncentrischen Kabeln bestehen. Ein solches Kabel repräsentirt zwei Kondensatoren, C_1, C_2, Fig. 323; der eine wird durch Innen- und Aussenleiter, der andere durch Aussenleiter und metallene Schutzhülle, die an Erde liegt, gebildet.

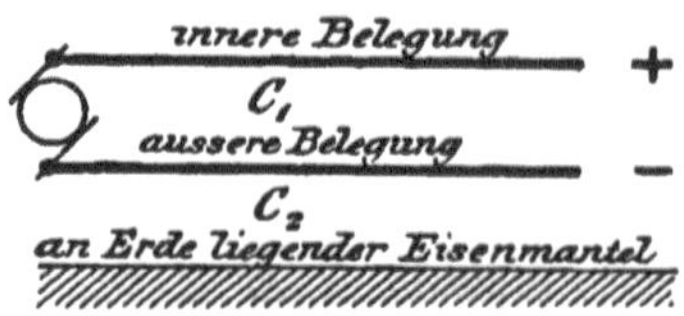

Fig. 323.

Die erste Beobachtung und mathematische Klarstellung dieser und der nachfolgenden Ladeerscheinungen an Wechselstromhochspannungsnetzen rührt unseres Wissens von Otto T. Bláthy her, der im Dezember 1886 das erste derartige Netz in Rom unter Strom setzte. Für das daselbst befindliche ca. 4 km lange koncentrische Faser-Kabel der Firma Siemens & Halske von 2 $\times$ 220 Quadratmillimeter Querschnitt berechnete er eine elektrostatische Kapacität von ca. 1—2 Mikrofarad pro km, woraus Rechnung mit Beobachtung übereinstimmend einen scheinbaren Erdschlussstrom von 2,6 Ampère, d. i. pro km 0,65 Ampère, ergab. Die Werthe der elektrostatischen Kapacität haben demnach praktische Wichtigkeit.

[1]) Zur Erlangung gründlicher Einsicht sei empfohlen: Dr. O. Frölich, Ueber Isolations- und Fehlerbestimmungen an elektrischen Anlagen. Berlin 1895. S. 24 ff.

Feldmann[1]) hat für solche Kabel folgende Werthe gegeben:

Einfacher Querschnitt mm²	Kapacität zwischen beiden Leitern pro km in Mikrofarad	Kapacität zwischen äusserem Leiter und Bleimantel pro km in Mikrofarad
220	0,415	0,775
185	0,395	0,724
120	0,30	0,62
50	0,28	0,47
25	0,17	0,40

Durch Untersuchung mit als Strommesser verwendetem Voltmeter und mit einer Glühlampenbatterie zeigte sich weiter bei der genannten Anlage zum ersten Male, dass die äussere Leitung des koncentrischen Kabels während des Betriebes scheinbar in direktem Kontakt mit der Erde steht, während die innere als vollständig isolirt erscheint. Wenn die Kapacität des äusseren Leiters zur Erde eine bedeutende und die Isolation in allen Theilen des Netzes eine gute ist, so ist das mittlere Potential des äusseren Leiters dasselbe, wie das der Erde, und die grösste Differenz, welche zwischen Punkten desselben existiren kann, entspricht dem Spannungsabfall des Stromes im Leiter selbst. Dagegen wird der innere Leiter fast den vollen Werth der zwischen beiden Leitern herrschenden Spannungsdifferenz V aufweisen[2]). Die angeführte Spannungsvertheilung (Innenleiter fast die volle Maschinenspannung gegen Erde, Aussenleiter Null) wird jedoch sofort verändert, sobald in irgend einem Theile des Stromkreises ein Isolationsfehler vorkommt. Wenn z. B. bei einer Transformatorspule eine Erdverbindung eintritt, so wird diese Stelle auf das Potential Null gebracht, und unter solchen Umständen kann auch der äussere Leiter eine beträchtliche Spannung erhalten, die ein Durchschlagen gegen die äussere Bleihülle herbeizuführen bestrebt ist und deren Abwendung vermittelst der im Kapitel Schutzvorrichtungen erwähnten Funkenstrecken geschehen kann. Analoge Betrachtungen führen auch zur Einsicht, dass durch einen Verbindungsleiter Strom fliessen wird, der die Armirung zweier gesonderter Kabel verbindet. Dieser Strom kann durch eine Nebenschliessung von geringerem Widerstande geschwächt sein. Hat jeder Leiter die elektrostatische Kapacität K gegen seine Armirung und ist K' die Kapacität vom Leiter zur Erde, so ist deren Verbindungskapacität entsprechend zwei in Serie geschal-

[1]) Elektr. Zschr. 1892, S. 95.

[2]) Siehe: Dr. Behn-Eschenburg, Ueber die Spannungen in Ferranti-Kabeln. Elektr. Zschr. 1894, S. 604; ferner: Dr. H. Andriessen, Die Kapacitätsverhältnisse in Kabeln. Elektr. Zschr. 1897, S. 792.

teten Kondensatoren gleich $\frac{1}{\left(\frac{1}{K}+\frac{1}{K'}\right)}$ und es ist demnach für einen eine Hülle zur Erde ableitenden Körper der Strom gleich

$$2\pi \sim V \cdot 10^{-6} \frac{1}{\left(\frac{1}{K}+\frac{1}{K'}\right)}$$

und von Hülle zu Hülle, wobei die Verbindungskapacität $\frac{1}{2K}$ ist, gleich

$$2\pi \sim V \cdot \frac{K}{2} \cdot 10^{-6}.$$

8. Ueber die zulässige Stärke des Ableitungsstromes und seinen Einfluss.

Im Vorstehenden sind zweierlei Ableiteströme betrachtet worden. Erstens solche, welche in Folge von Isolirungsmängeln eine Nebenschliessung des Nutzstromes bilden, und zweitens Ableitungen in Folge von Kondensatorwirkungen. Treten beide auf, so addiren sich beide unter einem rechten Winkel, weil der Kondensatorstrom gegen den Nutzstrom eine Verschiebung von 90° besitzt. Die zulässige Stärke des Ableitestromes durch die Isolirung der Leitungen und ihrer Anschlussobjekte kann nach drei Richtungen hin Erörterung finden:

a) Elektrolytische Wirkungen. Der Ableitestrom einzelner Stellen darf schon mit Rücksicht auf elektrolytische Vorgänge, die er auf die Isolirstoffe an den Stellen der Berührung mit anderen, namentlich feuchten Stoffen an den Bettungs- oder Lagerungsstellen der Leitungen ausübt, nur gering sein. In dieser Hinsicht steht der Wechselstrom dem Gleichstrom gegenüber seiner geringeren elektrolytischen Wirkung wegen in einem bemerkenswerthen Vortheil. Bei allen Gleichstromanlagen weist mit der Zeit der negative Pol, an dem sich der Sauerstoff bei der Elektrolyse bildet, eine schlechtere Isolation auf als der positive. Bei welchem Stromwerthe diese Zersetzungen von Belang werden, lässt sich nicht angeben und darum kann von diesem wichtigen Gesichtspunkte aus keine Ermittlung desjenigen Ableitestromes erfolgen, der in Hinsicht auf die Erhaltung der Isolirung nicht überschritten werden dürfte.

b) Sicherheit gegen gefährliche Schläge bei Berührung. Die Wirkung, welche ein Ableitungsstrom auf den menschlichen Körper ausübt, der mit der Leitung in Berührung gelangt, gewährt für diese Festsetzung ebenfalls keinen genügenden Anhaltepunkt, weil bei Hochspannungsnetzen eine solche absichtliche Berührung überhaupt ausgeschlossen sein muss, während bei den gebräuchlichen Niederspannungsnetzen von 100 und 200 Volt die physiologische Wirkung auf den menschlichen gesunden Organismus unter den in der Praxis auftretenden Umständen keine Gefahr bildet.

Prof. Weber in Zürich hat an seinem eigenen Körper diesbezügliche Versuche angestellt[1]). Bei vollständiger Umfassung beider Leitungen mit der feuchten Hand traten bei 30 voltigem Wechselstrom mit 50 ∼ leichte Krämpfe ein, wobei die Stromstärke ungefähr 0,012 Ampère betrug. Bei 50 Volt unter gleichen Umständen war die Hand sozusagen temporär gelähmt, während bei trockener Hand man bis 90 Volt gehen konnte. Gleichstrom mit doppelter Spannung zeigte nach Brown ungefähr die gleiche Wirkung. Die Berührung eines Leitungsdrahtes dagegen mit einer Hand bei trockenen Schuhen war ihm selbst bei hohen Spannungen bis 2000 Volt nicht gefahrbringend, ein Beweis, dass die durch das Experiment hergestellten Bedingungen mit jenen der Praxis nicht zusammenfallen. Denn es handelt sich mehr um die Ermittlung, welche Installation und nicht welche Spannung an und für sich gefährlich sei. Die tödliche Wirkung des elektrischen Stromes auf den lebenden Organismus kommt zustande entweder durch Zerstörung der Gewebe oder durch indirekte Hemmung der nervösen Zentralorgane (D'Arsonval), zum Beispiel der Lungen und Herzthätigkeit: daher ist auch die Bethätigung der künstlichen Athmung bei vom Strome Erschlagenen schon oft von Erfolg begleitet gewesen[2]).

Der vorliegende Gesichtspunkt führt dazu, für Wechselstrom einen höheren Isolationsbetrag als berechtigt erscheinen zu lassen, während der erste Gesichtspunkt, der die Elektrolyse betrachtet, das Gegentheil erforderte.

Hat die Leitung elektrostatische Kapacität, so muss dieselbe bei der Beurtheilung des Ableitestromes durch den menschlichen Körper nach den auseinandergesetzten Kondensatorerscheinungen erfolgen. Es wird demnach die Berührung des Innenleiters eines koncentrischen Hochstromkabels unbedingt gefährlich werden, während die Berührung des Aussenleiters unter der bereits erwähnten Voraussetzung guter Isolation des Innenleiters vollkommen ungefährlich wird. Im Vorhergehenden wurde der menschliche Körper als gewöhnlicher Widerstand betrachtet, was für hohe Polwechsel nicht zutrifft. Nicola Tesla hat gezeigt, dass solche Ströme trotz hoher Spannung keinen schädlichen Einfluss ausüben. Ob die Ursache in der Schirmwirkung des Wechselstromes liegt, d. h. nur auf die Haut wirkt oder ob sie in der Unempfindlichkeit der Nerven gegenüber zu raschen Impulsen begründet ist, ist eine noch unentschiedene Frage.

[1]) Elektr. Zschr. 1897, S. 615.

[2]) Ueber diesen Gegenstand giebt Auskunft das Werk: Dr. Fr. Briand, La mort et les accidents causés par les courants électriques de haute tension, Paris 1893.

c) ***Effektverlust.*** Als dritten Gesichtspunkt für die zulässige Stärke des Ableitungsstromes kann der durch ihn verursachte Energieverlust hingestellt werden. Dieser Gesichtspunkt kann nur für den durch mangelhafte Isolation bewirkten Strom gelten, da der Kondensatorstrom bei Wechselstrom praktisch wattlos ist. Der Werth dieses Verlustes wird sich nach dem Preise der Energieeinheit richten und kann demnach eine allgemein gültige Grenzbestimmung für eine aufzustellende Vorschrift kaum liefern. Für eine Parallelschaltungsanlage mit der konstanten Spannung V und dem maximalen Betriebsstrome J sei der durch die Isolation verursachte Verlust der m te Theil des Nutzstromes, also der Ableitestrom gleich $\frac{J}{m}$; es wird dann der Isolationswiderstand

$$R = \frac{V}{\left(\frac{J}{m}\right)} = m \cdot \frac{V}{J}$$

sein. Derselbe sollte darnach der Stromstärke indirekt proportional sein, was gewiss in vielen Fällen der vollen Berechtigung entbehrt. So z. B. hängt bei Freiluftleitung der Ableitungsstrom von der Anzahl der Stützpunkte und somit indirekt mit der Länge der Leitung zusammen; derselbe wird auch von der Witterung und von der Höhe der Spannung V beeinflusst, kaum aber von der Stärke des geführten Stromes. Aehnliches gilt von unterirdischen Leitungen. Für Innenleitungen jedoch bietet die Längenbestimmung hierbei zu grosse Schwierigkeiten. Die obige Formel setzt voraus, dass die Stromstärke einer Innenanlage gewissermaassen proportional dem verlegten Drahtmaterial sei. Besser trifft dies sicherlich für die Lampenzahl (ohne Rücksicht auf die Stromstärke) in vielen Fällen zu, weil die schwächsten Punkte in den Hausinstallationen die Beleuchtungskörper und ihre Accessorien und nicht die glatten Leitungen selbst bilden. Es finden sich auch Formeln, wie wir später sehen werden, die dies berücksichtigen.

9. Isolation ganzer Anlagen.

Handelt es sich um den Isolationswerth einer fertigen Anlage, so setzt sich derselbe aus denjenigen ihrer Theile zusammen, also aus dem der Maschine, der Leitung, der Beleuchtungskörper und der Nebentheile. Die Art dieser Zusammensetzung hängt vom System der Anlage ab; so ist z. B. bei dem indirekten System die Isolation des primären, des sekundären Kreises und event. beider gegeneinander zu betrachten. Rechnet man für eine direkte Stromvertheilung z. B. pro Lampe drei Zubehörtheile von je 300000 Ohm, so würde eine Anlage mit idealster Leitung doch nur 100000 Ohm pro Lampe aufweisen. Die Anschlusstheile, namentlich die Lüstreleitungen, drücken oft den Isolationswerth einer guten Leitung sehr herab; so z. B. hat Prof. Waltenhofen beim Burgtheater in Wien[1]) gefunden, dass der Isolationswiderstand der Leitung beim Anschluss der Beleuchtungskörper auf $^1/_{14}$ des ursprünglichen Werthes sank. Es hat demnach den Anschein, als wenn es nicht berechtigt wäre, für die Isolirung der Drähte so grosse Opfer zu bringen, wenn die Anschlussobjekte das Endresultat vornehmlich beherrschen. Dem ist nur zum Theil so, denn der hohe Isolationswiderstand der Leitung selbst befördert das Aufsuchen und Beseitigen von eintretenden Fehlern in den Nebentheilen. Man sieht, dass der Werth einer überaus hohen und theuer erkauften Isolation ein fragwürdiger ist, umsomehr, wenn für die dauernde Erhaltung derselben keine Gewähr gegeben ist. Es wurde schon erwähnt, dass z. B. die elektrolytische Zersetzung die Isolationswerthe des negativen Pols bei Gleichstrom mit der Zeit herabdrückt. Der Werth solcher Installationsvorschriften ist eigentlich in der moralischen Wirkung zu suchen, die sie ausüben. Sie zwingen zur sorgfältigen Aufmerksamkeit in jeden Details der Ausführung und zur steten Messung der einzelnen Theile während der Montage und des Betriebes.

10. Vorschriften über die Höhe der Isolation[2]).

Die erste beiläufige Vorschrift darüber enthielten Mai 1882 die Regeln für Verhütung von Feuerschäden durch das elektrische Licht, herausgegeben von der Society of Telegraph Engineers and Electricians London, welche besagten, dass alle die Drähte von Innenräumen genügend isolirt und die Isolation der Dynamospulen und Drähte praktisch vollkommen sein sollen. Der Werth der häufigen Prüfung der Maschine und Leitung könne nicht genug empfohlen werden etc. Im Jahre 1883 schrieb die englische Admiralität vor, die Prüfung der Anlage mit einem Kupferstück vorzunehmen, welches von einem Leitungspole gegen das auf Erde ruhende Dynamogestell geführt wird. Es sollte sich bei guter Isolation kein Funken zeigen. Im Jahre 1884 publicirte Prof. Jamieson die Formel $R = 100000 \frac{V}{N}$, wobei N die Anzahl der 16kerzigen Lampen bedeutete. Der Werth der Konstanten stammte aus einigen Messungen an guten Schiffsinstallationen. Die Formel galt für die Leitung, während für die Maschine mindestens der gleiche Werth wie für die Leitung verlangt wurde, so dass demnach

[1]) Zschr. f. Elektr. Wien 1889, S. 21.

[2]) Eine ausführliche Geschichte derselben giebt Prof. A. Jamieson, Western Electrician 1889, S. 94.

für die ganze Anlage, Maschine und Leitung, der Koefficient auf 50000 sank. Die im Mai 1888 erschienene 13. Ausgabe der Phoenix Fire Office Rules schreibt für das Leitungsnetz bei Gleichstrom von 200 Volt oder darunter einen Isolationswiderstand von wenigstens 10000 Ohm, für einen Strom von 1000 Volt nicht unter 50000 Ohm vor; für Wechselstrom wurde das Zweifache des obigen gefordert. Im November desselben Jahres wurde jedoch schon die Ergänzung auf die Lampenzahl vorgenommen, indem pro Lampe 12500000 Ohm gerechnet wurden. Im selben Monat gab Picou die auf Grund des Energieverlustes auf Seite 362 angeführte Formel und nahm für das Leitungsnetz allein für die Konstante dieser Formel den Werth $m = 1000$, für die gesammte Installation mit Maschinen die Hälfte an. Im April gab die Society of Telegraph Engineers and Electricians dieselbe Regel, jedoch mit dem zehnfachen Koefficienten heraus. Ebenso gab der Wiener „Elektrotechnische Verein“ Sicherheitsvorschriften für elektrische Starkstromanlagen im Juni 1888 heraus, welche die gleichen Werthe vorschreibt und nur für besonders ungünstige Fälle, wie Brauereien, Färbereien etc. eine Unterschreitung gestattet, die allerdings die Schwäche im Aufbau der Regel allzukenntlich zur Schau bringt.

Die in Deutschland meist benutzten Vorschriften stützen sich auf diejenigen des Verbandes deutscher Elektrotechniker[1]). Sie gelten für Niederspannung und sind in Hinblick auf den Umstand entstanden, dass der Isolationswiderstand auch für die einzelnen Theile der Anlage genügend hoch sein muss und für keinen Theil derselben einen Minimalwerth (10000 Ohm) unterschreiten darf. Es seien wegen der hohen Wichtigkeit dieses Gegenstandes für die Praxis die wichtigsten Paragraphe dieser Vorschriften angeführt:

§ 17. a) Der Isolationswiderstand des ganzen Leitungsnetzes gegen Erde muss mindestens $\frac{1\,000\,000}{n}$ Ohm betragen. Ausserdem muss für jede Hauptabzweigung die Isolation mindestens $10\,000 + \frac{1\,000\,000}{n}$ Ohm betragen.

In diesen Formeln ist unter n die Zahl der an die betreffende Leitung angeschlossenen Glühlampen zu verstehen, einschliesslich eines Aequivalentes von 10 Glühlampen für jede Bogenlampe, jeden Elektromotor oder anderen stromverbrauchenden Apparat.

b) Bei Messungen von Neuanlagen muss nicht nur die Isolation zwischen den Leitungen und der Erde, sondern auch die Isolation je zweier Leitungen verschiedenen Potentiales gegeneinander gemessen werden; hierbei müssen alle Glühlampen, Bogenlampen, Motoren oder

[1]) Elektr. Zschr. 1896, S. 24.

andere stromverbrauchende Apparate von ihren Leitungen abgetrennt, dagegen alle vorhandenen Beleuchtungskörper angeschlossen, alle Sicherungen eingesetzt und alle Schalter geschlossen sein. Dabei müssen die Isolationswiderstände den obigen Formeln genügen.

c) Bei der Messung der Isolation sind folgende Bedingungen zu beobachten: Bei Isolationsmessung durch Gleichstrom gegen Erde soll, wenn möglich, der negative Pol der Stromquelle an die zu messende Leitung gelegt werden, und die Messung soll erst erfolgen, nachdem die Leitung während einer Minute der Spannung ausgesetzt war. Alle Isolationsmessungen müssen mit der Betriebsspannung gemacht werden. Bei Mehrleiteranlagen ist unter Betriebsspannung die einfache Lampenspannung zu verstehen.

d) Anlagen, welche in feuchten Räumen, z. B. in Brauereien und Färbereien, installirt sind, brauchen der Vorschrift dieses Paragraphen nicht zu genügen, müssen aber folgender Bedingung entsprechen:

Die Leitung muss ausschliesslich mit feuer- und feuchtigkeitsbeständigem Verlegungsmaterial und so ausgeführt sein, dass eine Feuersgefahr in Folge Stromableitung dauernd ganz ausgeschlossen ist.

Neuerdings liegen auch für Hochstromanlagen über 1000 Volt von derselben Seite Sicherheitsregeln vor, welche wir der Elektrotechnischen Zeitschrift 1897, S. 431 entnehmen.

§ 1. Bezeichnung. a) Isolation. Als isolirend im Sinne der Hochspannungsvorschriften gelten faserige oder poröse Isolirmaterialien, welche mit geeigneter Isolirmasse getränkt sind, ferner feste Isolirmaterialien, welche nicht hygroskopisch sind und bei $^1/_4$ der verwendeten Stärke und den im Betriebe vorkommenden Temperaturen von der in Betracht kommenden Spannung nicht durchschlagen werden.

Material wie Schiefer, Holz oder Fiber darf als Konstruktionsmaterial, nicht aber als Isolirmaterial angewendet werden.

Das Isolirmaterial muss derart gestaltet und bemessen sein, dass ein merklicher Stromübergang über die Oberfläche (Oberflächenleitung) unter normalen Umständen nicht eintreten kann.

b) Erdung. Einen Gegenstand erden heisst, ihn mit der Erde derart leitend verbinden, dass er eine für unisolirt stehende Personen gefährliche Spannung nicht annehmen kann.

c) Freileitungen. Als Freileitungen gelten alle ausserhalb von Gebäuden auf Isolirglocken verlegten oberirdischen Leitungen ohne metallische Umhüllung und ohne Schutzverkleidung.

d) Isolirte Leitungen. Als isolirte Leitungen gelten umhüllte Leitungen, welche nach vierundzwanzigstündigem Liegen in Wasser bei Spannungen unter 3000 Volt die doppelte Betriebsspannung, bei höheren eine Ueberspannung von 3000 Volt gegen Wasser eine Stunde lang aushalten.

11. Die Prüfung des Isolationszustandes der Anlagen.

Zur Leitungsprüfung während der Montage werden Galvanoskope oder Klingeln verwendet, die leicht transportabel und mit einigen Trockenelementen oder einem Magnetinduktor ausgerüstet sind. Ist Kapacität vorhanden, so läutet die am Magnetinduktor befestigte Klingel stets, auch bei vollkommener Isolation beider Kondensatorbelegungen von einander. Bei unterirdisch verlegten Kabeln wird mittelst eines Telephons und einer Batterie der Ladestrom beobachtet. Ist das Kabel gut isolirt, so giebt es einen einzigen durch die einmalige, nicht abfliessende Ladung verursachten kräftigen Stoss, während bei schlechter Isolation in Folge Ableitung ein abnehmender Dauerstrom entsteht, der sich durch mehrere aufeinanderfolgende Töne des Telephons verräth Hat man die Betriebsspannung zur Verfügung, so wird diese womöglich zur Prüfung der Isolation benutzt. Man richtet sich dann zur zeitweisen Kontrole des Ableitungsstromes sog. Erdschlussanzeiger ein. Der einfachste Erdschlussanzeiger, Fig. 324, der für Dreileiteranlagen dreitheilig einzurichten ist, besteht aus einem Umschalter mit Glühlampen. Bei Anlagen mit 100—200 Volt genügt eine oder zwei solcher Lampen, die hintereinander geschaltet werden. Mittelst des Umschalters werden die an Erde gelegten Lampen mit dem positiven Pol des Netzes, event. an den isolirten Mittelleiter desselben verbunden. Je nachdem die Lampen heller oder dunkler leuchten, ist der Erdschluss stärker oder schwächer. Der defekte Pol ist der Gegenpol desjenigen, an dem die Lampe leuchtet. Statt aus dem Grad des Leuchtens die Stärke der Ableitung zu taxiren, kann ein Voltmeter eingesetzt werden, das als Strommesser für schwache Ströme zur Verwendung gelangt. Uppenborn hat hierfür das Siemenssche Torsionsgalvanometer vorgeschlagen und verwendet, während heute, hauptsächlich durch die Strassenbahnpraxis veranlasst, das periodische Voltmeter nach Westonschem Princip mehr Anwendung findet[1]). Soll ein eintretender Erdschluss sich selbstthätig signalisiren, so wird die Fig. 325 gegebene Anordnung benutzt. Im normalen Zustande leuchten beide Glühlampen L_1, L_2 dunkel; sobald Erdschluss, z. B. bei a, eintritt,

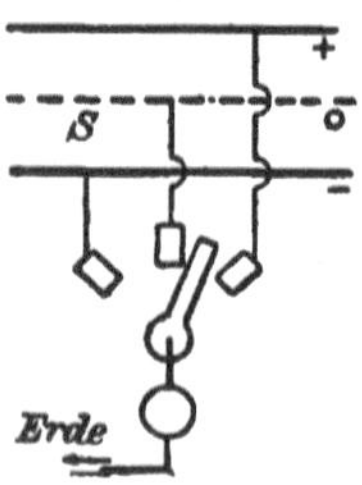

Fig. 324.

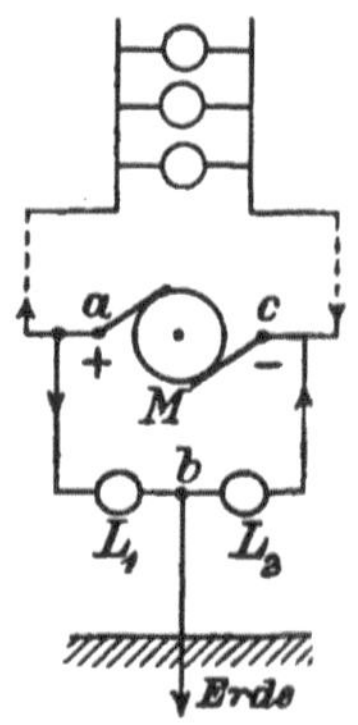

Fig. 325.

[1]) Vergl. Porter, El. World Bd. 30, 1897, S. 61; ferner: F. C. Raphael, The Localisation of Faults in Electric Light Mains. London 1897.

leuchtet die Gegenlampe L_2 auf. Für Hochstromnetze ohne elektrische Kapacität kann das gewöhnliche Voltmeter durch ein elektrostatisches in zur Erde abgeleiteter Hülle ersetzt werden, oder es kann unter direkter Verwendung des hochgespannten Stromes die in Fig. 326 abgebildete Anordnung der Westinghouse Co. verwendet werden. Dieselbe besteht aus zwei primär in Serie geschalteten Transformatoren, deren Mitte an Erde gelegt ist. Tritt ein Erdschluss ein, so leuchten die an die Sekundärwickelungen angeschlossenen Lampen verschieden hell. Diese Vorrichtung ist jedoch nicht empfehlenswerth, weil sie den Erdschluss der Mitte des Hochspannungsnetzes bedingt.

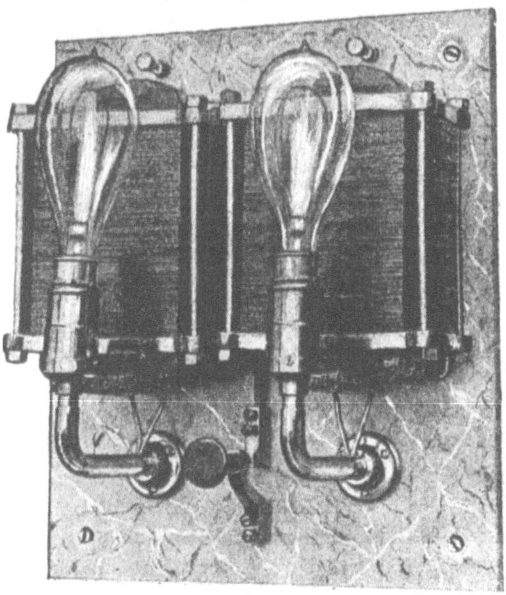

Fig. 326.

Die Angaben der Erdschlussanzeiger sind in zwei Fällen nicht maassgebend. Einmal im Falle eines gleichzeitigen starken Erdschlusses an beiden Polen, selbst wenn beide Leitungen fast direkten Erdkontakt aufweisen, und ebenso bei Dreileitersystem mit an Erde liegendem Mittelleiter; dann bei unterirdischen Wechselstromnetzen, wo die Stromanzeige sich aus dem Ableitestrom und dem um 90^0 verschobenen Kondensatorstrome zusammensetzt.

Die Isolationsmessung von Wechselstrom-Hochspannungsnetzen kann auch während des Betriebes nach der in Fig. 327 dargestellten Weise vermittelst superponirten Gleichstromes erfolgen, der von einer Batterie B geliefert wird und auf ein aperiodisches Galvanometer wirkt, da dasselbe nur vom Gleichstrom und nicht vom Wechselstromerdschluss beeinflusst wird. C ist ein Stromwender, S ein Galvanometernebenschluss, M ein vorgeschalteter Widerstand, etwa ein Megohm, D die Erdableitung, L die Leitung, bei konc. Kabeln der äussere Leiter, A ein Stöpselumschalter.

Solche Apparate sind durch Ganz & Co. und Helios in vielen grösseren Wechselstromcentralen mit Erfolg zur Isolationsprüfung ver-

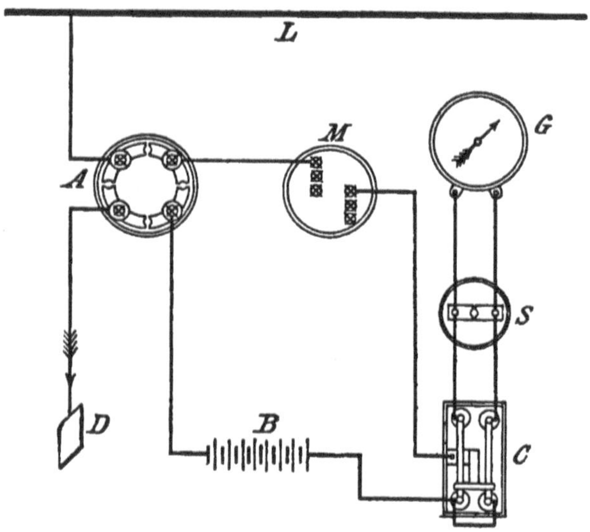

Fig. 327.

wendet worden. Ist a_1 der Ausschlag, den das Megohm allein ergiebt, a_2 jener für Megohm und Erdschluss zusammen, so ist der Widerstand der Erdschliessung in Megohm gleich

$$\frac{\alpha_1 - \alpha_2}{\alpha_2} = \frac{\alpha_1}{\alpha_2} - 1.$$

In ganz derselben Weise kann ein Westonvoltmeter oder das von Siemens & Halske gebaute, als Isolationsmesser geaichte Präcisionsvoltmeter mit r = 30000 Ohm Widerstand verwendet werden.

Bei Anlagen, die nicht unter Strom stehen, werden Leitung, Hilfsbatterie, Isolationsmesser und Erde hintereinander geschaltet; sei E die Spannung der Batterie, e der Voltmeterausschlag für die Isolationsmessung nach dieser Schaltung, so ist der Isolationswiderstand

$$R = r\left(\frac{E}{e} - 1\right) \text{ Ohm.}$$

Bei Zweileiteranlagen im Betrieb messe man nach Fig. 319 erst die Spannung E zwischen + und — Leiter, dann die Spannung e_1 zwischen + Leiter und Erde, und schliesslich die Spannungsdifferenz e_2 zwischen — Leiter und Erde. Dann ist

$$R = r\left(\frac{E}{e_1 - e_2} - 1\right).$$

Den Isolationswiderstand bei Dreileiternetzen bestimmt man für jede Hälfte des Netzes besonders.

Bei Serienschaltung, etwa einer Bogenlampenlichtanlage, wird der Erdschluss nach Fig. 328 leicht ermittelt. Seien zur Messung so viele Hülfsglühlampen L als Bogenlampen B in Serie geschaltet, so wird nach dem Gesetze der Brücke diejenige künstliche Erdschlussverbindung stromlos werden, welche demselben Potentiale entspricht, wie der Leitungsschluss selbst. Der richtige Punkt ergiebt sich, sobald das Galvanoskop G stromlos wird. Diese Anordnung war von der Brush Electric Co. in Chicago für Bogenlampenserien von 5000 Volt in Verwendung.

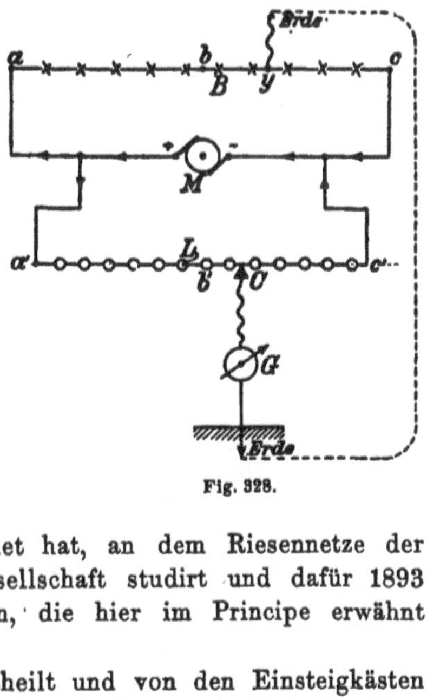

Fig. 328.

Die Kontrole und Auffindung von Fehlern in ausgebreiteten Leitungsnetzen, namentlich bei direkter Stromvertheilung, erfordert stete Aufmerksamkeit, damit Störungen im Netze rasch lokalisirt werden können. Dr. Kallmann[1]) hat diese Frage, die er selbst als eine im wahrsten Sinne des Wortes brennende bezeichnet hat, an dem Riesennetze der Berliner Allgemeinen Elektricitätsgesellschaft studirt und dafür 1893 eine bemerkenswerthe Lösung gegeben, die hier im Principe erwähnt werden soll.

Das Netz wird in Distrikte getheilt und von den Einsteigkästen eines jeden solchen Rayons führt ein isolirter Rückdraht P in die Centrale, welcher vermittelst eines Relais R mit Fallklappe den Durchgang eines Schwachstromes signalisirt, der durch den Potentialunterschied der in der Centrale hergestellten Erde und jene an der Stromübergangsstelle herrührt. Auf der Strecke ist ebenfalls jeder der Drähte P (Fig. 329) in seinem Bezirk mit der Erde, z. B. der Armirung des Kastens K oder

[1]) Elektr. Zschr. 1893, S. 155 und Diskussion 239; ferner S. 545, 721 und 733; ferner 1894, S. 230.

einer Wasserleitung, verbunden. Die Fehlerbestimmung ist dadurch erleichtert, dass selbst bei starken Erdschlüssen von mehreren Hundert Ampère die Spannung der Erde schon in geringer Entfernung von der Fehlerstelle auf Bruchtheile eines Volt gesunken ist. Je mehr Erdschlussstellen ein Leiter hat, desto mehr nähert sich Erdschluss eines anderen Leiters dem Kurzschluss und desto geringer werden die in der Erde messbaren Potentialdifferenzen. Dies ist insofern wichtig, als die Klappen der Fernsprechämter durch die in der auftretenden Strombewegung ebenso fallen, wie die Klappen der Kontrolrelais. Dauert aber die Strombewegung in der Erde lange an, so bleiben die Anker

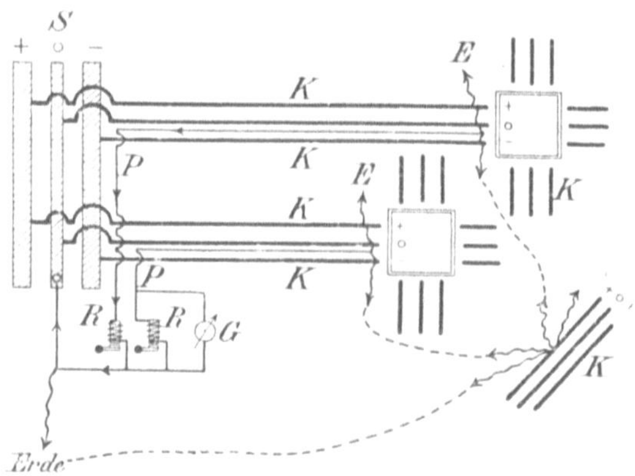

Fig. 329.

der beeinflussten Relais im Kontrolamt und bei den Fernsprechämtern angezogen. Da man nun hierdurch eine manchmal stundenlange Betriebsstörung erfahren kann, wählt man von zwei Uebeln das kleinste und versucht die Erdschlüsse intensiv zu gestalten, dass die Bleisicherungen rasch schmelzen müssen und die Fernsprechämter durch den kurz dauernden Stromstoss nur vermehrte Klappenfälle haben, ohne dauernde Betriebsstörung zu erleiden. Diese Erwägung hat dazu geführt, den Mittelleiter bei Dreileiteranlagen an vielen Stellen an Erde zu schliessen oder ihn ganz blank zu verlegen. Das Kallmann'sche System bedingt die Erde frei von fremden Erdströmen, wie sie namentlich die Strassenbahnen verursachen. Seitdem in Berlin letztere verkehren, hat es auch daselbst seine Bedeutung eingebüsst[1]).

[1]) G. Kemmann, Die Berliner Elektricitäts-Werke, S. 146.

VII. Kapitel.

Beleuchtungskörper.

Entsprechend den unterschiedlichen Verwendungsarten der Glüh- und Bogenlampen haben sich verschiedene Konstruktionen zur Aufnahme und Befestigung der Lampen entwickelt, von welchen in erster Linie die zu den Glühlampen gehörigen behandelt werden sollen.

I. Glühlampenträger.

Den einfachsten Glühlampenträger bildet die Glühlampenfassung selbst, welche an den stromführenden Drähten hängt. Diese im Uebrigen einfache und billige Konstruktion macht immer einen etwas provisori-

Fig. 330.

schen Eindruck. Nicht wesentlich komplicirter ist die in der Fig. 330 dargestellte Schnurhängelampe mit Schirm, an deren Ring entweder die Leitungsdrähte befestigt werden, damit die Kontaktschrauben im Innern der Fassung bei den Bewegungen des ganzen Lampenträgers sich nicht lockern oder die ganze Fassung mittelst separaten Eisendrähten aufgehängt werden kann, so dass die gesammten stromführenden Theile

Fig. 331.

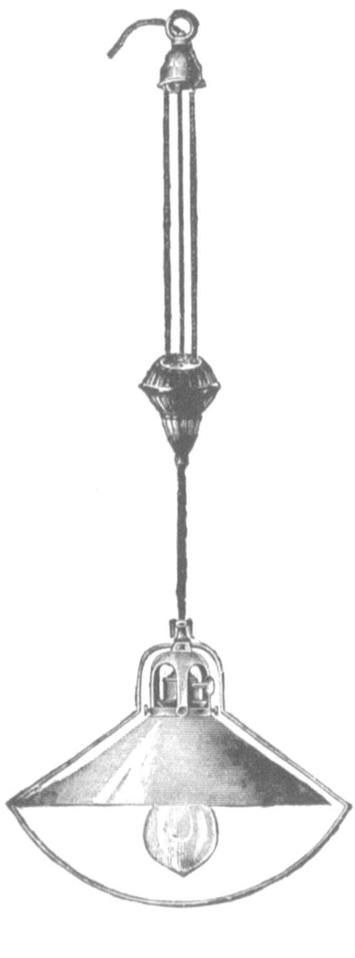

Fig. 332.

Fig. 333.

mechanisch nicht in Anspruch genommen sind. Wenn der Draht durch ein Rohr ersetzt wird, an dem die Fassung befestigt ist und in dessen Innerem die Drähte geführt werden, so erhält man das Pendant oder

Pendel, Fig. 331, welches viel konstruktiver als das erstere, aber auch nicht so mobil ist. Dieses Pendant wird deshalb eher in Korridoren, Vorzimmern und ähnlichen Räumen Verwendung finden, die Schnurfassung hingegen in Magazinen, kleineren Werkstätten, über Arbeitsbänken etc.

In niederen Räumlichkeiten, wie auf Schiffen, in Kellern etc. werden Plafondlampen, Fig. 332, verwendet. Diese Lampe ist auch mit einem Schutzglas versehen, welches in das Schraubengewinde eines entsprechenden Blechgehäuses passt.

Fig. 334.

Wenn der Lampenträger den wechselnden Bedürfnissen entsprechend manchmal tiefer und manchmal höher gesetzt werden soll, so verwendet man das herabziehbare Gehänge mit Gegengewicht, Fig. 333. Als Leitung wird in diesem Falle ein aus freien Drähten hergestelltes Kabel verwendet, welches über die verhältnissmässig kleinen Rollen leicht hinübergleitet. Diese Gehänge werden vielfach über Schreib- und Zeichentischen verwendet.

Eine für Arbeitsbänke geeignete Form zeigt Fig. 334. Diese Lampe kann nicht nur in horizontaler Richtung verschoben werden, sondern kann auch von der Aufhängstange herabgenommen und an dem Griff gefasst, im Umkreise benutzt werden, soweit es die Länge der Leitungsschnur gestattet. Noch vollständiger ist der in Fig. 335 dargestellte Lampenträger, dessen Schutzdrahtkorb zu einem Dreifuss ausgebildet ist, so dass diese Lampe überall sicher hingestellt werden kann.

Wie gut die bis nun beschriebenen Lampenträger in trockenen und nicht sehr feuchten Räumlichkeiten verwendet werden können, so unverlässlich sind dieselben dort, wo zwischen den leitenden Theilen der

Fig. 335.

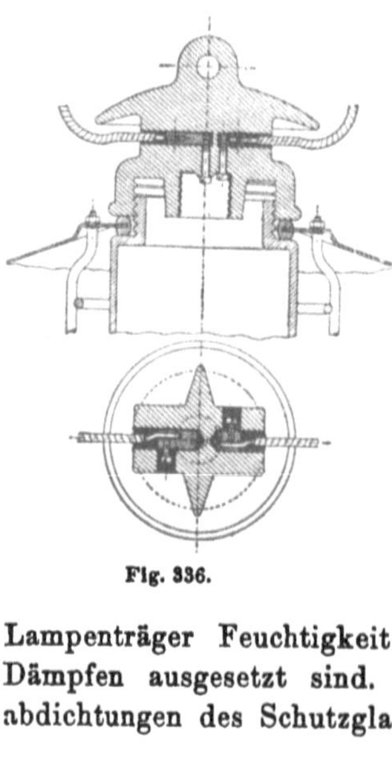

Fig. 336.

Fig. 337.

Lampenträger Feuchtigkeit sich ansammeln kann, oder wo letztere Dämpfen ausgesetzt sind. Für diesen Fall werden specielle Gummiabdichtungen des Schutzglases benutzt und der Hauptkörper wird ganz aus Porzellan hergestellt und mit Wassernase zum Abtropfen der Feuchtigkeit ausgestattet, wie Fig. 336 in einer Konstruktion von Siemens & Halske zeigt.

Neben den Gehängen kommen Wandarme in Betracht. Einen etwas verzierten Wandarm veranschaulicht Fig. 337.

Ueber der Glühlampenfassung ist ein Rastel oder Schalenhalter befestigt, welcher eine Glasschale trägt. Die Formen solcher Wandarme sind sehr mannigfache, je nachdem dies die Verhältnisse verlangen. Für Strassenbeleuchtung hat Ganz & Co. den in Fig. 338 ersichtlichen Wandarm ausgeführt. Die vortheilhafte Wirkung des konvexen Schirmes haben wir bei der Besprechung über Lichtvertheilung erläutert. Bei diesem Strassenwandarm verdient der am unteren Theil angebrachte

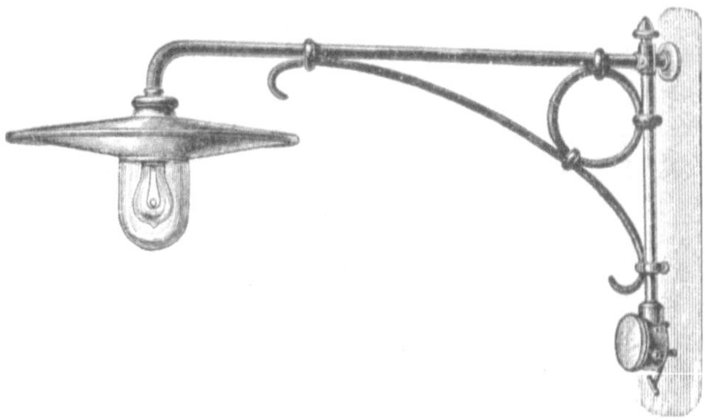

Fig. 338.

Ausschalter Erwähnung, der widerstandsfähiger sein muss als der gewöhnliche, damit er mittelst einer langen Stange von unten aus bedient werden kann.

Eine andere sehr oft verwendete Art der Beleuchtungskörper repräsentiren die Tischlampen, deren einfachste, für Werkstättenzwecke dienlich, aus Fig. 339 ersichtlich ist. Die Höhenlage der Lampe kann dem Bedarfe entsprechend verändert werden. Eine für Schreib- und Zeichentische geeignete Form zeigt Fig. 340. Von den unzähligen Formen der Tischlampen sei noch erwähnt die in Fig. 341 dargestellte Tischlampe, die auch als Wandarm verwendet werden kann und die namentlich in Hôtelzimmern angewendet wird. Ferner die in Fig. 342 ersichtliche Reflektorlampe, welche zur Beleuchtung einzelner Gegenstände, z. B. Auslagen, oft verwendet wird.

Wenn auch von speciellen Beleuchtungskörpern, wie sie manche Anlagen, z. B. die Bühne von Theatern erfordern, hier abgesehen wird, so müssen noch die Lüster als wichtigste Gruppe behandelt werden.

Dieselben tragen die Glühlampen an zwei oder mehreren Armen vertheilt, die sich an ein vertikales Hauptrohr anschliessen.

In dem zumeist aus Metall verfertigten Beleuchtungskörper drücken sich oft die Leitungen an einzelnen Stellen, insbesondere bei Krümmungen und Ecken an die Metalltheile; es liegt daher die Gefahr nahe, dass die Isolirung, welche bei den zu diesem Zwecke verwendeten Drähten wegen der Enge des Raumes in jenen Röhren und der erforderlichen leichteren Biegsamkeit ohnehin dünn zu sein pflegt, sich abreibt oder

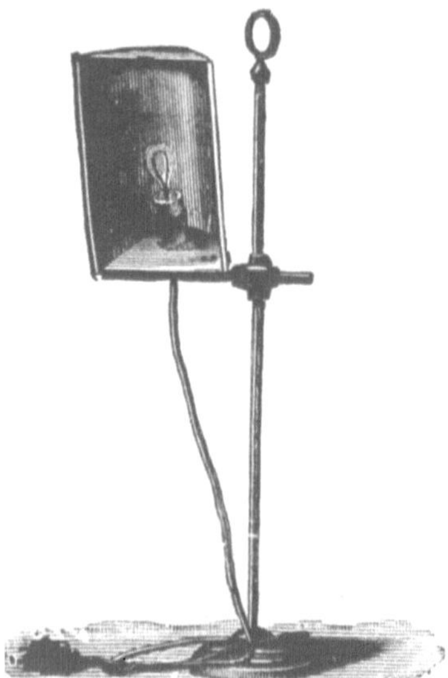

Fig. 339.

Fig. 340.

durchdrückt. Hierdurch entstünde direkter Erdschluss, wenn nicht dafür gesorgt würde, dass der Lampenträger isolirt aufgehängt oder befestigt wird. Zu diesem Zwecke wird bei Wandarmen auf die Wandfläche eine aus trockenem Holz verfertigte Unterlage befestigt, welche in der Form der Befestigungsplatte des Wandarmes ausgeschnitten ist, während die Lüster auf einen mit einem Gummirohr isolirten Haken aufgehängt werden, oder, was für feuchte Räume insbesondere weit besser ist, mittelst einer Porzellanrolle von dem Haken isolirt werden (Fig. 343). Bei solchen Lüstern, welche gleichzeitig sowohl für Gas- als auch für elektrische Beleuchtung verwendet werden, muss das Gas-

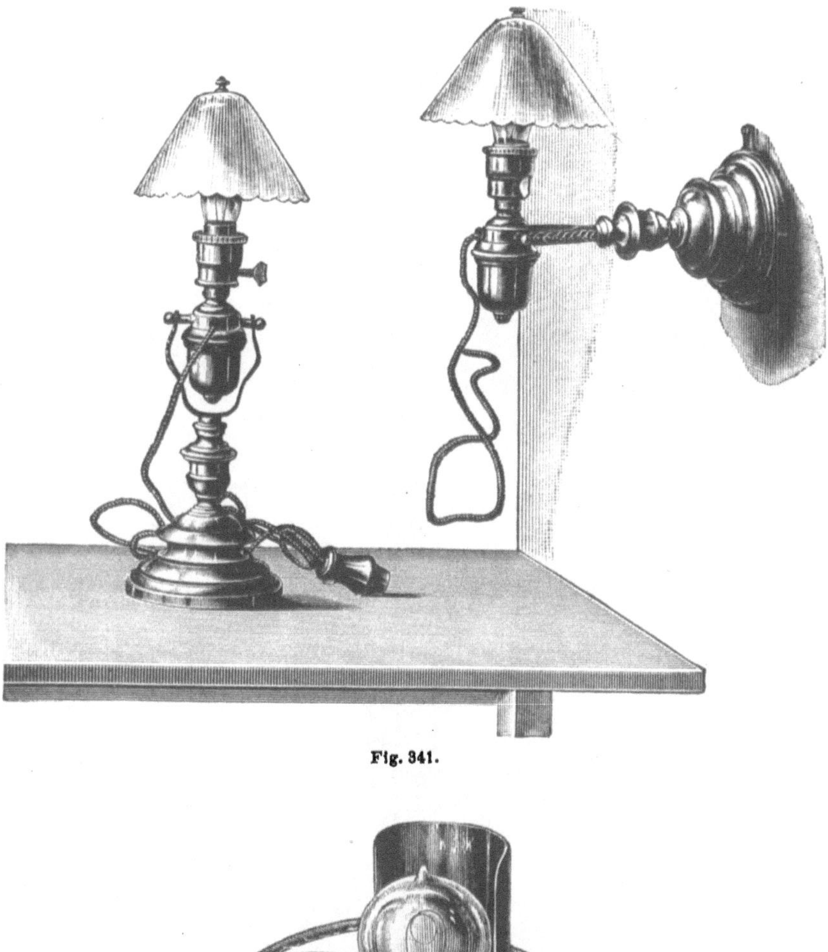

Fig. 341.

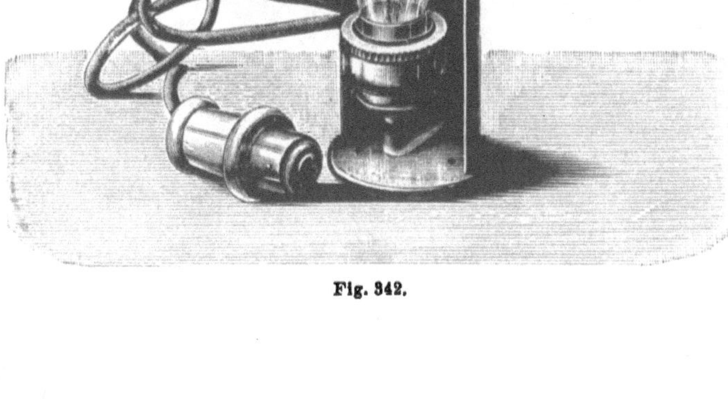

Fig. 342.

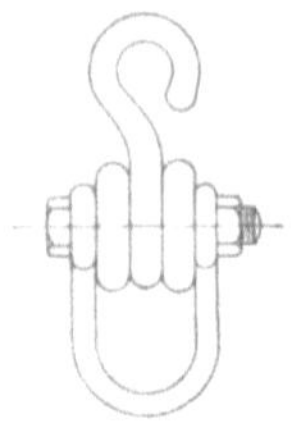

Fig. 343.

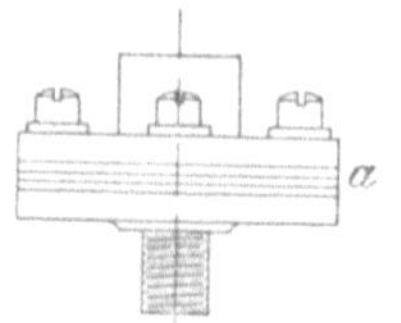

Fig. 344.

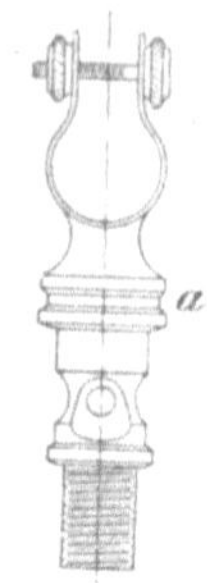

Fig. 345.

Fig. 346.

rohr des Lüsters von der Gaszuführungsleitung isolirt werden, was am besten durch die in Fig. 344 ersichtliche gasdichte Isolirscheibe a geschieht. An dieser Stelle sollen noch die Umänderungen auf elektrische Beleuchtung solcher Beleuchtungskörper erwähnt werden, welche vorher für Kerzenbeleuchtungen, Petroleum oder Gas gedient haben.

Diese Umänderung kann entweder so geschehen, dass die früheren Brenner oder Gefässe ganz entfernt und an deren Stelle die Glühlampen-

Fig. 347.
Stromzuführung durch Ketten im Hamburger Rathskeller.

fassungen befestigt werden oder, so dass man den bestehenden Beleuchtungskörper oder einen Theil desselben belässt und die Lampenfassungen entweder an die bestehenden Arme mit Rohrklemmen befestigt oder neben den bestehenden neue Arme anbringt. Auch bei Adaptirungen empfiehlt es sich, Nippel anzuwenden, die vom Fassungshalter isolirt sind, wie an der Stelle a in Fig. 345 angedeutet. Bei einer solchen kombinirten Umänderung kann man oft die Leitungsdrähte aussen führen, ohne dass die Drähte störend wirken. Die Fig. 346 giebt ein Bild eines gewöhnlichen Kerzenlüsters, welches ausschliesslich für elektrische Beleuchtung umgeändert worden ist. Die Glühlampen sitzen an den Enden von Milchglasrohren, so dass der Eindruck einer gewöhnlichen Kerze hervorgebracht wird.

Die Eigenschaften der Glühlampen bieten dem erfinderischen Geiste reichliche Gelegenheit zur Schaffung von neuen dekorativen Formen,

Fig. 348.
(Naturalistisch.)

welches Feld jedoch der Techniker dem Künstler oder dem Kunstgewerbe überlassen muss.

Es mag hier ein Beispiel eingeschoben werden, welches zeigt, dass der geniale Künstler oft den technischen Anforderungen unbeschadet Gehör geben kann. Die in Fig. 347 dargestellten Lüster des Hamburger Rathskellers haben die Stromzuführung durch seitliche Kettenbehänge erhalten, die den künstlerischen Eindruck des Raumes erhöhen und dem Techniker die unschöne Zuführung des Stromes über die Gewölbe völlig ersparen.

Die stets fortschreitende Entwicklung der elektrischen Beleuchtung hat, wie auf die verschiedenen Zweige der Industrie, so ganz besonders auf die Kronleuchterbranche sehr günstigen Einfluss ausgeübt. Dieser Theil des Kunstgewerbes hatte bereits durch die Ausbreitung des Gaslichtes eine hohe Stufe erreicht, und so musste das elektrische Licht

Fig. 349.
(Naturalistisch.)

für seine Erfordernisse sich naturgemäss zuerst den für die Gasbeleuchtung benutzten Formen anbequemen. In Folge dessen findet man in den ersten Jahren elektrischer Beleuchtung neben der meist üblichen Adaptirung vorhandener Gaslüster auch in den Fällen, wo man sich zur Anschaffung rein elektrischer Leuchter entschloss, fast ausschliesslich die alten, steifen Formen der schweren Gasarme beibehalten.

Eine freie Entfaltung zierlicher Formen, wie solche der graziösen Glühlampe mehr entsprechen und durch die leichte Zuführung des elektrischen Stromes ermöglicht wurden, ward anfänglich auch dadurch besonders gehemmt, dass man sich bei Errichtung elektrischen Lichtes in den seltensten Fällen entschloss, dasselbe als einzige, ausreichende Lichtquelle einzuführen. Fast stets wurde die Vorsichtsmaassregel angewandt, die elektrische Beleuchtung nur in Verbindung mit Gaslicht anzulegen, und so musste sich auch die Glühlampe nothgedrungen den steifen Armen anpassen, welche die stets vertikal anzubringende Gas-

Fig. 350.
(Rococo.)

flamme erforderte. Meistens findet man daher in diesem Anfangsstadium kombinirte Lüster, die fast durchgehends sehr schwer, aber nur in sehr seltenen Fällen vom künstlerischen Standpunkt aus schön wirken.

Mit der wachsenden Verwendung des elektrischen Lichtes kam aber bald das Gefühl zum Durchbruch, dass die gefällige Form der Glühlampe sich nicht an den meist schwerfälligen Styl der Kerzenleuchter oder Gasleuchter binden dürfe, sondern Freiheit verlange und der Phantasie des Künstlers weiten Spielraum gestatte.

Die Fabrikation elektrischer Kronleuchter lag in Deutschland damals fast ausschliesslich in den Händen der altrenommirten Firmen der Gaskronenbranche, wie Riedinger-Augsburg, Schäffer & Walcker, Spinn & Sohn-Berlin und einiger anderen, die über erste künstlerische Kräfte verfügten. In dem Bestreben, neue Formen für elektrische Lüster

Fig. 351.

zu finden, vielleicht auch mit angeregt durch die von Japan herübergekommene Kunstrichtung, wandten sie sich mit Vorliebe den durch die Natur, die Blumen und Blüthen hervorgebrachten dekorativen Gebilden zu. Es entwickelte sich daraus vor allem die sogenannte naturalistische Richtung. Blüthen und Knospen dienen als Umhüllungen für Glühlampen, Blumenzweige und Guirlanden umranken dieselben, Blätter und Blüthen treten an Stelle des Ornaments, und Kränze verschiedenster Formen, sowie Blumenbouquets ersetzen den architektonischen Aufbau der Lüster. Die strengen Formen der Gaskronen verschwinden und die Glühlampe findet freie Verwendung in beliebiger Stellung, Zahl und Grösse. Auf der elektrotechnischen Ausstellung in Frankfurt a. M. 1891 trat diese Richtung zuerst in grösserem Maassstabe an die Oeffentlichkeit. Die

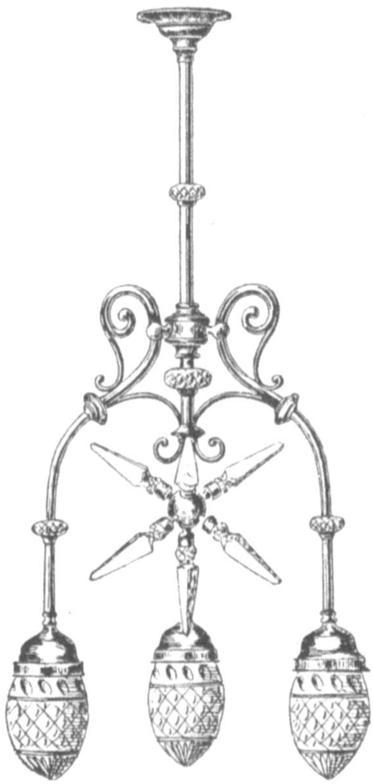

Fig. 352.
(Englisch.)

Figuren 348 und 349 zeigen in Ausführungen der Firma Calm & Bender, Berlin, dieses naturalistische Genre in geschmackvoller Weise.

Man darf wohl mit Recht behaupten, dass diese Ausstellung von grösstem Einfluss für die weitere Entwicklung der Specialität elektrischer Kronleuchter war, indem sie dem grossen Publikum zeigte, welche verschiedenartigen dekorativen Lösungen das elektrische Glühlicht ermöglicht und wie es sich jedem Styl und auch ganz besonders dem individuellen Geschmack des Einzelnen anpassen lässt.

In schneller Folge sehen wir dann auch elektrische Kronleuchter der verschiedensten Formen und Stylarten entstehen, meist im Anschlusse an die für Wohnungseinrichtungen gerade herrschende Mode, fast stets jedoch in freier Auffassung, wobei der Hauptwerth mehr auf elegante Wirkung als auf allzu ängstliche Innehaltung des Styls gelegt ist. So werden die verschiedensten Stylrichtungen nebeneinander gepflegt und unter der inzwischen äusserst reichhaltig gewordenen Auswahl elektrischer Lüster der verschiedenen Fabriken findet man neben Kron-

Fig. 353.
Amerikanisch.

leuchtern im zierlichen Rococo, Fig. 350, solche im edleren Renaissancestyl, Fig. 351, dann wieder andere im kälteren englischen Geschmack, Fig. 352, oft unter Verwendung geschliffener Krystalltheile bizarre Kompositionen in Bronce, vielfach in Verbindung mit buntem Glas oder getriebenem Kupfer nach nordamerikanischem Muster, Fig. 353. Als jüngste Neuheit bringen die deutschen Fabrikanten, beeinflusst durch die originellen, zumeist vom Architekten Dedreux herrührenden Lüster[1]) im neuen

[1]) Ueber den „monumentalsten Lichtträger alter und neuester Zeit“ im Reichstagsgebäude zu Berlin, der bei 8 m Durchmesser 12 Bogenlampen trägt, siehe: Zeitschrift für Innendekoration 1896 und Lux, Die öffentliche Beleuchtung Berlins, S. 330.

Reichstagsgebäude zu Berlin, den sogenannten „Reichstagsstyl", Fig. 354, der sich wieder durch Formenreinheit und gediegene Eleganz auszeichnet.

Fig. 354.
Reichstagsstyl.

Wir geben zwischen dem Text einige Abbildungen von Kronleuchtern, die uns von der Firma Calm & Bender, Berlin, zur Verfügung gestellt wurden und die ungefähr die Entwicklung des Gebietes zeigen, wie wir sie hier geschildert haben.

II. Bogenlampenträger.

Die Eigenschaften der Bogenlampen, welche wir bereits ausführlich im Kapitel I kennen gelernt haben, erlauben nur eine geringe Mannigfaltigkeit in der Entwicklung der unmittelbaren Bogenlampenarmatur und deswegen auch des eigentlichen Trägers. Die Zugänglichkeit zum Zwecke des Kohlenstiftwechsels, der Reinigung der Kugel zwingen je nach den örtlichen Verhältnissen zu Lösungen, die oft nur den technischen, nicht den ästhetischen Anforderungen Genüge leisten. Der Bogenlampenmechanismus wird durch eine cylindrische Kappe gegen Witterungseinflüsse geschützt, während die Bogenlampenkugel, welche

Fig. 355.

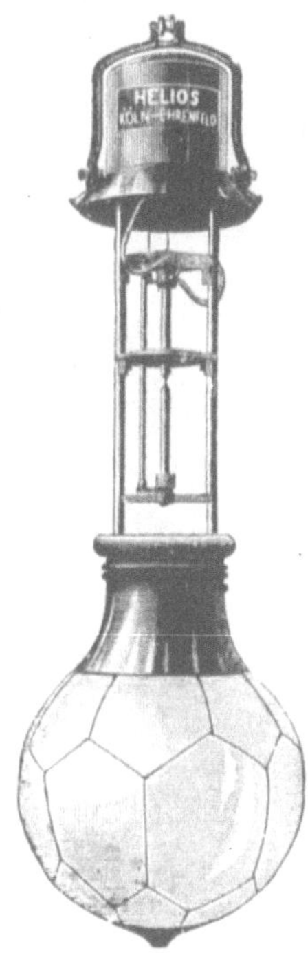

Fig. 356.

an dem Gestänge herablassbar befestigt ist, Fig. 355, 356, neben optischen Zwecken dem Schutze des Lichtbogens vor dem Winde dient. Die Kugel erhält ein leichtes Drahtnetz, um bei eventuellem Springen nicht zu zerfallen. Die Ausstattung dieser Bogenlampenarmaturen variirt je nach dem Zwecke stark. Den hässlichen Cylinderhut schmückt man für Innenräume oder vor Gewölblokalitäten durch einen bekrönenden Reifen, wie dies in Fig. 357 als Ausführung der Firma Ganz & Co. gut veranschaulicht ist; in anderen Fällen setzt man auch eine mehrscheinige Laterne ein, oder man macht die Kugel mehrtheilig, indem man die Sektoren derselben in verzierte Rippen einlegt. Leider führen aber diese Lösungen zwar zu künstlerisch befriedigenden, technisch jedoch unvollkommenen Formen, da durch die Laternen viel Licht verloren geht.

Die Bogenlampe wird entweder in fixer Stellung belassen und erheischt dann beim Kohleneinsetzen die Benutzung einer Leiter, oder die Lampe ist herablassbar. Die erste Anordnung der Bogenlampe auf

Fig. 357.

Säule ist in Fig. 358 in der schönen ornamentalen Ausführung einer Strassenbogenlampe in Rom dargestellt. Die übliche Aufhängung der Bogenlampen (Fig. 359) geschieht an Auslegern, welche an einem Mast befestigt sind. Die Lampe selbst hängt an einem besonderen Tragseil T, welches zum Zwecke der bequemeren Bedienung der Lampe mit einer Aufzugswinde W in Verbindung ist. Die beiden Stromzuführungsdrähte Z, Z' gehen bis zu dem festen Punkte P, ungefähr in der Mitte der Hubhöhe der Lampe, und gestatten die freie Bewegung der letzteren von ihrer tiefsten bis zur höchsten Stellung, wobei die Stromzuführungsdrähte frei in Schleifen von der Lampe herunterhängen. Diese Schleifen

Fig. 358.

sind nun auf Strassen, in Fabriken, Theatern, Sälen etc. vielfach störend im Wege und es wurde deshalb eine Aufzugswinde mit kombinirtem Trag- und Leitungskabel konstruirt. Die Winde ist mit abnehmbarer Kurbel und Steckschlüssel zum Auslösen der Sperrvorrichtung versehen. Die stromführenden Theile des Apparates sind sämmtlich geschützt gelegen, sicher isolirt und wetterfest abgeschlossen, so dass derselbe sowohl zur

Installation in Innenräumen als auch im Freien Verwendung finden kann. Die Winde kann ebenfalls in einem Kandelaber oder Gittermaste unter-

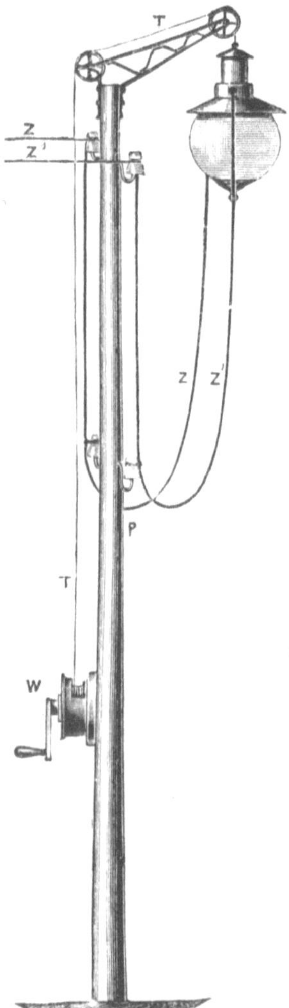

Fig. 359.

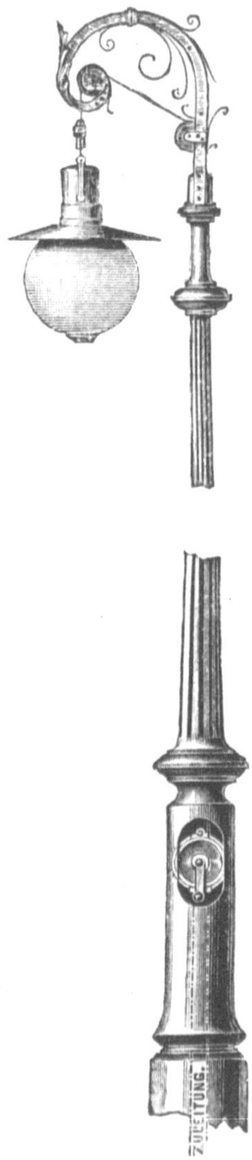

Fig. 360.

gebracht werden, und ist eine derartige Ausführung in nebenstehender Fig. 360 von R. Frister, Patent Rentzsch, veranschaulicht.

Soll die Lampe in der Mitte eines Raumes oder einer Strasse hängen, so wird die Anordnung zweckmässig nach Fig. 361 gewählt. Ist die

Bogenlampe in einem verhältnissmässig hohen Raum zu installiren, so ist die durch die Bedienung der Lampe bedingte Möglichkeit der Ver-

Fig. 361.

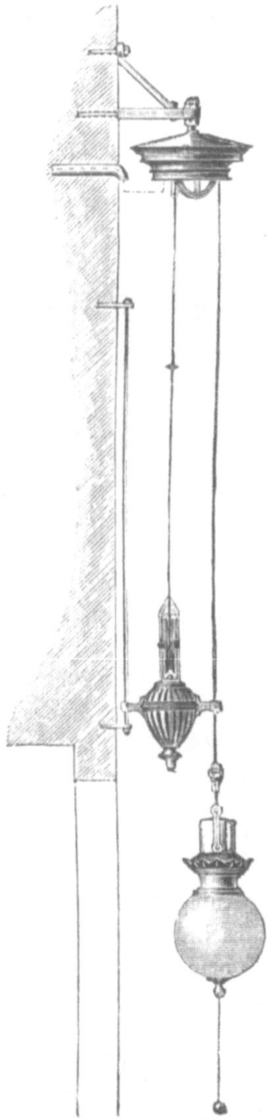

Fig. 362.

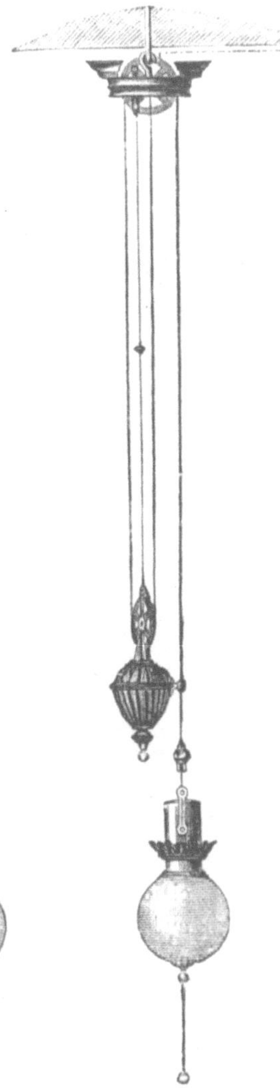

Fig. 363.

änderung ihrer Höhenlage unter Umständen vortheilhafter durch eine flaschenzugartige Konstruktion zu erreichen, wie es die Fig. 362 und 363 zeigen.

VIII. Kapitel.

Ueber Beleuchtungsanlagen.

1. Allgemeines und Eintheilung der Beleuchtungsanlagen.

Die Einrichtungen jeder elektrischen Beleuchtungsanlage lassen sich zu zwei dem Wesen nach getrennten Gruppen zusammenfassen: in die motorische Gruppe, welche zur Erzeugung der mechanischen Energie für den Betrieb der Stromerzeugermaschinen dient, und in die rein elektrische Gruppe, deren Theile in den vorhergehenden Kapiteln bereits eingehende Erörterung gefunden haben, indem wir die Betrachtung von den lichtspendenden Lampen ausgehend zu den stromführenden Leitungen und von diesen zu den stromerzeugenden Maschinen vorwärtsschreiten liessen. Die Triebmaschinen mit ihren Dynamos und ihren Nebentheilen bilden den inneren Theil der Anlage, die Stromerzeugungsstätte oder die primäre Station; die Leitungen mit ihren Nebenapparaten, ihren äusseren Akkumulatoren oder anderen Umformern, und die Gesammtheit der Lampen und sonstigen energieumsetzenden Apparate, gemeinhin die Stromverbrauchsstellen genannt, bilden den äusseren Theil der Anlage.

Als Charakteristik zur Eintheilung der Anlagen werden verschiedene Gesichtspunkte gewählt. Scharfe Grenzen lassen dieselben nicht ziehen und darum leiden die auf ihnen aufgebauten Bezeichnungen an Präcision. Kleinere Anlagen für eine mässige Anzahl von Lampen, welche auf einen sehr beschränkten Bezirk vertheilt sind und für die Stromerzeugung und Konsumirung meist in einer gemeinschaftlichen geschäftlichen Hand vereinigt sind, werden als Einzel- oder isolirte Anlagen bezeichnet, während als Elektricitätswerke oder Centralanlagen grössere Anlagen mit vielen Lampen bezeichnet werden, welche auf ein weniger eng umschriebenes oder wenigstens mehrere Nachbargründe umfassendes Terrain beschränkt sind, und darum häufig eigene geschäftliche Unternehmungen zum Zwecke der Stromlieferung repräsentiren. Bilden diese Nachbargründe einen vollständigen Häuserblock, so dass sich die Führung der Leitungen in oder über öffentlichem Grund vermeiden lässt, so wird eine solche Centralanlage als Blockanlage bezeichnet. Gilt es, den

Strom auf mehrere oder viele Kilometer zu leiten, so spricht man von Fernleitungsanlagen. Die an Elektricitätswerke angeschlossenen Lampengruppen, die einzelnen Abonnenten der Elektricitätswerke gehören, nennt man sekundäre Stationen oder nach Umständen ev. Hausanlagen. Ausser nach diesen Merkmalen kann man auch zwischen temporären und definitiven, zwischen stabilen und fahrbaren Anlagen unterscheiden, oder man kann die Eintheilung nach der Art des Trägers der mechanischen Energie in solche mit Wasser-, Dampf- oder Gaskraft vornehmen. Eine schärfere Klassificirung ist durch die bereits bekannte Eintheilung nach den Vertheilungssystemen, nach der Art des Stromes, der Verwendung von Hoch- und Niederspannung, der Verwendung von Akkumulatoren oder Transformatoren möglich. Es lässt sich somit die in der folgenden Liste veranschaulichte Klassifikation der Beleuchtungsanlagen aufstellen, der aus geschichtlichem Interesse und zur besseren Präcisirung die Namen der Erfinder beigefügt wurden. Die Schwerfälligkeit einer solchen Nomenklatur lässt die Bezeichnung nach den Erfindern erklärlich erscheinen — leider ist sie vielfach missbraucht worden, indem oft die nichtigste Aenderung einer bekannten Anordnungsweise zur Einführung eines neuen „Systems“ unter Vorsetzung des „Erfindernamens“ benutzt wurde. Diesem Umstande verdankt die Elektrotechnik ungezählte „Systeme“, die nur zu häufig zu zahllosen Enttäuschungen der Aktionäre vieler Gründungen geführt haben.

Klassificirung elektrischer Beleuchtungsanlagen.

- Gleichstrom
  - Konstante Stromstärke
    - Unmittelbare Stromvertheilung
      1. Bogenlampenbeleuchtung System Brush, Thomson-Houston etc.
      2. Glühlampenbeleuchtung System Bernstein, „Municipal“ etc.
    - Mittelbare Stromvertheilung
      1. In Serie geschaltete Gleichstrommotoren, Dynamomaschinen antreibend, System Thury.
      2. Akkumulator-Stationen in Serie geschaltet.
  - Konstante Spannung
    - Unmittelbare Stromvertheilung
      1. Zweileitersystem, niedere Spannung: Edison.
      2. Dreileitersystem, niedere Spannung
         1. Hopkinson, mit 2 Dynamos in Serie geschaltet.
         2. Dolivo-Dobrowolsky und andere, mit einer einzigen Dynamomaschine.
      3. Fünfleitersystem, niedere Spannung.
    - Mittelbare Stromvertheilung
      1. Rotirender Transformator
         1. Motor mit Dynamo gekuppelt.
         2. Eine Dynamomaschine mit 2 Wickelungen.
      2. Akkumulator
         1. In der Centralstation.
         2. Auf vorgeschobenen Unterstationen.
         3. Mit transportablen Akkumulatoren.

Wechselstrom ein- und mehrphasig	Konstante Stromstärke	Unmittelbare Stromvertheilung	1. Glühlampen in Serie: System Heissler. 2. Glühlampen in Serie mit parallelen Induktionsspulen: Helios (Nordostseekanal). 3. Bogenlampen in Serie.	
		Mittelbare Stromvertheilung	1. Ruhende Transformatoren: System Gaulard. 2. Transformatoren für einzelne Bogenlampen: Westinghouse.	
	Konstante Spannung	Mittelbare Stromvertheilung	Ruhende Transformatoren: System Ganz, Patent: Zipernowsky, Déri u. Bláthy.	1. Separate Transformatoren ohne Sekundärnetz: Einzeltransformatoren-System. 2. Transformatorstationen mit gemeinschaftl. Sekundärnetz.
Wechselstrom sammt Gleichstrom	Konstante Spannung	Mittelbare Stromvertheilung	Wechselstrommotor mit Gleichstromdynamo gekuppelt mit oder ohne Akkumulatoren (z. B. in Kassel).	
		Unmittelbare Stromvertheilung	Mit Dynamomaschinen für gleichzeitige Abgabe von Gleich- und Wechselstrom: K. v. Kandó.	

Aus dem vorhergehenden Schema ergiebt sich, dass die Systeme eine grosse Mannigfaltigkeit aufweisen. Diese rührt von der Möglichkeit der Vereinigung mehrerer einfacher Lösungen zu kombinirten Systemen her. Die obige Klassificirung enthält hierbei nur diejenigen Systeme, welche durchaus auf rein elektrischer Basis aufgebaut sind. Hier und da wurden auch Kombinationen dieser mit nicht elektrischen Kraftvertheilungsarten versucht. So ist durch Popp in Paris komprimirte Luft, durch van Rysselbergk in Brüssel Press-Wasser und durch Dowson Wassergas versucht worden. Der Anschluss der Motoren an gewöhnliche Leuchtgasleitungen kann als eignes System nicht voll hierher gezählt werden. Diese gemischten oder, nicht ohne Ironie als unrein bezeichneten Systeme haben jedoch bis jetzt keine Bedeutung erlangt. Die jedem einzelnen elektrischen Vertheilungssystem zukommenden Eigenschaften sind im Wesentlichen, soweit sie die Leitung, Schaltung, Regulirung betreffen, aus den vorhergehenden Kapiteln bekannt und es lässt sich daher die Wahl zwischen ihnen für einen gegebenen Fall mit Hinsicht auf diese leicht in engen Grenzen vollziehen.

Für Einzelanlagen wird in der Regel das niedergespannte Zweileitersystem ohne oder mit Akkumulatoren in Frage kommen, während bei Blockstationen von grösserer Ausdehnung das Dreileitersystem, für Städteanlagen vornehmlich das Transformatoren-Parallelschaltungssystem oder eine Mehrleiteranordnung in Betracht zu ziehen sind. Die Entscheidung wird noch von den Fragen des Betriebes, wesentlich beeinflusst. Bevor wir jedoch hierauf eingehen, müssen wir die Einrichtungen der elektrischen Anlagen weiter besprechen.

2. Ueber die Wahl der elektrischen Maschinen und die motorischen Theile der Beleuchtungsanlagen.

Die Art der elektrischen Maschinen ist durch die Wahl des Systems gegeben. Zunächst muss nun die Grösse und Anzahl derselben bestimmt werden. Für kleinere Einzelanlagen ist dies einfach. Die Maschine muss allein oder mit Zuhilfenahme einer Akkumulatorenbatterie die ganze gegebene Lampenzahl mit Strom versehen. Will man gegen Störungen gesichert sein, so erhält die Anlage noch eine zweite gleich grosse Maschine als Rückhalt. Man hat demnach in Bezug auf die Leistung eine ganze Reserve in der Disposition der elektrischen Anlage vorgesehen. Bei grösseren Anlagen, bei denen die Anzahl der eingeschalteten Lampen zeitlich stark variirt, wird man zu 2 oder mehreren Maschinen sich bequemen müssen, die sich den jeweiligen Betriebsbedürfnissen anpassen und dementsprechend in oder ausser Betrieb gesetzt werden. Reichen z. B. 2 Maschinen für die volle Belastung aus, steht nur noch eine gleich grosse dritte in Bereitschaft, so pflegt man der Kürze wegen von halber Reserve in der motorischen Anordnung zu sprechen. Einfacher Betrieb fordert geringe Anzahl der Maschinen, während ökonomischer Betrieb je nach der Art und Grösse der motorischen Kraft die Entscheidung in der einen oder anderen Richtung hin beeinflusst. Auf diese Fragen kann hier nicht näher eingegangen werden, da sie mit der Art der Triebmaschine oder den Antriebsverhältnissen der elektrischen Maschine überhaupt zusammenhängen und ausserdem von den Kosten der Anschaffung und des Betriebes stark beeinflusst werden.

Der Hauptsache nach kommen drei verschiedene Energiequellen zur Verwendung, denen sich die folgenden Theile der elektrischen Primäranlage anschliessen:

Dampf :	Kessel Dampfmaschine
Wasser :	Turbinen- oder Wasserräder
Gas :	Gaserzeuger Gasmaschinen.

Von den Wind-, den Druckluft- und den Heissluftantriebmaschinen kann wohl abgesehen werden, da sie nur in vereinzelten Fällen in Frage kommen.

3. Ueber Dampfmaschinen und Kessel.

a) Allgemeines. Am häufigsten entstanden Dampfanlagen. So ist z. B. die Gesammtzahl der Dampfmaschinen, welche in Preussen zur Entwicklung von elektrischer Energie Verwendung finden, in den Jahren 1891—97 von rund 980 Stück mit 49 500 Pferdestärken auf 2840 mit

192 000 gestiegen[1]), woraus sich der enorme Einfluss ergiebt, den die Einführung des elektrischen Lichtes auf den Kessel- und Maschinenbau ausübte. Im Principe unterscheidet sich die elektrische Dampfanlage von der analogen für andere Zwecke nicht; sie besteht gleich dieser aus den Kesseln als Dampferzeugern, den Dampfmaschinen und der die beiden verbindenden Dampfleitung und ihren ergänzenden Nebentheilen. Die besonderen Bedingungen jedoch, welche der elektrische Betrieb ergab, haben manche neueren Richtungen und Entwickelungen gezeitigt, die wir mit wenigen Strichen kennzeichnen wollen.

b) Kessel. Unter den Kesselsystemen haben die Gliederkessel die meiste Begünstigung erfahren, weil sie bei mässigem Raumbedarf rasche Dampferzeugung und hohe Dampfspannung gestatteten. Da sich dieselben aus Einzelstücken an Ort und Stelle zusammenmontiren lassen, so gewähren sie bei leichter Transportirbarkeit verminderte Explosionsgefahr, so dass sie selbst in solchen Centralstationen, die in den dichtbevölkerten Theilen von Städten placirt wurden, und bei beschränktestem Raume auch in höheren Stockwerken der Gebäude Unterkunft finden konnten. Man benutzt entweder Heizröhren- oder Wasserröhrenkessel. Ferner für grosse Heizflächen eine Vereinigung der Sieder- oder Flammrohrkessel mit Heizröhrenkesseln, sog. Doppelkessel. Auch später, als die Entwicklung der elektrischen Vertheilungssysteme die Verlegung der Centralen ausserhalb der Stadtcentren gestattete, und damit die Frage des Raumbedarfes die peinliche Wichtigkeit verlor, hielt sich dieses Kesselsystem in der Gunst der Elektrotechniker, weil es am leichtesten gestattet, die Dampfproduktion dem jeweiligen und meist sehr veränderlichen Bedarfe von Centralstationen anzuschmiegen. Da dieses System in Folge der Konstruktion sehr elastisch ist, so kann der Röhrenkessel den durch das An- und Abstellen des Feuers bedingten Längenänderungen gut nachfolgen. Da es noch überdies hohe Dampfspannungen bis zu 15 Atm. und bedeutende Heizflächen in einem Stück bis zu 300 qm verträgt, so ergiebt sich die bevorzugte Stellung dieses Systems gegenüber den andern im Allgemeinen von selbst. Die Qualität der Kohle und ihr Preis, sowie die des Speisewassers und damit die Frage der Reinigung der Kessel, der Charakter der Anlage überhaupt üben natürlich den entscheidendsten Einfluss auf die Wahl des Kesselsystems aus. So wird man z. B. in einem Kohlenbergwerke bei Benutzung von Grubenwässern sich veranlasst sehen, zu dem alten Walzenkesselsystem in der einen oder anderen Form zurückzugreifen, wenn der Platz es zulässt. Wo der Bedarf genügend konstant und gross ist, sowie da, wo die gute Reinigung des Wassers Schwierigkeiten bietet,

[1]) Elektr. Anzeiger 1897, S. 2339.

greift man zu den Doppelkesseln. Sie verbinden die Vortheile beider Systeme und gestatten genügend schnelle Erzeugung trockeneren Dampfes bei verhältnissmässig grosser Heizkraft pro qm Heizfläche. An Stelle der unzuverlässigen sogenannten natürlichen Cirkulation wird nun neuerdings durch den Dubiau'schen Röhreneinsatz eine zwanglose Wasserbewegung in den Kesseln hergestellt, wodurch bei Wasserrohrkesseln selbst bei Forcirung trockener Dampf gewonnen wird[1]. Die durch den Dampfverbrauch der Dampfmaschinen geforderte Dampfmenge bestimmt die Grösse der Heizfläche und damit die Grösse der Kessel, wobei wieder auf die zeitweilige Reinigung derselben und den für die Sicherheit gegen Betriebsstörungen nöthigen Rückhalt durch entsprechende Vermehrung der Kessel oder durch die Zulässigkeit der Forcirung Rücksicht zu nehmen ist. Durch die Anwendung überhitzten Dampfes, die durch den Einbau von Ueberhitzern in die Rauchkanalwege leicht erreicht wird, ist ein wesentlicher Fortschritt erzielt worden.

c) Dampfmaschine[2]. Mehr noch als der Kesselbau, hat der Bau der Dampfmaschinen durch die Elektrotechnik neubelebende Impulse empfangen, die ihn in neue Bahnen lenkten. Die alten Typen der Dampfmaschinen konnten den Anforderungen auf schnellen Gang, auf Regulirung und wirthschaftlichen Betrieb nur zum Theil erfüllen und mussten daher modificirt werden. Die Reform durch Einführung grösserer Kolbengeschwindigkeit war bereits im Jahre 1876 auf der internationalen Ausstellung in Philadelphia durch die Porter-Allen-Maschine erfolgreich inaugurirt. Edison's erste Centralstation benutzte dieselbe, dann folgten die weit verbreiteten Armington-Sims-Maschinen u. s. w.

Was nun die Wahl des Dampfmaschinensystems anbelangt, so gilt auch hier, dass die Preise von Kessel, Maschine und Kohle an der Benutzungsstelle, die Kosten des Grundes und der Bauten, die Wasserbeschaffung, die Anzahl und Grösse der Dampfmaschinen, sowie die Betriebsdauer von Fall zu Fall für die Entscheidung maassgebend sind. Die beiderseits wirkende Eincylindermaschine wird bei billigem Heizmaterial bis ca. 50 PS der Einfachheit, grossen Zugänglichkeit, billigen Anschaffungskosten und geringen Raumerforderniss wegen in Frage kommen, wodurch die höheren Betriebskosten zuweilen kompensirt werden können. Der Dampfverbrauch stellt sich etwa bei 20—50 PS auf 14—16 kg pro eff. PS ohne und auf 10—12 pro eff. PS mit Kondensation, bei abnormalen Touren von etwa 250—500 pro Minute auf 15—25 kg pro eff. PS

---

[1]) E. Ross: Die Kesselfrage der Elektr. Werke, Elektr. Zschr. 1897, S. 591.

[2]) Einen vortrefflichen Vortrag hierüber „Der Dampfmaschinenbau und seine Beziehungen zur Elektrotechnik", hat Professor Gutermuth in Darmstadt veröffentlicht. Zschr. d. Vereines deutscher Ingenieure 1897, S. 1414.

mit Auspuff. Die Regulirfähigkeit dieser Type ist gross, weil der Regulator auf den mittleren Dampfdruck der Gesammtleistung einzuwirken in der Lage ist. Sie erfordert schwere Schwungräder, um die Ungleichmässigkeiten innerhalb einer Umdrehung auszugleichen.

Der vertikale Typus der Eincylindermaschine kommt bei Schnellläufern häufig wegen Raummangels in Privathäusern und auf Schiffen zur Verwendung. Die Beseitigung starker Kolbendruckwechsel und die Schwierigkeit guter Schmierung hat für diese Schnellläufer zu besonderen Typen geführt mit einfach wirkenden Cylindern und Einschliessung des ganzen Mechanismus in einen Kasten, der ein Oelbad enthält. Hierher gehören die Westinghouse-Maschine, die Willansmaschine und andere.

Die Zweifach- oder Compoundmaschine kommt bei grösseren Leistungen etwa von 30 bis zu 1000 PS in Betracht. Der Dampfverbrauch gestattet gegenüber einer Eincylindermaschine eine Ersparniss von 15—20 %, wodurch der Kessel kleiner werden kann; ob auch billiger, hängt von der Vertheuerung ab, die das stärkere Kesselblech für die höhere Dampfspannung involvirt. Die Kondensation, deren Nutzen gegenüber Auspuff mit 20 und 25 % gerechnet werden kann, ist bei mehrfacher Expansion besonders wichtig. Sie wird bei hohen Kohlenpreisen und vielen jährlichen Betriebsstunden, selbst bei geringerem Wasservorrath ökonomisch durch Einführung der Rückkühlung, etwa in Gradirwerken. Mit der gleichen Oekonomie wie Compoundmaschinen arbeiten die Tandemmaschinen, bei welchen die Cylinder hintereinander liegen und beide Kolben auf eine gemeinschaftliche Kurbel wirken. Eine weitere Verminderung des Dampfverbrauchs lässt sich bei weiterer Steigerung der Dampfspannung auf 12 Atm. und darüber und bei weiterer Expansion durch die Triplexdampfmaschine erreichen. Die Regulirfähigkeit bei variabler Belastung ist bei derselben schlechter, wenn nur ein einziger Cylinder unmittelbar vom Regulator bethätigt wird. Diese letztere Eigenschaft erhält gerade für den elektrischen Betrieb besondere Wichtigkeit, weil die bereits erwähnte Parallelschaltung von Maschinen hiermit in Zusammenhang steht. Bei der Entscheidung des Dampfmaschinensystems und bei grossen Betrieben spielen Dampf- oder Kohlenverbrauch bei verschieden starker Belastung eine maassgebende Rolle. Der Verlauf dieses Wirkungsgrades ist bei den verschiedenen Typen verschieden, und zwar wachsen natürlich die inneren Widerstände bei der höherstufigen Type, so dass z. B. eine dreistufige Dampfmaschine, welche mit stark variabler Belastung das Jahr hindurch funktioniren muss, durchschnittlich einen schlechteren Gesammtwirkungsgrad aufweisen kann, als eine Compound-, zuweilen sogar als eine einfache Dampfmaschine. Von der Anwendung hoher Ueberhitzung wird gegenwärtig noch vorsichtig Gebrauch gemacht, weil die Gefahr einer Verminderung der Betriebssicherheit die bedeutenden wirthschaftlichen Vortheile derselben noch nicht aufkommen lässt. Die hohen Tourenzahlen der Dampfmaschinen lenkten die Aufmerksamkeit auf das Problem der Massenausgleichung und auf die Frage der Vibration der Dampfmaschinen. Den klarsten Einblick hierin bietet die von J. Wittenberg[1]) publicirte „Methode der Schwerpunktskreise". Die allgemein periodische Bewegung des Kurbelzapfens einer endlichen Triebstange lässt sich nämlich nach dem den Elektrikern wohlbekannten Fourier'schen Princip in eine Reihe einfacher periodischer Bewegungen auflösen, d. h. durch eine Reihe von Bewegungen mit unendlich langen Triebstangen ersetzen. Eine Zusammenfassung der Resultate dieser Studie würde hier zu weit führen und verweisen wir deswegen auf den Originalaufsatz.

Der Vollständigkeit wegen sei auf die bemerkenswerthe Entwicklung der Dampfturbinen hingewiesen, welche in der Parson'schen und neuerdings namentlich in der De Laval'schen Konstruktion einen beachtenswerthen Erfolg errangen.

d) Mechanischer Vergleich zur Parallelschaltung. Für die Entwicklung der grossen Centralstationen namentlich war es nothwendig, dass die Dampfmaschinen die Parallelschaltung der elektrischen Maschinen ermöglichten. Wir haben bereits diesen Gegenstand, sofern er nur die elektrische Seite betraf, auf Seite 218—229 besprochen. Zur Erleichterung in der Auffassung der rein elektrischen Vorgänge der Parallelschaltung von Wechselstrommaschinen griff Mordey[2]) zu mechanischen Vergleichen.

Denken wir uns zwei Dampfmaschinen, welche mittelst Zahnrädern eine gemeinschaftliche Welle treiben. Die Welle stelle den gemeinschaftlichen Stromkreis dar, die Zähne hingegen die Polwechsel. Das Indentrittkommen der elektrischen Maschinen entspricht dann der Vorstellung, dass die eine Dampfmaschine läuft, die Welle mitnimmt und die zweite Dampfmaschine, welche noch steht, und deren Zahnrad vermittelst seiner Axe herausgezogen ist, zur Hülfe der ersten eingerückt wird, wobei dieselbe zuerst auf die gleiche Tourenzahl gebracht worden ist. Der Phasenindikator entspräche einem solchen mechanischen Apparat, welcher die relative Stellung der Zähne angiebt, der also anzeigen würde, ob der Zahn eines Zahnrades der Zahnlücke des anderen gegenübersteht. Die Aenderung der Belastung einer Dampfmaschine durch Einlassen oder Verschliessen des Dampfes können wir hier ganz klar verstehen. Der Generator kann die Rolle eines Motors übernehmen, die Welle treibt die Maschine an. Dabei zeigt sich der Zahn-

[1]) Zschr. d. Vereines deutscher Ingenieure, Band 40, April 1896.
[2]) Mordey, Alternating current working Jour. Inst. E. E. Vol. 18.

druck auf der entgegengesetzten Seite der Zähne; dies entspricht dem Umstand, dass im Motor der zwischen den Polschuhen und den Armaturwicklungen auftretende Zug eine entgegengesetzte Richtung angenommen hat als im Generator. Die Phasen des Motors und Generators sind um einen gewissen Winkel gegen einander verschoben; dieser Winkel entspricht der Aenderung der relativen Lage der Zähne. Mit diesem Vergleiche kann man auch eine andere Erscheinung erklären. Wenn eine dieser Maschinen sich an einem Punkte der Drehung z. B. auf dem toten Punkte verspätet, und die andere im selben Moment — frischen Dampf erhaltend — voreilt, wird das Zahnrad der ersten Maschine einen kleineren Druck auf die gemeinschaftliche Welle ausüben als das der voreilenden Maschine. Die Druckdifferenz kann so gross sein, dass auf diesem Punkte der Drehung für einen Moment die voreilende Maschine die verspätete antreibt. Dem entspricht der Synchronisirstrom. Der Vergleich wird nur dann nicht zutreffen, wenn man ein Analogon für die Klemmenspannung der Maschinen sucht.

e) Ueber Parallelbetrieb von Dampfmaschinen. Wenn zwei Wechselstrommaschinen treibende Dampfmaschinen in Parallelbetrieb kommen, welche in allen wesentlichen Theilen identisch sind, gleiche Dampfleitungen und Regulirungsorgane, ferner dasselbe Vakuum und gleichen Schmierzustand besitzen; wenn durch entsprechende Anlassvorrichtungen dafür gesorgt wird, dass sie auch im Momente des Zusammenkuppelns bei gleichen Tourenzahlen gleiche Arbeit übernehmen: so wird es im Allgemeinen doch nicht gelingen, identische Kurbelstellungen der zwei Maschinen zu erzielen.

Die Umfangskräfte der einzelnen Maschinen hängen aber von der Stellung der Kurbel ab und lassen, beeinflusst von der Masse, mit ihrem Wachsen und Abnehmen die Umfangsgeschwindigkeit nach auf- und abwärts um die mittlere Geschwindigkeit schwingen. Daraus entsteht ein schwaches Verschieben der Kurbelstellungen gegen einander, ein relatives Verdrehen der Armaturen und Phasenverschiebung[1]).

In Fig. 364 sei z. B. der Linienzug M A B C N die Darstellung der Umfangskräfte einer Zwillingsmaschine, deren Kurbeln 90 Grad von einander abstehen bei 15 % Füllung, wenn die Abscissen als Bögen im Kurbelkreise gemessen werden; Nullpunkt der Zählung sei der eine Totpunkt der voreilenden Kurbel.

Die Horizontale L K stelle den als unveränderlich angesehenen Widerstand dar, der den Linienzug so schneidet, dass die Summe der

---

[1]) J. Wittenberg: Polytechnikai Szemle (Polytechnische Rundschau) Budapest, December 1897.

ihn überragenden Flächen gleich ist jener der unter ihr zurückbleibenden Flächentheile.

Bei der symmetrischen Wiederholung der Flächen bei Zwillingsmaschinen ist dann noch einzeln die Fläche $\overline{1\,A\,3}$ = der Fläche $\overline{3\,B\,5}$ = ...

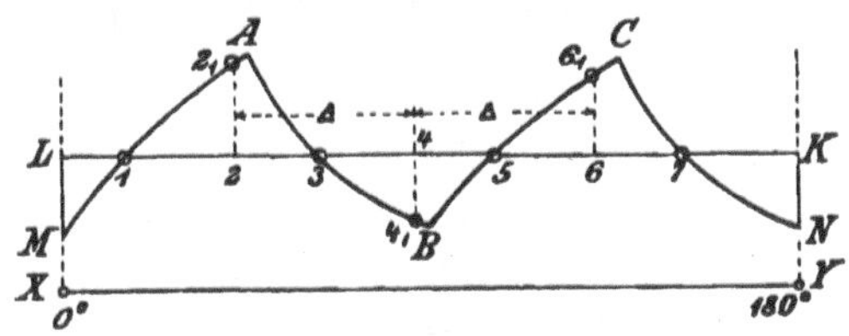

Fig. 364.

Halbiren die senkrechten 22_1, 44_1 die Flächen und bezeichnen wir mit c die mittlere Umfangsgeschwindigkeit des Kurbelzapfens und c_n diese Geschwindigkeit im Punkte n, so findet sich wegen der Gleichheit der Fächen

$$c_3 - c_1 = c_3 - c_5 = \frac{c}{i}$$

Wobei i den Ungleichförmigkeitsgrad der Umfangsgeschwindigkeit bedeutet.

Die Kurbel wird somit die Wege $\overline{2,4}$ und $\overline{4,6}$ mit der mittleren Umfangsgeschwindigkeit c beginnen und vollenden, im erstern Falle jedoch zwischen den Endpunkten ihre grösste Geschwindigkeit $c + \frac{c}{2\,i}$ erreichen, im zweiten Falle ihre geringste Geschwindigkeit $c - \frac{c}{2\,i}$, und die mittlere Geschwindigkeit während dieser Wege ist dann $c + \frac{c}{4\,i}$ und entsprechend $c - \frac{c}{4\,i}$.

Haben also zwei mit einanderlaufende Maschinen von gleicher Umfangsgeschwindigkeit c eine solche Stellung, dass der Kurbelzapfen der einen die Stelle 2 passirt, während der Kurbelzapfen der andern gerade die Stelle 4 erreicht, so wird, wenn für einen Augenblick angenommen wird, dass $\overline{2,4} = \overline{4,6} = \varDelta$ ist, die erste Maschine den Punkt 4 bereits überschritten haben, sobald die zweite in 6 angelangt ist und zwar um den Betrag

$$2\,\vartheta = \frac{\varDelta}{2\,i} \quad \ldots\ldots\ldots\ldots \quad 1)$$

Dies ist das Maass der relativen Verschiebung der Maschinen.

Die mittleren Werthe der Geschwindigkeit sind $c \pm \frac{c}{4\,i}$, wenn die Flächentheile Rechtecke sind (genau genommen ist es auch eine logarithmische Funktion, deren Mittelwerth aber für die gebräuchlichen Werthe von i bis auf 0,0001 dem angegebenen Werthe gleich ist); der maximale Werth derselben ist offenbar $c \pm \frac{c}{2i}$ und der entsprechende von $2\vartheta = \frac{\Delta}{i}$; für mittlere Verhältnisse nehmen wir daher

$$2\vartheta = \frac{3\Delta}{4i} \quad \ldots\ldots\ldots\ldots (2).$$

Ist Δ_2 grösser oder kleiner als Δ_1, so wird im Allgemeinen

$$\vartheta_1 + \vartheta_2 < \frac{3}{8}(\Delta_1 + \Delta_2),$$

weil die Maxima und Minima nicht mehr koincidiren; wenn wir daher

$$\frac{\Delta_1 + \Delta_2}{2} = \Delta$$

setzen, so werden wir mit Formel (2) keine zu kleinen Resultate erzielen.

Werden bei einer Umdrehung m Polwechsel vollzogen und ist $\frac{1}{k}$ die grösste zulässige Phasenverschiebung, so finden wir aus (2)

$$\frac{3\Delta}{4i} = \frac{2\pi R}{mk},$$

wobei R der Halbmesser des Kurbelkreises ist. Hieraus folgt

$$i = \frac{3\Delta mk}{8\pi R} \quad \ldots\ldots\ldots\ldots (3).$$

Bisher war es gebräuchlich, i unabhängig von Maschinensystem, Tourenzahl und Maximalfüllung zu bestimmen und wurde in der Regel bei Einzelmaschinen i = 150, bei Parallelschaltung i = 300 verlangt; dies ist aber durchaus ungerechtfertigt.

Bei Eincylinder- und Tandemmaschinen ist $\Delta = \frac{R\pi}{2}$, somit

$$i = \frac{3}{16} m \cdot k;$$

bei Dreicylindermaschinen und Kurbeln unter 120 Grad ist $\Delta = \frac{R\pi}{6}$, somit selbst unter der Annahme, dass in beiden Fällen gleiche Arbeitsflächen von der Masse aufzunehmen wären, $i_1 = \frac{3}{48} mk$. Hier würde also zur Erreichung derselben Gleichmässigkeit $i_1 = \frac{1}{3} i$ genügen.

Die gleiche zulässige Grenze der Phasenverschiebung wird eine umso geringere Gleichförmigkeit erfordern, je weniger Polwechsel per

Tour gemacht werden, mit anderen Worten, je mehr Touren die Dampfmaschine macht[1]).

Wir haben bisher der Einfachheit wegen angenommen, dass an jeder einzelnen Kurbel gleiche Cylinder arbeiten (Eincylinder- oder Tandemgruppe). Sind die einzelnen Cylinder der verschiedenen Kurbeln Glieder einer zusammengehörigen mehrstufigen Expansion, so wird Formel (3) ebenfalls genügen, da in diesem Falle im Allgemeinen bei gleicher Leistung kleinere Schwungmassen nöthig sind als bei Zwillingsmaschinen mit ebensoviel Cylindern (Hrabák).

Weiter wäre i für die grösste zulässige Arbeit zu bestimmen, da in diesem Falle i am kleinsten wird, und das Zusammenschalten bei jeder Belastung ermöglicht.

Die Berücksichtigung aller Momente, die i beeinflussen, scheint umso wichtiger, als eine zu grosse Bestimmung von i proportional die Schwungmassen vergrössert. Die von der voreilenden Wechselstrommaschine herrührende Zugkraft, welche den Synchronismus der Maschine begünstigt, wird aber offenbar umso schwerer zur Geltung kommen, eine je grössere Masse sie zu überwinden hat[2]).

Die soeben entwickelten Werthe von i gelten für den ungünstigsten Fall der relativen Kurbelstellung der Maschine. Bei jeder anderen Stellung wird der Fall günstiger und der Unterschied verschwindet für identische Stellungen. Die Möglichkeit der Parallelschaltung hängt somit auch von der Geschicklichkeit ab, mit der die Handhabung erfolgt, und es ist so möglich, gleichartige Maschinen mit geringem Gleichförmigkeitsgrade zusammenzuschalten.

f) Regulatoren. Bei einer Gruppe parallelgeschalteter gleicher Maschinenagregate vertheilt sich die Belastung gleich auf die einzelnen.

Wäre das nicht der Fall, so müsste jede Maschine mit kleinerer Belastung ebensoviele Touren machen als die mit ihr laufende, mit grösserer Belastung, d. h. die Regulirung müsste auf fixe Touren gestellt sein.

Würde die Arbeit im Stromkreise um einen mittleren Effekt so schwanken, dass die Geschwindigkeit der auf fixe Füllung und Anfangsspannung gestellten Maschinen blos innerhalb jener Grenzen schwanken würde, welche durch die Variation der Stromspannung gestattet ist, so würden die Maschinen ohne Regulator gut parallel laufen, denn jede einzelne Maschine variirt in gleichem Maasse.

---

[1]) Siehe Kapp, Dynamomaschinen. Zweite Auflage. Berlin 1897, S. 305; ferner: Elektr. Kraftübertragung u. Kraftvertheilung nach Ausführungen der A. E.-G. Berlin 1896, S. 134—137.

[2]) Siehe auch Dr. Hoor, Zschr. d. Vereines dtscher. Ingenieure 1897, S. 508.

Die Einwirkung des Regulators soll daher eine derartige sein, dass er die Ueberschreitung der gegebenen Geschwindigkeitsgrenzen nicht zulässt, innerhalb derselben aber den jeder einzelnen Geschwindigkeit entsprechenden Effekt mit Sicherheit feststellt, ob nun diese Geschwindigkeit beim Wachsen oder Fallen erreicht worden ist; ferner soll er den Gang der Maschine nicht stören.

Kleine Geschwindigskeitsänderungen der einzelnen Maschinen bei stetigem Effekt überwindet das parallel geschaltete System leicht, weil das bekannte Zusammenwirken der Maschinen, welche, wie auf einer gemeinsamen elastischen Welle sitzend arbeiten, der voreilenden Maschine mehr Arbeit zuweist und sie bremst, die zurückbleibende entlastet und dann beschleunigt. Bremstöpfe, welche das Spiel des Regulators innerhalb dieser Grenzen verhindern, sind daher zu empfehlen.

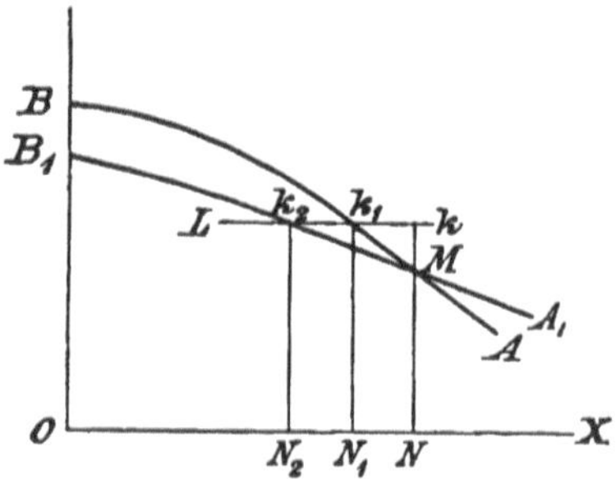

Fig. 365.

Jeder Regulator ändert seine Stellung erst, nachdem die Geschwindigkeit eine gewisse Aenderung erfahren; das ist eine Folge der inneren Widerstände und toten Gänge des Regulators und seines Stellzeuges.

Seien in Fig. 365 die Abscissen das Maass für die Leistung der Maschine, die Ordinaten jenes für die zugehörige mittlere Geschwindigkeit, so haben wir in den Kurven AB und $A_1 B_1$ das Arbeitsdiagramm zweier verschiedener Regulatoren derselben Maschine, eventuell die Diagramme desselben Regulators bei verschiedenen Belastungsgewichten, Federspannungen etc.

Ist Mk derjenige Zuwachs der Geschwindigkeit, bei dem der Regulator zu wirken beginnt, und kL parallel zur Abscissenachse, so wird er nach seiner neuen Gleichgewichtslage in dem einen Falle den Effekt um $N N_1$ verringern, in dem anderen um $N N_2$.

Die Veränderung des Effektes wird proportional sein den Abschnitten $k k_1$, $k k_2$, was bei genügend kleinen Werthen von $k_2 M$ dem Werthe der Tangente der Kurven gegen die Horizontale entspricht. Diese Tangente misst aber auch den Grad der Astasie.

Man kann daher sagen, dass ein Regulator um so genauer auf Effekt regulirt, je kleiner seine Astasie ist.

Genau denselben Effekt wie die Unbeweglichkeit hat auch die Verzögerung der Wirksamkeit des Regulators. Ist der Regulator schon in seine neue Gleichgewichtslage gegangen und wird er erst jetzt die Relais umschalten, welche eine Verstellung der Füllung erzeugen, so wird bis zur Durchführung dieser Arbeit die Geschwindigkeit sich noch weiter verändern.

Relais sind daher nur dort zu empfehlen, wo der Regulator wenig astatisch ist und wo die Belastung sich nicht sprungweise ändert.

Die Wirkungsweise des Regulators ist nämlich folgende: Sinkt der Widerstand der Maschine, so beschleunigt sich ihr Gang, bis die der neuen Geschwindigkeit entsprechende Regulatorstellung eine neue Füllung vermittelt, welche aber wieder kleiner ist, als dem neuen Widerstande entspricht; die neue Füllung verzögert den Gang zu sehr, so dass die durch die Verzögerung entstandene neue Füllung abermals die Maschine in eine neue zu hohe Geschwindigkeit treibt Diese Arbeitsweise schädigt das Zusammenwirken parallel laufender Maschinen im hohen Maasse, indem sie das Zusammenspiel fortwährend gefährdet.

Man sieht aber sofort, dass das Jagen der Maschine verringert wird, sobald die Astasie kleiner wird, und wir haben wieder die Tangente als das Maass für diese Bedingung.

Es ergiebt sich somit, dass die Kurve A B, wenigstens in dem meist benutzten Stücke, sich möglichst einer Geraden nähern soll und dass ihre Neigung gegen die Horizontale gross sein soll. Die Unempfindlichkeit des Regulators darf nicht zu klein sein, weil er sonst zu viel regulirt, dagegen darf sie durch die Abnutzung im Betriebe keine oder nur sehr geringe Veränderung zulassen; das spricht für einfache, kompakte und direkte Konstruktionen; dies ist wohl der Grund für die Verbreitung des Axenregulators bei Tourenzahlen, die Präcisionssteuerungen nicht mehr sicher zulassen (150 per Minute), denn hier fehlt die Transmission zum Regulator und das mehrtheilige Stellzeug.

In neuerer Zeit werden bei sehr kleinen Füllungen (unter 10%) Drosselklappen verwendet, die auf die Oekonomie sehr günstig wirken. Die Drosselklappe darf aber auch nur bei sehr stabilen Regulatoren in Verwendung kommen, denn sie erzeugt anderen Falls das schlimmste Jagen der Maschine, weil sie das Nachströmen des Dampfes sehr stört und das zwischen ihr und den Vertheilungsorganen gebliebene Dampfquantum ein sehr geringfügiges ist. Drosselklappen sollten daher nicht zu nahe zum Cylinder stehen.

Man verlangt bei Parallelschaltung von Wechselstrommaschinen nicht unter 6% Tourenvariation. Die erste Aufstellung dieser Bedingung verdankt man Herrn O. T. Bláthy, der, wie bereits erwähnt, das Problem der praktischen Parallelschaltung von Dampfmaschinen in Rom zuerst erfolgreich durchführte. Der Regulator soll in einfacher Weise eine Variation der Astasie zulassen, und zwar während des Betriebes der Maschine. Bei den vorhergehenden Betrachtungen wurde unmittelbarer Antrieb der elektrischen Maschine vorausgesetzt. Sind Seile oder Riemen jedoch als elastische Bindeglieder dazwischen, so ist auf die Möglichkeit gleicher mechanischer Spannung derselben Rücksicht zu nehmen. Es empfiehlt sich daher, gleichlange und reichlich durchziehende Seile und Riemen für den Parallelbetrieb vorzusehen[1]).

g) Einströmung; Dampflässigkeit, Vakuum. Der Dampf strömt in einem verzweigten Rohrnetze, ähnlich wie Elektricität nach dem Kirchhoff'schen Gesetze. In einer Gruppe parallelgeschalteter Maschinen sollte daher für jede einzelne Maschine die Dampfzu- und -ableitung analogen Widerstand besitzen, wenn wir überall gleichen Druck im Schieberkasten haben sollen. Auch das Princip der „Löschbarkeit" tritt in demselben Maasse auf, denn auch hier werden die Spannungsverhältnisse an den einzelnen Abzweigungsstellen sich ändern, je nachdem die einzelnen Maschinen mit grösserer oder kleinerer Füllung arbeiten, und je nachdem mehr oder weniger Maschinen in Betrieb sind. Selbst wenn der Zufluss konstant ist, fluktuirt der Druck im Schieberkasten eines Schnellläufers; insbesondere bei kleiner Kompression und kleinem Voreilen sinkt derselbe mitunter bedeutend während der Füllung.

Dies beeinflusst das Diagramm, welches sodann eine Drosselung zeigt, die nicht von der Steuerung herrührt, sondern von der Dampfleitung.

Tritt eine Depression im Schieberkasten ein, so strömt der Dampf mit grösserer Geschwindigkeit nach, und die Nachströmung erfolgt langsamer, wenn der Druck dort steigt. Bei einer Reihe gleichgestellter parallel laufender Maschinen wird daher der Dampfstrom longitudinale Schwingungen ausführen, welche unter Umständen von Einfluss sein könnten.

Dieselbe Rolle wie der Dampfdruck im Schieberkasten spielt das Vakuum beim Ausströmen, nur ist der mechanische, insbesondere aber der ökonomische Effekt noch viel bedeutender. Es ist bekannt, dass specielle Kondensationsvorrichtungen für jede einzelne Maschine wirksamer sind und leichter hohes, gleichartiges Vakuum halten, als ein gemeinsamer Kondenser für eine Anzahl einzelner Maschinen.

---

[1]) J. E. Woodbridge, Alternating current dynamos in parallel, Electrical Engineer 1897, 28. April; ferner: Elektr. Kraftübertragung u. Kraftvertheilung nach Ausführungen der A. E.-G. Berlin 1896, S. 29, 39, 187.

Dampflässigkeiten der Vertheilungsorgane und der Kolben verändern in hohem Maasse das Kräftebild der Maschine und somit auch das Zusammenspiel der Kräfte, erfordern für dieselbe Arbeit eine ganz andere Regulatorstellung und wirken störend auf den Gang der Gruppe.

h) Schmierung. Wir haben eingangs erwähnt, dass auch die Schmierung der Maschinen gleich sein müsse, um gleiche Arbeit zu erzielen.

Es leuchtet ein, dass vorzüglich durch die Schmierung die innere Reibung der Maschine bedingt ist, dass am Kurbelzapfen bloss jener Ueberschuss wirkt, der nach Ueberwindung der Reibung erübrigt. Bei hohen Belastungen und langsamem Gange ist dies von geringerer Bedeutung als bei hohen Tourenzahlen und kleineren Füllungen.

Viel wichtiger ist eine Wirkung ungleicher Schmierung, auf die E. M. Herz aufmerksam macht (Proceedings, Western Railway Club 1896, S. 21). Beim Indiciren einer Lokomotive, nicht auf der Strecke, sondern auf einer stabilen Versuchsanlage, ergaben sich gleichzeitig links die

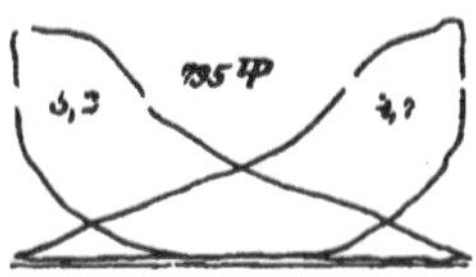

Fig. 366.

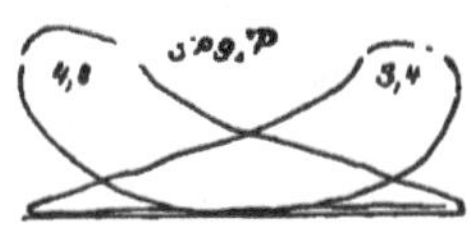

Fig. 367.

Diagramme Fig. 366, rechts Fig. 367. Nachdem dies wiederholt festgestellt worden war, zeigte es sich, dass die Schieberschmiervorrichtung rechts mangelhaft sei und nach Richten derselben ergaben sich sofort identische Diagramme. Die Kuppelung der Maschinen durch die gemeinschaftliche Axe entspricht ganz der elektrischen Kuppelung zweier Dampfmaschinen durch die parallelgeschalteten Wechselstrommaschinen, so dass diese Vergleiche sich vorzüglich decken.

Die mangelhafte Schmierung erzeugte elastisches Federn der Excenterstangen, wodurch sowohl Voreilen, als grösste Oeffnung rechts verringert wurden; in Folge dessen zeigte sich stärkere Drosselung und kleinere Anfangsspannung, sodann auch kleinere Füllung. Die Differenz der Leistungen betrug nicht weniger als 206 Pferdekraft (links 795, rechts 589 HP.).

Je nach dem Zustande der Schmierung werden somit gleiche Maschinen bei derselben Regulatorstellung verschiedene Arbeit leisten.

Diese Versuche erklären auch eine Methode, Maschinen zu behandeln, die schwer parallel zu schalten waren, welche in einer Wiener Centrale zur Anwendung kam. Sobald nämlich die eine Maschine nicht mit wollte, half der Maschinist durch Schmieren der voreilenden Maschine mit anderem Oel und alsbald war der Gleichtakt hergestellt.

4. Turbinen.

Die Ausnutzung vorhandener Wasserkräfte hat durch die Elektrotechnik eine mächtige Förderung erfahren. Besonders tritt dieser Einfluss in mit Wasserkräften gesegneten Ländern auf, wo ausserdem die Kohle theuer ist, wie z. B. in der Schweiz und in Norwegen, wo der Staat die Wasserkräfte zu monopolisiren beabsichtigt. Als Wassermotoren sind hauptsächlich Turbinen in Verwendung. Die unmittelbaren Betriebskosten, also jene für Beaufsichtigung und Ausbesserung, sind bei diesen Anlagen im Verhältnisse die geringsten. Sie können jedoch durch die indirekten Kosten der Investitionen für Wasserbauten etc. mehr als kompensirt werden. Der Werth einer solchen Wasserkraft hängt auch namentlich von ihrer Unveränderlichkeit ab. Ist diese nicht vorhanden und muss man deswegen zu einer theueren Dampfreserve greifen, so kann derselbe ganz zweifelhaft werden. Bei zu kleinen Wasserkräften kann auch die Frage auftauchen, ob nicht die Anlegung von Sammelteichen als hydraulische Akkumulirung sich empfiehlt, um während der Zeit des Vollbetriebes mit einer höheren Leistung, als der Wasserkraft unmittelbar entspricht, arbeiten zu können. In allen Fällen ist eine eingehende Untersuchung unerlässlich, wobei zu berücksichtigen ist, dass die Kohle, im Vereine mit den modernen Verkehrswegen, den Eisenbahnen, ein mächtiges Kraftvertheilungsmittel bildet, welches weite Gebiete noch ausschliesslich beherrscht.

Die Turbinenkonstruktionen haben in Folge der neuen Entwicklung Aenderungen erlitten[1]). Man legt Werth auf hohe Umdrehungszahl, damit leichtes Triebwerk erzielbar, gute Regulirbarkeit der Umdrehungszahl und Zugänglichkeit aller wichtigen Theile der Turbine; wenn möglich, wählt man horizontale Achse zum unmittelbaren Anschluss an die Dynamo.

Die Turbinenkonstruktionen sind in neuerer Zeit durch die Becherturbine oder das sogenannte Peltonrad bereichert worden, welches namentlich bei sehr hohen Gefällshöhen bevorzugt wird. Der elektrische Betrieb hat, wie bei den Dampfmotoren, auch hier namentlich der Turbinenregulirung schwierige Aufgaben gestellt. Für geringere Wassermengen, also bei höheren Gefällen, sind befriedigende mechanische Lösungen gefunden, für niedrige Gefälle werden Bremsregulirungen benutzt, bei denen die jeweilig überschüssige Energie durch Reibung in Wärme verwandelt wird[2]).

---

[1]) Siehe A. Pfarr, Neue Turbinenanlagen, Zschr. d. Vereines dtscher. Ingenieure 1897, S. 792.

[2]) Prasil, Ueber Turbinenregulirung, Schweizerische Bauzeitung 1896.

Wasserräder kommen in seltensten Ausnahmen bei kleinen Anlagen in Frage. Die geringen Tourenzahlen derselben erfordern ungünstige Uebersetzungen, welche die geringsten Ungleichmässigkeiten während einer Umdrehung in der Beleuchtung erkennen lassen. Selbst genaue Ausbalancirung des Rades genügt nicht.

Zum Schluss fügen wir noch ein Beispiel hinzu, bei welchem die Elektricität auf die Konstruktion der Turbine Einfluss genommen hat. Die Maschinenfabrik Oerlikon hat den Erregerstrom einer Wechselstromanlage zur Herstellung eines magnetischen Zuges benutzt, welcher die Entlastung des Oberzapfens einer vertikalen Turbine, die sonst auf hydraulischem Wege bewerkstelligt wird, bewirkt.

5. Gasmotoren.

Neben der Dampfmaschine hat der Gasmotor im Anschlusse an ein vorhandenes Gasleitungsnetz als Antriebsmotor von elektrischen Anlagen grosse Verbreitung gefunden. Die Gasanstalten waren froh, durch solche isolirte Hausanlagen einen abfälligen Lichtkonsumenten als Motorabonnenten sich erhalten zu können. Die Einführung von elektrischen Centralstationen hat naturgemäss dieser Entwicklung Einhalt gethan — und da nun einmal die Gasanstalten die Elektricität nicht als Konkurrenten haben wollten, so griffen sie gerne nach der Verwendung des Gasmotors für isolirte Anlagen zur Herstellung von, den Gasanstalten benachbarten, elektrischen Centralstationen oder Blockstationen mit grösseren Gasmotoren. Die Schwierigkeit, derartige grosse Motoren zu bauen, die schwerfällige Inbetriebsetzung, die ungenügende Regulirung, das rapide Sinken des Nutzeffekts bei geringer Belastung, haben im Allgemeinen diese Lösung zu keiner durchschlagenden Bedeutung gelangen lassen. In neuerer Zeit ist Dowson um einen Schritt weiter gegangen, indem er Wassergas erzeugt und dieses in Unterstationen durch Gasmotoren aufnehmen lässt. In Deutschland hat Körting dergleichen Kraftgasanlagen mehrfach zur Ausführung gebracht.

Als Abart des Gasmotors ist der Petroleummotor zu nennen, der für kleine Anlagen an Orten ohne Gas den kleinen Dampfanlagen das Feld streitig macht. Seine Wahl hängt von vielen Fragen ab, wobei der Preis des Petroleums jedenfalls zu der wichtigsten zählt. Der Bedarf liegt z. B. bei landwirthschaftlichen Wirthschaften ohnehin für einen solchen Motor häufig bereits vor, und man entschliesst sich daher zu seiner Anschaffung um so leichter, wenn er die Beleuchtung gleichfalls versorgen kann.

6. Verbindungsweisen zwischen Betriebsmotor und elektrischer Maschine.

Man kann zwischen mittelbarer und unmittelbarer Verbindungsweise unterscheiden.

Unter der mittelbaren ist es namentlich der Riemen- und Seiltrieb, die sich bei kleinen und mittleren Anlagen meistens vorfinden. Ist das Uebersetzungsverhältniss über 6, so empfiehlt sich die Einschaltung eines Zwischenvorgeleges, welches zugleich zur bequemen Riemenein- und -ausrückung benutzt wird. Die Grösse der Dynamoscheibe bestimmt die gewählte Riemengeschwindigkeit, die nicht über 30 m steigen, nicht unter 10 m fallen soll. Kleine Dynamos mit den hohen Tourenzahlen gegen 1000 drängen bei einfachem Riementrieb zu schnelllaufenden Antriebmotoren. Diese Umstände werden bei grösseren Dynamos günstiger, weil die Tourenzahlen der letzteren mit ihrer Leistungsfähigkeit sinken. Der Riemen erfordert grosse Aufmerksamkeit im Betriebe. Anfangs stramm im Dienste, wird er durch die stete Spannung mit der Zeit schlaff und thut, wie Arthur Wilke launig sagt, seine Arbeit nur noch liederlich ohne Aufsicht. Das Schlaffwerden des Riemens wird dadurch unschädlich gemacht, dass die elektrische Maschine auf Gleitschienen gesetzt wird, auf denen sie durch Schrauben verschoben werden kann. Der neue vom Lieferanten eben gelieferte Riemen bildet immerhin ein unsicheres unverlässliches Moment im Betriebe. Seine Kittstellen können sich öffnen, er kann reissen oder er rutscht auf der Scheibe trotz ihrer Wölbung nach seitwärts, weil er bei Dehnung der Fasern von seiner Gradheit einbüsst, Ereignisse, die, so kleinlich sie auch scheinen, recht peinlich werden können. Das Bestreben, die erwähnten Unsicherheiten dem Betriebe zu entziehen, haben bei grösseren Anlagen zur direkten Kupplung der Dynamo mit dem Motor geführt. Die alten Edison-Centralen enthielten die ersten Beispiele direkt gekuppelter Gleichstrommaschinen, in England hat Gordon die erste Wechselstrommaschine und auf dem Festlande 1883 Mechwart diese Konstruktion eingeführt, dann hat in Deutschland insbesondere Coerper die direkte Kuppelung von Gleich- und Wechselstrommaschine energisch befürwortet und auch mit Erfolg vielfach angewandt. Heute neigt die allgemeine Praxis immer mehr diesen Maschinen zu und verwirft für grössere Anlagen die Praxis, erst durch langsamlaufende Dampfmaschinen eine gemeinschaftliche Transmission in Umlauf zu setzen und von derselben dann Schwärme von Riemen zu kleinen Dynamos zu leiten. Das Heisslaufen eines einzigen Hauptlagers bei letzterer Anordnung könnte eine gründliche Störung trotz aller vorbedachten Reserve verursachen, weil die zahlreichen Kupplungsvorrichtungen im Momente der Gefahr den Dienst versagten, wenn nicht schon sie an und für sich, so gewiss der sie Bedienende. Zu der direkten Vereinigung wurde auch bei kleineren Maschinen bei Raummangel gedrängt, wie z. B. auf Schiffen. Fig. 368 zeigt eine Marinegarnitur der Firma Ganz & Co., welche bei 70 Pferdestärken 45 Kilowatt in Gleich- und Drehstrom bei 320 T. p. M. leistet.

Gleiche Bestrebungen brachen sich bei den Turbinen Bahn, wo direkte Verbindung je nach Umständen bei horizontaler oder vertikaler

Fig. 368.

Welle Platz griff. Ist diese Welle lang, so muss man die Torsion derselben insbesondere mit Rücksicht auf den bereits erörterten Parallelbetrieb in Ewähnung ziehen. Die Welle wird hohl gehalten und es kann durch ein zentral befestigtes Stängelchen sammt Zeiger die Verdrehung zur Beobachtung kommen, wenn nicht ein optisches Verfahren mit Spiegeln hierbei vorgezogen wird. Selbst bei den Gasmotoren wurde die innige Vereinigung mit dem Motor eingeführt, wie die von Körting herrührende Gasdynamo in Fig. 369 zeigt.

Um an die Genauigkeit der Montage bei 3 und mehr Lagern, die bei dieser Anordnung in Frage kommen, keine allzu grossen Ansprüche zu stellen und um dieselbe zu erleichtern, zieht man oft vor, die Wellen der beiden Maschinen in zwei Stücken zu halten, welche durch eine

Fig. 369.

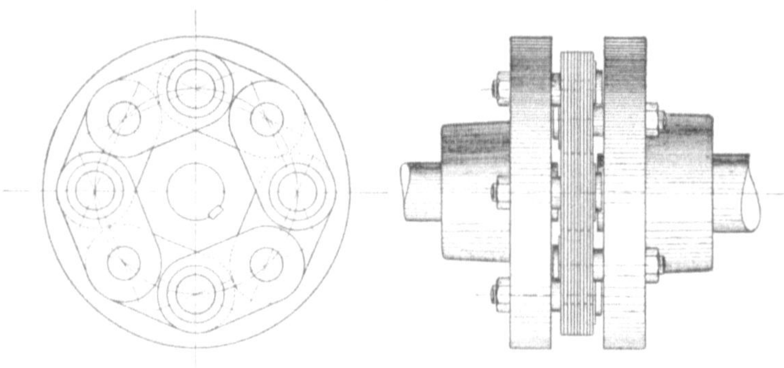

Fig. 370.

elastische Kupplung mit einander vereinigt werden. Eine derartige Lederlamellenkupplung ist in Fig. 370 wiedergegeben. Sie besitzt geringe Beweglichkeit und Elastizität ohne Reibung. Die in Fig. 371 u. 372 dargestellten Gummikupplungen sind elastischer. Die letztere stellt die vielfach angewendete Raffard'sche Kupplung dar. Die axialen Stifte der einen Sternscheibe stehen je radial innerhalb der Stifte der Gegenscheibe und es sind immer nur die in einem Radius stehenden Stifte durch Gummibänder von Kettengliedform umschlungen. Bei Energie-

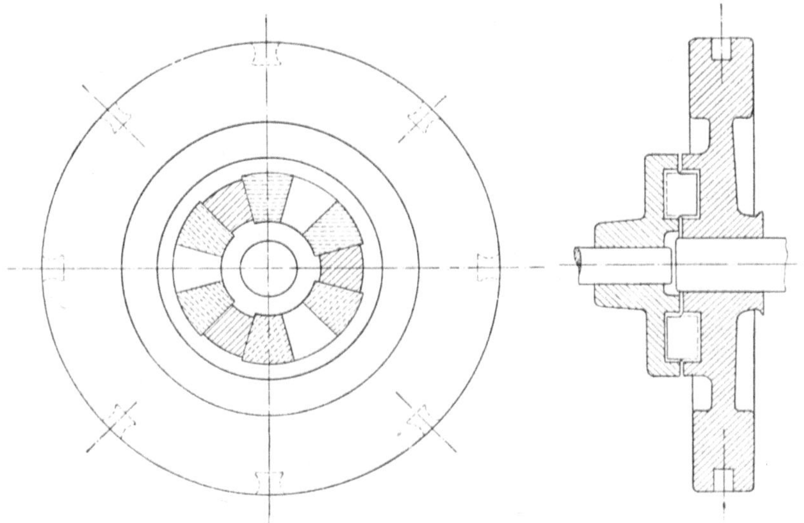

Fig. 371.

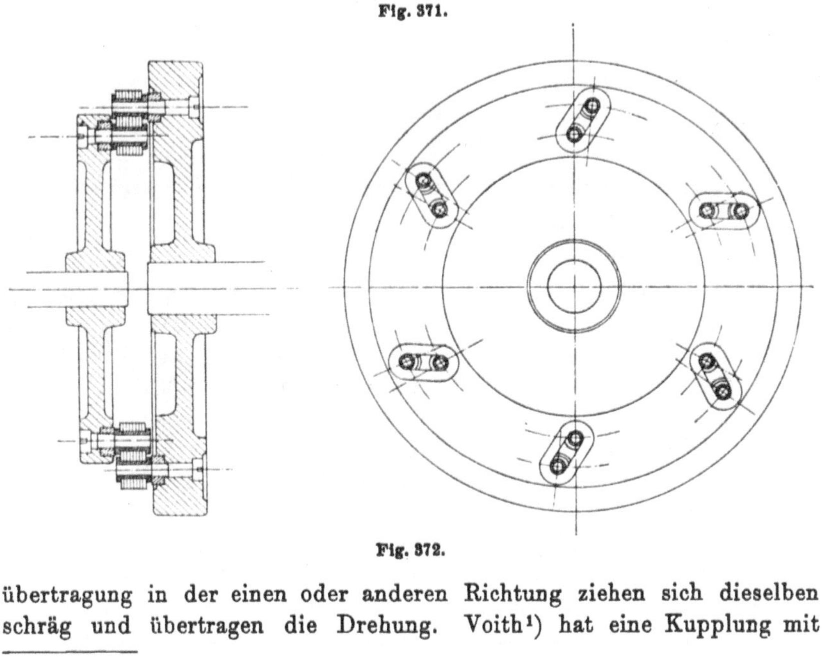

Fig. 372.

übertragung in der einen oder anderen Richtung ziehen sich dieselben schräg und übertragen die Drehung. Voith[1]) hat eine Kupplung mit

[1]) Zschr. d. Vereines dtscher. Ingenieure 1897, S. 793.

einem einzigen endlosen Bande konstruirt. Bei diesen elastischen Kupplungen ist in Fällen, wo Parallelbetrieb von Wechselstrommaschinen in Frage kommt, zu berücksichtigen, dass die Elasticität nicht einen be-

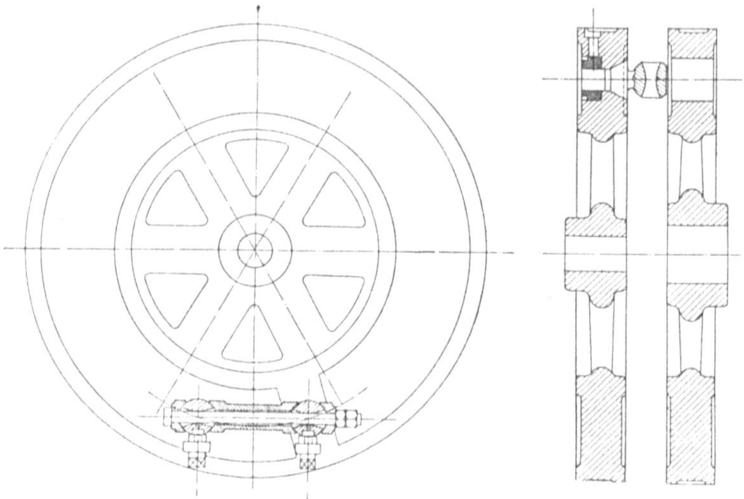

Fig. 373.

stimmten Betrag der Poltheilung überschreitet. Die in Fig. 373 dargestellte Tosi-Kupplung, bei der ein Stift mit balligen Enden in beide Endscheiben eingreift, ist von dieser Unsicherheit frei.

7. Disposition der Erzeugungsstätte und ihrer Einzeltheile.

Die örtliche Lage der motorischen Einrichtungen gegenüber dem Versorgungsgebiete übt, wie wir bei der Berechnung der Leitungen gesehen haben, auf die Wahl des Systems und die Kosten der Leitungen einen entschiedenen Einfluss aus. Nicht minder wichtig ist aber in Bezug auf Anlage- und Betriebsverhältnisse die Anordnung der Erzeugungsstelle. Bei kleinen Anlagen im Anschluss an vorhandene motorische Einrichtungen wird natürlich auf die Möglichkeit gemeinschaftlicher Bedienung Rücksicht genommen und das Maschinenhaus womöglich darnach disponirt. Da die Lager und der Kommutator der Dynamo besondere Aufmerksamkeit erheischen, so wird es angezeigt sein, die bequeme Zugänglichkeit dieser Theile zu sichern. Das Einstellen von Dynamobürsten während des Betriebes muss leicht ermöglicht werden. Für grössere Einzel- und Blockanlagen ohne oder mit Akkumulatoren mehren sich die Schwierigkeiten, allen gerechtfertigten Bedingungen zu genügen. Leider ist es nur zu oft der Fall, dass selbst bei Neubauten von vorn-

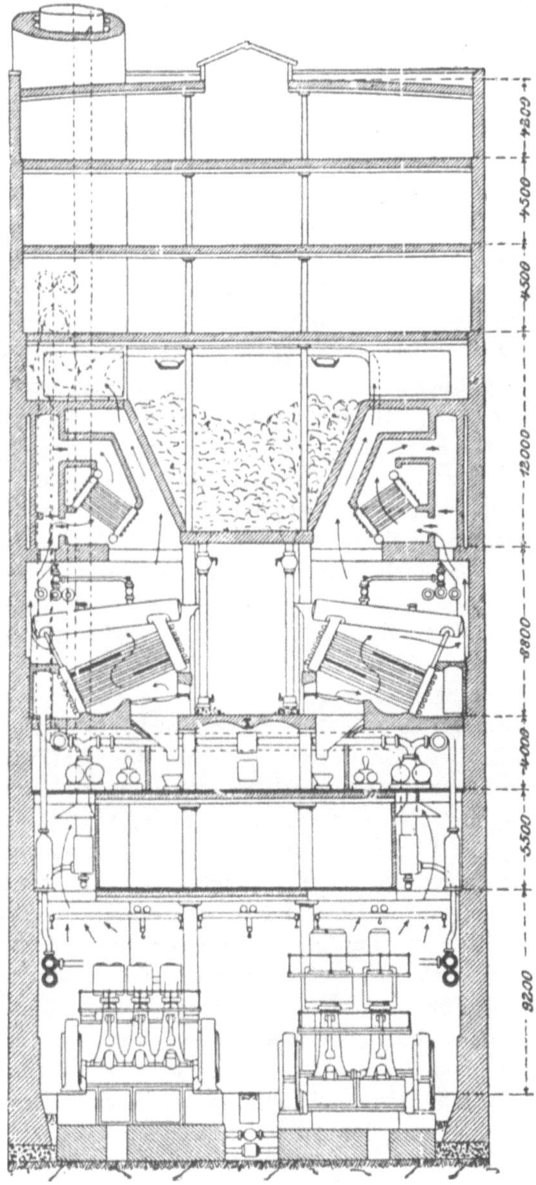

Fig. 374.

herein auf eine geeignete Räumlichkeit keine Rücksicht genommen wird und auf diese Weise das Maschinenhaus in eine dunkle Ecke zu schmählichem Dasein gedrängt wurde. Die mit jedem maschinellen Betriebe verbundenen Unannehmlichkeiten, wie Lärm und Erschütterungen, eventuell Rauchbelästigung, die Schwierigkeiten der Materialzu- und -abfuhr wiederholen sich in noch erhöhtem Maasse bei den im Weichbilde grosser Städte errichteten Centralstationen. Der beengte theure Raum führte zu unnatürlichen Bauverhältnissen, wie dies z. B. Fig. 374 zeigt, welche eine Edison-Centrale in New-York darstellt, bei der im Erdgeschoss und im 1. Stock die Dampfmaschinen und Dynamos und im 3. und 4. Stock die Kessel aufgestellt sind. Bei einer so auf den Kopf gestellten Anordnung kann man keine grossen Ansprüche an übersichtliche und billige Betriebsführung stellen. Dies sind Forderungen, die einstens wegen Mangel eines entsprechenden Systems nicht gestellt werden konnten; man musste ohne alle weitere Rücksichten möglichst in der Mitte guter Abonnenten bleiben und war meist von den unmittelbaren Nachbarn auf das Beste gehasst. Es sind die Fälle, wo letztere mit ihren Klagen Recht behielten und die Centrale buchstäblich das Weite suchen musste, nicht zu selten gewesen, und sei als abschreckendes Beispiel nur die Verlegung der Neubadcentrale in Wien erwähnt, welche durch die Beschwerdeführung des Nachbarhotels Müller am Graben wegen kontinuirlicher Belästigung und geschäftlicher Schädigung einen Erlass des Statthalters im November 1894 und damit die Verfügung erwirkte, dass der maschinelle Betrieb in der Centralstation von 9 Uhr Abends bis 8 Uhr früh dauernd gänzlich eingestellt werde, und bei Tag von den 4 Maschinen eine wegen besonderer Unruhe gänzlich ausser Betrieb, von den übrigen 3 nie mehr als 2 in Betrieb sein dürften etc. Mit der Einführung der Fernleitungssysteme haben die Centralstationen an der Peripherie der Städte, oder wenn die motorische Kraft hierzu Veranlassung bot, auch weit darüber hinaus, mit Rücksicht auf billige Kohlenzuführung und Wasserbeschaffung einen günstigeren Platz gefunden. Sie konnten sich dort bei billigem Grunde in der Ebene frei entwickeln, die Bauten wurden verbilligt und ihrer zukünftigen Entfaltung war leicht vorzusorgen. Die Pläne solcher Stationen weisen ausser den Kessel- und Maschinenräumen, eventuell den Akkumulatoren- und den Mess-, Lager- und Manipulationsräumen keine weitere Gebäudekomplexe auf. Denn die mit den Konsumenten ohnehin aufrecht zu erhaltene Verbindung zwingt, das Verwaltungsgebäude im Weichbilde der Stadt zu lassen, wodurch freilich eine Zweitheilung der Administration eintritt, welche jedoch die für das Personal gebotene Betriebsruhe ohnehin erheischt.

Einzelne Beispiele über Anlage von Primärstationen werden später folgen. Vorher möchten wir noch das über Leitungen in dem Kapitel II Vorgebrachte durch Bemerkungen über die Anlage derselben ergänzen.

8. Anlage der Leitungen und ihrer Zubehörtheile.

Das Leitungsschema baut sich auf den durch den Charakter der Installation gegebenen Bedingungen auf. Dasselbe wird demnach bei den Einzelanlagen und den Centralanlagen, den verschiedenen Systemen und Bedürfnissen auf Sicherung und Abstellungen von gemeinschaftlichen Strängen nach, mannigfaches Aussehen annehmen. Bei den Einzelanlagen gehen in der Regel die einzelnen Leitungsstränge vom Schaltbrette aus, wo die übersichtlich geordneten und durch Sicherheitsschaltungen ge-

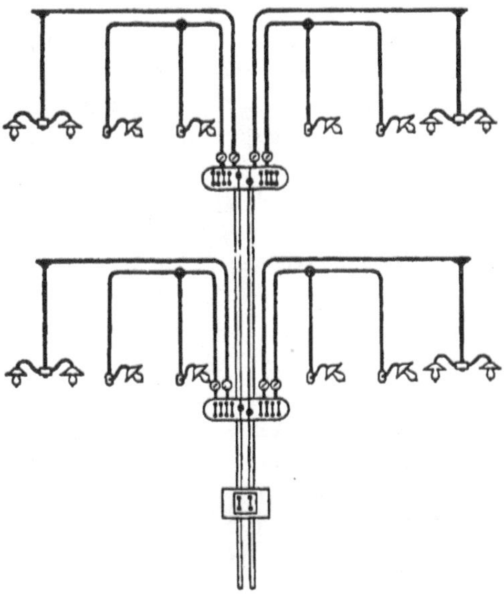

Fig. 375.

schützten, und oft mit Ausschaltern und Strommessern versehenen Abzweigungen von den Hauptschienen erfolgen. Von diesen Leitungssträngen werden kleinere Gruppen von Glühlampen etc. abgezweigt, welche mit einem gemeinschaftlichen Bleischutz versehen werden. Man thut nun in vielen Fällen gut, diese Bleisicherungen an einzelnen geeigneten, leicht zugänglichen Stellen zu centralisiren, wodurch deren Untersuchung erleichtert wird. Solche Centralisirungen der Vertheilungsleitungen von Einzelanlagen haben sich namentlich bei den Hausanlagen als zweckmässig erwiesen. Jede Wohnung erhält z. B. eine solche Schalttafel als Centralstelle ihrer Leitungen, deren Schema aus Fig. 375 ersichtlich. Diese Disposition der Leitungen ist besonders bei Leitungen mit Bergmann'schen Röhren und bei Bleikabeln eingebürgert. Bei letzteren will man namentlich möglichst wenig Verbindungsstellen in der

Mauer erhalten, was durch centralisirte Anordnung ermöglicht wird. Für die Leitungsdisposition von grossen Centralanlagen ist natürlich vor Allem das System ausschlaggebend. Bei den direkten Gleichstromsystemen wird, wie bereits erklärt, zwischen den Speiseleitungen und den Vertheilungsleitungen unterschieden. Die letzteren schliessen durch Bleischaltungen an erstere an. Bei Luftleitungen finden die Schaltungen auf Säulen, bei unterirdischen Leitungen in gusseisernen Kästen Platz; solche mit Sicherungen versehene Konstruktionen von Abzweig- und Verbindungskästen haben wir bereits detaillirt vorgeführt. Bei Dreileiter- und Fünfleitersystemen mit Gleichstrom hat man in vielen Ausführungen den Mittelleiter entweder isolirt ausgeführt, oder stellenweise direkt mit der Erde verbunden, oder unmittelbar als blanken Mittelleiter in die Erde gebettet. Es ist eine bekannte Thatsache, dass von den zwei gleich gut isolirten Leitern einer grösseren Installation nach längerem Gleichstrombetriebe der Rückleiter, d. i. der negative Pol, in Folge der unvermeidlichen elektrolytischen Wirkungen an Isolation verliert und mit der Zeit sogar an Erde kommt. Dadurch werden die in den Rückleiter eingesetzten Bleisicherungen überflüssig, ja, wie wir aus der nachfolgenden Eigenschaft des Mehrleitersystems ersehen werden, geradezu schädlich, während die ganze Sicherheit der Isolation nur den Sicherheitsschaltern des positiven Leiters zufällt. Es wäre demnach schon für die einfachen Anlagen aus diesem Grunde einladend, den einen Pol von vorneherein an Erde liegend auszuführen. Allein die Schwierigkeit, gute Erdverbindung an allen Punkten zu finden und den anderen Pol hingegen umso besser zu isoliren, machen dies für gewöhnliche Inneninstallationen nicht allgemein räthlich, da die erreichbare beste Isolation für beide Pole nur eben gut genug ist. Abgesehen von einzelnen Fällen, wie bei Schiffen, wo die Schiffshaut als Rückleiter oft verwendet wurde, wird von dieser Sicherheitsmaassregel jetzt nur stellenweise bei den Hauptnetzen Gebrauch gemacht, bei Gleichstromnetzen mit unterirdischer Verlegung, wo dieser Mittelleiter als blanker Draht in die Erde gelegt wird. In diesem Falle lassen die Seitenleiter in der That eine ausgezeichnete Isolation zu.

Die durch die Erdschlüsse hervorgerufenen Erdströme beeinflussen den Schwachstromverkehr, d. i. die Telephon- und Telegraphenleitungen, die die Erde als Rückleitung verwenden. Es hat sich jedoch gezeigt, dass bei blankem Mittelleiter diese Störungen geringer werden, weil bei Erdkurzschluss dieser Strom sich auf kürzerem Wege zu schliessen vermag und daher ein geringeres Ueberschwemmungsgebiet aufweist. Als weiterer Vortheil dieses Anerdelegens, das man nach jüngst erfolgter Sanktionirung in den deutschen Sicherheitsvorschriften, als „Erden“ bezeichnet, gilt, dass die Potentialdifferenz des Leiters gegen Erde hierbei nur halb so gross wird als bei isolirtem Mittelleiter. Dadurch werden bei Berührungen mit dem menschlichen Körper die Schläge geringer (was bei Fünfleitersystem mit 450 Volt und bei Wechselstrom mit über 200 Volt Spannung erwünscht ist), und ausserdem wird die Energie bei Erdschlusserscheinungen mindestens auf den vierten Theil reducirt. Als ein Nachtheil muss dagegen hinzugefügt werden, dass diese Erdströme, wenn sie stärker auftreten, auch zu Verletzungen von Gas- und Wasserleitungen führen können, Umstände, welche durch die starken Erdströme der elektrischen Eisenbahnen, die sogenannten vagabundirenden Ströme unzweifelhaft zur Beobachtung gelangten.

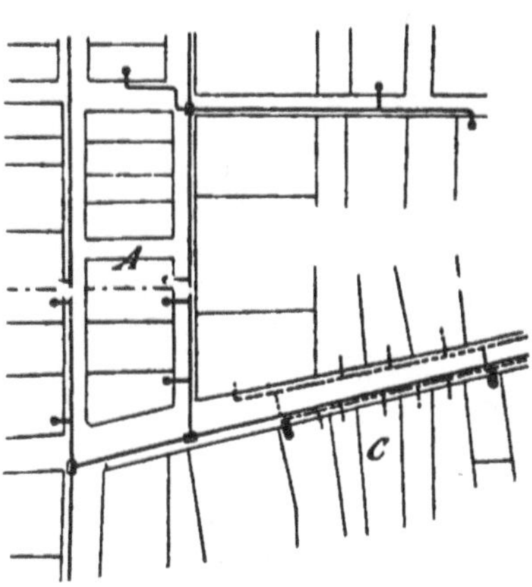

Fig. 376.

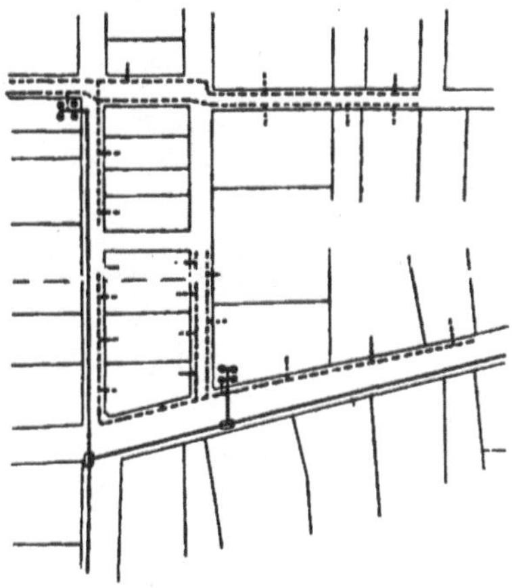

Fig. 377.

Ausgezogene Linien bedeuten primäre Leitungen.
Punktirte Linien bedeuten sekundäre Leitungen.
Kreise bedeuten Transformatoren.

Eine Eigenschaft des Dreileitersystems soll hier noch Erwähnung finden. Durch ungleiche Belastung der beiden Netzhälften erhält bekanntlich der Mittelleiter Strom. Die Richtung dieses Stromes ist dieselbe, wie im Aussenleiter der schwächeren Hälfte. Dieser Strom erzeugt im Mittelleiter ein Gefälle, welches um so grösser ist, je mehr Widerstand derselbe hat. Wenn daher der Spannungsverlust im schwächer belasteten Aussenleiter geringer wird als der im Mittelleiter, so hat man an den Lampen eine höhere Spannung als an der Maschine. Dieser Fall tritt z. B. bei Betriebsstörungen unter der Bedingung des schwächer dimensionirten Mittelleiters auf; werden nämlich Lampen einer Hälfte kurz geschlossen, so leuchten die Lampen der anderen Hälfte hell auf[1]).

[1]) Näheres Boult, El. Review, Bd. 32, S. 112 u. E. Lohr, Elektr. Zschr. 1895, S. 753.

Bei den indirekten Systemen, von denen das Wechselstromsystem mit parallel geschalteten Transformatoren namentlich betrachtet werden soll, ist zwischen primärer und sekundärer Stromvertheilung zu unterscheiden. Die Anordnung der Transformatoren kommt als wichtigstes Moment der Betrachtung in den Vordergrund. Nach Fig. 376 bei A kann jeder Lampengruppe, etwa jedem Hause, eine einzelne Transformatorenstation zugewiesen werden, welche nur für diese Gruppe zu sorgen hat. Man bezeichnet diese Anordnung als das System der

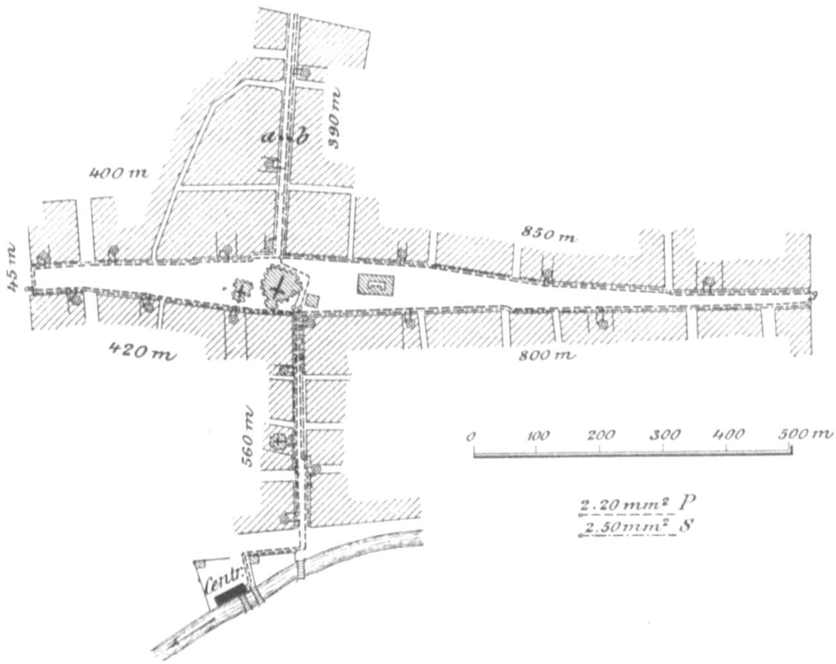

Fig. 378.

Einzeltransformatoren, House-to-house-System, wie die Engländer ungenirt sagen, im Gegensatze zu jenem, wo ein grösserer Beleuchtungsbezirk, etwa einer oder mehrere Häuserblöcke von einer förmlichen Unterstation aus ihre Versorgung erhalten, Fig. 377. Das erste System bedingt die Verzweigung des primären Netzes nach vielen Punkten, das letztere beschränkt dieselbe auf wenige jederzeit leicht zu beaufsichtigende Punkte, erfordert aber ein sekundäres Strassennetz, das bei ersterem gänzlich fehlt. Sind zahlreiche benachbarte, kleine Gruppen von wenigen Lampen zu versorgen, so kann das reine Einzeltransformatorensystem nicht mehr entsprechen, weil zu kleine Transformatoren des geringen

Nutzeffektes und der höheren Anschaffungskosten wegen vermieden werden müssen. Dies führt dann zur Verwendung kürzerer Sekundärstrecken bei gemeinschaftlichen sekundären Vertheilungsleitungen, Fig. 376 bei C, wodurch ein Mittelding zwischen beiden Anordnungen entsteht, welches die Nach- und Vortheile beider ebenfalls nur zum Theil aufweist. Als

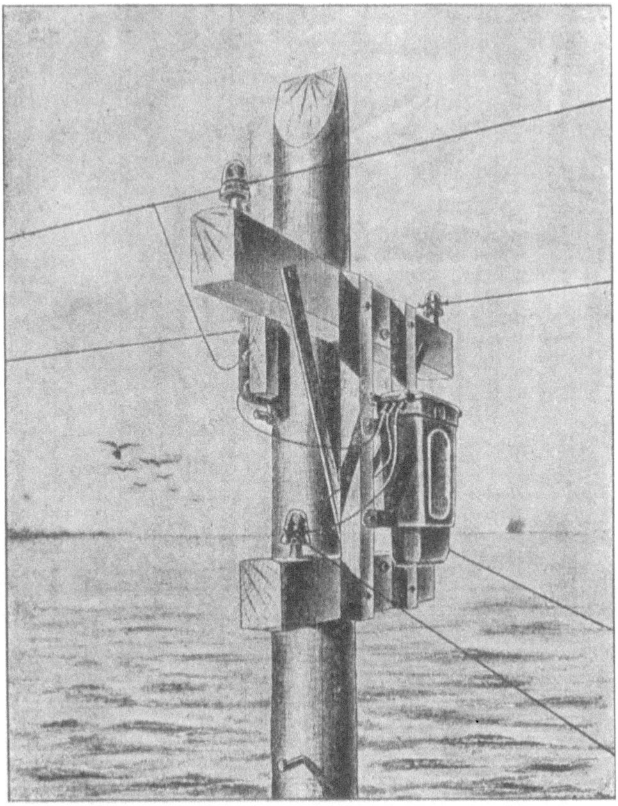

Fig. 379.

Beispiel diene das Kabelnetz der Stadt Kaschau, welches in Fig. 378 ersichtlich ist. Es schmiegt sich elastisch jeder Konsumentwicklung an.

Bei Luftleitungen werden die primären Leitungswege der grösseren Sicherheit wegen meist nicht geschlossen, sondern als offene Leitungen ausgeführt. Die Verwendung primärer Sicherheitsdrähte ist dabei auf das äusserste Maass herabzusetzen. Bei unterirdischer Leitung wird das Netz zu gewissen, durch die gegebene Lampenvertheilung und Strassenzüge angedeuteten Knotenpunkten zusammengezogen. Diese Knotenpunkte

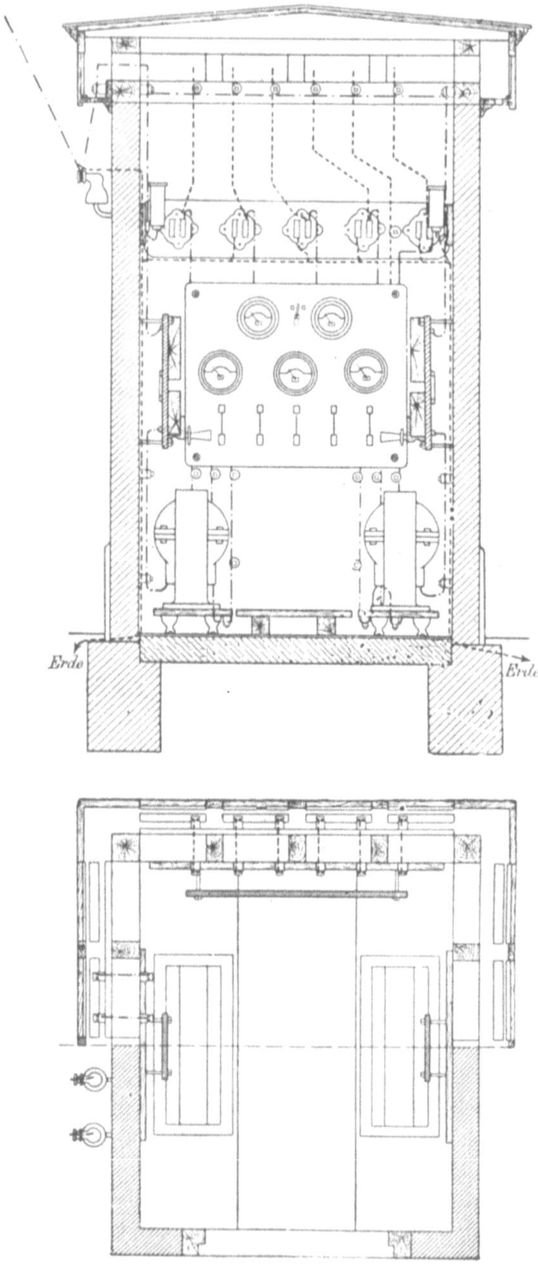

Grundriss.

Fig. 380.

erhalten die bereits beschriebenen Vertheilungskästen, welche mit Bleisicherungen oder nur mit Ausschaltern versehen werden. Da die Bedienung eines solchen tiefliegenden Kastens bei Hochspannung besonders im Winter nicht sehr bequem ist, so hat man öfters auch eigene Häuschen zu diesem Zwecke gebaut, wie in Köln und Nürnberg; das auf der Thür befestigte Telephon gestattet den raschen Verkehr mit der Centrale. Zum gleichen Ausweg wird man dort gedrängt, wo das Grundwasser schon in geringer Tiefe zu befürchten steht. Besondere Vorsicht in der Anwendung von Sicherheitsschaltern bedingt ein zu-

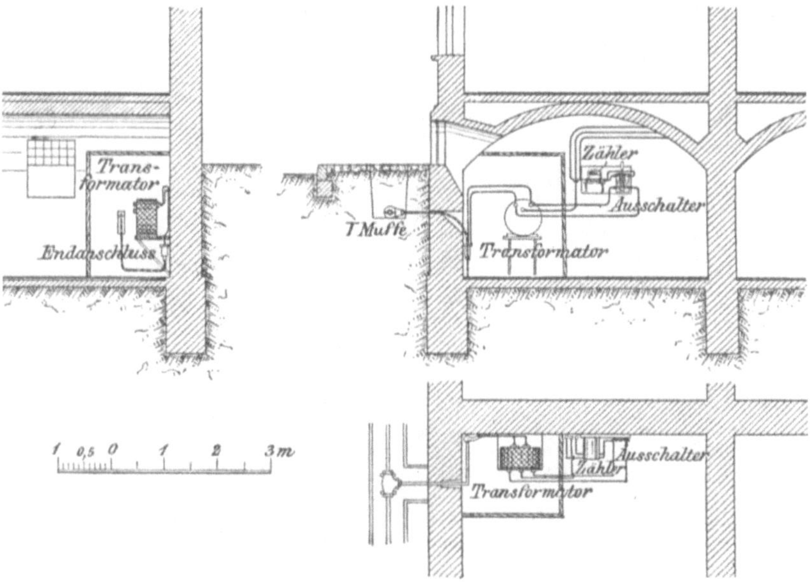

Fig. 381.

sammengehängtes Sekundärnetz, damit sich im Störungsfalle die Störung auf möglichst geringe Theile desselben beschränkt. Der Stromlauf solcher geschlossener Netze entspricht dem bei Wasserleitungen aufgestellten Cirkulationsprincipe, d. i. der Möglichkeit der Stromführung auf mehreren Wegen zu ein und demselben Punkte. Dadurch kann man auch leicht bei kontinuirlichem Betriebe der Centrale Transformatoren an das Netz anschliessen, weil man ein kleines Stück des letzteren ohne Störung des ganzen übrigen abzuschalten vermag. Die Aufstellung der Transformatoren geschieht auf mannigfache Weise. Bei Luftleitungen trachtet man sie womöglich nicht im Innern der Gebäude, sondern auf der Strasse zu placiren, damit die Schwierigkeit der primären Zuleitung kleiner wird. Man setzt den Transformator in einen Schutzkasten, wenn er

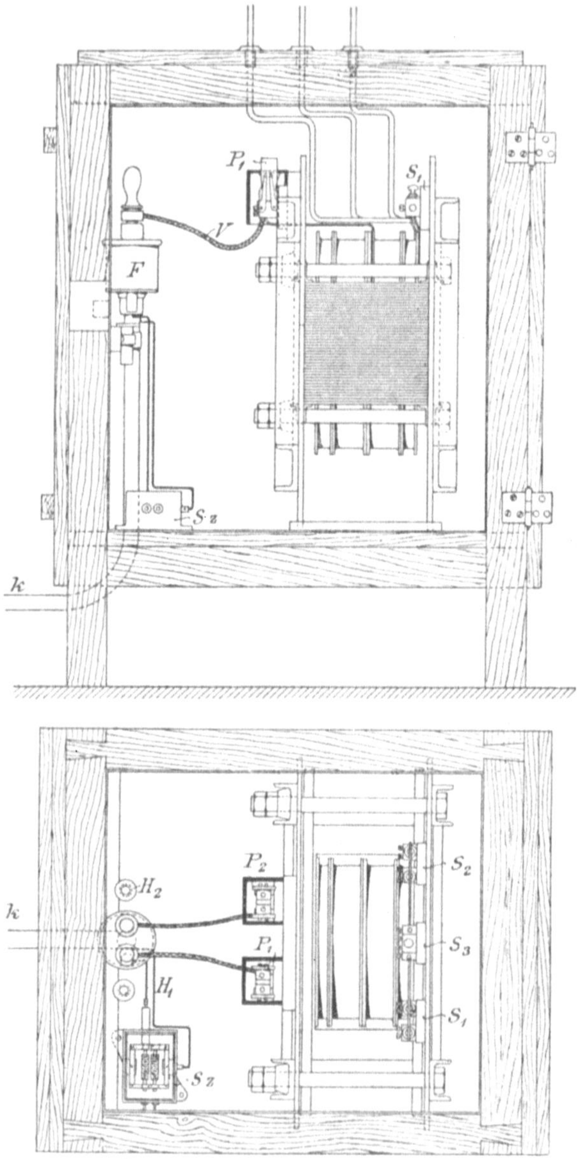

Fig. 382.

nicht denselben schon an und für sich trägt, den man entweder auf Konsolen an einer Hauswand, an einer Säule oder zwischen zwei Säulen befestigt. Es empfiehlt sich, den Kasten aus Metall oder aus mit Metall-

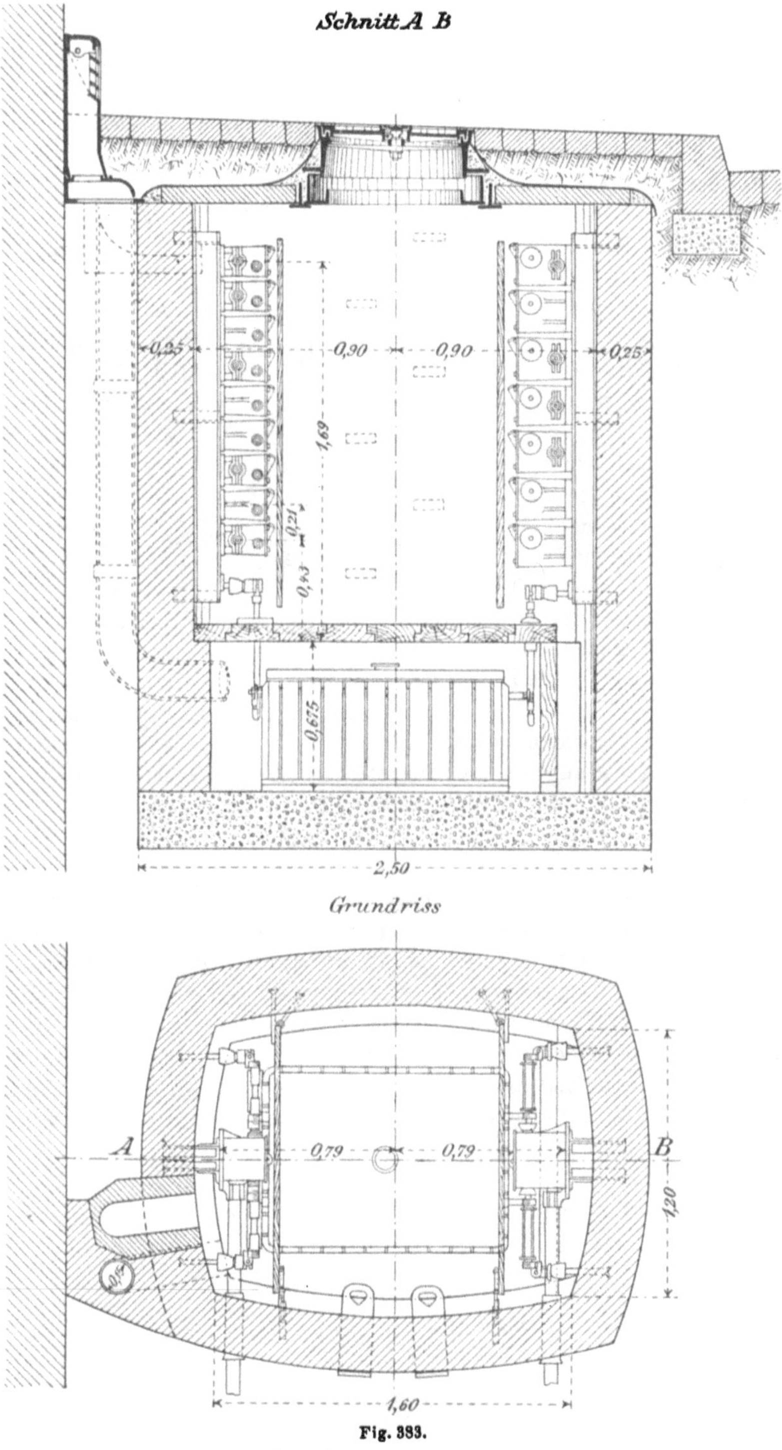
Schnitt A B
0,25
0,90
0,90
0,25
1,69
0,21
0,43
0,675
2,50
Grundriss
A
B
0,79
0,79
1,20
1,60

Fig. 383.

blech ausgeschlagenem Holze herzustellen. Um das hässliche Aussehen des hochgestellten Kastens auf der Strasse zu vermeiden, kann auf dem Dachboden eine gemauerte Kammer möglichst unmittelbar an der Leitungsumbruchstelle hergestellt werden, damit die schwierige primäre Zuleitung erleichtert wird. Bei unterirdischem Netz geht man mit den Transformatoren entweder in die Kellerräume der Häuser oder man hebt in der Strasse gemauerte Kammern zu diesem Zwecke aus. Wir geben in Folgendem einige Beispiele von Transformatorenunterbringungen an. Fig. 379 giebt die amerikanische Art der Aufstellung auf Säulen, wie sie die Westinghouse Co. einbürgerte. Siemens setzt den Transformator auf gemauerte Cementpfeiler. Ein gemauertes Transformatorenhäuschen vom Elektricitätswerke La Goule findet sich in Fig. 380 wiedergegeben. Manchmal muss man zu thurmartigem Aufbau greifen, wie dies in Luzern geschehen ist. Für unterirdische Leitungen verweisen wir auf die Unterbringung in Kellerräumlichkeiten, nach Fig. 381, entsprechend der Ausführung in Köln, oder nach Fig. 382 wie die Ungarische Elektricitätsgesellschaft in Budapest sie durchführt. In manchen Fällen muss man durch Ausschachtungen auf der Strasse Raum schaffen, um die Transformatoren unterzubringen, was natürlich bedeutende Kosten verursacht. Auch erheischt diese Lösung besondere Vorsicht gegen Feuchtigkeit, künstliche Erhitzung vor Inbetriebsetzung des Raumes und Vorsorge für zweckdienliche Lüftung. Eine Disposition wurde von Brown-Boveri für Frankfurt nach Fig. 383 getroffen. Transformatoren für sehr hohe Spannungen hat man, wie bereits erwähnt in Oel gesetzt, sieht jedoch neuerdings hiervon wegen Ansaugung von Feuchtigkeit ab[1]). Transformatoren zum Herauftransformiren der niedrigen Maschinenspannung in die hohe Leitungsspannung werden in der Centrale durch den ständigen Luftstrom eines Gebläses gekühlt[2]).

Bei Systemen, welche Akkumulatoren verwenden, ist der Aufstellung derselben gleiche Aufmerksamkeit zu schenken. Sie sind in kühlen trocknen Räumen mit guter Ventilation zur Entfernung der bei der Gasentwicklung mitgenommenen Säuredämpfe unterzubringen. Jedes Element ruht auf Porzellan- oder Glasfüssen. Die Anordnung soll gut übersehbar und leicht zugänglich sein, um die überaus nothwendige stete Aufsicht und Bedienung leicht zu ermöglichen. Ihre Unterbringung über dem Maschinenhause ist nicht zweckmässig, wie sich jüngst beim Brande der Hamburger Centrale zeigte.

---

[1]) Elektr. Zschr. 1897, S. 153.

[2]) Elektr. Zschr. 1897, S. 177.

9. Das Lichtbedürfniss und die davon abhängigen Faktoren der Beleuchtungsanlagen.

Die elektrischen Lampen als Anschlussobjekte der Leitungen sind bereits in Kapitel I erörtert worden. Nun sollen noch diejenigen Faktoren, welche mit ihnen im Zusammenhange stehen, und welche für Grösse und Einrichtung der gesammten Anlage, ihren Betrieb und ihre Rentabilität maassgebend sind, nähere Betrachtung finden. Jede Beleuchtungsanlage soll das Bedürfniss an künstlicher Beleuchtung möglichst befriedigen. Letzteres muss daher vorerst untersucht werden, bevor auf die erstere näher eingegangen werden kann. Das Bedürfniss nach künstlicher Beleuchtung hat sich mit dem Fortschritte der Kultur von bescheidenen Anfängen aus mehr und mehr gesteigert. Und wie bescheiden waren die Ansprüche und jene Anfänge. Hat doch, um nur ein Beispiel anzuführen, die Strassenbeleuchtung erst im 12. Jahrhundert durch die päpstliche Mahnung: „thunlichst an allen Eckhäusern Heiligenbilder anzubringen und vor ihnen sogenannte ewige Lampen aufzustellen“, ihren ersten kräftigen Impuls bekommen. Die Fortschritte seit jenen Zeiten sind mächtig; aber noch lange kann sich die künstliche Beleuchtung, die sich nur auf winzige Flecken der Erde beschränken muss, mit der natürlichen nicht messen. Wo aber während der Arbeitsstunden die letztere fehlt, wie dies der enge Raum an den Koncentrationsstellen des kulturellen Lebens leider mit sich bringt, oder wie in der Tiefe der Bergwerke, da begrüsst man auch dies Wenige mit Freuden. Und an Orten, wo die geographische Lage viel mehr Stunden der Nacht gewährt, als der dem Leben nothwendige Schlaf erheischt, da hilft es die Nacht verkürzen und damit den Kampf ums Dasein erleichtern oder, wie das Sprichwort sagt, das Leben verlängern. Die Inklination der Erdaxe erzeugt bekanntlich den Unterschied in der Dauer des Tages und der Nacht je nach der geographischen Breite des Ortes. Am Aequator hat man durch das ganze Jahr 12 Stunden Tag und 12 Stunden Nacht, das Lichtbedürfniss bleibt dort also von Tag zu Tag unverändert, während in der Breite von 66° 33′ vom Aequator im Sommer während des Solstitiums die Sonne nicht untergeht und bei der Wintersonnenwende sich nicht erhebt, so dass das Lichtbedürfniss je nach der Jahreszeit fehlt oder um so intensiver sich einstellt. Die nachstehende Tabelle und die Fig. 384, welche dem Werke Flammarion's entnommen sind, veranschaulichen den Verlauf dieser Erscheinung am besten und zeigen, wie verschieden die Rolle der künstlichen Beleuchtung an verschiedenen Orten der Erde sein muss.

Breite	Dauer des längsten Tages	Dauer des kürzesten Tages
6°	h 12,0	h 12,0
15°	12,53	11,7
30°	13,56	10.4
45°	15,26	8,34
60°	18,30	5,30
66° 33′	24,0	0,0
75°	103 Tage Nacht	97 Tage Nacht
90°	186 - -	179 - -

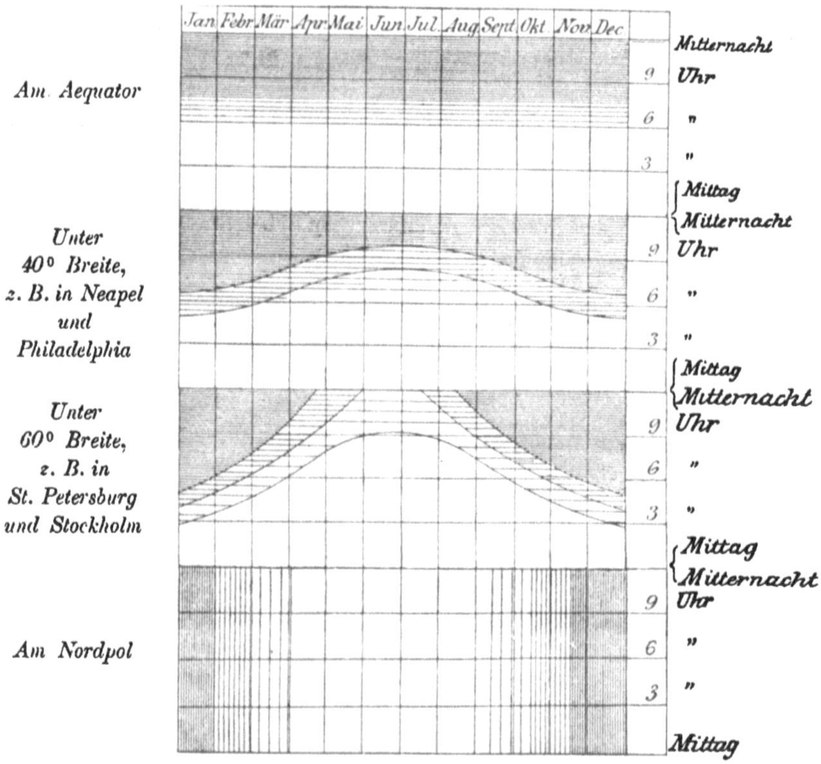

Fig. 384.

Die Abend- und Morgendämmerung, welche durch die Refraktion der Lichtstrahlen hervorgerufen werden, modificiren diese Angaben ein wenig. Die Sonne und der Mond heben sich scheinbar vor dem astronomischen Moment ihres Aufgangs und verschwinden erst nach dem Moment ihres Unterganges.

In Paris wird z. B. die Dauer des längsten Tages von 15 Stunden 58 Minuten um 9 Minuten vergrössert und die der kürzesten Nacht von 8 Stunden 2 Minuten um 7 Minuten verkleinert. Das Bedürfniss für die künstliche Beleuchtung wird sich im Innern der Räume und in den engen, von hohen Häusern umgebenen Strassen noch früher am Abend einstellen und des Morgens später aufhören, als selbst diese Zahlen ergeben. Berücksichtigt man noch den Umstand, dass es im Herbste rasch dunkelt und im Frühjahre langsam tagt, so empfiehlt es sich,

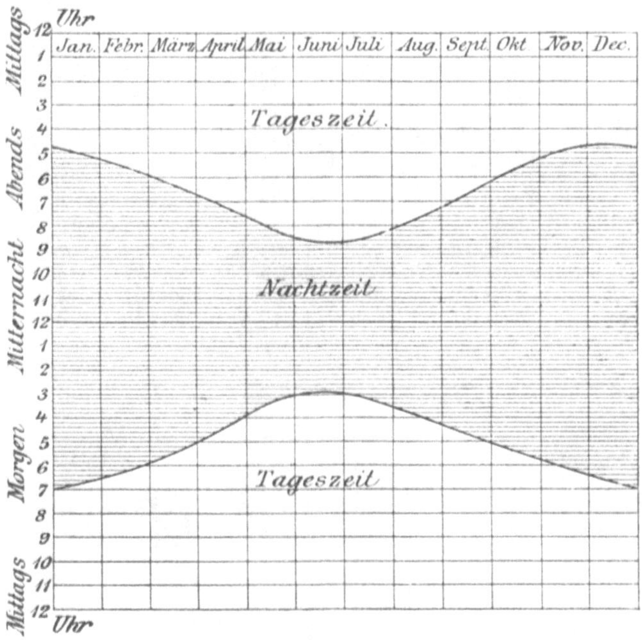

Fig. 385.

bei Festsetzung des namentlich für die öffentliche Strassenbeleuchtung giltigen sogenannten Brennkalenders die Anzündezeit im Herbst verhältnissmässig etwas früher anzusetzen als im Frühjahr, im Frühjahr dagegen die Abstellzeit Morgens etwas mehr hinauszuschieben als im Herbst.

Der Verlauf dieser Brennzeiten ist für die mittlere geographische Breite ungefähr aus Fig. 385 zu ersehen. Eine tabellarische Zusammenstellung über die Brennzeit im Jahre 1898 während der einzelnen Monate und im ganzen Jahre in Stunden giebt Uppenborn in seinem Kalender wie folgt:

Tabelle über die Brennzeit im Jahre 1898
während der einzelnen Monate und im ganzen Jahr in Stunden.

(Ortszeit) von Sonnenuntergang an München-Ortszeit	Januar	Februar	März	April	Mai	Juni	Juli	August	September	Oktober	November	Dezember	Das ganze Jahr
bis 5 Uhr Abends	7	—	—	—	—	—	—	—	—	—	12	20	39
- 6 - -	37	13	—	—	—	—	—	—	—	18	42	51	161
- 7 - -	68	41	21	2	—	—	—	—	17	49	72	82	352
- 8 - -	99	69	52	29	8	—	1	18	47	80	102	113	618
- 9 - -	130	97	83	59	39	24	28	49	77	111	132	144	973
- 10 - -	161	125	114	89	70	54	59	80	107	142	162	175	1338
- 11 - -	192	153	145	119	101	84	90	111	137	173	192	206	1703
- 12 - -	223	181	176	149	132	114	121	142	167	204	222	237	2068
- 1 - Morgens	254	209	207	179	163	144	152	173	197	235	252	268	2433
- 2 - -	285	237	238	209	194	174	183	204	227	266	282	299	2798
- 3 - -	316	265	269	239	225	204	214	235	257	297	312	330	3163
- 4 - -	347	293	300	269	256	234	245	266	287	328	342	361	3528
- 5 - -	378	321	331	299	287	264	276	297	317	359	372	392	3893
- 6 - -	409	349	362	329	318	294	307	328	347	390	402	423	4258
- 7 - -	440	377	393	359	349	324	338	359	377	421	432	454	4623
- 8 - -	471	405	424	389	380	354	369	390	407	452	462	485	4988
Sonnenaufgang . . .	471	387	377	313	276	242	261	303	343	408	442	484	4307

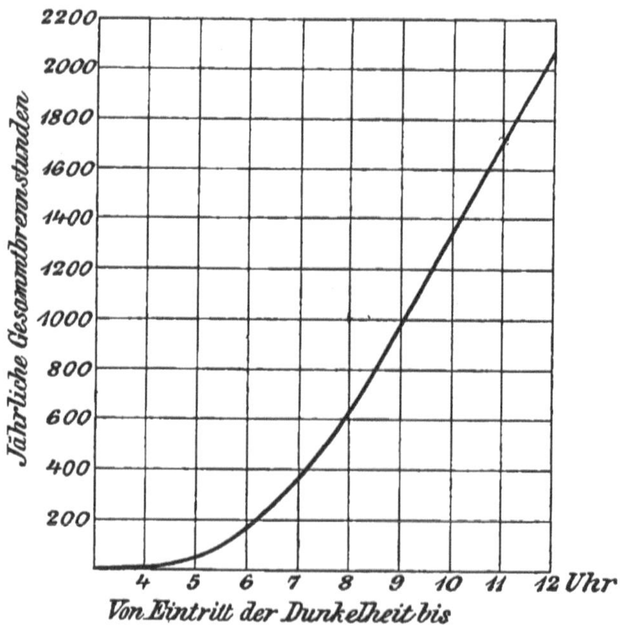

Fig. 386.

Zur raschen Orientirung über die Anzahl der Jahresbrennstunden von Eintritt der Dunkelheit bis zu einer nächtlichen Stunde nach dieser Tabelle dient die in Fig. 386 dargestellte Kurve.

10. Konsum.

Es empfiehlt sich, die Konsumenten zu Gruppen zusammenzufassen, welche möglichst gleichartige Verhältnisse aufweisen. Bei der Verfassung eines Projektes für eine Neuanlage muss zuerst der Konsum studirt werden, weil er den Umfang und die Art der Anlage, sowie ihren zweckmässigsten Betrieb und, besonders bei Elektricitätswerken, die Rentabilität beeinflusst. Die Leistung und der hierzu nöthige Aufwand, und damit die Anlage- und Betriebskosten der Anlage, welche wir später eingehender betrachten wollen, fungiren als maassgebende Faktoren für die Ausgabenseite der Rentabilitätsberechnung, denen auf der Einnahmenseite die gelieferte Energie oder deren Aequivalent gegenübersteht. Diese financielle Wichtigkeit, welche nicht nur beim Entwurfe, sondern ebenso bei der Durchführung und eventuellen Erweiterung einer bereits vorhandenen Anlage zum Vorschein kommt, rechtfertigt das genaue Eingehen in die Fragen des Konsums.

Man kann die mehr oder weniger gleichartigen Installationen in Hinsicht auf die Konsumverhältnisse etwa wie folgt eintheilen:

1. Industrielle und gewerbliche Anlagen, darunter ausser Fabriken aller Art auch Mühlen, Spinnereien, Webereien, Brauereien, Brennereien, Holzsägewerke, Schlachthäuser, Bergwerke, Hafenbeleuchtungen, gewerbliche Anlagen etc.
2. Anstalten für Handel und Verkehr: Banken, Bureaux, Börsen, Markthallen, Post- und Telegraphenanstalten, Verwaltungsgebäude für staatliche und städtische Zwecke und dergleichen.
3. Theater und Vergnügungshallen etc.
4. Läden, Kaufhäuser.
5. Schankstätten, Kaffees, Gasthäuser, Hôtels.
6. Wohnungen, Häuser- und Schlossbeleuchtungen.
7. Strassenbeleuchtungen.
8. Temporäre Beleuchtungen, Ausstellungen, Illuminationen etc.

Gleichviel, ob nun ein solches lichtbedürftiges Objekt sich als Einzelanlage mit Strom selbst versehen soll, oder ob es sich an ein Elektricitätswerk anschliesst, auf jeden Fall kommt sein Konsum in Betracht.

Der Konsum eines Objektes setzt sich aus demjenigen seiner Theile, d. h. einzelner Lampen etc. zusammen. Durch eine örtliche Aufnahme wird die Kenntniss der Benutzungszeit dieser Theile bis zu einem gewissen Grade immer erreichbar sein; in vielen Fällen wird man die Statistik schon bestehender analoger Anlagen mit Vortheil zu Rathe ziehen können.

Um einige Betrachtungen über den Konsum anzustellen, wollen wir uns eine ideelle Anlage mit durchaus gleichen Lampen, deren installirte Anzahl das ganze Jahr hindurch unverändert bleibt, vorstellen. Die momentane, die maximale und die mittlere Stromstärke lassen auf die bezüglich in Betracht kommenden Glühlampen schliessen. Zeichnet man für irgend eine Zeitperiode eine Stromkurve, indem man als Abscissen die Zeit, als Ordinaten die entsprechenden Ströme aufträgt, so giebt die Fläche zwischen der Abscissenaxe und der Stromkurve die in dieser Periode gelieferte Strommenge in Ampèrestunden. Theilt man die gesammte, in Ampèrestunden ausgedrückte Stromlieferung während eines Jahres durch 365, so erhält man die mittlere Tageslieferung. Wird dieselbe durch 24 dividirt, so ergiebt sich die mittlere stündliche Stromlieferung; aus der mittleren Stromstärke pro Tag oder pro Stunde ergiebt sich die mittlere Zahl der in einer Stunde oder in einem Tage gleichzeitig brennenden Glühlampen, und aus dem Verhältniss dieser Anzahl zur Gesammtzahl der installirten Lampen folgt der Benutzungsfaktor der betreffenden Lampen.

Theilt man die maximale tägliche Stromlieferung in Ampèrestunden durch die maximale, während einer Stunde dieses Tages beobachtete Stromstärke, so erhält man die Tagesbrenndauer am Tage des maximalen Konsums. Dieselbe entspricht also dem Verhältniss der grössten 24stündigen Stromlieferung zur grössten stündlichen Stromstärke. In analoger Weise ermittelt man die Jahresbrenndauer pro maximal gleichzeitig brennende Lampe. Man ermittelt zunächst die grösste stündliche Stromstärke und dividirt mit ihr in die jährlich gelieferten Ampèrestunden. Führt man statt der maximal gleichzeitig brennenden Lampen den Stromwerth der gesammten installirten Lampen ein, so erhält man in analoger Weise die mittlere Jahresbrenndauer pro installirte Lampe. Diese ist im Allgemeinen kleiner als die vorige und giebt durch sie getheilt den Benutzungsfaktor der Anlage.

Bei wirklichen Anlagen sind diese Betrachtungen nicht mehr streng richtig und nur im übertragenen Sinne zu verstehen, denn dieselben enthalten Glüh- und Bogenlampen verschiedener Lichtstärke und event. auch Motoren. Um nun trotzdem die Vergleiche aufrecht erhalten zu können, pflegt man den ganzen Effektverbrauch der Anlage umzurechnen, entweder auf Normallampen von je 50 Watt oder auf Normaleinheiten von je 1 Hektowatt. Da ferner die installirte Lampenzahl oder ihr Stromäquivalent bei grösseren Anlagen fortwährend Schwankungen unterworfen ist, z. B. bei einem aufblühenden Elektricitätswerke gegen den

Herbst zu, rapide steigt, so muss man die Werthe der jeweilig installirten Lampen durch örtliche Abzählungen von Zeit zu Zeit und die Werthe der Ampèrestunden durch Ablesungen des Zählers ermitteln, woraus wie beim ideellen Falle die gewünschten Zahlen, namentlich die mittlere und maximale Tagesbrenndauer pro angeschlossene und benutzte Lampe und pro Jahr entnommen werden können.

11. Die Konsumenten.

Nach diesen Erklärungen können wir die angeführten Gruppen ein wenig beschreiben[1]).

Die industriellen Etablissements weisen bezüglich des Konsums nach Art und Betrieb grosse Mannigfaltigkeit auf. Wird, wie bei grossen Dampfmühlen, mit zwei Arbeitsschichten Tag und Nacht gearbeitet, so kommt man auf wenigstens 4000 Jahresbrennstunden pro installirte Lampe. Diese Zahl wird noch oft durch die während des Tages nöthigen Lampen erhöht. Die Beleuchtungskosten solcher Objekte vertheilen sich auf viele Lampenbrennstunden und sind deshalb specifisch gering. Gewerbliche Anlagen werden, je nachdem sie bis in die Nachtstunden benutzt werden, noch 600—1400 Brennstunden im Jahre zeigen. Banken und Bureaux schliessen ihre Thätigkeit gegen Abend, so dass jener Werth gewiss nicht über 300 Stunden steigt. Bei ihrem Strombedarfe werden sich vielleicht ausser den natürlichen monatlichen noch gewisse geschäftliche Schwankungen, z. B. Ultimo und Medio, sowie Jahresabschluss geltend machen. Bei Markthallen und Schlacht- und Viehhöfen ist das Lichtbedürfniss in den frühen Morgenstunden besonders hervorzuheben; Post- und Telegraphenanstalten und Bahnhöfe mit Nachtbetrieb sind zu den guten Konsumenten mit etwa 1200—1600 Brennstunden, Verwaltungsgebäude für staatliche und städtische Zwecke zu den schlechten Konsumenten mit etwa 100—300 Stunden pro installirte Lampe zu zählen. Theater und Vergnügungshallen gehören trotz der sommerlichen Ferien zu den wichtigsten, aber auch besondere Aufmerksamkeit erheischenden Konsumenten. Die Bühne umfasst bis zu $^2/_3$ Theile der gesammten Lampenzahl, und da die Benutzungsdauer dieses Theiles sehr gering ist, so ist der Durchschnitt der Brennstunden pro installirte Lampe ein schlechter; so z. B. weist das Hoftheater in Dessau nur 181 Stunden pro Lampe im Jahre auf. Die maximal benutzten Lampen erreichen oft nicht die Hälfte der installirten. Ein kleiner Theil der Lampen funktionirt als Tagesbeleuchtung bei den Proben. Hervorzuheben

[1]) Die erste Beschreibung dieser Verhältnisse rührt unseres Wissens von A. Wilke in „Die Berliner Elektricitätswerke 1890" her.

ist der durch die Regulirung der Bühnenbeleuchtung erwachsende rasche Wechsel im Strombedarfe. Läden und Kaufhäuser gehören zu den Hauptabnehmern der Centralen, namentlich durch die vor und in den Schaufenstern angebrachten Lampen. Die Benutzungsdauer wird wohl auf 300—600 Stunden anzusetzen sein. Schankstätten, Kaffees, Gasthäuser sind je nach der Lebensweise der Bewohner verschieden, aber immer und überall sehr gut vom Standpunkte der Stromlieferung aus. Diese Bedarfskurve hält sich oft tapfer über die mitternächtige Stunde und die Brenndauer erreicht 1200—2000 Stunden. In den Wohnungen bürgert sich das elektrische Licht immer mehr ein, nachdem die billigeren Preise die Vorstellung, dass die elektrische Beleuchtung eine Luxusbeleuchtung sei, gebannt haben. Die Möglichkeit, die Benutzungsdauer der elektrischen Lampen auf die Zeit des faktischen Gebrauches bequem zu beschränken, lässt dem Gas und Petroleum gegenüber an vielen Lampenstunden überhaupt sparen. Die Zahl der installirten Lampen überschreitet hier oft bei Weitem die maximal benutzte, ein Verhältniss, welches geeignet ist, zur Beurtheilung des Luxus der Wohnung zu dienen. In kleinen Städten weisen aus dem Grunde die Wohnungen ganz annehmbare Brennstunden auf, während die letzteren in grossen Städten durch die herrlichen Palaiswohnungen und die mehrmonatliche sommerliche Pause auf etwa 50 bis 150 Stunden herabgedrückt werden. Ueber den Konsum der Strassenbeleuchtung giebt der angegebene Brennkalender Aufklärung. Zu ergänzen ist derselbe bezüglich der vom Gas übernommenen Gepflogenheit, den Mondschein, auch wenn derselbe nur officiell ist, zu berücksichtigen. So hat die ganznächtige Beleuchtung für kleinere Städte mittlerer Breiten mit Abstellung bei Mondschein 2750, die halbnächtige bis 11 Uhr 1100 jährliche Stunden. In vielen Fällen mittelgrosser Städte wird eine gemischte Beleuchtung acceptirt, in welcher jede zweite Lampe halbnächtlich und bei Mondschein abgestellt wird, während die andere Hälfte immer ganznächtlich bleibt, was zu 2380 Stunden pro installirte Lampe führt.

12. Zeitlicher Verlauf des Konsums.

Schreiten wir nun zur Betrachtung eines Elektricitätswerkes, indem wir annehmen, dass es mit konstanter Spannung arbeite. Sehen wir bei Wechselstrom von event. Phasenverschiebungen zwischen Strom und Spannung vorläufig ab, so ist klar, dass sich die resultirende Nutzstromkurve eines solchen Werkes aus den Kurven der einzelnen Abnehmer durch Addition unmittelbar gewinnen lässt. Vergleicht man die zeitlich aufeinanderfolgenden Nutzstromkurven eines Elektricitätswerkes, so findet man natürlich vorerst den Einfluss der überhaupt zum Anschluss an das Werk gekommenen Abnehmer. Für diese Verhältnisse pflegt man eine besondere Anschlusskurve festzulegen, in welcher sich die ungeschminkte Geschichte der Entwicklung, der Einfluss event. Konkurrenz etc. wiederspiegelt. Sie zeigt die Theilnahme der einzelnen Konsum-Gruppen an dem Strombezuge und giebt dem einsichtsvollen Leiter eines solchen Werkes dankenswerthe Fingerzeige für entsprechende Maassnahmen. Ausser diesem Vergleiche muss noch Bezug genommen werden auf die innerhalb gewisser Zeitabschnitte auftretenden Schwankungen, wozu sich am besten die Betrachtung der Stunden am Tage, der Tage in der Woche, der Wochen in den Monaten, der letzteren im Jahre eignet. Die grössten Veränderungen weist der Bedarf in unseren Breiten während eines Tages auf, weil er von den bereits besprochenen Aenderungen in der natürlichen Helligkeit bedingt ist. Der Uebergang vom Tage zur Nacht wird noch dadurch verstärkt, dass das gesellschaftliche Leben ebenfalls in den Abendstunden seinen Höhepunkt erreicht. Wir haben bereits von dem Einflusse der geographischen Breite gesprochen und wollen hier nur ergänzen, dass jener Uebergang wegen der kurzen Dämmerungszeit gegen den Aequator zu das Anschwellen des Strombedarfes innerhalb weniger Minuten auf das 3—4fache bewirkt, während sich dies bei uns wegen der langsamen Dämmerung günstiger gestaltet. Die Tageskurven zeigen auch unregelmässige Verschiedenheiten, die von besonderen Ursachen herrühren. So kann ein gegen Abend hereinbrechendes Gewitter oder das Eintreten dichten Nebels den Konsum plötzlich steigern, was namentlich die englischen Diagramme verrathen; oder es können voraussehbare und einigermaassen regelmässige Konsumsteigerungen, z. B. durch eine festliche Illuminationsgelegenheit, den Geburtstag des Herrschers, oder in Köln durch den Carneval eintreten. Als Beispiel wählen wir die täglichen Variationen der momentanen Stromleistung der Centrale Zürich, welche nach dem Systeme der parallel geschalteten Wechselstromtransformatoren funktionirt. Diese Leistungen decken sich nicht mit den von den Konsumenten beanspruchten, wir wollen jedoch vorläufig den Unterschied zwischen Produktion und Konsum ignoriren. Die Fig. 387 zeigt den genannten Verlauf während eines Tages mit mittleren Verhältnissen in den letzten 6 Monaten des Jahres und zwar für die Sonntage und die Werktage. Für die andere Hälfte des Jahres ergeben sich ähnliche Kurven, die nur durch die während des Jahres neu erfolgten Anschlüsse sich unterscheiden. Der Konsum während der hellen Tagesstunden ist gering, so dass sich der maximale momentane Bedarf auf das Zwanzigfache des minimalen Bedarfes erhob. Das Maximum trat etwa eine Stunde nach dem fühlbaren Beginn des abendlichen Anwachsens der Belastung ein. Das Maximum am Sonntag ist im Winter ungefähr halb so gross wie an Werktagen. Im Juni und Juli dagegen werden beide ziemlich gleich und ungefähr halb so gross wie im

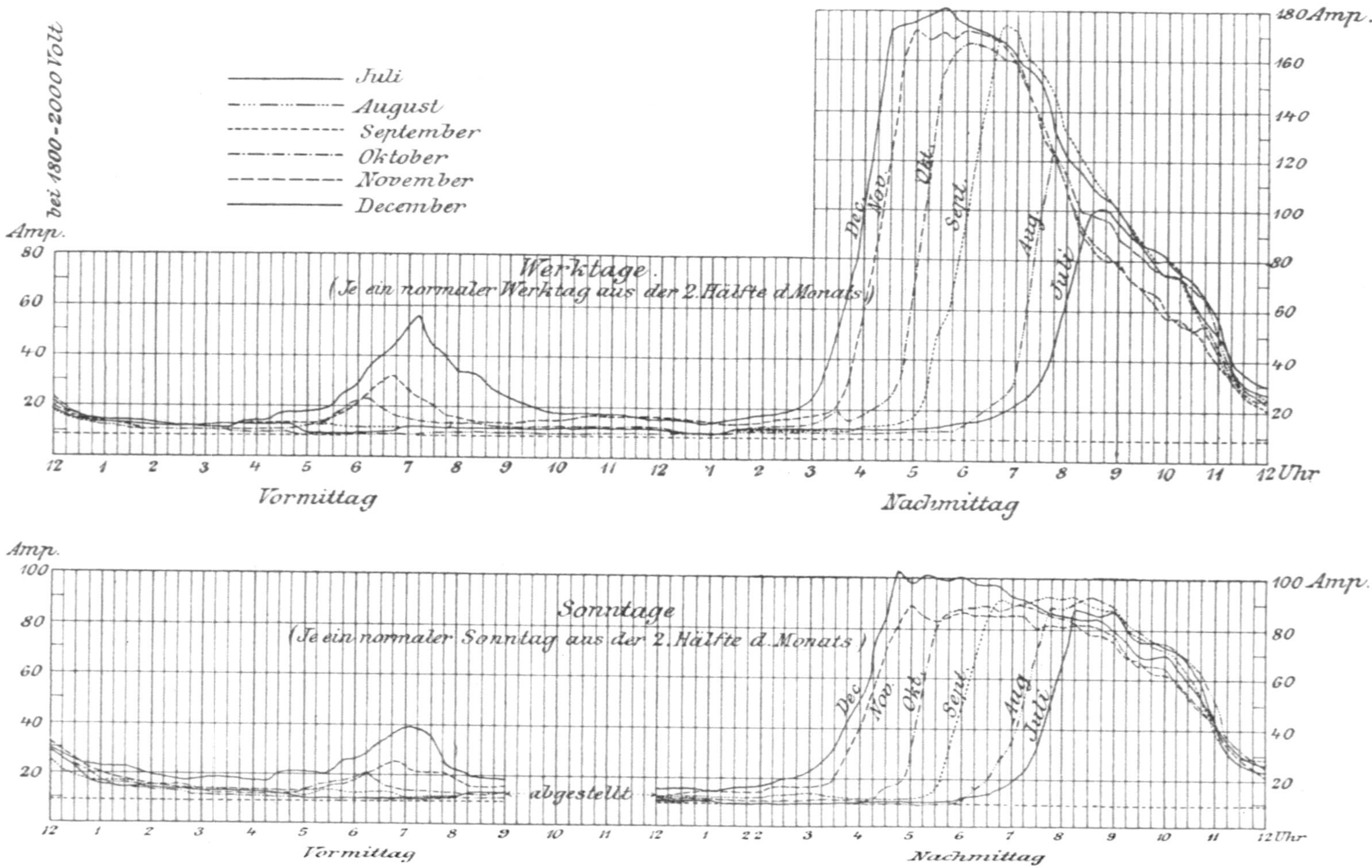
bei 1800-2000 Volt
Juli
August
September
Oktober
November
December
Werktage.
(Je ein normaler Werktag aus der 2. Hälfte d. Monats)
Dec
Nov
Okt
Sept
Aug
Juli
Amp.
180 Amp.
Vormittag
Nachmittag
12 Uhr
Sonntage
(Je ein normaler Sonntag aus der 2. Hälfte d. Monats)
abgestellt
100 Amp.

December sein. Es zeigt dies, dass die Centrale ungefähr gleichviel abgiebt für Nutzbeleuchtung, das ist für Verkaufsläden, Bureaux, Arbeitsräume aller Art, wie für Vergnügungs- und öffentliche Beleuchtung, Wirthschaften, Hòtels und Bogenlichtbeleuchtung zur Strassenbeleuchtung. Im Juni fällt nämlich die erstere Art der Beleuchtung ganz weg und es verbleibt nur die letztere in Thätigkeit. Das Minimum des täglichen Maximalbedarfes zeigten für einen Werktag der 3. Juli mit 38 %, für einen Sonntag der 2. Juli mit 34 % der vollen installirten Lampen. Das absolute Maximum des momentanen Bedarfes im Winter erreichte 74 %. Dieser hohe Procentsatz war nur durch das Tarifsystem bedingt, welches für jede installirte Glühlampe eine jährliche Grundtaxe von 10 fr. forderte.

Der tägliche Gesammtkonsum, der von einem Elektricitätswerk gedeckt wird, variirt in noch weit höherem Maasse als der maximale momentane Bedarf. Fig. 388 giebt als Beispiel den Verlauf der Ampère, welche dem Anschluss entsprechen, Kurve A, das tägliche Maximum der Ampère (effektiv) Kurve B, die tägliche Leistung in Hektowattstunden Kurve D in der Centrale Zürich. Die Tagesleistungen innerhalb einer Woche zeigen natürlich am Sonntag den geringsten Bedarf; von den Wochentagen hebt sich der Samstag einer lokalen Ursache — des erhöhten Wirthschaftsbesuches wegen — hervor. Die Tagesleistung im Sommer beträgt im Mittel nur ca. $^1/_3$ der höchsten Tagesleistung zu Ende des Jahres. Die ersichtliche mittlere Tagesleistung betrug ungefähr die Hälfte der maximalen und das 24fache der minimalen.

Der Benutzungsfaktor oder das Verhältniss der maximalen benutzten elektrischen Lampen zur installirten variirt je nach dem Charakter der Stadt und im Hinblicke schon bestehender Gasanstalten sehr. Für einige grössere Städte folgen diesbezügliche Zahlen in der Tabelle auf S. 439.

Verfolgt man den Verlauf des Verhältnisses benutzter zu installirten Lampen mit der Entwicklung eines und desselben Elektricitätswerkes, so findet man meist eine Abnahme desselben. Während nämlich im ersten Jahre des Bestehens nur die besten Lampen sich anschliessen, steigt später nach Befreundung mit den Vortheilen dieser Beleuchtung, durch entgegenkommende Tarifermässigungen begünstigt, die angeschlossene Zahl rascher als die maximal benutzte. Ausserdem wird man hierbei die Beobachtung machen können, dass bei einer Anlage, welche ungebunden durch örtliche Schranken den Anschluss irgend eines Objektes erlaubt, dieser Koefficient kleiner sein kann als bei solchen, welche auf ein begrenztes Territorium sich beschränken müssen. Die ersteren sind eben im Stande, alle Reflektanten zu befriedigen, wodurch z. B. Sommerabonnenten oder Abnehmer nur für bestimmte Tagesstunden erworben werden können, wo immer sie sich auch befinden mögen.

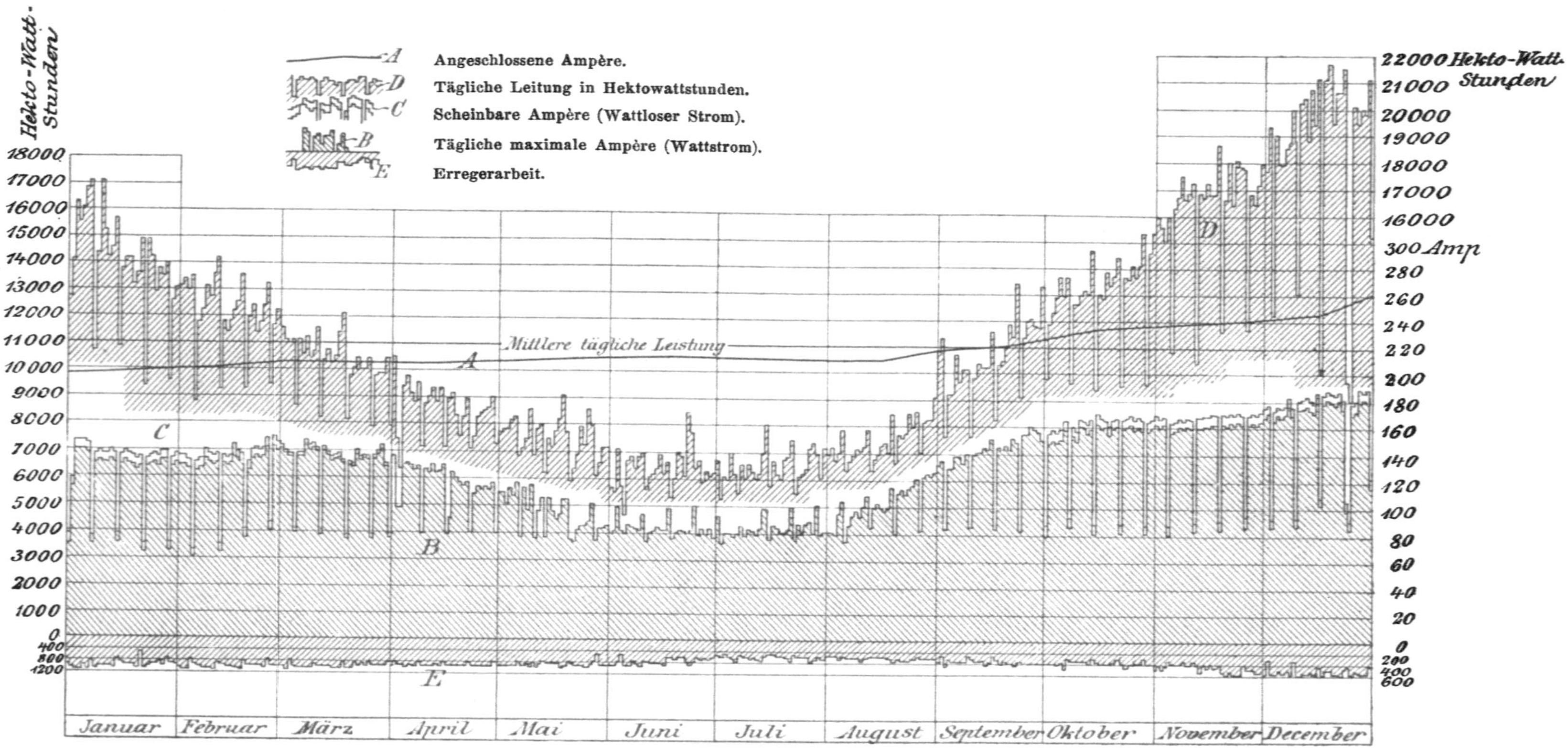
Hekto-Watt-Stunden
A Angeschlossene Ampère.
D Tägliche Leitung in Hektowattstunden.
C Scheinbare Ampère (Wattloser Strom).
B Tägliche maximale Ampère (Wattstrom).
E Erregerarbeit.
Mittlere tägliche Leistung
Januar
Februar
März
April
Mai
Juni
Juli
August
September
Oktober
November
December
22000 Hekto-Watt-Stunden
300 Amp

Fig. 388.

Einige statistische Angaben betr. Elektricitätswerke.

Elektricitätswerke	Jahr	Anschluss HW.	Abgegebene HW. in Proc. der angeschloss. HW. Maximal überhaupt Procent	Benutzung jedes angeschlossenen HW.: durchschnittlich jährl. Std.	Benutzung jedes angeschlossenen HW.: am Tage des höchsten Verbrauchs	Benutzungsdauer jedes gleichzeitig benutzten HW. am Tage des höchsten Verbrauchs
Altona	1892/93	2138,0	83,8	1000,1	5,27	6,28
	1893/94	3637,5	49,7	677,3	1,92	3,8
	1894/95	5327,10	51,9	239,0	4.36	8,4
Barmen . . .	1892/93	4029,0	36	326,1	2,33	6,48
	1893/94	4699,0	32,38	256,4	1,92	5,93
	1894/95	5357,1	27,81	235,3	1,74	6,26
Breslau . . .	1892/93	8037,0	67,6	609,0	4,25	6,29
	1893/94	8651,53	64,4	564,0	3,57	5,54
	1894/95	9288,01	54,63	577,3	3,72	6,46
Cassel . . .	1892/93	2706,0	65,2	476,0	4,08	6,26
	1893/94	3209,8	62,3	375,1	3,37	5,09
	1894/95	3885,1	51,6	363,5	3,30	6,42
Darmstadt . .	1892/93	4356,0	—	—	—	—
	1893/94	—	53,7	346,0	2,79	5,2
	1894/95	5613,63	55,22	372,0	3,34	6,05
Düsseldorf . .	1892/93	8599,0	37	419,2	2,4	6,48
	1893/94	9612,8	34,64	381,0	2,31	6,67
	1894/95	10897,4	33,20	381,0	2,22	6,69
Elberfeld . . .	1892/93	5870,0	70	573,0	4,16	5,94
	1893/94	6050,0	64	472,0	3,64	5,78
	1894/95	6484	66	488,0	3,78	5,72
Frankfurt a. M.	1895/96	22494,5	43	542,0	4,75	11
Hamburg . . .	1892/93	6852,0	63	689,0	5,5	8,73
	1893/94	—	—	—	—	—
	1894/95	27163	52,8	528,0	4,8	9,1
Hannover . .	1892/93	7389	56,6	529,0	3,78	6,68
	1893/94	9249,0	51	510,0	3,48	6,15
	1894/95	12801,0	47,7	555,0	3,42	7,17
Köln	1892/93	8331,0	43,4	422,3	2,61	6,01
	1893/94	11505,5	43,45	421,0	2,78	6,4
	1894/95	12282,0	41,08	472,79	3,33	8,11
Kopenhagen . .	1892/93	8176,0	46	481,0	3,55	7,72
	1893/94	10838,6	47	460,9	3,42	7,28
	1894/95	18277,0	41,7	411,0	3,22	7,73
Stockholm . .	1893/94	3596,0	47,5	598,0	4,75	10
	1894/95	7754,0	40	564,0	4,10	10,02
Wien	1893/94	36491	44	635,0	3,6	8,19
	1894/95	11209,0	40	677,0	3,5	8,76

Diese zeitliche Abnahme des Verhältnisses zeigt die folgende Zahlenreihe für die Berliner Elektricitätswerke:

im Jahre	1886	1887	1888	1889	1890	1891	1892	1893
	86,85	82	76	72	64	58	52	49 %.

Bei grossen Städten ergab sich am Höchstkonsumtage ein Durchschnittsverhältniss von 15 %, am Tage des kleinsten Konsums von nur 1,5 % der maximal benutzten Lampen zu den angeschlossenen, so dass der Jahresausnutzungsfaktor ca. 6 % oder $^1/_{17}$ beträgt. Diese Zahl entspricht auch dem Quotienten aus der mittleren jährlichen Brennstundenzahl ca. 500 und der Jahresstundenzahl 8760. Die jährliche Brennstundenzahl der angeschlossenen Lampe schwankt zwischen 600 und 380 Stunden. Für den maximal belasteten Tag des Jahres ergaben sich 5—11 Stunden pro benutzte Lampe, je nach den örtlichen Verhältnissen und dem Motorenanschluss.

13. Räumliche Vertheilung des Konsums.

Es erübrigt nun noch, einiges über die räumliche Vertheilung des Konsums anzuführen. Ueber Lichtvertheilung sind bereits die grundlegenden Elemente gegeben, nach welchen die Lampenvertheilung erfolgt. Hier mögen noch einige Bemerkungen für die Konsumvertheilung von Centralanlagen Platz finden, auf die wir in dem Abschnitt über Kosten, Betrieb und Rentabilität von Anlagen zurückkommen müssen. Der Umfang des Beleuchtungsgebietes wird nach seiner Flächenausbreitung und nach der Ausdehnung der darin befindlichen Strassenzüge zu beurtheilen sein, die Dichtigkeit des Konsums somit nach der Lampenzahl, die auf ein Hektar Beleuchtungsgebiet und ebenso nach der Lampenzahl, die auf den laufenden Meter nutzbarer Strassenlänge entfallen. Die Bauart und der Charakter der Stadt bedingen einen ungefähren Zusammenhang dieser beiden Zahlen, welcher seinen Grund in der Abhängigkeit von Strassenlängen und Grundfläche findet. Die bessere Uebersicht gewährt der lineare Koefficient, weil er die Anreihung von Ladengeschäften und Wohnungen, überhaupt von Anschlüssen nach den Häuserfronten resp. den Fensterzeilen beurtheilen lässt, und auch mit der Wahl der Vertheilungsleitungen unmittelbar zusammenhängt. Mit der Grundfläche und den Strassenzügen steht in Beziehung die bezügl. Einwohnerzahl und damit die Dichte der Bevölkerung. Es ist demnach naheliegend, auch diese in den Vergleich einzubeziehen, und etwa den Lampen pro 1000 Einwohner nachzuspüren, und zwar nicht nur bezüglich des Beleuchtungsgebietes allein, sondern auch mit Rücksicht auf die gesammte Einwohnerzahl des betreffenden Ortes, um ein Urtheil über die Inanspruchnahme des elektrischen Lichtes von Seiten der Bevölkerung, überhaupt ein klares Bild zu erhalten. Gewiss wird die Konsumvertheilung mit der Dichte der Bevölkerung ein übereinstimmendes Bild geben.

In den erörterten Fragen des Konsums kann man sich der Erfahrungen der Gasanstalten mit entsprechender Vorsicht bedienen, da sie als ältere Anstalten für die Lichtlieferung analogen Bedingungen unterworfen waren. Die Kurve eines entwickelten Gaswerkes lässt die zukünftige Ausgestaltung jener des Elektricitätswerkes ahnen; jedenfalls ist vornehmlich darauf zu sehen, ob das Elektricitätswerk gleichwie das Gaswerk die wohlthuende Belastung einer Strassenbeleuchtung besitzt oder nicht. Bei Gasanstalten rechnet man nach Joly's technischem Auskunftsbuch als höchste Zahl der gleichzeitig brennenden Privatflammen maximal 40—60 % der angeschlossenen Flammen. Für Strassenlaternen rechnet man

	Jährliche Brennstunden	Nach Mitternacht brennen noch	
in kleinen Städten . .	1000	25 %	aller Laternen mit
in mittleren Städten .	1500—2000	50 %	150—225 Liter stündl.
in grossen Städten . .	3000—3800	75 %	Gasverbrauch.

Der 24stündliche Verbrauch beträgt zur Zeit der längsten Nacht 0,5—0,75 % des Jahresverbrauches.

Die 724 Gascentralen Deutschlands besassen 1895 ein Stromnetz von 12 650 km Länge mit 5 734 762 Gasflammen. Dies entspricht etwa einer Flamme pro 2 laufende Meter Hauptrohr. Einige Zahlen sollen auch aus der noch jungen Konsumstatistik der Elektricitätswerke hier Raum finden. Die grossen deutschen Städte von im Mittel 200 000 Einwohner, die gleichfalls Gas besitzen, weisen pro 1000 Einwohner zwischen 50—150, im Mittel 100 installirte elektrische Lampen auf, während kleinere mit Elektricitätswerken ausschliesslich beleuchtete Orte bis 300 und mehr Lampen aufweisen.

Auf 10 m nutzbare Häuserfront entfallen bei den verschiedenen Anlagen von 1—20 Lampen. Kassel hatte 1894/95 7370 Lampen auf 22 000 m, also 3 Lampen auf 10 m. Kallmann giebt für diese Anschlussdichte das Mittel aus 7 grossen deutschen Städten mit 10 Lampen pro 10 m Hausfront an[1]).

14. Momentaner und durchschnittlicher Wirkungsgrad der Stromvertheilung.

Die Konsumkurven der einzelnen Konsumenten ergeben bei der Addition gleichzeitiger Werthe den Verlauf des gesammten Konsums oder der Nutzenergie an. Die Fläche dieser resultirenden Linie gegen die Stundenaxe giebt die verwendeten Ampèrestunden resp. Wattstunden an. Das Verhältniss des jährlichen wirklichen Konsums zu jenem ideellen, der der kontinuirlichen Benutzung der maximal eingeschalteten oder der ganzen installirten Lampen entsprechen würde, giebt, wie bei den

[1]) Kallmann, Elektr. Zschr. 1885, S. 783.

einzelnen Konsumenten, den Benutzungsfaktor des Gesammtkonsums bezw. der maximal benutzten Lampen an. Er entspricht also dem Verhältniss der jährlich beobachteten Brennstunden zu 8760, den jährlich möglichen, und ist, wie erwähnt, bei Lichtanlagen sehr klein, 0,1—0,2; er steigt nur bei jenen, die überwiegende oder ausschliessliche Strassenbeleuchtung zu versehen haben, auf höchstens 10 Stunden mittlerer täglicher Brenndauer bei 24 Stunden Gesammtbrenndauer, also auf circa 0,4.

Die nutzbare Energie kann, wie bei den Stromvertheilungssystemen ausführlich erörtert, nur nach einer Reihe von Verlusten in den einzelnen Gliedern dieser Uebertragungskette abgegeben werden. Die momentanen Wirkungsgrade ihrer Glieder zu einem bestimmten Zeitpunkte geben, miteinander multiplicirt, den momentanen Gesammtwirkungsgrad der äusseren Anlage oder der Stromvertheilung an. Aus dem Verlauf des jeweilig resultirenden Wirkungsgrades lässt sich der mittlere Jahreswirkungsgrad der Stromvertheilung berechnen. Die einzelnen momentanen Wirkungsgrade hängen im Allgemeinen in verschiedener Weise von der Höhe des jeweiligen Nutzkonsums ab und es lässt sich daher streng richtig nicht aus den jährlichen Mittelwerthen der einzelnen Operationen durch deren Multiplikation auf den gesammten Jahreswirkungsgrad schliessen. Trotzdem kann dies als Näherungsverfahren manchmal genügen.

Die Energieverluste bei den direkten Systemen mit annähernd konstanter Spannung für Nieder- und Hochspannungsströme bestehen bei ersteren ausschliesslich aus den Stromwärmeverlusten für die Stromfortleitung, und bei den zweiten noch ausserdem aus denjenigen für die Umformung der hohen in niedrige Spannung. Betrachten wir vorerst den Leitungsverlust und nehmen an, dass keine Widerstandsregulirung in den Speiseleitungen stattfindet, sondern dass entsprechende Spannungserhöhung in der Stromerzeugungsstätte stattfände. Da hier der Widerstand der Gesammtleitung als konstant gleich R angenommen werden kann, so muss der jährliche Wärmeverlust gleich dem Summenausdrucke $R\,\Sigma(J^2 t)$ sein, wobei J die jeweilige Stromstärke innerhalb der kleinen Zeit t bedeutet. Um die Ermittlung rechnerisch durchzuführen, wird am bequemsten das Verhältniss zur maximalen Stromstärke eingeführt, wodurch sich ergiebt

$$J^2_{max}\,\Sigma\left[\left(\frac{J}{J_{max}}\right)^2 t\right].$$

Für alle Betriebsstunden setzt man das Verhältniss der wirklichen Abgabe zur maximalen in diesen Ausdruck ein, wodurch sich die jährlichen Effektverluste ergeben[1]). Der Summenausdruck stellt die Stunden-

[1]) Siehe Herzog-Feldmann, Berechnung elektrischer Leitungsnetze. 2. Aufl. 1898.

zahl dar, während welcher der maximale Strom funktioniren müsste, damit der wirkliche gesammte Energieverlust im Jahre in der Leitung diesem gleichmässigen Verluste äquivalent würde. Für die Nutzenergie in den Lampen selbst haben wir bereits für die mittleren jährlichen Brennstunden die ähnliche Beziehung

$$\Sigma\left[\left(\frac{J}{J_{max}}\right) t_1\right]$$

aufgestellt, welche der Stundenzahl der maximalen Stromstärke in Bezug auf die Nutzenergie entspricht. Diese Stundenzahl t_1 ist von der Dauer t der vollen jährlichen Effektverluste, wohl zu unterscheiden. So resultiren z. B. bei einer öffentlichen Beleuchtung, bei welcher die Hälfte der Lampen bis 11 Uhr Nachts mit Rücksicht auf Mondschein funktionirt, ca. 1750 Stunden als Dauer der vollen Effektverluste, während die jährliche Brennstundenzahl gleich 2380 gefunden wurde[1]).

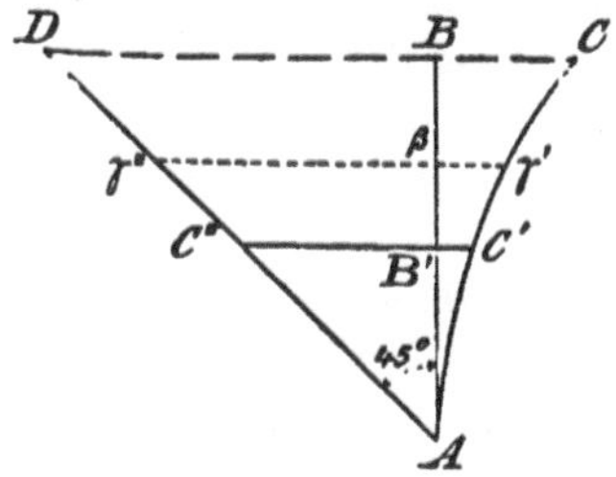

Fig. 389.

Am übersichtlichsten lassen sich derlei Ermittlungen wohl graphisch vornehmen und wollen wir im Folgenden die von Lynen[2]) angegebene Methode auseinandersetzen.

In Fig. 389 sei AB die grösste Nutzleistung, BC der ihr entsprechende Leitungsverlust. Bei halber Nutzlast, also halber Stromstärke (in dem Widerstand R) ist wegen des halben Spannungsgefälles der Effektverlust auf ein Viertel von BC gesunken; also bei

$$AB' = BB'; \; B'C' = \frac{BC}{4}.$$

Die Punkte C bilden eine Parabel, deren Punkte von der Linie AD gemessen, die darnach vergrösserten Ordinatenwerthe irgend einer Bedarfskurve ergeben. Der momentane Wirkungsgrad für eine Ordinate $A\beta$ stellt dann das Verhältniss $A\beta : \gamma'\gamma''$ dar, während der jährliche

[1]) C. Hochenegg, Anordnung und Bemessung elektrischer Leitungen. 2. Aufl. S. 117.

[2]) W. Lynen, Zschr. d. Vereines dtscher. Ingenieure 1895. „Ein Beitrag zur Bestimmung der Betriebskosten bei einem Elektricitäts-Werk."

Wirkungsgrad analog aus der Fläche der ihr zugehörigen erhöhten Ordinate sich ermitteln lässt. Auf diese Weise fand man z. B. für die in Fig. 390a für jeden Monat dargestellten mittleren Tageskonsumkurven den jährlichen Arbeitsverlust in Procenten der Nutzleistung je nach dem Betrage des maximalen Spannungsverlustes:

Spannungsverlust bei grösster Belastung in Procenten	Jährlicher Arbeitsverlust in Procenten der Nutzleistung
25	16,2
20	13
15	9,7
10	6,5
5	3,2

Analoge Betrachtungen gelten für Transformatoren, bei denen Magnetisirungsarbeit und Wärmeverlust in den Kupferwicklungen auftreten. Der Verlust für Magnetisirung ist unabhängig von der Belastung, während der Verlust im Kupfer der maximalen Nutzleistung des Transformators proportional ist. Als Beispiel sei ein Transformator für maximal 10 000 Watt angeführt:

Sekundäre Belastung		Verlust im Eisen W_{Fe}	im Kupfer W_{Cu}		Primäre Leistung $W_1 = W_2 + W_{Fe} + W_{Cu}$ in Watt	Wirkungsgrad in % $\eta = \frac{100\ W_2}{W_1}$
in Theilen der max. Leistung	in Watt W_2		in %	in Watt		
0	0	200	0	0	200	0
0,1	1 000	200	0,02	2	1 202	83,2
0,2	2 000	200	0,08	8	2 208	90,6
0,4	4 000	200	0,32	32	4 232	94,5
0,6	6 000	200	0,72	72	6 272	95,7
0,8	8 000	200	1,28	128	8 338	96,1
1,0	10 000	200	2,00	200	10 400	96,2

Diese momentanen Wirkungsgrade nehmen bei kleinen Belastungen rapid ab und da die Konsumkurven der Werke für Lichtbetrieb, wie wir gesehen haben, etwa 400—500 Brennstunden für die installirten Lampen aufweisen, so werden die Transformatoren, sofern ihre maximale Leistungsfähigkeit der installirten Lampenzahl entspricht, nur während dieser Dauer als mit ihrer vollen Belastung im Betriebe anzusehen sein und während der übrigen Zeit nur Aufwand für die Magnetisirung erheischen[1]). Dies ergäbe z. B. bei 500 Stunden etwa:

[1]) Cl. Feldmann, Wirkungsweise, Prüfung und Berechnung der Wechselstrom-Transformatoren, S. 137. — G. Kapp, Transformatoren für Wechselstrom und Drehstrom, S. 80.

Jährliche Nutzarbeit	500 Stunden	$\times$ 10 KW	= 5000 KW-Stunden
Jährlicher Verlust im Kupfer .	500 -	$\times$ 0,2 -	= 100 - -
- - - Eisen . .	8760 -	$\times$ 0,2 -	= 1752 - -
	Jährliche Gesammtarbeit		6852 KW-Stunden

und der Jahreswirkungsgrad wäre $\frac{5000}{6852} = 73\,\%$ gegenüber 96,2 % max.

Die Höhe der Kupferverluste beeinflusst für reine Lichtwerke den Jahreswirkungsgrad in viel geringerem Grade als der Magnetisirungsverlust, weil der erstere nur auf eine geringere Stundenzahl sich beschränkt, während der letztere durch die überwiegende Zeit des Jahres in konstanter Grösse zur Wirkung gelangt. Eine Verminderung der Eisenverluste stösst auf andere Schwierigkeiten und die Erhöhung der Kupferverluste auf 8—10 %, wie sie v. Dolivo-Dobrowolsky[1]) vorschlug, hebt den Vortheil der selbstthätigen Regulirung des Systems auf und schafft einen den Niederspannungssystemen gleichen Regulirungszwang herbei, so dass sie nur — im Besonderen z. B. für ausschliesslichen Kraftbetrieb in Frage kommen kann. Die graphische Ermittlung der durch die Umformerverluste bedingten Ordinaten-Erhöhung zeigt Fig. 391; CC' giebt den konstanten Eisenverlust, $C'D$ den Kupferverlust bei maximaler Nutzleistung des Transformators $CB = AC$ an. Für irgend einen Werth der Nutzleistung $A\gamma$ stellt demnach $\beta\partial$ die Erhöhung vor. Für $\eta = 95\,\%$ ergab die Flächenvergleichung der Fig. 390 den Jahreswirkungsgrad mit 83,8 %, für $\eta = 93\,\%$ mit 77 % und für $\eta = 90\,\%$ mit 71 %.

Je kleiner die maximale Leistung des Transformators ist, desto ungünstigeren Wirkungsgrad besitzt er, wie die folgende Tabelle für mittlere Typen erkennen lässt.

Wirkungsgrad bei einer maximalen Leistung von	1000 Watt η_{max} =	92,5 %
	2500 -	93,5 %
	5000 -	94,5 %
	10000 -	95,5 %

Die Kupferverluste der verschiedenen Grössen einer Type von Transformatoren stimmen wegen der Nothwendigkeit ihrer Zusammenschaltbarkeit auf eine gemeinschaftliche sekundäre Leitung, während der Eisenaufwand bei den kleineren zunimmt, z. B. bei 1000 Watt auf 6 % steigt gegenüber etwa 2 % bei 10 000 Watt. Aus diesem Grunde müssen kleinere Transformatoren ungünstigeren Jahreswirkungsgrad aufweisen als grössere. Die Wahl grösserer Einheiten spricht gegen die Anordnung von Einzeltransformatoren zu Gunsten der Unterstationen. Letztere erlaubt die zeitweilige Loskupplung einzelner Transformatoren während des Minderbedarfes, wodurch der Jahreswirkungsgrad ebenfalls gehoben

[1]) Dolivo-Dobrowolsky, Elektr. Zschr. 1892, S. 222.

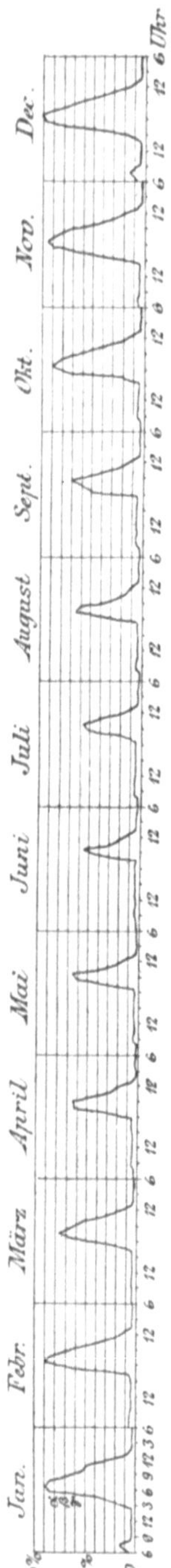

Fig. 390 a.

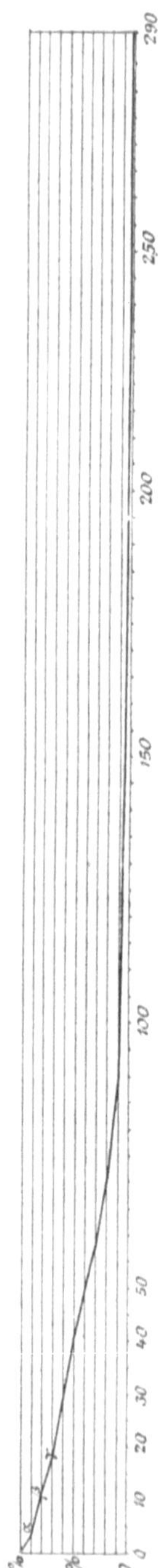

Fig. 390 b.

werden könnte. Ist die Benutzungsweise der Lampen in Bezug auf die Zeit unbestimmt, so muss eine automatische Vorrichtung dieses Zu- und Abschalten besorgen[1]). Bei Unterstationen ist es leichter möglich, die Gesammtleistungsfähigkeit der für ein gegebenes Lampengebiet erforderlichen Transformatoren kleiner zu halten als bei Einzeltransformatoren. In letzterem Falle spricht nämlich die Unmöglichkeit sehr feiner Abstufungen der Typen dagegen, die Kapacität genau dem Konsum entsprechend wählen zu können; auch ist es nicht so leicht möglich, von der

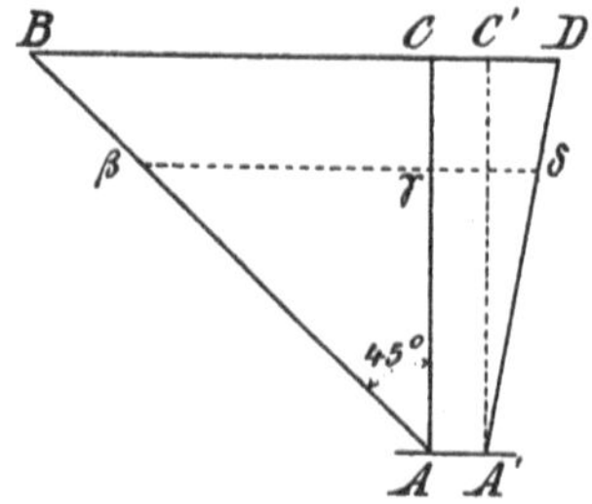

Fig. 391.

installirten Zahl ausgehend, die Wahl auch nach den maximal benutzten Lampen zu treffen, weil bei einem einzelnen Objekt die ausnahmsweise Einschaltung von mehr Lampen immerhin leichter vorkommt als bei einer Gruppe von Konsumenten, in welcher sich die Zufälligkeiten der einzelnen unter Umständen kompensiren. Für ausschliessliche Strassenbeleuchtung mit vollbelasteten Transformatoren und vielen Betriebsstunden wird dagegen der Einzel-

---

[1]) Eine erprobte Vorrichtung rührt unsres Wissens von Alfred Schlatter und Géza Szuk her. Polytechn. Rundschau, Budapest 1897, S. 3.

transformator in Bezug auf Jahreswirkungsgrad wieder gewinnen. Dasselbe ist besonders auch dann der Fall, wenn man ausser der Frage nach dem Jahreswirkungsgrade die Betriebssicherheit für Transformator und Leitung und die indirekten Betriebskosten erwägt.

Nach eingehender Betrachtung der Einzelverluste und ihrer momentanen und jährlichen Wirkungsgrade wollen wir zu den Verbrauchskurven, Fig. 390, zurückkehren. Statt deren Ordinaten von gleichem Niveau einzeln den Verlusten gemäss zu erhöhen, kann durch eine horizontale Verschiebung und Addirung der horizontalen Stücke derselben eine modificirte Gesammtbedarfskurve, Fig. 390b, ohne Zacken hergestellt werden und, da sie als Fläche gegen die Zeitaxe, ebenso wie die ursprünglichen mittleren Monatskurven, den Jahreskonsum aufweist, kann sie wie diese, nur in weit bequemerer Weise, zur Erhöhung ihrer Ordinatenwerthe benutzt werden.

15. Wirkungsgrade bei der Stromerzeugung.

Den Weg von der Nutzenergie zu ihrem Produktionsursprunge festhaltend, kehren wir zur elektrischen Maschine, ihrem Motor resp. Antrieb und, bei Dampfcentralen, zur Kesselanlage zurück. Die in Frage kommenden Fälle besitzen so grosse Mannigfaltigkeit, dass es hier nicht möglich ist, auch nur auf die wichtigsten derselben einzugehen; der Raum zwingt uns, uns mit einigen Andeutungen zu begnügen, was uns um so statthafter erscheint, als wir dieses Thema bereits bei der Wahl der Motoren und Kessel berührten.

Die Energieverluste in den Dynamos und Dampfmaschinen sind hauptsächlich zweierlei Art: 1. Leerlaufwiderstände, 2. zusätzliche Widerstände, welche der Belastung der Maschinen proportional wachsen. Grosse Maschinen weisen im Allgemeinen verhältnissmässig geringere Arbeitsverluste als kleine auf. Die Ursache liegt in dem Umstande, dass die Leistungen, bei bestimmter Tourenzahl, ungefähr mit dem Gewichte, also der dritten Potenz ihrer Abmessungen steigen, während die mechanischen Reibungen für beide, Dynamo und Motor, und die elektrischen Wärmeverluste in den Wicklungen für erstere mit der Oberfläche, also der zweiten Potenz, zurückbleiben. Zur Beurtheilung dieser Verluste sollen einige Zahlen Platz finden. Grosse Dynamomaschinen geben bei voller Belastung $\eta = 95\,\%$, die kleinsten Beleuchtungsdynamos etwa 85 %. Nimmt man die Leerlaufarbeit mit $^1/_5$ vom ganzen Verluste, also je nach der Grösse der Maschine mit 1—3 % der grössten Leistung an, so resultirt der zusätzliche Verlust mit 4—12 % der Belastung. Für die Dampfmaschinen ergeben sich je nach dem System, besonders bei den Leerlaufwiderständen, differirende Ergebnisse[1]). Nehmen wir $\eta_1 =$ 90 % bei den grössten und 80 % bei den kleinen an; die zusätzliche Reibung bei voller Leistung wieder $^1/_5$ des Gesammtverlustes, also 2 bis 4 % der Leistung. Daraus folgen die Wirkungsgrade von beiden (wie etwa für Dampfdynamos unmittelbar giltig) mit $\eta \eta_1 = 0{,}95 \,.\, 0{,}9 = 0{,}855$ und $0{,}85 \,.\, 0{,}8 = 0{,}68$ je nach der Grösse der Maschine. Die Summe der Leerlaufarbeit des Aggregates schwankt zwischen 3 und 7 % der Nutzleistung der Dynamos bei voller Belastung, die der zusätzlichen Verluste zwischen 12 und 28 % derselben. Das graphische Verfahren ist dem beim Transformator gezeigten identisch, die Leerlaufarbeit entspricht dem Eisenverlust und der zusätzliche Verlust entspricht dem Kupferverlust. Bei Wechselstrommaschinen wird die Erregermaschine bei diesen Vorgängen zu berücksichtigen sein. In Fig. 388 ist der Verlauf der Erregerarbeit in der Kurve E ersichtlich gemacht.

Die Berücksichtigung der Leerlaufsverluste einer Maschinenanlage mit mehreren Maschinenaggregaten gestaltet sich nicht so einfach wie bei einer einzigen Maschine, weil die zusätzlichen Widerstände von der jeweilig dem Konsum entsprechenden Zahl der in Betrieb befindlichen abhängt. Je grösser deren Zahl, um so kleiner ist die Grösse der einzelnen Maschine, um so grösser ist die Leerlaufarbeit der Maschine im Verhältniss zur Nutzleistung. Aber dadurch, dass eine Maschine ausser oder in Betrieb gesetzt werden kann, sobald die Gesammtleistung der Anlage um den Betrag einer Maschinenleistung abgenommen hat, kann die Zahl der betriebenen Maschinen um so mehr der Nutzleistung angepasst werden, je grösser ihre Zahl gewählt wird und dadurch kann wieder an Leerlaufarbeit gespart werden. Wir haben bei den Transformatoren eine analoge Betrachtung bezüglich der Zu- resp. Abschaltung und der Grösse derselben aufgeworfen, was nicht überraschen kann, weil der Transformator für sein Beleuchtungsgebiet dieselbe Rolle spielt, wie die Maschine in der Stromerzeugungsstätte. Ein gerade genügend gross gewählter Transformator, der z. B. der Strassenbeleuchtung, also konstanter Belastung, dient, wird ebenso wie eine Tagesmaschine für die Stunden der Minderbelastung von dem genannten Gesichtspunkte, der jedoch nicht allein ausschlaggebend ist, empfehlenswerth sein.

Bei den selbstständigen Dampfanlagen schliesst die Betrachtung bei den effektiven resp. indicirten Pferdestärken der Antriebsmotoren bei Weitem nicht ab. Die Dampfökonomie derselben und der Rohrleitungen, die Verluste durch Neuanlassen und Abstellen der Maschinen etc.,

---

[1]) Näheres über diese Frage siehe: Hermann Brauer, Beitrag zur Beurtheilung der zusätzlichen Reibung bei Dampfmaschinen. Zschr. d. Vereines dtscher. Ingenieure 1897, S. 1340.

ferner der Verbrauch an Heizmaterial von bekanntem Heizwerthe für die Kesselanlage, die Verluste durch Anheizen, dies alles bilden Fragen des Wirkungsgrades, welche auf die Oekonomie der Anlage von einschneidender Wichtigkeit sind.

Ausser dem Wirkungsgrade der Dampfmaschine, welcher sich nur auf das Verhältniss von effektiven zu indicirten PS. bezieht, ist die Kenntniss des Dampfgewichtes in kg pro indicirte PS. zur Beurtheilung derselben nothwendig. Aehnliches gilt für die Kesselanlage, bei welcher der Wirkungsgrad dem Verhältnisse der in den Dampf übergegangenen zu jenen Wärmeeinheiten entspricht, welche in den während eines gewissen Zeitraumes zur Dampferzeugung erforderlichen Kohlen enthalten waren. Um jedoch einen Kessel richtig beurtheilen zu können, muss man auch die auf den qm Heizfläche entfallende Kohlenmenge und die Trockenheit des Dampfes berücksichtigen. Für die Prüfung der Dampfmaschine wird neben der Bestimmung der effektiven Leistung durch die bekannte elektrische Maschinenleistung auch die Ermittlung der indicirten Leistung durch den Indikator vorgenommen. Bei der Kesselanlage bieten der Verbrauch an Brennmaterial von bekanntem Heizwerthe und an Speisewasser von bekannter Temperatur, sowie die Untersuchung der Abgangsgase die nothwendige Unterlage zur rationellen Beurtheilung ihres Wirkungsgrades.

Für die in elektrischen Centralanlagen vielfach gebrauchten Wasserröhrenkessel sind bei forcirtem Wettfeuern 13—16 kg Dampf pro qm wasserberührter Heizfläche erzeugt worden und der Wirkungsgrad hat sich mit 73—62 % ergeben, wobei die Nässe des Dampfes die wichtigste Grösse zur Beurtheilung dieser Zahlen bildet[1]).

16. Ueber das zeitliche Verhältniss von Konsum und Produktion.

Der Umfang einer Stromerzeugungsstätte richtet sich entweder nur nach dem maximalen Momentanwerthe des Konsums im Jahre bei rein maschineller Einrichtung, oder aber bei Anlagen mit elektrischen Akkumulatoren nach dem maximalen stündlichen Konsum im Jahre und der demselben entsprechenden Tagesbrenndauer Im letzteren Falle kann die maschinelle Anlage um die Reservemaschine kleiner bemessen werden. Die jeweilige Leistung der motorischen Anlage hängt dann nicht mehr vom jeweiligen Konsum ab, sie kann eine konstante werden, indem der

[1]) Ueber den Einfluss der Dubiau'schen Röhren hierauf siehe: F. Ross, Elektr. Zschr. 1897, S. 591.

Ueberschuss zu Zeiten des schwächeren Konsums zur Ladung der Akkumulatoren benutzt wird, während bei Maximalkonsum dieselben zur Mithülfe herangezogen werden können. Auch gestatten die Akkumulatoren die zeitweise vollständige Einstellung des maschinellen Betriebes. Die Gasbeleuchtung hat den gleichen Vortheil durch den Gasometer in erhöhtem Maasse. Hier wird wirklich Gas aufgespeichert, während die elektrischen Sammler nur die Aufspeicherung potentieller Energie ermöglichen. Sie thun dies auf dem Wege der Umsetzung von elektrischer Energie in chemische und umgekehrt, was einen doppelten Effektverlust bedingt. Die Gaserzeugungsmittel brauchen keine grössere Leistungsfähigkeit zu haben, als dem durchschnittlichen Tagesbedarf entspricht, sie arbeiten Tag und Nacht in den Gasbehälter, der den veränderlichen Konsum deckt. Werden die elektrischen Maschinen so klein und die Akkumulatoren so gross gemacht, dass die ersteren bei kontinuirlichem Betriebe die Ladung für den gesammten Tagesbedarf leisten können, so sind die Kosten der Akkumulatoren und die ihnen entsprechenden Verluste bedeutend, dass die Vortheile einer solchen Lösung illusorisch werden. Man muss sich demnach mit einer kleineren Batterie und grösserer maschineller Einrichtung abfinden, wodurch man hinter dem ideellen Falle, wie ihn die Gasanstalten besitzen, weit zurückbleibt. Die Praxis in den verschiedenen Ländern ist nach dieser Richtung hin verschieden. Amerika hat kaum die Akkumulatoren bis jetzt aufgenommen, England erst in den letzten Jahren und in unbedeutendem Maasse, während in Deutschland grössere Batterien hauptsächlich in Folge grösserer Maschineneinheiten genommen wurden, welche sich ohne die ersteren dem jeweiligen Bedarfe nicht anpassen liessen. Das Verhältniss der Akkumulatorenleistung zur gesammten Leistung der Centrale variirt bei diesen Werken von 30 bis 60 %. Bei Wechselstromwerken kann nur auf indirektem Wege von Akkumulatoren durch Anwendung eines Wechselstrom - Gleichstromumformers Nutzen gezogen werden, wie dies z. B. in Rom geschieht, wo die elektrische Bahn aus Akkumulatoren gespeist wird, die indirekt an ein Wechselstromnetz angeschlossen sind; ein ferneres Beispiel liefert Zürich, wo der Anschluss der Tonhalle mit einer grossen Akkumulatorenbatterie durchgeführt wurde. In diesem Falle galt es hauptsächlich, die bereits erschöpfte Centrale ohne Vergrösserung zu höherer Leistungsfähigkeit zu bringen, was um so angezeigter erschien, da Wasserkraft zur Verfügung stand. In neuester Zeit versucht Druitt Halpin eine thermodynamische Aufspeicherung für die Kesselanlage zu verwenden, indem er entweder bei kleineren Anlagen während der Minderbelastung durch den stetig erzeugten Dampf heisses Wasser für die Bedarfszeit vorwärmen lässt oder bei grösseren Anlagen den Dampf selbst unter einem Drucke von 15 Atm. sammelt, von dem durch ein Reducirventil die Dampfmaschine versorgt wird[1]).

Um eine diesbezügliche Ersparniss erklärlicher erscheinen zu lassen, führen wir an, dass auf das Kesselanheizen in der Centrale Hannover im Jahre 1891/92 23,5 % der verbrauchten Kohle entfielen. Eine analoge Akkumulirung für hydraulische Motoren in Sammelweihern haben wir an anderer Stelle bereits erwähnt. Bei den elektrischen Akkumulatoren wird, wie dies in ihrem Wesen liegt, nicht der momentane Wirkungsgrad, sondern nur der mittlere über einen mehrstündigen Zeitraum hinweg in Betracht zu ziehen sein. Das Verhältniss der geleisteten Wattstunden zu den aufgewendeten giebt diesen Wirkungsgrad der Arbeitsleistungen, welcher von dem Verhältnisse der entladenen zu den geladenen Ampèrestunden, also dem Verhältnisse der Elektricitätsmengen verschieden ist, da in ersterem der Spannungsverlust enthalten ist. Das letzte Verhältniss verdient also eigentlich gar nicht die Bezeichnung eines Güteverhältnisses oder eines Wirkungsgrades. Ladet man bis zu 2,5—2,6 Volt pro Zelle und entladet bis zu 5—6 % Spannungsabfall, so zwar, dass die Entladung spätestens innerhalb 24 Stunden nach beendigter Ladung vorgenommen wird, so erhält man je nach der Zeitdauer der Entladung bezw. je nach der Stromdichte, mit der die Entladung geschieht, bei guten Akkumulatoren[2]):

Dauer der Entladung	3 Stunden	5 Stunden	7 Stunden
Stromdichte bei der Entladung . .	1,00 - 1,25 %	0,70—0,85 %	0,50—0,65
Wirkungsgrad der Arbeitsleistungen	77—75 %	82—79 %	84—82 %
Verhältniss der Ampèrestunden . .	91—90 %	93—92 %	95—93 %

Diese Zahlen entsprechen konstanter Ladung und Entladung, welche im Betriebe nicht zu treffen sind. Deshalb sinken im praktischen Betriebe diese günstigen Zahlen bezüglich des Wirkungsgrades der Arbeitsleistung auf etwa 70 % bei 3stündiger Entladung und ca. 75 % bei 5stündiger Entladung. So weist z. B. die Centrale Kassel 1894/95 die Wirkungsgrade im Jahresdurchschnitt mit 72,5 % in Wattstunden und 85,3 % in Ampèrestunden auf.

Die Fragen des Wirkungsgrades, wie wir sie hier vorführten, bilden die Basis, auf der die Oekonomie der Gesammtanlage sich aufbaut. Da die Fragen des Wirkungsgrades doch nur im Hinblicke auf die Kosten der Anschaffung und des Betriebes von Anlagen für elektrische Beleuchtung in Frage kommen, so wenden wir uns nun diesen zu.

---

[1]) Elektr. Zschr. 1895, Heft 48.

[2]) Dr. C. Heim, Einrichtung elektrischer Beleuchtungsanlagen für Gleichstrombetrieb. 2. Aufl., S. 138.

17. Allgemeines über Anschaffungskosten elektrischer Beleuchtungsanlagen.

Wie die Konstruktionslehre des Maschinenbaues durch die Einführung der Fabrikationskalkulation ihre für die Praxis erforderliche Ergänzung gefunden hat, so muss auch die Elektrotechnik, die praktische natürlich, ihre Lehren und Lösungen einer financiellen Prüfung und Sichtung unterziehen. Ein solcher monetärer Abschnitt der Elektrotechnik stützt sich auf die Preise von Material und Arbeit. Diese sind von Land zu Land und von Zeit zu Zeit verschieden und überhaupt je nach Angebot und Nachfrage Veränderungen unterworfen. Sie bilden demnach eine schwankende Unterlage für einen allgemein gültigen Aufbau. Die folgenden Auseinandersetzungen über Preise beanspruchen daher nur als Anleitung nach dieser Richtung hin angesehen zu werden.

Den anzuführenden Zahlen kommt kein absoluter Werth zu; sie wären vielmehr für einen bestimmten Fall durch die Notirungen der jeweiligen, maassgebenden Preislisten zu ersetzen. Der Angabe von Durchschnittswerthen für die Preise ganzer Anlagen oder einzelner Bestandtheile derselben steht überdies die grosse Mannigfaltigkeit ihrer Ausführungsweisen, sowohl der elektrischen, als auch der maschinellen Einrichtung entgegen. Aus diesem Grunde ist mit allgemein hingeworfenen Zahlenwerthen ohne Angabe der hierfür geltenden Details wenig gedient. Will man in diesem Kapitel mehr als einen flüchtigen Einblick erlangen, so bleibt ein Eingehen in die zahlreichen Details unerlässlich; wie in der Mathematik giebt es auch hier keinen bequemen Weg für Könige. Ein Vorführen dieser Details liegt ausserhalb des Rahmens dieses Buches und wir beschränken uns demnach auf allgemeine Anführungen.

Die erwachsenden Kosten lassen sich in die Kosten der ersten Anlage und die Kosten des Betriebes eintheilen. Die Anschaffungskosten für die Erzeugungsstätten des Stromes sind sehr verschieden und richten sich hauptsächlich nach dem Charakter der motorischen Kraft. Alle Branchen der technischen Wissenschaften kommen hierbei in Frage, neben den maschinellen die baulichen, und man begreift die vielseitigen Anforderungen, welche an den Elektrotechniker hierdurch gestellt werden. Bei Anlagen, die im Anschluss an eine vorhandene maschinelle Fabrikationseinrichtung zu funktioniren haben, treten natürlich die Kosten der Erzeugungsstätte gegenüber jener der Vertheilung zurück, während sie bei Centralanlagen den wichtigsten Theil bilden können.

Was die Preise aller Motoren an und für sich anbelangt, so lassen sich dieselben am besten nach ihrem Gewichte und event. nach ihrer Leistung pro Tour beurtheilen. Das Gewicht, bezogen auf eine Pferdekraft der maximalen Leistung, nimmt mit der Zunahme der letzteren rasch ab, so dass kleinere Motoren immer verhältnissmässig theuerer sind als grössere. Ferner nimmt dieses Gewicht pro PS. mit steigender Tourenzahl ab. Der Preis der Gewichtseinheit hängt von der Konstruktionsart und dem damit verbundenen Material- und Arbeitserforderniss ab. Hierzu kommen noch besondere Momente, welche den regelmässigen Charakter solcher Preisbildungen beeinflussen, z. B. Modellkosten für selten gebrauchte Typen etc. Die Preise zeigen ferner Stufen in ihrem Verlaufe, welche von der Beschränkung auf gewisse Grössen herrühren; solche Stufen werden bei den Turbinen z. B. durch die Wahl gewisser Durchmesser, bei den Dampfmaschinen durch die Cylindergrössen, bei den Dynamos durch die Beschränkung auf bestimmte Trommelbleche oder Periodenzahlen bedingt etc.

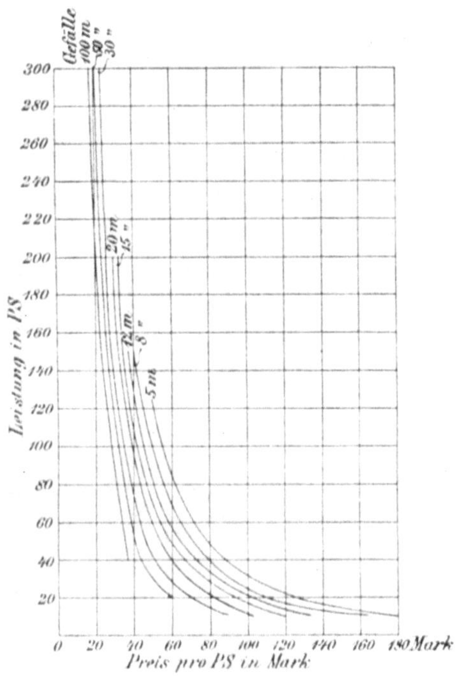

Fig. 392.

18. Hydraulische Motoren.

Bei Anlagen mit hydraulischen Motoren liegen oft die Hauptkosten in der Herstellung des Gerinnes, des Einbaues und der Geschwindigkeitsregulirung, während die Kosten des Motors selbst stark zurücktreten. Für die Kosten von Girardturbinen mit Einlaufrohren haben wir in Fig. 392 eine graphische Darstellung gegeben, welche einer Preistabelle in Junk's Wiener Baukalender entspricht. Jedem Gefälle ist eine Kurve zugewiesen, aus welcher für eine bestimmte Maximalleistung die Kosten für die Pferdestärke in Mark ermittelt werden können. Eine solche Darstellung gewährt einen raschen Ueberblick über die Kosten solcher Turbinen. Sie zeigt z. B., dass der Preis für die PS. bei 100 m Gefälle in den Grenzen zwischen 40 und 300 PS. nur von 37 auf 18 Mark abnimmt, während er bei 8 m Gefälle in den Grenzen zwischen 10 und 150 PS. von 163 auf 41 Mark fällt.

19. Dampfanlagen.

a) Kessel. Bei Dampfanlagen kommen zunächst die Kosten für die Dampferzeuger in Betracht. Die Preise und Gewichte von Wasserröhrenkesseln sind in den zwei Geraden der Fig. 393 graphisch dargestellt. Ihnen entsprechen etwa die folgenden Gleichungen:

Preis in Mark 1350 + (59 × Heizfläche in m²).

Gewicht kg 2800 + (120 × Heizfläche in m²).

Der Preis versteht sich einschliesslich Armatur und Garnitur. Die Einmauerung kostet nach Joly's technischem Auskunftsbuch etwa 15 bis

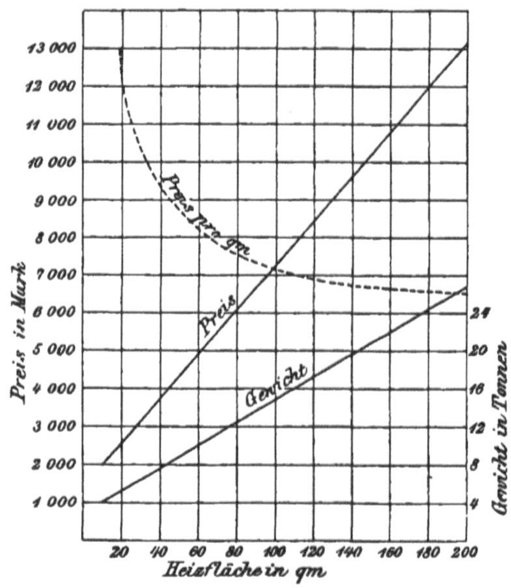

Fig. 393.

25 Mark für den cbm, wobei nur die Aussenabmessungen zur Ermittelung des Kubikinhaltes zu verwenden, die Hohlräume und der für den Kessel selbst erforderliche Raum also mitzurechnen sind. Der Preis für den qm Heizfläche nimmt zwischen 20 und 200 qm von 125 auf 65 Mark etwa ab.

b) Bei ***Dampfmaschinen*** beeinflussen mehrere Faktoren, und zwar Dampfspannung, Expansionsverhältnisse und Tourenzahl die Leistung, das Gewicht und den Preis. Es hängen daher die auf die PS. entfallenden Gewichte und Kosten vornehmlich von diesen Verhältnissen ab. Begnügen wir uns auch hier mit dem flüchtigen Bilde, welches die nachfolgenden Zahlen und die Fig. 394 geben.

I. Eincylindermaschinen ohne Kondensation einschliesslich Regulator, Speisepumpe, Dampfabsperrventil und Fundamentschrauben (nach Joly's technischem Auskunftsbuch) bei 7 Atm. im Kessel

Preis 1800 + 94 × PS.

II. Eincylindermaschinen mit Kondensation, sonst wie oben

Preis 3000 + 94 × PS.

III. Verbundmaschinen mit Kondensation, sonst wie oben

Preis 6500 + 130 × PS.

Ein Kilogramm stellt sich je nach der Grösse zwischen 1,50 und 0,75 Mark.

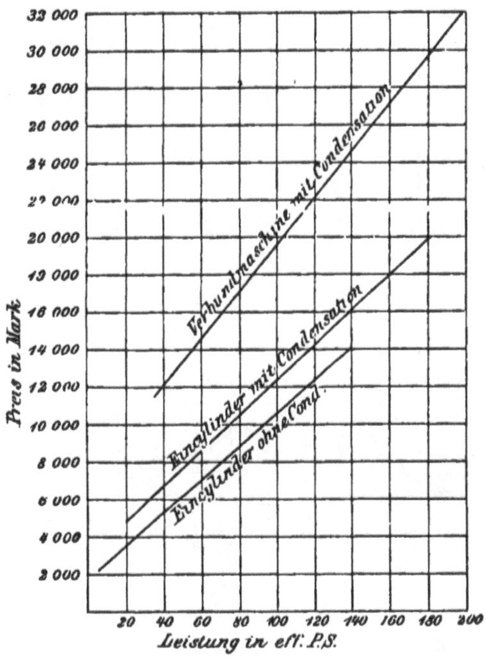

Fig. 394.

c) Mittelwerthe für die Preise von ganzen ***Dampfmaschinenanlagen*** lassen sich noch schwieriger allgemein aufstellen, weil die Ergänzungstheile, die Rohrleitungen, Einmauerungen, Fundamente und Hülfsapparate je nach den lokalen Verhältnissen sehr verschiedene Auslagen erfordern. Es mag deshalb hier nur die Bemerkung Platz finden, dass die Kosten von Maschinen- und Kesselgebäuden nach der Grundfläche, die sie beanspruchen, geschätzt werden können. So giebt Haeder z. B. diesen Werth mit 55 Mark (ohne Grunderwerb) pro Quadratmeter an.

Auch die Kosten der Dampfleitung sind je nach ihrer Anordnung, und ihrer Ausschaltbarkeit verschieden. Für einfache Anordnungen betragen dieselben etwa 12—15 % der Gesammtkosten der Dampfanlage. Doch können sie bei sorgfältig angelegten Centralen weit höher steigen.

20. Gasmotoren.

Die Preise der für elektrischen Lichtbetrieb gebräuchlichen liegenden Gasmotoren mit schwererem Schwungrade sind in Fig. 395 graphisch dargestellt.

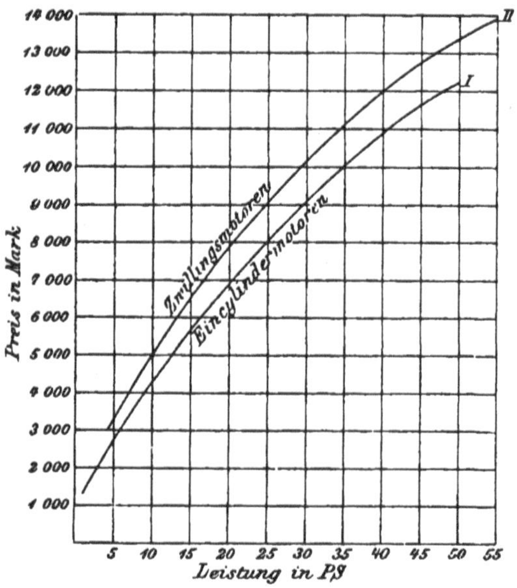

Fig. 395.

Der Preis pro kg nimmt je nach der Grösse zwischen 4 und 60 PS. von 1,75 auf etwa 1 Mark ab, der Preis pro PS. vermindert sich dabei für Zwillingsmotoren von 750 auf 250 Mark pro PS. Kurve I bezieht sich auf Ein-, Kurve II auf Zweicylindermotoren.

21. Dynamomaschinen.

Der Preis derselben steigt im Allgemeinen wie jener der Dampfmaschinen langsamer als ihre maximale Leistung. Der Grund hierfür ist ausser rein elektrischen Konstruktionsbedingungen bei kleinen Grössen auch in dem Ueberwiegen des Arbeitslohnes gegenüber den Materialkosten zu suchen. Bei grossen Typen treten die Materialkosten in den Vordergrund, während die Arbeitslöhne zurücktreten und mit der Leistung der Maschine nur wenig wachsen. Beschränkt man sich jedoch auf engere Grenzen und zieht man für grössere Leistungen mehrpolige Modelle heran, so lassen sich immerhin einfache Preiskurven ermitteln, wie Fig. 396 zeigt. In dieser Figur zeigt die Linie I in ihrem ersten Theile den Preis für kleinere Gleichstromdynamos für Riemenantrieb, in ihrem zweiten Theile den Preis für grössere Gleichstromdynamos für

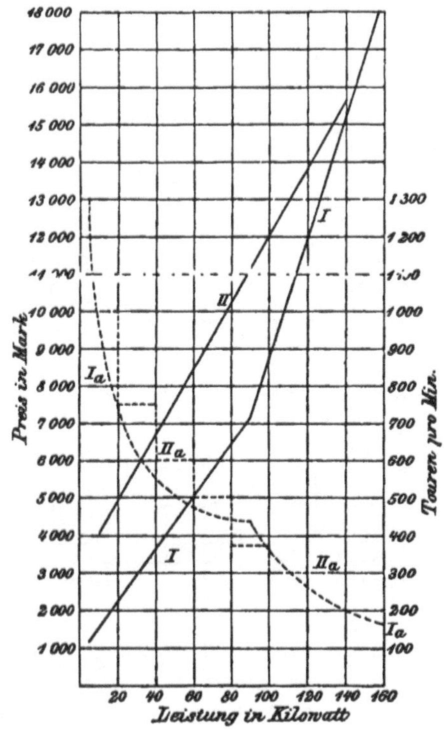

Fig. 396.

Seilantrieb oder direkte Kupplung. Die entsprechende Tourenkurve Ia verläuft gleichmässig und zeigt an derselben Stelle wie die Preiskurve einen Knick. Die Linie II entspricht Wechselstromdynamos für Riemen- oder Seilantrieb mit gekuppelten Erregermaschinen; die zugehörige Tourenkurve IIa muss, da man in der Polanzahl beschränkt ist und die Periodenzahl in unserm Falle mit 50 $\sim$ gewählt wurde nothwendigerweise Stufen in ihrem Verlauf aufweisen.

Der Schätzungspreis für die schnellerlaufenden Gleichstromdynamos ist: $800 + 70$ KW (KW bedeutet die Leistung in Kilowatt).

Jener für die langsamer laufenden: — 7200 + 160 KW.
Jener für die Wechselstromdynamos mit Erreger: 3000 + 90 KW.
Ein Kilogramm der Maschinen stellt sich auf etwa 1,3—0,8 Mark.

22. Der Preis der Akkumulatoren

hängt, gleiche Kapacität angenommen, von der Entladungszeit ab, für welche sie bestimmt sind. Er ist um so grösser, je rascher die Entladung erfolgen soll, da wegen der grösseren Stromdichte für den gleichen

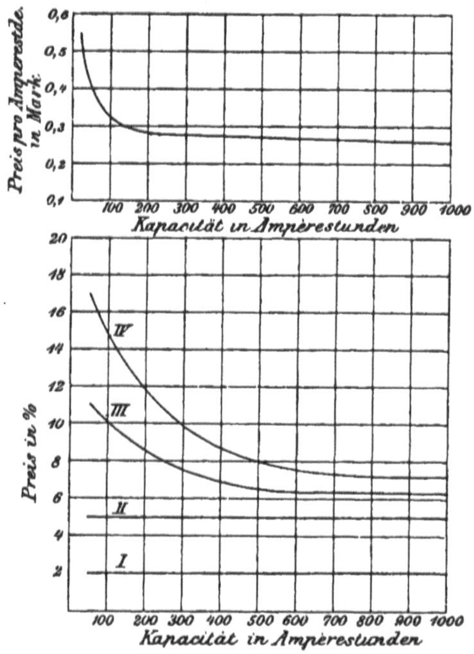

Fig. 397 und Fig. 398.

Betrag der Ampèrestunden eine grössere Plattenoberfläche erforderlich ist als bei langsamerer Entladung. Die gebräuchlichen Entladezeiten sind etwa 3, 5, 7 und 10 Stunden. Es nimmt mit steigender Entladedauer t die Entladestromstärke J ab, die Kapacität zu. W. Peukert[1]) fand für diesen Zusammenhang die Gleichung $J^n \cdot t = \text{const.}$, wobei n ungefähr den Werth 1,35 für Indor Akkumulatoren annahm. Nach Dr. Heim[2]) gelten dabei etwa folgende Beziehungen:

[1]) W. Peukert, Ueber die Abhängigkeit der Kapacität von der Entladestromstärke bei Bleiakkumulatoren, Elektr. Zschr. 1897, S. 287.

[2]) C. Heim, Die Akkumulatoren für stationäre elektr. Anlagen. 2. Aufl. 1897.

Dauer der Entladung in Stunden	1	3	5	7	10
Entladestromstärke in Ampère . .	2,1	1,0	0,7	0,52	0,42
Kapacität in Ampèrestunden . . .	0,7	1,0	1,17	1,28	1,42

Je nach der Stromdichte variiren die Werthe um etwa $\pm 5\,\%$.

Werden also dieselben Platten für alle Typen von Elementen verwendet, so sind Elemente von

	5	7	10 stündiger Entladung
bei gleicher Kapacität um	10—20	18—26	25—33 % billiger als

solche für 3stündige Entladung.

Der Preis für die Ampèrestunde nimmt mit der Grösse der Aufnahmefähigkeit der Akkumulatoren in der Weise ab, wie es Fig. 397 andeutet. Fig. 398 zeigt ausserdem noch die Kosten der Nebentheile in Procenten des Kaufpreises der Zellen und zwar bedeuten die Linie I Nebenapparate, II Säure, III Holzgestell und IV Verpackung. Der Titel Nebentheile schliesst also Schaltbrett und Zellenschalter nicht mit ein. Das Gewicht des Akkumulators ohne Säure beträgt etwa $^1/_3$ kg pro Ampèrestunde.

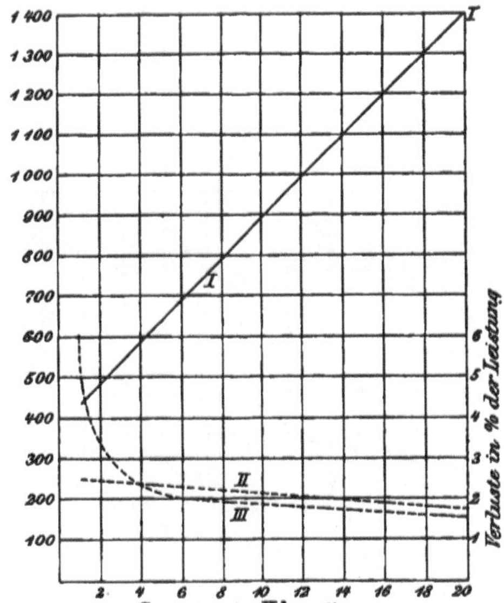

Fig. 399.

23. Die Preise der Transformatoren

sind von der Höhe der primären Spannung und von der Periodenzahl abhängig. Nehmen wir, wie bei den Wechselstrommaschinen 2000 bis 3000 Volt und 50 $\sim$ an, so giebt Fig. 399 den Preis: $380 + 52$ KW.

Der Preis steigt mit der Spannung um einige Procent und kann für verschiedene Fabrikate stark variiren, je nachdem die Eisenverluste gross oder klein sind. Für die gezeichnete Preiskurve gelten etwa die ebenfalls angedeuteten Eisen- und Kupferverluste. (Kurve II und III.)

24. Die Preise der Leitungen

werden bei blanken Drähten oder Kabeln nach dem Gewichte, bei isolirten per 100 oder 1000 laufende Meter angegeben. Der Preis blanker Leitungen hängt für die gebräuchlichen Querschnitte ausschliess-

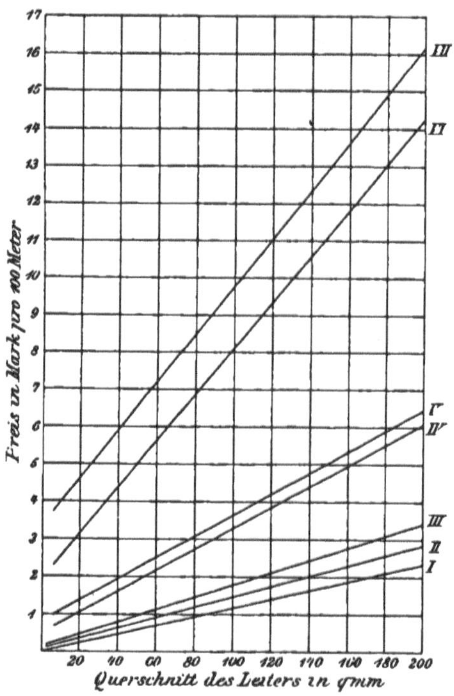

Fig. 400.

lich vom Rohkupferpreise ab und variirt nach den Notirungen der Chilibars; der Preis isolirter Leitungen wird von der Art ihrer Isolirung abhängen. Fig. 400 stellt die Preise für blankes und verschiedenartig isolirtes Leitungsmaterial dar. Dieselben betragen etwa für 100 Meter und für den Querschnitt f Quadratmillimeter:

I. Blanke Leitungen bei einem Kupferpreise von 1,30 Mark pro kg . . . . 1,157. f Mark

II.	Gewöhnlich isolirte Leitungen für trockene Räume pro 100 m	10 + 1,36. f Mark
III.	Gut isolirte Leitungen für feuchte und warme Räume	15 + 1,60. f -
IV.	Okonitkabel für Spannungen von etwa 500 Volt	50 + 2,78. f -
V.	Unterirdische armirte Kabel für Spannungen von etwa 500 Volt	85 + 2,78. f -
VI.	Unterirdische eisenbandarmirte Hochspannungs-Doppelkabel (koncentrisch) bis 1000 Volt	195 + 6,15. f -
VII.	Unterirdische eisenbandarmirte Hochspannungskabel bis 3000 Volt	335 + 6,35. f -

An die Kabelpreise schliessen sich die Kosten für die **Erdarbeiten** des Leitungsnetzes an. Dieselben sind je nach der Jahreszeit, dem Orte und besonders nach der Bodenbeschaffenheit sehr verschieden, so dass sich mittlere Werthe nur schwer angeben lassen.

Das Aufwerfen von Gräben kostet per laufenden Meter etwa	0,8—1,3 Mark
Das Kabelziehen kostet per laufenden Meter etwa	0,15—0,50 -
Das Wiederauffüllen und Abfahren des übrig bleibenden Bodens	0,15—0,30 -
Das Abheben, Aufstapeln und Wiederverlegen von Basaltpflaster.	1,80—2,80 -
Abheben, Aufstapeln und Wiederverlegen von Gussasphalt pro qm	3,50—6,00 -
Abheben und Wiederherstellen von Stampfasphalt pro qm	15,00—25,00 -

25. Die Kosten von Nebenapparaten

sowohl für die maschinellen, als auch für die Leitungsanlagen lassen keine allgemeinen Betrachtungen zu, und müssen wir dieselben hier übergehen. Für die Kosten von Beleuchtungskörpern für Glühlampen und Bogenlampen gilt dasselbe; trotzdem sei erwähnt, dass einfache Beleuchtungskörper für Fabriken und dergl. sich wie folgt stellen:

Fassungen ohne Hahn 0,5—0,8 Mark, mit Hahn 0,9—1,50 Mark; Glühlampengehänge je nach dem Zwecke von 1—2,50 Mark, für feuchte Räume bis 5 Mark pro Stück; einfache Wandarme für Innenräume 3 bis 5 Mark, für Strassenbeleuchtung 7—20 Mark. Glühlampen von normaler Spannung (bis 120 Volt) und bis 32 NK ca. 60—80 Pfg. Bogenlampen je nach Grösse und Brenndauer mit Armatur etwa 60—80 Mark pro Stück. Ausschalter und Vorschaltwiderstände hierzu 12—25 Mark etc.

Bei allen diesen Gegenständen findet man grosse Unterschiede in den Preisnotirungen der verschiedenen Fabriken, die nur von der Verschiedenheit der Konstruktionen und des Materials herrühren. Man kann jedoch nicht genug vor schlechten und demnach billigen Konstruktionen warnen; denn sie sind es, welche die Quelle endloser kleiner Störungen bei den einzelnen Anlagen bilden, leider nur zu oft die Vorzüge der elektrischen Beleuchtung nicht zur Geltung kommen lassen, und zwar die Anlagekosten verringern, dagegen aber die Reparaturkosten unverhältnissmässig steigern.

26. Die Kosten der Montage

sind noch weit grösseren Unterschieden unterworfen, als diejenigen der Gegenstände an und für sich, weil dieselben von lokalen Umständen und Verhältnissen von Fall zu Fall beeinflusst werden. Ihre Vorausermittlung ist oft schwierig, sie setzt immer volle Sachkenntniss voraus und kann niemals durch allgemeine Regeln befriedigend gefunden werden. Die Abschätzung des für die Installation der einzelnen Theile der Anlage wahrscheinlich erforderlichen Zeitaufwandes giebt bei Kenntniss der Arbeiterpreise die ausschliessliche sichere Grundlage für die Vorherbestimmung der Montagekosten. Dieser mühsame Weg wird für manche Fälle durch die Resultate statistischer Daten über die Kosten von analogen Fällen geprüft und gekürzt werden können. Man ordnet dann die Zahlen nach verschiedenen Gesichtspunkten. In der allgemeinsten Form können diese Montagekosten als Procentsatz der Werthe der zu verwendenden Materialien in Betracht kommen. Auf diese Weise findet man, dass die Montage der maschinellen Einrichtung elektrischer Anlagen etwa zwischen 5—8 % beträgt, während die elektrische zwischen 12—20 % und zuweilen noch weit mehr ergiebt. Um der Verschiedenheit und Mannigfaltigkeit der elektrischen Einrichtung besseren Ausdruck zu verleihen, wird man die Kosten der Montage noch ausserdem auf die Anzahl der zu installirenden Objekte, der Bogen- und Glühlampen, beziehen können. Man wird dann z. B. sagen: für die Einrichtung von einfachen Fabrikräumen hat sich im Mittel ergeben, dass die Montage pro Glühlampe 2,50—4,00 Mark beträgt und dass man für die Bogenlampen je 10 Glühlampen nehmen kann. Solche Bauernregeln für die Werthermittlung haben nur so lange Berechtigung, als man in ihrer Anwendung nicht die Grenzen überschreitet, welche in den zu Grunde liegenden Einzelfällen enthalten waren. Vor allgemeiner Anwendung ohne genaue Kenntniss der letzteren kann nicht genug gewarnt werden. Die Reduktion der Kosten auf die Anzahl der zu installirenden Lampen trifft noch immer zu wenig den Kern des Gegenstandes. Will man mit einem solchen Schlüssel verschiedenartige Anlagen einer vergleichenden

Prüfung unterwerfen, so müssen die Montagekosten auf den Meter verlegter Leitung bezogen werden; so findet man z. B. die Montagekosten von Freiluftleitungen ohne Abzweigungen mit etwa 8—16 Pfg., die von isolirten Zimmerleitungen mit 16—35 Pfg. etc. Die Festsetzung solcher Einheitspreise als Basis von Geschäftsabschlüssen muss in den meisten Fällen auf unüberwindliche Schwierigkeiten stossen, weil die in Betracht kommenden Fälle zu grosse Verschiedenheiten aufweisen. Aus diesem Grunde bleibt die Berechnung nach verbrauchter Arbeitszeit unter der Annahme ausreichender Kontrolle die einzig reelle Methode der Arbeitsvergebung. Insbesondere hat dies volle Gültigkeit für die Kosten von Stadtleitungsnetzen, für welche die ins Gewicht fallenden Details erst kurz vor der Installirung bekannt werden.

Die Gesammtanlagekosten elektrischer Anlagen setzen sich aus den in den vorstehenden Absätzen besprochenen Kosten ihrer einzelnen Theile zusammen. Die Werthe dieser Kosten werden demnach noch grösseren Schwankungen unterliegen als die letzteren selbst. Aus diesem Grunde lassen sich dieselben nicht allgemein anführen. Um trotzdem eine Anschauung hervorzurufen, sollen einige Beispiele in tabellarischer Uebersicht folgen, die einigermaassen systematisch aufgebaut sind. Alles, was wir in der Einleitung über den Werth solcher Zahlen angegeben haben, müssen wir hier noch einmal in Erinnerung bringen: in dem einen Falle hat das betreffende Grundstück einen hohen Werth im anderen Falle fast keinen; einmal erstreckt sich das Leitungsnetz auf ein beschränktes Territorium, das nächste Mal sind grosse Entfernungen zu bewältigen etc. Die Erwähnung dieser den einzelnen Fall charakterisirenden Umstände wird die nachfolgende Tabelle gewiss vor Ueberschätzung schützen.

27. Die Erzeugungskosten des elektrischen Lichtes.

Dieselben weisen eine noch grössere Mannigfaltigkeit auf als diejenigen der Anlagekosten, weil sie nicht nur von diesen, sondern noch von vielen anderen Faktoren abhängig sind, die ihren Grund in den Verhältnissen der Energieumsetzung in Licht, in der Art der Energie- oder Strombeschaffung, in Betriebsumständen, namentlich dem Belastungsfaktor, den Verkehrsmitteln, dem lokalen Licht-, Reklame- und Luxusbedürfniss und in rein finanziellen Zuständen finden. Um einen Einblick in die Zusammensetzung der Gestehungskosten zu gewinnen, sei durch das folgende Schema ein möglichst komplicirter Fall wiedergegeben, der Produktion und Konsum umfasst. Einfachere Fälle werden sich hieraus leicht beurtheilen lassen, z. B. kleinere Einzelanlagen mit Stromerzeugung für Eigenzweck oder an Centralen angeschlossene Hausinstallationen, bei welchen die Erzeugung wegfällt und nur der Konsum

Beispiele von Anlagekosten

<table>
<tr><th>Art, System und Umfang der Anlage</th><th>Grunderwerb</th><th>Baulichkeiten: Kesselhaus, Maschinenhaus, Schornstein, Brunnen, Wasserbecken, Kesseleinmauerung, Maschinenfundamt., Wohnhaus, Magazin</th><th>Maschinelle Einricht.: Kessel, Wasserreinigg., Gradirwerk, Dampfmasch., Turbine, Gasmotor, Rohrleitungen, Werkstätte</th><th>Elektrische Einrichtung: Dynamos, elektr. Apparate, Schaltbrett, Messeinrichtung</th><th>Akkumulatorenbatterie und Zubehör</th><th>Transformatoren und Zubehör</th></tr>
<tr><td rowspan="2">Fabrikbeleuchtung. Zweileitersystem, 200 gleichzeitig brennende Glühlampen.</td><td>—</td><td>ℳ 200</td><td>—</td><td>1700</td><td>—</td><td>—</td></tr>
<tr><td>—</td><td>% 5</td><td>—</td><td>42</td><td>—</td><td>—</td></tr>
<tr><td rowspan="2">Isolirte Einzelanlage zur Beleuchtung eines Miethhauses. Dampfbetrieb, Akkumulatorenreserve, Zweileitersystem; 700 install. Glühlampen von je 16 Kerzen, die meistens gleichzeitig in Betrieb sind.</td><td>—</td><td>ℳ 10 000</td><td>26 000</td><td>5000</td><td>4600</td><td>—</td></tr>
<tr><td>—</td><td>% 16</td><td>42</td><td>8</td><td>8</td><td>—</td></tr>
<tr><td rowspan="2">Blockstation mit Gasmotorenbetrieb. Akkumulatorenreserve Zweileitersystem, 850 installirte Lampen, die meistens gleichzeitig brennen.</td><td>—</td><td>ℳ 9000</td><td colspan="2">35 000</td><td>15 000</td><td>—</td></tr>
<tr><td>—</td><td>% 11</td><td colspan="2">44</td><td>19</td><td>—</td></tr>
<tr><td rowspan="2">Sekundärinstallation. Wohnungsbeleuchtung, Anschluss an ein Elektricitätswerk, 30 installirte Glühlampen.</td><td>—</td><td>—</td><td>—</td><td>—</td><td>—</td><td>—</td></tr>
<tr><td>—</td><td>—</td><td>—</td><td>—</td><td>—</td><td>—</td></tr>
<tr><td rowspan="2">Kleinere Stadtbeleuchtungscentrale. Oberirdische Leitung, Dampfbetrieb, Wechselstromtransformatoren. 2000 Stück gleichzeitig brennende, 2800 installirte Glühlampen.</td><td>ℳ 10 000</td><td>50 000</td><td>60 000</td><td>30 000</td><td>—</td><td>15000</td></tr>
<tr><td>% 4</td><td>23</td><td>27</td><td>14</td><td>—</td><td>7</td></tr>
<tr><td rowspan="2">Elektricitätswerk mit Dampfbetrieb. Unterirdische Leitung, Gleichstrom-Dreileitersystem, Akkumulatorenreserve, 10 000 gleichzeitig brennende Lampen.</td><td>ℳ 160 000</td><td>200 000</td><td>260 000</td><td>195 000</td><td>120 000</td><td>—</td></tr>
<tr><td>% 11</td><td>14</td><td>19</td><td>14</td><td>9</td><td>—</td></tr>
<tr><td rowspan="2">Elektricitätswerk mit Dampfbetrieb. Unterirdische Leitung, Wechselstromtransformatorensystem, 10 000 gleichzeitig brennende Lampen.</td><td>ℳ 40 000</td><td>180 000</td><td>350 000</td><td>250 000</td><td>—</td><td>100000</td></tr>
<tr><td>% 3</td><td>15</td><td>29</td><td>21</td><td>—</td><td>8</td></tr>
</table>

für sieben verschiedene Anlagen.

Leitungsnetz: Freileitungen sammt Säulen, unterirdisches Kabel	Strassenbeleuchtung und Strassenbeleuchtungs-Körper	Innere Leitungen und Beleuchtungs-Körper	Fracht, Verpackung, Montage und Beaufsichtigung	Gesammtkosten	Kosten pro maximal gleichzeitig brennende Lampe	Kurze Bemerkungen über die Ausführung der Anlage
—	—	1500	600	4000	20	**Maschinelle Kraft vorhanden; Dynamo von der Transmission angetrieben. Isolirte Leitungen frei auf Porzellan. Einfache Fabrikbeleuchtungskörper.**
—	—	38	15	100	—	
—	—	12 000	4000	61 600	88	**Maschinenhaus im Souterrain, Schornstein, 2 Röhrenkessel von je 70 m² Heizfläche und 10 Atm. 1 eincylindrige vertikale Auspuffdampfmaschine f. 50 eff. PS. bei 200 Touren. 1 Dynamo 33 Kilowatt. 1 Akkumulatorenbatterie aus 60 Zellen 220 A-St. bei 5 stündiger Entladung. Isolirte Leitungen und einfache bis mittlere Beleuchtungskörper für Wohnräume.**
—	—	20	6	100	—	
16 000	—	—	5000	80 000	94	**2 Gasdynamos à 25 Kilowatt. 1 Akkumulatorenbatterie aus 66 Zellen, 700 Ampèrestunden, 5 stündige Entladung. Unterirdische Kabel rings um den Häuserblock.**
20	—	—	6	100	—	
—	—	ℳ 500	160	660	22	**Beste isolirte Leitungen, einfachere Beleuchtungskörper; Anschluss erfolgt gratis; Zähler stellt das Werk gegen monatliche Miethe.**
—	—	% 76	24	100	—	
30 000	7000	—	18 000	220 000	110	**Kesselhaus, Maschinenhaus, kleines Wohnhaus, Brunnen, Schornstein, 3 Wasserrohrkessel von je 80 m² Heizfläche für 10 Atm. 3 liegende Compounddampfmaschinen mit Kondensation für 85 eff. PS. 150 Touren. 3 Wechselstromdynamos à 55 Kw. Transformatoren für 100 Kw. 250 Glühlampen an Armen und 8 Bogenlampen für Strassenbeleuchtung.**
14	3	—	8	100	—	
400000	—	—	65 000	1 400 000	140	**Kesselhaus, Maschinenhaus mit Laufkrahn, Verwaltungsgebäude im Anbau, Schornstein, Brunnen, Kanalisation, Pflaster, Wasserreinigung und 4 Wasserrohrkessel à 200 m² Heizfläche 8 Atmosphären. 3 Compounddampfmaschinen mit Ventilsteuerung und Kondensation, 400 eff. PS. 100 Touren, gekuppelt mit je 2 Dynamos à 150 Kw. Akkumulatorenbatterie 2500A.-St. bei 3 st. Entladg. 3500 - - - 10 - " Eisenbandarmirte Bleikabel.**
29	—	—	4	100	—	
200000	—	—	80 000	1 200 000	120	**Kesselhaus, Maschinenhaus mit Laufkrahn, Verwaltungsgebäude im Anbau, Schornstein, Brunnen, Kanalisation, Pflaster, Wasserreinigung und 5 Wasserrohrkessel à 250 m² Heizfläche 8 Atm. 2 Compounddampfmaschinen mit Ventilsteuerung und Kondensation à 300 eff. PS. 85 Touren, gekuppelt mit je 1 Dynamo à 200 Kw., 2 ebensolche Dampfmaschinen. 600 P. S. eff. mit 2 Dynamos à 400 Kw. Transformatoren für 12 000 Lampen. Eisenbandarmirte koncentrische Bleikabel.**
17	—	—	7	100	—	

nach festgesetztem Tarif in Betracht kommt etc. Die Gestehungskosten zerlegen sich darnach in 2 Hauptgruppen:

1. Die direkten Betriebskosten, welche die Kosten für Betrieb, Instandhaltung und Verwaltung sowohl der Produktions- und der Konsumseinrichtungen als auch der Strombeförderung und Vertheilung umfassen.

2. Die indirekten Betriebskosten für die Tilgung und Verzinsung des Anlagekapitals. Direkte und indirekte Ausgaben ergeben zusammen die Selbstkosten der elektrischen Energie. Zu denselben tritt ein Gewinn hinzu, sobald es sich um ein nutzbringendes geschäftliches Unternehmen handelt, während dies in Fällen des Eigenbetriebes und -Konsums wegfällt. Es kommt darnach noch in Betracht:

3. Der Gewinn, den das Anlagekapital abzuwerfen berufen ist, wenn es sich um einen Geschäftsbetrieb handelt. Die Beträge 1 + 2 geben die Eigenkosten an. Das Verhältniss derselben zu den vollständigen Kosten inkl. Nutzen, d. i. $\frac{1+2}{1+2+3}$, kann zum Vergleiche der Ergiebigkeit verschiedener Geschäftsunternehmen untereinander dienen. Um jedoch die zeitliche Entwicklung eines und desselben Unternehmens für einen bestimmten Ausbau besser verfolgen zu können, empfiehlt es sich, die indirekten Betriebskosten (2), welche für einen bestimmten Ausbau unveränderlich bleiben, ausser Betracht zu lassen und nur das Verhältniss $\frac{1}{1+2+3}$, d. i. laufende Ausgabe zur entsprechenden Einnahme einzuführen. Analog dem Gebrauche bei Eisenbahnunternehmungen kann dieses Verhältniss als Betriebskoefficient bezeichnet werden.

Schema der Erzeugungskosten

- 1. Direkte Betriebskosten
  - Betrieb
    - Für die Stromproduktion, z. B. Kohle, Wasser, Schmiermaterial etc.
    - Für die Lichtproduktion, z. B. Glühlampen-Ersatz, Kohlenstifte.
    - Arbeitslöhne, Oberaufsicht: für alle Theile der Anlage, nämlich der Erzeugung, Vertheilung und Lichtgewinnung.
  - Instandhaltung
    - Material für Reparaturen, Arbeitslöhne, Beaufsichtigung.
  - Verwaltung
    - Direktion: Tantième; Gehälter der Beamten.
    - Generalunkosten: Steuern, Assekurranz etc.
- 2. Indirekte Betriebskosten
  - Zinsen des Anlagekapitals
  - Tilgung - -
  - Rücklage der Erneuerungskosten.

Die angeführten Stromerzeugungskosten sind zweifacher Art. Die erste Art fasst die festen Ausgaben wie die Verwaltungs- und die indirekten Betriebskosten zusammen, die zwar mit dem Umfange der Anlage fallen, jedoch für ein und dasselbe Werk in einem bestimmten Ausbaue unabhängig von der Beanspruchnahme desselben sind. Die zweite Art dagegen hängt direkt mit dieser Beanspruchung zusammen; es sind dies die Kosten für Betrieb und Instandhaltung. Aus diesen Gesichtspunkten ergiebt sich die Werthbemessung des Konsums und haben wir bereits bei der Betrachtung desselben und des Belastungsfaktors von Centralen auf diese Gesichtspunkte hingewiesen, welche bei der Beurtheilung des Stromtarifs gleichfalls in den Vordergrund treten müssen.

Um die Gestehungskosten des elektrischen Lichtes mit anderen Beleuchtungsarten vergleichen zu können, müsste man eigentlich auf die erzielte Flächenhelligkeit oder Lichtleistung zurückgreifen. Der Einfachheit halber begnügt man sich jedoch meistens damit, die Kosten auf die erzielte Lichtstärke in Kerzen zu reduciren oder die Gestehungskosten auf die Einheit des in den Lampen verbrauchten Effektes zu beziehen.

Bei der praktischen Vergleichung verschiedener Beleuchtungsarten mit Rücksicht auf ihre Kosten treten oft einzelne Eigenschaften derselben in den Vordergrund, so dass die rein theoretischen Betrachtungen völlig hinfällig werden. Als ein zutreffendes Beispiel dieser Art kann die Beleuchtung von Wohnungen angeführt werden, bei welchen trotz hoher Einheitspreise für den elektrischen Strom wegen der Möglichkeit einer nicht belästigenden Sparsamkeit in den Benutzungsstunden die Jahreskosten gleich oder billiger ausfallen können, als bei anderen Beleuchtungsarten. W. v. Winkler[1]) hat über seine aus 4 Wohn- und 4 Wirthschaftsräumen bestehende Wohnung folgende Aufzeichnungen gemacht, die zur guten Illustrirung der faktischen Zahlen dienen sollen. Die alte Beleuchtung bestand aus aus 7 Gasschmetterlingsbrennern, 2 Petroleumlampen und 3 Stearinkerzen, deren Gesammtkerzenstärke insgesammt mit ca. 134 gerechnet werden kann; die neue elektrische Beleuchtung umfasst 19 Glühlampen von zusammen 220 Kerzenstärke. Die Glühlampen waren einzeln und von zwei Ausschaltern bequem zu bedienen.

Bei ca. 50 % stärkerer und gewiss angenehmerer, an mehr Punkten verfügbarer Beleuchtung war der Jahresgebrauch um ca. 8 % gestiegen. Die aus dem Gasmesser und den Zählerablesungen berechneten Lampenstunden ergaben für die 19 elektrischen Lampen 152 Stunden gegen 427 Stunden bei den 12 Gaslampen, woraus ersichtlich ist, dass die Zeit des wirklichen Gebrauches erheblich bei der elektrischen Beleuchtung gesunken war.

---

[1]) Zschr. f. Elektrotechnik, Wien 1895.

Monat	1893—1894			Alte Beleuchtung Gesammtkosten in ö. W. fl.	Neue elektrische Beleuchtung	Unterschied zu Gunsten	
	Gas	Petroleum	Kerzen			der elektrischen Beleuchtung	der alten Beleuchtung
Juli	3,17	0,30	0,10	3,57	3,71	—	0,14
August . . .	4,34	0,40	0,15	4,89	4,76	0,13	—
September .	4,74	0,93	0,30	5,97	5,88	0,09	—
Oktober . .	3,67	1,40	0,40	5,47	6,03	—	0,56
November . .	5,96	1,60	0,50	8,06	8,25	—	0,19
December . .	7,50	1,65	0,48	9,63	11,51	—	1,88
Januar . . .	5,89	1,60	0,48	8,27	9,29	—	1,02
Februar . .	5,41	1,94	0,40	6,75	6,59	0,16	—
März . . .	4,27	0,82	0,25	5,34	6,10	—	0,82
April . . .	4,37	0,60	0,25	5,22	5,24	—	0,02
Mai	3,71	0,30	0,20	4,21	4,75	—	0,54
Juni	1,81	0,30	0,15	2,26	3,07	—	0,81
	Summe ö. W. fl.			69,64	75,26	0,38	6,0
				5,62		5,62	

28. Ueber die Gestehungskosten.

a) Direkte Betriebskosten. Wir wollen nun zum Schema der Gestehungskosten zurückgreifen, um die einzelnen Posten derselben ausführlicher zu erläutern. Die direkten Betriebskosten zerlegen sich in die laufenden Kosten des Betriebes, der Erhaltung und Verwaltung. Die ersteren theilen sich wieder in die Kosten für Materialien als Kohle, Wasser, Schmiermaterial und ferner in die Kosten der Arbeitslöhne. Beide Beträge steigen für ein und denselben Ausbau einer Anlage mit der Jahresproduktion. Eine gute Einsicht in diese Verhältnisse gewährt das in Fig. 401 dargestellte Bild, in welchem die Abscissen den Jahreskonsum verschiedener Centralen in Hektowattstunden wiedergeben, während die Ordinaten den Kosten für Brenn-, Schmier- und Putzmaterial ferner für Löhne und Gehälter, reducirt auf eine nutzbar abgegebene Hektowattsunde, entsprechen. Daher stellt die Fläche im Diagramm die Gesammtausgaben der einzelnen Positionen pro Jahr dar. Diese Darstellung ist auf der von der Vereinigung der Vertreter von Elektricitäts-Werken herausgegebenen Statistik für das Jahr 1894/95 aufgebaut worden. Die angeführten Kosten fallen, wie von vornherein klar ist und durch das Diagramm auch bestätigt wird, mit der Grösse des Jahresumsatzes. Die Erhaltungskosten beziehen sich auf alle Leistungen an Material und Arbeit, welche zur betriebssicheren Erhaltung der Anlage nothwendig sind. Diese Kosten der Instandhaltung sind streng zu trennen von jenen zur Erneuerung von ganzen Theilen der Anlage, welche trotz bester Instandhaltung nach einer Zeitperiode nothwendig wird und für welche bei allen Anlagen durch Schaffung von Erneuerungsfonds Vorsorge getroffen wird. Es ist gebräuchlich, bei grösseren Anlagen die Kosten für die Erhaltung in einem Procentsatze vom Anlagekapital auszudrücken, welcher Procentsatz für die einzelnen Theile der Anlage, wie Maschinen, Gebäude, Leitungen etc., gleichwie die Tilgung des Anlagekapitals vorzunehmen ist und daher auch oft mit diesem Posten vereinigt erscheint. Die Arbeitslöhne und die Oberaufsicht beziehen sich sowohl auf den Betrieb unmittelbar, als auch auf die Erhaltung und im weiteren Sinne auch auf die Verwaltung. Bei kleinen Werken würden diese Pflichten in den Händen derselben Personen liegen können, während bei grösseren eine Trennung am Platze

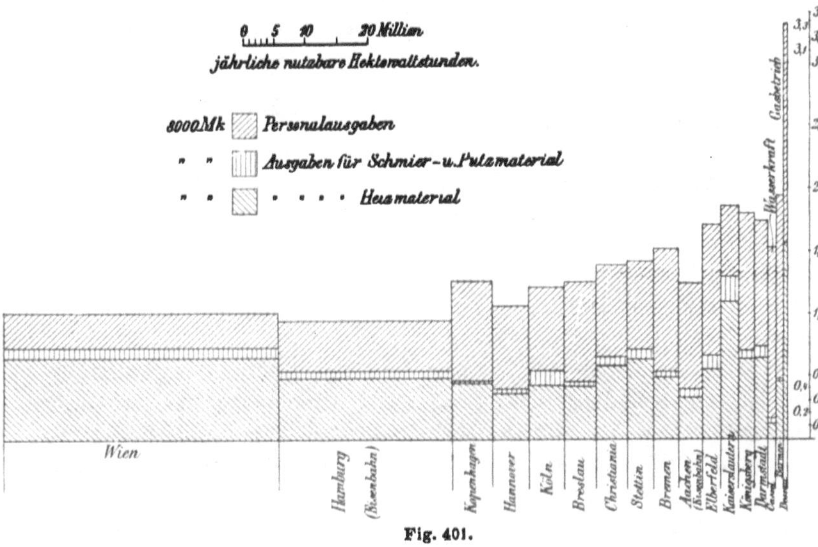

Fig. 401.

sein wird. Bei letzteren werden oft die Kosten der Direktion und die Generalunkosten — z. B. bei theuren finanziellen Gründungen — einen recht wesentlichen Faktor in den Gestehungskosten einnehmen können. Dem Wunsche, die laufenden Kosten möglichst zu reduciren, steht andererseits die Gefahr gegenüber, die Betriebssicherheit, welche bei diesen Werken die allerwichtigste Rolle spielt, zu gefährden. Strenge Organisation des Betriebs und der Führung solcher Werke lässt jedoch Sicherheit selbst bei sparsamem Betrieb erreichen. Der Direktor solcher Werke, bei dem alle Fäden der Leitung zusammenführen, sollte deswegen ein umsichtiger erfahrener Fachmann sein, damit er den ganzen baulichen und maschinellen Theil des Werkes in Anlage und Betrieb von Grund aus verstehen kann, ferner soll er kaufmännisches Wissen besitzen, damit er in Fragen kommercieller Natur gleichfalls Bescheid geben kann. So natürlich diese Bemerkung erscheint, ebensowenig hat sie allgemeine Anerkennung gefunden: die Wahl eines Direktors einer Centrale, der ein durch keinerlei fachliches Wissen getrübtes Urtheil besitzt, gehört eben nicht zu den Seltenheiten! Guter Betrieb erfordert scharfe Organisation des Personals, dessen Pflichten und Verantwortlichkeit deutlich festzulegen sind. Die älteste grosse Centralanlage in Europa, die Berliner Elektricitätswerke, haben dies in folgender von Arthur Wilke beschriebenen Weise durchgeführt. Die Gliederung des Personales, welche man aus der nebenstehenden Staffel erkennt, ist eine thunlichst einfache. Man sucht alles bureaukratische Instanzen- und Formelwesen zu umgehen, welches der Einfachheit des Betriebes Abbruch thun würde.

Die gesammte technische Leitung der Werke untersteht einem Oberingenieur, unter welchem die Betriebsleiter der vier Werke stehen. Neben dem Oberingenieur steht ein stellvertretender Betriebsleiter, welcher insbesondere den Inspektionsdienst versieht und sowohl seinen vorgeordneten Kollegen, den Oberingenieur, als auch, wenn es Noth thut, einen Betriebsleiter auf einem Werke vertreten kann. Er bleibt also nach beiden Seiten hin stets in engster Fühlung mit den beiden Instanzen.

Die Betriebsingenieure haben in erster Reihe die Maschinenmeister unter sich und zur Seite, denn der Maschinenmeister gilt im Betriebe der Werke als Stellvertreter des Betriebsingenieurs, wenn dieser nicht anwesend ist.

Vom Maschinisten zweigen sich nun die weiteren untergestellten Kräfte ab und gliedern sich gemäss der Eintheilung der technischen Einrichtung. Der Dampfkesselabtheilung steht der Oberheizer vor, welcher der Vorgesetzte im Dampfkesselraum ist. Ihm gleichgeordnet steht der Hülfsmaschinenmeister, welcher zur Vertretung der Maschinenmeister bestimmt ist. Weiter stehen in diesem Zweige dann diejenigen Angestellten, welche bei den einzelnen maschinellen Theilen der Anlage thätig sind, also die Schaltbrettwärter, die Dampfmaschinisten und die Dynamomaschinisten, mit ihnen rangiren die Reparateure, Maschinenschlosser, welche für etwaige Ausbesserungen vorhanden sind, aber auch nebenbei als Maschinisten wirken.

Dem Oberheizer unterstehen die Heizer und weiter diejenigen Leute, welche für gröbere Arbeiten angestellt sind. In ähnlicher Weise sind auch im Maschinenraume die Putzer, Oelwärter und andere Arbeiter thätig, deren Arbeit keine qualificirte ist.

Neben dem Zweige, welcher das Personal des Maschinenbetriebes enthält, zweigen sich vom Betriebsleiter noch andere ab. Zunächst ist ihm das „Verkehrsbureau“ unterstellt, das im Wesentlichen den geschäftlichen Verkehr mit den Abnehmern besorgt, soweit er technischer

Natur ist; da aber hier auch geschäftliche Fragen mitspielen, so steht dieses Verkehrsbureau mit dem kaufmännischen, dessen Leiter neben dem Betriebsleiter rangirt, in enger Verbindung und erscheint somit gleichzeitig dem Betriebsleiter wie dem kaufmännischen Direktor unterstellt.

Schema der Gliederung des Betriebspersonales.

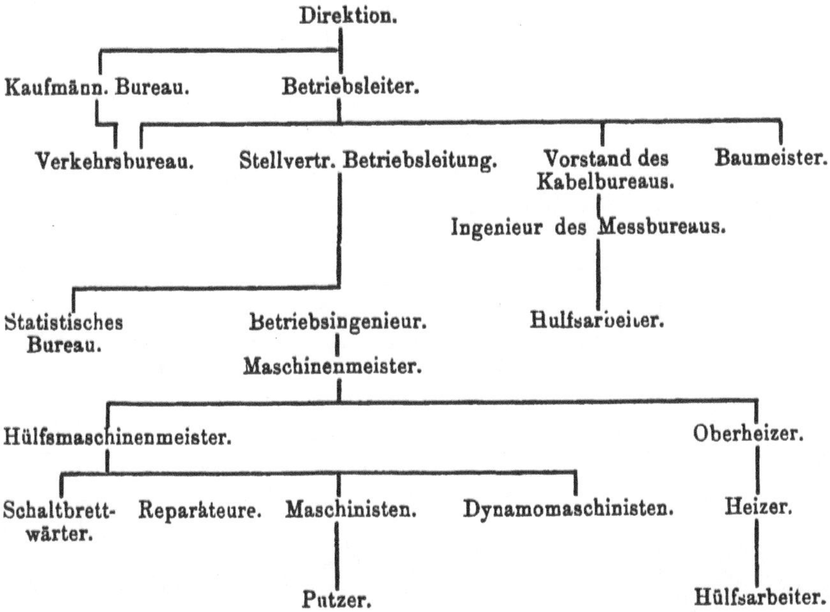

Die Gliederung des Verkehrsbureaus lässt die beistehende Staffel erkennen.

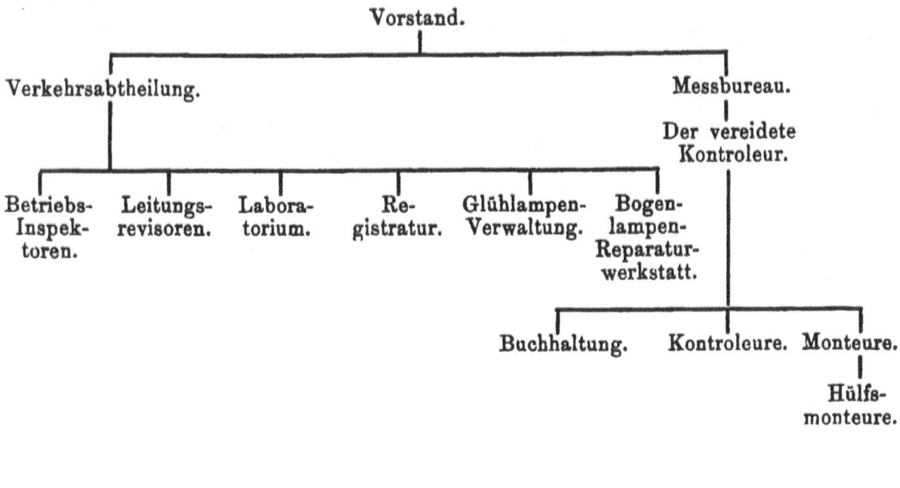

Beispiele der Betriebskosten

	I. Direkte Betriebs-						
	1. Betrieb				2. Instandhaltung		
	A. Material		B. Arbeit		Material für Reparaturen	Arbeitslöhne	Oberaufsicht
	für die Stromerzeugung, z. B. Kohlen, Wasser, Schmiermaterial u. s. w.	für die Lichterzeugung: Glühlampen und Kohlenstiftersatz ℳ	Löhne ℳ	Oberaufsicht ℳ	ℳ	ℳ	ℳ
Fabrikbeleuchtung	Kohle ℳ 650 Oel „ 115 ℳ 765	300	1500		1200		
Isolirte Einzelanlage, Dampfbetrieb	Kohle ℳ 1960 Schmierm. „ 280 ℳ 2240	616	2700		1500		
Blockstation mit Gasmotoren, Akkumulatoren	Gas ℳ 4080 Wasser „ 420 Schmierm. „ 250 ℳ 4750	—	2300	1500	1500		
Sekundärinstallation	ℳ 420	12	—	—	—	—	—
Kleine Stadtbeleuchtung, Dampfbetrieb	Kohle ℳ 5460 Schmierm. „ 1170 ℳ 6630	Glühl. 320 Bogen 200 520	2300	1500	2500		
Elektricitätswerk mit Dampfbetrieb, Akkumulatoren	Kohle ℳ 14000 Schmierm. „ 3300 ℳ 17300	—	1500 1200 1200 3900	2400	500 Batterieprämie 7200	1200	2500
Elektricitätswerk mit Dampfbetrieb, Transformatoren	Kohle ℳ 17100 Oel „ 4300 ℳ 21400	—	7800	4800	1500	1200	2500

für sieben verschiedene Anlagen.

kosten			II. Indirekte Betriebskosten		Gesammtkosten	Kosten pro HWSt.	Bemerkungen
3. Verwaltung							Kohlenpreis durchweg *M* 14 pro Tonne Gas pro m³ für Beispiel No. 3 12 ₰ Kühlwasser pro m³ „ „ „ „ 2.5 „ Putz- und Schmiermaterial 0,6 ₰ pro PS. Stunde
Direktion	Gehälter	Generalunkosten, Reserven	Zinsen	Abschreibungen und Tilgung			
M	*M*	*M*			*M*		
—	—	—	5 % *M* 200	8 % *M* 320	4285	2,9 ₰	200 Lampen 1500 Stdn. = 300 000 KSt = 150 000 HWStdn. = 23 000 PSStdn. à 2 kg Kohlen = 46 000 kg = *M* 650. Lampenersatz: $\frac{300\,000 \times 0{,}8}{800}$ = *M* 300
—	—	—	5 % *M* 3080	5 % *M* 3080	13 216	4,3 ₰	Bei kleineren Ansätzen für Verzinsung und Abschreibung wesentlich niedriger. 700 Lampen 800 Stdn. Dampf } 70 „ 80 „ Akk. }
—	—	1000	5 % *M* 4000	5 % *M* 4000	19 050	3,7 ₰	Günstig, weil hoher Ausnutzungsfaktor. Kleine Anlage, lange Brenndauer. Batterie $^1/_3$, Maschine $^2/_3$
—	—	—	3,6 % *M* 24	10 % *M* 66	522	8,7 ₰	30 Lampen à 400 Stdn. = 6000 HWStdn. à 7 ₰ = *M* 420 $\frac{12\,000 \times 0{,}8}{800}$ = 12 *M* Gl. Ersatz
3000	1200	1500	4 % *M* 8800	3,5 % *M* 11 000	38 950	4,8 ₰	2200 Lampen max. 2800 Lampen à 600 Stdn. Transformatoren haben im Mittel 3 % Eisenverlust. Strassenbeleuchtung brennt 1200 Stunden, Rest der Lampen 600 Stdn.
6000	6000	10 000	3,5 % *M* 49 000	3,5 % *M* 44 800 v. 1 280 000	149 600	3,7 ₰	800 Brennstdn. pro gl. br. Lampe. Verhältnissmässig grosser Apparat. Batterie leistet $^1/_4$, Maschinen $^3/_4$ der ganzen Arbeit.
6000	6000	10 000	3,5 % *M* 42 000	3,5 % *M* 42 000	145 200	3,6 ₰	800 Brennstunden pro gleichz. brennende Lampe. Verhältnissmässig grosser Bedienungs- und Verwaltungsapparat. — Transformatoren haben im Mittel 2,5 % Eisenverlust.

In gleicher Weise untersteht dem Betriebsleiter das Kabelbureau, dessen Zweig demjenigen des Betriebes der Centrale parallel geht und das für den Bau und die Beaufsichtigung der Leitungen zu sorgen hat. Zu dieser Abtheilung gehört auch das Messbureau, das nicht nur die regelmässigen Messungen an den Leitungen, sondern auch an den Maschinen etc. auszuführen hat.

Zwei andere kleine Zweige bedeuten das Bureau des Baumeisters und das wichtige statistische Bureau, welches die Betriebsergebnisse zu verarbeiten und das Material für die richtige Betriebsführung, nicht minder wie für die richtige Projektirung von Neuanlagen zu schaffen hat.

b) Die indirekten Betriebskosten setzen sich aus den Beträgen für Verzinsung und Tilgung des Anlagekapitals und die auf die Erneuerung entfallenden Beträge zusammen. Für die Verzinsung wird der übliche Zinsfuss maassgebend sein, während für die Tilgung und Amortisation entweder die natürliche Lebensdauer des Objekts selbst oder jene Zeit in Betracht kommt, auf welche die Verwendung dieses Objekts innerhalb seiner natürlichen Gebrauchsdauer durch financielle und koncessionelle Bedingungen zu beschränken ist. Z. B. würde man die Tilgungszeit für eine auf 30 Jahre koncessionirte Anlage für das Gebäude der Centrale allein trotz der viel längeren Gebrauchsdauer nicht voll berücksichtigen und müsste die Tilgungszeit ermässigen, wobei der Abbruchswerth oder der eventuelle Uebernahmswerth nach Ablauf der Koncessionsdauer in Betracht käme. Die deutschen Werke[1]), welche im städtischen Betriebe sind, nehmen in der Regel eine Verzinsung von 3,5% und eine Amortisation von 4% an, ferner eine Abschreibung von 1,5—2% auf Gebäude, 4—5% auf Dampfkessel, Maschinen und Apparate, 6% auf Akkumulatoren, 3% auf Kabel und 8—10% auf Einrichtungsgegenstände. Der Zinsfuss für die Rücklagen zum Erneuerungsfonds wird in der Regel geringer sein, als der für die Verzinsung des Hauptkapitals angegebene, weil derselbe eine unbedingt sichere Deponirung, etwa in Staatspapieren, erheischt. Die Tilgung und Verzinsung des Anlagekapitals geschieht auf eine einzige Tilgungszeit, während für die Tilgung der Erneuerungskosten unter der Annahme längerer Koncessionszeit die mehrmalige Erneuerung einzelner Theile, nach verschiedener Gebrauchsdauer gerechnet, vorzusehen ist und daher die jährliche Quote der gesammten Erneuerungskosten sich aus jenen Theilbeträgen ergiebt. Die Wahl der Gebrauchsdauer ist nur nach technischen Gesichtspunkten möglich, man schiebt jedoch unter die Abschreibungen von Unternehmungen noch andere Momente, welche der Vorsicht für etwaige unvorhergesehene technische oder financielle Vor-

---

[1]) A. Prücker, Elektr. Zschr. 1895, S. 45, 169; ferner ebenda: Sonnenschmid, S. 193 und Dr. Haas, S. 121, 238.

fälle entspringen, unter die z. B. die Gefahr der Antiquirung solcher Einrichtungen u. d. m. zu rechnen ist. Im Anschlusse an die auf S. 464 gegebenen Anlagekosten wollen wir hier die Gestehungskosten für die dort aufgeführten Anlagen zusammenstellen. Auch diese Zahlen sind nur beispielsweise angeführt; absoluter Werth kommt ihnen ebensowenig zu wie den auf S. 464 gegebenen Anlagekosten.

Die Gliederung dieser Tabelle ist so übersichtlich, dass wir nur noch wenig zuzufügen brauchen. Der Kohlenpreis ist durchweg zu 140 Mark pro Doppelwaggon von 10000 kg angenommen, der Preis für den m^3 Kraftgas zu 12 Pf. und für den m^3 Kühlwasser zu 2,5 Pf.. Für Putz- und Schmiermaterial sind 0,6 Pf. pro P.S.-Stunde eingesetzt worden. Im Beispiele No. 5 sind 3 %, im Beispiel No. 7 2,5 % für die Magnetisirung der Transformatoren angenommen, während bei No. 3 die Batteriearbeit gleich $^1/_3$, bei No. 6 gleich $^1/_4$ der Maschinenarbeit gerechnet und für die Batteriearbeiten ein Verlust von 25 % angenommen wurde. Man erkennt den überwiegenden Einfluss der festen Kosten auf die Höhe der Gesammtbetriebskosten und die günstige Einwirkung einer langen Brenndauer und einer starken Ausnützung auf die Kosten pro H.W.-Stunde.

29. Ueber die Gründung und den Geschäfts-Betrieb von Centralen.

Die Unannehmlichkeiten des kleinen geschäftlichen Einzelbetriebes und die Vortheile des centralisirten Produktionsprocesses im Grossen haben bald zur Gründung von Centralstationen geführt. Dieselben haben gleich den Gasanstalten besondere Eigenschaften geschäftlicher Natur. Ihr Anlagekapital ist im Verhältniss zum Jahresumsatz bedeutend höher als das gewöhnlicher industrieller Anlagen, was von vorneherein den monopolistischen Betrieb für viele Fälle als zutreffend erscheinen lässt. Mehrere fremde Centralunternehmungen an einem Orte in freier Konkurrenz werden die Kosten der Strombeförderung vertheuern, der Gewinn müsste das höhere Anlagekapital decken und die Stromlieferung dadurch nur vertheuert werden. Es wäre, wie Schilling in seinem ausgezeichneten Handbuch der Gasbeleuchtung sagt, ebenso, als wenn zwei Bahnlinien unmittelbar nebeneinander liegen; jede bekäme den halben Verkehr, beide müssen jedoch ihren Preis gleich und hoch halten, um eine Verzinsung und Amortisation des Anlagekapitals zu erzielen, während eine einzige Bahn bei halbem Anlagekapital das Doppelte und dieses auch weit billiger zu leisten vermag. Da nun die Lieferung des Erzeugnisses bei diesen Unternehmungen nur an die Scholle gebunden ist und sie sich für ihre Ablieferung eigne Beförderungswege herstellen muss, ihre ganze Entwicklung an die Entwicklung ihres eignen Ortes geheftet ist, so lässt sich leicht erklären, warum solche Gründungen einen monopolistischen Standpunkt erfordern und zu einem ausschliesslichen Privilegium berechtigen. Die Führung des geschäftlichen Betriebes solcher Stromlieferungsanstalten kann dreierlei Art sein. Entweder das Gemeinwesen einer Stadt führt den Betrieb selbst durch seine eigenen Organe (Regiebetrieb), oder dasselbe überlässt den Betrieb Privatunternehmern (Privatbetrieb), oder das Gemeinwesen verpachtet den Betrieb des eigenen Werkes an einen Privaten (Pachtbetrieb). Die Vor- und Nachtheile dieser drei Betriebsarten sollen durch einige Zeilen charakterisirt werden.

1. Regiebetrieb. Grosse Städte können sich die Anlagekapitalien oft billiger beschaffen als Private. Die Stadt behält sich freie Hand, bindet sich nicht auf Jahrzehnte durch Festsetzungen, deren Tragweite von vorneherein unberechenbar, sie kann sich demnach allen auftretenden neuen Verhältnissen leichter anpassen und zu Nutze machen und da sie gewiss aus der Stromlieferung ihren Bürgern gegenüber keine oder doch nur eine dem Gemeinwesen und der Höhe der Gemeindeumlagen zu Gute kommende Einnahme machen will, so kann sie billiger als der Private sein. Dagegen gehört ein derartiger Betrieb nicht unbedingt zu den Aufgaben des Gemeinwesens, und die Organisation des letzteren lässt es oft nicht empfehlenswerth erscheinen, die Selbstproduktion zu besorgen und die Gemeinde dadurch gewissermaassen auf den Standpunkt jedes Producenten zu stellen. Der Hinweis auf städtische Wasser- und Kanalisirungseinrichtungen ist hierbei, weil sie für die Gemeinschaft unerlässlich und in den Kosten durch Steuerumlagen gedeckt sind, nicht zutreffend.

2. Privatbetrieb. Die Nachtheile des Regiebetriebes bilden naturgemäss die Vortheile des Privatbetriebes. Der Privatbetrieb wird durch die Ertheilung einer Koncession ermöglicht, welche die Abgabe von Strom an Private nach einem Tarife auf Jahre hinaus regelt; für die gewährten Rechte fordert das Gemeinwesen gewisse Leistungen, meistens die Besorgung der öffentlichen Beleuchtung zu mässigen Preisen. Eine zu weitgehende Forderung nach dieser letzten Richtung hin muss sich bei den Kosten der Privatbeleuchtung rächen, indem sich der Lieferant bei dieser durch höhere Tarife zu decken sucht und dadurch eine indirekte Steuer von einem Theile der Bevölkerung erhebt, während die öffentliche Beleuchtung allen zu Gute kommt. Die Koncessionsurkunden beziehen sich meist auf den Umfang der öffentlichen Beleuchtung, auf die Ausführung, Erweiterung und Eröffnung derselben, sowie der privaten Beleuchtung, auf die Sicherstellung des Betriebes, auf die Dauer, den Ablösungsmodus des Vertrages.

3. Pachtbetrieb. Die Anlage gehört der Stadt; sie verpachtet jedoch auf verhältnissmässig kürzere Zeit den Betrieb, wobei sie sich

möglichst freie Hand bezüglich Tarifstellungen vorbehält. Diese Art des Betriebes soll die Vortheile beider ersteren in geringerem Maasse vereinigen.

30. Tarife.

Je nach den drei genannten Betriebsverhältnissen wird sich die Höhe des Gewinnzuschlages zu den reinen Selbstkosten (die oft als Fabrikationskosten bezeichnet werden) gestalten. Für den Privatbetrieb liegt natürlich die Hauptfrage in der Rentabilität solcher Unternehmungen. Der Verkauf des Stromes erfolgt nach Tarifen. Der Tarif soll einfach und übersichtlich sein, um das Vertrauen des Konsumenten leicht zu gewinnen. Er soll gerechte Ansprüche nach beiden Seiten hin befriedigen und ausserdem den Konsumenten zu einem grösseren Umsatz verführen, ausserdem soll er diejenigen Bestrebungen des Producenten unterstützen, welche sich aus der Produktionsweise des Stromes ergeben.

Man kann zweierlei Vorgänge bei Einhebung der Stromgebühr einhalten. Entweder wird von vornherein zur Pauschalirung nach der installirten Lampenzahl je nach ihrem geschätzten Konsumwerthe geschritten, oder man schaltet einen Verbrauchsmesser ein, nach dessen Aufnahme die Abrechnung zu erfolgen hat.

Die erste Methode, welche den Nachtheil hat, den Konsumenten zur Vergeudung des Stromes zu verleiten und demnach eine unmoralische Wirkung ausübt, hat in manchen Fällen trotzdem volle Berechtigung, z. B. wenn es sich um eine einzige Lampe oder um eine Gruppe von unbedingt gleichzeitig zu benutzenden Lampen von ganz bestimmten Brennzeiten handelt, für welche etwa die Anschaffung dieser Messapparate zu kostspielig sein würde, oder wenn es sich um eine Centrale mit ausgiebiger Wasserkraft handelt, bei welcher die Inanspruchnahme der primären Kraftanlage belanglos wird. Ein viel gerühmter und missbrauchter Vorzug dieser Pauschalirung liegt darin, dass der Konsument seine Ausgabe für Strom von vornherein weiss und die allüberall zu beobachtende Verwunderung über die hohe Stromrechnung den Boden verliert.

Die zweite Methode variirt nach den Apparaten. Wird nur die Benutzungsdauer gemessen, in den sogenannten Zeitzählern, so wird ein Stundentarif in Kombination mit der Anzahl der Lampen eingeführt. Die genauere Methode besteht jedoch in der Erhebung des faktischen Stromkonsums, was die bereits beschriebenen Elektricitätszähler oder Verbrauchsmesser besorgen. Oft wurde ohne Rücksicht auf die eingeschlagene Methode von vornherein vom Konsumenten eine feste Gebühr pro installirte Lampe erhoben. Diese sogenannte Lampengebühr ist aus der bereits erklärten Thatsache hervorgegangen, dass die

Selbstkosten ohne Rücksicht auf die Höhe des Konsums aus einer festen Ausgabe und einer dem Konsum proportionalen besteht. Sie soll dem Producenten eine fixe Einnahme sichern ohne Rücksicht, ob und wie die installirten Lampen benutzt werden. In der Praxis hat sich dieselbe trotz der theoretischen Richtigkeit nicht bewähren können; der Konsument erkennt nicht leicht die Gründe an, welche ausschliesslich dem Interesse des Producenten entspringen. Die feste Gebühr fällt bei Lampen von geringer durchschnittlicher Brenndauer natürlich stark ins Gewicht und hat demgemäss zur Folge, dass sie die Ausbreitung der Beleuchtung künstlich hemmt. Die Anwendung der Lampengebür hat sich daher sehr vermindert. Eine analoge Festsetzung erfolgt oft durch die Mindestbrennzeit, welche vom Konsumenten pro Lampe garantirt werden soll. Sie ist der naturgemässen Entwicklung grosser Werke ebenso hinderlich, wie die Lampengebühr. Denn sie giebt fast nur gleichartige Konsumenten und steile Konsumkurven. Wird die Verrechnung nach dem vom Zähler abzulesenden Konsum vorgenommen, so wird ein Zählertarif festgelegt, der auf einem Grundpreise pro Hektowatt basirt und für welchen je nach den örtlichen Verhältnissen eine besondere Rabattskala hinzugefügt zu werden pflegt. In dieser Hinsicht lassen sich hauptsächlich drei Kategorien von Rabattsätzen unterscheiden. Bei der ersten Kategorie ist der Rabatt nur von der reinen Konsummenge abhängig, also dem mit dem Grundpreise verrechneten Geldbetrage entsprechend, sie ist von Dr. G. Rasch[1]) als Geldrabatt bezeichnet worden. Sie zeichnet sich durch die geringsten Anforderungen an das Begriffsvermögen der Konsumenten aus, vermeidet die schwierige Ermittlung der installirten Lampen und entspricht dem aktuellen Grundsatz der Bevorzugung von Grosskonsumenten, hat jedoch den Nachtheil der vollständigen Ignorirung der Verbilligung der Produktion. Die zweite Kategorie berücksichtigt nur diesen Punkt, sie ist auf der durchschnittlichen Brenndauer der Lampen aufgebaut und kann als Brennstundenrabatt bezeichnet werden. Derselbe ist theoretisch schon viel besser; aber die Aufnahme und Zählung der Lampen, die Bestimmung der im Jahresmittel installirten Lampen und ihrer Kerzenstärke sind so lästig für den Konsumenten, so ungenau und so theuer für die Centrale, dass auch dieses System nicht vollkommen befriedigen kann. Dieser Modus hat in einigen Fällen noch die Verbesserung erhalten, die Tageszeit, in welcher die Brennstunden erreicht wurden, zu berücksichtigen, wodurch der ungleichen Tagesbelastung entsprechend die Rabatthöhe variirt.

[1]) „Ueber Strompreise und Rabattrechnung elektr. Centralen“ in Schilling's Journal für Gasbeleuchtung 1896. S. a.: Bericht der Vertreter von Elektricitätswerken, Direktor A. Prücker; ferner Dr. M. Kallmann, Elektr. Zschr. 1897, S. 239.

Der erste, der den Vortheil der Tagesbelastung erkannt zu haben scheint, war Gisbert Kapp; wenigstens nahm er ein Patent darauf, an einem Zähler tagsüber einen Nebenschluss anzulegen, um bei Tage weniger zu zählen als bei Nacht. Dieses System, für das auch von Dr. Rasch Vorschläge gemacht wurden, ist in abgeänderter Form in Bristol und zum Theil in Norwich in Verwendung; es ist dort eine Uhr vorhanden, die einen Theil der Ampèrewindungen des Zählers ausschaltet, den Einheitssatz und die Tage anzeigt, während deren sie funktionirt hat. Bleibt sie stehen, so schaltet sie den hohen Tarif dauernd ein und der Konsument kann reklamiren. Die dritte Kategorie kombinirt die beiden ersteren, sie gewährt einen Brennstunden- und einen Geldrabatt und setzt sich über die Komplicirtheit der Berechnung hinweg, indem sie sich mit den Vortheilen beider ausstattet. Diese drei angeführten einfachen Rabattsysteme lassen eine grosse Mannigfaltigkeit in ihrer Durchführung zu. Es können die Rabattskalen entweder staffelförmigem Verlaufe folgen oder kontinuirlich verlaufen. Die Staffeltarife leiden alle an dem Uebel, dass sie den Konsumenten zur minimalsten Ueberschreitung seiner nächstliegenden Stufe verleiten, bevor ihn der faktische Verbrauch zur Ueberschreitung veranlassen würde. Sie haben dagegen den Vortheil des leichteren Verständnisses für den Laien. Oft wählt man zum einfachen Grundpreis einen ermässigten für jenen Theil des Stromverbrauches, welcher über einen gewissen Jahresbedarf hinausreicht etc. Wir geben aus der genannten Veröffentlichung der Vereinigung der Vertreter von Elektricitätswerken als Beispiele die Tarife 1. von Darmstadt, Altona, Wien, Fig. 402, 2. von Hannover, Nürnberg, Fig. 403, und 3. von Köln, Fig. 404, welche den genannten drei Rabattsystemen entsprechen.

Darmstadt, Altona und Wien haben reinen Brennstundenrabatt, und die Figuren lassen deutlich die Staffeln im Tarife erkennen. Darmstadt rechnet bis 800 Stunden 8 Pfennig pro H.W.St. und giebt

von	800—1000	Stunden	5 %	Rabatt
-	1000—1200	-	7½ -	-
-	1200—1500	-	10 -	-
-	1500—2000	-	12½ -	-
	über 2000	-	15 -	-

Altona rechnet

von	0— 750	Stunden	6,9	Pfennig pro H.W.St.
-	750—1000	-	6,5	- - -
-	1000—1500	-	6,15	- - -
	über 1500	-	5,75	- - -

Wien nimmt bis 600 Stunden 4 Kreuzer = 6,8 Pf. pro H.W.Std.
über 600 - 2,5 - = 4,25 - - -

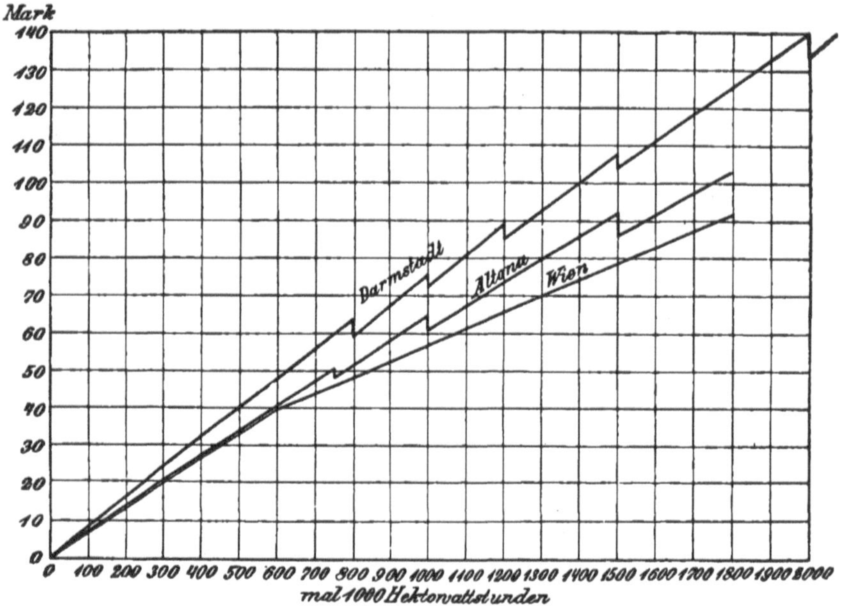

Fig. 402.

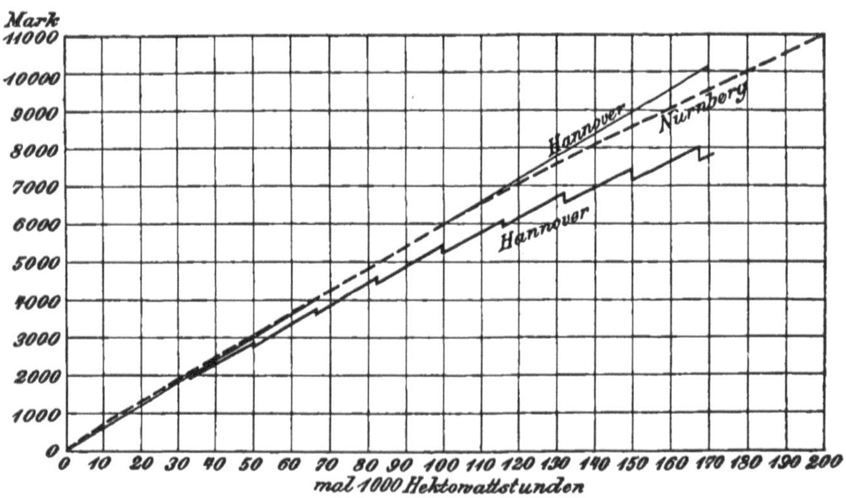

Fig. 403.

Hannover und Nürnberg haben Geldrabatte mit verschieden stark ausgeprägten Staffeln eingeführt. Erstere Stadt nimmt als Grundpreis 6 Pfennig pro H.W.St. und gewährt bei Jahresbeträgen

über	500 Mark	1%	Rabatt;	über	6000 Mark	12½%	Rabatt
-	1000 -	2 -	-	-	7000 -	15 -	-
-	2000 -	4 -	-	-	8000 -	17½ -	-
-	3000 -	6 -	-	-	9000 -	20 -	-
-	4000 -	8 -	-	-	10000 -	22½ -	-
-	5000 -	10 -	-				

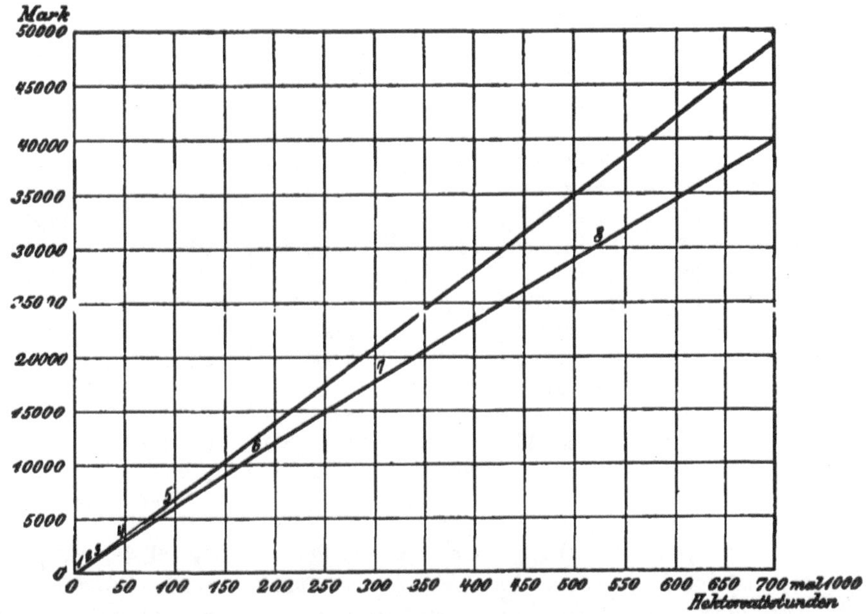

Fig. 404.

Nürnberg nimmt dagegen 7 Pfennig pro H.W.St. als Grundpreis und gewährt folgende Rabattsätze:

von	500— 1000	Mark jährlich	5%
-	1000— 2000	- -	10 -
-	2000— 4000	- -	15 -
-	4000— 7000	- -	20 -
-	7000—10000	- -	25 -
	über 10000	- -	30 -

Köln hat kombinirten Geld- und Brennstundenrabatt. Es wird zunächst das Produkt aus den bezahlten Beträgen in die berechneten Brennstunden gebildet; ist dieses Produkt kleiner als 250 000 Mark und Brennstunden, so erhält der Konsument keinen Rabatt. Ist es z. B. 700 000, so erhält der Konsument für 500 000 Mark mal Brennstunden den Gesammtrabatt von 12 500, für den überschiessenden Betrag von

200 000 den Einzelrabatt von 7,5% = 15 000, zusammen 27 500 Mark mal Brennstunden. War die Zahl der Brennstunden z. B. 500, so giebt dies einen Geldrabatt von ℳ 55. — auf $\frac{700\,000}{500}$ = ℳ 1400 oder etwa 3,2%.

Zur Ausführung der Rabatt-Berechnung dient nachstehende Tabelle:

	Produkte Mark × Brennstd.			Einzel-Rabatt		Gesammt-Rabatt	
1.	0 bis	250 000	0 %	oder 0	0	oder 0 %
2.	250 000 -	500 000	5 -	12 500	12 500	2,5 -
3.	500 000 -	1 000 000	7,5 -	37 500	50 000	5 -
4.	1 000 000 -	2 000 000	10 -	100 000	150 000	7,5 -
5.	2 000 000 -	4 000 000	12,5 -	250 000	400 000	10 -
6.	4 000 000 -	7 500 000	15 -	525 000	925 000	12,33 -
7.	7 500 000 -	13 000 000	17,5 -	962 500	1 887 500	14,52 -
8.	13 000 000 -	22 000 000	20 -	1 800 000	3 687 500	16,76 -
9.	22 000 000 -	34 000 000	22,5 -	2 700 000	6 387 500	18,78 -
10.	34 000 000 -	50 000 000	25 -	4 000 000	10 387 500	20,77 -
11.	50 000 000 -	70 000 000	30 -	6 000 000	16 387 500	23,41 -
12.	70 000 000 -	100 000 000	35 -	10 500 000	26 887 500	26,88 -
13.	100 000 000 -	140 000 000	40 -	16 000 000	42 887 500	30,63 -
14.	140 000 000 -	200 000 000	45 -	27 000 000	69 887 500	34,94 -
15.	200 000 000 -	300 000 000	50 -	50 000 000	119 887 500	39,96 -
		und mehr	und mehr		und mehr	

Für die Berechnung des Rabattes ist die grösste Zahl der während eines Betriebsjahres angeschlossenen Lampen maassgebend. Die Schlussabrechnung über diesen Rabatt wird nach der letzten Zahlung des Geschäftsjahres aufgestellt.

Ein neuer Gesichtspunkt für die Tarifirung ist von Arthur Wright eingeführt worden; er bemisst den Brennstundenrabatt nicht nach dem möglichen, sondern nach dem erreichten Maximum, das er mittelst eines besonderen Apparates halbjährlich ermittelt. Damit fällt das lästige und theure Zählen fort.

Die Basis wird dadurch gesunder, dass er einen Differentialtarif einführt. Jeder Konsument erhält also 2 Apparate, den Zähler für die Hektowattstunden und ein Maximumampèremeter, das für die konstante Spannung in Hektowatt graduirt ist. Wright ermittelt dann die festen Kosten als das Verhältniss der $\frac{\text{Differenz der Ausgaben}}{\text{Differenz der Abgaben}}$ für die 3 Winter- und die 3 Sommermonate.

Diese festen Kosten, oder wie Wright sagt, die Kosten der Bereitstellung für den zu erwartenden Konsum, zerfallen nach der Analyse von W. J. Greene in drei Theile:

		Procent
1.	Vorkosten oder unproduktive Kosten für Vorarbeiten event. Financirung u. s. w.	6
2.	Anschlusskosten oder Kosten für den Anschluss der Konsumenten	11
3.	Abgabekosten oder Kosten für die Bereitstellung der Maschinen und Leitungen für den Maximalkonsum	67
	in Brighton also zusammen	84
	Hierzu kommen noch	
4.	die reinen Betriebskosten mit	16
		100

Wright glaubt aus seinen Erfahrungen folgern zu dürfen, dass die Summe der ersten drei Theile ungefähr proportional der maximalen Jahresabgabe verläuft.

Dieses anfänglich etwas befremdende Ergebniss wird erklärlich, wenn man bedenkt, dass, obwohl der Posten 1 kleiner wird, die wachsende Abgabe fortwährend Zuschüsse für Leitungen, Zähler, Transformatoren oder Speiseleitungen erfordert, und dass der Posten 3 mit wachsender Abgabe eher grösser wird, weil zuerst schon die grossen und nahe liegenden Konsumenten kamen; auch brennen die neuen Konsumenten zu verschiedenen Zeiten, so dass das absolute Maximum nicht oder nur wenig steigt[1]).

Theoretisch sollte jeder Konsument zu den Kosten sub 4 proportional seiner Maximalentnahme am Tage und zur Zeit des Maximalkonsums beitragen; dies ist undurchführbar. In Brighton verwendet man das Maximum in den 6 Wintermonaten, das ein 10 Minuten zur Einstellung brauchendes, als registrirendes Ampèremeter dienendes Luftthermometer angiebt; besondere Maxima können angemeldet werden, so z. B. festliche Gelegenheiten, Gesellschaften. Das Maximum der Centrale ist bloss 66 % des Maximums aller Konsumenten, weil diese nicht gleichzeitig brennen.

Die jährlich maximal entnommene Kilowattstunde stellt sich an festen Kosten auf 17,9 £; davon 66 % = 11,8 £ per Jahr oder $7^3/_4$ d per Tag für jeden Konsumenten fest. Dazu kommen 0,71 d an variablen Kosten. Wenn also die Konsumenten $8^1/_2$ d pro Kilowatt für die erste Brennstunde, $^3/_4$ d für die weiteren zahlen würden, würden gerade alle Unkosten gedeckt; da aber der maximale zulässige Preis 7 d war, hat man die Sache etwas ungünstiger für die Langbrenner gestalten müssen, indem man 7 d für die erste, 3 d für alle folgenden Stunden nahm; man hofft aber, den letzteren Preis bald auf 2 d reduciren zu können.

[1]) C. P. Feldmann, Elektr. Zschr. 1897, S. 779, 789.

Mit einem solchen Maximalapparate bei jedem Konsumenten kann man die Konsumenten klassificiren, um zu erkennen, welche von ihnen der Centrale Gewinn, welche Verluste bringen; Wright theilt sie in 4 Klassen ein:

1. Klasse. Neu angeschlossene Konsumenten;
2. - Schlechte Konsumenten mit weniger als 1 Stunde täglich;
3. - Mittlere Konsumenten mit 1—1½ Stunden täglich;
4. - Gute Konsumenten mit mehr als 1½ Stunden täglich.

Für jede Klasse kennt er die Maxima, die Gesammtabgabe, die festen und variablen Kosten, die Gesammteinnahmen und somit den Gewinn oder Verlust. Nur Klasse 4 bringt in Brighton Gewinn; die 3 anderen Klassen involviren Verlust.

Wright will für Kraftzwecke keine besonderen Tarifsätze einsetzen; das Kleingewerbe wird seiner Ansicht nach ohnehin schon Vortheil aus der grossen Ausnutzungszeit der Motoren ziehen; für Aufzüge u. s. w. will er mit Recht keinen billigeren Preis gewähren. Dies ist zwar logisch; da aber die streng logische Tarifskala praktisch doch nicht genau durchführbar ist, da ferner Motoren- und Grosskonsumenten zweckmässigerweise doch anders behandelt werden, als normale Lichtabnehmer, muss man den Brightontarif etwas modificiren, etwas den anderen Systemen nähern.

Dies hat die Allgemeine Elektricitäts-Gesellschaft, Berlin mit dem für Rheinfelden ausgearbeiteten Tarife angestrebt. Sie berechnet pro Kilowattstunde für Licht 40 Pf., für Kraft 1,6 Pf. und giebt

für	500	Stunden	5 %	Rabatt
-	600	-	10 -	-
-	700	-	15 -	-
-	800	-	20 -	-
-	900	-	25 -	-
-	1000	-	30 -	-
-	1500	-	40 -	-
-	2000	-	50 -	-
-	3000	-	60 -	-
-	4000	-	70 -	-
-	5000	-	76 -	-
-	6000	-	80 -	-

Ausserdem erhebt man jährlich an Grundtaxe pro installirtes Kilowatt bei Anlagen zwischen

---

[1]) A. Wright, Electrician 1897, Bd. 39, S. 256 u. 290.

0,1	und	0,9	Kilowatt	= 160 Mark
1	-	4	-	= 140 -
5	-	20	-	= 128 -
21	-	40	-	= 116 -
41	-	80	-	= 104 -
81	-	160	-	= 96 -
161	-	300	-	= 84 -
301	-	500	-	= 72 -
501	-	800	-	= 62 -
801	-	1200	-	= 56 -
	über	1200	-	= 52 -

Die Brennzeit wird ermittelt als Verhältniss der abgegebenen Kilowattstunden zu der normalen Belastung, für welche der Zähler bestimmt ist; diese Bestimmung lässt dem Leiter des Werkes einen gewissen Spielraum und erspart die Zählung oder Messung. In jedem Falle muss aber ein Abnehmer an Grundtaxe und Abgabe für Stromverbrauch zusammen mindestens 100 Mark pro Jahr entrichten. Es kann überdies auch Pauschaltarif gegeben werden.

Das ist die Wiederbelebung des alten, zuerst von Hopkinson 1882 patentirten Verfahrens, eine feste und eine mit dem Konsum variable Gebühr zu erheben; aber die Wiederbelebung erfolgt in verbesserter, wesentlich durch Wright's Ideen veredelter Form.

Ein Differentialtarif, wie der Brightoner, muss naturgemäss die mittleren Wohnungen heranziehen, die kleine, aber sichere und regelmässige Konsumenten sind. Leider hat Wright bis jetzt nicht ganz Unrecht, wenn er sagt, dass man nach den Konsumkurven der Centralen glauben könnte, $^9/_{10}$ aller Einwohner ginge um 8 Uhr zu Bett. Aber es giebt noch ein anderes Mittel, den Konsum in kleinen und mittleren Häusern und bei der weniger bemittelten Bevölkerung zu heben; diesem Mittel wird von den Gaswerken mehr und mehr Aufmerksamkeit zugewendet und hat z. B. der London Gas Light & Coke Co. über 150 000 Abnehmer verschafft, während etwa 20 000 weitere auf Anschluss warten. Dieses von Couzens[1]) auch für Elektricitätswerke vorgeschlagene Mittel ist die Einführung von automatischen Zählern mit Münzeinwurf, deren Tarif so bemessen ist, dass die unentgeltlich gelieferte Installation mit amortisirt werden kann.

Diese Mittel oder Kombinationen derselben sind im Stande, die Wohlthat elektrischer Beleuchtung auch den Privatwohnungen des Mittelstandes zuzuführen, und sie sind in hohem Maasse geeignet, die Rentabilität der Centralen ohne merkbare Beeinflussung des absoluten Maximums, also ohne wesentliche Erweiterungen der Erzeugerstätte zu erhöhen.

---

[1]) Couzens, Electrician 1897, Bd. 39, S. 377.

31. Rentabilität von Centralen.

Zur Feststellung der Rentabilität der Elektricitätswerke muss die durch den Tarif geregelte Einnahme mit den Ausgaben in Vergleich gezogen werden. Wir haben gesehen, welchen hohen Einfluss insbesondere die Brenndauer und der Belastungs- oder der Ausnutzungsfaktor spielt. Nach Kallmann's[1]) Ermittelungen beträgt der Ausnutzungsfaktor bei 7 grossen Centralen im Mittel etwa 6 %, der Tarifpreis im Mittel etwa 6,3 Pf., die Jahreseinnahme 31—45 Mark pro installirtes Hektowatt oder 1,3 Mark pro Jahr und Kopf der im Bereiche des Netzes liegenden Einwohner. Dabei sind das Netz maximal mit 50 %, die Maschinen mit 70 %, die Anschlüsse mit 60 % belastet. Eine Erhöhung der Rentabilität kann also nur durch Vergrösserung der Fläche der Tageskurven oder durch starke Verschiedenheit der Konsumenten und der Konsumansprüche erzielt werden.

Soll der Ausnutzungsfaktor gehoben werden, so muss man ihn für jeden einzelnen Konsumenten zu heben versuchen; um sich über die einzuschlagenden Wege klar zu werden, muss man für die einzelnen Konsumenten oder für einzelne Gruppen derselben den Verlauf des Tageskonsums ermitteln. Alle so ermittelten Einzelkonsumkurven müssen dann in ein gemeinsames Koordinatensystem eingetragen und einander superponirt werden. Es ist klar, dass die so erhaltene Kurve des gesammten Tagesverbrauches um so weniger steil ansteigen wird, zu je verschiedeneren Zeiten die Einzelgruppen von Konsumenten ihren Maximalbedarf haben. Nimmt man z. B. an, dass alle Konsumenten einer Centrale gleichzeitig ihre Lampen anzünden, ihr Maximum erreichen und wieder auslöschen, so kommt in den 24 Tagesstunden nur eine Stunde maximalen Konsums vor; der Verschiedenheitsfaktor ist dann nur $^1/_{24}$; besitzen aber z. B. die Bureaux ihr Maximum um 5, die Läden um 7, die Privatwohnungen um 9, die Wirthshäuser um 10, die Zeitungsdruckereien um 12 Nachts, die Postämter u. s. w. um 6 Uhr Morgens, sind also 6zeitig verschiedene Maxima bei den Einzelkurven in 24 Stunden vorhanden, so ist der Verschiedenheitsfaktor $^1/_4$. Der Begriff ist durch Arthur Wright ohne Definition eingeführt worden; wir haben versucht, ihn ziffernmässig auszudrücken und haben dazu ein rohes Beispiel gewählt.

Der Zug der Zeit geht nun dahin, möglichst viel Abgabe für Kraftübertragung, Bahnen u. s. w. zu erlangen, weil man sich vielleicht dem Glauben hingiebt, den grösseren Theil der Lichtabgabe bereits erworben zu haben, oder mühelos erhalten zu können. Man kann dadurch zwar,

---

[1]) Kallmann, Elektr. Zschr. 1895, S. 793; ferner Elektr. Zschr. 1897, S. 239.

wie auch durch eine opulente, aber (wie in Köln) unentgeltliche Strassenbeleuchtung die Ausnutzungszeit und den Ausnutzungsfaktor beträchtlich erhöhen, also die festen Kosten per abgegebene Hektowattstunde wesentlich verringern; aber man verringert auch des billigeren durchschnittlichen Einheitspreises wegen die Einnahme pro abgegebene Hektowattstunde, und es kann leicht vorkommen, dass man durch den höheren Konsum zu Neuanschaffungen gezwungen wird, die die gehoffte Verringerung der festen Kosten pro Einheit wieder verschwinden lassen. Dies gehört jedoch eigentlich zur Tarifpolitik.

Kallmann schätzt die erreichbaren Abgaben und Einnahmen für Licht-, Kraft- und Bahnzwecke wie folgt:

	Hektowattstunden		pro Jahr und Kopf der Bevölkerung Mark
für Licht . .	20	à 6,5 Pf.	1,30
- Kraft . .	20	à 2,0 -	0,40
- Bahnen .	100	à 1,0 -	1,—

Dies würde für Köln

für Licht . .	455 000 Mark
- Kraft . .	140 000 -
- Bahnen .	350 000 -

machen und für letztere etwa 7 000 000 Wagenkilometer = 3,5 Millionen Kilowattstunden entsprechen.

Es giebt aber noch eine Reihe anderer Mittel, den Ausnutzungsfaktor zu heben. Dahin gehören die von den Gasanstalten für ihre Zwecke mit so grossem Erfolg unternommenen Bestrebungen, Abgaben für Heiz- und Kochzwecke zu erzielen; es ist nur eine Frage der Zeit, dass für diese Zwecke elektrische Energie in merkbaren Mengen in den Sommermonaten verausgabt wird. Die technische Anwendung der elektrischen Heizung beschränken sich bis jetzt auf besondere Fälle, so z. B. die Heizung der Strassenbahnwagen, den Betrieb von Brennapparaten in Theatern u. s. w.

Ein interessantes Beispiel elektrischer Heizung im Grossen giebt die Kraftanlage am Niagarafalle. Die ganze Anlage hat etwa 800 PS für Heizzwecke in Verwendung.

Dieselbe Anlage und ebenso die Neuanlage der Allgemeinen Elektricitäts-Gesellschaft, Berlin, in Rheinfelden bieten auch Beispiele für die Erhöhung des Ausnutzungsfaktors durch den Anschluss elektrochemischer Werke dar; solche Anschlüsse, selbst wenn sie mit rotirenden Transformatoren gemacht werden müssen, wie am Niagara und in Rheinfelden, sind rentabel, sobald die zur Verfügung stehenden Kräfte billig und die verlangten Energiemengen gross sind. Selbstverständlich kann man aber bei der grossen Mehrzahl der Centralen weder plötzlich elektrochemische Grossindustrie heranziehen, noch eine wesentliche Stromlieferung für solche Zwecke erwarten. Die Aufspeicherung in Akkumulatoren zu Zeiten des Leerlaufes und die Abgabe zu Zeiten der Vollbelastung, so vollkommen sie dem Zwecke zu entsprechen scheinen, haben gegenüber den reinen Wechselstromwerken mit dauerndem Maschinenbetrieb unter sonst ähnlichen Verhältnissen weder höhere Ausnutzungsfaktoren, noch geringere Selbstkosten pro erzeugte Einheit ergeben. Die Schuld daran trägt vielleicht der äusserst geringe Ausnutzungsfaktor der Kesselanlagen, bewirkt durch tägliches Anheizen u. s. w.

Es bleiben nun noch die Vorschläge zur Verringerung der festen Kosten durch Wärmeaufspeicherung in Reservoiren oder durch Aufspeicherung von Druckwasser in Sammelteichen. Man wandelt auch hier in den Spuren der Gasanstalten, die durch den Verkauf von Nebenprodukten die festen Kosten reduciren; bei den elektrischen Centralen muss man Nebenverbrauchsquellen suchen. Als selbstverständliche Voraussetzung gilt dabei, dass im Betriebe selbst durch zweckmässige Einrichtungen die erreichbaren Vortheile auch wirklich erreicht sind.

Wo aber weder namhafte Kraftabnahme, noch Abnahme für elektrochemische Zwecke erreichbar sind, muss man die Lichtabgabe und den Verschiedenheitsfaktor bei der Lichtabgabe zu erhöhen suchen. Dies ist möglich durch eine entsprechende Tarifpolitik.

Die auf die Rentabilität bezugnehmenden Faktoren der Gründung, des Betriebes und des Konsums wurden bereits ausführlich erörtert. Desgleichen gilt dies in theoretischer Weise von dem Einflusse des gewählten Systems und es soll hier nur noch der Vergleich nach den berührten Richtungen hin dadurch vorgenommen werden, dass wir die Ergebnisse für zwei grosse Elektricitätswerke anführen, welche unter gleichen Verhältnissen gegründet, auf gleichem Boden sich entwickelt, und sowohl hinsichtlich der Grösse des Aktienkapitals als auch des technischen und des geschäftlichen Betriebes und ihres Alters unter ziemlich übereinstimmenden Verhältnissen arbeiten. Es sind dies eine Gleichstromcentrale und eine Wechselstromcentrale in Wien.

Dieser Vergleich rührt von F. Goldenzweig[1]) her, der die Betriebsdaten, welche aus Jahresberichten entnommen sind, in einer Zahlentabelle zusammenfasste, während wir hier dieselbe in graphischer Darstellung wiedergeben.

In Fig. 405 und 406 bedeuten die Abscissen die Zahl der nutzbar abgegebenen Hektowattstunden. Man sieht aus der Darstellung den von

[1]) Zschr. f. Elektrotechnik, Wien 1896, Heft XVI.

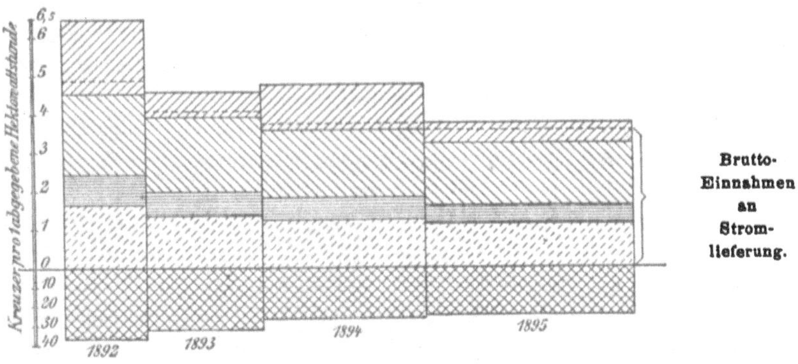

Fig. 405.
Gleichstromcentrale in Wien.

20 000 fl.	▨	Jahreszuwachs der Amortisations-, Erneuerungs-, Reserve- und Specialreservefonds.
„	▧	Ausgezahlt an Dividenden.
„	▤	Allgemeine Unkosten, Steuern, Abgaben und Gebühren.
„	⬚	Reine Betriebskosten: Ausgaben für Kohlen, Oel und sonstige Betriebsmaterialien, Instandhaltung, Reparaturen, Gehälter und Löhne.
400 000 fl.	▩	Investirtes Kapital.

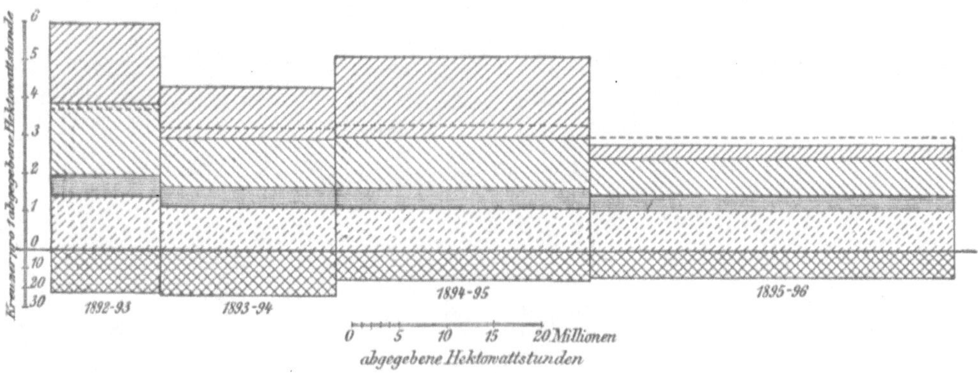

Fig. 406.
Wechselstromcentrale in Wien.

jeder Gesellschaft in den Jahren von 1892 bis 1895/96 bewältigten Jahreskonsum. Dieser giebt ein klares Bild über das Anwachsen der beiden Centralen in gleichen Zeitabschnitten und lässt erkennen, dass die Wechselstromcentrale sich bedeutend rascher entwickelte als die Gleichstromcentrale in den entsprechenden Jahren.

Die Ordinaten nach abwärts bedeuten das investirte Baukapital, und zwar bezogen auf eine abgegebene Hektowattstunde. Der Vergleich der gekreuzt schraffirten Flächen ergiebt, dass das Baukapital pro abgegebene Einheit bei der Wechselstromcentrale weit niedriger war als bei der Gleichstromcentrale. Um den Vergleich noch mehr zu erleichtern, wurde unter den Zeichenerklärungen ein mit Kreuzschraffirung versehenes Rechteck gezeichnet, welches dem Verhältnisse nach ein investirtes Baukapital von 400 000 fl. ö. W. bedeutet. Ein Vergleich dieses Rechteckes mit denjenigen Flächen des Diagrammes, die mit Kreuzschraffirung versehen sind, giebt ein genaues Bild über das Anwachsen der Baukosten der beiden Centralen in den einzelnen Jahren und bietet Aufschluss über die Vergrösserungen der einzelnen Jahrgänge.

Die positiven Ordinaten stellen die reinen Betriebskosten, andere Unkosten, Dividende, Zuwachs der verschiedenen Fonds und Einnahmen dar.

Sehr interessant gestalten sich die Einnahmen, die sich mit denen der Ausgaben decken müssen, weil auch der jährliche Zuwachs der verschiedenen Fonds in der Darstellung als Ausgabe behandelt wird. Die Einnahmen theilen sich in Bruttoeinnahmen an Stromlieferung und in Nebeneinnahmen an Installationen, Häusermiethe, Zinsen etc. Der Vergleich dieser beiden Einnahmen ist bei beiden Centralen für jedes einzelne Jahr gut möglich.

Zum Schluss folgen einige Beispiele ausgeführter Centralanlagen.

IX. Kapitel.

Beispiele ausgeführter Centralstationen.

1. Eine Dreileitercentrale von 2 × 110 Volt mit Akkumulatoren.

a) Schaltung und Regulirung. Ein gutes Beispiel hierfür liefert das in den Jahren 1890—92 von Siemens & Halske erbaute Elektricitätswerk der Stadt Kopenhagen, dessen Schaltungsschema Fig. 407 (siehe Anlage I) darstellt. Den Mittelpunkt der Schaltung bilden die drei oberen Sammelschienen, deren mittlere an die Mitte der Batterie unter Vermittelung von Bleisicherungen Bl, Vorschaltwiderstand VW und Stromzeiger St angeschlossen ist. Die Vorschaltwiderstände dienen dazu, die an den Stromzeigern beobachteten Stromstärken abzugleichen. Ausserdem sind in der Mitte noch Stromzeiger angebracht, um die Belastung der beiden Batteriehälften zu kontrolliren. Jede Batteriehälfte besteht aus zwei parallelen Reihen von je 68 Tudorzellen der Akkumulatorenfabrik A.-G. Hagen mit einer maximalen Entladestromstärke von 344 Ampère. Die Regulirzellen der beiden Batteriehälften sind mit Lade- und Entladezellenschaltern versehen, von denen die ersteren mit zwei Ladesammelschienen, die letzteren mit den äusseren Hauptsammelschienen verbunden sind. Besondere Umschalter U gestatten die Dynamo sowohl auf Ladung der Batterie, als auf gleichzeitige Entladung mit ihr einzustellen. Für die Einschaltung der Dynamos sind besondere Differentialspannungszeiger D Sp angeordnet, welche Gleichheit der Spannungen anzeigen. Die Zellenschalter besitzen Handantrieb und die Netzspannung wird durch den Entladezellenschalter und die damit zu verkuppelnden Regulirwiderstände RW für die Nebenschlüsse NW der Dynamos regulirt.

Diese gemeinsame Regulirung ist im Allgemeinen ausreichend, da das Netz selbst genügenden Ausgleich für gewöhnlichen Betrieb besitzt. Für die durch die Beleuchtung des Königl. Schlosses und Theaters auftretenden Belastungsschwankungen sind die automatischen Regulirwiderstände in jeder der Speiseleitungen vorgesehen, welche durch Relais bei

1,5 Volt Spannungsabweichung an den Speisepunkten zu funktioniren beginnen. Die Spannungskontrolle erfolgt durch besondere Messleitungen, die Kontrolle der Belastung der einzelnen Speiseleitungen durch besondere Zähler A.

b) Das Vertheilungsnetz (Fig. 408, Anlage II) besteht aus etwa 92 km eisenbandarmirter Bleikabeln von Siemens & Halske und enthält 57 Kreuzungs- und Anschlusskästen und 23 Hauptspeisepunkte, von denen die mit gleichen Zahlen und verschiedenen Buchstaben bezeichneten zu Sammelleitungen (z. B. IIa bis IId) zusammengezogen sind. Die grösste Entfernung zur Centrale betrug im Jahre 1894 etwa 1340 m; der Maximalspannungsverlust von den Sammelschienen bis zu den Hauptspeisepunkten betrug 15%. Das Kabelnetz ist derart berechnet, dass bei 50% Unterschied in den Belastungen der Speiseleitungen die Speisepunkte höchstens ± 1,5 Volt Spannungsunterschied aufweisen. Der Maximalverlust in den Aussenleitern der Vertheilungsleitungen beträgt 1,4 Volt. Das Netz ist für 22000 gleichzeitig brennende Lampen à 55 Watt berechnet.

c) Umfang. Die maschinelle Anlage vermochte 1894 1430 P. S. zu leisten; der Akkumulator konnte hierzu noch bei maximaler Entladung 242 P. S., also etwa $^1/_6$ zu liefern. Die Gesammtleistungsfähigkeit der Centrale betrug also damals 1672 P.S., womit etwa 16000 gleichzeitig brennende Lampen gespeist werden könnten. Fig. 409 (siehe Anlage I) giebt die Gesammtdisposition der Centrale und lässt die für Erweiterung vorgesehenen Räume erkennen.

d) Kessel. Das Kesselhaus enthielt 1894 sechs Cirkulationswasserröhrenkessel, von denen 3 à 212 m² von Steinmüller in Gummersbach, 3 à 225 m² von der Babcock & Wilcox Co. geliefert waren. Um die Kessel führt eine Gallerie zur Besichtigung der Wasserstände und eventuellen Bedienung der Rohrleitungen und der Ventile. Die Kessel werden mit Kokes aus der städtischen Gasanstalt gefeuert; den erforderlichen Zug erzeugt ein Schornstein von 45 m Höhe und 2,8 m lichter oberer Weite. Die Asche fällt nach unten und wird mechanisch weiter befördert. Neben Schornstein und zwischen Maschinen- und Kesselhaus stehen die 3 Worthington-Pumpen, von denen jede in der Minute 17 m³ Kesselspeisewasser zu liefern vermag. Die Dampfzuleitungen sind doppelt angeordnet und beide Stränge können sowohl an den Kesseln als an den Dynamos abgestellt werden. An den Kesseln sind ausserdem noch automatische Absperrventile vorgesehen, die Rohrbrüche unschädlich machen sollen.

e) Dampfdynamos. Im Maschinenraume waren 1894 drei Dampfmaschinen aufgestellt, die von Burmeister & Wains Maskin- og Skibsbyggeri in Kopenhagen geliefert und mit je zwei Siemens'schen Innenpolmaschinen gekuppelt waren. Bei diesen Maschinen ist im Innern des Hochdruckschiebers ein durch einen kräftigen Federregulator verstellbarer Expansionsschieber angebracht. Der Federregulator kann während des Ganges um + 10 % verstellt werden. Die grössere Maschine macht 120 Umdrehungen in der Minute und leistet 350 eff. P. S., die 2 kleineren machen 130 Touren und leisten je 330 eff. P. S. Der Dampfverbrauch beträgt für die grössere Maschine 6,6 kg, für die kleineren 7,25 kg pro ind. P. S.-Stunde. Die 2 Dynamos der grösseren Maschinen leisten je 1500 Ampère, die zwei der kleineren je 870 Ampère bei 110 bis 170 Volt und 120 bezw. 130 Touren.

2. Eine Dreileiteranlage mit 2 × 110 Volt und Akkumulatorenunterstationen.

Ein interessantes Beispiel bietet die im Jahre 1891 eröffnete, von Schuckert erbaute Düsseldorfer Centrale.

a) Schaltung und Regulirung. Die Schaltung und Regulirung ist nach den in den entsprechenden Kapiteln erörterten Gesichtspunkten durchgeführt und in den Fig. 410 (siehe Anlage III) und 411 dargestellt. Die Zellenschalter sind von Hermann Mueller konstruirt und bereits früher beschrieben und abgebildet. Fig. 412 und 413 stellt das Schaltbrett dar.

Beachtenswerth sind hier die Fernleitungen zu den drei Unterstationen Karlstrasse, Badeanstalt und Bleichstrasse, deren Entfernungen von der Centrale 2 km, 3 km und 2,7 km betragen. Die Centralstation ist von dem Versorgungsgebiet rund 3 km entfernt, und die Querschnitte der zu den Unterstationen führenden Kabel betragen in derselben Reihenfolge wie vorher 2 × 279 mm², 2 × 376 mm² und 2 × 726 mm²; der maximale Verlust beträgt 25 %. Zu jeder Unterstation führen also vier Kabel, von denen je zwei parallel geschaltet sind, und ein weiteres mit 5 Mess- und Telephonleitungen. Die Fernleitungen enthalten 16 Kasten, in welchen Theile derselben ein- und ausgeschaltet werden können; sie sind 1,5 m tief in Sand gebettet verlegt.

Die grosse Unterstation in der Bleichstrasse (I) bedeckt 320 m² und enthält 140 Zellen von 800 Ampère Entladestromstärke bei 2640 A.-St. Kapacität; die beiden anderen Unterstationen bedecken je 220 m² und enthalten 140 Zellen mit je 420 Ampère Entladestromstärke und je 1410 A.-St. Kapacität. Alle drei Unterstationen vermögen also zusammen 1640 Ampère und 5460 A.-St. zu liefern, was 6600 gleichzeitig brennenden Lampen und 22 000 Lampenbrennstunden entsprechen würde.

b) Das Vertheilungsnetz, Fig. 414 (siehe Anlage III), besteht aus 24 Speiseleitungen von je 3 mit Prüfungsröhren versehenen Kabeln, die

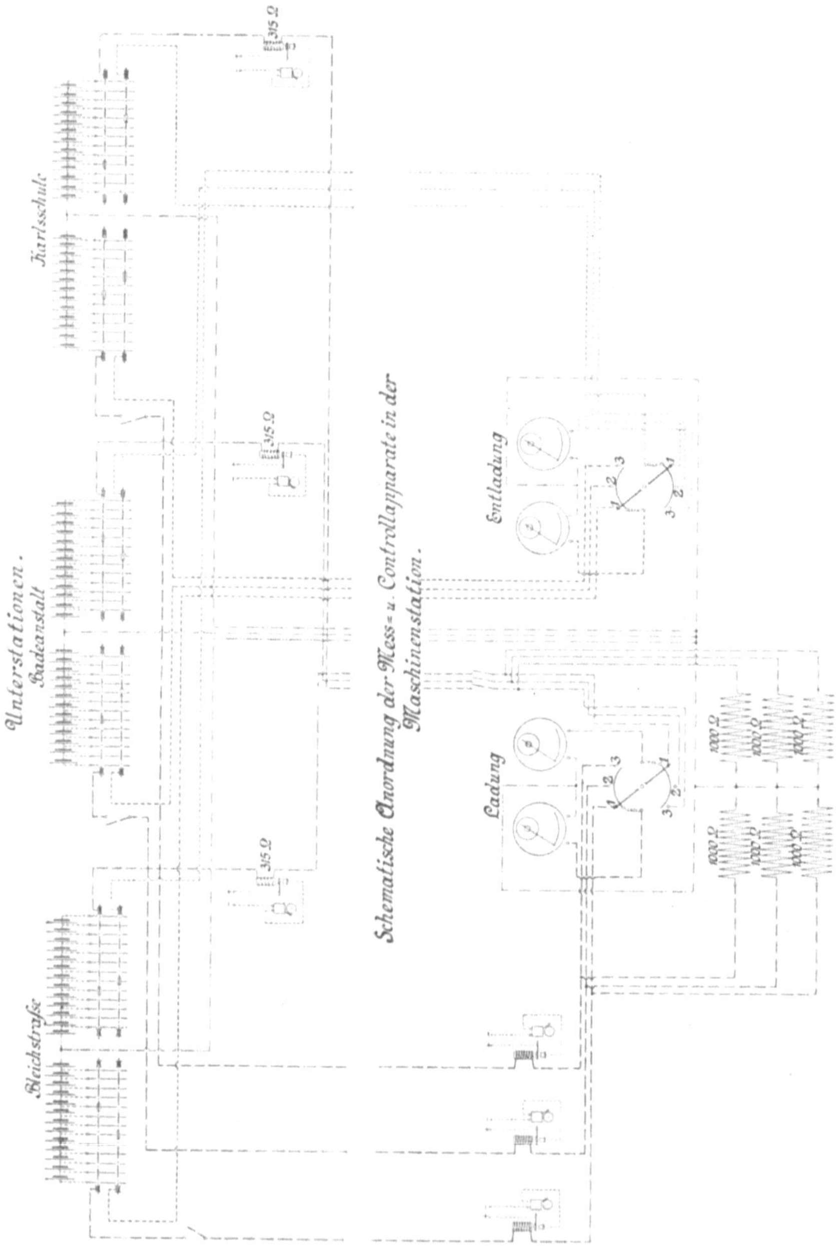

Fig. 411.
Schaltschema Düsseldorf.

Fig. 412 u. 413.
Schaltbrett Düsseldorf.

zusammen ca. 53 km Länge und zwischen 430 und 441 mm² Querschnitt besitzen. Der Verlust in ihnen beträgt maximal 15%. Die Vertheilungskabel besitzen zusammen 74 km Länge und zwischen 25 und 193 mm² Querschnitt. Die Gesammtlänge aller Kabel (einschliesslich 8 km fünfadrigen Telegraphenkabels) beträgt 175 km, die Gesammtlänge der Gräben etwa 30 km.

c) Umfang. Die maschinelle Anlage vermochte 1893 750 P. S. zu leisten; die Akkumulatoren konnten hierzu noch 350 P. S., also $^1/_2$ liefern. Die Gesammtleistungsfähigkeit der Centrale betrug also damals etwa 1100 P. S., entsprechend etwa 10 000 gleichzeitig brennenden Lampen. Die Maschinen sollten täglich 22 Stunden im Betrieb sein.

d) Kessel. Im Kesselhause wurden 3 Wasserröhrenkessel der Aktien-Gesellschaft Hohenzollern, Düsseldorf, von je 150 m² wasserberührter Heizfläche aufgestellt, von denen einer als Reserve dient. Ueber den 3 Kesseln liegt ein gemeinsamer Dampfsammler von 800 mm² Querschnitt und 14,5 m Länge, der mit den Kesseln durch S-förmige Kupferkrümmen verbunden ist. Die Dampfleitungen sind doppelt angeordnet. Der Schornstein hat 35 m Höhe und unten 2,5, oben 1,8 m lichten Durchmesser. Zur Kesselspeisung dienen 2 Dampfpumpen von Klein, Schanzlin & Becker mit einer stündlichen Leistung von 12—15 m³ und ein Injektor gleicher Grösse. Zur Aufnahme des Speisewassers sind zwei besondere Reservoire im Kohlenschuppen angeordnet, von denen das erste sämmtliche Kondenswasserableitungen aufnimmt und sie durch ein Filter an das zweite abgiebt, von wo aus sie vereinigt mit dem gebrauchten Kühlwasser den Speisevorrichtungen wieder zufliessen.

e) Dampfdynamos. Der Maschinenraum misst 20 × 16,5 m und enthielt 1893 zwei Maschinenaggregate und das Fundament für den dritten. Die Dampfmaschinen sind Tandemmaschinen der Sächsischen Maschinenfabrik Chemnitz mit 90 Touren pro Minute und einer Leistung von 300 — 400 P. S. bei 8 Atmosphären Admissionspannung. Die Steuerung ist eine zwangläufige Ventilsteuerung, Patent Höpfner, und wird am Hochdruckcylinder durch den Porter'schen Regulator beeinflusst. Das besonders angeordnete Schwungrad hat 9 m Durchmesser und wiegt rund 10 Tonnen. Die Kolbenstange des Niederdruckcylinders geht durch den hinteren Cylinderdeckel hindurch und treibt mittelst Zugstange und Winkelhebel die im Keller angeordneten Kondensationsanlagen. Jede Maschine hat einen Oberflächenkondensator mit 2 Cirkulationspumpen und 1 Luftpumpe. Das gebrauchte Wasser fliesst einem Teiche zu, eine Ableitung desselben dem vorerwähnten zweiten Reservoir. Die Dynamos sind Schuckert'sche Flachring-Nebenschlussmaschinen die bis zu 359 Kilowatt zu leisten vermögen und direkt mit den Maschinen gekuppelt sind.

3. Eine Wechselstrom-Anlage mit Dampfbetrieb.

Die erste Wechselstrom - Centrale Deutschlands war diejenige der Stadt Köln. Sie ist im Jahre 1891 von Helios erbaut worden und ist in ihrer Anordnung typisch geworden.

a) Schaltung und Regulirung. Das Schaltungsschema entspricht ungefähr dem früher in Fig. 194 gegebenen. Das charakteristische Merkmal der Centrale ist der Mangel einer Schaltwand. Statt derselben ist

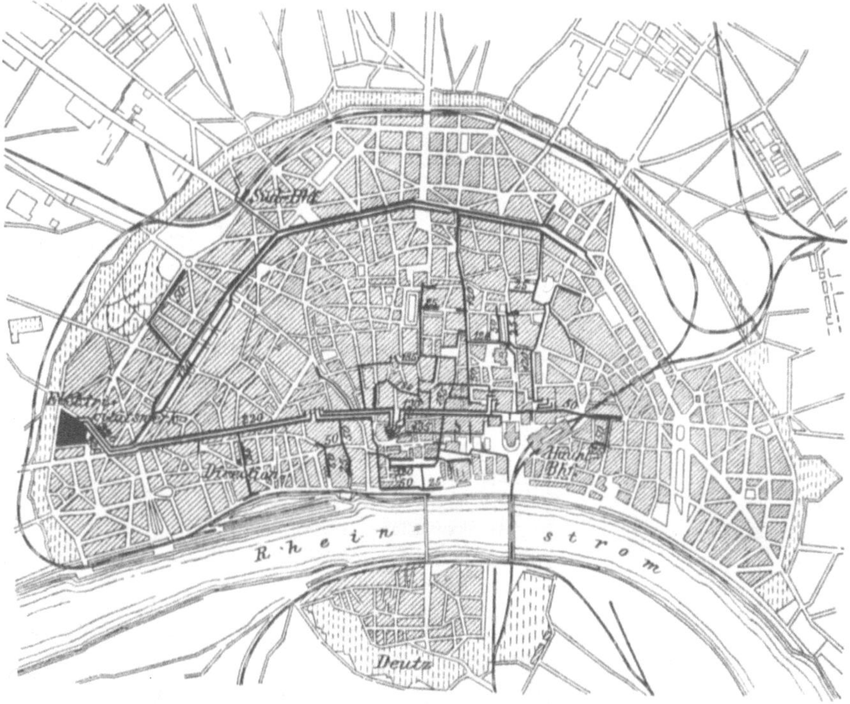

Fig. 415.
Kölner Netz.

etwa in der Mitte des Maschinenhauses eine vorspringende Tribüne errichtet, auf der die bereits in Fig. 195 abgebildeten mechanischen Hebelstellwerke und die in Fig. 416a ersichtlichen Apparatensäulen Platz finden. Von dieser Tribüne aus übersieht der Regulirer alle Theile des Maschinenhauses und einfache Handgriffe gestatten ihm, die erforderlichen Schaltungen an den unter der Tribüne angebrachten Quecksilberschaltern vorzunehmen.

b) Das Vertheilungsnetz (Fig. 415) ist fast durchgängig primär angeordnet, es besteht zur Zeit aus etwa 30 km koncentrischen eisenbandarmirten Kabeln von Berthoud, Borel & Co., Cortaillod, Felten & Guilleaume, Mühlheim, und Franz Clouth, Nippes. Die Querschnitte der eigentlichen Vertheilungsleitungen variiren zwischen 25 und 135 qmm für jeden der koncentrischen Leiter. Es sind zwei Speisepunkte vorgesehen, zu denen Kabel von je 120 oder 220 qmm Querschnitt führen. Da aber die Verluste in diesen Speiseleitungen bei gleichzeitiger Speisung von 20000 Lampen nur etwa 3% betragen, sind sie an passend erscheinenden Stellen mit Abzweigungen versehen. Sie dienen also gleich den übrigen Leitungen als Vertheilungsleitungen. Dies ist um so eher zulässig, als das Netz vielfach geschlossen ist und am nördlichen Ende über die Ringstrassen, am südlichen durch die Hauptspeiseleitungen Strom erhalten kann.

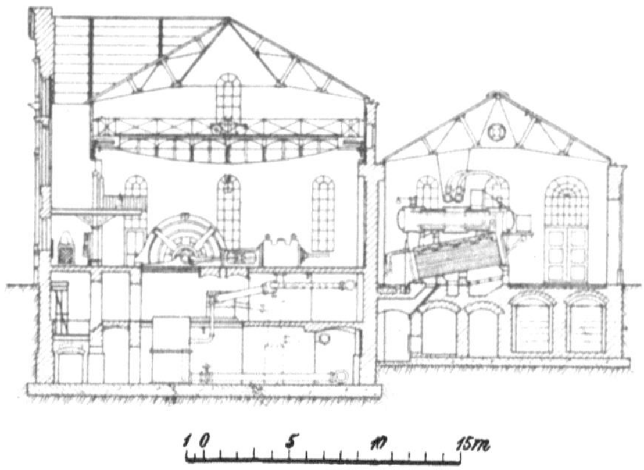

Maschinenhaus Köln. Schnitt.

Fig. 416 a.

Zur Vornahme von Anschlüssen und Reparaturarbeiten sind 24 Quecksilberausschalter und 6 metallene Unterbrecher in gemauerten Schalthäuschen oder in Plakatsäulen untergebracht, mittelst deren das Netz in einzelne Theile zerlegt werden kann. Jede Schaltstelle enthält ausser den Schaltapparaten eine Nothgasflamme und ein Telephon, zu dem die zweiadrige Zuleitung in derselben Grube dicht neben die koncentrische Primärleitung verlegt ist. Die Kabel sind in hölzerne, mit Asphaltmischung ausgegossene, oben offene Rinnen verlegt und in entsprechenden Abständen aufgehängt, sodass sie den Boden nicht berühren können. Das Netz ist wohl das erste nach der Herzog-Storm'schen Schnittmethode berechnete; es reicht für 20000 gleichzeitig brennende Lampen aus, umfasst gegenwärtig 275 Anschlüsse mit 260 Transformatoren von 1000 bis 20000 Watt Leistungen und ergiebt beim Maximalkonsum 1,4% Verlust in den Vertheilungsleitungen.

c) Umfang. Die maschinelle Anlage besteht seit Ende des Jahres 1897 aus vier Dampfdynamos von je 400 KW. maximaler Leistung. Dies entspricht bei $^1/_3$ Reserve und 3 laufenden Maschinen etwa 24000

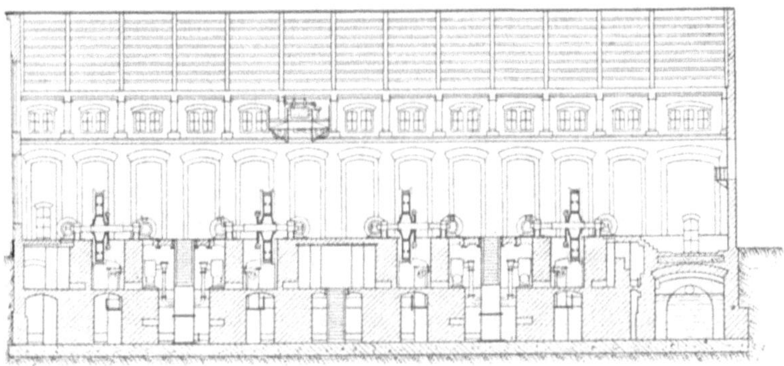

Maschinenhaus Köln. Aufriss.

Fig. 416 b.

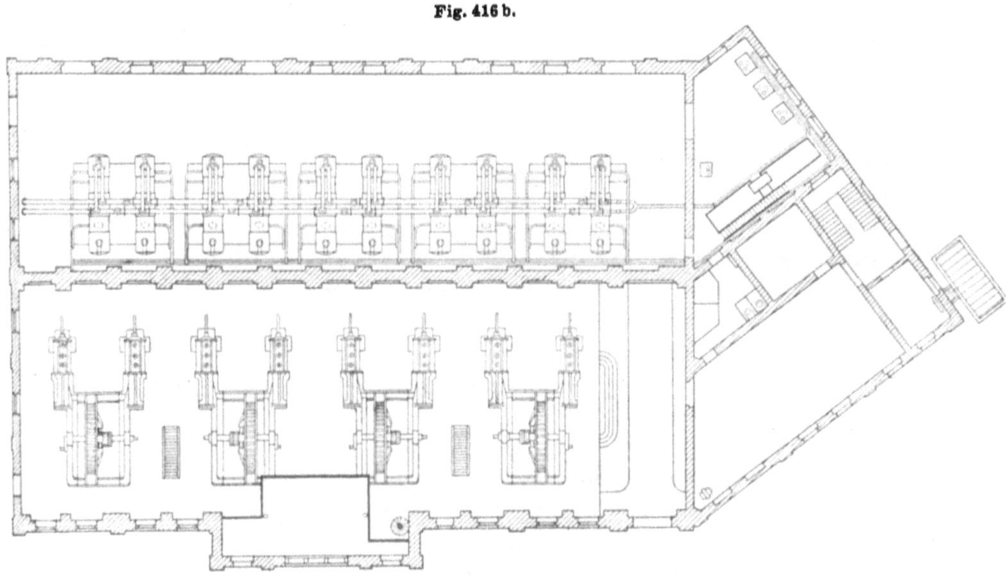

Maschinenhaus Köln. Grundriss.

Fig. 416 c.

gleichzeitig brennenden Lampen von je 50 Watt Verbrauch. Fig. 416a—c giebt die Gesammtdisposition des Maschinenhauses und Kesselhauses wieder.

d) Kessel. Die Dampferzeugungsanlage besteht zur Zeit aus 8 Steinmüller-Kesseln von je 212 qm Heizfläche, von denen jedoch ein Theil für den Mitbetrieb des auf dem gleichen Grundstück schon früher vorhanden gewesenen Wasserwerkes dient. Dieser Umstand war auch maassgebend dafür, dass die auf 8 Atmosphären koncessionirten Kessel nur mit 6 Atmosphären betrieben werden. Fig. 416c stellt das Kesselhaus dar und lässt die geschickte Disposition der 2 langen Dampfsammler und der aus Eisen bestehenden doppelten Zuführungsrohre erkennen. Die Kessel werden mit einem Gemisch aus gleichen Theilen Förderkohle und Kokesabfall (Breeze) gefeuert, besitzen 4,9 qm grosse Roste mit schmalen schmiedeeisernen Roststäben und sind in Batterien je 3 Monate in Betrieb. Dank der von dem Oberingenieur E. Froitzheim der Stadt Köln konstruirten Wasserreiniger ist in den sechs Betriebsjahren noch kein Wasserrohr ausgewechselt worden. Die Speisewasserreiniger, die Pumpen für dieselben und die Speisewasserpumpen sind in einem dreieckigen Raume zwischen Maschinen- und Kesselhaus untergebracht; unter dem Heizerstand und vor den Kesseln ziehen sich 2 lange Reservoire für gereinigtes Speisewasser hin, die einen Ueberlauf in ein weiteres Reservoir besitzen. (S. Fig. 416a.) Der hinter dem Kesselhaus befindliche vierte Schornstein ist 50 m hoch und besitzt 2,5 m lichten Durchmesser.

e) Dampfdynamos. Auf den Wellen der von Gebr. Sulzer, Winterthur, gelieferten Dampfmaschinen sitzen die 72poligen Magneträder der Wechselstrom-Dynamos und die Armaturen der 8poligen Erregermaschinen. Die 72poligen Induktionskränze der Wechselstrom-Dynamos sind auf Schlitten seitlich ausfahrbar und tragen an 4 gusseisernen Armen das 8polige Feld der Erreger. Letzteres ist mit Compoundwickelung versehen. Die Maschinen machen 85 Umdrehungen in der Minute und erhalten somit 6120 Pole pro Minute = 51 $\sim$ pro Sekunde. Die Leitungen von den Bürsten, dem Hauptschluss und Nebenschluss der Erreger, von den Schleifringen der Wechselstrom-Magnete und der feststehenden Armatur der Wechselstrom-Dynamos führen nach unten und dann seitlich in einen Gang, an dessen Decke sie in U-förmigen Bügeln auf Isolatoren verlegt sind. Sie endigen in der Schaltkammer unter der Tribüne. Auch diese Anordnung ist für spätere Anwendung typisch geworden. Die Regulatoren sind während des Ganges nachstellbar und zur Parallelschaltung bei schwacher Belastung sind Drosselventile in die Leitung vom Kessel zum Hochdruckcylinder eingebaut.

4. Eine Wechselstromanlage mit Turbinenbetrieb.

a) Schaltung und Regulirung. Das von der Maschinenfabrik Oerlikon erbaute Elektricitätswerk La Goule versieht die in Fig. 417 gezeichneten 11 Ortschaften des Berner Jura mit Licht und Kraft und

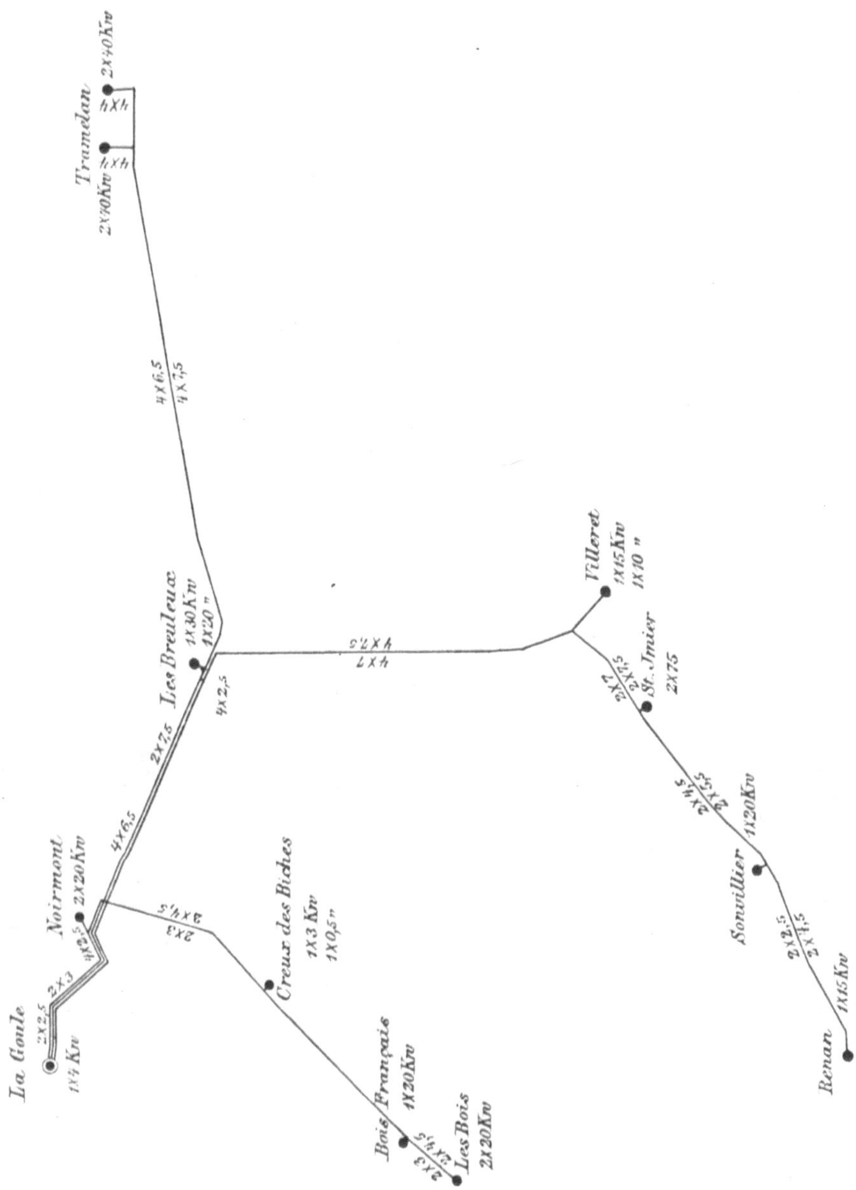

Fig. 417.
Leitungsnetz der Centrale I a Goule.

der Anschluss weiterer 6 Gemeinden ist in Aussicht genommen. Der Radius des Vertheilungsgebietes beträgt 25 km, die Betriebsspannung 5000 Volt. Da es sich in allen den Ortschaften meist um den Anschluss kleiner Motoren für Uhrmacherei handelte und für den Licht-

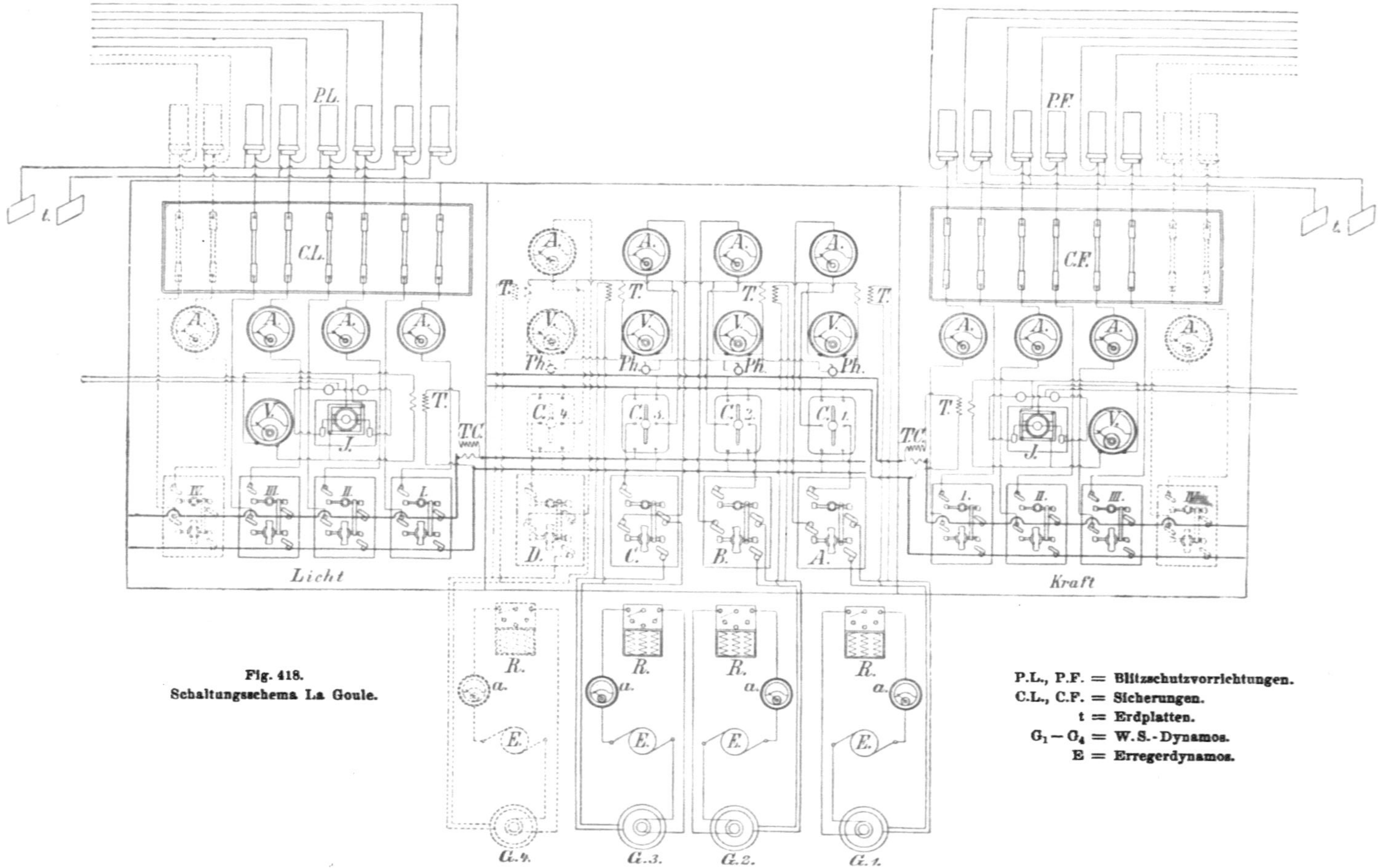

Fig. 418.
Schaltungsschema La Goule.

P.L., P.F. = Blitzschutzvorrichtungen.
C.L., C.F. = Sicherungen.
t = Erdplatten.
$G_1 - G_4$ = W.S.-Dynamos.
E = Erregerdynamos.

betrieb unstreitig der einphasige Wechselstrom das einfachste Mittel bot, entschloss man sich, die Licht- und die Kraftleitungs-Dynamos vollkommen von einander zu trennen. Dadurch entstand das in Fig. 418 dargestellte Schaltungsschema.

Die marmorne Schaltwand besteht aus drei Feldern, von denen das linke die Mess- und Regulirapparate für die Lichtstromkreise, das rechte jene für die Kraftstromkreise, das mittlere die Hochspannungsausschalter, die Volt- und Ampèremeter für den Wechselstrom, die Ampèremeter a und Rheostate R für den Erregerstrom, die Phasenanzeiger Ph und die Hochspannungsausschalter C_1 bis C_4 enthält, mittelst deren jeder Generator entweder auf Kraft oder auf Licht geschaltet werden kann. Die Rheostate R für den Erregerstrom können einzeln bethätigt oder gekuppelt werden.

Die beiden Felder rechts und links enthalten ausser den Ampèremetern für die einzelnen Stromkreise einen Kompensationstransformator TC, dessen eine Spule in Serie mit der Primärspule des das Voltmeter V und das Relais J bedienenden Reduktors T geschaltet ist. Das Relais dient dazu, anormale Spannungen optisch zu signalisiren.

b) Das Leitungsnetz ist oberirdisch und für Licht- und Kraftbetrieb vollkommen getrennt durchgeführt. Diese Trennung erfordert allerdings einen höheren Aufwand für die Kosten der Montage, die Isolatoren und die Transformatorenstationen, von denen wir eine schon früher (Fig. 380) abgebildet haben; das Kupfergewicht der Leitungen und die Leistungsfähigkeit der Transformatoren bleiben sich wesentlich gleich. Das Hochspannungsnetz hat eine Ausdehnung von etwa 36 km und besteht aus etwa 300 km Draht von 2,5—7,5 mm Durchmesser mit einem Gesammtgewicht von etwa 77 Tonnen. Von der Centrale gehen (Fig. 417) drei Stromkreise für Kraft und drei für Licht aus, die etwa bis Noirmont in 2,5 km Entfernung gemeinsam auf einem Gestänge geführt sind. Von da aus geht der eine Doppelstrang nach Renan, der andere nach Tramelan, der dritte nach Les Bois; die Gesammtlängen dieser Stromkreise von La Goule aus sind einfach gemessen 23,4, 17,2 und 10,0 km, und der maximale Spannungsverlust ist etwa 10% im Licht- und 20% im Kraftkreise. Etwa die Hälfte des ganzen Hochspannungsnetzes ist mit Porzellanisolatoren ohne Oel auf Doppelgestängen, die andere Hälfte auf einfachen Gestängen verlegt. Fig. 419 stellt eine Bahnunterführung der Hochspannungsleitung dar.

Um die Hochspannungsleitung nicht an vielen Stellen der einzelnen Orte verzweigen zu müssen, sind Transformatorenstationen angeordnet, die etwa in der Mitte des Ortes aufgestellt werden. Die Zahl und die Leistung der für die einzelnen Orte verwendeten Transformatoren ist aus zu entnehmen (Fig. 417).

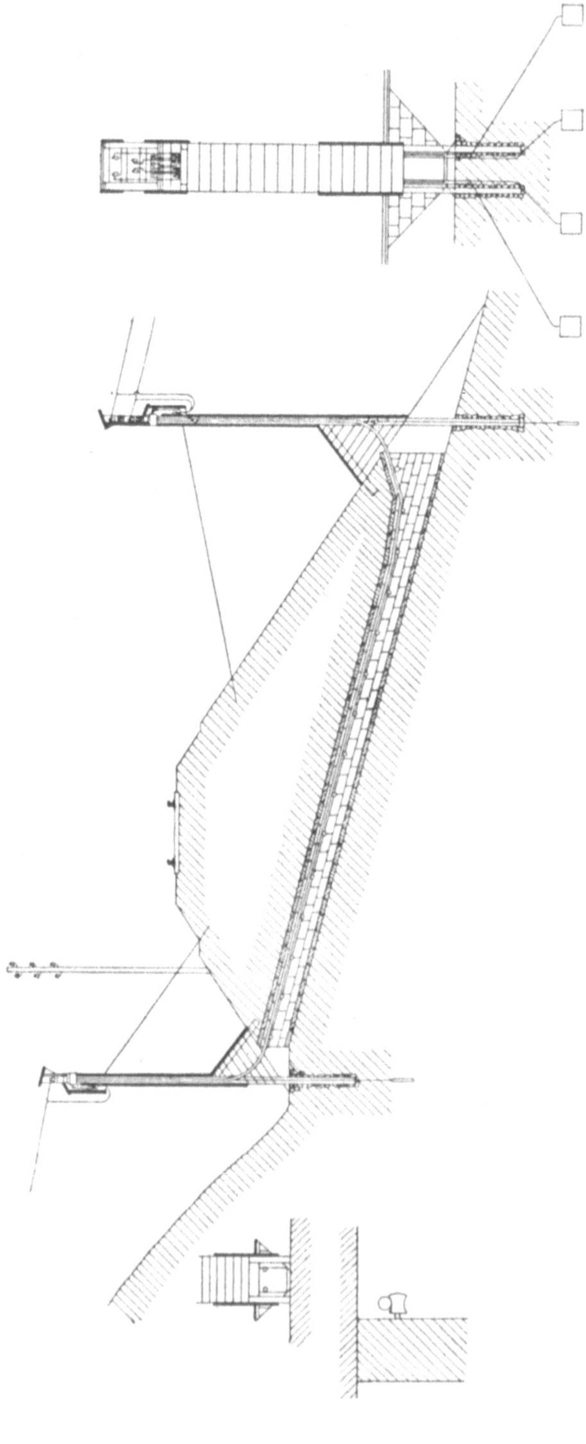

Fig. 419.
Bahnunterführung La Goule.

Von jeder Transformatorenstation gehen für Licht und Kraft getrennte Sekundärnetze aus, die nach dem Dreileitersystem angeordnet und ebenfalls oberirdisch, meist auf Stangen, verlegt sind. Der Mittelleiter des Kraftnetzes dient nur zum Anlassen der Motoren mit halber Spannung. Die sämmtlichen Sekundärstationen sind mit den Bureaux in St. Juvier und mit der Centrale in La Goule durch Telephonleitungen verbunden, die auf demselben Gestänge mit den Hochspannungsleitungen verlegt und an jeder zehnten Stange gekreuzt sind.

c) Umfang. Die Wasserkraftanlage ist für den normalen, jährlich eintretenden Minimalwasserstand von 15 m³ pro Sekunde bei 26 m Gefälle, also für etwa 4000 P. S. ausgebaut. Das Turbinenhaus der ersten Bauperiode umfasst jedoch nur 2000 P. S., der übrige Theil nur 1500 P. S., während der Raum für eine vierte Einheit von 800 P. S. noch reservirt ist. Für die Erweiterung der zweiten Bauperiode wird die Hauptrohrleitung verlängert und zum Betriebe von vier weiteren Turbinen von je 500 P. S. verwendet.

d) Wasserkraftanlage. Das Wasser wird dem Doubs entnommen und durch einen Kanal von 600 m Länge dem Turbinenhause zugeführt. Dieser Kanal besteht aus einem Tunnel von 450 m Länge, bei 3,4 m Breite und 3,5 m Höhe; an ihn schliesst sich ein offener Kanal von 100 m Länge und an diesen die schmiedeeiserne Rohrleitung der Turbine mit 2,25 m lichter Weite. Am Tunneleinlauf befinden sich ein grosser Rechen und doppelte Einlaufschleusen, im Tunnel sind zwei Ueberlaufschleusen angeordnet, die das überschüssige Wasser dem Doubs wieder zuführen, und vor dem Rohreingang steht nochmals ein Rechen.

e) Turbinen und Dynamos. Die drei 1894 aufgestellten horizontalen Girardturbinen sind von Escher, Wyss & Co. in Zürich geliefert und leisten je 500 P. S. bei 200 Umdrehungen pro Minute; sie haben Oberwasserzapfen und hydraulische Entlastung für 12 500 kg. Die Turbinenregulatoren werden, wie aus Fig. 420 ersichtlich, durch Riemen von Transmissionen aus bethätigt, die ihrerseits mittelst Kegelrädern, von den vertikalen Turbinenwellen aus angetrieben werden. Diese Transmissionen machen 381 Umdrehungen pro Minute und treiben gleichzeitig mit Riemen auch die Erregermaschinen. Der Wasserzufluss kann durch von Hand verstellbare Drosselklappen ganz abgesperrt werden; die hierzu dienenden Handräder sind leicht zugänglich neben den grossen Wechselstrom-Dynamos angebracht. Ein besonderer, im Hauptrohr angebrachter Leerschieber mit Handantrieb dient dazu, bei stillstehenden Turbinen eine leichte Wassercirkulation zu ermöglichen und dadurch ein Gefrieren des Wassers zu verhüten.

Die Wechselstrom-Dynamos sind direkt auf die vertikale Welle der Turbinen gesetzt und liefern bei 500 P. S. Aufnahme bei 200 Touren pro Minute 5500 Volt und 63 Ampère bis 50 ∼ pro Sekunde. Die ruhende Zackenarmatur enthält 30 auf die Zacken aufgepresste Spulen; sie wiegt 12 500 kg einschliesslich der zwei Lagersterne und ist von dem eigentlichen Maschinengestell isolirt. Das rotirende Magnetfeld hat 2,5 m Durchmesser bei 9800 kg Gewicht und wird von einer einzigen Spule mit einem Aufwand von 2400 Watt = $^3/_4$ % erregt. Die Erregermaschinen sind zweipolig, werden von der vorerwähnten Transmission mit 381 Touren angetrieben und liefern bei 700 Touren 80 Volt und 30 Am-

Fig. 420.

père. Die Leitungen führen von den Erregerdynamos, von der ruhenden Armatur der Wechselstrommaschinen und den Schleifringen ihrer einen Magnetspule durch Kanäle unter dem Fussboden des Turbinenhauses zu der bereits beschriebenen Schaltwand.

5. Die Serienanlage am Kaiser Wilhelm-Kanal.

Diese im Jahre 1895 von der Elektricitäts-Aktien-Gesellschaft Helios erbaute Anlage ist die einzige grosse Serienanlage in Europa. Sie dient zwei verschiedenen Zwecken; einmal zur Markirung der Trace des

Kanals durch ein System in Serien geschalteter Glühlampen; sodann zur Beleuchtung der Maschinenhäuser, Betriebsanlagen, Schleusenkammern, Lootsenhäuser u. s. w. mittelst parallel geschalteter Glüh- und Bogenlampen.

a) Schaltung und Regulirung. Das Problem der Schaltung und Regulirung war hier somit besonders schwierig. Die parallel geschalteten

Fig. 421.
Trace des Kaiser Wilhelm-Kanals.

Lampen erforderten konstante Spannung, die in Serie geschalteten Lampen erforderten konstanten Strom. Dabei sollte den ersteren volle Löschbarkeit zukommen, während die letzteren durch zufällige Löschungen nicht gestört werden durften.

Die vollkommen befriedigende Lösung ergab sich durch Verwendung von sorgfältig durchkonstruirten Drosselspulen, die parallel zu jeder der Serienglühlampen geschaltet wurden. Diese Glühlampen besitzen bei 25 Volt 25 Kerzen, sind in Abständen von 80 m (an den Kurven)

bis 250 m (auf den geraden Strecken) auf Holzmasten angebracht und zu 250 Stück in Serie geschaltet. Zu diesem Zwecke ist die 98 km lange Kanalstrecke in vier Abschnitte von etwa 50 km Länge getheilt, derart, dass die von Holtenau ausgehenden nördlichen uud südlichen Stränge 98,6 und 97 km, die von Brunsbüttel ausgehenden nördlich 99,3, südlich 99,8 km Leitungslänge besitzen (Fig. 421). Die Selbstregulirung des Seriensystems ist so gross, dass bis zu $^1/_3$ aller in Serie geschalteten Lampen zerstört werden könnte, ohne eine Regulirung der Spannung in den Centralstationen zu erfordern. Die Regulirung geschieht daher einfach so, als ob nur Parallelschaltungsanlagen vorhanden wären.

Es tritt hier der ausnahmsweise Fall auf, dass die Hauptbelastung der Centralen konstant ist. Deshalb ist es trotz des hohen Verlustes in den Serienleitungen möglich, die Spannung in den Centralen konstant zu halten und die vorerwähnten Baulichkeiten, die Schleusenkammern und Hafenleuchten ohne besondere Kompensationstransformatoren zu beleuchten. Der Betrieb ist der denkbar einfachste; die Spannung wird an den beiden Endcentralen dauernd konstant gehalten, bei entsprechender Belastung werden auch die Primärdynamos nach dem früher erläuterten Schema parallel geschaltet. Zur Feststellung der Leistung jeder Dynamo sind ausser den Ampèremetern noch Wattmeter für hochgespannten Wechselstrom vorhanden. Die Nebenschlusswiderstände der Erreger sind einzeln von Hand oder gemeinsam mittelst eines kleinen asynchronen Motors verstellbar, der durch ein Relais bei anormaler Spannung eingeschaltet und umgesteuert wird. Die feinere Regulirung auf konstante Spannung erfolgt von Hand durch die in die Magnetfelder der Wechselstrom-Maschine eingeschalteten Handregulatoren.

Da die Schleusenthore in Brunsbüttel den grössten Theil des Tages bewegt werden müssen, ist für die Beleuchtung der Schleusenthore während des Tages eine kleine Gleichstrom-Maschine für maximal 12 P. S. vorgesehen, die gleichzeitig auch als Reserve für die Erreger der Wechselstrom-Dynamos dienen kann. In Holtenau werden die Schleusenthore nur selten bewegt; deshalb hat man anfangs von einer solchen Tagesmaschine Abstand genommen. Doch ist neuerdings eine Wechselstrom-Maschine für 15 K.W. bei 150 Touren als Tagesmaschine auch für diese Centrale aufgestellt worden.

Die Ausschalter für die Hochspannungsleitungen und die Belastungswiderstände sind nach Art der früher abgebildeten (Fig. 293 und 416a) ausgebildet.

b) Leitungsnetz. Das Netz ist in seinen Hauptzügen ausserordentlich einfach. Es besteht aus den vier vorerwähnten Serienkreisen von je rund 100 km Länge und aus einigen kleinen Parallelnetzen in Brunsbüttel, Holtenau und Rendsburg. Die 250 in Serie geschalteten Glühlampen eines jeden Serienkreises erfordern 6250 Volt, der Spannungsverlust in den Hochspannungsleitungen beträgt etwa 1250 Volt, sodass

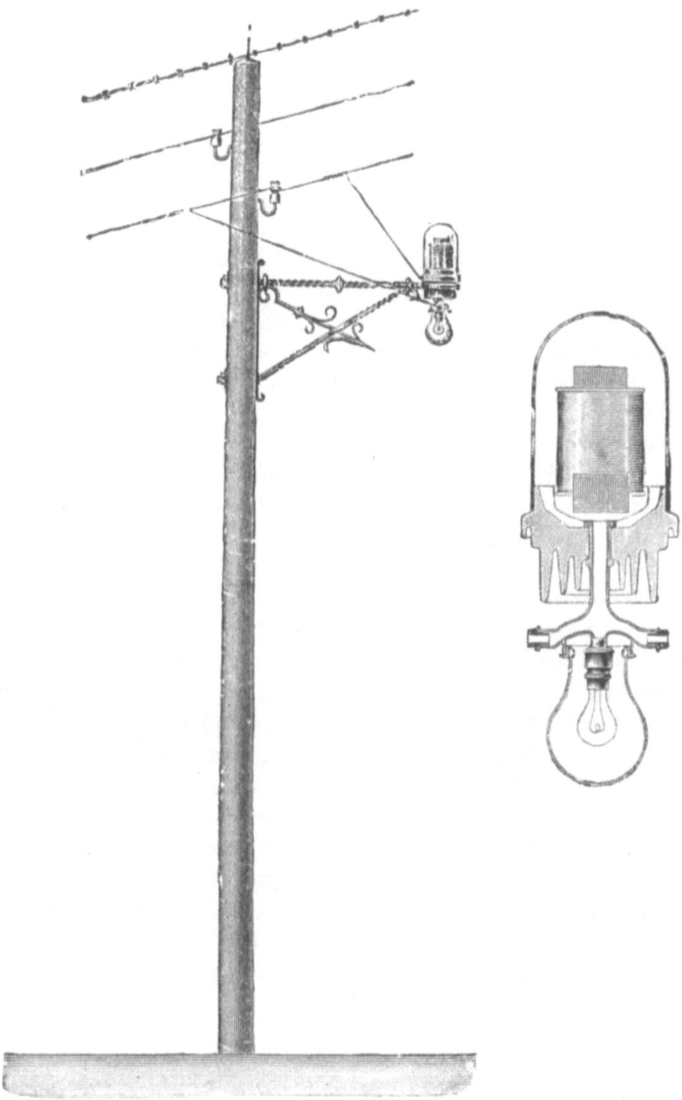

Fig. 422.

die Betriebsspannung der Centralen, die 2000 Volt beträgt, auf 7500 Volt herauftransformirt werden muss. Die Hochspannungsleitung besteht aus blanken 4 mm-Drähten, die durch dreifache Glocken ohne Oel an hölzernen Masten (Fig. 422) mit schmiedeeisernen Auslegern befestigt sind. Diese Masten tragen auch die Glühlampe mit den zu ihr parallelen Drosselspulen und einen Stacheldraht. An den Stellen, wo die Leitung den Kanal zu passiren hat, sind besonders sorgfältig konstruirte Uebergangssäulen angeordnet, an welche Gummi-Guttaperchakabel mit zwei verseilten Drähten angeschlossen sind. Die Kabel sind in ausgebaggerten Rinnen 1 m tief im Bette des Kanals verlegt; dieselbe Verlegungsart ist auch an den Seen verwendet, welche die Leitung und der Kanal durchsetzen. Diese Seen sind im Uebrigen mit elektrischer Beleuchtung nicht versehen, sondern haben bis jetzt zur Beleuchtung der Fahrrinnen Gasbojen erhalten. Die Luftleitung ist alle 40 m durch Zwischenmasten mit dreifachen Isolatoren gestützt.

Die Beleuchtung der Schleusenmauern und -kammern ist zum Theil mit Bogenlampen ausgeführt.

c) Umfang. Die Beleuchtungsanlage umfasst etwa 1000 in Serie geschaltete 25kerzige Glühlampen und etwa 1000 Glühlampen oder deren Aequivalent zur Beleuchtung der Maschinenhäuser, Kammern u. s. w. An den zwei Endstationen des Kanals sind Centralen errichtet, in denen ausser den 15 P. S.-Tagesmaschinen 2 Wechselstrommaschinen für maximal 150 effektive P. S. aufgestellt sind, von denen eine für den vollen Betrieb der zwei von ihr ausgehenden Kanalstreckenbeleuchtung ausreicht.

d) Maschinelle Anlage. Der Dampf wurde der für andere Zwecke vorhandenen Kesselanlage mit 6 Atmosphären entnommen. Die Dampfmaschinen sind liegende Tandemmaschinen der Maschinenfabrik Augsburg mit Ventilsteuerung, die auf den Axen zwischen den beiden Lagern die Magnete der Wechselstromdynamos und fliegend den Anker der Erregerdynamos tragen. Das Magnetfeld ist 72polig und direkt mit dem Schwungrad der Dampfmaschine vereinigt, die feststehenden Induktionskränze haben innen etwa 4,76 m Durchmesser und sind zweitheilig und seitlich ausrückbar. Bei 85 Touren in der Minute vermögen die Dynamos je 100 Kilowatt abzugeben. Fig. 423 und 424 (siehe Anlage IV) zeigt die Anordnung der maschinellen Anlage mit dem von der Welle aus angetriebenen Kondensator. Die Leitungen führen von den Dynamos unterirdisch zu der bereits beschriebenen Schaltwand.

6. Eine Drehstrom-Gleichstrom-Anlage.

Auf der Hauptwerft der 1. k. k. priv. Donau-Dampfschiffahrts-Gesellschaft sollten auf Veranlassung des Oberingenieurs Renner die verschiedenen, mehrere Jahrzehnte alten Dampfanlagen durch elektrische Kraftübertragung ersetzt werden. Gleichzeitig sollten die auf 2 km unregelmässig zerstreuten Werkstätten elektrisch beleuchtet werden. Da

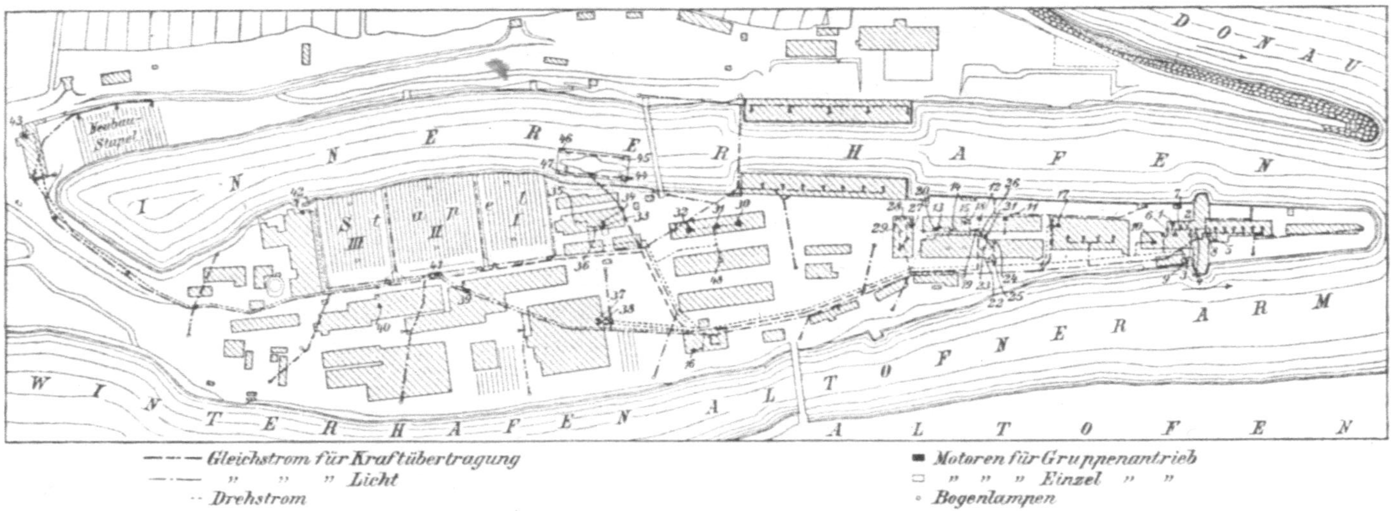

Fig. 425.
Leitungsnetz Altofen.

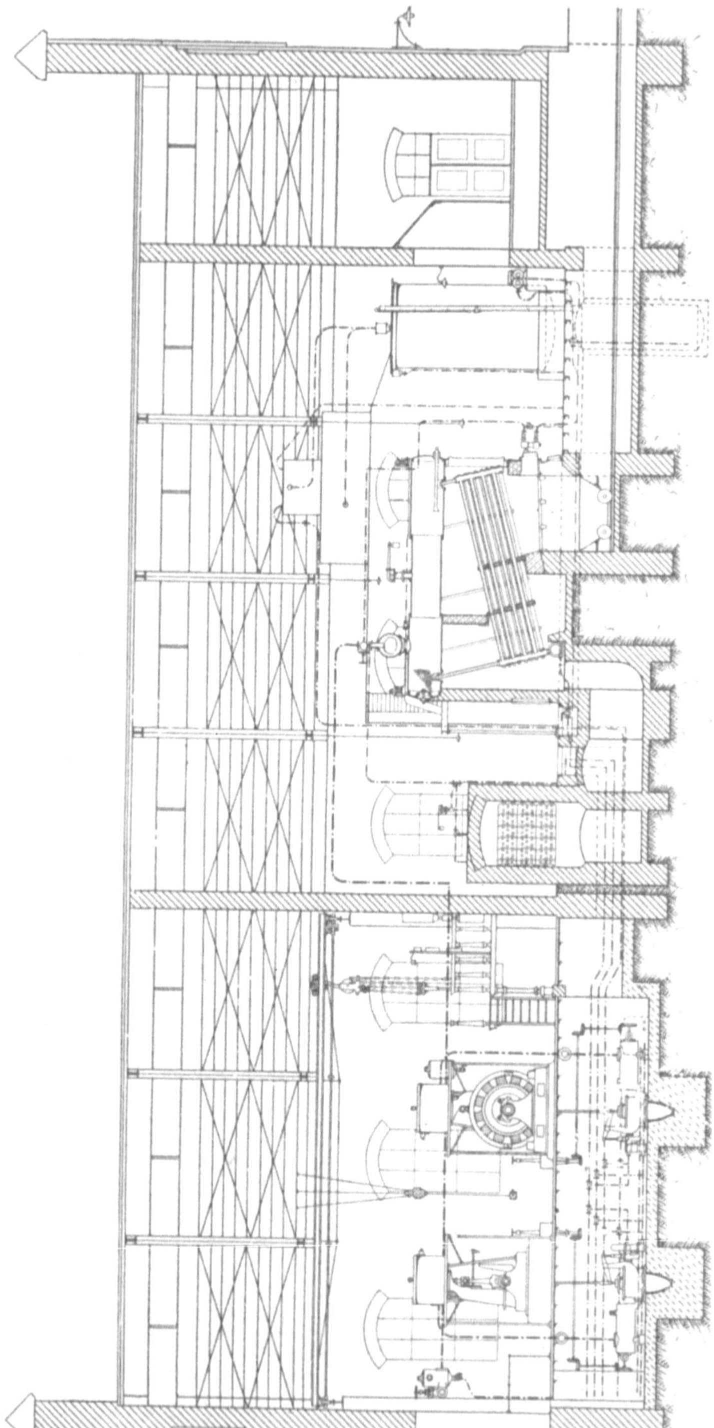

Aufriss des Maschinenhauses Altofen.

Fig. 426 a.

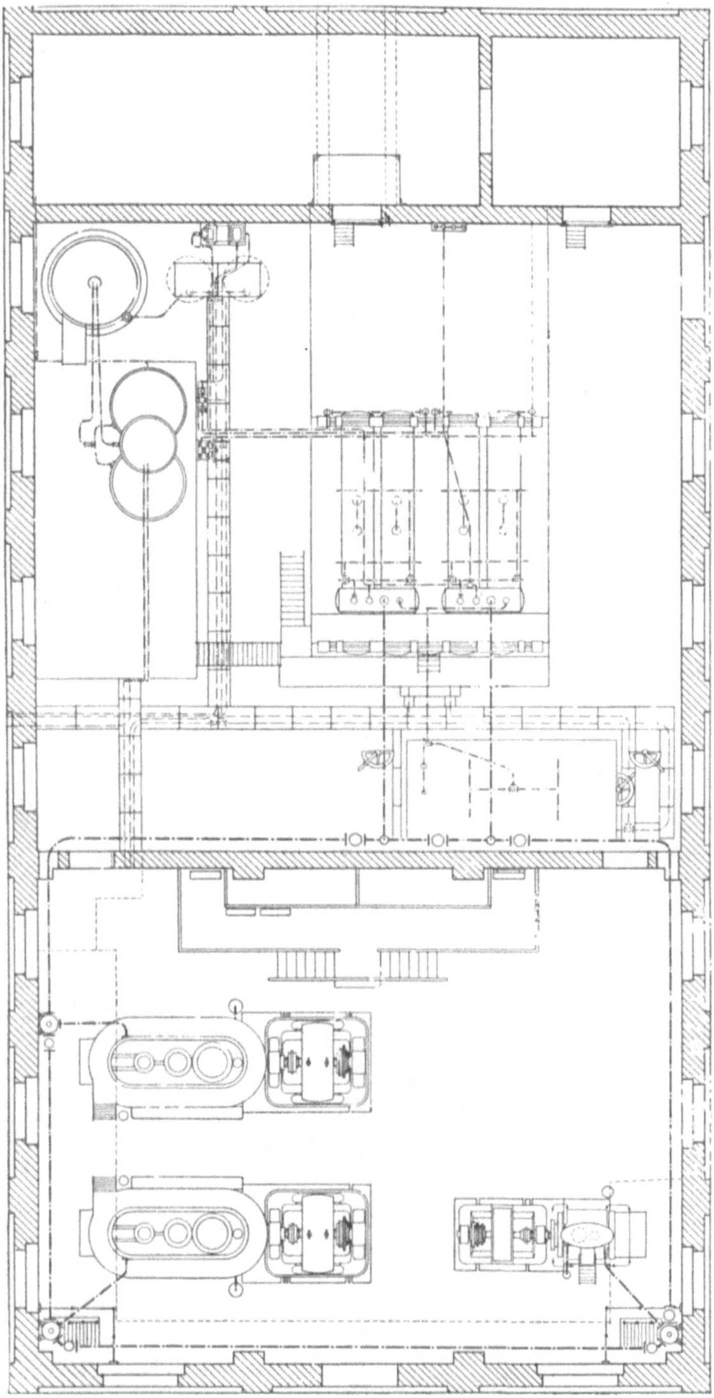

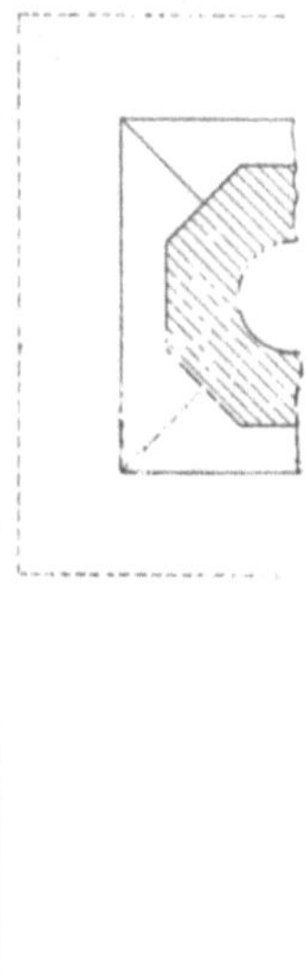

Grundriss des Maschinenhauses Altofen.

Fig. 426 b.

nun die alten Transmissionen und Werkzeugmaschinen beibehalten werden mussten, entschloss man sich, Drehstrommotoren für Einzel- oder Gruppenantriebe zu verwenden und die Zahl der Perioden auf 15 ∼ in der Sekunde festzustellen. Dadurch machte zwar auch ein 4 poliger 1 P. S.-Motor nur 450 Umdrehungen in der Minute; aber der so langsam variirende Wechselstrom war für Beleuchtungszwecke nicht geeignet, und die Aufstellung besonderer Lichtmaschinen hätte die Anlage zu sehr

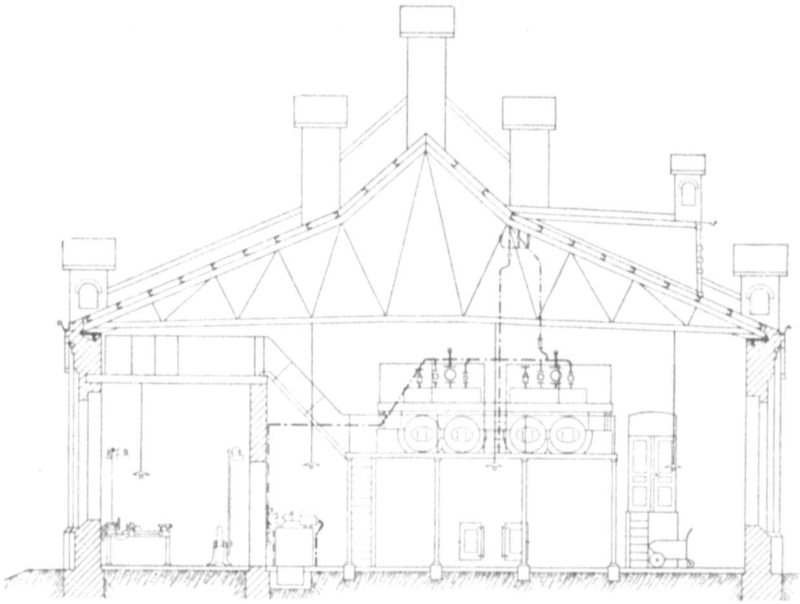

Schnitt des Maschinenhauses Altofen.

Fig. 427.

vertheuert. Die ausführende Firma Ganz & Co., Budapest, entschloss sich daher, nach dem Vorschlage v. Kándos die Dynamos so zu bauen, dass sie gleichzeitig Drehstrom und Gleichstrom abgeben können.

a) Schaltung und Regulirung. Das Gleichstromnetz ist als normales Dreileitersystem mit 2 × 145 Volt ausgebildet und wird auf konstante Spannung regulirt. Der Mittelleiter dieses Systems verbindet gleichzeitig die neutralen Punkte des mit 280 Volt arbeitenden Drehstromsystems miteinander. Gleichstrom- und Drehstromsystem besitzen also eine gemeinsame neutrale Leitung. Im letzteren System, das nur Motoren speist, wird überhaupt nicht regulirt. Die Leitungen innerhalb des Maschinenhauses sind isolirt, von den Maschinen bis zum Schaltbrette bestehen sie aus isolirten Bleikabeln. Ausserhalb des Maschinenhauses sind die Leitungen zu den in Fig. 425 angedeuteten Verbrauchsstellen oberirdisch auf Holzmasten und Isolatoren geführt.

b) Umfang. Das Maschinenhaus steht auf dem Ufer des Altofener Donauarmes in der Nähe des die meiste Kraft beanspruchenden Sägewerks. Das Gebäude (Fig. 426 und 427) liegt wegen der Hochwassergefahr 8 m über Null des Altofener Pegels und enthält im Maschinenraume 2 Dampfdynamos von je 200 Kilowatt, 1 von 100 Kilowatt Leistung. Von den 48 in Fig. 427 angedeuteten Motoren werden

Fig. 428.

42 mit Drehstrom, 6, bei denen genaue Regelung der Umdrehungszahl erforderlich war, mit Gleichstrom betrieben.

Die durchschnittliche Monatsleistung für die 48 Motoren, deren Leistungen zwischen 1 und 55 P. S. liegen, beträgt rund 54 000 Kilowatt; der Verbrauch der in Fig. 427 ebenfalls angedeuteten Bogenlampen beträgt etwa 1970 Kilowatt-Stunden.

c) Das Kesselhaus, dessen Kohlenraum etwa die Ladung eines Kohlenschleppers fasst, enthält 2 Babcock-Wilcox-Kessel von 180 m Heizfläche für 17 Atmosphären Ueberdruck, und bei regelmässigem Betrieb wird nur ein Kessel verwendet, der 3 Wochen in Betrieb bleibt. Für einen dritten Kessel und einen später einzubauenden Dampfüberhitzer ist Raum vorgesehen. Das Speisewasser wird nach der Reinigung vorgewärmt, die Dampfleitung ist ringförmig angeordnet. Der Schornstein hat 40 m Höhe und 2 m lichte Weite. Ein Theil des Kesselhauses ist zu einer kleinen Reparaturweskstätte verwendet.

d) Dampfdynamos. Die grossen Dynamos sind 12polig, machen 150 Umdrehungen in der Minute und sind direkt mit Dreifachexpansionsmaschinen (Fig. 428) gekuppelt, von denen jede 350 indicirte P. S. leistet. Die kleine Dynamo ist 8polig und macht 225 Umdrehungen in der Minute. Sie ist mit einer Verbunddampfmaschine für 114 indicirte P. S. gekuppelt.

Die Dreifachexpansionsmaschinen sollen hauptsächlich für die Kraftübertragung, die Verbundmaschine für die Beleuchtung, die Nachtarbeit oder aussergewöhnliche Arbeiten dienen. Doch sind die Anordnungen derartig, dass die Maschinen untereinander beliebig vertauscht werden können. In der regelmässigen Arbeitszeit ist täglich abwechselnd je eine der Dreifachexpansionsmaschinen für die Kraftübertragung in Betrieb und stundenweise wird hierzu die Verbundmaschine für die Beleuchtung und den Antrieb der Gleichstrommotoren verwendet. Bei Ueberstunden werden entweder die Motoren auf die Beleuchtungsmaschine geschaltet, oder es wird die Beleuchtung von einer der Dreifachexpansionsmaschinen aus betrieben, je nachdem mehr oder weniger Motoren noch in Betrieb sind.

Sachregister.

(Die Ziffern bedeuten die Seitenzahlen.)

Buchdruckerei von Gustav Schade (Otto Francke) in Berlin N.

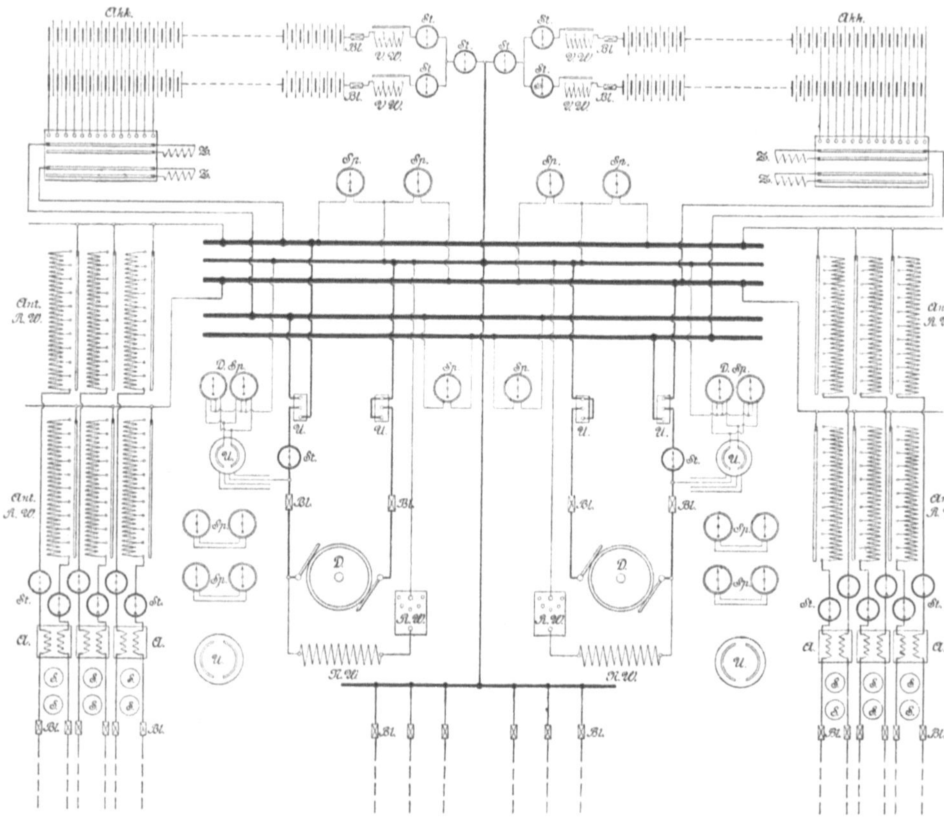

Fig. 407.
Schaltungsschema der Centrale Kopenhagen.

Anlage I.

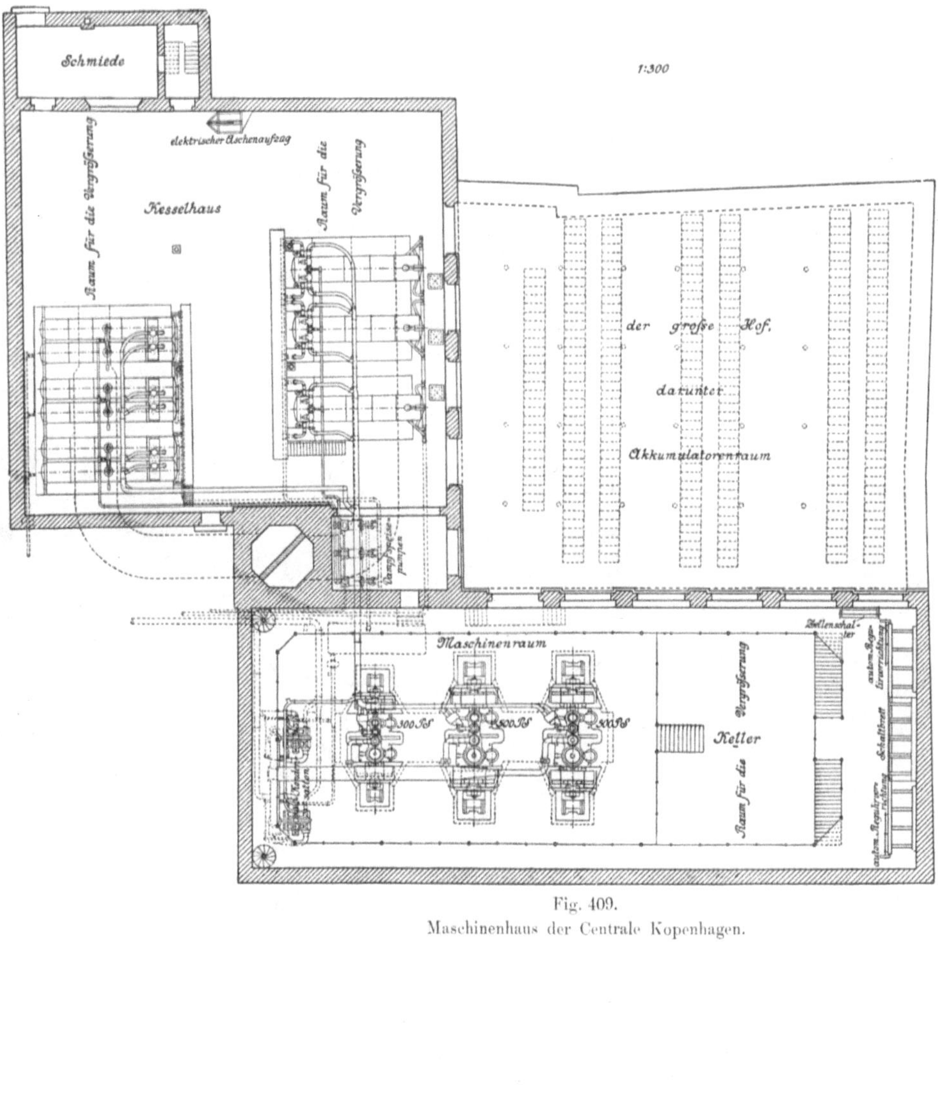

Fig. 409.
Maschinenhaus der Centrale Kopenhagen.

Anlage II.

I a
I b
II a
II b
II c
II d
III a
III b
IV
V a
V b
VII a
2×150, 1×70
2×35, 1×16
2×35, 1×16.
3×16
3×16.
2×25, 1×16
2×50, 1×25
2×30, 1×10
2×100, 1×50
2×95, 1×50
2×150, 1×70
2×150, 1×50
2×95, 1×50
2×50, 1×35
2×60, 1×30
Elektrisch. Station

Fig. 408.
Leitungsnetz der Centrale Kopenhagen.

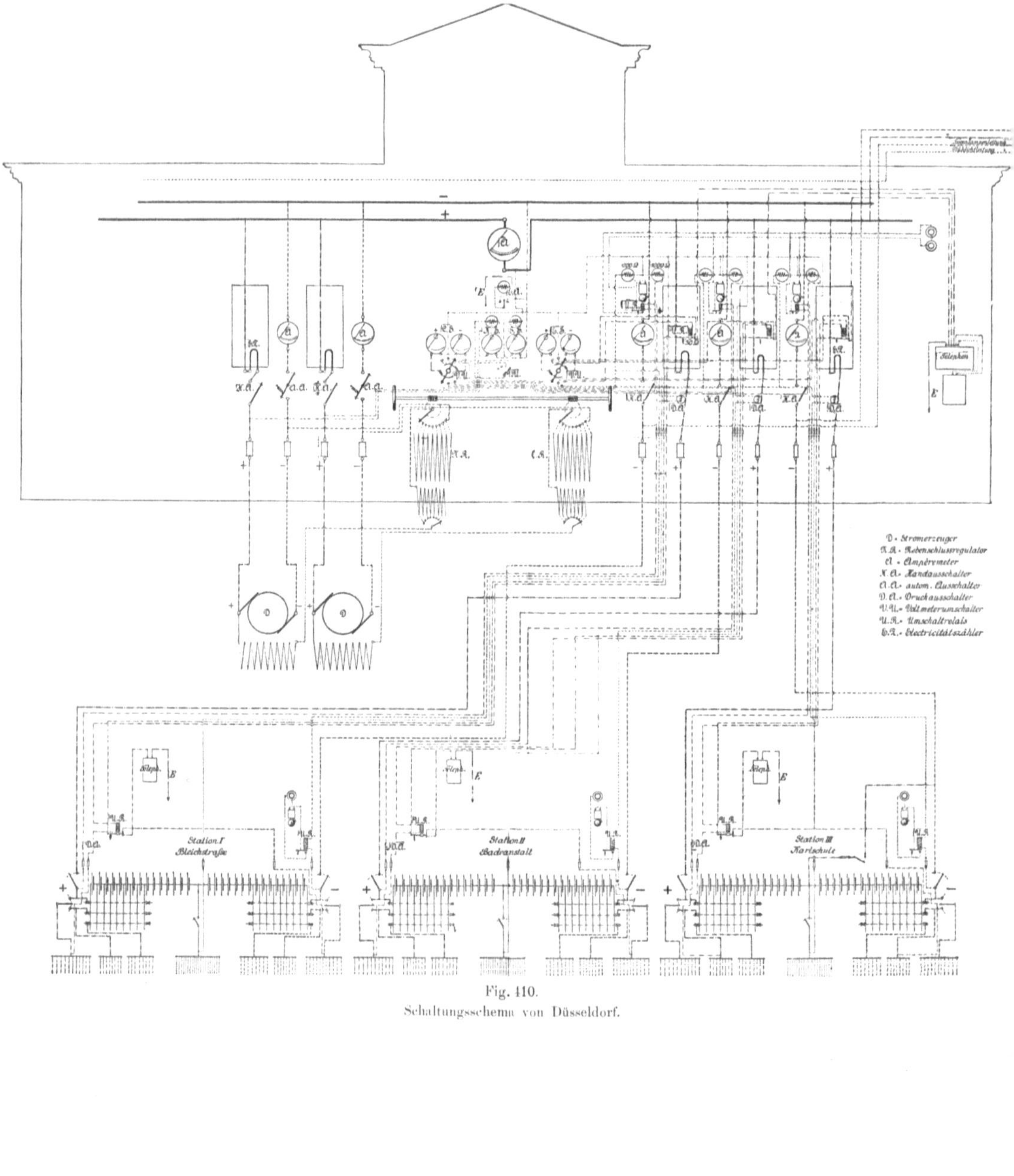

Fig. 410.
Schaltungsschema von Düsseldorf.

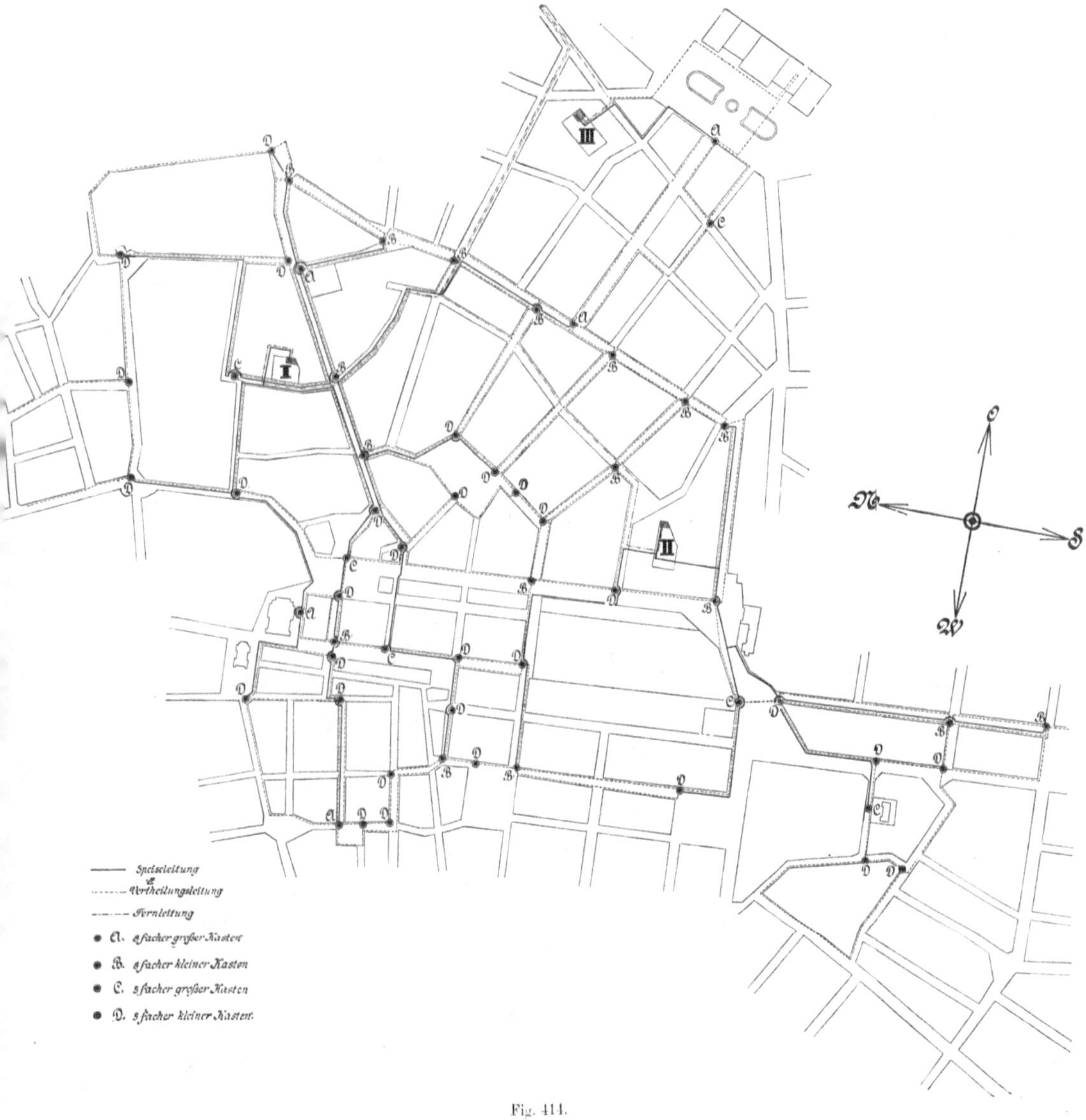

Fig. 414.
Leitungsnetz der Centrale Düsseldorf.

Anlage III.

Fig. 414.
Leitungsnetz der Centrale Düsseldorf.

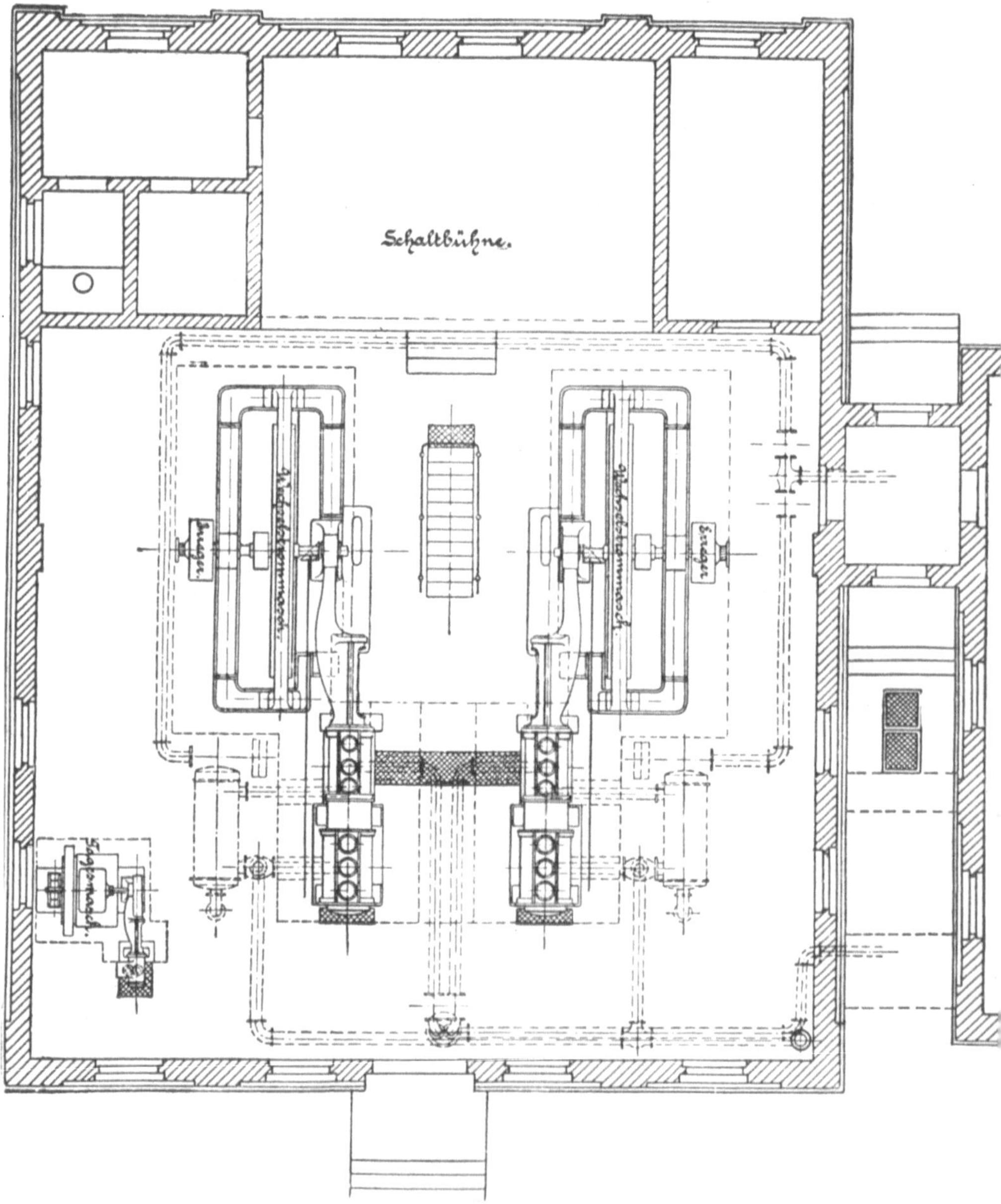

Fig. 423.
Kaiser Wilhelm-Kanal. Maschinenhaus, Grundriss.

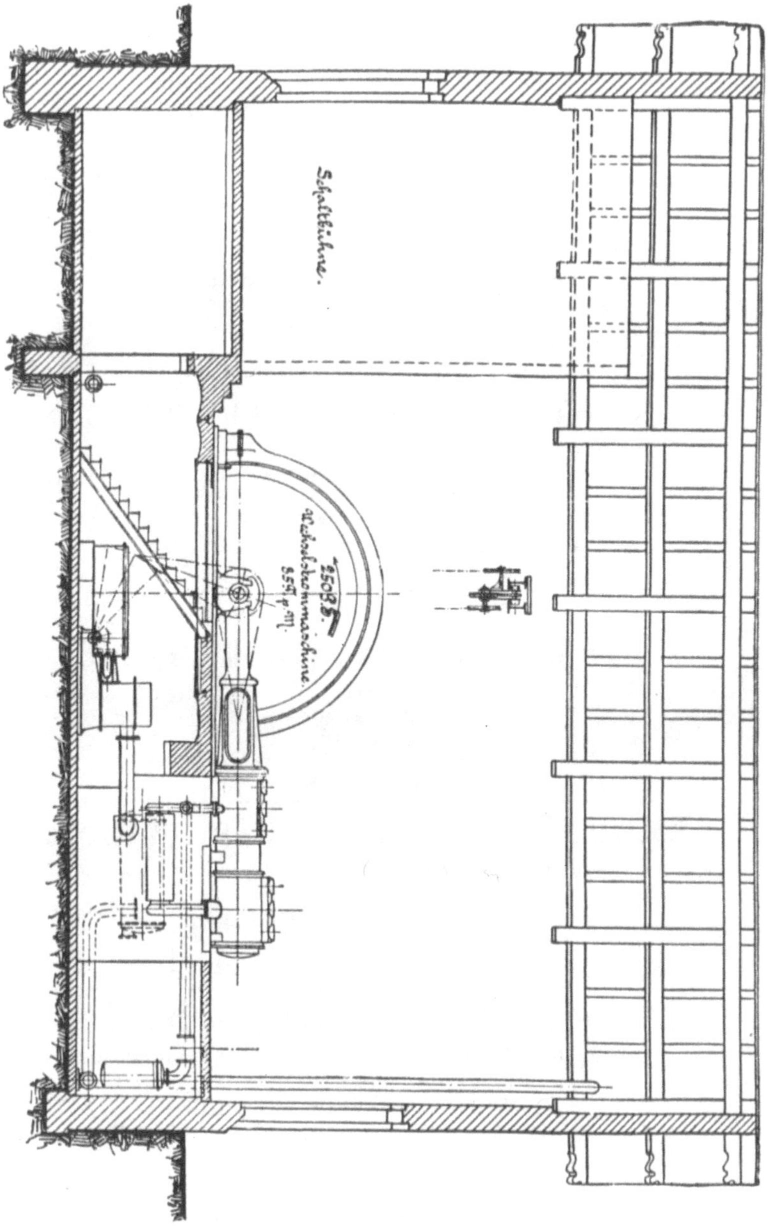

Fig. 424.
Kaiser Wilhelm-Kanal. Maschinenhaus, Aufriss.

www.ingramcontent.com/pod-product-compliance
Lightning Source LLC
LaVergne TN
LVHW091040021026
849161LV00002BA/224